Análise de circuitos

Teoria e Prática

Vol. 2

Dados Internacionais de catalogação na Publicação (CIP)
(câmara Brasileira do Livro, SP, Brasil)

Robbins, Allan H.

Análise de circuitos : teoria e prática. vol. 2 / Allan H. Robbins, Wilhelm C. Miller ; revisão técnica Wallace Alves Martins ; tradução Paula Santos Diniz. -- São Paulo : Cengage Learning, 2010.

Título original: Circuit analysis : theory and practice.

Tradução da. 4. ed. norte-americana.

Bibliografia

ISBN 978-85-221-0663-9

1. Circuitos elétricos 2. Circuitos elétricos - Análise 3. Circuitos elétricos - Estudo e ensino
4. Circuitos elétricos - Problemas, exercícios etc. I. Miller, Wilhelm C.. II. Título.

09-06207 CDD-621.319207

Índices para catálogo sistemático:

1. Análise de circuitos : Estudo e ensino 621.319207
2. Circuitos : Análise : Estudo e ensino 621.319207

Análise de circuitos

Teoria e Prática

Vol. 2

Tradução da 4ª edição norte-americana

Allan H. Robbins

Wilhelm C. Miller

Revisão técnica

Wallace Alves Martins

Engenheiro Eletrônico e de Computação – Poli/
Universidade Federal do Rio de Janeiro

Mestre em Engenharia Elétrica – COPPE/
Universidade Federal do Rio de Janeiro

Tradução

Paula Santos Diniz

CENGAGE Learning™

Austrália • Brasil • Japão • Coreia • México • Cingapura • Espanha • Reino Unido • Estados Unidos

CENGAGE Learning™

Análise de Circuitos – Vol. 2 – Teoria e Prática

Allan H. Robbins / Wilhelm C. Miller

Gerente editorial: Patricia La Rosa

Editora de Desenvolvimento: Ligia Cosmo Cantarelli

Supervisora de Produção Editorial: Fabiana Alencar Albuquerque

Produtora Editorial: Gisele Gonçalves Bueno Quirino de Souza

Pesquisa Iconográfica: Heloisa Avilez

Título Original: Circuit Analysis: Theory and Practice 4 th edition

(ISBN: 13: 978-1-4180-3861-8
ISBN 10: 1-4180-3861-X)

Tradução: Paula Santos Diniz

Revisão Técnica: Wallace Alves Martins

Copidesque: Marcos Soel Silveira Santos

Revisão: Sueli Bossi da Silva, Maria Dolores D. Sierra Mata

Diagramação: Casa de Idéias

Capa: Eduardo Bertolini

Para informações sobre nossos produtos, entre em contato pelo telefone **0800 11 19 39**

Para permissão de uso de material desta obra, envie seu pedido para **direitosautorais@cengage.com**

ISBN 10: 85-221-0663-0
ISBN 13: 978-85-221-0663-9

Cengage Learning
Condomínio E-Business Park
Rua Werner Siemens, 111 – Prédio 20 – Espaço 04
Lapa de Baixo – CEP 05069-900 – São Paulo – SP
Tel.: (11) 3665-9900 – Fax: (11) 3665-9901
SAC: 0800 11 19 39

Para suas soluções de curso e aprendizado, visite www.cengage.com.br

Impresso no Brasil
Printed in Brasil
1 2 3 12 11 10

Sumário

Prefácio

O Livro e o Público-alvo

O objetivo do livro *Análise de Circuitos: Teoria e Prática* é proporcionar aos alunos uma base sólida dos princípios de análise de circuitos e auxiliar os professores em seu ofício, oferecendo-lhes um livro-texto e uma ampla gama de ferramentas de auxílio. Especificamente desenvolvido para uso em cursos introdutórios de análise de circuitos, este livro foi, em princípio, escrito para alunos de eletrônica de instituições de ensino superior, escolas técnicas, assim como para programas de treinamento em indústrias. Ele aborda os fundamentos de circuitos AC e DC, os métodos de análise, a capacitância, a indutância, os circuitos magnéticos, os transientes básicos, a análise de Fourier e outros tópicos. Após completarem o curso utilizando este livro, os alunos terão um bom conhecimento técnico dos princípios básicos de circuito e capacidade comprovada para resolver uma série de problemas relacionados ao assunto.

Organização do texto

O volume 1 contém 17 capítulos e é dividido em quatro partes principais: Conceitos Fundamentais de DC; Análise Básica de DC e Capacitância e Indutância; Conceitos Fundamentais de AC. Os capítulos de 1 a 4 são introdutórios e abordam os conceitos fundamentais de tensão, corrente, resistência, lei de Ohm e potência. Os capítulos de 5 a 9 se concentram nos métodos de análise DC. Neles, também estão incluídas as leis de Kirchhoff, os circuitos série e paralelo, as análises nodal e de malha, as transformações Y e Δ, as transformações de fonte, os teoremas de Thévenin e de Norton, o teorema da máxima transferência de potência, e assim por diante. Os capítulos de 10 a 14 abordam a capacitância, o magnetismo, a indutância, além dos circuitos magnéticos e transientes DC simples. Os capítulos de 15 a 17 cobrem os conceitos fundamentais de AC; a geração de tensão AC; as noções básicas de frequência, período, fase etc. Os conceitos de fasor e impedância são apresentados e utilizados para a solução de problemas simples. Investiga-se a potência em circuitos AC, e introduzem-se os conceitos de fator de potência e de triângulo de potência. Neste volume 2, os capítulos de 18 a 23 aplicam tais conceitos. Os tópicos incluem versões AC de técnicas DC até então descritas: por exemplo, as análises nodal e de malha, o teorema de Thévenin etc., assim como novos conceitos: ressonância, técnicas de Bode, sistemas trifásicos, transformadores e análise de formas de onda não-senoidais.

Os quatro apêndices complementam o livro, sendo que três deles (Apêndices A, B, e C) estão disponíveis on-line no site do livro: www.cengage.com.br. O Apêndice A oferece instruções operacionais, material de referência, e dicas para os usuários do PSpice e Multisim. O Apêndice B é um tutorial que descreve o uso habitual da matemática e da calculadora em análise de circuitos — incluindo métodos para resolver equações simultâneas com coeficientes reais e complexos. O Apêndice C mostra como aplicar o cálculo para deduzir o teorema da máxima transferência de potência para os circuitos DC e AC. E o Apêndice, apresentado no fim deste volume, contém as respostas dos problemas de número ímpar, constantes no final dos capítulos.

Conhecimentos Prévios Necessários

Os alunos precisam estar familiarizados com os conhecimentos de álgebra e trigonometria básicas, além de possuir a habilidade de resolver equações lineares de segunda ordem, como as encontradas na análise de malha. Eles devem estar a par do Sistema de Unidades (SI) e da natureza atômica da matéria. O cálculo é introduzido de forma gradual nos capítulos finais para aqueles que precisarem. No entanto, o cálculo não é pré-requisito nem co-requisito, uma vez que todos os tópicos podem ser prontamente compreendidos sem ele. Dessa forma, os alunos que sabem (ou estão estudando) cálculo podem usar seus conhecimentos para melhor compreender a teoria de circuitos. Já os que estão alheios a ele podem perpassar o livro sem prejuízo algum, uma vez que as partes de cálculo podem ser suprimidas sem, no entanto, comprometer a continuidade do material. (O conteúdo que exige o cálculo é assinalado pelo ícone ∫, para indicá-lo como opcional para alunos de nível avançado.)

Aspectos do Livro

- **Escrito de maneira clara e de fácil entendimento,** com ênfase em princípios e conceitos.
- **Mais de 1200 diagramas e fotos.** Efeitos visuais em 3D são usados para demonstrar e esclarecer conceitos e auxiliar os aprendizes visuais.
- A abertura de cada capítulo contém os Termos-chave, os Tópicos, os Objetivos, a Apresentação Prévia do Capítulo e Colocando em Perspectiva.
- **Exemplos.** Centenas de exemplos detalhados com soluções passo a passo facilitam a compreensão do aluno e orientam-no na solução dos problemas.
- **Mais de 1600 problemas no final dos capítulos, Problemas Práticos e Problemas para Verificação do Processo de Aprendizagem são oferecidos.**
- **Os Problemas Práticos** aparecem após a apresentação dos principais conceitos, incentivando o aluno a praticar o que acabou de aprender.
- **Problemas para Verificação do Processo de Aprendizagem.** São problemas curtos que propiciam uma revisão rápida do material já aprendido e auxiliam a identificação das dificuldades.
- **Colocando em Prática.** São miniprojetos ao final dos capítulos — como tarefas que exigem que o aluno faça alguma pesquisa ou pense em situações reais, semelhantes às que possam eventualmente encontrar na prática.
- **Colocando em Perspectiva.** São vinhetas curtas que fornecem informações interessantes sobre pessoas, acontecimentos e idéias que ocasionaram grandes avanços ou contribuições à ciência elétrica.
- **Os Objetivos** definem o conhecimento ou a habilidade que se espera que o aluno adquira após estudar cada capítulo.
- **Apresentação Prévia do Capítulo** oferece o contexto, uma breve visão geral do capítulo e a resposta à pergunta: "Por que estou aprendendo isso?"
- **Os Termos-chave** no início de cada capítulo identificam os novos termos a serem apresentados.
- **Notas Marginais:** Incluem as notas práticas (que fornecem informações práticas, por exemplo, dicas de como se usar a unidade de comprimento, o metro) e as notas mais gerais, que fornecem mais informações ou acrescentam uma outra perspectiva ao conteúdo estudado.
- **Simulações no Computador.** As simulações Multisim e PSpice fornecem instruções passo a passo de como montar circuitos na tela, além da apreensão real na tela, para mostrar o que se deve ver quando as simulações são rodadas. Os problemas relacionados especificamente à simulação são indicados pelos símbolos do Multisim e do PSpice.
- **As respostas dos problemas de número ímpar** estão disponíveis no Apêndice.
- O Multisim e o PSpice são usados para demonstrar simulações de circuitos. Os problemas no final dos capítulos podem ser resolvidos com esses programas de simulação.
- Os Problemas Práticos desenvolvem no aluno a capacidade de resolver problemas, além de testarem sua compreensão.
- Os quadros Colocando em Prática são encontrados no final dos capítulos e descrevem problemas encontrados na prática.

Novidades nesta Edição

Parte do conteúdo de edições anteriores foi reintegrada ao livro. Eis um breve resumo das mudanças:

- O Apêndice B, disponível no site do livro (www.cengage.com.br), foi expandido com um novo enfoque para dar conta de técnicas de matemática e calculadora em análise de circuitos. As soluções das equações simultâneas fornecidas pela calculadora foram acrescentadas para complementar a abordagem que usa determinantes.
- O uso de calculadoras em análise de circuitos foi incorporado ao longo do texto. Como exemplo, demonstra-se o uso da calculadora TI-86.

Versões do PSpice e do Multisim Usadas neste Livro

As versões do PSpice e do Multisim usadas ao longo do livro datam da mesma época em que este foi escrito – ver Apêndice A, disponível no site do livro (www.cengage.com.br). O Apêndice A também apresenta os detalhes operacionais para esses produtos, assim como informações sobre downloads, sites, tutoriais úteis etc.

Ao aluno

Aprender a teoria de circuitos é desafiador, interessante e (espera-se) divertido. No entanto, é também tarefa árdua, uma vez que só se alcançam as habilidades e o conhecimento almejados pela prática. Eis algumas orientações.

1. À medida que avançar pelo material, tente reconhecer de onde vem a teoria — ou seja, as leis experimentais básicas nas quais ela se baseia. Isso o auxiliará a compreender melhor os conceitos fundamentais em que a teoria se baseia.
2. Aprenda a terminologia e as definições. Termos novos e importantes são apresentados com frequência. Aprenda o que eles significam e onde são usados.
3. Estude atentamente cada seção e certifique a sua compreensão quanto às idéias básicas e à maneira como elas são encadeadas. Refaça os exemplos com o auxílio da calculadora. Primeiro, tente os problemas práticos e depois, os contidos no final dos capítulos. Em princípio, nem todos os conceitos ficarão claros, e é bem provável que alguns deles exijam certa leitura antes que se adquira uma compreensão adequada do assunto.
4. Quando estiver preparado, teste sua compreensão usando os Problemas para Verificação do Processo de Aprendizagem (autotestes).
5. Uma vez dominado o conteúdo, prossiga para a próxima parte. Caso tenha dificuldade em alguns conceitos, consulte seu professor ou uma fonte com autoridade no assunto.

Calculadoras para Análise de Circuitos e Eletrônica

Você precisará de uma boa calculadora científica. Uma calculadora de qualidade permitirá que você domine com mais facilidade os aspectos numéricos ao resolver os problemas, possibilitando que tenha um tempo maior para se concentrar na teoria. Isso é particularmente verdade para os problemas de AC, em que, na maioria das vezes, se utilizam números complexos. No mercado, há algumas calculadoras eficientes, que utilizam a aritmética de números complexos quase tão facilmente quanto a de números reais. Há também alguns modelos mais baratos que são confiáveis. Você deve adquirir uma calculadora adequada (após consultar o professor) e aprender a usá-la com destreza.

Agradecimentos

Muitos contribuíram para o desenvolvimento deste texto. Começamos agradecendo aos nossos alunos por fornecer feedbacks sutis (e algumas vezes nem tão sutis assim). Em seguida, agradecemos aos revisores e revisores técnicos; nenhum livro-texto pode ser bem-sucedido sem a dedicação e o comprometimento dessas pessoas. Agradecemos aos:

Revisores

Sami Antoun, DeVry University, Columbus, OH
G. Thomas Bellarmine, Florida A & M University
Harold Broberg, Purdue University
William Conrad, IUPUI — Indiana University, Purdue University
Franklin David Cooper, Tarrant County College, Fourt Worth, TX
David Delker, Kansas State University
Timothy Haynes, Haywood Community College
Bruce Johnson, University of Nevada
Jim Pannell, DeVry University, Irving, TX
Alan Price, DeVry University, Pomona, CA
Philip Regalbuto, Trident Technical College
Carlo Sapijaszko, DeVry University, Orlando, FL
Jeffrey Schwartz, DeVry University, Long Island City, NY
John Sebeson, DeVry University, Addison, IL
Parker Sproul, DeVry University, Phoenix, AZ
Lloyd E. Stallkamp, Montana State University
Roman Stemprok, University of Texas
Richard Sturtevant, Springfield Tech Community College

Revisores técnicos

Chia-chi Tsui, DeVry University, Long Island City, NY
Rudy Hofer, Conestoga College, Kitchener, Ontário, Canadá
Marie Sichler, Red River College, Winnipeg, Manitoba, Canadá

Revisores da 4ª edição

David Cooper, Tarrant County College, Fort Worth, TX
Lance Crimm, Southern Polytechnic State University, Marietta, GA
Fred Dreyfuss, Pace University, White Palms, NY
Bruce Johnson, University of Nevada, Reno, NV
William Routt, Wake Tech Community College, Raleigh, NC
Dr. Hesham Shaalan, Texas A & M University, Corpus Christi, TX
Richard Sturtevant, Springfield Technical Community College, Springfield, MA

Os seguintes indivíduos e firmas forneceram fotografias, diagramas e outras informações úteis:
Allen-Bradley
Illinois Capacitor Inc.
AT &T
Electronics Workbench
AVX Corporation
JBL Professional
B + K Precision
Fluke Corporation
Bourns Inc.
Shell Solar Industries
Butterworth & Co. Ltd.
Tektronix
Cadence Design Systems Inc.
Transformers Manufactures Inc.
Condor DC Power Supplies Inc.
Vansco Electronics
fosse nP

Os autores

Allan H. Robbins graduou-se em Engenharia Elétrica, obtendo os títulos de bacharel e mestrado com especialidade em Teoria de circuitos. Após ganhar experiência na indústria, entrou para o Red River College, onde atuou como chefe do Departamento de Tecnologia Elétrica e Computação. Na época desta publicação, o autor tinha mais de 35 anos de experiência em ensino e chefia de departamento. Além da carreira acadêmica, Allan é consultor e sócio em uma empresa de pequeno porte no ramo de eletrônica/microcomputadores. Começou a escrever como autor colaborador para a Osborne-McGraw-Hill, durante o período inicial da então recém-surgida área da microcomputação; e, além da participação nos livros para a Delmar, é também co-autor de outro livro-texto. Atuou como presidente da seção do IEEE e como membro do conselho da Electronics Industry Association of Manitoba (Associação da Indústria Eletrônica de Manitoba)

Wilhelm (Will) C. Miller obteve o diploma em Tecnologia de Engenharia Eletrônica pelo Red River Community (o atual Red River College) e, posteriormente, graduou-se em Física e Matemática pela University of Winnipeg. Trabalhou na área de comunicações por dez anos, incluindo um trabalho de um ano na PTT, em Jedá, na Arábia Saudita. Durante 20 anos, Will foi professor nos cursos de Tecnologia em Eletrônica e de Computação e lecionou no Red River College e no College of The Bahamas (Nassau, Bahamas). Atualmente, atua como presidente dos programas dos cursos de Tecnologia de Engenharia Eletrônica no Red River College. Além de oferecer consultoria acadêmica (mais recentemente em Doha, no Catar), Will é membro ativo do conselho de diretores do Canadian Technology Accreditation Board (CTAB, Conselho Canadense de Reconhecimento Tecnológico) O CTAB é um comitê permanente do Canadian Council of Technicians and Technologists (Conselho Canadense de Técnicos e Tecnólogos), responsável por assegurar que os programas técnicos e de tecnologia espalhados pelo Canadá atendam aos Canadian Technology Standards (Padrões Canadenses de Tecnologia)*. Ademais, Will é o presidente do grupo de examinadores da Certified Technicians and Technologists Association of Manitoba (CTTAM, Associação de Técnicos e Tecnólogos Reconhecidos de Manitoba).

* A Canadian Technology Standards tem como objetivo balizar os programas e profissionais de engenharia no Canadá. (N.R.T.)

Redes de Impedância

V

Como você já observou, a impedância de um indutor ou capacitor depende da frequência do sinal aplicado ao elemento. Quando os capacitores e indutores são combinados com resistores e fontes de tensão e de corrente, o circuito se comporta de modo previsível para todas as frequências.

Esta parte do livro examinará como os circuitos compostos de diversas combinações de impedâncias e fontes se comportam sob condições específicas. Em particular, vemos que todos os teoremas, leis e regras desenvolvidos anteriormente se aplicam até a redes de impedância mais complicadas.

A lei de Ohm e as leis de Kirchhoff das tensões e das correntes são facilmente modificadas de modo a fornecer os princípios que dão suporte ao desenvolvimento de métodos de análise de rede. Assim como nos circuitos DC, os teoremas de Thévenin e de Norton permitirão reduzir um circuito complicado a uma única fonte e sua impedância correspondente.

Os teoremas e os métodos de análise são aplicados aos vários tipos de circuitos normalmente encontrados nas tecnologias elétrica e eletrônica. Os circuitos ressonantes e os filtros são comumente usados para restringir a variação das frequências de saída para uma dada variação das frequências de entrada.

O estudo dos sistemas trifásicos e dos transformadores é particularmente útil para quem está interessado na distribuição de potência comercial. Esses tópicos abordam aplicações práticas e as desvantagens da utilização de diversos tipos de circuitos.

Por fim, examinaremos como um circuito reage a tensões alternadas não senoidais. Esse tópico aborda sinais complexos que são processados pelas redes de impedância, o que resulta em saídas, em geral, muito diferentes da entrada.

• TERMOS-CHAVE

Admitância; Diagrama de Admitância; Impedância Capacitiva; Frequência de Corte; Diagrama de Impedância; Impedância Indutiva; Fator de Potência Adiantado e Atrasado; Circuito Resistivo; Susceptância.

• TÓPICOS

Lei de Ohm para Circuitos AC; Circuitos Série AC; Lei de Kirchhoff das Tensões e A Regra do Divisor de Tensão; Circuitos Paralelos AC; Lei de Kirchhoff das Correntes e A Regra do Divisor de Corrente; Circuitos Série-paralelo; Efeitos da Frequência; Aplicações; Análise de Circuitos Usando Computador.

• OBJETIVOS

Após estudar este capítulo, você será capaz de:

- aplicar a lei de Ohm para analisar circuitos série simples;
- aplicar a regra do divisor de tensão para determinar a tensão em qualquer elemento de um circuito série;
- aplicar a lei de Kirchhoff das tensões para confirmar que a soma das tensões ao redor de uma malha fechada é igual a zero;
- aplicar a lei de Kirchhoff das correntes para confirmar que a soma das correntes que entram em um nó é igual à soma das correntes que saem dele;
- determinar a tensão, a corrente e a potência desconhecidas para qualquer circuito série-paralelo;
- determinar o equivalente série ou paralelo de qualquer rede composta de uma combinação de resistores, indutores e capacitores.

Circuitos Série-paralelo AC

18

Apresentação prévia do capítulo

Neste capítulo, examinaremos como circuitos simples contendo resistores, indutores e capacitores se comportam quando sujeitos a tensões e correntes senoidais. Particularmente, observamos que as regras e leis desenvolvidas para os circuitos DC poderão ser igualmente aplicadas aos circuitos AC. A principal diferença entre resolver circuitos DC e AC é que a análise AC exige o uso da álgebra vetorial.

Para facilitar o aprendizado, sugere-se que o aluno revise os tópicos importantes abordados na análise DC. Entre eles estão a lei de Ohm, a regra do divisor de tensão, as leis de Kirchhoff das tensões e das correntes e a regra do divisor de corrente.

Você também perceberá que uma breve revisão da álgebra vetorial tornará a compreensão deste capítulo mais produtiva. Em particular, o aluno deverá ser capaz de somar e subtrair qualquer número de grandezas vetoriais.

Colocando em Perspectiva

Heinrich Rudolph Hertz

Heinrich Hertz nasceu em Hamburgo, Alemanha, em 22 de fevereiro de 1857. Ele é conhecido principalmente por sua pesquisa sobre a transmissão de ondas eletromagnéticas.

Hertz iniciou sua carreira como assistente de Hermann von Helmholtz no laboratório do Instituto de Física de Berlim. Em 1885, foi nomeado professor de física na Universidade Politécnica de Karlsruhe, onde fez muito para comprovar as teorias de James Clerk Maxwell sobre ondas eletromagnéticas.

Em um de seus experimentos, Hertz descarregou uma bobina de indução com uma malha retangular de fio contendo uma abertura muito pequena. Quando a bobina descarregava, uma centelha era gerada na abertura. Ele então colocou uma segunda bobina idêntica à primeira e bem próxima dela, porém sem conexão elétrica. Quando uma centelha foi gerada na abertura da primeira bobina, induziu-se também uma centelha menor na segunda. Hoje, as antenas mais sofisticadas usam princípios parecidos para transmitir os sinais de rádio a longas distâncias. Com mais pesquisas, Hertz conseguiu provar que as ondas eletromagnéticas apresentam muitas das características da luz: têm a mesma velocidade da luz; propagam-se em linha reta; podem ser refletidas e refratadas; e podem ser polarizadas.

Por fim, os experimentos de Hertz desencadearam o desenvolvimento da comunicação via rádio por engenheiros como Guglielmo Marconi e Reginald Fessenden.

Heinrich Hertz morreu aos 36 anos, em 1º de janeiro de 1894.

18.1 Lei de Ohm para Circuitos AC

Esta seção apresenta uma breve revisão da relação entre a tensão e a corrente para os resistores, indutores e capacitores. Diferentemente do Capítulo 16 (volume 1), todos os fasores são fornecidos como valores RMS, ao invés de valores de pico. Como visto no Capítulo 17 (também no volume 1), essa abordagem simplifica o cálculo da potência.

Resistores

No Capítulo 16, vimos que, quando um resistor é sujeito a uma tensão senoidal, conforme mostrado na Figura 18-1, a corrente resultante também é senoidal e está em fase com a tensão.

A tensão senoidal $v = V_m \operatorname{sen}(\omega t + \theta)$ pode ser escrita na forma fasorial como $\mathbf{V} = V\angle\theta$. Enquanto a expressão senoidal fornece o valor instantâneo da tensão para uma forma de onda com uma amplitude V_m (pico em volts), a forma fasorial apresenta uma magnitude que é o valor eficaz (ou RMS). A relação entre a magnitude do fasor e o pico de tensão senoidal é dada por

$$V = \frac{V_m}{\sqrt{2}}$$

Já que o vetor resistência pode ser expresso como $\mathbf{Z}_R = R\angle 0°$, avaliamos o fasor da corrente da seguinte forma:

$$\mathbf{I} = \frac{\mathbf{V}}{\mathbf{Z}_R} = \frac{V\angle\theta}{R\angle 0°} = \frac{V}{R}\angle\theta = I\angle\theta$$

Se quisermos converter a corrente da forma fasorial em seu equivalente senoidal no domínio do tempo, teremos $i = I_m \operatorname{sen}(\omega t + \theta)$. Novamente, a relação entre a magnitude do fasor e o valor de pico do equivalente senoidal é dada por

$$I = \frac{I_m}{\sqrt{2}}$$

Os fasores da tensão e corrente podem ser mostrados em um diagrama fasorial como na Figura 18-2.

NOTAS...

Embora as correntes e tensões possam ser mostradas tanto no domínio do tempo (como grandezas senoidais) quanto no domínio fasorial (como vetores), a resistência e a reatância nunca são mostradas como grandezas senoidais. A razão para isso é que as correntes e tensões variam como funções do tempo, porém a resistência e a reatância não.

Como um fasor representa a corrente e o outro representa a tensão, seus comprimentos relativos são puramente arbitrários. Independentemente do ângulo θ, vemos que a tensão em um resistor e a corrente através dele sempre estarão em fase.

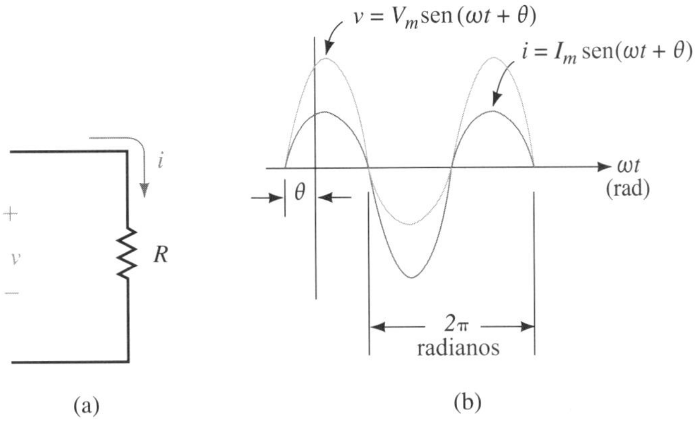

FIGURA 18-1 Tensão e corrente senoidais para um resistor.

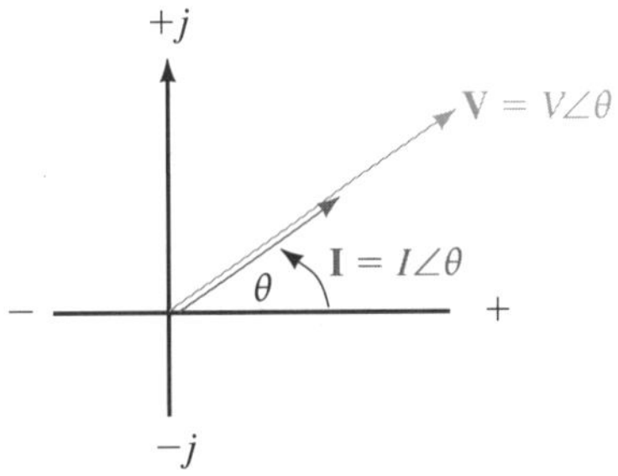

FIGURA 18-2 Fasores da tensão e corrente para um resistor.

Exemplo 18-1

Observe o resistor mostrado na Figura 18-3:

a. Determine a corrente senoidal i usando fasores.

b. Desenhe as formas de onda senoidais para v e i.

c. Desenhe o diagrama fasorial de **V** e **I**.

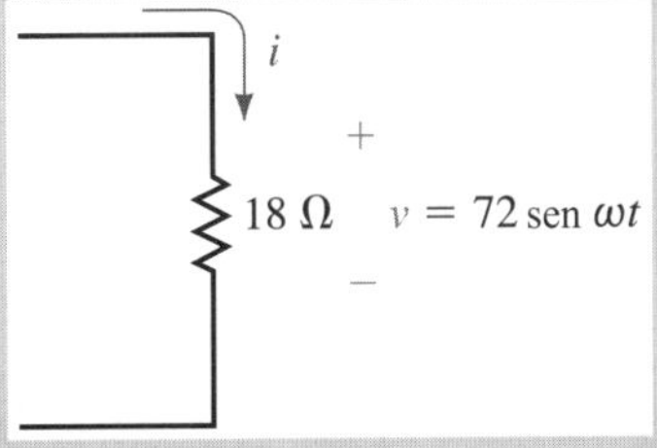

FIGURA 18-3

(continua)

Exemplo 18-1 (continuação)

Solução:

a. A forma fasorial da tensão é determinada da seguinte maneira:

$$v = 72 \text{ sen } \omega t \Leftrightarrow \mathbf{V} = 50{,}9 \text{ V}\angle 0^\circ$$

Da lei de Ohm, o fasor da corrente é determinado como

$$\mathbf{I} = \frac{\mathbf{V}}{\mathbf{Z}_R} = \frac{50{,}9 \text{ V}\angle 0^\circ}{18\ \Omega\angle 0^\circ} = 2{,}83 \text{ A}\angle 0^\circ$$

o que resulta em uma forma de onda senoidal da corrente com uma amplitude de

$$I_m = (\sqrt{2})(2{,}83 \text{ A}) = 4{,}0 \text{ A}$$

Logo, a corrente será escrita como

$$i = 4 \text{ sen } \omega t$$

b. A Figura 18-4 mostra as formas de onda da tensão e da corrente.

c. A Figura 18-5 mostra os fasores da tensão e da corrente.

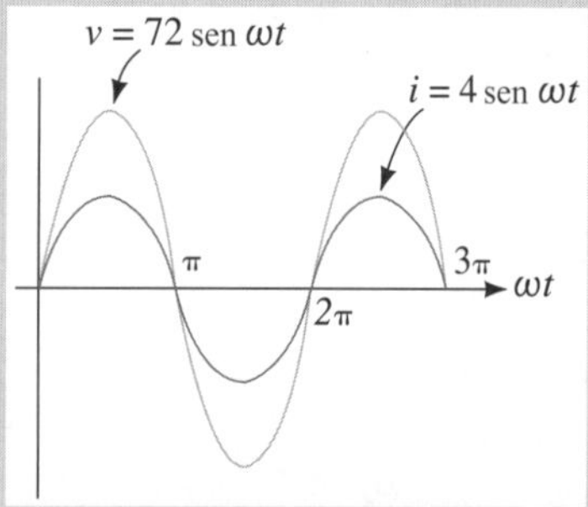

FIGURA 18-4

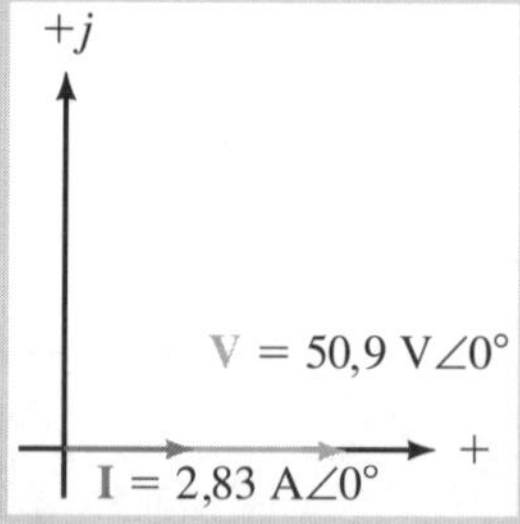

FIGURA 18-5

Exemplo 18-2

Observe o resistor da Figura 18-6:

a. Use a álgebra fasorial para encontrar a tensão senoidal, v.

b. Desenhe as formas de onda senoidais para v e i.

c. Desenhe o diagrama fasorial mostrando **V** e **I**.

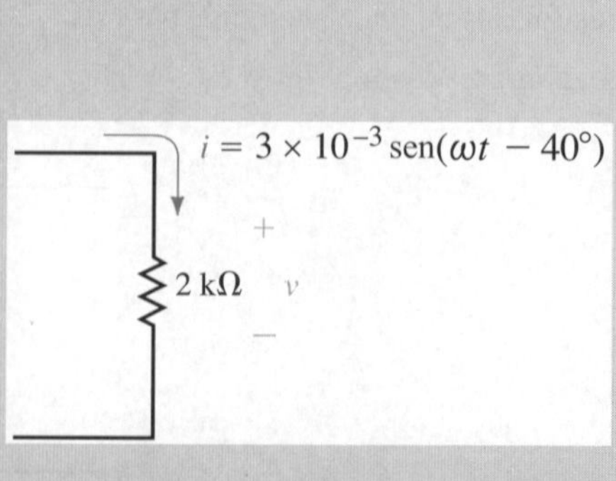

FIGURA 18-6

(continua)

Exemplo 18-2 *(continuação)*

Solução:

a. A corrente senoidal tem a seguinte forma fasorial:

$$i = 3 \times 10^{-3}\,\text{sen}(\omega t - 40^\circ) \Leftrightarrow \mathbf{I} = 2{,}12\ \text{mA}\angle{-40^\circ}$$

Da lei de Ohm, determina-se a tensão no resistor de 2 kΩ como o produto fasorial

$$\begin{aligned}\mathbf{V} &= \mathbf{IZ}_R\\ &= (2{,}12\ \text{mA}\angle{-40^\circ})(2\ \text{k}\Omega\angle 0^\circ)\\ &= 4{,}24\ \text{V}\angle{-40^\circ}\end{aligned}$$

A amplitude da tensão senoidal é

$$V_m = (\sqrt{2})(4{,}24\ \text{V}) = 6{,}0\ \text{V}$$

A tensão agora pode ser escrita como

$$v = 6{,}0\ \text{sen}(\omega t - 40^\circ)$$

b. A Figura 18-7 mostra as formas de onda senoidais para v e i.

c. A Figura 18-8 mostra os fasores correspondentes para a tensão e a corrente.

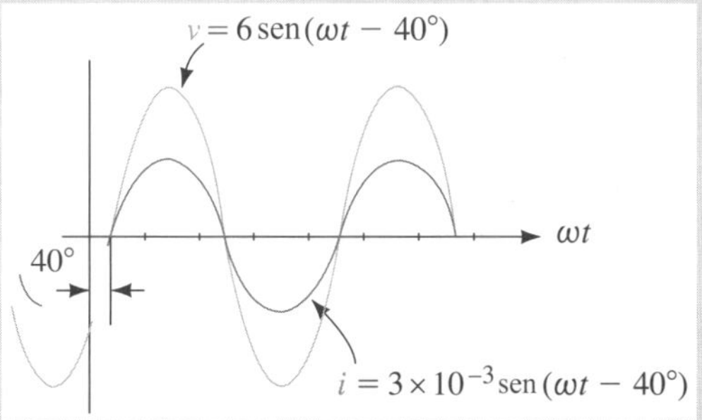

FIGURA 18-7

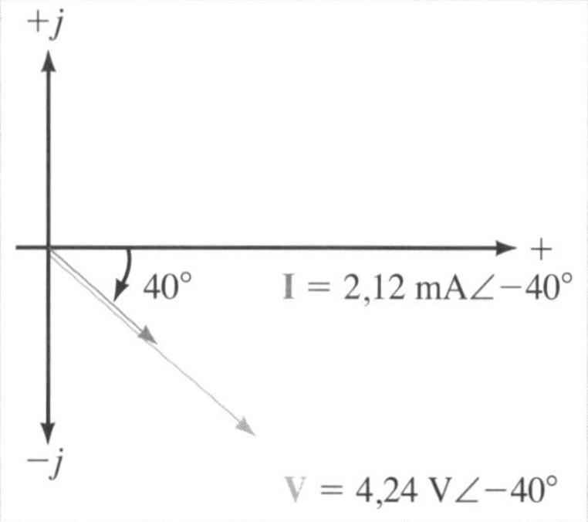

FIGURA 18-8

Indutores

Quando um indutor é sujeito a uma corrente senoidal, a tensão senoidal é induzida nele, de modo que ela esteja exatamente 90° adiantada em relação à forma de onda da corrente. Sabendo a reatância de um indutor, então a corrente no indutor, a partir da lei de Ohm, poderá ser expressa na forma fasorial como

$$\mathbf{I} = \frac{\mathbf{V}}{\mathbf{Z}_L} = \frac{V\angle\theta}{X_L\angle 90^\circ} = \frac{V}{X_L}\angle(\theta - 90^\circ)$$

Na forma vetorial, a reatância do indutor é dada por

$$\mathbf{Z}_L = X_L\angle 90^\circ$$

em que $X_L = \omega L = 2\pi f L$.

Exemplo 18-3

Considere o indutor mostrado na Figura 18-9.

a. Determine a expressão senoidal para a corrente i usando fasores.

b. Desenhe as formas de onda senoidais para v e i.

c. Desenhe o diagrama fasorial mostrando **V** e **I**.

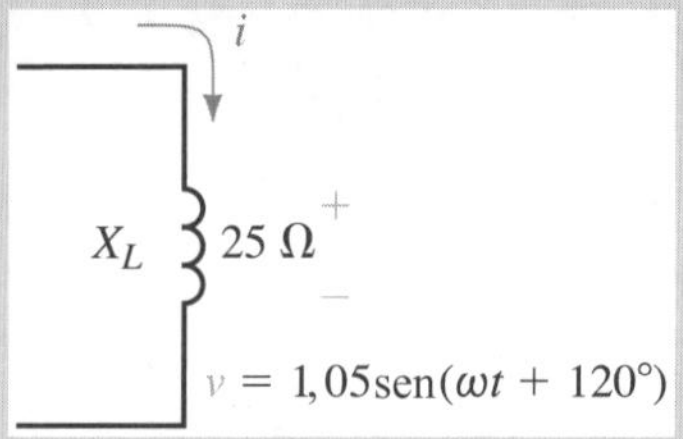

FIGURA 18-9

Solução:

a. Determina-se a forma fasorial da tensão da seguinte maneira:

$$v = 1{,}05\ \text{sen}(\omega t + 120°) \Leftrightarrow \mathbf{V} = 0{,}742\ \text{V}\angle 120°$$

Pela lei de Ohm, determina-se o fasor da corrente como

$$\mathbf{I} = \frac{\mathbf{V}}{\mathbf{Z}_L} = \frac{0{,}742\ \text{V}\angle 120°}{25\ \Omega\angle 90°} = 29{,}7\ \text{mA}\angle 30°$$

A amplitude da corrente senoidal é

$$I_m = (\sqrt{2})(29{,}7\ \text{mA}) = 42\ \text{mA}$$

Agora, a corrente i é escrita como

$$i = 0{,}042\ \text{sen}(\omega t + 30°)$$

b. A Figura 18-10 mostra as formas de onda senoidais da tensão e da corrente.

c. A Figura 18-11 mostra os fasores da tensão e da corrente.

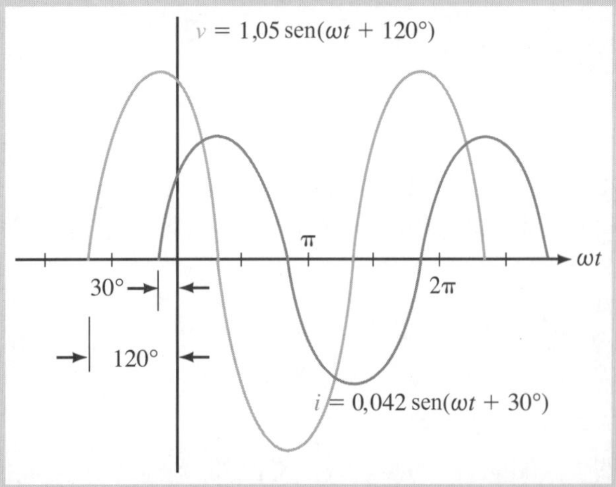

FIGURA 18-10 Tensão e corrente senoidais para um indutor.

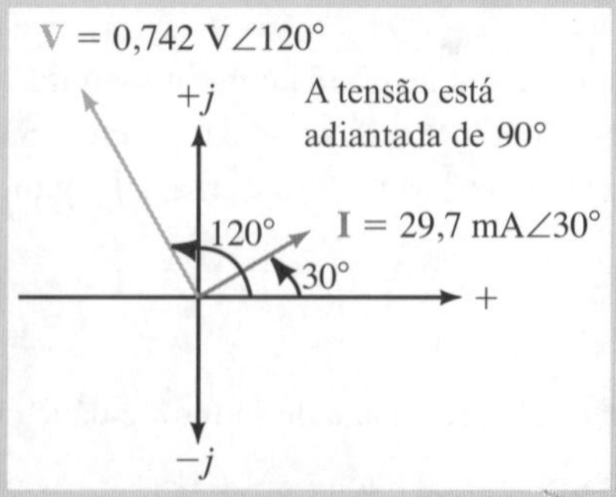

FIGURA 18-11 Fasores da tensão e da corrente para um indutor.

Capacitores

Quando um capacitor é sujeito a uma tensão senoidal, o resultado é uma corrente senoidal. A corrente no capacitor está exatamente 90º adiantada em relação à tensão. Sabendo a reatância de um capacitor, então a corrente no capacitor, pela lei de Ohm, é expressa na forma fasorial como

$$\mathbf{I} = \frac{\mathbf{V}}{\mathbf{Z}_C} = \frac{V\angle\theta}{X_C\angle -90^\circ} = \frac{V}{X_C}\angle(\theta + 90^\circ)$$

Na forma vetorial, a reatância do capacitor é dada por

$$Z_C = X_C\angle -90^\circ$$

em que

$$X_C = \frac{1}{\omega C} = \frac{1}{2\pi f C}$$

Exemplo 18-4

Considere o capacitor da Figura 18-12.

a. Encontre a tensão v no capacitor.

b. Faça um esboço das formas de onda senoidais para v e i.

c. Faça um esboço do diagrama fasorial mostrando **V** e **I**.

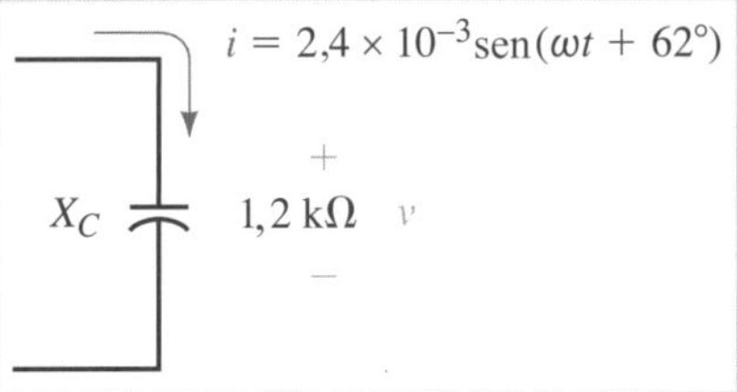

FIGURA 18-12

Solução:

a. Convertendo a corrente senoidal em seu equivalente na forma fasorial, temos

$$i = 2{,}4 \times 10^{-3}\ \text{sen}(\omega t + 62^\circ) \Leftrightarrow \mathbf{I} = 1{,}70\ \text{mA}\angle 62^\circ$$

Pela lei de Ohm, o fasor tensão no capacitor deve ser

$$\begin{aligned}\mathbf{V} &= \mathbf{I}\mathbf{Z}_C\\ &= (1{,}70\ \text{mA}\angle 62^\circ)(1{,}2\ \text{k}\Omega\angle -90^\circ)\\ &= 2{,}04\ \text{V}\angle -28^\circ\end{aligned}$$

A amplitude da tensão senoidal é

$$V_m = (\sqrt{2})(2{,}04\ \text{V}) = 2{,}88\ \text{V}$$

A tensão v agora é escrita como

$$v = 2{,}88\ \text{sen}(\omega t - 28^\circ)$$

(continua)

Exemplo 18-4 *(continuação)*

b. A Figura 18-13 mostra as formas de onda para v e i.

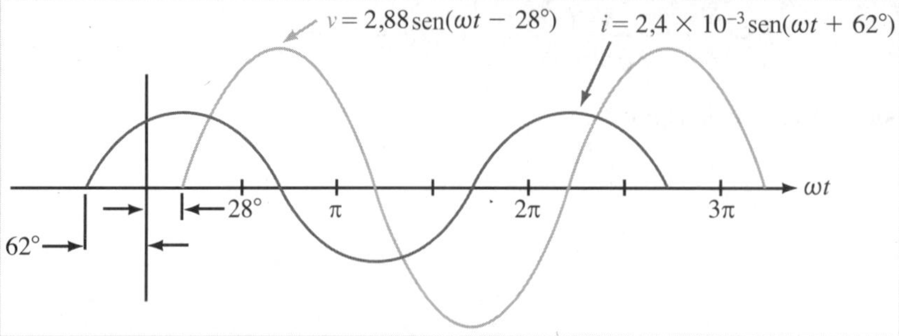

FIGURA 18-13 Tensão e corrente senoidais para um capacitor.

c. A Figura 18-14 mostra o diagrama fasorial correspondente para **V** e **I**.

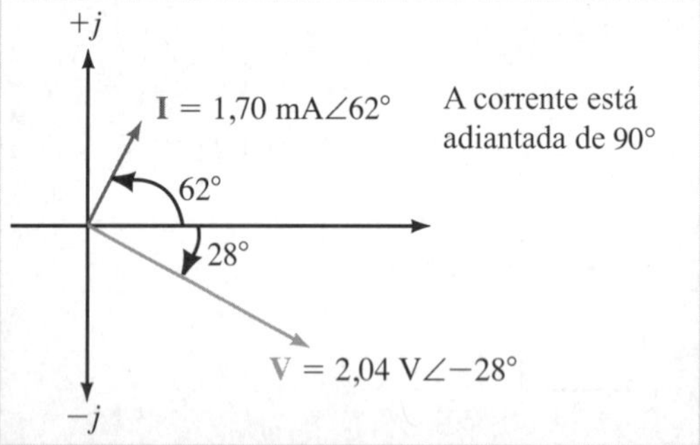

FIGURA 18-14 Os fasores da tensão e corrente para um capacitor.

As relações entre a tensão e a corrente, conforme ilustrado nos três exemplos anteriores, são sempre válidas para os resistores, indutores e capacitores.

VERIFICAÇÃO DO PROCESSO DE APRENDIZAGEM 1

(As respostas encontram-se no final do capítulo.)

1. Qual é a relação de fase entre a corrente e a tensão para um resistor?
2. Qual é a relação de fase entre a corrente e a tensão para um capacitor?
3. Qual é a relação de fase entre a corrente e a tensão para um indutor?

PROBLEMAS PRÁTICOS 1

Uma fonte de tensão, **E** = 10 V∠30°, é aplicada a uma impedância indutiva de 50 Ω.

a. Calcule o fasor corrente, **I**.

b. Desenhe o diagrama fasorial para **E** e **I**.

c. Escreva as expressões senoidais para e e i.

d. Desenhe as expressões senoidais para e e i.

Respostas

a. $\mathbf{I} = 0{,}2\ \text{A}\angle{-60^\circ}$

c. $e = 14{,}1\ \text{sen}(\omega t + 30^\circ)$

$i = 0{,}283\ \text{sen}(\omega t - 60^\circ)$

PROBLEMAS PRÁTICOS 2

Uma fonte de tensão, $\mathbf{E} = 10\ \text{V}\angle 30^\circ$, é aplicada a uma impedância capacitiva de 20 Ω.

a. Calcule o fasor corrente, **I**.

b. Desenhe o diagrama fasorial para **E** e **I**.

c. Escreva as expressões senoidais para e e i.

d. Desenhe as expressões senoidais para e e i.

Respostas

a. $\mathbf{I} = 0{,}5\ \text{A}\angle 120^\circ$

b. $e = 14{,}1\ \text{sen}(\omega t + 30^\circ)$

$i = 0{,}707\ \text{sen}(\omega t + 120^\circ)$

18.2 Circuitos Série AC

Quando examinamos os circuitos DC, vimos que a corrente em qualquer ponto do circuito é sempre constante. Isso também se aplica aos elementos em série com uma fonte AC[1]. Depois, vimos que a resistência total de um circuito série DC composto de n resistores era determinada pela soma

$$R_T = R_1 + R_2 + \ldots + R_n$$

Quando lidamos com circuitos AC, não trabalhamos mais apenas com a resistência, mas com a reatância capacitiva e indutiva. *A impedância é um termo usado para determinar coletivamente como a resistência, a capacitância e a indutância "impedem" o fluxo de corrente em um circuito.* O símbolo para a impedância é a letra Z e sua unidade é representada em ohms (Ω). Como a impedância pode ser o resultado de qualquer combinação de resistências e reatâncias, é representada como uma grandeza vetorial **Z**, onde

$$\mathbf{Z} = Z\angle\theta\ (\Omega)$$

Cada impedância pode ser representada como um vetor no plano complexo, de modo que o comprimento do vetor represente a magnitude da impedância. O diagrama que mostra uma ou mais impedâncias é chamado de **diagrama de impedância**.

A impedância resistiva $\mathbf{Z}_R$ é um vetor com uma magnitude de R ao longo do eixo real positivo. A reatância indutiva $\mathbf{Z}_L$ é um vetor com uma magnitude de X_L ao longo do eixo imaginário positivo, enquanto a reatância capacitiva $\mathbf{Z}_C$ é um vetor com uma magnitude de X_C ao longo do eixo imaginário negativo. Matematicamente, cada impedância vetorial é escrita da seguinte maneira:

$$\mathbf{Z}_R = R\angle 0^\circ = R + j0 = R$$

$$\mathbf{Z}_L = X_L\angle 90^\circ = 0 + jX_L = jX_L$$

$$\mathbf{Z}_C = X_C\angle{-90^\circ} = 0 - jX_C = -jX_C$$

[1] Isso também se aplica aos elementos em série com uma fonte AC *em um dado instante de tempo.* (N.R.T.)

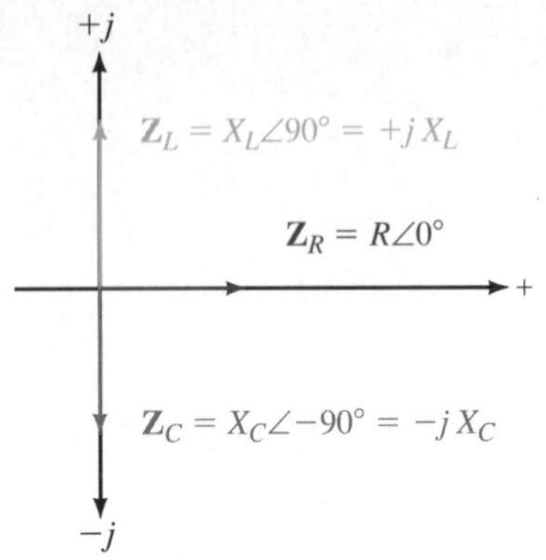

FIGURA 18-15

Cada uma dessas impedâncias é ilustrada pelo diagrama de impedância da Figura 18-15.

Todos os vetores da impedância aparecerão no primeiro quadrante ou no quarto, pois o vetor da impedância resistiva é sempre positivo.

Para um circuito série AC contendo n impedâncias, conforme mostrado na Figura 18-16, encontra-se a impedância total do circuito como a soma vetorial

$$\mathbf{Z}_T = \mathbf{Z}_1 + \mathbf{Z}_2 + \ldots + \mathbf{Z}_n \qquad \textbf{(18-1)}$$

Considere o ramo da Figura 18-17.

Aplicando a Equação 18-1, podemos determinar a impedância total do circuito como

$$\mathbf{Z}_T = (3\ \Omega + j0) + (0 + j4\ \Omega) = 3\ \Omega + j4\ \Omega$$
$$= 5\ \Omega\angle 53{,}13°$$

A Figura 18-18 mostra essas grandezas em um diagrama de impedância.

Considerando a Figura 18-18, vemos que a impedância total dos elementos série contém um componente real e um imaginário. O vetor da impedância total correspondente pode ser escrito tanto na forma polar quanto na retangular.

A forma retangular da impedância é escrita da seguinte maneira:

$$\mathbf{Z} = R \pm jX$$

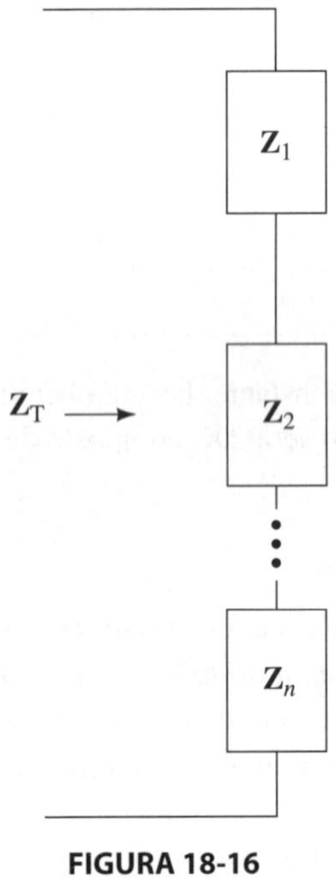

FIGURA 18-16

Se soubermos a forma polar da impedância, poderemos determinar a expressão retangular equivalente a partir de

$$R = Z\cos\theta \qquad \textbf{(18-2)}$$

e

$$X = Z\,\text{sen}\,\theta \qquad \textbf{(18-3)}$$

Na representação retangular para a impedância, o termo resistência, R, é o equivalente de todas as resistências na rede. O termo reatância, X, é a diferença entre as reatâncias capacitivas e indutivas totais. O sinal para o termo imaginário será positivo se a reatância indutiva for maior do que a reatância capacitiva. Nesse caso, o vetor da impedância aparecerá no primeiro quadrante do diagrama de impedância, e a impedância será chamada de **indutiva**. Se a reatância capacitiva for maior, o sinal para o termo imaginário será negativo. Nesse caso, o vetor da impedância aparecerá no quarto quadrante do diagrama de impedância, e a impedância será **capacitiva**.

A forma polar para qualquer impedância será escrita como

$$\mathbf{Z} = Z\angle\theta$$

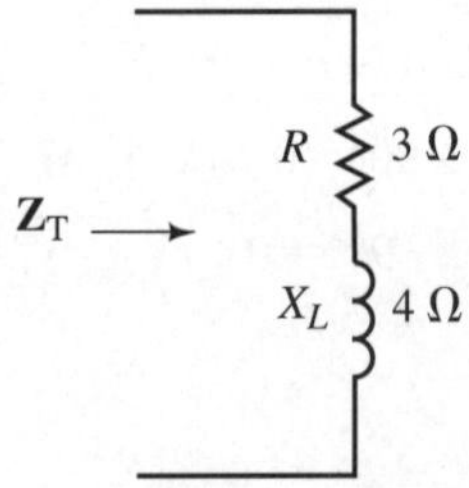

FIGURA 18-17

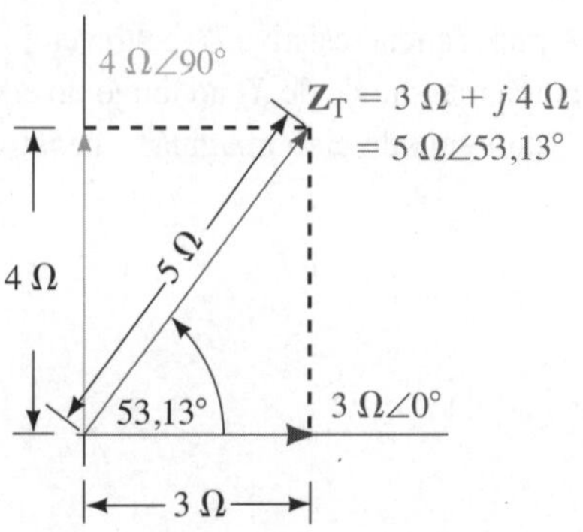

FIGURA 18-18

O valor Z é a magnitude (em ohms) do vetor impedância, **Z**, e é determinado da seguinte forma:

$$Z = \sqrt{R^2 + X^2} \quad (\Omega) \tag{18-4}$$

Determina-se o ângulo correspondente do vetor impedância como

$$\theta = \pm \operatorname{tg}^{-1}\left(\frac{X}{R}\right) \tag{18-5}$$

Sempre que um capacitor e um indutor com reatâncias iguais são colocados em série, como mostra a Figura 18-19, o circuito equivalente dos dois componentes é um curto-circuito, porque a reatância indutiva será perfeitamente equilibrada pela reatância capacitiva.

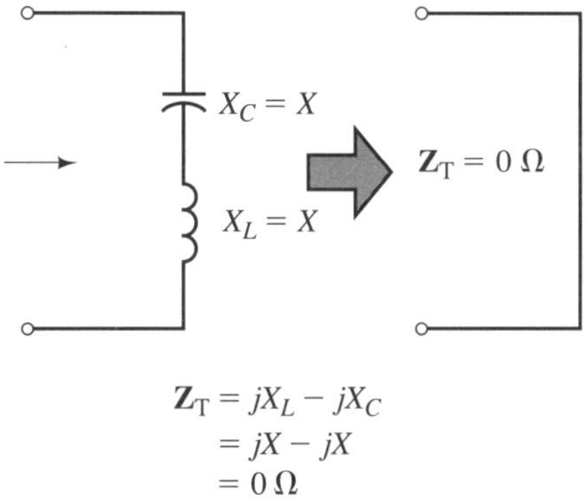

Qualquer circuito AC que tenha a impedância total com apenas um componente real é chamado de circuito **resistivo**. Nesse caso, o vetor da impedância, **Z**$_T$, ficará localizado ao longo do eixo real positivo do diagrama de impedância, e o ângulo do vetor será de 0°. A condição sob a qual as reatâncias série são iguais é chamada de "ressonância série" e será examinada com mais detalhes em um capítulo futuro.

Se a impedância **Z** for escrita na forma polar, o ângulo θ será positivo para uma impedância indutiva e negativo para uma impedância capacitiva. Se o circuito for puramente reativo, o ângulo θ resultante será ou +90° (indutivo) ou −90° (capacitivo). Se reexaminarmos o diagrama de impedância da Figura 18-18, concluiremos que o circuito original é indutivo.

$\mathbf{Z}_T = jX_L - jX_C$
$\quad = jX - jX$
$\quad = 0\,\Omega$

FIGURA 18-19

Exemplo 18-5

Considere a rede da Figura 18-20.

a. Encontre **Z**$_T$.

b. Faça um esboço do diagrama de impedância para a rede e indique se a impedância total do circuito é indutiva, capacitiva ou resistiva.

c. Use a lei de Ohm para determinar **I**, **V**$_R$ e **V**$_C$.

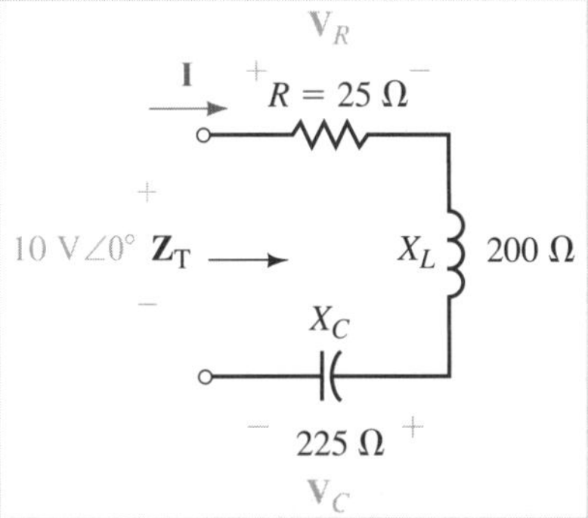

FIGURA 18-20

Solução:

a. A impedância total é a soma vetorial

$\mathbf{Z}_T = 25\,\Omega + j200\,\Omega + (-j225\,\Omega)$

$\quad = 25\,\Omega - j25\,\Omega$

$\quad = 35{,}36\,\Omega \angle -45°$

b. A Figura 18-21 mostra o diagrama de impedância correspondente.

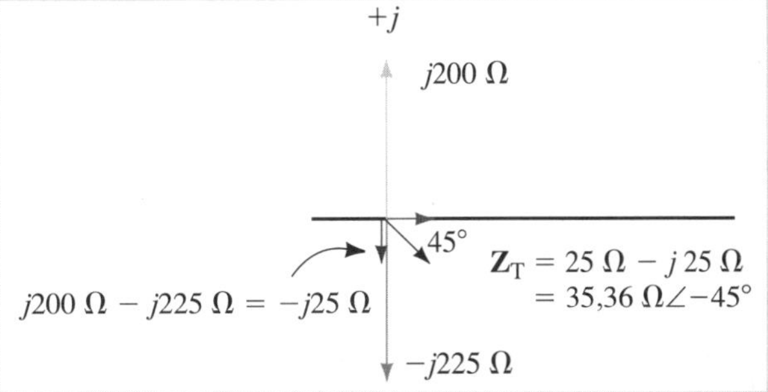

FIGURA 18-21

(continua)

Exemplo 18-5 *(continuação)*

Como a impedância total apresenta um termo negativo da reatância ($-j25\ \Omega$), $\mathbf{Z}_T$ é capacitivo.

c. $\mathbf{I} = \dfrac{10\ \text{V}\angle 0^\circ}{35{,}36\ \Omega\angle -45^\circ} = 0{,}283\ \text{A}\angle 45^\circ$

$\mathbf{V}_R = (282{,}8\ \text{mA}\angle 45^\circ)(25\ \Omega\angle 0^\circ) = 7{,}07\ \text{V}\angle 45^\circ$

$\mathbf{V}_C = (282{,}8\ \text{mA}\angle 45^\circ)(225\ \Omega\angle -90^\circ) = 63{,}6\ \text{V}\angle -45^\circ$

Observe que a magnitude da tensão no capacitor é muitas vezes maior do que a tensão da fonte aplicada ao circuito. Este exemplo mostra que as tensões nos elementos reativos devem ser calculadas para se assegurar que as especificações máximas para os componentes não sejam excedidas.

Exemplo 18-6

Sendo a impedância total da rede igual a $13\ \Omega\angle 22{,}62^\circ$, determine a impedância $\mathbf{Z}$ que deve estar dentro do bloco indicado na Figura 18-22.

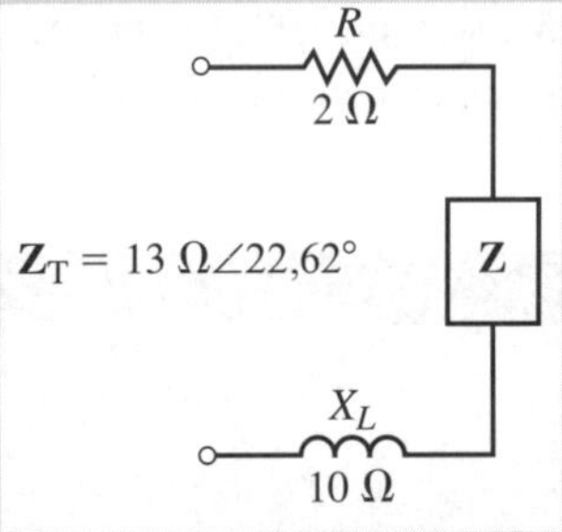

FIGURA 18-22

Solução: Convertendo a impedância total da forma polar para a forma retangular, teremos

$$\mathbf{Z}_T = 13\ \Omega\angle 22{,}62^\circ \Leftrightarrow 12\ \Omega + j5\ \Omega$$

Agora, sabemos que a impedância total é determinada pela soma dos vetores individuais da impedância, ou seja,

$$\mathbf{Z}_T = 2\ \Omega + j10\ \Omega + \mathbf{Z} = 12\ \Omega + j5\ \Omega$$

Logo, determina-se a impedância $\mathbf{Z}$ como

$$\begin{aligned}\mathbf{Z} &= 12\ \Omega + j5\ \Omega - (2\ \Omega + j10\ \Omega)\\ &= 10\ \Omega - j5\ \Omega\\ &= 11{,}18\ \Omega\angle -26{,}57^\circ\end{aligned}$$

Em sua forma mais simples, a impedância $\mathbf{Z}$ será composta de uma combinação série de um resistor de $10\ \Omega$ e um capacitor com uma reatância de $5\ \Omega$. A Figura 18-23 mostra os elementos que podem compor $\mathbf{Z}$ para satisfazer as condições dadas.

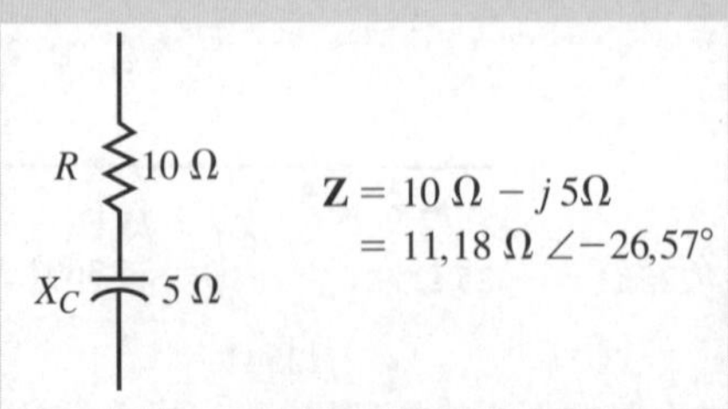

FIGURA 18-23

Exemplo 18-7

Encontre a impedância total para a rede da Figura 18-24. Desenhe o diagrama de impedância mostrando $\mathbf{Z}_1$, $\mathbf{Z}_2$ e $\mathbf{Z}_T$.

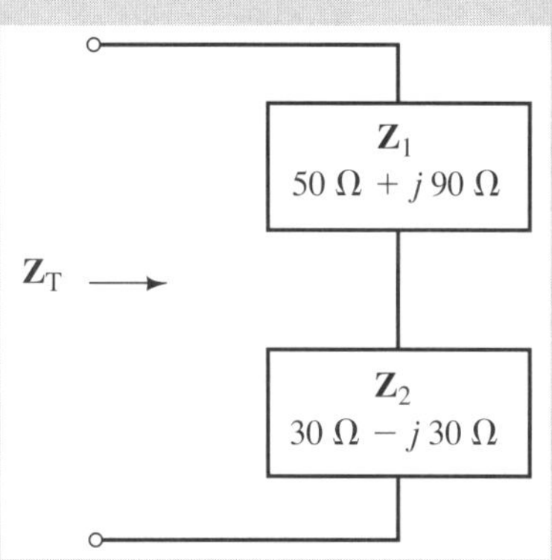

FIGURA 18-24

Solução:

$$\mathbf{Z}_T = \mathbf{Z}_1 + \mathbf{Z}_2$$
$$= (50\ \Omega + j90\ \Omega) + (30\ \Omega - j30\ \Omega)$$
$$= (80\ \Omega + j60\ \Omega) = 100\ \Omega\angle 36{,}87°$$

As formas polares dos vetores $\mathbf{Z}_1$ e $\mathbf{Z}_2$ são:

$$\mathbf{Z}_1 = 50\ \Omega + j90\ \Omega = 102{,}96\ \Omega\angle 60{,}95°$$
$$\mathbf{Z}_2 = 30\ \Omega - j30\ \Omega = 42{,}43\ \Omega\angle -45°$$

A Figura 18-25 mostra o diagrama de impedância resultante.

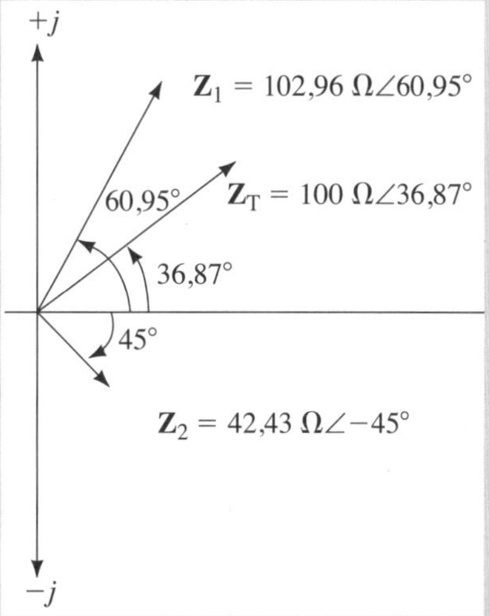

FIGURA 18-25

O ângulo de fase θ para o vetor impedância, $\mathbf{Z} = Z\angle\theta$, fornece o ângulo de fase entre a tensão **V** em **Z** e a corrente **I** que passa pela impedância. Para uma impedância indutiva, a tensão está θ adiantada em relação à corrente. Se a impedância for capacitiva, a tensão estará atrasada em relação à corrente por um valor igual a θ.

O ângulo de fase θ também é útil para determinar a potência média dissipada pelo circuito. No circuito série simples da Figura 18-26, sabemos que apenas o resistor dissipará potência.

A potência média dissipada pelo resistor pode ser determinada da seguinte forma:

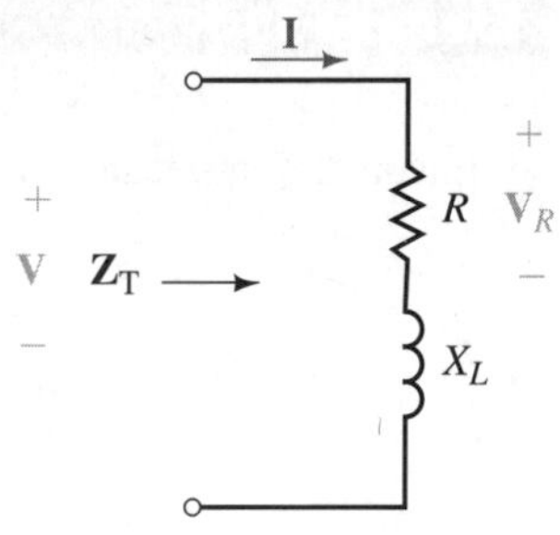

FIGURA 18-26

$$P = V_R I = \frac{V_R^2}{R} = I^2 R \tag{18-6}$$

Observe que a Equação 18-6 usa apenas as magnitudes da tensão, da corrente e dos vetores impedância. *A potência nunca é determinada pelos produtos fasoriais.*

A lei de Ohm fornece a magnitude do fasor da corrente como

$$I = \frac{V}{Z}$$

Substituindo essa expressão na Equação 18-6, obtemos a expressão para a potência:

$$P = \frac{V^2}{Z^2} R = \frac{V^2}{Z}\left(\frac{R}{Z}\right) \tag{18-7}$$

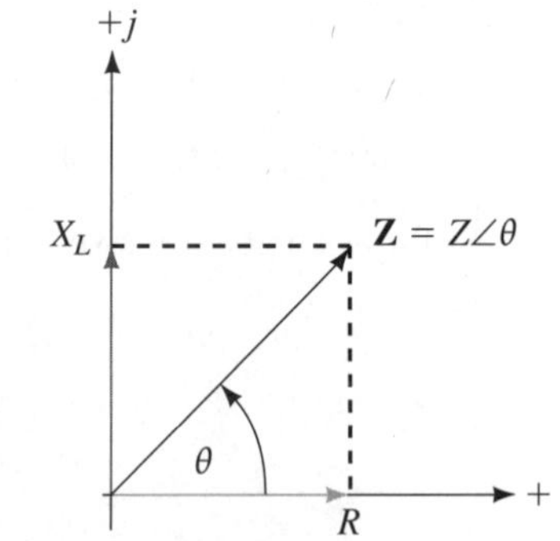

FIGURA 18-27

Pelo diagrama de impedância da Figura 18-27, vemos que

$$\cos\theta = \frac{R}{Z}$$

No Capítulo 17 (volume 1), definimos o fator de potência como sendo $F_p = \cos\theta$, onde θ é o ângulo entre os fasores da tensão e corrente. Agora vemos que, para o circuito série, o fator de potência do circuito pode ser determinado a partir das magnitudes da resistência e da impedância total.

$$F_p = \cos\theta = \frac{R}{Z} \tag{18-8}$$

Diz-se que o fator de potência, F_p, está **adiantado** se a corrente estiver adiantada em relação à tensão (circuito capacitivo), e **atrasado** se a corrente estiver atrasada em relação à tensão (circuito indutivo).

Agora, substituindo a expressão para o fator de potência na Equação 18-7, temos a seguinte expressão para a potência fornecida ao circuito:

$$P = VI\cos\theta$$

Como $V = IZ$, a potência pode ser expressa como

$$P = VI\cos\theta = I^2 Z\cos\theta = \frac{V^2}{Z}\cos\theta \tag{18-9}$$

Exemplo 18-8

Observe o circuito da Figura 18-28.

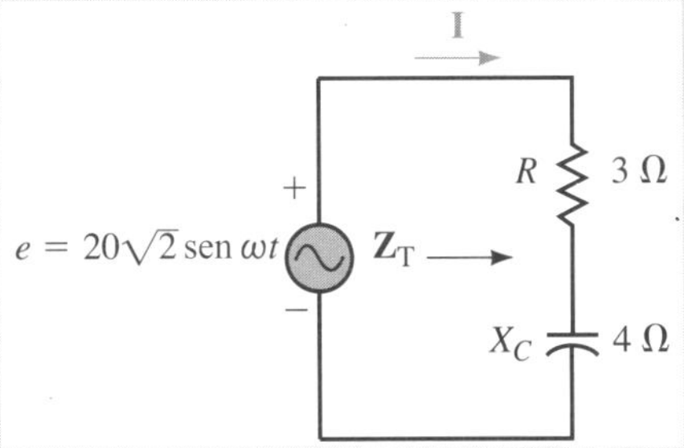

FIGURA 18-28

a. Encontre a impedância $\mathbf{Z}_T$.

b. Calcule o fator de potência do circuito.

c. Determine **I**.

d. Desenhe o diagrama fasorial para **E** e **I**.

e. Encontre a potência média fornecida pela fonte de tensão ao circuito.

f. Calcule a potência média dissipada pelo resistor e pelo capacitor.

Solução:

a. $\mathbf{Z}_T = 3\ \Omega - j4\ \Omega = 5\ \Omega\angle{-53,13^\circ}$

b. $F_p = \cos\theta = 3\ \Omega/5\ \Omega = 0,6$ (adiantado)

c. A forma fasorial da tensão aplicada é

$$\mathbf{E} = \frac{(\sqrt{2})(20\ \text{V})}{\sqrt{2}}\angle 0^\circ = 20\ \text{V}\angle 0^\circ$$

o que fornece uma corrente de

$$\mathbf{I} = \frac{20\ \text{V}\angle 0^\circ}{5\ \Omega\angle{-53,13^\circ}} = 4,0\ \text{A}\angle 53,13^\circ$$

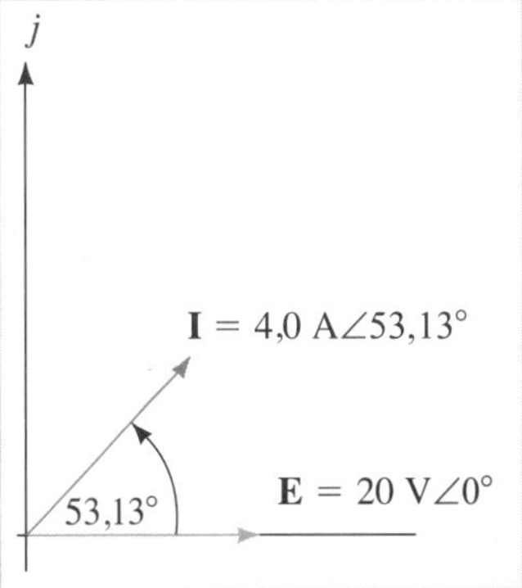

FIGURA 18-29

d. A Figura 18-29 mostra o diagrama fasorial.

A partir desse diagrama fasorial, vemos que o fasor da corrente para o circuito capacitivo está 53,13º adiantado em relação ao fasor da tensão.

e. A potência média fornecida pela fonte de tensão ao circuito é

$$P = (20\ \text{V})(4\ \text{A})\cos 53,13^\circ = 48,0\ \text{W}$$

f. A potência média dissipada pelo resistor e pelo capacitor será

$$P_R = (4\ \text{A})^2(3\ \Omega)\cos 0^\circ = 48\ \text{W}$$

$$P_C = (4\ \text{A})^2(4\ \Omega)\cos 90^\circ = 0\ \text{W (como o esperado!)}$$

Observe que o fator de potência usado para determinar a potência dissipada pelos elementos é o fator de potência para aquele elemento e não o fator de potência total para o circuito.

Como esperado, a soma das potências dissipadas pelo resistor e pelo capacitor é igual à potência total fornecida pela fonte de tensão.

PROBLEMAS PRÁTICOS 3

Um circuito é composto de uma fonte de tensão $\mathbf{E} = 50\ \text{V}\angle 25°$ em série com $L = 20$ mH, $C = 50\ \mu$F e $R = 25\ \Omega$. O circuito opera a uma frequência angular de 2 krad/s.

a. Determine o fasor da corrente, **I**.

b. Calcule o fator de potência do circuito.

c. Calcule a potência média dissipada pelo circuito e confira se o resultado é igual à potência média fornecida pela fonte.

d. Use a lei de Ohm para encontrar $\mathbf{V}_R$, $\mathbf{V}_L$ e $\mathbf{V}_C$.

Respostas

a. $\mathbf{I} = 1{,}28\ \text{A}\angle -25{,}19°$

b. $F_p = 0{,}6402$ atrasado

c. $P = 41{,}0$ W

d. $\mathbf{V}_R = 32{,}0\ \text{V}\angle -25{,}19°$

$\mathbf{V}_C = 12{,}8\ \text{V}\angle -115{,}19°$

$\mathbf{V}_L = 51{,}2\ \text{V}\angle 64{,}81°$

18.3 Lei de Kirchhoff das Tensões e a Regra do Divisor de Tensão

Quando uma tensão é aplicada a impedâncias em série, como mostra a Figura 18-30, é possível usar a lei de Ohm para determinar a tensão em qualquer impedância:

$$\mathbf{V}_x = \mathbf{I}\mathbf{Z}_x$$

A corrente no circuito é

$$\mathbf{I} = \frac{\mathbf{E}}{\mathbf{Z}_T}$$

Agora, por substituição, chegamos à regra do divisor de tensão para qualquer combinação série dos elementos:

$$\mathbf{V}_x = \frac{\mathbf{Z}_x}{\mathbf{Z}_T}\mathbf{E} \qquad \textbf{(18-10)}$$

A Equação 18-10 é bastante parecida com a equação utilizada para a regra do divisor de tensão em circuitos DC. Na resolução dos circuitos AC, as principais diferenças são o uso de impedâncias no lugar de resistências e o uso do fasor tensão. Como a regra do divisor de tensão envolve a resolução de produtos e quocientes dos fasores, geralmente usamos a forma polar ao invés da forma retangular.

A lei de Kirchhoff das tensões deve ser aplicável a todos os circuitos, sejam eles circuitos DC ou AC. No entanto, como os circuitos AC apresentam as tensões expressas tanto na forma senoidal quanto na polar, a lei de Kirchhoff das tensões para circuitos AC pode ser postulada da seguinte maneira:

A soma fasorial das quedas e elevações de tensão ao redor de uma malha fechada é igual a zero.

Quando somamos fasores tensão, percebemos que essa soma geralmente é mais fácil na forma retangular do que na polar.

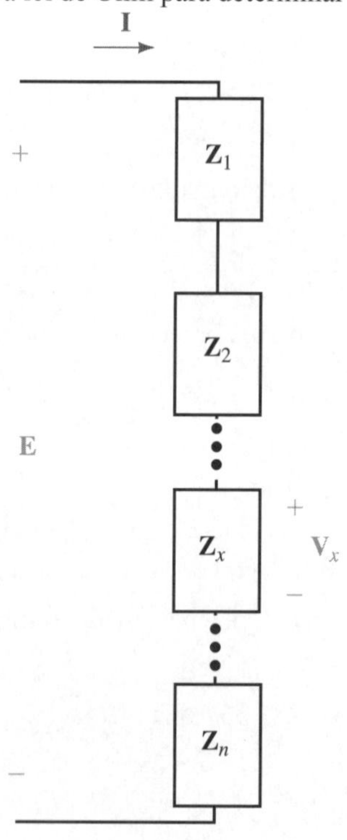

FIGURA 18-30

Exemplo 18-9

Considere o circuito da Figura 18-31.

a. Determine $\mathbf{Z}_T$.

b. Determine as tensões $\mathbf{V}_R$ e $\mathbf{V}_L$ usando a regra do divisor de tensão.

c. Confirme a lei de Kirchhoff das tensões ao redor da malha fechada.

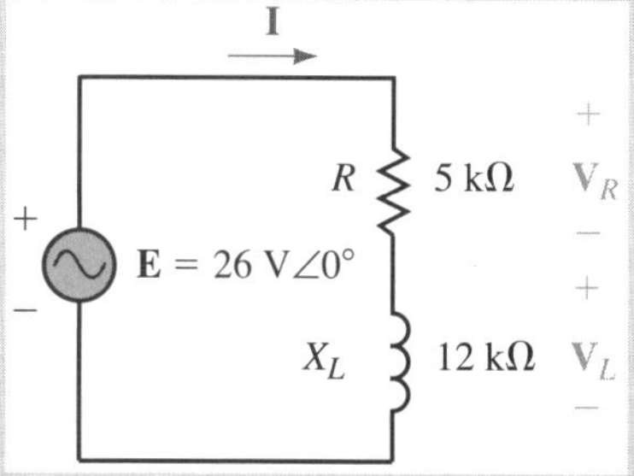

FIGURA 18-31

Solução:

a. $\mathbf{Z}_T = 5\ \text{k}\Omega + j12\ \text{k}\Omega = 13\ \text{k}\Omega\angle 67{,}38^\circ$

b. $$\mathbf{V}_R = \left(\frac{5\ \text{k}\Omega\angle 0^\circ}{13\ \text{k}\Omega\angle 67{,}38^\circ}\right)(26\ \text{V}\angle 0^\circ) = 10\ \text{V}\angle -67{,}38^\circ$$

$$\mathbf{V}_L = \left(\frac{12\ \text{k}\Omega\angle 90^\circ}{13\ \text{k}\Omega\angle 67{,}38^\circ}\right)(26\ \text{V}\angle 0^\circ) = 24\ \text{V}\angle 22{,}62^\circ$$

c. A lei de Kirchhoff das tensões ao redor da malha fechada fornecerá

$$26\ \text{V}\angle 0^\circ - 10\ \text{V}\angle -67{,}38^\circ - 24\ \text{V}\angle 22{,}62^\circ = 0$$
$$(26 + j0) - (3{,}846 - j9{,}231) - (22{,}154 + j9{,}231) = 0$$
$$(26 - 3{,}846 - 22{,}154) + j(0 + 9{,}231 - 9{,}231) = 0$$
$$0 + j0 = 0$$

Exemplo 18-10

Considere o circuito da Figura 18-32.

a. Calcule as tensões senoidais v_1 e v_2 usando os fasores e a regra do divisor de tensão.

b. Desenhe o diagrama fasorial mostrando **E**, $\mathbf{V}_1$ e $\mathbf{V}_2$.

c. Desenhe as formas de onda senoidais de e, v_1 e v_2.

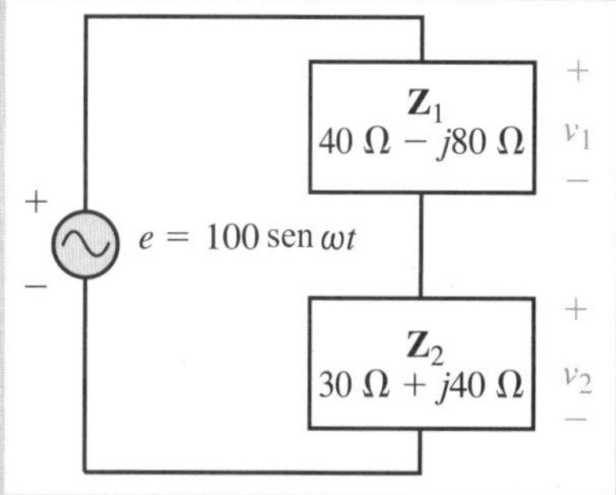

FIGURA 18-32

Solução:

a. A forma fasorial da fonte de tensão é determinada como

$$e = 100\ \text{sen}\ \omega t \Leftrightarrow \mathbf{E} = 70{,}71\ \text{V}\angle 0^\circ$$

Aplicando a RDT[2], temos

$$\mathbf{V}_1 = \left(\frac{40\ \Omega - j80\ \Omega}{(40\ \Omega - j80\ \Omega) + (30\ \Omega + j40\ \Omega)}\right)(70{,}71\ \text{V}\angle 0^\circ)$$

$$= \left(\frac{89{,}44\ \Omega\angle -63{,}43^\circ}{80{,}62\ \Omega\angle -29{,}74^\circ}\right)(70{,}71\ \text{V}\angle 0^\circ)$$

$$= 78{,}4\ \text{V}\angle -33{,}69^\circ$$

(continua)

[2] Como já definido no primeiro volume do livro, a sigla RDT corresponde à regra do divisor de tensão.

Exemplo 18-10 *(continuação)*

e

$$\mathbf{V}_2 = \left(\frac{30\ \Omega + j40\ \Omega}{(40\ \Omega - j80\ \Omega) + (30\ \Omega + j40\ \Omega)}\right)(70{,}71\ \text{V}\angle 0°)$$

$$= \left(\frac{50{,}00\ \Omega\angle 53{,}13°}{80{,}62\ \Omega\angle -29{,}74°}\right)(70{,}71\ \text{V}\angle 0°)$$

$$= 43{,}9\ \text{V}\angle 82{,}87°$$

As tensões senoidais são

$$v_1 = (\sqrt{2})(78{,}4)\text{sen}(\omega t - 33{,}69°)$$
$$= 111\ \text{sen}(\omega t - 33{,}69°)$$

e

$$v_2 = (\sqrt{2})(43{,}9)\text{sen}(\omega t + 82{,}87°)$$
$$= 62{,}0\ \text{sen}(\omega t + 82{,}87°)$$

b. A Figura 18-33 mostra o diagrama fasorial.

c. As tensões senoidais correspondentes são mostradas na Figura 18-34.

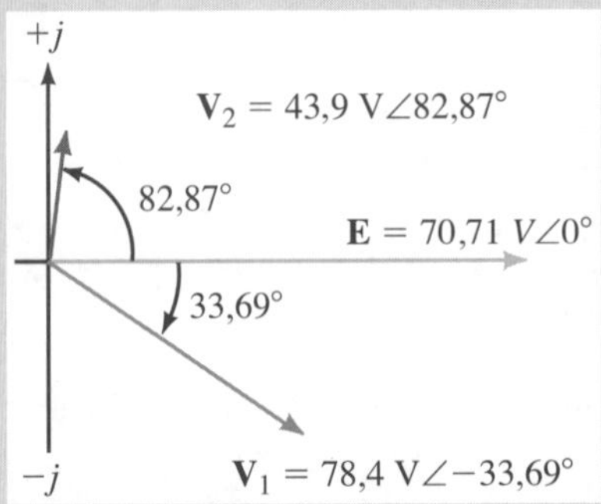

FIGURA 18-33

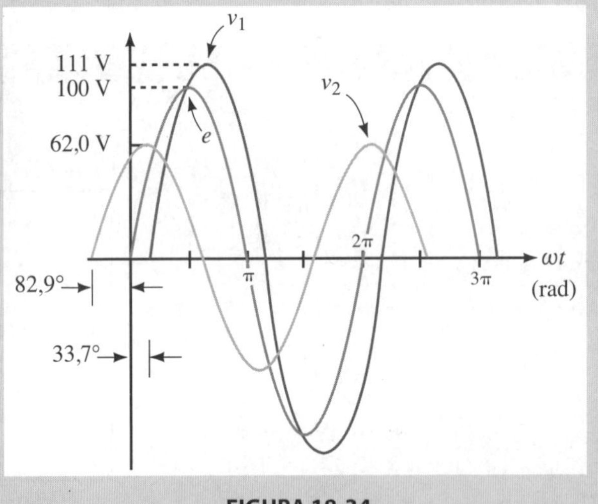

FIGURA 18-34

VERIFICAÇÃO DO PROCESSO DE APRENDIZAGEM 2

(As respostas encontram-se no final do capítulo.)

1. Expresse a lei de Kirchhoff das tensões na forma como ela deve ser aplicada aos circuitos AC.
2. Qual é a principal diferença entre as formas de uso da lei de Kirchhoff das tensões nos circuitos AC e DC?

PROBLEMAS PRÁTICOS 4

Um circuito é composto de uma fonte de tensão $\mathbf{E} = 50\ \text{V}\angle 25°$ em série com $L = 20$ mH, $C = 50\ \mu$F e $R = 25\ \Omega$. O circuito opera em uma frequência angular de 2 krad/s.

a. Use a regra do divisor de tensão para determinar a tensão em cada elemento no circuito.

b. Confirme se a lei de Kirchhoff das tensões se aplica ao circuito.

Respostas

a. $\mathbf{V}_L = 51{,}2\ \text{V}\angle 64{,}81°$, $\mathbf{V}_C = 12{,}8\ \text{V}\angle{-115{,}19°}$

$\mathbf{V}_R = 32{,}0\ \text{V}\angle{-25{,}19°}$

b. $51{,}2\ \text{V}\angle 64{,}81° + 12{,}8\ \text{V}\angle{-115{,}19°} + 32{,}0\ \text{V}\angle{-25{,}19°} = 50\ \text{V}\angle 25°$

18.4 Circuitos Paralelos AC

Define-se a **admitância Y** de qualquer impedância como uma grandeza vetorial que é o inverso da impedância **Z**.

Matematicamente, a admitância é expressa como

$$\mathbf{Y}_\text{T} = \frac{1}{\mathbf{Z}_\text{T}} = \frac{1}{Z_\text{T}\angle\theta} = \left(\frac{1}{Z_\text{T}}\right)\angle -\theta = Y_\text{T}\angle -\theta \quad \text{(S)} \qquad \textbf{(18-11)}$$

onde a unidade da admitância é o siemens (S).

Em particular, vimos que a admitância de um resistor R é chamada de condutância, e é dada pelo símbolo $\mathbf{Y}_R$. Se considerarmos a resistência como uma grandeza vetorial, a forma vetorial correspondente da condutância será

$$\mathbf{Y}_R = \frac{1}{R\angle 0°} = \frac{1}{R}\angle 0° = G\angle 0° = G + j0 \quad \text{(S)} \qquad \textbf{(18-12)}$$

Quando determinamos a admitância de um componente X puramente reativo, a admitância resultante é chamada de **susceptância** do componente, e é designada pelo símbolo B. A unidade para a susceptância é o siemens (S). Para fazer a distinção entre a susceptância indutiva e a capacitiva, usamos respectivamente os subscritos L e C. As formas vetoriais da admitância reativa são dadas da seguinte forma:

$$\mathbf{Y}_L = \frac{1}{X_L\angle 90°} = \frac{1}{X_L}\angle -90° = B_L\angle -90° = 0 - jB_L \quad \text{(S)} \qquad \textbf{(18-13)}$$

$$\mathbf{Y}_C = \frac{1}{X_C\angle -90°} = \frac{1}{X_C}\angle 90° = B_C\angle 90° = 0 + jB_C \quad \text{(S)} \qquad \textbf{(18-14)}$$

De modo semelhante às impedâncias, as admitâncias podem ser representadas no plano complexo em um **diagrama de admitância**, como mostra a Figura 18-35.

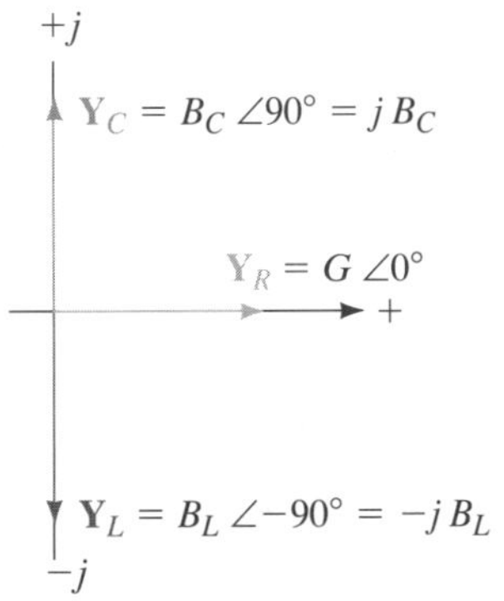

FIGURA 18-35 Diagrama de admitância que mostra a condutância ($\mathbf{Y}_R$) e a susceptância ($\mathbf{Y}_L$ e $\mathbf{Y}_C$).

Os comprimentos dos vários vetores são proporcionais às magnitudes das admitâncias correspondentes. O vetor da admitância resistiva, $\mathbf{Y}_R$, é mostrado no eixo real positivo, ao passo que os vetores das admitâncias indutiva e capacitiva, $\mathbf{Y}_L$ e $\mathbf{Y}_C$, estão localizados nos eixos imaginários negativo e positivo[3], respectivamente.

Exemplo 18-11

Determine as admitâncias das seguintes impedâncias. Desenhe o diagrama de admitância correspondente.

a. $R = 10\ \Omega$

b. $X_L = 20\ \Omega$

c. $X_C = 40\ \Omega$

Solução:

a. $\mathbf{Y}_R = \dfrac{1}{R} = \dfrac{1}{10\ \Omega\angle 0°} = 100\ \text{mS}\angle 0°$

b. $\mathbf{Y}_L = \dfrac{1}{X_L} = \dfrac{1}{20\ \Omega\angle 90°} = 50\ \text{mS}\angle -90°$

c. $\mathbf{Y}_C = \dfrac{1}{X_C} = \dfrac{1}{40\ \Omega\angle -90°} = 25\ \text{mS}\angle 90°$

A Figura 18-36 mostra o diagrama de admitância.

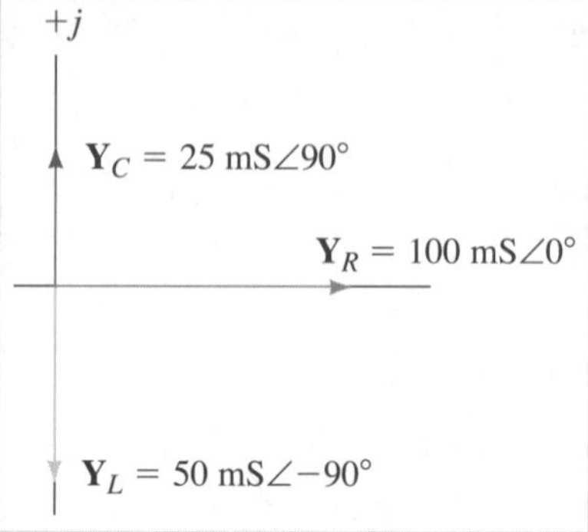

FIGURA 18-36

Para qualquer rede de n admitâncias do mesmo tipo da ilustrada na Figura 18-37, a admitância total é a soma vetorial das admitâncias da rede. Matematicamente, a admitância total de uma rede é dada por

$$\mathbf{Y}_T = \mathbf{Y}_1 + \mathbf{Y}_2 + \ldots + \mathbf{Y}_n\ (\text{S}) \tag{18-15}$$

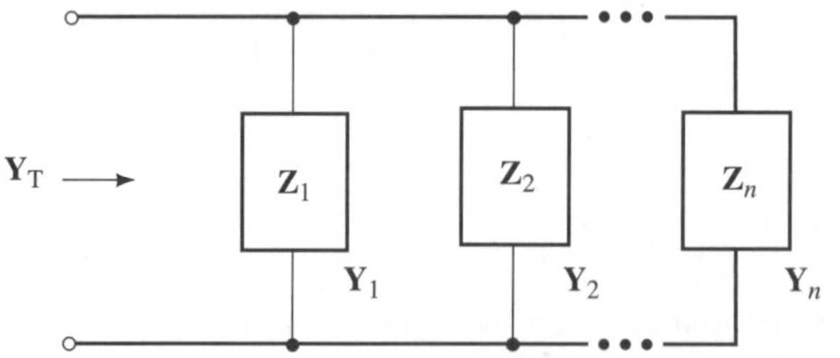

FIGURA 18-37

A impedância resultante de uma rede paralela de n impedâncias é determinada da seguinte maneira:

$$\mathbf{Z}_T = \frac{1}{\mathbf{Y}_T} = \frac{1}{\mathbf{Y}_1 + \mathbf{Y}_2 + \cdots + \mathbf{Y}_n}$$

$$\mathbf{Z}_T = \frac{1}{\dfrac{1}{\mathbf{Z}_1} + \dfrac{1}{\mathbf{Z}_2} + \cdots + \dfrac{1}{\mathbf{Z}_n}}\ (\Omega) \tag{18-16}$$

[3] De forma mais precisa, só existe um eixo imaginário com dois sentidos: positivo e negativo. (N.R.T.)

Exemplo 18-12

Encontre a admitância e a impedância equivalentes da rede da Figura 18-38. Desenhe o diagrama de admitância.

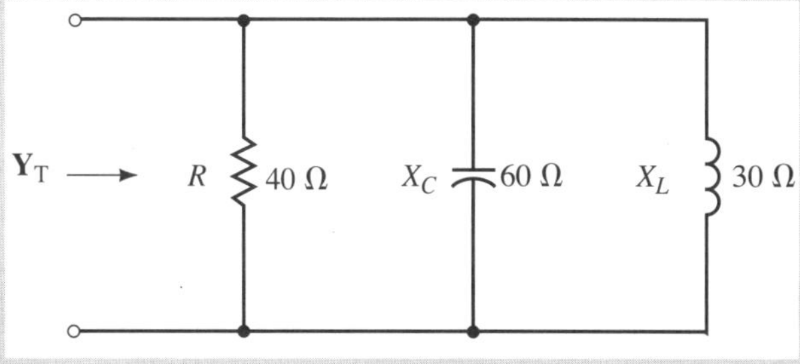

FIGURA 18-38

Solução: As admitâncias dos diversos elementos paralelos são

$$\mathbf{Y}_1 = \frac{1}{40\ \Omega\angle 0^\circ} = 25{,}0\ \text{mS}\angle 0^\circ = 25{,}0\ \text{mS} + j0$$

$$\mathbf{Y}_2 = \frac{1}{60\ \Omega\angle -90^\circ} = 16{,}\overline{6}\ \text{mS}\angle 90^\circ = 0 + j16{,}\overline{6}\ \text{mS}$$

$$\mathbf{Y}_3 = \frac{1}{30\ \Omega\angle 90^\circ} = 33{,}\overline{3}\ \text{mS}\angle -90^\circ = 0 - j\,33{,}\overline{3}\ \text{mS}$$

Determina-se a admitância total como

$$\begin{aligned}\mathbf{Y}_T &= \mathbf{Y}_1 + \mathbf{Y}_2 + \mathbf{Y}_3\\ &= 25{,}0\ \text{mS} + j16{,}\overline{6}\ \text{mS} + (-j\,33{,}\overline{3}\ \text{mS})\\ &= 25{,}0\ \text{mS} - j16{,}\overline{6}\ \text{mS}\\ &= 30{,}0\ \text{mS}\angle -33{,}69^\circ\end{aligned}$$

Isso resulta em uma impedância total para a rede de

$$\begin{aligned}\mathbf{Z}_T &= \frac{1}{\mathbf{Y}_T}\\ &= \frac{1}{30{,}0\ \text{mS}\angle -33{,}69^\circ}\\ &= 33{,}3\ \Omega\angle 33{,}69^\circ\end{aligned}$$

A Figura 18-39 mostra o diagrama de admitância.

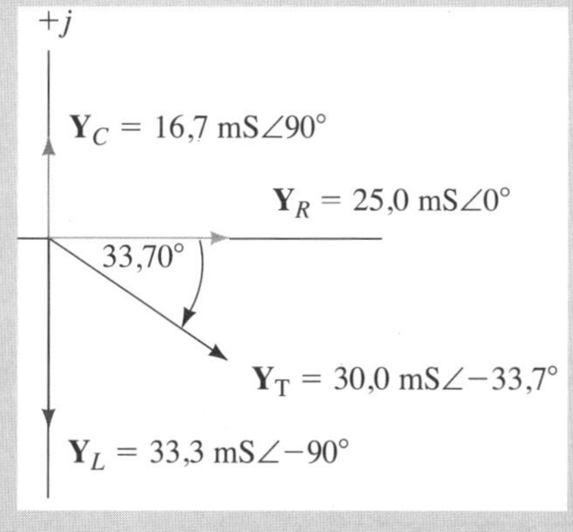

FIGURA 18-39

Duas Impedâncias em Paralelo

Aplicando a Equação 18-14 para duas impedâncias, determinamos a impedância equivalente das duas impedâncias como

$$\mathbf{Z}_T = \frac{\mathbf{Z}_1\mathbf{Z}_2}{\mathbf{Z}_1 + \mathbf{Z}_2} \ (\Omega) \tag{18-17}$$

A partir dessa expressão, vemos que, para duas impedâncias em paralelo, determina-se a impedância equivalente como o produto das impedâncias dividido pela soma delas. Embora a expressão para duas impedâncias seja muito parecida com a expressão para dois resistores em paralelo, a diferença é que o cálculo da impedância envolve o uso da álgebra complexa.

Exemplo 18-13

Encontre a impedância total para a rede mostrada na Figura 18-40.

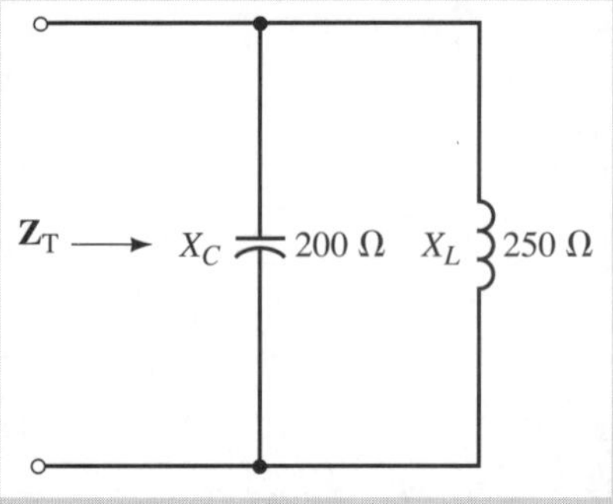

FIGURA 18-40

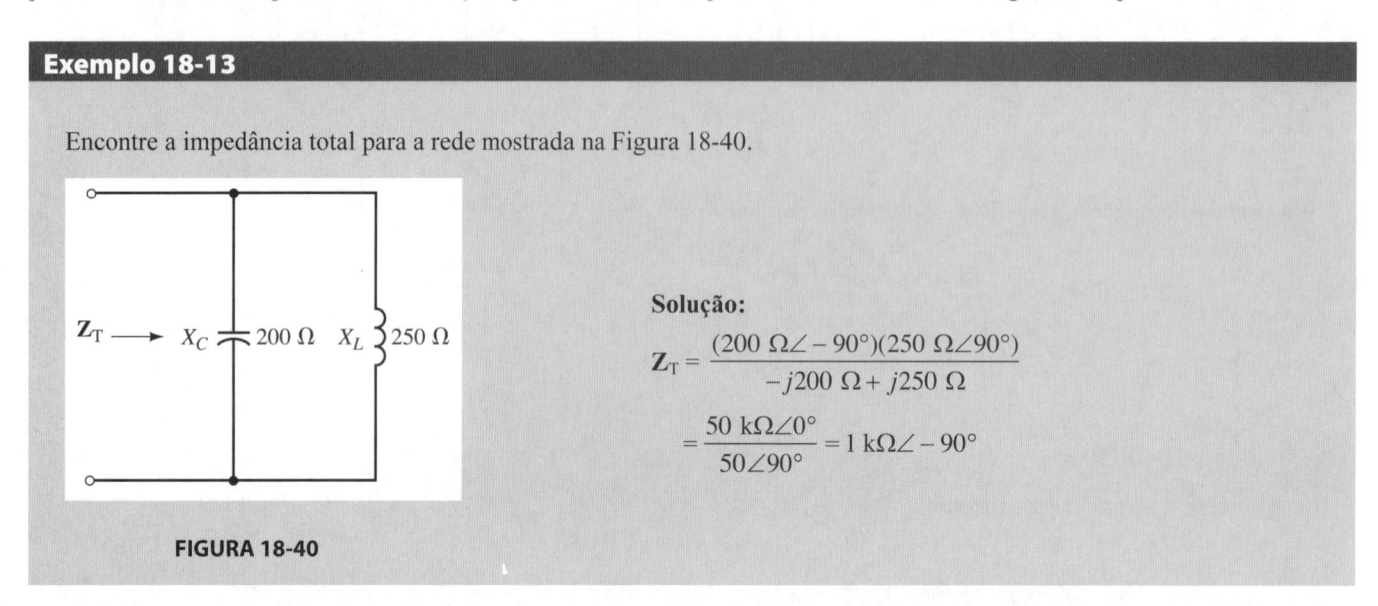

Solução:

$$\mathbf{Z}_T = \frac{(200\ \Omega\angle -90^\circ)(250\ \Omega\angle 90^\circ)}{-j200\ \Omega + j250\ \Omega}$$

$$= \frac{50\ \text{k}\Omega\angle 0^\circ}{50\angle 90^\circ} = 1\ \text{k}\Omega\angle -90^\circ$$

O exemplo anterior ilustra que, diferentemente da resistência paralela total, a impedância total de uma combinação de reatâncias paralelas pode ser muito maior do que qualquer uma das impedâncias individuais. Na verdade, se depararmos com uma combinação paralela de reatâncias indutivas e capacitivas iguais, a impedância total da combinação será infinita (isto é, um circuito aberto). Considere a rede da Figura 18-41.

A impedância total $\mathbf{Z}_T$ é obtida através de

$$\mathbf{Z}_T = \frac{(X_L\angle 90^\circ)(X_C\angle -90^\circ)}{jX_L - jX_C} = \frac{X^2\angle 0^\circ}{0\angle 0^\circ} = \infty\angle 0^\circ$$

Como o denominador dessa expressão é igual a zero, a magnitude da impedância total será indefinida ($\mathbf{Z} = \infty$). A magnitude é indefinida e a álgebra gera um ângulo de fase $\theta = 0^\circ$, o que indica que o vetor fica no eixo real positivo do diagrama de impedância.

Sempre que um capacitor e um indutor com reatâncias iguais são colocados em paralelo, o circuito equivalente dos dois componentes é um circuito aberto.

O princípio das reatâncias paralelas iguais será estudado em um capítulo futuro que aborda a "ressonância".

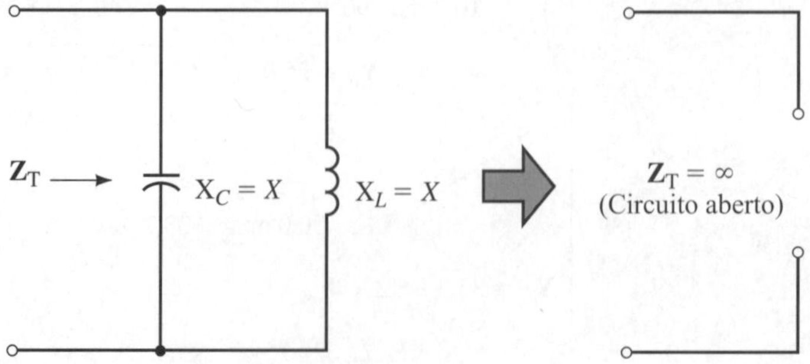

FIGURA 18-41

Três Impedâncias em Paralelo

A Equação 18-16 pode ser usada para três impedâncias, de modo a obtermos a impedância equivalente como

$$\mathbf{Z}_T = \frac{\mathbf{Z}_1\mathbf{Z}_2\mathbf{Z}_3}{\mathbf{Z}_1\mathbf{Z}_2 + \mathbf{Z}_1\mathbf{Z}_3 + \mathbf{Z}_2\mathbf{Z}_3} \ (\Omega) \qquad \textbf{(18-18)}$$

embora esta seja menos útil do que a equação geral.

Exemplo 18-14

Determine a impedância equivalente da rede da Figura 18-42.

Solução:

$$\mathbf{Z}_T = \frac{(2\,\text{k}\Omega\angle 0°)(3\,\text{k}\Omega\angle 90°)(2\,\text{k}\Omega\angle -90°)}{(2\,\text{k}\Omega\angle 0°)(3\,\text{k}\Omega\angle 90°) + (2\,\text{k}\Omega\angle 0°)(2\,\text{k}\Omega\angle -90°) + (3\,\text{k}\Omega\angle 90°)(2\,\text{k}\Omega\angle -90°)}$$

$$= \frac{12 \times 10^9\ \Omega\angle 0°}{6 \times 10^6\angle 90° + 4 \times 10^6\angle -90° + 6 \times 10^6\angle 0°}$$

$$= \frac{12 \times 10^9\ \Omega\angle 0°}{6 \times 10^6 + j2 \times 10^6} = \frac{12 \times 10^9\ \Omega\angle 0°}{6{,}325 \times 10^6\angle 18{,}43°}$$

$$= 1{,}90\ \text{k}\Omega\angle -18{,}43°$$

Então, a impedância equivalente da rede é

$$\mathbf{Z}_T = 1{,}80\ \text{k}\Omega - j0{,}6\ \text{k}\Omega$$

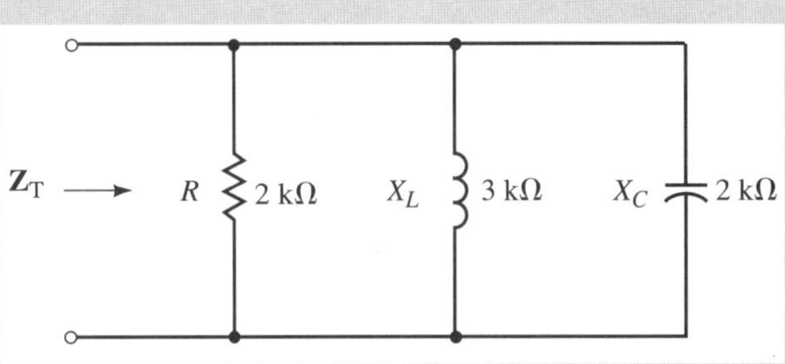

FIGURA 18-42

Sugestão para o uso da TI-86:

No Capítulo 5 (volume 1), mostramos que é possível determinar o valor equivalente de vários resistores em paralelo usando a tecla x^{-1} referente à função inversa, que pode ser encontrada em todas as calculadoras científicas. Se a sua calculadora realiza operações com números complexos, um método parecido pode ser usado para resolver a impedância equivalente de qualquer circuito, até uma com elementos reativos, como na Figura 18-42. A sequência de teclas a seguir mostra como determinamos $\mathbf{Z}_T$ para este exemplo utilizando a calculadora TI-86. Lembre-se de que inserimos a forma retangular de um número complexo do tipo $3 + j4$ como (3, 4) na TI-86. Admitindo que todas as impedâncias estão em kΩ, podemos evitar algumas sequências de teclas desnecessárias simplesmente digitando os valores numéricos como:

[2] [x^{-1}] [+] [(] [0] [,] [3] [)] [x^{-1}] [+]

[(] [0] [,] [(−)] [2] [)] [x^{-1}] [ENTER] [x^{-1}] [ENTER]

Dependendo da calculadora, o mostrador será parecido como ilustrado aqui:

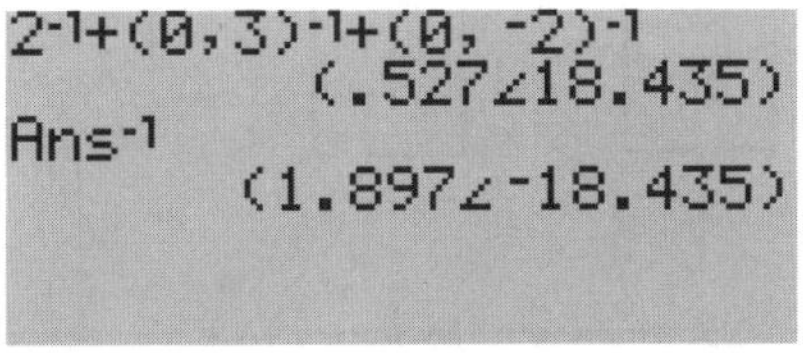

PROBLEMAS PRÁTICOS 5

Um circuito contém uma fonte de corrente, $i = 0{,}030 \text{ sen } 500t$, em paralelo com $L = 20$ mH, $C = 50$ μF e $R = 25\ \Omega$.

a. Determine a tensão **V** no circuito.

b. Calcule o fator de potência do circuito.

c. Calcule a potência média dissipada pelo circuito e confirme se o valor é igual ao da potência fornecida pela fonte.

d. Use a lei de Ohm para encontrar as grandezas fasoriais, $\mathbf{I}_R$, $\mathbf{I}_L$ e $\mathbf{I}_C$.

Respostas

a. $\mathbf{V} = 0{,}250\text{ V}\angle 61{,}93^\circ$

b. $F_p = 0{,}4705$ atrasado

c. $P_R = 2{,}49\text{ mW} = P_T$

d. $\mathbf{I}_R = 9{,}98\text{ mA}\angle 61{,}98^\circ$

$\mathbf{I}_C = 6{,}24\text{ mA}\angle 151{,}93^\circ$

$\mathbf{I}_L = 25{,}0\text{ mA}\angle -28{,}07^\circ$

PROBLEMAS PRÁTICOS 6

Um circuito é composto de uma fonte de corrente de 2,5 A_{RMS} ligada em paralelo com um resistor, um indutor e um capacitor. O resistor tem o valor de 10 Ω e dissipa 40 W de potência.

a. Calcule os valores de X_L e X_C, sendo $X_L = 3X_C$.

b. Determine as magnitudes das correntes através do indutor e do capacitor.

Respostas

a. $X_L = 26{,}7\ \Omega$, $X_C = 8{,}89\ \Omega$

b. $I_L = 0{,}75$ A, $I_C = 2{,}25$ A

18.5 Lei de Kirchhoff das Correntes e a Regra do Divisor de Corrente

A regra do divisor de corrente para circuitos AC tem a mesma estrutura da regra para circuitos DC, com a diferença notável de que as correntes são expressas como fasores. Para uma rede paralela, conforme mostrado na Figura 18-43, é possível determinar a corrente em qualquer ramo da rede usando a admitância ou a impedância.

$$\mathbf{I}_x = \frac{\mathbf{Y}_x}{\mathbf{Y}_T}\mathbf{I} \quad \text{ou} \quad \mathbf{I}_x = \frac{\mathbf{Z}_T}{\mathbf{Z}_x}\mathbf{I} \tag{18-19}$$

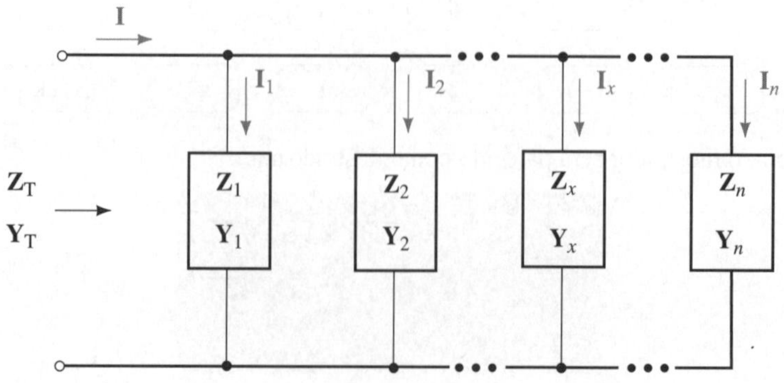

FIGURA 18-43

Para dois ramos em paralelo, a corrente em qualquer um deles é determinada a partir das impedâncias como

$$\mathbf{I}_1 = \frac{\mathbf{Z}_2}{\mathbf{Z}_1 + \mathbf{Z}_2}\mathbf{I} \qquad \text{(18-20)}$$

Também, como era de se esperar, a lei de Kirchhoff das correntes deve se aplicar a qualquer nó em um circuito AC. Para esse tipo de circuito, a KCL[4] pode ser postulada da seguinte maneira:

A soma dos fasores das correntes que entram e saem de um nó é igual a zero.

Exemplo 18-15

Calcule a corrente em cada um dos ramos na rede da Figura 18-44.

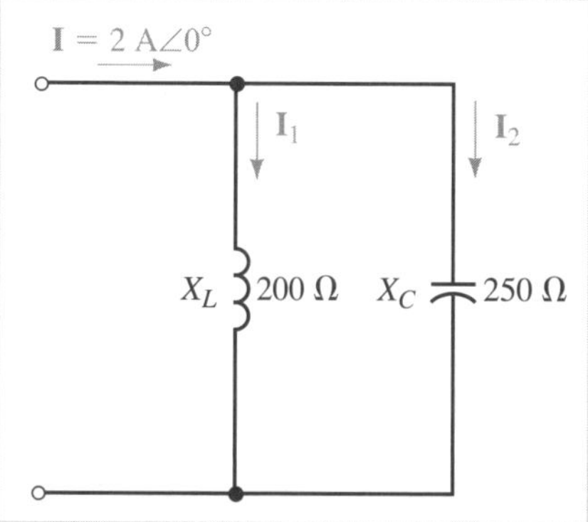

FIGURA 18-44

Solução:

$$\mathbf{I}_1 = \left(\frac{250\ \Omega\angle-90°}{j200\ \Omega - j250\ \Omega}\right)(2\ \text{A}\angle 0°)$$

$$= \left(\frac{250\ \Omega\angle-90°}{50\ \Omega\angle-90°}\right)(2\ \text{A}\angle 0°) = 10\ \text{A}\angle 0°$$

e

$$\mathbf{I}_2 = \left(\frac{200\ \Omega\angle 90°}{j200\ \Omega - j250\ \Omega}\right)(2\ \text{A}\angle 0°)$$

$$= \left(\frac{200\ \Omega\angle 90°}{50\ \Omega\angle-90°}\right)(2\ \text{A}\angle 0°) = 8\ \text{A}\angle 180°$$

Esses resultados ilustram que as correntes em componentes reativos paralelos podem ser significativamente maiores do que a corrente aplicada. Se a corrente em um componente exceder a especificação da corrente máxima do elemento, ela pode provocar um dano grave.

[4] Assim como no volume 1, usaremos aqui a sigla KCL em inglês para a lei de Kirchhoff das correntes, já que ela é a mais difundida. No entanto, também é possível encontrar a sigla LKC. (N.R.T.)

Exemplo 18-16

Observe o circuito da Figura 18-45:

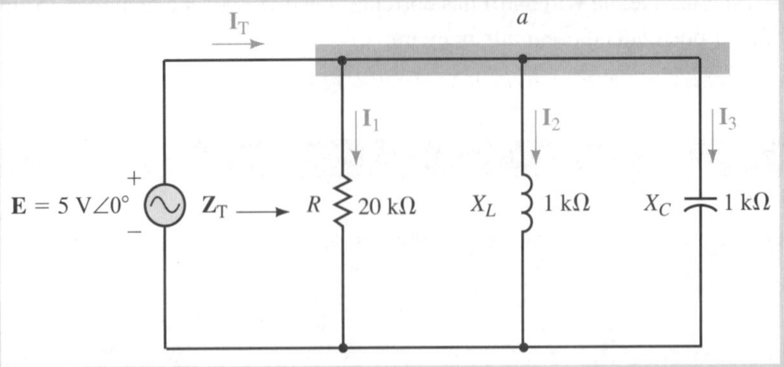

FIGURA 18-45

a. Determine a impedância total, $\mathbf{Z}_T$.

b. Determine a corrente de alimentação, $\mathbf{I}_T$.

c. Calcule $\mathbf{I}_1$, $\mathbf{I}_2$ e $\mathbf{I}_3$ usando a regra do divisor de corrente.

d. Verifique a lei de Kirchhoff das correntes no nó *a*.

Solução:

a. Como as reatâncias indutivas e capacitivas estão em paralelo e possuem o mesmo valor, podemos substituir a combinação por um circuito aberto. Por conseguinte, apenas o resistor *R* precisa ser considerado. Como resultado,

$$\mathbf{Z}_T = 20\ \text{k}\Omega\angle 0^\circ$$

b. $\mathbf{I}_T = \dfrac{5\ \text{V}\angle 0^\circ}{20\ \text{k}\Omega\angle 0^\circ} = 250\ \mu\text{A}\angle ($

c. $\mathbf{I}_1 = \left(\dfrac{20\ \text{k}\Omega\angle 0^\circ}{20\ \text{k}\Omega\angle 0^\circ}\right) \times (250\ \mu\text{A}\angle 0^\circ) = 250\mu\text{A}\angle 0^\circ$

$$\mathbf{I}_2 = \left(\frac{20\ \text{k}\Omega\angle 0^\circ}{1\ \text{k}\Omega\angle 90^\circ}\right) \times (250\ \mu\text{A}\angle 0^\circ) = 5{,}0\ \text{mA}\angle -90^\circ$$

$$\mathbf{I}_3 = \left(\frac{20\ \text{k}\Omega\angle 0^\circ}{1\ \text{k}\Omega\angle -90^\circ}\right) \times (250\ \mu\text{A}\angle 0^\circ) = 5{,}0\ \text{mA}\angle 90^\circ$$

d. Observe que as correntes através do indutor e do capacitor estão 180º fora de fase. Somando os fasores das correntes na forma retangular, temos

$$\mathbf{I}_T = 250\ \mu\text{A} - j5{,}0\ \text{mA} + j5{,}0\ \text{mA} = 250\ \mu\text{A} + j0 = 250\ \mu\text{A}\angle 0^\circ$$

Esses resultados satisfazem a lei de Kirchhoff das correntes no nó.

VERIFICAÇÃO DO PROCESSO DE APRENDIZAGEM 3

(As respostas encontram-se no final do capítulo.)

1. Expresse a lei de Kirchhoff das correntes na forma como ela deve ser aplicada aos circuitos AC.

2. Qual é a principal diferença entre a maneira como a lei de Kirchhoff das correntes é aplicada aos circuitos AC e como é aplicada aos circuitos DC?

PROBLEMAS PRÁTICOS 7

a. Use a regra do divisor de corrente para determinar a corrente através de cada ramo no circuito da Figura 18-46.

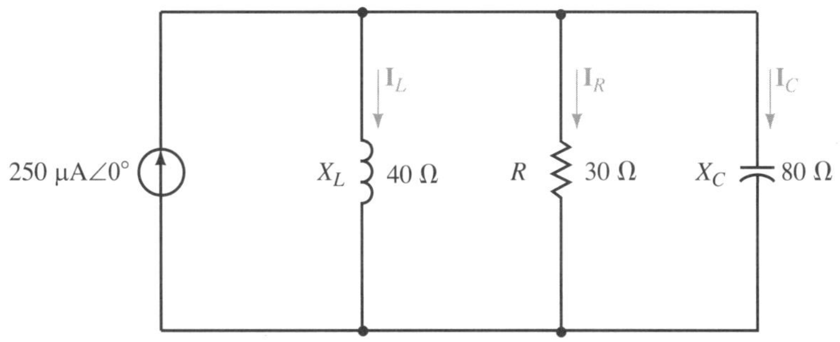

FIGURA 18-46

b. Verifique se a lei de Kirchhoff das correntes se aplica ao circuito da Figura 18-46.

Respostas

a. $\mathbf{I}_L = 176\ \mu A\angle{-69{,}44°}$

$\mathbf{I}_R = 234\ \mu A\angle 20{,}56°$

$\mathbf{I}_C = 86{,}8\ \mu A\angle 110{,}56°$

b. $\sum \mathbf{I}_o = \sum \mathbf{I}_i = 250\ \mu A$

18.6 Circuitos Série-paralelo

Agora podemos aplicar as técnicas de análise dos circuitos série e paralelo para resolver circuitos mais complicados. A análise de tais circuitos, como nos circuitos DC, pode ser simplificada começando por combinações facilmente reconhecíveis. Se necessário, o circuito original pode ser redesenhado de modo a tornar as modificações adicionais mais visíveis. Independentemente da complexidade dos circuitos, percebemos que as regras e leis fundamentais da análise de circuitos devem se aplicar a todos os casos.

Considere a rede da Figura 18-47.

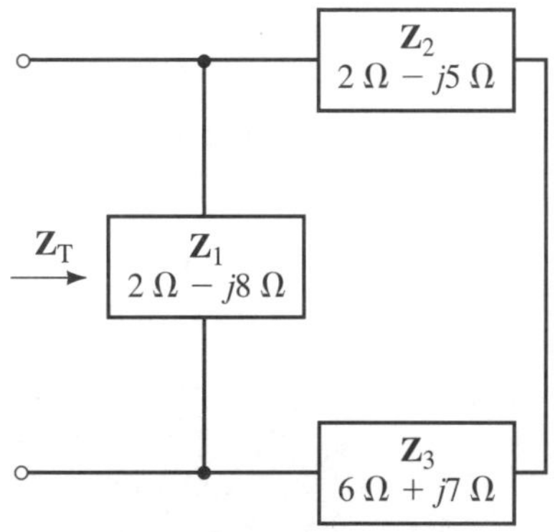

FIGURA 18-47

Vemos que as impedâncias $\mathbf{Z}_2$ e $\mathbf{Z}_3$ estão em série. O ramo que contém essa combinação está, por sua vez, em paralelo com a impedância $\mathbf{Z}_1$.

A impedância total da rede é expressa como

$$\mathbf{Z}_T = \mathbf{Z}_1 \,||\, (\mathbf{Z}_2 + \mathbf{Z}_3)$$

Calculando $\mathbf{Z}_T$, temos o seguinte:

$$\begin{aligned}\mathbf{Z}_T &= (2\ \Omega - j8\ \Omega) \,||\, (2\ \Omega - j5\ \Omega + 6\ \Omega + j7\ \Omega)\\ &= (2\ \Omega - j8\ \Omega) \,||\, (8\ \Omega + j2\ \Omega)\\ &= \frac{(2\ \Omega - j8\ \Omega)(8\ \Omega + j2\ \Omega)}{2\ \Omega - j8\ \Omega + 8\ \Omega + j2\ \Omega)}\\ &= \frac{(8{,}246\ \Omega\angle -75{,}96°)(8{,}246\ \Omega\angle 14{,}04°)}{11{,}66\ \Omega\angle -30{,}96°}\\ &= 5{,}832\ \Omega\angle -30{,}96° = 5{,}0\ \Omega - j3{,}0\ \Omega\end{aligned}$$

Exemplo 18-17

Determine a impedância total da rede da Figura 18-48. Expresse a impedância nas formas polar e retangular.

Solução: Após redesenhar e nomear o circuito dado, temos o circuito mostrado na Figura 18-49.

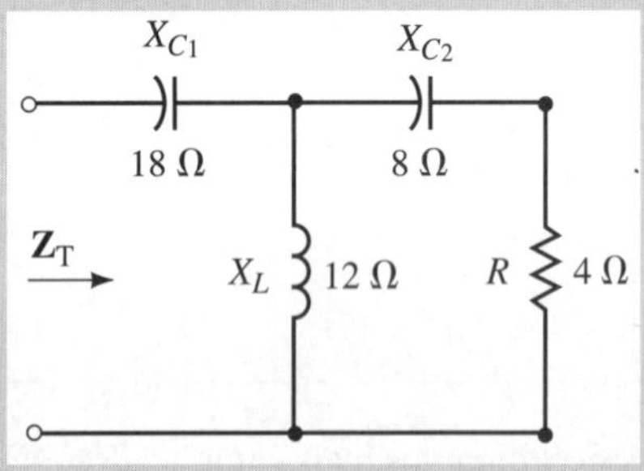

FIGURA 18-48

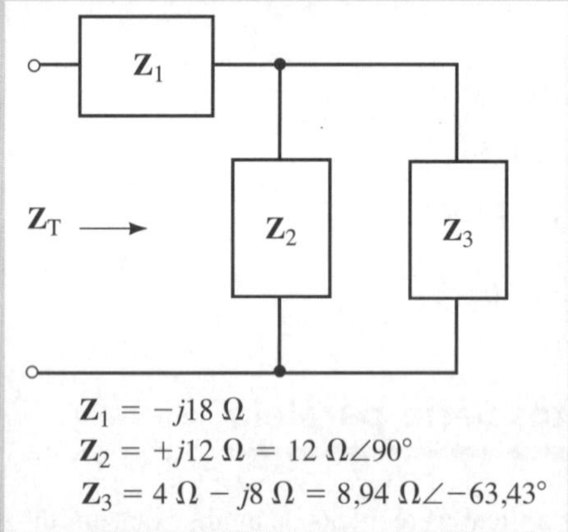

FIGURA 18-49

A impedância total é dada por

$$\mathbf{Z}_T = \mathbf{Z}_1 + \mathbf{Z}_2 \,||\, \mathbf{Z}_3$$

onde

$$\begin{aligned}\mathbf{Z}_1 &= -j18\ \Omega = 18\ \Omega\angle\sqrt{}-90°\\ \mathbf{Z}_2 &= j12\ \Omega = 12\ \Omega\angle 90°\\ \mathbf{Z}_3 &= 4\ \Omega - j8\ \Omega = 8{,}94\ \Omega\angle -63{,}43°\end{aligned}$$

Determinamos a impedância total como

$$\begin{aligned}\mathbf{Z}_T &= -j18\ \Omega + \left[\frac{(12\ \Omega\angle 90°)(8{,}94\ \Omega\angle -63{,}43°)}{j12\ \Omega + 4\ \Omega - j8\ \Omega}\right]\\ &= -j18\ \Omega + \left(\frac{107{,}3\ \Omega\angle 26{,}57°}{5{,}66\angle 45°}\right)\\ &= -j18\ \Omega + 19{,}0\ \Omega\angle -18{,}43°\\ &= -j18\ \Omega + 18\ \Omega - j6\ \Omega\\ &= 18\ \Omega - j24\ \Omega = 30\ \Omega\angle -53{,}13°\end{aligned}$$

Exemplo 18-18

Considere o circuito da Figura 18-50:

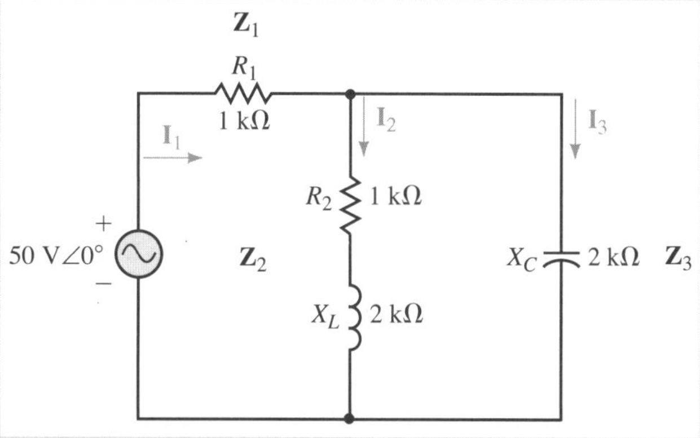

FIGURA 18-50

a. Encontre $\mathbf{Z}_T$.

b. Determine as correntes $\mathbf{I}_1$, $\mathbf{I}_2$ e $\mathbf{I}_3$.

c. Calcule a potência total fornecida pela fonte de tensão.

d. Determine as potências médias P_1, P_2 e P_3 dissipadas em cada uma das impedâncias. Confirme que a potência média fornecida ao circuito é igual à potência dissipada pelas impedâncias.

Solução:

a. A impedância total é determinada pela combinação

$$\mathbf{Z}_T = \mathbf{Z}_1 + \mathbf{Z}_2 \parallel \mathbf{Z}_3$$

Para a combinação paralela, temos

$$\mathbf{Z}_2 \parallel \mathbf{Z}_3 = \frac{(1\text{ k}\Omega + j2\text{ k}\Omega)(-j2\text{ k}\Omega)}{1\text{ k}\Omega + j2\text{ k}\Omega - j2\text{ k}\Omega}$$

$$= \frac{(2{,}236\text{ k}\Omega\angle 63{,}43°)(2\text{ k}\Omega\angle -90°)}{1\text{ k}\Omega\angle 0°}$$

$$= 4{,}472\text{ k}\Omega\angle -26{,}57° = 4{,}0\text{ k}\Omega - j2{,}0\text{ k}\Omega$$

b. Então, a impedância total é

$$\mathbf{Z}_T = 5\text{ k}\Omega - j2\text{ k}\Omega = 5{,}385\text{ k}\Omega\angle -21{,}80°$$

$$\mathbf{I}_1 = \frac{50\text{ V}\angle 0°}{5{,}385\text{ k}\Omega\angle -21{,}80°}$$

$$= 9{,}285\text{ mA}\angle 21{,}80°$$

Aplicando a regra do divisor de corrente, temos

$$\mathbf{I}_2 = \frac{(2\text{ k}\Omega\angle -90°)(9{,}285\text{ mA}\angle 21{,}80°)}{1\text{ k}\Omega + j2\text{ k}\Omega - j2\text{ k}\Omega}$$

$$= 18{,}57\text{ mA}\angle -68{,}20°$$

e

$$\mathbf{I}_3 = \frac{(1\text{ k}\Omega + j2\text{ k}\Omega)(9{,}285\text{ mA}\angle 21{,}80°)}{1\text{ k}\Omega + j2\text{ k}\Omega - j2\text{ k}\Omega}$$

$$= \frac{(2{,}236\text{ k}\Omega\angle 63{,}43°)(9{,}285\text{ mA}\angle 21{,}80°)}{1\text{ k}\Omega\angle 0°}$$

$$= 20{,}761\text{ mA}\angle 85{,}23°$$

(continua)

Exemplo 18-18 *(continuação)*

c. $P_T = (50\text{ V})(9{,}285\text{ mA})\cos 21{,}80°$

$= 431{,}0\text{ mW}$

d. Como apenas os resistores irão dissipar potência, podemos usar $P = I^2R$:

$$P_1 = (9{,}285\text{ mA})^2(1\text{ k}\Omega) = 86{,}2\text{ mW}$$

$$P_2 = (18{,}57\text{ mA})^2(1\text{ k}\Omega) = 344{,}8\text{ mW}$$

Alternativamente, a potência dissipada por $\mathbf{Z}_2$ pode ter sido determinada como $P = I^2Z\cos\theta$:

$$P_2 = (18{,}57\text{ mA})^2(2{,}236\text{ k}\Omega)\cos 63{,}43° = 344{,}8\text{ mW}$$

Como $\mathbf{Z}_3$ é puramente capacitivo, não dissipará potência:

$$P_3 = 0$$

Combinando essas potências, podemos encontrar a potência total dissipada:

$$P_T = 86{,}2\text{ mW} + 344{,}8\text{ mW} + 0 = 431{,}0\text{ mW (confere!)}$$

PROBLEMAS PRÁTICOS 8

Observe o circuito da Figura 18-51:

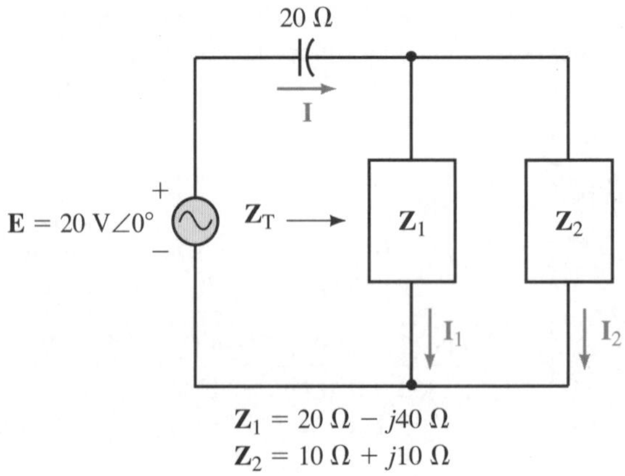

FIGURA 18-51

a. Calcule a impedância total, $\mathbf{Z}_T$.

b. Determine a corrente $\mathbf{I}$.

c. Use a regra do divisor de tensão para encontrar $\mathbf{I}_1$ e $\mathbf{I}_2$.

d. Determine o fator de potência para cada impedância, $\mathbf{Z}_1$ e $\mathbf{Z}_2$.

e. Determine o fator de potência para o circuito.

f. Comprove que a potência total dissipada pelas impedâncias $\mathbf{Z}_1$ e $\mathbf{Z}_2$ é igual à potência fornecida pela fonte de tensão.

Respostas

a. $\mathbf{Z}_T = 18{,}9\ \Omega\angle -45°$

b. $\mathbf{I} = 1{,}06\text{ A}\angle 45°$

c. $\mathbf{I}_1 = 0{,}354\text{ A}\angle 135°$, $\mathbf{I}_2 = 1{,}12\text{ A}\angle 26{,}57°$

d. $F_{P(1)} = 0{,}4472$ adiantado, $F_{p(2)} = 0{,}7071$ atrasado

e. $F_P = 0{,}7071$ adiantado

f. $P_T = 15{,}0\text{ W}$, $P_1 = 2{,}50\text{ W}$, $P_2 = 12{,}5\text{ W}$

$P_1 + P_2 = 15{,}0\text{ W} = P_T$

18.7 Efeitos da Frequência

Como vimos, a reatância dos indutores e capacitores depende da frequência. Consequentemente, a impedância total de qualquer rede que contenha elementos reativos também é dependente da frequência. Todo circuito desse tipo deveria ser analisado separadamente em cada frequência de interesse. Examinaremos algumas combinações um tanto simples de resistores, capacitores e indutores para observarmos como diversos circuitos operam em frequências diferentes. Algumas das combinações mais importantes serão examinadas mais detalhadamente nos capítulos que tratam da ressonância e dos filtros.

Circuitos *RC*

Como o nome sugere, os circuitos *RC* são compostos de um resistor e um capacitor. Os componentes de um circuito *RC* podem ser ligados em série ou em paralelo, como mostra a Figura 18-52.

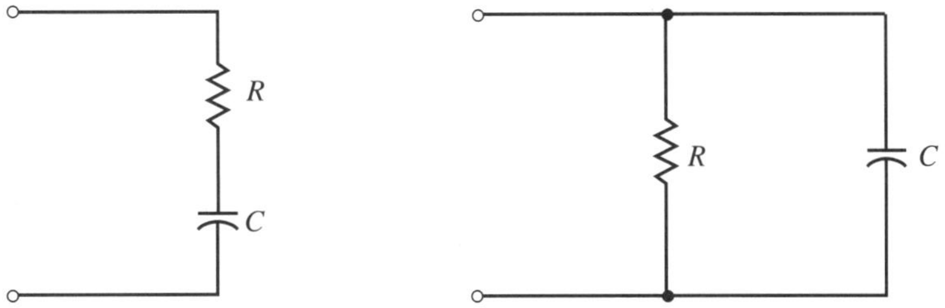

(a) Circuito *RC* em série (b) Circuito *RC* em paralelo

FIGURA 18-52

Considere o circuito *RC* em série da Figura 18-53. Lembre-se de que a reatância capacitiva, X_C, é dada como

$$X_C = \frac{1}{\omega C} = \frac{1}{2\pi f C}$$

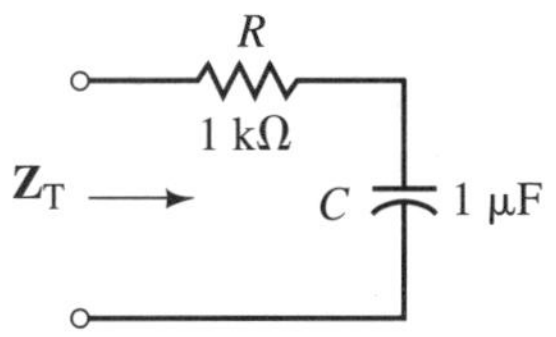

FIGURA 18-53

A impedância total do circuito é uma grandeza vetorial expressa por

$$\mathbf{Z}_T = R - j\frac{1}{\omega C} = R + \frac{1}{j\omega C}$$

$$\mathbf{Z}_T = \frac{1 + j\omega RC}{j\omega C} \qquad \textbf{(18-21)}$$

Define-se a **frequência de corte** para um circuito *RC* como

$$\omega_c = \frac{1}{RC} = \frac{1}{\tau} \text{ (rad/s)} \qquad \textbf{(18-22)}$$

ou, de modo equivalente, como

$$f_c = \frac{1}{2\pi RC} \text{ (Hz)} \qquad \textbf{(18-23)}$$

assim, alguns pontos importantes ficam claros.

Para $\omega \leq \omega_c/10$ (ou $f \leq f_c/10$), podemos expressar a Equação 18-21 como

$$\mathbf{Z}_T \simeq \frac{1+j0}{j\omega C} = \frac{1}{j\omega C}$$

e para $\omega \geq 10\omega_c$, a expressão de (18-21) pode ser simplificada da seguinte maneira:

$$\mathbf{Z}_T \simeq \frac{0+j\omega RC}{j\omega C} = R$$

Calculando a magnitude da impedância em algumas frequências angulares, obtemos os resultados mostrados na Tabela 18-1.

TABELA 18–1

Frequência Angular, ω (rad/s)	X_C (Ω)	Z_T (Ω)
0	∞	∞
1	1 M	1 M
10	100 k	100 k
100	10 k	10,05 k
200	5 k	5,099 k
500	2 k	2,236 k
1000	1 k	1,414 k
2000	500	1118
5000	200	1019
10 k	100	1005
100 k	10	1000

Se a magnitude da impedância $\mathbf{Z}_T$ for representada graficamente como uma função da frequência angular ω, teremos o gráfico da Figura 18-54. Observe que a abscissa e a ordenada do gráfico não estão na escala linear, mas sim na logarítmica. Isso permite exibir resultados em uma grande faixa de frequências.

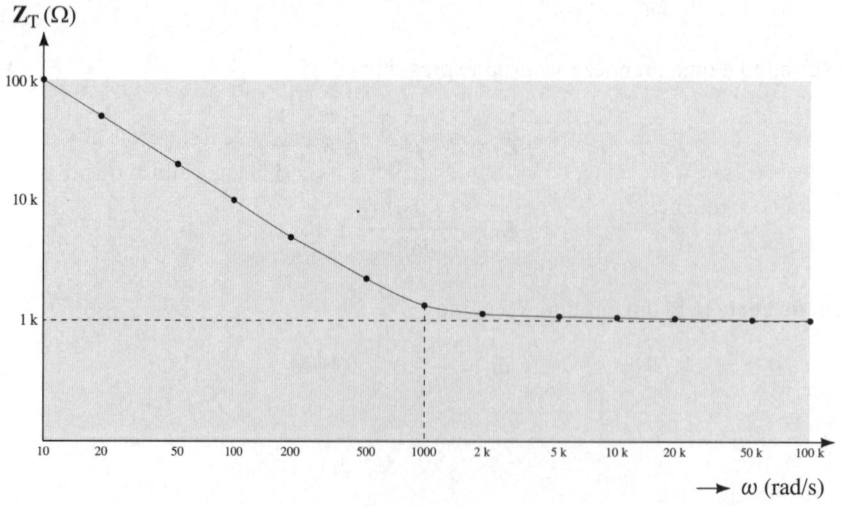

FIGURA 18-54 Impedância *versus* frequência para a rede da Figura 18-53.

O gráfico mostra que a reatância de um capacitor é muito alta (efetivamente, um circuito aberto) em frequências baixas. Por isso, a impedância total do circuito série também será muito alta em frequências baixas. Em segundo lugar, vemos que, à medida que a frequência aumenta, a reatância diminui. Logo, à medida que a frequência fica maior, a reatância capacitiva tem um efeito reduzido no circuito. Em frequências muito altas (tipicamente, para $\omega \geq 10\,\omega_c$), a impedância do circuito será efetivamente $R = 1$ kΩ.

Considere o circuito *RC* em paralelo na Figura 18-55. Determina-se a impedância total, $\mathbf{Z}_T$, como

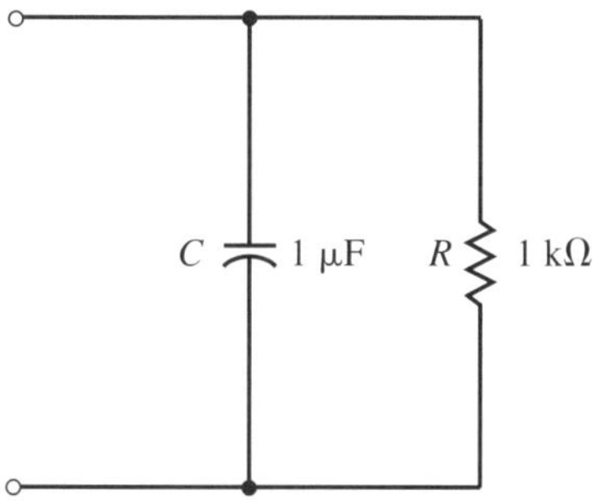

FIGURA 18-55

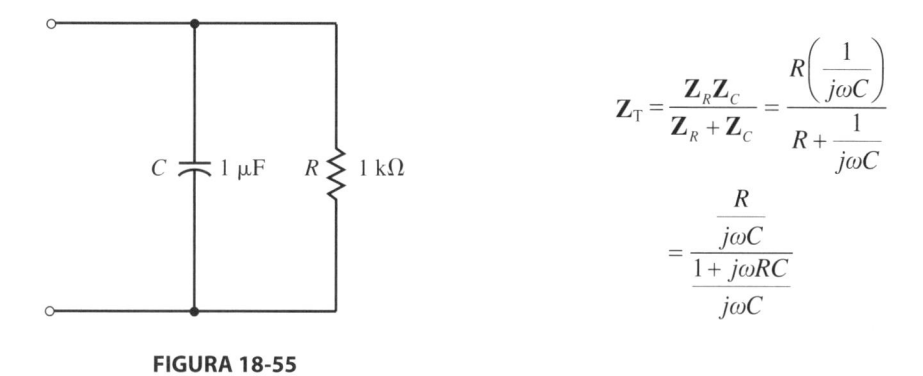

$$\mathbf{Z}_T = \frac{\mathbf{Z}_R \mathbf{Z}_C}{\mathbf{Z}_R + \mathbf{Z}_C} = \frac{R\left(\frac{1}{j\omega C}\right)}{R + \frac{1}{j\omega C}}$$

$$= \frac{\frac{R}{j\omega C}}{\frac{1 + j\omega RC}{j\omega C}}$$

que pode ser simplificada para

$$\mathbf{Z}_T = \frac{R}{1 + j\omega RC} \quad \textbf{(18-24)}$$

Como antes, a frequência de corte é dada pela Equação 18-22. Agora, examinando a expressão (18-24) para $\omega \leq \omega_c/10$, temos o seguinte resultado:

$$\mathbf{Z}_T \simeq \frac{R}{1 + j0} = R$$

Para $\omega \geq 10\ \omega_c$, temos

$$\mathbf{Z}_T \simeq \frac{R}{0 + j\omega RC} = \frac{1}{j\omega C}$$

Se calcularmos a impedância do circuito da Figura 18-55 em diversas frequências angulares, obteremos os resultados da Tabela 18-2.

Representando graficamente a magnitude da impedância $\mathbf{Z}_T$ como uma função da frequência angular ω, obtemos o gráfico da Figura 18-56. Observe que a abscissa e a ordenada do gráfico estão em uma escala logarítmica de novo, o que permite mostrar os resultados em uma vasta faixa de frequências.

TABELA 18–2

Frequência Angular, ω (rad/s)	X_C **(Ω)**	Z_T **(Ω)**
0	∞	1000
1	1 M	1000
10	100 k	1000
100	10 k	995
200	5 k	981
500	2 k	894
1 k	1 k	707
2 k	500	447
5 k	200	196
10 k	100	99,5
100 k	10	10

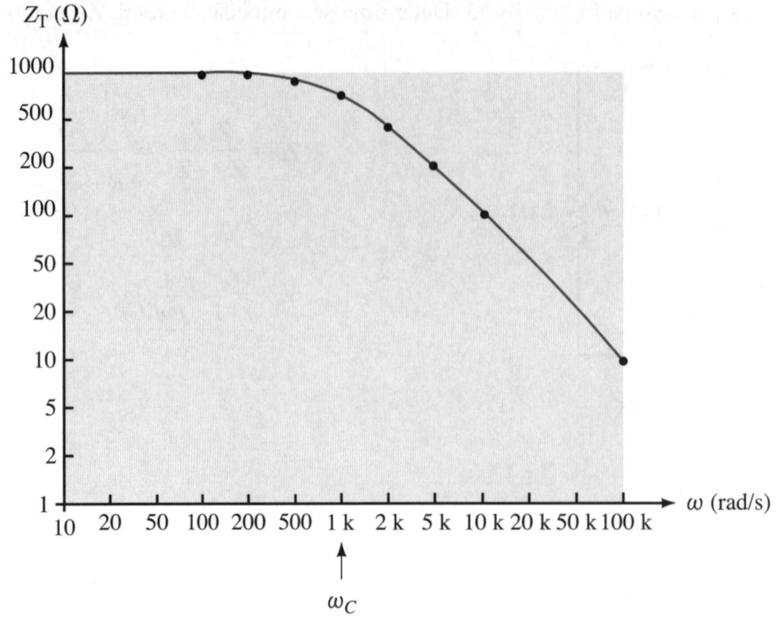

FIGURA 18-56 Impedância *versus* frequência angular para a rede da Figura 18-55.

Os resultados indicam que, em DC ($f = 0$ Hz), o capacitor, que se comporta como um circuito aberto, implicará uma impedância do circuito de $R = 1$ kΩ. À medida que a frequência aumenta, a reatância do capacitor se aproxima de 0 Ω, o que resulta em uma diminuição correspondente da impedância do circuito.

Circuitos *RL*

Os circuitos *RL* podem ser examinados de modo semelhante à análise de circuitos *RC*. Considere o circuito *RL* paralelo da Figura 18-57.

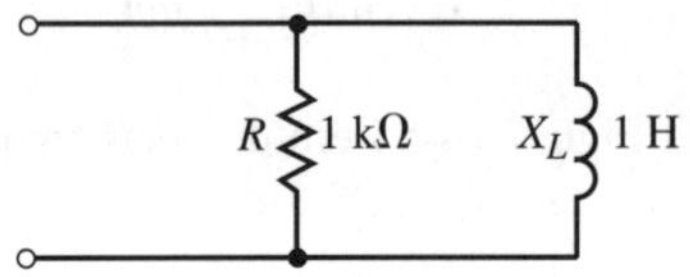

FIGURA 18-57

A impedância total do circuito paralelo é encontrada da seguinte maneira:

$$\mathbf{Z}_T = \frac{\mathbf{Z}_R\mathbf{Z}_L}{\mathbf{Z}_R + \mathbf{Z}_L} = \frac{R(j\omega L)}{R + j\omega L} \tag{18-25}$$

$$\mathbf{Z}_T = \frac{j\omega L}{1 + j\omega\frac{L}{R}}$$

Se definirmos a *frequência de corte* para um circuito *RL* como

$$\omega_c = \frac{R}{L} = \frac{1}{\tau} \text{ (rad/s)} \tag{18-26}$$

ou, de modo equivalente, como

$$f_c = \frac{R}{2\pi L} \text{ (Hz)} \qquad \textbf{(18-27)}$$

alguns pontos importantes se tornam claros.

Para $\omega \leq \omega_c/10$ (ou $f \leq f_c/10$), a Equação 18-25 pode ser expressa como

$$\mathbf{Z}_T \simeq \frac{j\omega L}{1 + j0} = j\omega L$$

O resultado anterior indica que, para frequências baixas, o indutor tem uma reatância muito pequena, resultando em uma impedância total que é basicamente igual à reatância indutiva.

Para $\omega \geq 10\omega_c$, a expressão (18-25) pode ser simplificada da seguinte maneira:

$$\mathbf{Z}_T \simeq \frac{j\omega L}{0 + j\omega \dfrac{L}{R}} = R$$

Esses resultados indicam que, para frequências altas, a impedância do circuito é essencialmente igual à resistência em razão da impedância muito alta do indutor.

Avaliando a impedância em algumas frequências angulares, temos os resultados da Tabela 18-3.

Quando a magnitude da impedância $\mathbf{Z}_T$ é plotada como uma função da frequência angular ω, obtemos o gráfico da Figura 18-58.

TABELA 18–3

Frequência Angular, ω (rad/s)	X_L (Ω)	Z_T (Ω)
0	0	0
1	1	1
10	10	10
100	100	99,5
200	200	196
500	500	447
1 k	1 k	707
2 k	2 k	894
5 k	5 k	981
10 k	10 k	995
100 k	100 k	1000

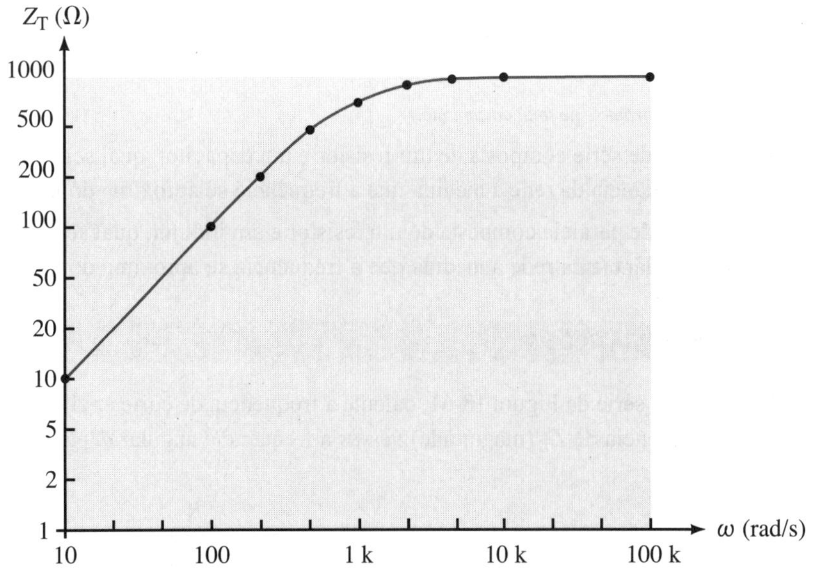

FIGURA 18-58 Impedância *versus* frequência angular para a rede da Figura 18-57.

Circuitos *RLC*

Quando vários componentes capacitivos e indutivos são combinados com resistores em circuitos série-paralelo, a impedância total, $\mathbf{Z}_T$, do circuito pode aumentar e cair algumas vezes ao longo de toda a faixa de frequências. A análise de circuitos tão complexos foge ao escopo deste livro. No entanto, para fins ilustrativos, examinaremos o circuito *RLC* série simples da Figura 18-59.

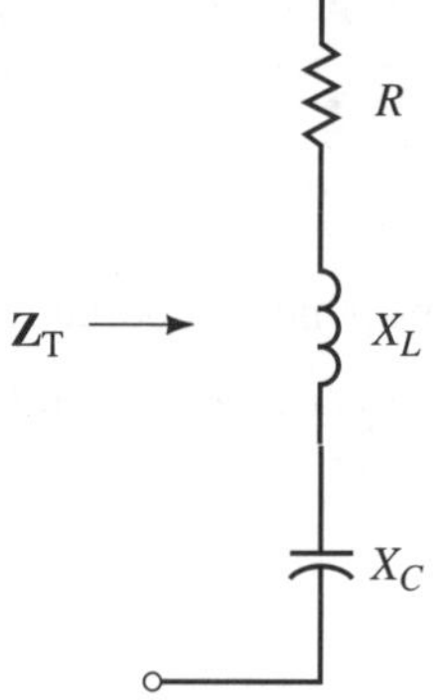

FIGURA 18-59

A impedância $\mathbf{Z}_T$ em qualquer frequência será determinada da seguinte maneira:

$$\begin{aligned}\mathbf{Z}_T &= R + jX_L - jX_C \\ &= R + j(X_L - X_C)\end{aligned}$$

Em frequências muito baixas, o indutor aparecerá como uma impedância muito baixa (efetivamente, um curto-circuito), enquanto o capacitor aparecerá como uma impedância muito alta (efetivamente, um circuito aberto). Como a reatância capacitiva será muito maior do que a reatância indutiva, o circuito apresentará uma reatância capacitiva muito grande, o que resulta em uma impedância do circuito, $\mathbf{Z}_T$, muito alta.

À medida que a frequência aumenta, a reatância indutiva também aumenta, ao passo que a reatância capacitiva diminui. Em uma determinada frequência, f_0, o indutor e o capacitor terão a mesma magnitude da reatância. Nessa frequência, as reatâncias se anulam, resultando em uma impedância do circuito igual ao valor da resistência.

À medida que a frequência aumenta ainda mais, a reatância indutiva passa a ser maior do que a reatância capacitiva. O circuito torna-se indutivo, e a magnitude da sua impedância total aumenta novamente. A Figura 18-60 mostra como a impedância de um circuito *RLC* série varia com a frequência.

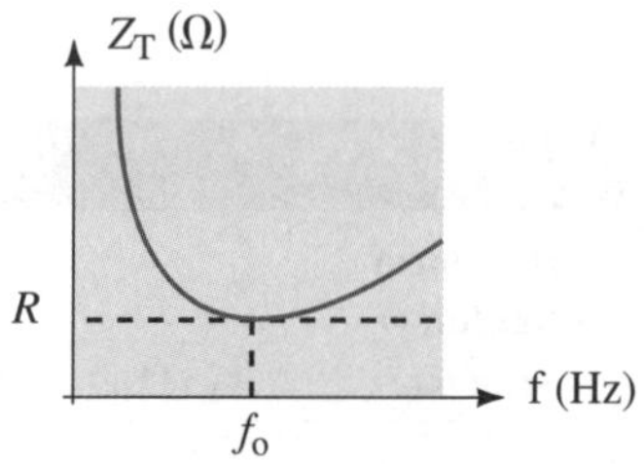

FIGURA 18-60

A análise completa dos circuitos *RLC* série e paralelo será deixada de lado até examinarmos o princípio da ressonância em um capítulo mais adiante.

VERIFICAÇÃO DO PROCESSO DE APRENDIZAGEM 4

(As respostas encontram-se no final do capítulo.)

1. Para uma rede série composta de um resistor e um capacitor, qual será a impedância em uma frequência de 0 Hz (DC)? Qual será a impedância da rede à medida que a frequência se aproxima do infinito?
2. Para uma rede paralela composta de um resistor e um indutor, qual será a impedância em uma frequência de 0 Hz (DC)? Qual será a impedância da rede à medida que a frequência se aproxima do infinito?

PROBLEMAS PRÁTICOS 9

Dada a rede *RC* série da Figura 18-61, calcule a frequência de corte em hertz e em radianos por segundo. Faça um esboço da resposta em frequência de $\mathbf{Z}_T$ (magnitude) *versus* a frequência angular ω para a rede. Mostre a magnitude $\mathbf{Z}_T$ em $\omega_c/10$, ω_c e $10\omega_c$.

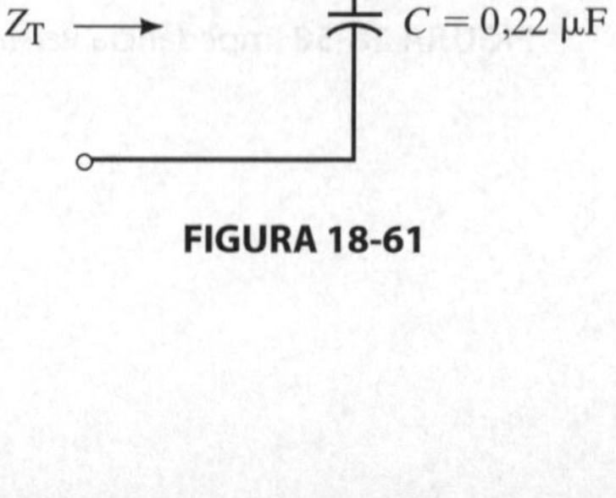

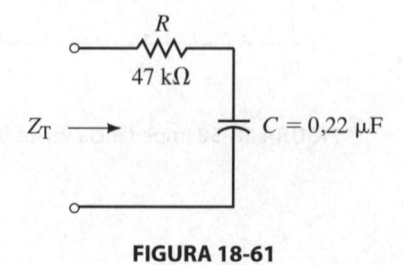

FIGURA 18-61

Respostas

$\omega_c = 96{,}7$ rad/s, $f_c = 15{,}4$ Hz

Em 0,1 ω_c: $Z_T = 472$ kΩ; em ω_c: $Z_T = 66{,}5$ kΩ; em 10 ω_c: $Z_T = 47{,}2$ kΩ

18.8 Aplicações

Como já visto, podemos determinar a impedância de qualquer circuito AC como um vetor $\mathbf{Z} = R \pm jX$. Isso significa que qualquer circuito AC pode ser simplificado em um circuito série contendo uma resistência e uma reatância, como mostra a Figura 18-62.

Além disso, um circuito AC pode ser representado como um circuito paralelo equivalente composto de um único resistor e uma única reatância, como mostra a Figura 18-63. *Qualquer circuito equivalente só será válido na frequência de operação fornecida.*

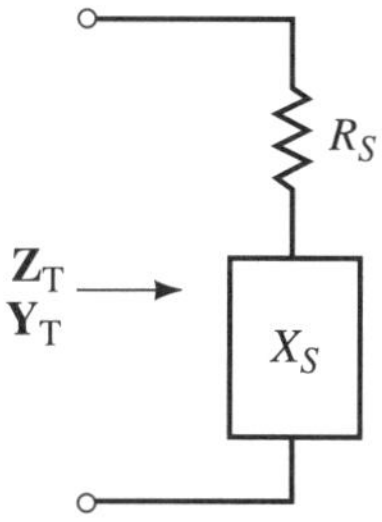

FIGURA 18-62

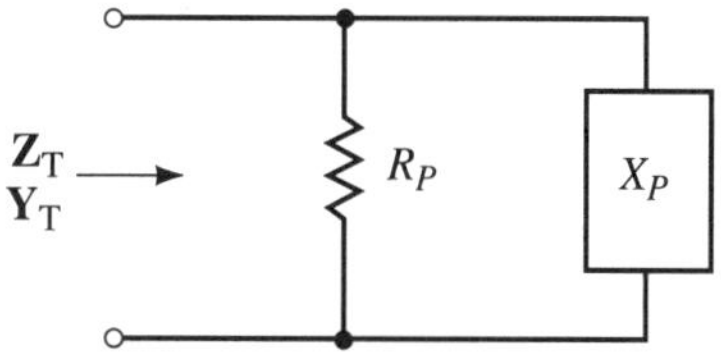

FIGURA 18-63

Agora examinaremos a técnica usada para converter qualquer impedância série em sua equivalente paralela. Suponha que os dois circuitos das Figuras 18-62 e 18-63 sejam exatamente equivalentes em uma determinada frequência. Esses circuitos só podem ser equivalentes se tiverem as mesmas impedância e admitância totais, $\mathbf{Z}_T$ e $\mathbf{Y}_T$, respectivamente.

A partir do circuito da Figura 18-62, a impedância total é escrita como

$$\mathbf{Z}_T = R_S \pm jX_S$$

Logo, a admitância total do circuito é

$$\mathbf{Y}_T = \frac{1}{\mathbf{Z}_T} = \frac{1}{R_S \pm jX_S}$$

Multiplicando o numerador e o denominador pelo complexo conjugado, temos o seguinte:

$$\begin{aligned} \mathbf{Y}_T &= \frac{R_S \mp jX_S}{(R_S \pm jX_S)(R_S \mp jX_S)} \\ &= \frac{R_S \mp jX_S}{R_S^2 + X_S^2} \\ \mathbf{Y}_T &= \frac{R_S}{R_S^2 + X_S^2} \mp j\frac{X_S}{R_S^2 + X_S^2} \end{aligned} \tag{18-28}$$

No circuito da Figura 18-63, a admitância total do circuito paralelo pode ser encontrada a partir da combinação paralela de R_P e X_P da seguinte maneira:

$$\mathbf{Y}_T = \frac{1}{R_P} + \frac{1}{\pm jX_P}$$

o que gera

$$\mathbf{Y}_T = \frac{1}{R_P} \mp j\frac{1}{X_P} \tag{18-29}$$

Dois vetores só podem ser iguais se ambos os componentes reais e ambos os imaginários forem iguais. Assim, os circuitos das Figuras 18-62 e 18-63 apenas podem ser equivalentes se as condições a seguir forem satisfeitas:

$$R_P = \frac{R_S^2 + X_S^2}{R_S} \tag{18-30}$$

e

$$X_P = \frac{R_S^2 + X_S^2}{X_S} \tag{18-31}$$

De modo semelhante, temos a seguinte conversão de um circuito paralelo para um circuito série equivalente:

$$R_S = \frac{R_P X_P^2}{R_P^2 + X_P^2} \tag{18-32}$$

e

$$X_S = \frac{R_P^2 X_P}{R_P^2 + X_P^2} \tag{18-33}$$

Exemplo 18-19

Um circuito tem uma impedância total de $\mathbf{Z}_T = 10\ \Omega + j50\ \Omega$. Desenhe os circuitos série e paralelo equivalentes.

Solução: O circuito série será um circuito indutivo contendo $R_S = 10\ \Omega$ e $X_{LS} = 50\ \Omega$.
O circuito paralelo equivalente também será um circuito indutivo com os seguintes valores:

$$R_P = \frac{(10\ \Omega)^2 + (50\ \Omega)^2}{10\ \Omega} = 260\ \Omega$$

$$X_{LP} = \frac{(10\ \Omega)^2 + (50\ \Omega)^2}{50\ \Omega} = 52\ \Omega$$

A Figura 18-64 mostra os circuitos série e paralelo equivalentes.

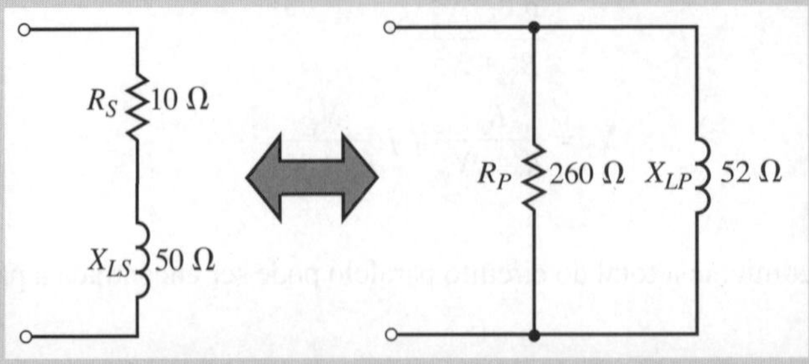

FIGURA 18-64

Exemplo 18-20

Um circuito tem uma admitância total de $\mathbf{Y}_T = 0{,}559\ \text{mS}\angle 63{,}43°$. Desenhe os circuitos série e paralelo equivalentes.

Solução: Como a admitância é escrita na forma polar, primeiro a convertemos na forma retangular da admitância.

$$G_P = (0{,}559\ \text{mS})\cos 63{,}43° = 0{,}250\ \text{mS} \Leftrightarrow R_P = 4{,}0\ \text{k}\Omega$$

$$B_{CP} = (0{,}559\ \text{mS})\ \text{sen}\ 63{,}43° = 0{,}500\ \text{mS} \Leftrightarrow X_{CP} = 2{,}0\ \text{k}\Omega$$

Determinamos o circuito série equivalente da seguinte forma:

$$R_S = \frac{(4\ \text{k}\Omega)(2\ \text{k}\Omega)^2}{(4\ \text{k}\Omega)^2 + (2\ \text{k}\Omega)^2} = 0{,}8\ \text{k}\Omega$$

e

$$X_{CS} = \frac{(4\ \text{k}\Omega)^2(2\ \text{k}\Omega)}{(4\ \text{k}\Omega)^2 + (2\ \text{k}\Omega)^2} = 1{,}6\ \text{k}\Omega$$

A Figura 18-65 mostra os circuitos equivalentes.

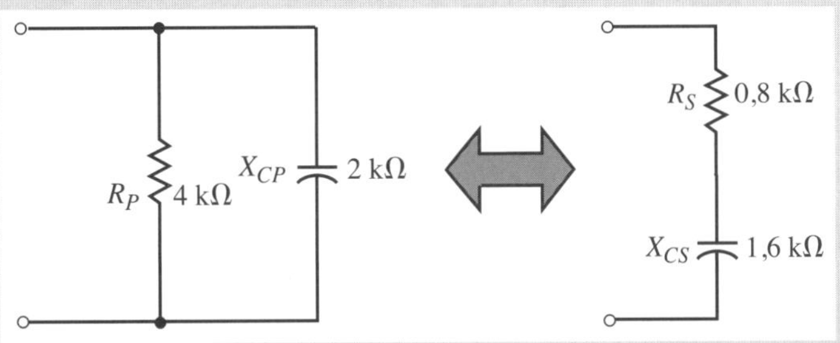

FIGURA 18-65

Exemplo 18-21

Observe o circuito da Figura 18-66.

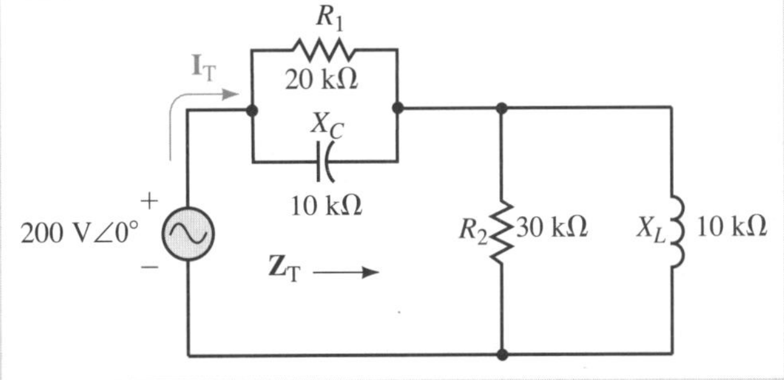

FIGURA 18-66

a. Determine $\mathbf{Z}_T$.

b. Desenhe o circuito série equivalente.

c. Determine $\mathbf{I}_T$.

(continua)

Exemplo 18-21 *(continuação)*

Solução:

a. O circuito consiste de duas redes paralelas em série. Aplicamos as Equações 18-32 e 18-33 para chegar aos elementos série equivalentes para cada uma das redes paralelas da seguinte maneira:

$$R_{S_1} = \frac{(20\ \text{k}\Omega)(10\ \text{k}\Omega)^2}{(20\ \text{k}\Omega)^2 + (10\ \text{k}\Omega)^2} = 4\ \text{k}\Omega$$

$$X_{C_S} = \frac{(20\ \text{k}\Omega)^2(10\ \text{k}\Omega)}{(20\ \text{k}\Omega)^2 + (10\ \text{k}\Omega)^2} = 8\ \text{k}\Omega$$

e

$$R_{S_2} = \frac{(30\ \text{k}\Omega)(10\ \text{k}\Omega)^2}{(30\ \text{k}\Omega)^2 + (10\ \text{k}\Omega)^2} = 3\ \text{k}\Omega$$

$$X_{L_S} = \frac{(30\ \text{k}\Omega)^2(10\ \text{k}\Omega)}{(30\ \text{k}\Omega)^2 + (10\ \text{k}\Omega)^2} = 9\ \text{k}\Omega$$

A Figura 18-67 mostra os circuitos equivalentes.

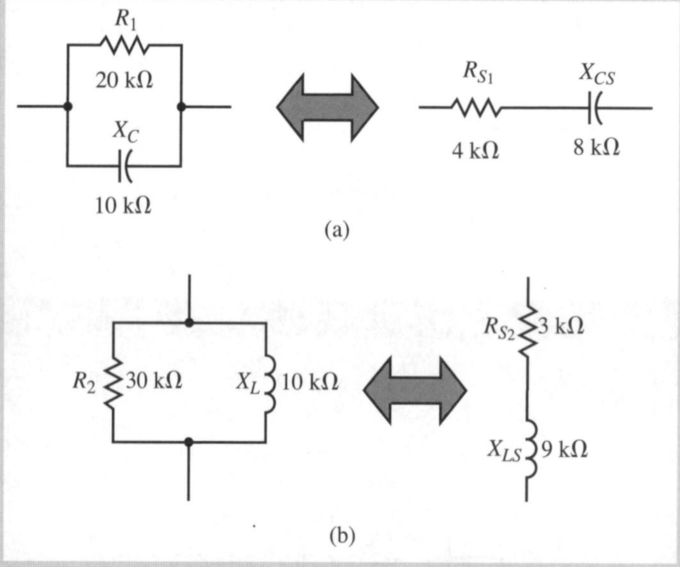

FIGURA 18-67

Encontramos a impedância total do circuito como

$$\mathbf{Z}_T = (4\ \text{k}\Omega - j8\ \text{k}\Omega) + (3\ \text{k}\Omega + j9\ \text{k}\Omega) = 7\ \text{k}\Omega + j1\ \text{k}\Omega = 7{,}071\ \text{k}\Omega\angle 8{,}13°$$

b. A Figura 18-68 mostra o circuito série equivalente.

c. $\mathbf{I}_T = \dfrac{200\ \text{V}\angle 0°}{7{,}071\ \text{k}\Omega\angle 8{,}13°} = 28{,}3\ \text{mA}\angle -8{,}13°$

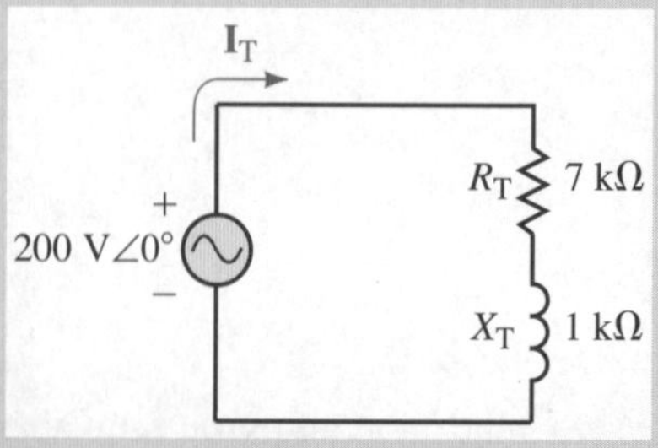

FIGURA 18-68

VERIFICAÇÃO DO PROCESSO DE APRENDIZAGEM 5

(As respostas encontram-se no final do capítulo.)

Um indutor de 10 mH tem uma resistência série de 5 Ω.

a. Determine o equivalente paralelo do indutor em uma frequência de 1 kHz. Desenhe o equivalente mostrando os valores de L_P (em henry) e R_P.

b. Determine o equivalente paralelo do indutor em uma frequência de 1 MHz. Desenhe o equivalente mostrando os valores de L_P (em henry) e R_P.

c. Se a frequência aumentasse ainda mais, preveja o que aconteceria com os valores de L_P e R_P.

PROBLEMAS PRÁTICOS 10

Uma rede tem uma impedância de $\mathbf{Z}_T = 50\ \text{k}\Omega\angle 75°$ em uma frequência de 5 kHz.

a. Determine o circuito série equivalente mais simples (L e R).

b. Determine o circuito paralelo equivalente mais simples.

Respostas

a. $R_S = 12{,}9\ \text{k}\Omega$; $L_S = 1{,}54$ H

b. $R_P = 193\ \text{k}\Omega$; $L_P = 1{,}65$ H

18.9 Análise de Circuitos Usando Computador

Multisim

Nesta seção, usaremos o Multisim para simular como as medições em AC senoidal são feitas com um osciloscópio. As "medições" são então interpretadas para confirmar a operação de circuitos em AC. O leitor usará alguns dos recursos de exibição do software para simplificar o trabalho. O exemplo a seguir oferece uma orientação em cada etapa do procedimento.

Exemplo 18-22

Dado o circuito da Figura 18-69:

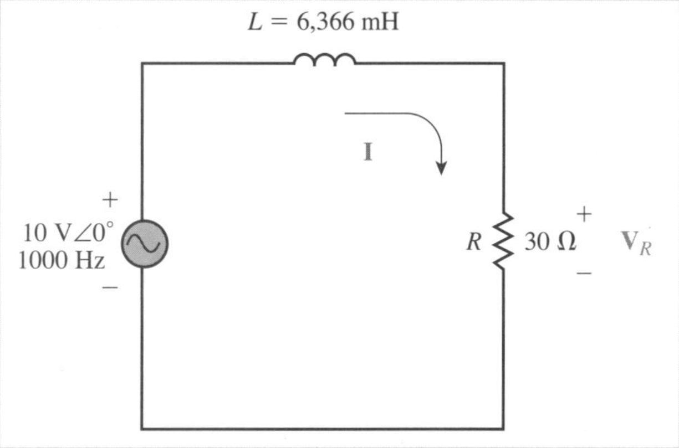

FIGURA 18-69

(continua)

Exemplo 18-22 *(continuação)*

a. Determine a corrente **I** e a tensão $\mathbf{V}_R$.

b. Use o Multisim para mostrar a tensão do resistor, v_R, e a tensão na fonte, *e*. Com as respostas, verifique os resultados da parte (a).

Solução:

a. $X_L = 2\pi(1000\text{ Hz})(6{,}366 \times 10^{-3}\text{ H}) = 40\ \Omega$

$\mathbf{Z} = 30\ \Omega + j40\ \Omega = 50\ \Omega\angle 53{,}13°$

$$\mathbf{I} = \frac{10\text{ V}\angle 0°}{50\ \Omega\angle 53{,}13°} = 0{,}200\text{ A}\angle -53{,}13°$$

$\mathbf{V}_R = (0{,}200\text{ A}\angle -53{,}13°)(30\ \Omega) = 6{,}00\text{ V}\angle -53{,}13°$

b. Use o editor esquemático para inserir o circuito da Figura 18-70.

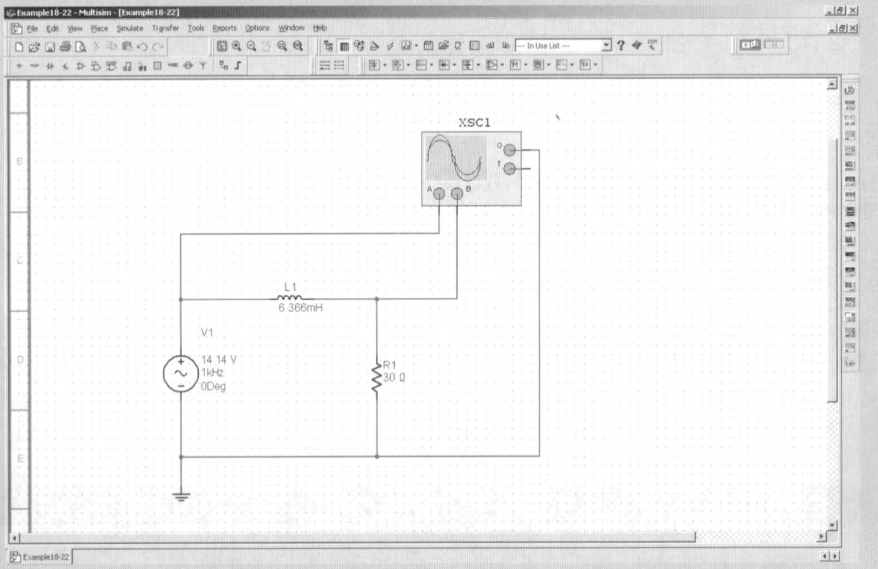

MULTISIM

FIGURA 18-70

A fonte de tensão AC é obtida em Signal Source Family. É possível mudar as propriedades das fontes de tensão clicando duas vezes com o mouse no símbolo e depois selecionando a guia Value. Mude os valores como a seguir:

Voltage (Pk): **14.14 V**

Frequency: **1 kHz**

Phase: **0 Deg**

Após clicar duas vezes no osciloscópio (XSC1), modifique as configurações como a seguir:

Time base: **200µs/Div**

Channel A: **5V/Div**

Channel B: **5V/Div**

A essa altura, é possível clicar na ferramenta Run e visualizar um osciloscópio muito parecido com o encontrado em laboratório. Não obstante, podemos refinar a exibição para oferecer informações ainda mais úteis.

(continua)

Exemplo 18-22 *(continuação)*

Clique no menu View e selecione Grapher. Provavelmente, você verá vários ciclos na janela de exibição. Para obter uma exibição mais útil, é necessário modificar algumas das propriedades de exibição.

Na janela Grapher View, clique no menu Edit e selecione Properties. Clique na guia Bottom Axis e ajuste o intervalo para proporcionar a exibição de um ciclo (T = 1,00 ms). Um intervalo adequado será entre 0,020 e 0,021 s, embora qualquer outra exibição de 1 ms seja igualmente útil.

Como queremos medir o ângulo de fase, é necessário gerar uma grade e os cursores no gráfico. Para isso, deve-se clicar nas ferramentas Show/Hide Grid e Cursor. Após deslocar os cursores, é possível determinar as relações de fase entre $\mathbf{V}_R$ e **E** diretamente da tabela de dados. A exibição na tela será parecida como mostrado na Figura 18-71.

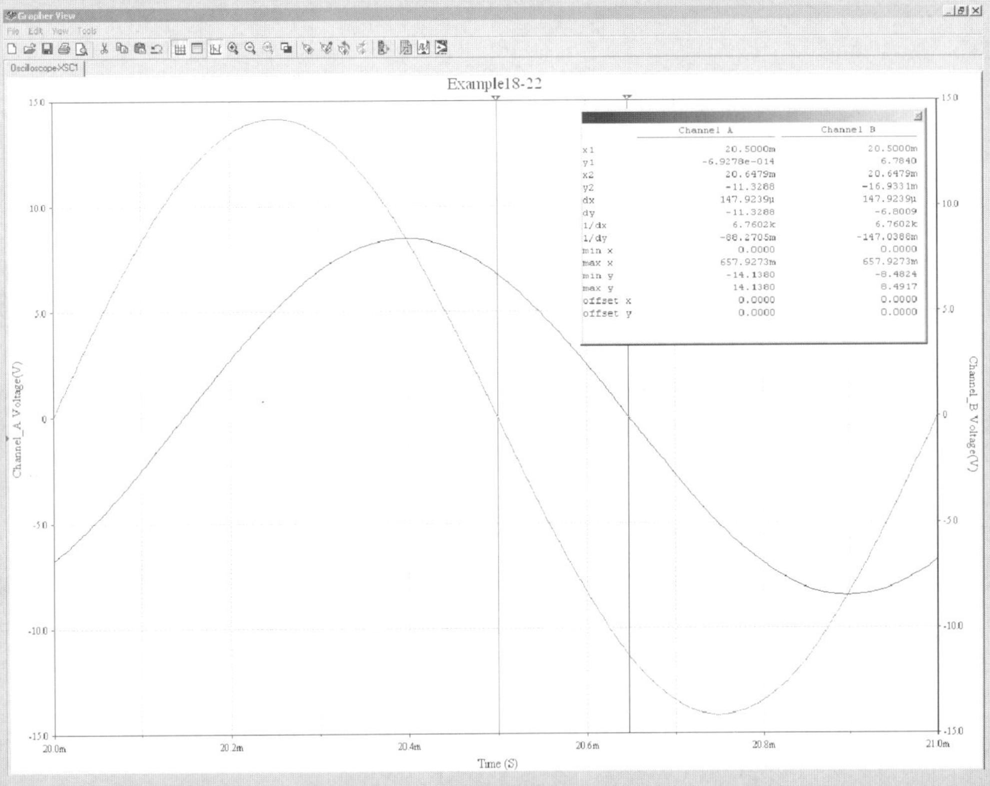

FIGURA 18-71

Após posicionar os cursores e usar a janela de exibição, é possível obter várias medições para o circuito. Encontramos o ângulo de fase da tensão no resistor em relação à fonte de tensão usando a diferença entre os cursores e o eixo inferior, dx = 147,92 µs. Agora temos

$$\theta = \frac{147,92\,\mu s}{1000\,\mu s} \times 360° = 53,25°$$

A amplitude da tensão no resistor é de 8,49 V, o que resulta em um valor RMS de 6,00 V. Como resultados das medições, temos

$$\mathbf{V}_R = 6,00\ \text{V}\angle -53,25°$$

e

$$\mathbf{I} = \frac{6\ \text{V}\angle -53,25°}{30\ \Omega} = 0,200\text{A}\angle -53,25°$$

Esses valores são muitos próximos dos resultados hipotéticos calculados na parte (a) deste exemplo.

PSpice

No próximo exemplo, usaremos o pós-processador Probe para mostrar como a impedância de um circuito *RC* varia como uma função da frequência. Os resultados gráficos fornecidos pelo Probe serão muito semelhantes às respostas em frequência apresentadas nas seções anteriores deste capítulo.

Exemplo 18-23

Observe a rede da Figura 18-72. Use o PSpice para inserir o circuito. Execute o pós-processador Probe para gerar o gráfico da rede de impedância como uma função da frequência de 50 Hz a 500 Hz.

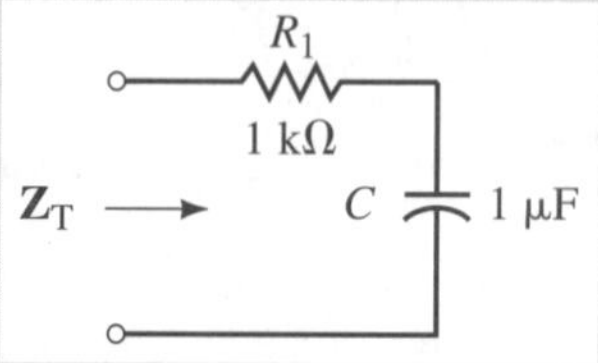

FIGURA 18-72

Solução: Como o PSpice não analisa um circuito incompleto, é necessário providenciar uma fonte de tensão (e aterramento) para o circuito da Figura 18-72. A impedância de entrada não depende da tensão efetivamente utilizada; por isso, podemos usar qualquer fonte de tensão AC. Neste exemplo, selecionamos arbitrariamente uma tensão de 10 V.

- Abra o software CIS Demo.
- Abra um novo projeto e nomeie-o de Cap 18 PSpice 1. Certifique-se de que o Analog or Mixed-Signal Circuit Wizard esteja ativado.
- Insira o circuito como mostra a Figura 18-73. Clique no valor da tensão e modifique o valor-padrão de **1V** para **10V**. (Não deve haver espaço entre a magnitude e as unidades.)
- Clique em PSpice, New Simulation Profile e dê um nome do tipo "Exemplo 18-23" para a nova simulação. A caixa de diálogos Simulation Settings se abrirá.
- Clique na guia Analysis e selecione AC Sweep/Noise como Analysis type. Selecione General Settings na caixa Options.
- Selecione Linear AC Sweep Type [Geralmente, usam-se as varreduras logarítmicas das frequências tais como a década (Decade).] Insira os valores nas caixas de diálogo apropriadas. Start Frequency: **50**; End Frequency: **500**; Total Points: **1001**. Clique em OK.
- Clique em PSpice e em Run. O pós-processador Probe aparecerá na tela.
- Clique em Trace e Add Trace. É possível clicar apenas nos valores apropriados da lista de variáveis e usar o símbolo de divisão para ter a impedância como resultado. Insira a seguinte expressão na caixa Trace Expression:

V(R1:1)/I(R1)

Observe que essa expressão não é nada além do que uma aplicação da lei de Ohm. A Figura 18-74 mostra a tela resultante.

(continua)

Exemplo 18-23 *(continuação)*

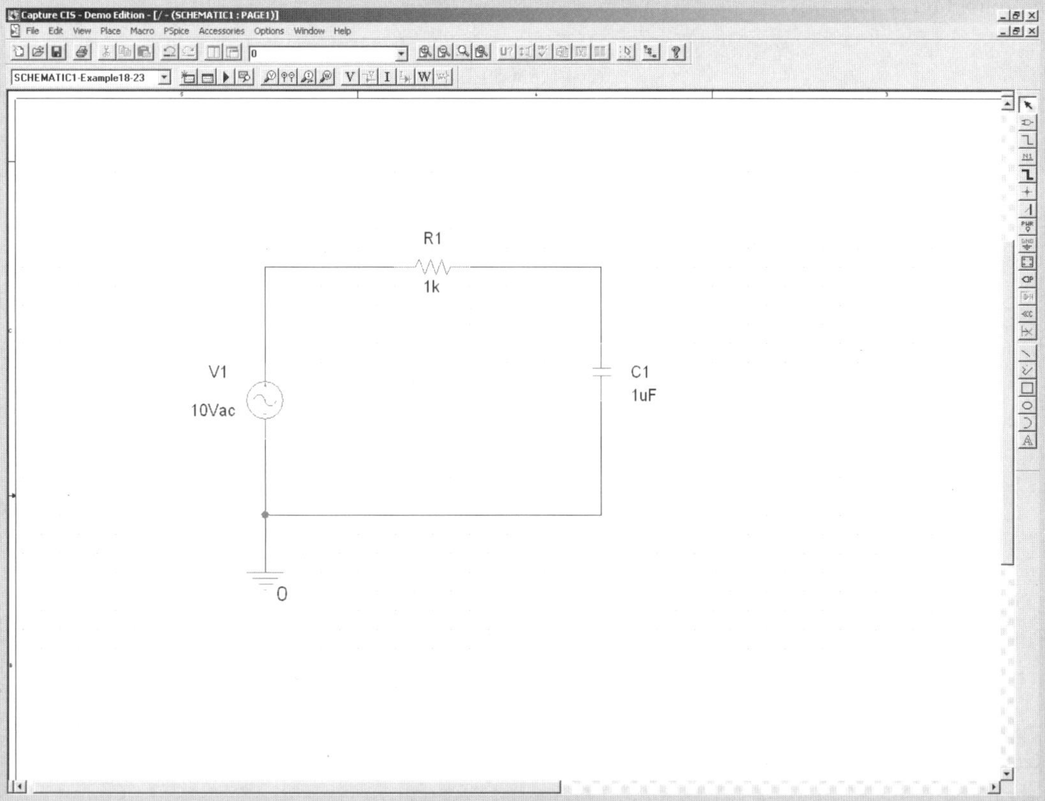

FIGURA 18-73

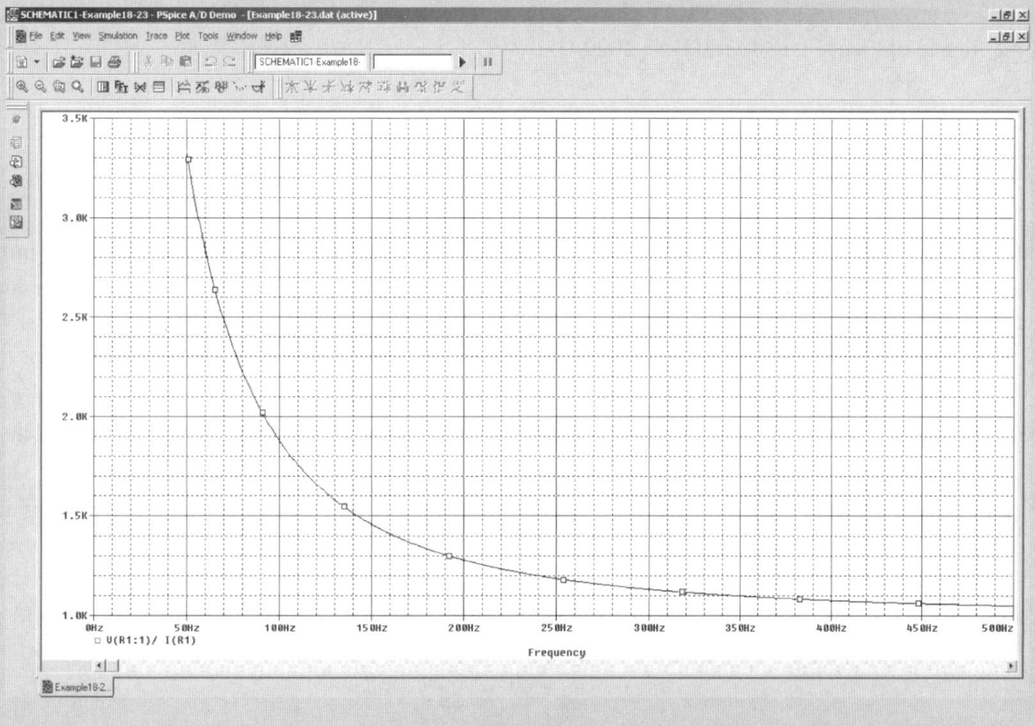

FIGURA 18-74

PROBLEMAS PRÁTICOS 11

Dado o circuito da Figura 18-75,

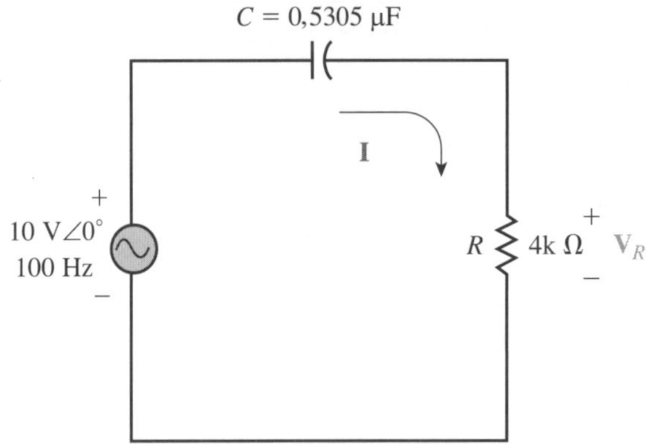

FIGURA 18-75

MULTISIM

a. Determine a corrente **I** e a tensão $\mathbf{V}_R$.

b. Use o Multisim para exibir a tensão no resistor, v_R, e a tensão na fonte, e. Utilize os resultados para confirmar os valores encontrados na parte (a).

Respostas

a. $\mathbf{I} = 2{,}00 \text{ mA}\angle 36{,}87°$; $\mathbf{V}_R = 8{,}00 \text{ V}\angle 36{,}87°$

b. $v_R = 11{,}3 \text{ sen}(\omega t + 36{,}87°)$; $e = 14{,}1 \text{ sen } \omega t$

PROBLEMAS PRÁTICOS 12

Use o PSpice para inserir o circuito da Figura 18-55. Utilize o pós-processador Probe para obter a exibição gráfica da impedância da rede como uma função da frequência de 100 Hz a 2000 Hz.

PSpice

Colocando em Perspectiva

Você está trabalhando em uma pequena usina industrial onde alguns motores pequenos são alimentados por uma linha AC de 60 Hz com uma tensão de 120 V_{AC}. Seu supervisor diz que um dos motores de 2 Hp que foram recentemente instalados drena muita corrente quando está funcionando com carga plena. Você faz a leitura da corrente e descobre que ela tem o valor 14,4 A, e, após alguns cálculos, percebe que, mesmo se o motor estivesse funcionando com carga plena, não deveria exigir tanta corrente.

No entanto, surge uma ideia: você se lembra de que um motor pode ser representado como um resistor em série com um indutor; então, se você conseguisse reduzir o efeito da reatância indutiva do motor ao colocar um capacitor em paralelo com ele, seria possível reduzir a corrente, uma vez que a reatância capacitiva cancela a reatância indutiva.

Enquanto o motor está carregando, você coloca um capacitor no circuito. Como se suspeitava, a corrente diminui. Após usar alguns valores diferentes, você percebe que a corrente alcança um mínimo de 12,4 A. Nesse valor, você determinou que as impedâncias reativas estão exatamente equilibradas. Faça um esboço do circuito completo e determine o valor da capacitância que foi adicionada ao circuito. Use a informação para determinar o valor da indutância do motor. (Suponha que o motor tenha uma eficiência de 100%.)

PROBLEMAS

18.1 Lei de Ohm para Circuitos AC

1. Para o resistor mostrado na Figura 18-76:
   a. Encontre a corrente senoidal i usando fasores.
   b. Faça um esboço das formas de onda senoidais para v e i.
   c. Desenhe o diagrama fasorial para **V** e **I**.
2. Repita o Problema 1 para o resistor da Figura 18-77.
3. Repita o Problema 1 para o resistor da Figura 18-78.
4. Repita o Problema 1 para o resistor da Figura 18-79.

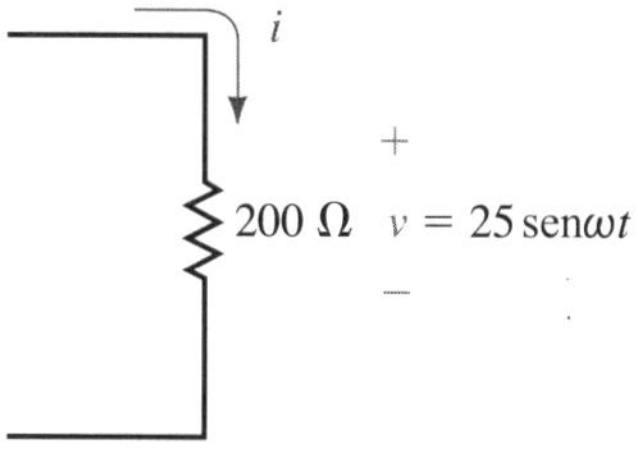

FIGURA 18-76

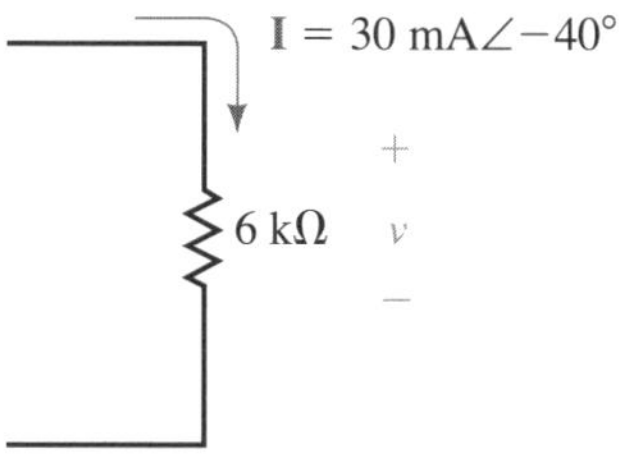

FIGURA 18-77

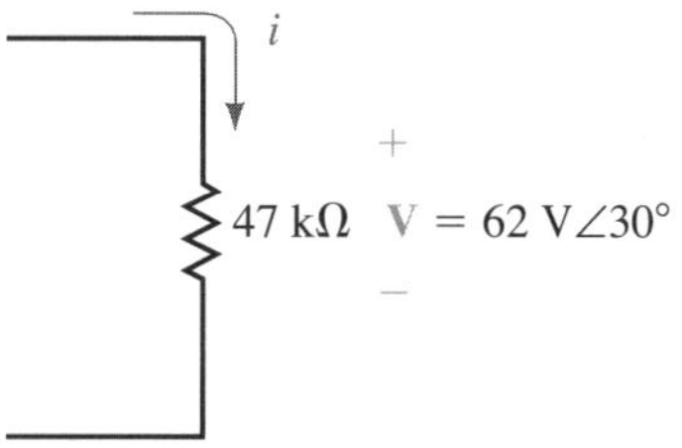

FIGURA 18-78

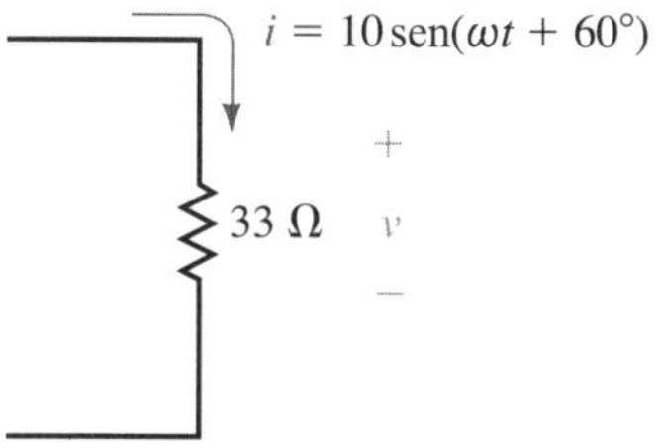

FIGURA 18-79

5. Para o componente mostrado na Figura 18-80:
   a. Encontre a tensão senoidal v usando fasores.
   b. Desenhe as formas de onda senoidais para v e i.
   c. Desenhe o diagrama fasorial para **V** e **I**.
6. Para o componente mostrado na Figura 18-81:
   a. Encontre a corrente senoidal i usando fasores.
   b. Desenhe as tensões senoidais para v e i.
   c. Desenhe o diagrama fasorial para **V** e **I**.
7. Para o componente mostrado na Figura 18-82:
   a. Encontre a corrente senoidal i usando fasores.

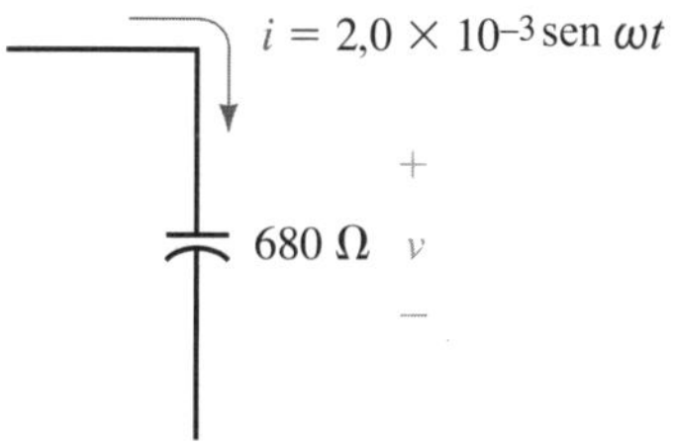

FIGURA 18-80

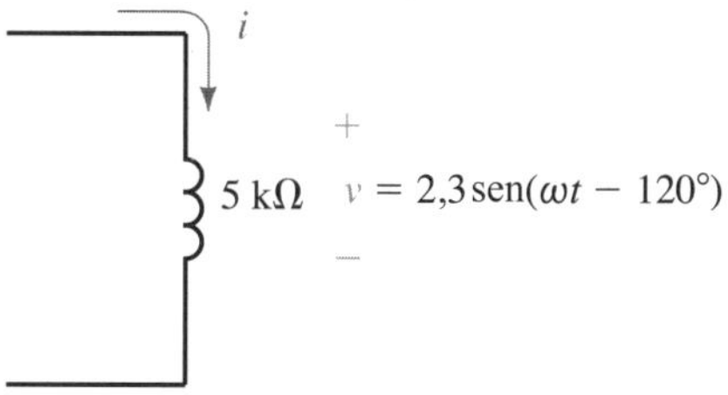

FIGURA 18-81

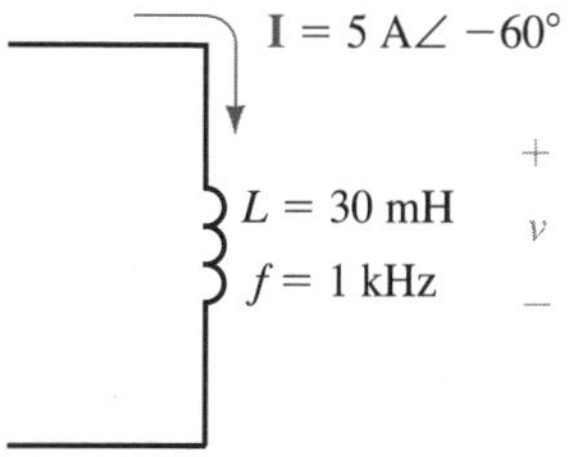

FIGURA 18-82

b. Desenhe as tensões senoidais para v e i.

c. Desenhe o diagrama fasorial para **V** e **I**.

8. Para o componente mostrado na Figura 18-83:

a. Encontre a corrente senoidal i usando fasores.

b. Desenhe as tensões senoidais para v e i.

c. Desenhe o diagrama fasorial para **V** e **I**.

9. Para o componente mostrado na Figura 18-84:

a. Encontre a tensão senoidal v usando fasores.

b. Desenhe as tensões senoidais para v e i.

c. Desenhe o diagrama fasorial para **V** e **I**.

10. Repita o Problema 5 para o componente mostrado na Figura 18-85.

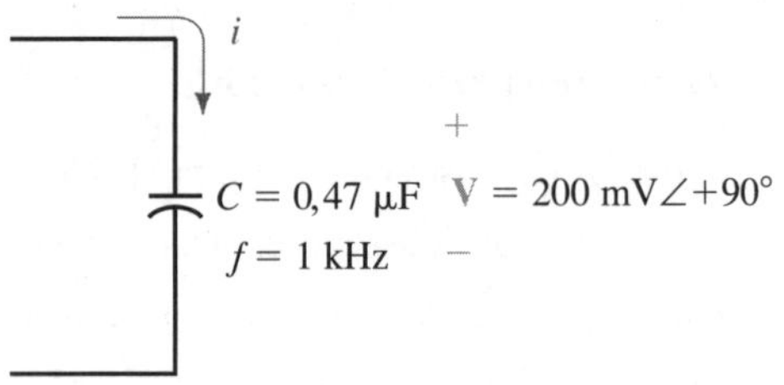

FIGURA 18-83

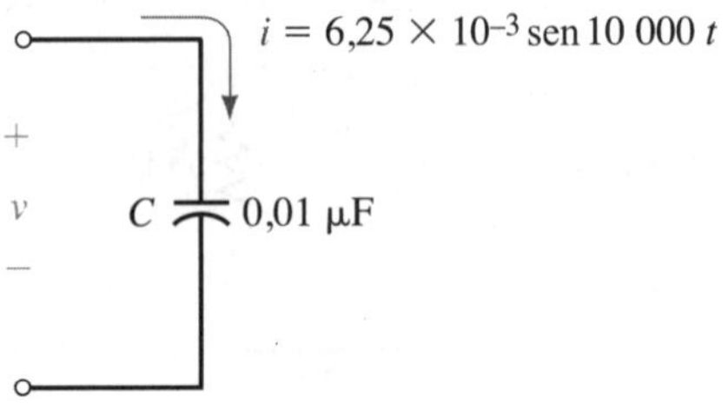

FIGURA 18-84

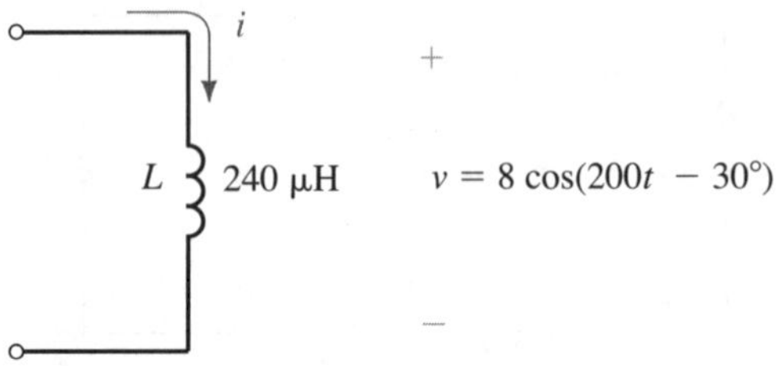

FIGURA 18-85

11. Repita o Problema 5 para o componente mostrado na Figura 18-86.

12. Repita o Problema 5 para o componente mostrado na Figura 18-87.

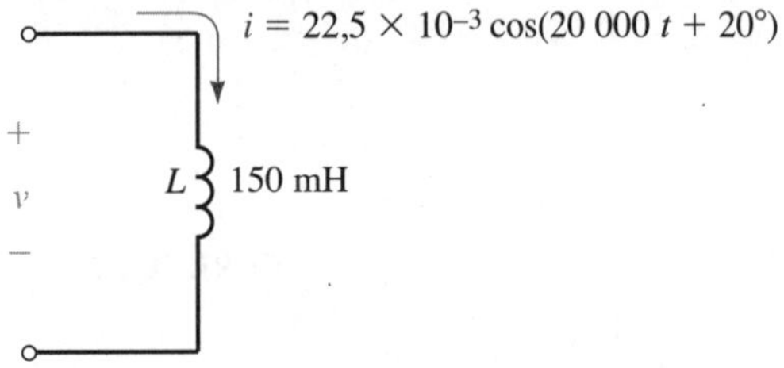

FIGURA 18-86

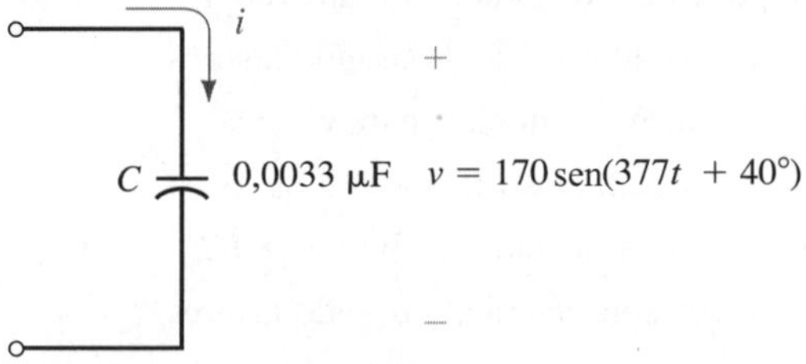

FIGURA 18-87

18.2 Circuitos Série AC

13. Determine a impedância total de cada uma das redes mostradas na Figura 18-88.

14. Repita o Problema 13 para as redes da Figura 18-89.

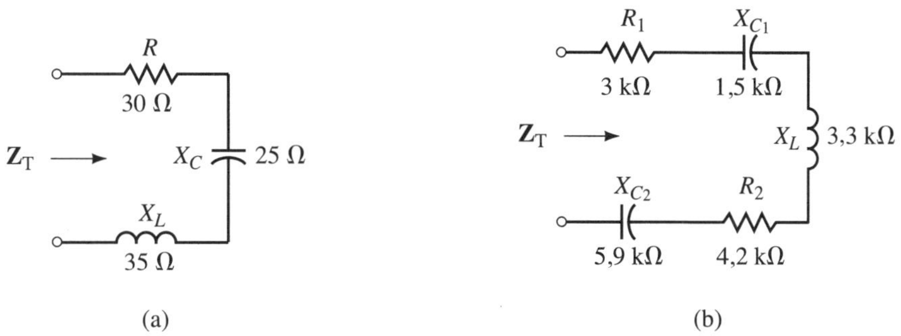

FIGURA 18-88

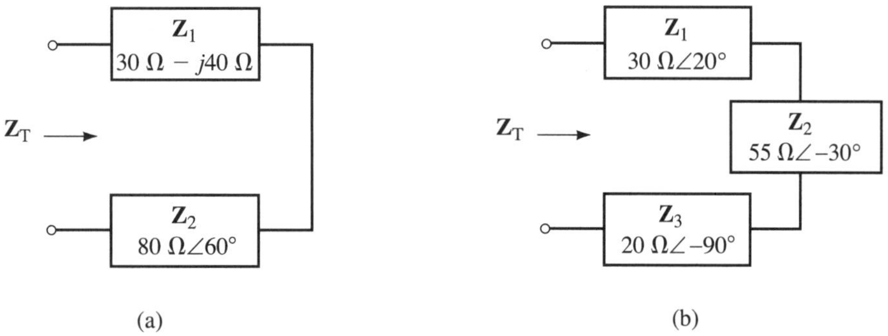

FIGURA 18-89

15. Observe o circuito da Figura 18-90.

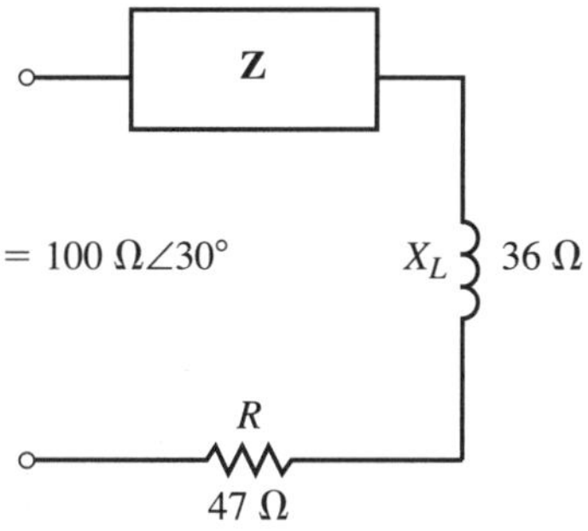

FIGURA 18-90

   a. Determine a impedância série, **Z**, que resultará na impedância total fornecida, $\mathbf{Z}_T$. Expresse a resposta nas formas retangular e polar.
   b. Faça um esboço do diagrama de impedância mostrando $\mathbf{Z}_T$ e **Z**.
16. Repita o Problema 15 para a rede da Figura 18-91.
17. Um circuito com dois elementos tem uma impedância total de $\mathbf{Z}_T = 2\ \text{k}\Omega\angle 15^\circ$ em uma frequência de 18 kHz. Determine os valores dos elementos desconhecidos em ohm, henry ou farad.
18. Uma rede tem uma impedância total de $\mathbf{Z}_T = 24{,}0\ \text{k}\Omega\angle -30^\circ$ em uma frequência de 2 kHz. Sendo a rede composta de dois elementos em série, determine os valores dos elementos desconhecidos em ohm, henry ou farad.
19. Se a rede da Figura 18-92 opera em uma frequência de 1 kHz, quais elementos em série *R* e *L* (em henry) ou *C* (em farad) devem estar no bloco indicado para resultar na impedância total do circuito de $\mathbf{Z}_T = 50\Omega\angle 60^\circ$?

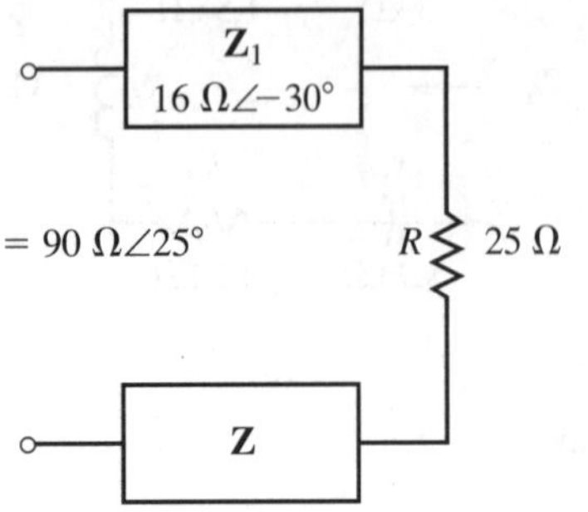

FIGURA 18-91

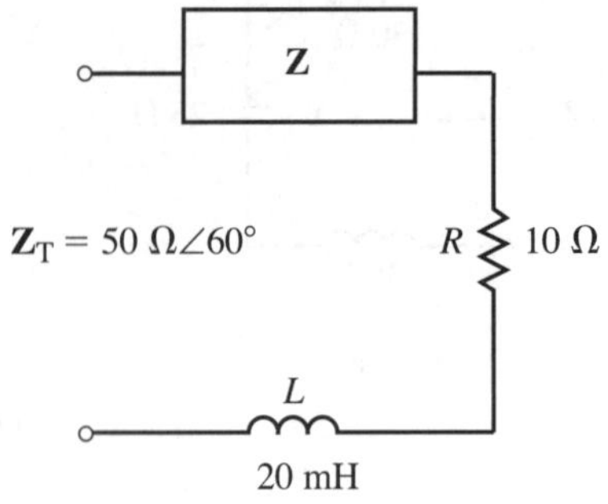

FIGURA 18-92

20. Repita o Problema 19 para uma frequência de 2 kHz.
21. Observe o circuito da Figura 18-93.
    a. Determine $\mathbf{Z}_T$, $\mathbf{I}$, $\mathbf{V}_R$, $\mathbf{V}_L$ e $\mathbf{V}_C$.
    b. Desenhe o diagrama fasorial mostrando $\mathbf{I}$, $\mathbf{V}_R$, $\mathbf{V}_L$ e $\mathbf{V}_C$.
    c. Determine a potência média dissipada pelo resistor.
    d. Calcule a potência média fornecida pela fonte de tensão. Compare o resultado com (c).

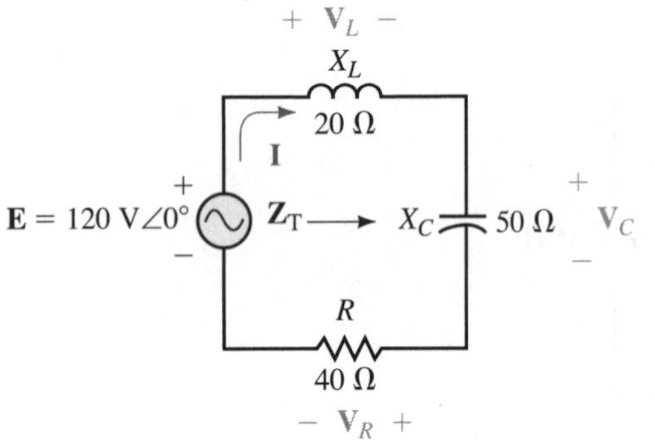

FIGURA 18-93

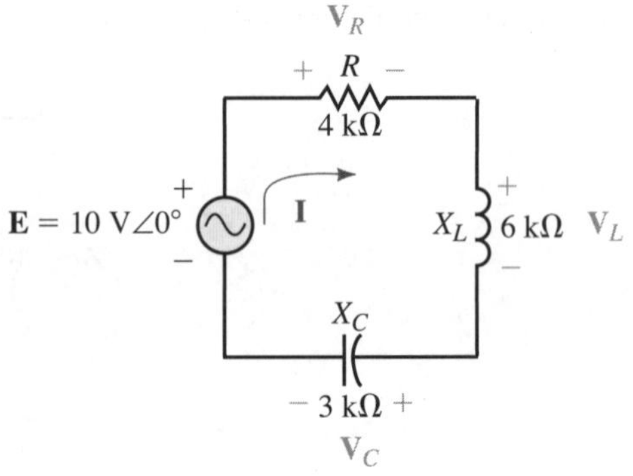

FIGURA 18-94

22. Considere o circuito da Figura 18-94.
    a. Encontre $\mathbf{Z}_T$, $\mathbf{I}$, $\mathbf{V}_R$, $\mathbf{V}_L$ e $\mathbf{V}_C$.
    b. Desenhe o diagrama fasorial mostrando $\mathbf{I}$, $\mathbf{V}_R$, $\mathbf{V}_L$ e $\mathbf{V}_C$.
    c. Escreva as expressões senoidais para a corrente i e para as tensões e, v_R, v_C e v_L.
    d. Faça um esboço das correntes e tensões senoidais encontradas em (c).
    e. Determine a potência média dissipada pelo resistor.
    f. Calcule a potência média fornecida pela fonte de tensão. Compare com o resultado em (e).
23. Observe o circuito da Figura 18-95.
    a. Determine a impedância do circuito, $\mathbf{Z}_T$.

b. Use os fasores para calcular i, v_R, v_C e v_L.

c. Desenhe o diagrama fasorial mostrando $\mathbf{I}$, $\mathbf{V}_R$, $\mathbf{V}_L$ e $\mathbf{V}_C$.

d. Faça um esboço das expressões senoidais das correntes e tensões encontradas em (b).

e. Determine a potência média dissipada pelo resistor.

f. Calcule a potência média fornecida pela fonte de tensão. Compare com o resultado em (e).

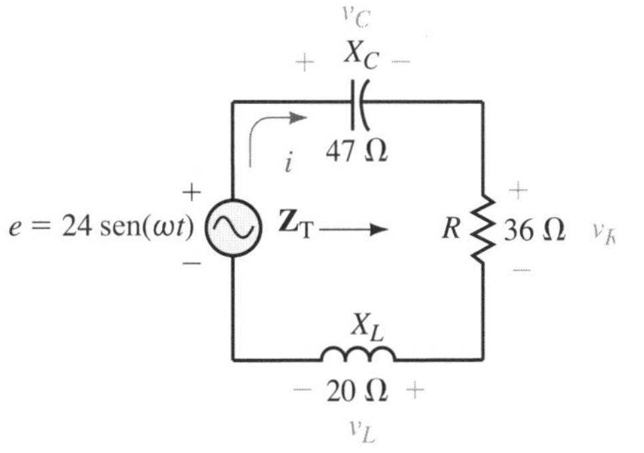

FIGURA 18-95

24. Observe o circuito da Figura 18-96.

a. Determine o valor da reatância do capacitor, X_C, necessário para que o resistor no circuito dissipe uma potência de 200 mW.

b. Usando o valor de X_C na letra (a), determine a expressão senoidal para a corrente i no circuito.

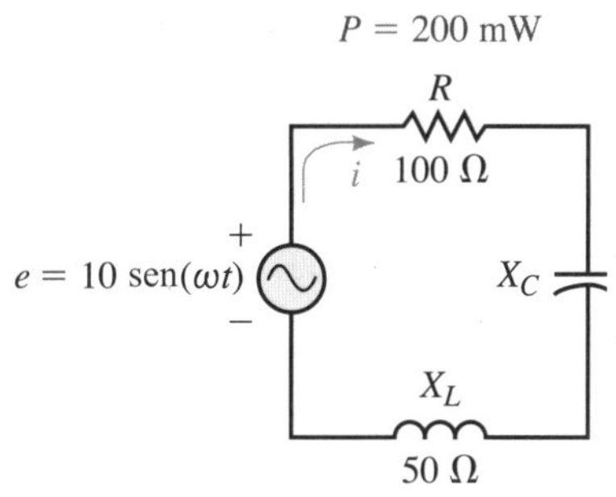

FIGURA 18-96

18.3 Lei de Kirchhoff das Tensões e a Regra do Divisor de Tensão

25. a. Suponha que uma tensão de 10 V$\angle$0° seja aplicada na rede da Figura 18-88(a). Use a regra do divisor de tensão para encontrar a tensão que aparece em cada elemento.

b. Confirme a lei de Kirchhoff das tensões para a rede.

26. a. Suponha que uma tensão de 240 V$\angle$30° seja aplicada na rede da Figura 18-89(a). Use a regra do divisor de tensão para encontrar a tensão que aparece em cada impedância.

b. Confirme a lei de Kirchhoff das tensões para cada rede.

27. Dada a rede da Figura 18-97:

a. Determine as tensões $\mathbf{V}_C$ e $\mathbf{V}_L$.

b. Determine o valor de R.

28. Observe o circuito da Figura 18-98.

a. Encontre as tensões $\mathbf{V}_R$ e $\mathbf{V}_L$.

b. Determine o valor de X_C.

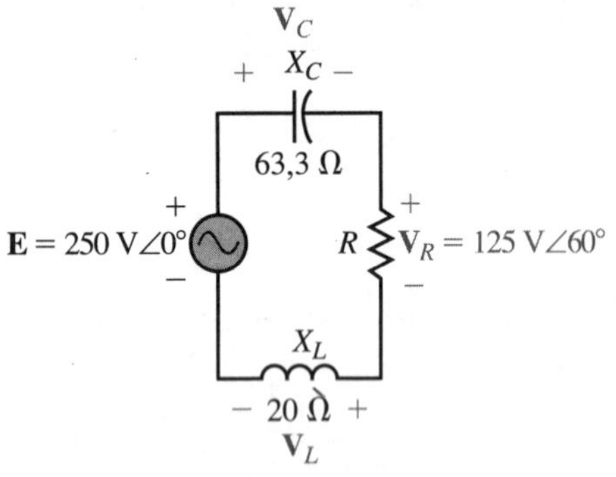

FIGURA 18-97

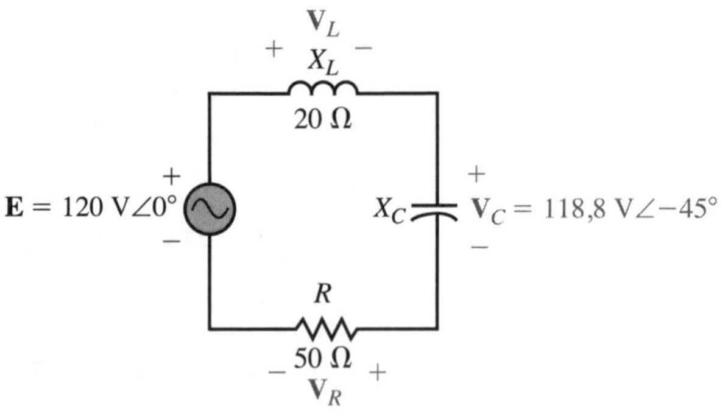

FIGURA 18-98

29. Observe o circuito da Figura 18-99.

a. Encontre a tensão em X_C.

b. Use a lei de Kirchhoff das tensões para encontrar a tensão na impedância desconhecida.

c. Calcule o valor da impedância desconhecida, **Z**.

d. Determine a potência média dissipada pelo circuito.

30. Dado que o circuito da Figura 18-100 tem uma corrente com uma magnitude de 2,0 A, e que ele dissipa a potência total de 500 W.

a. Calcule o valor da impedância desconhecida **Z**. (Dica: Duas soluções são possíveis.)

b. Calcule o ângulo de fase θ da corrente **I**.

c. Determine as tensões $\mathbf{V}_R$, $\mathbf{V}_L$ e $\mathbf{V}_Z$.

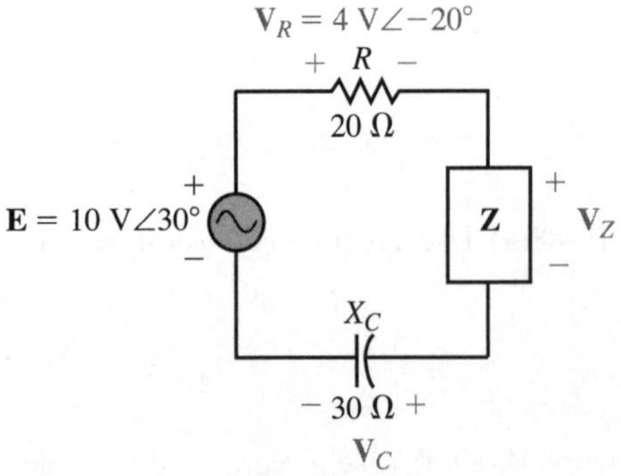

FIGURA 18-99

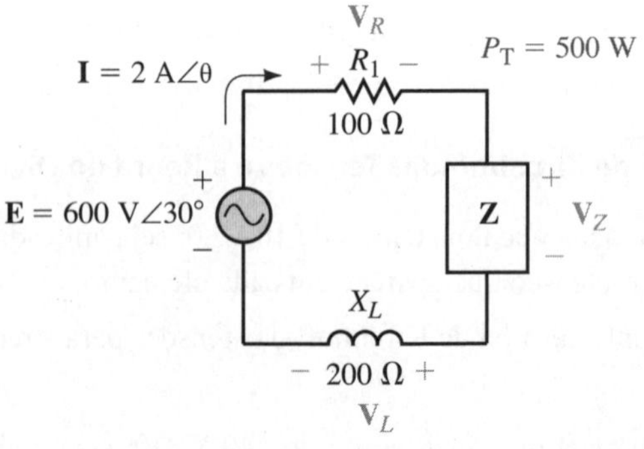

FIGURA 18-100

18.4 Circuitos Paralelos AC

31. Determine a impedância de entrada, $\mathbf{Z}_T$, para cada uma das redes da Figura 18-101.

32. Repita o Problema 31 para a Figura 18-102.

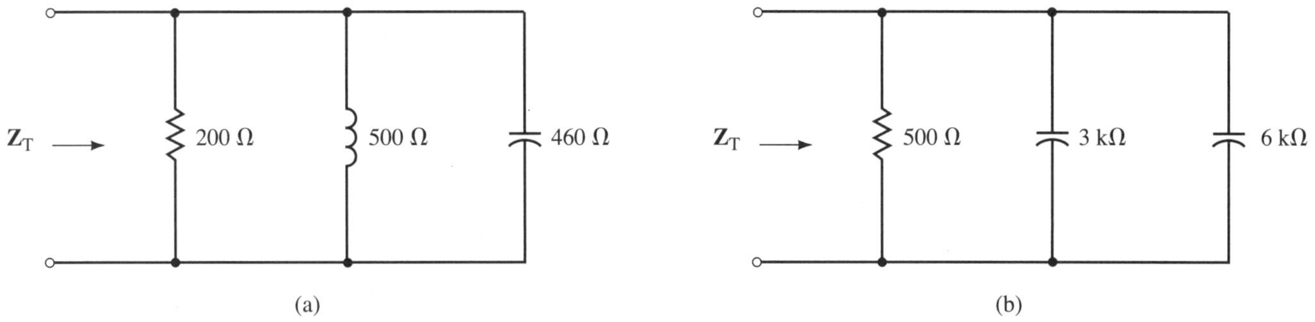

FIGURA 18-101

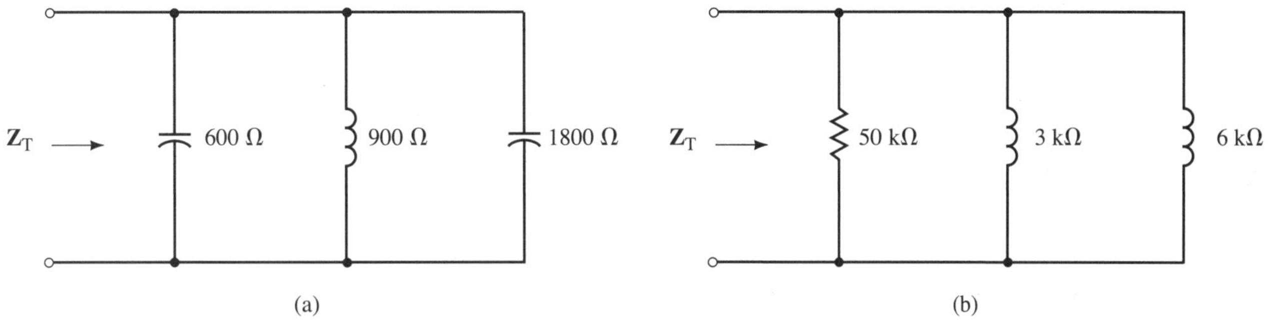

FIGURA 18-102

33. Dado o circuito da Figura 18-103.

a. Encontre $\mathbf{Z}_T$, $\mathbf{I}_T$, $\mathbf{I}_1$, $\mathbf{I}_2$ e $\mathbf{I}_3$.

b. Desenhe o diagrama de admitância mostrando cada uma das admitâncias.

c. Faça um esboço do diagrama fasorial mostrando **E**, $\mathbf{I}_T$, $\mathbf{I}_1$, $\mathbf{I}_2$ e $\mathbf{I}_3$.

d. Determine a potência média dissipada pelo resistor.

e. Encontre o fator de potência do circuito e calcule a potência média fornecida pela fonte de tensão. Compare a resposta com o resultado obtido em (d).

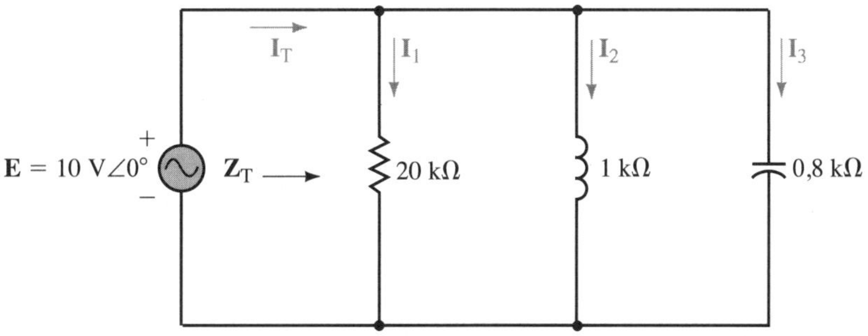

FIGURA 18-103

34. Observe o circuito da Figura 18-104.

a. Determine $\mathbf{Z}_T$, $\mathbf{I}_T$, $\mathbf{I}_1$, $\mathbf{I}_2$ e $\mathbf{I}_3$.

b. Faça um esboço do diagrama de admitância para cada uma das admitâncias.

c. Desenhe o diagrama fasorial mostrando $\mathbf{E}$, $\mathbf{I}_T$, $\mathbf{I}_1$, $\mathbf{I}_2$ e $\mathbf{I}_3$.

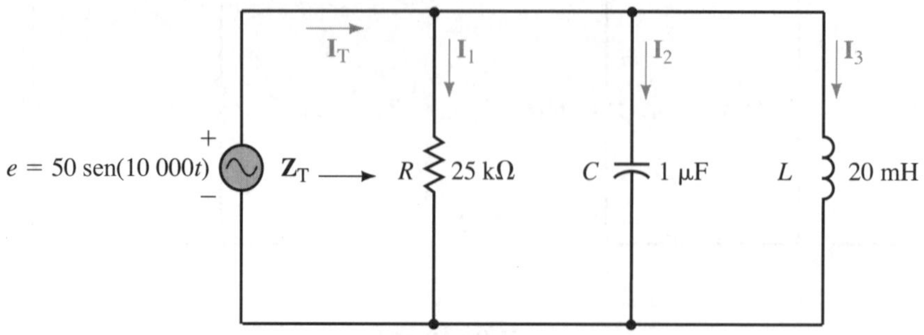

FIGURA 18-104

d. Determine as expressões para as correntes senoidais i_T, i_1, i_2 e i_3.

e. Desenhe a tensão e a corrente senoidais, e e i_T, respectivamente.

f. Determine a potência média dissipada pelo resistor.

g. Encontre o fator de potência do circuito e calcule a potência média fornecida pela fonte de tensão. Compare a resposta com o resultado obtido em (f).

35. Observe o circuito da rede da Figura 18-105.

a. Determine $\mathbf{Z}_T$.

b. Dada a corrente indicada, use a lei de Ohm para encontrar a tensão, $\mathbf{V}$, na rede.

36. Observe o circuito da rede da Figura 18-106.

a. Determine $\mathbf{Z}_T$.

b. Dada a corrente indicada, use a lei de Ohm para encontrar a tensão, $\mathbf{V}$, na rede.

c. Calcule $\mathbf{I}_2$ e $\mathbf{I}$.

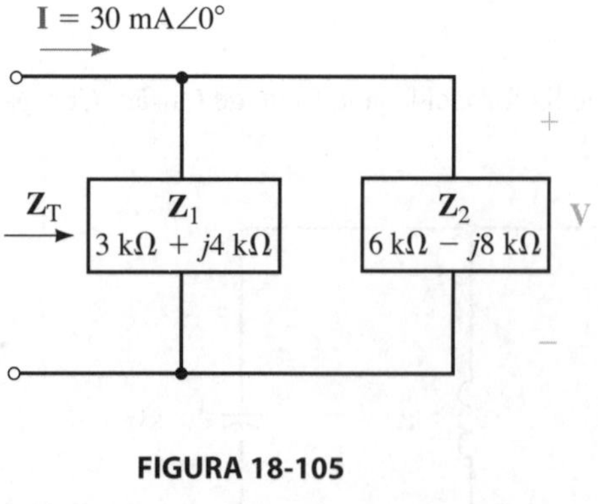

FIGURA 18-105

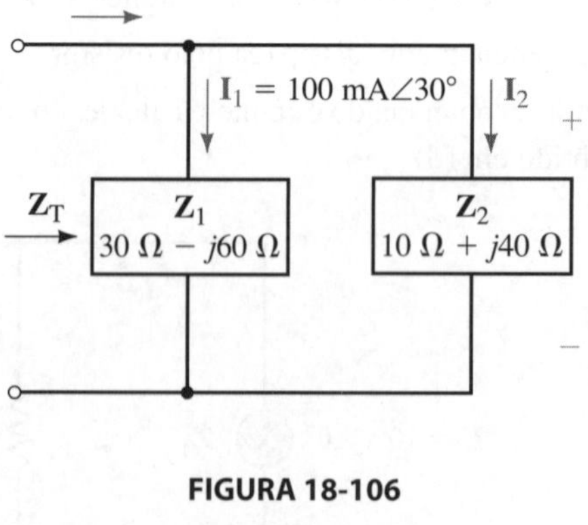

FIGURA 18-106

37. Determine a impedância, $\mathbf{Z}_2$, que resultará na impedância total mostrada na Figura 18-107.

38. Determine a impedância, $\mathbf{Z}_2$, que resultará na impedância total mostrada na Figura 18-108.

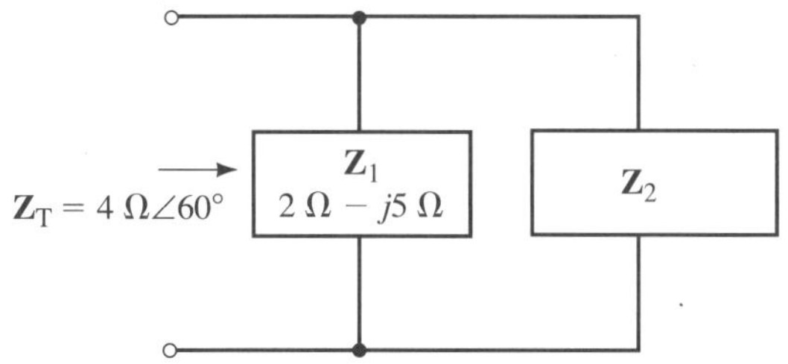

FIGURA 18-107

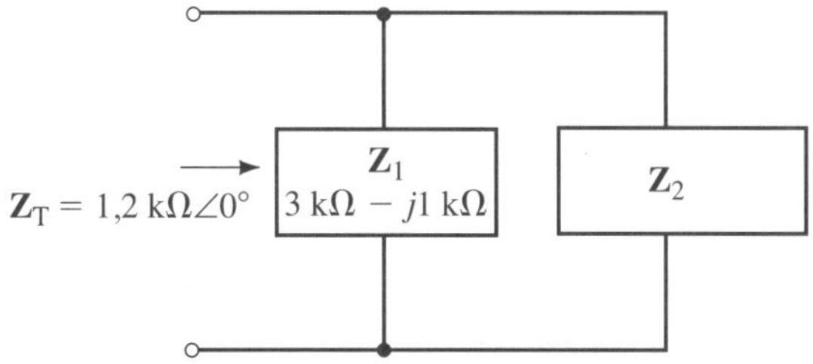

FIGURA 18-108

18.5 Lei de Kirchhoff das Correntes e a Regra do Divisor de Corrente

39. Calcule a corrente em cada elemento das redes na Figura 18-101 se a corrente aplicada em cada rede for de 10 mA$\angle -30°$.

40. Repita o Problema 39 para a Figura 18-102.

41. Use a regra do divisor de corrente para encontrar a corrente em cada um dos elementos da Figura 18-109. Verifique se a lei de Kirchhoff das correntes se aplica.

42. Sendo $\mathbf{I}_L = 4\ A\angle 30°$ no circuito da Figura 18-110, encontre as correntes $\mathbf{I}$, $\mathbf{I}_C$ e $\mathbf{I}_R$. Verifique se a lei de Kirchhoff das correntes se aplica a esse circuito.

43. Suponha que o circuito da Figura 18-111 tenha uma corrente $\mathbf{I}$ com uma magnitude de 8 A.

    a. Determine a corrente $\mathbf{I}_R$ no resistor.

    b. Calcule o valor da resistência, R.

    c. Qual é o ângulo de fase da corrente $\mathbf{I}$?

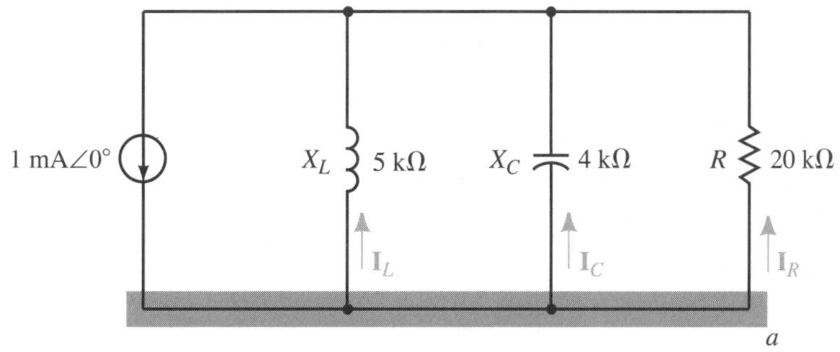

FIGURA 18-109

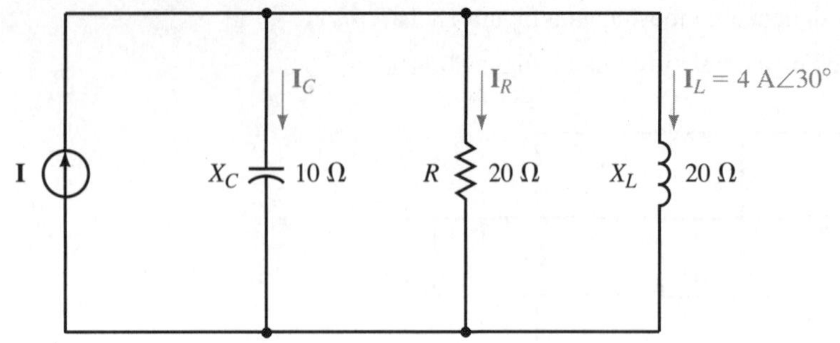

FIGURA 18-110

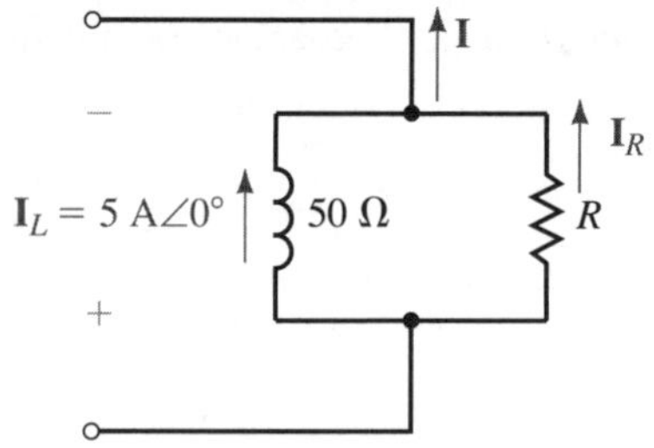

FIGURA 18-111

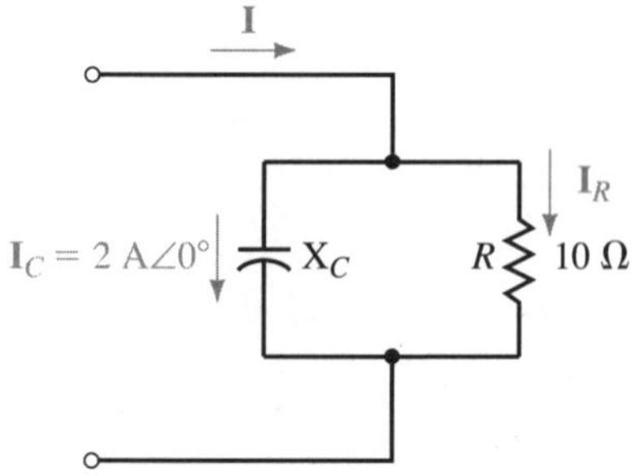

FIGURA 18-112

44. Suponha que o circuito da Figura 18-112 tenha uma corrente **I** com a magnitude de 3A.
    a. Determine a corrente $\mathbf{I}_R$ no resistor.
    b. Calcule o valor da reatância capacitiva, X_C.
    c. Qual é o ângulo de fase da corrente **I**?

18.6 Circuitos Série-Paralelo

45. Observe o circuito da Figura 18-113.
    a. Determine $\mathbf{Z}_T$, $\mathbf{I}_L$, $\mathbf{I}_C$ e $\mathbf{I}_R$.
    b. Desenhe o diagrama fasorial mostrando **E**, $\mathbf{I}_L$, $\mathbf{I}_C$ e $\mathbf{I}_R$.

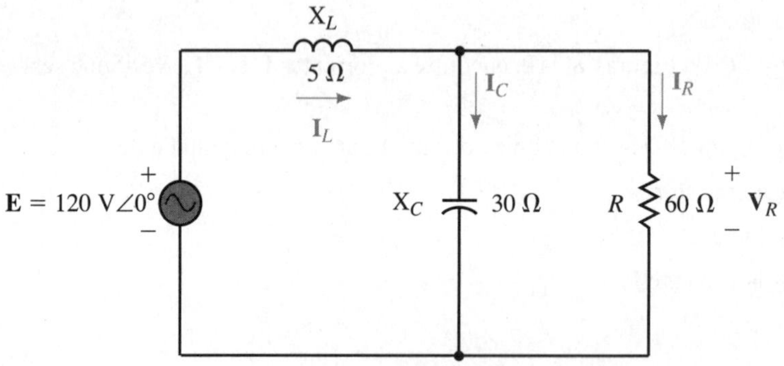

FIGURA 18-113

    c. Calcule a potência média dissipada pelo resistor.
    d. Use o fator de potência do circuito para calcular a potência média fornecida pela fonte de tensão. Compare a resposta aos resultados obtidos em (c).
46. Observe o circuito da Figura 18-114.
    a. Determine $\mathbf{Z}_T$, $\mathbf{I}_1$, $\mathbf{I}_2$ e $\mathbf{I}_3$.
    b. Desenhe o diagrama fasorial mostrando **E**, $\mathbf{I}_1$, $\mathbf{I}_2$ e $\mathbf{I}_3$.

c. Calcule a potência média dissipada em cada um dos resistores.

d. Use o fator de potência do circuito para calcular a potência média fornecida pela fonte de tensão. Compare a resposta aos resultados obtidos em (c).

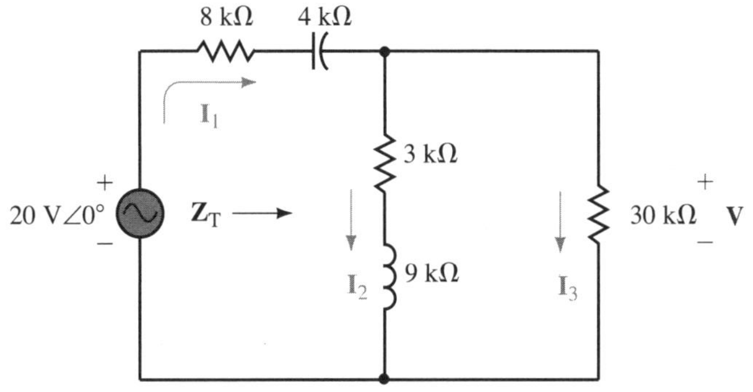

FIGURA 18-114

47. Observe o circuito da Figura 18-115.

a. Determine $\mathbf{Z}_T$, $\mathbf{I}_T$, $\mathbf{I}_1$ e $\mathbf{I}_2$.

b. Determine a tensão $\mathbf{V}_{ab}$.

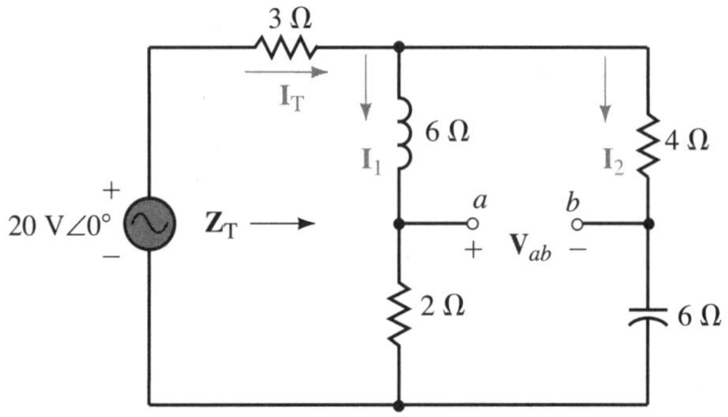

FIGURA 18-115

48. Considere o circuito da Figura 18-116.

a. Determine $\mathbf{Z}_T$, $\mathbf{I}_T$, $\mathbf{I}_1$ e $\mathbf{I}_2$.

b. Determine a tensão $\mathbf{V}$.

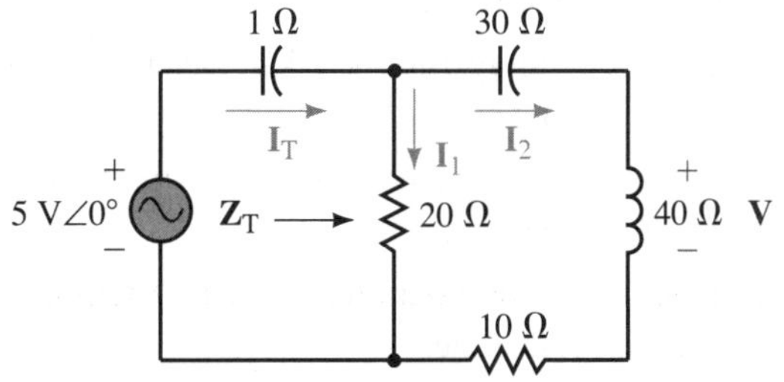

FIGURA 18-116

49. Observe o circuito da Figura 18-117.

    a. Determine $\mathbf{Z}_T$, $\mathbf{I}_1$, $\mathbf{I}_2$ e $\mathbf{I}_3$.

    b. Determine a tensão **V**.

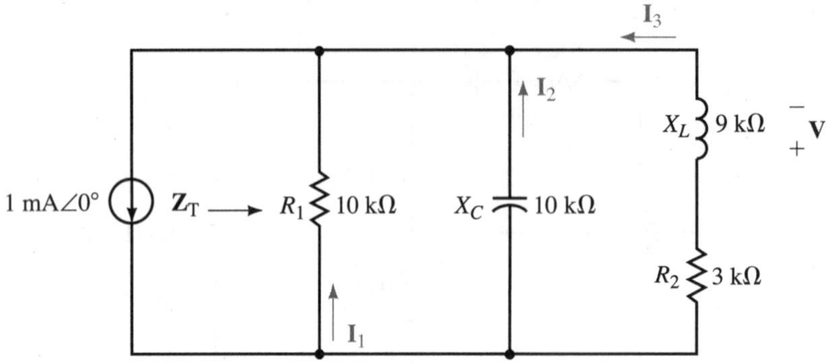

FIGURA 18-117

50. Observe o circuito da Figura 18-118.

    a. Determine $\mathbf{Z}_T$, $\mathbf{I}_1$, $\mathbf{I}_2$ e $\mathbf{I}_3$.

    b. Determine a tensão **V**.

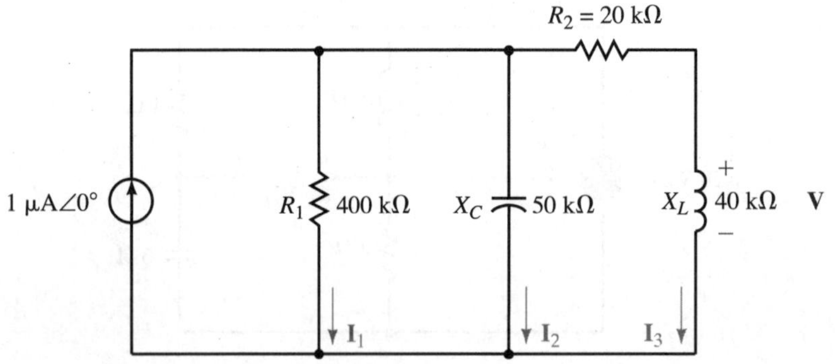

FIGURA 18-118

18.7 Efeitos da Frequência

51. Um resistor de 50 kΩ é colocado em série com um capacitor de 0,01 μF. Determine a frequência de corte ω_C (em rad/s) e faça um esboço da resposta em frequência (Z_T *versus* ω) da rede.

52. Um indutor de 2 mH é colocado em paralelo com um resistor de 2 kΩ. Determine a frequência de corte ω_C (em rad/s) e faça um esboço da resposta em frequência (Z_T *versus* ω) da rede.

53. Um resistor de 100 kΩ é colocado em paralelo com um capacitor de 0,47 μF. Determine a frequência de corte f_C (em Hz) e faça um esboço da resposta em frequência (Z_T *versus* f) da rede.

54. Um resistor de 2,7 kΩ é colocado em paralelo com um indutor de 20 mH. Determine a frequência de corte f_C (em Hz) e faça um esboço da resposta em frequência (Z_T *versus* f) da rede.

18.8 Aplicações

55. Converta cada uma das redes da Figura 18-119 em uma rede série equivalente composta de dois elementos.

56. Converta cada uma das redes da Figura 18-119 em uma rede paralela equivalente composta de dois elementos.

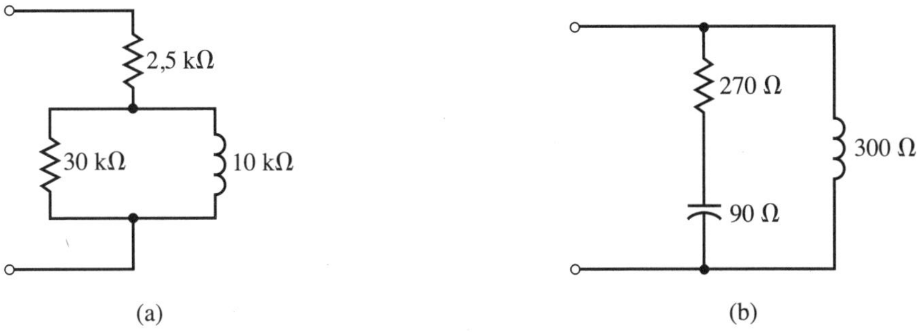

FIGURA 18-119

57. Mostre que as redes da Figura 18-120 apresentam a mesma impedância de entrada nas frequências de 1 krad/s e 10 krad/s. (É possível mostrar que essas redes são equivalentes em todas as frequências.)

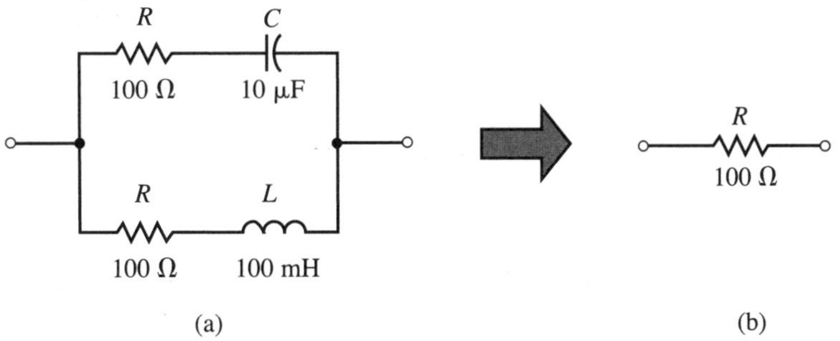

FIGURA 18-120

58. Mostre que as redes da Figura 18-121 apresentam a mesma impedância de entrada nas frequências de 5 rad/s e 10 rad/s.

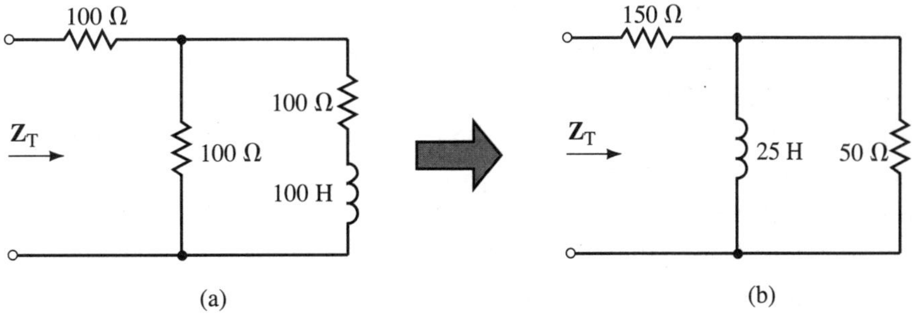

FIGURA 18-121

18.9 Análise de Circuitos Usando Computador

MULTISIM

59. Dado o circuito da Figura 18-122:

a. Use o Multisim para exibir simultaneamente as tensões v_C e no capacitor e. Armazene seus resultados e determine o fasor tensão, $\mathbf{V}_C$.

b. Troque as posições do resistor e do capacitor em relação ao aterramento. Use o Multisim para exibir simultaneamente as tensões v_R e e no resistor. Armazene seus resultados e determine o fasor tensão, $\mathbf{V}_R$.

c. Compare os resultados aos obtidos no Exemplo 18-8.

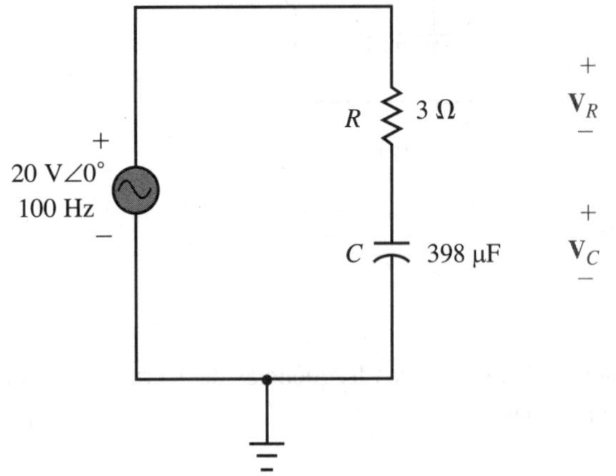

FIGURA 18-122

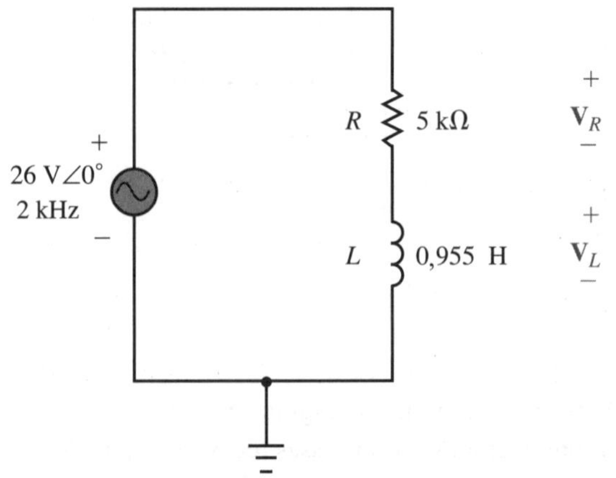

FIGURA 18-123

MULTISIM

MULTISIM

60. Dado o circuito da Figura 18-123:

a. Use o Multisim para exibir as tensões v_L e e. Armazene seus resultados e determine o fasor tensão, $\mathbf{V}_L$.

b. Troque as posições do resistor e do indutor em relação ao aterramento. Use o Multisim para exibir simultaneamente as tensões v_R no resistor, e e no indutor. Armazene seus resultados e determine o fasor tensão, $\mathbf{V}_R$.

c. Compare os resultados aos obtidos no Exemplo 18-9.

61. Um resistor de 50 kΩ é colocado em série com um capacitor de 0,01 μF. Use o PSpice para inserir esses componentes no circuito. Execute o pós-processador Probe para obter uma exibição gráfica da impedância da rede como uma função da frequência de 50 Hz a 500 Hz. Deixe a frequência variar logaritmicamente em oitavas.

62. Um indutor de 2 mH é colocado em paralelo com um resistor de 2 kΩ. Use o PSpice para inserir esses componentes no circuito. Execute o pós-processador Probe para obter uma exibição gráfica da impedância da rede como uma função da frequência de 50 kHz a 500 kHz. Deixe a frequência variar logaritmicamente em oitavas.

63. Um resistor de 100 kΩ é colocado em paralelo com um capacitor de 0,47 μF. Use o PSpice para inserir esses componentes no circuito. Execute o pós-processador Probe para obter uma exibição gráfica da impedância da rede como uma função da frequência de 0,1 Hz a 10 Hz. Deixe a frequência variar logaritmicamente em oitavas.

64. Um resistor de 2,7 kΩ é colocado em paralelo com um indutor de 20 mH. Use o PSpice para inserir esses componentes no circuito. Execute o pós-processador Probe para obter uma exibição gráfica da impedância da rede como uma função da frequência de 100 kHz a 1 MHz. Deixe a frequência variar logaritmicamente em oitavas.

RESPOSTAS DOS PROBLEMAS PARA VERIFICAÇÃO DO PROCESSO DE APRENDIZAGEM

Verificação do Processo de Aprendizagem 1

1. A corrente e a tensão estão em fase.
2. A corrente está 90º adiantada em relação à tensão.
3. A tensão está 90º adiantada em relação à corrente.

Verificação do Processo de Aprendizagem 2

1. A soma fasorial das quedas e dos aumentos de tensão ao redor da malha fechada é igual a zero.
2. Todas as tensões devem ser expressas como fasores, ou seja, $\mathbf{V} = V\angle\theta = V \cos \theta + jV \operatorname{sen} \theta$.

Verificação do Processo de Aprendizagem 3

1. A soma dos fasores das correntes que entram em um nó é igual à soma dos fasores das correntes que saem dele.
2. Todas as correntes devem ser expressas como fasores, ou seja, $\mathbf{I} = I\angle\theta = I \cos \theta + jI \operatorname{sen} \theta$.

Verificação do Processo de Aprendizagem 4

1. Em $f = 0$ Hz, $Z = \infty$ (circuito aberto). À medida que f se aproxima de ∞, $Z = R$
2. Em $f = \text{OH}_z$, $Z = 0$ (curto circuito). À medida que f se aproxima de ∞, $Z = R$.

Verificação do Processo de Aprendizagem 5

1. $R_P = 795\ \Omega$, $L_P = 10{,}1$ mH
2. $R_P = 790\ \text{M}\Omega$, $L_P = 10{,}0$ mH

• TERMOS-CHAVE

Pontes Balanceadas; Fontes Dependentes; Ponte de Hay; Fontes Independentes; Ponte de Maxwell; Ponte de Schering.

• TÓPICOS

Fontes Dependentes; Conversão de Fontes; Análise de Malha (Malha Fechada); Análise Nodal; Conversões Delta-Y e Y-Delta; Redes-ponte; Análise de Circuitos Usando Computador.

• OBJETIVOS

Após estudar este capítulo, você será capaz de:

- converter uma fonte de tensão AC em sua fonte de corrente equivalente e, de maneira inversa, converter uma fonte de corrente em uma fonte de tensão equivalente;
- calcular a corrente ou a tensão em um circuito contendo uma fonte de corrente dependente ou uma fonte de tensão também dependente;
- montar equações lineares simultâneas para calcular um circuito AC usando a análise de malha;
- utilizar determinantes complexos para encontrar as soluções para um dado conjunto de equações lineares;
- montar equações lineares simultâneas para calcular um circuito AC usando a análise nodal;
- realizar conversões Δ-Y e Y-Δ para circuitos com elementos reativos;
- calcular a condição de balanceamento em um dado circuito-ponte AC. Em particular, o leitor examinará as pontes de Maxwell, de Hay e de Schering;
- usar o Multisim para analisar os circuitos-ponte;
- usar o PSpice para calcular a corrente e a tensão em um circuito AC.

Métodos de Análise AC

19

Apresentação prévia do capítulo

Até agora, examinamos apenas circuitos com uma única fonte AC. Neste capítulo, continuaremos o nosso estudo analisando circuitos com fontes múltiplas e redes-ponte. Você perceberá que a maioria das técnicas utilizadas na análise de circuitos AC corresponde àquelas usadas na análise de circuitos DC. Por isso, fazer uma revisão do Capítulo 8 do volume 1 auxiliará na compreensão dos tópicos deste capítulo.

Próximo ao final do capítulo, examinaremos como as técnicas computacionais são usadas para analisar até os circuitos AC mais complexos. Deve-se ressaltar que, embora as técnicas computacionais sejam muito mais simples do que utilizar lápis e calculadora, quase não se adquire conhecimento inserindo dados em um computador de forma negligente. Usamos o computador somente como uma ferramenta para verificar nossos resultados e obter uma maior dimensão da análise de circuitos.

Colocando em perspectiva

Hermann Ludwig Ferdinand von Helmholtz

Hermann Helmholtz nasceu em Potsdam, (perto de Berlim, Alemanha), em 31 de agosto de 1821. Foi um importante cientista do século XIX, e seu legado inclui contribuições nestes campos: acústica, química, matemática, magnetismo, eletricidade, mecânica, óptica e fisiologia.

Helmholtz formou-se pelo Instituto Médico de Berlim em 1843 e atuou na área médica durante cinco anos como cirurgião no exército prussiano. De 1849 a 1871, lecionou Fisiologia em universidades em Königsberg, Bonn e Heidelberg. Em 1871, foi nomeado professor de Física na Universidade de Berlim.

Helmholtz deu suas maiores contribuições atuando como físico-matemático; seu trabalho em física teórica e prática levou à comprovação da lei de conservação de energia no artigo intitulado *Über die Erhaltung der Kraft*, publicado em 1847. Ele mostrou que a mecânica, o calor, a luz, a eletricidade e o magnetismo eram simplesmente manifestações da mesma força. Seu trabalho levou à compreensão da eletrodinâmica (o movimento de cargas nos condutores), e sua teoria sobre as propriedades eletromagnéticas da luz foi a base para os cientistas posteriores entenderem como as ondas de rádio se propagavam.

Pelo trabalho realizado, Helmholtz recebeu um título de nobreza do imperador alemão Kaiser Wilhelm I, em 1883. Esse extraordinário cientista morreu em 8 de setembro de 1894, aos 73 anos.

19.1 Fontes Dependentes

As fontes de tensão e de corrente com as quais trabalhamos até agora são **fontes independentes**, o que significa que a tensão ou corrente de alimentação não dependia de forma alguma de qualquer tensão ou corrente no circuito. Em muitos circuitos amplificadores, em especial nos que envolvem transistores, é possível explicar a operação dos circuitos substituindo o dispositivo por um modelo eletrônico equivalente. Tal modelo, em geral, faz uso das fontes de tensão e de corrente que possuem valores dependentes de alguma tensão ou corrente interna; por isso, elas são chamadas de **fontes dependentes**. Na Figura 19-1 há uma comparação entre os símbolos para as fontes independentes e dependentes.

Embora o losango seja o símbolo de maior aceitação para representar as fontes dependentes, muitos artigos e livros-texto ainda utilizam o círculo. Neste livro, usaremos ambas as formas de representação da fonte dependente para que você fique familiarizado com notações variadas. A fonte dependente tem uma magnitude e um ângulo de fase determinados pela tensão ou corrente em algum elemento interno multiplicada por uma constante, k. A magnitude da constante é determinada pelos parâmetros dentro de um modelo específico, e as unidades da constante correspondem às grandezas exigidas na equação.

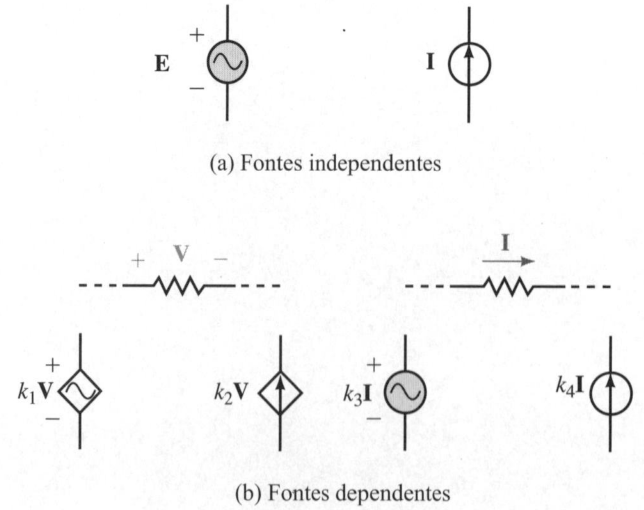

FIGURA 19-1

Exemplo 19-1

Observe o resistor mostrado na Figura 19-2. Determine a tensão $\mathbf{V}_R$ no resistor, dado que a tensão de controle tem os seguintes valores:

a. $\mathbf{V} = 0$ V.

b. $\mathbf{V} = 5\ \text{V}\angle 30°$.

c. $\mathbf{V} = 3\ \text{V}\angle -150°$.

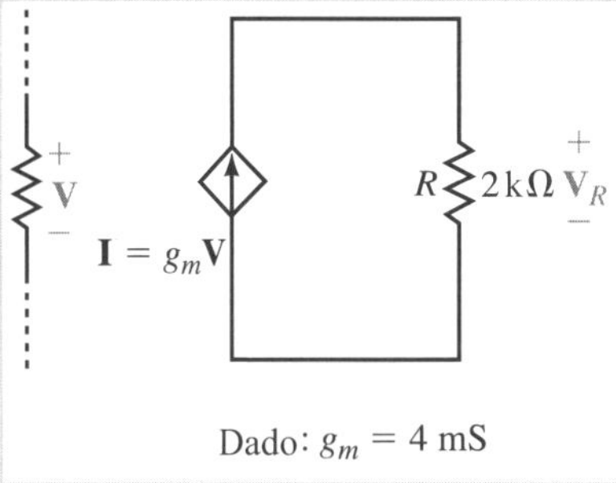

FIGURA 19-2

Solução: Observe que a fonte dependente deste exemplo tem uma constante, g_m, denominada transcondutância. Aqui, $g_m = 4$ mS.

a. $\mathbf{I} = (4\ \text{mS})(0\ \text{V}) = 0$

$\mathbf{V}_R = 0$ V

b. $\mathbf{I} = (4\ \text{mS})(5\ \text{V}\angle 30°) = 20\ \text{mA}\angle 30°$

$\mathbf{V}_R = (20\ \text{mA}\angle 30°)(2\ \text{k}\Omega) = 40\ \text{V}\angle 30°$

c. $\mathbf{I} = (4\ \text{mS})(3\ \text{V}\angle -150°) = 12\ \text{mA}\angle -150°$

$\mathbf{V}_R = (12\ \text{mA}\angle -150°)(2\ \text{k}\Omega) = 24\ \text{V}\angle -150°$

PROBLEMAS PRÁTICOS 1

O circuito da Figura 19-3 representa um modelo simplificado de um amplificador a transistor[1].

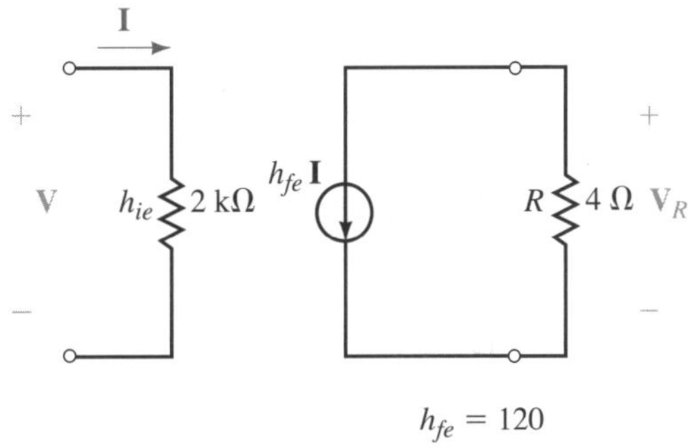

FIGURA 19-3

Determine a tensão $\mathbf{V}_R$ para cada uma das seguintes tensões aplicadas:

a. $\mathbf{V} = 10\ \text{mV}\angle 0°$.

b. $\mathbf{V} = 2\ \text{mV}\angle 180°$.

c. $\mathbf{V} = 0{,}03\ \text{V}\angle 90°$.

Respostas

a. $2{,}4\ \text{mV}\angle 180°$; **b.** $0{,}48\ \text{mV}\angle 0°$; **c.** $7{,}2\ \text{mV}\angle -90°$

[1] O amplificador a transistor também pode ser chamado de amplificador transistorizado. (N.R.T.)

19.2 Conversão de Fontes

Quando se trabalha com circuitos DC, a análise de um circuito geralmente é simplificada pela substituição da fonte (seja ela de tensão ou de corrente) pelo seu equivalente. A conversão de qualquer fonte AC é um processo parecido com o método utilizado na análise de circuitos DC.

Uma fonte de tensão **E** em série com uma impedância **Z** é equivalente à fonte de corrente **I** com a mesma impedância **Z** em paralelo. A Figura 19-4 mostra as fontes equivalentes.

Pela lei de Ohm, fazemos a conversão de fontes da seguinte maneira:

$$\mathbf{I} = \frac{\mathbf{E}}{\mathbf{Z}}$$

e

$$\mathbf{E} = \mathbf{IZ}$$

É importante perceber que os dois circuitos da Figura 19-4 são equivalentes entre os pontos *a* e *b*. Isso significa que qualquer rede ligada aos pontos *a* e *b* se comportará exatamente da mesma maneira, independentemente do tipo de fonte usado. No entanto, as tensões ou correntes dentro das fontes raramente serão as mesmas. Para determinar a corrente que passa através da impedância da fonte ou a tensão nela, deve-se retornar o circuito ao estado original.

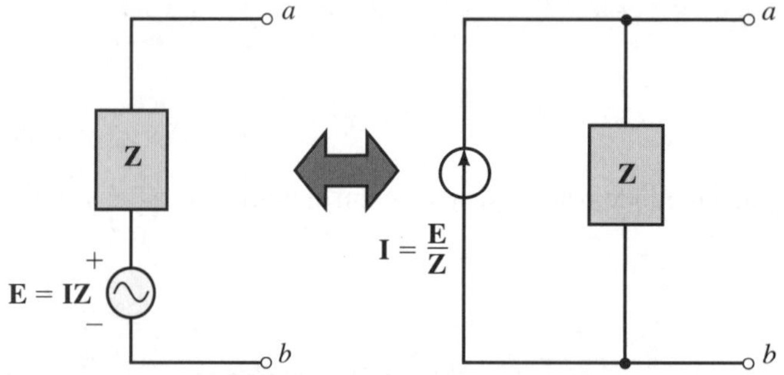

FIGURA 19-4

Exemplo 19-2

Converta a fonte de tensão da Figura 19-5 em uma fonte de corrente equivalente.

Solução:

$$\mathbf{Z}_T = 3\ \Omega + j4\ \Omega = 5\ \Omega\angle 53{,}13°$$

$$\mathbf{I} = \frac{10\ \text{V}\angle 0°}{5\ \Omega\angle 53{,}13°} = 2\ \text{A}\angle -53{,}13°$$

A Figura 19-6 mostra a fonte de corrente equivalente.

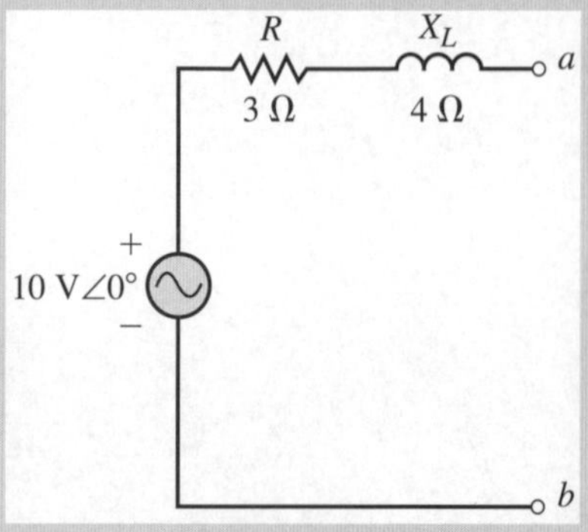

FIGURA 19-5

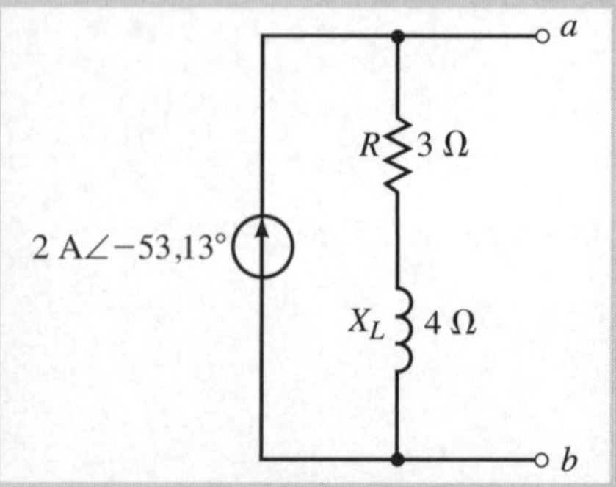

FIGURA 19-6

Exemplo 19-3

Converta a fonte de corrente da Figura 19-7 em uma fonte de tensão equivalente.

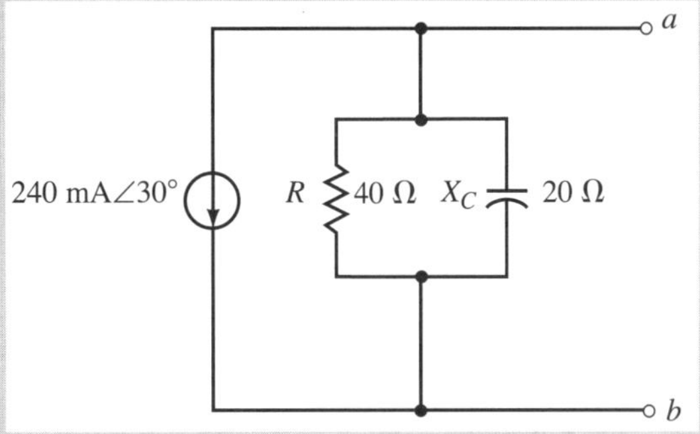

FIGURA 19-7

Solução: A impedância da combinação paralela é

$$\mathbf{Z} = \frac{(40\ \Omega\angle 0°)(20\ \Omega\ \angle -90°)}{40\ \Omega - j20\ \Omega}$$
$$= \frac{800\ \Omega\ \angle -90°}{44{,}72\angle -26{,}57°}$$
$$= 17{,}89\ \Omega\angle -63{,}43° = 8\ \Omega - j16\ \Omega$$

assim,

$$\mathbf{E} = (240\ \text{mA}\angle 30°)(17{,}89\ \Omega\angle -63{,}43°)$$
$$= 4{,}29\ \text{V}\angle -33{,}43°$$

A Figura 19-8 mostra o circuito equivalente resultante.

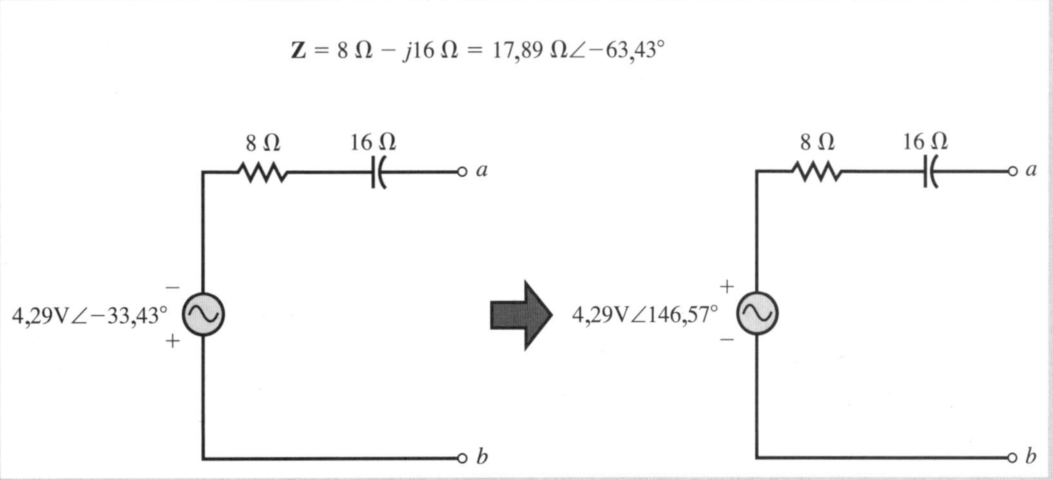

FIGURA 19-8

É possível usar o mesmo procedimento para converter a fonte dependente em seu equivalente, desde que o elemento de controle seja externo ao circuito no qual a fonte aparece. *Se o elemento de controle estiver no mesmo circuito da fonte dependente, esse procedimento não poderá ser usado.*

Exemplo 19-4

Converta a fonte de corrente da Figura 19-9 em uma fonte de tensão equivalente.

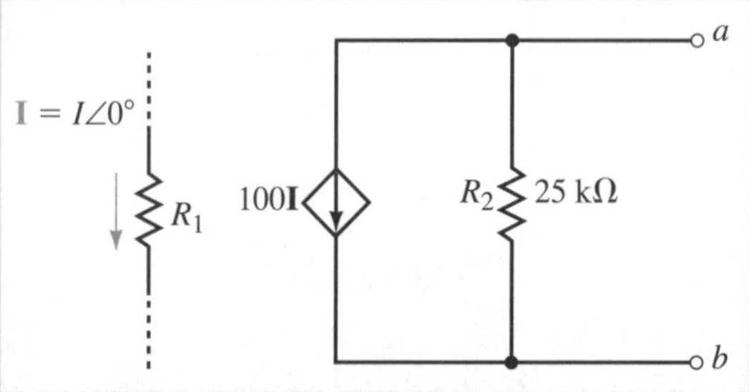

FIGURA 19-9

Solução: No circuito da Figura 19-9, o elemento de controle, R_1, está em um circuito separado; portanto, converte-se a fonte de corrente em uma fonte de tensão equivalente da seguinte maneira:

$$\begin{aligned}\mathbf{E} &= (100\mathbf{I}_1)(\mathbf{Z}) \\ &= (100\mathbf{I}_1)(25\ \text{k}\Omega\angle 0^\circ) \\ &= (2{,}5 \times 10^6\ \Omega)\mathbf{I}_1\end{aligned}$$

A Figura 19-10 mostra a fonte de tensão resultante. Observe que a fonte de tensão equivalente depende da corrente, **I**, assim como a fonte de corrente original.

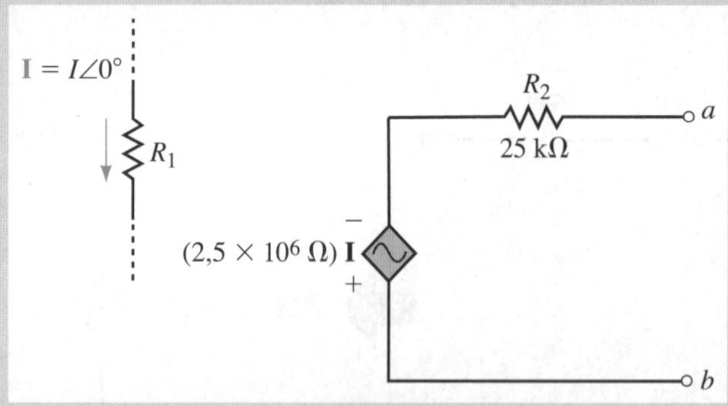

FIGURA 19-10

PROBLEMAS PRÁTICOS 2

Converta as fontes de tensão da Figura 19-11 em fontes de corrente equivalentes.

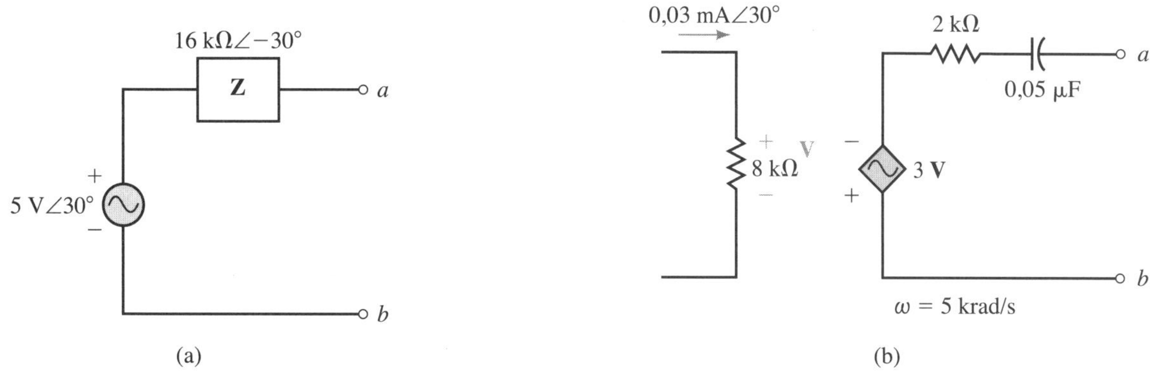

FIGURA 19-11

Respostas

a. **I** = 0,3125 mA∠60° (de *b* para *a*) em paralelo com **Z** = 16 kΩ∠−30°

b. **I** = 0,161 mA∠93,43° (de *a* para *b*) em paralelo com **Z** = 2 kΩ − *j*4 kΩ

VERIFICAÇÃO DO PROCESSO DE APRENDIZAGEM 1

(As respostas encontram-se no final do capítulo.)

Suponha uma fonte de corrente de 40 mA∠0° em paralelo com uma impedância, **Z**. Determine a fonte de tensão equivalente para cada uma das seguintes impedâncias:

a. **Z** = 25 kΩ∠30°.

b. **Z** = 100 Ω∠−90°.

c. **Z** = 20 kΩ − *j*16 kΩ.

19.3 Análise de Malha (Malha Fechada)

A análise de malha permite determinar cada corrente na malha fechada de um circuito, independentemente do número de fontes do circuito. Os passos a seguir estabelecem os procedimentos que simplificam o processo de uso da análise de malha:

1. Converta todas as expressões senoidais em uma notação fasorial equivalente. Quando necessário, converta as fontes de corrente em fontes de tensão equivalentes.
2. Desenhe novamente o circuito dado, simplificando as impedâncias sempre que possível e identificando-as ($\mathbf{Z}_1$, $\mathbf{Z}_2$ etc.).
3. De forma arbitrária, atribua correntes de malha no sentido horário no interior de cada malha fechada de um circuito. Mostre a polaridade de todas as impedâncias usando as direções das correntes já pressupostas. Se a impedância for comum para duas malhas fechadas, pode-se pensar que por ela passam duas correntes simultaneamente. Ainda que, de fato, duas correntes não ocorram de forma simultânea, essa manobra torna o cálculo algébrico muito mais simples. A corrente real através de uma impedância em comum é a soma vetorial das correntes de cada malha.
4. Aplique a lei de Kirchhoff das tensões para cada malha fechada no circuito, escrevendo a equação desta maneira:

$$\Sigma(\mathbf{ZI}) = \Sigma\mathbf{E}$$

Se as direções das correntes forem inicialmente atribuídas em sentido horário, as equações lineares resultantes poderão, então, ser simplificadas para o seguinte formato:

Malha 1: $+(\Sigma\mathbf{Z}_1)\mathbf{I}_1 - (\Sigma\mathbf{Z}_{1-2})\mathbf{I}_2 - \ldots - (\Sigma\mathbf{Z}_{1-n})\mathbf{I}_n = (\Sigma\mathbf{E}_1)$

Malha 2: $-(\Sigma\mathbf{Z}_{2-1})\mathbf{I}_1 + (\Sigma\mathbf{Z}_2)\mathbf{I}_2 - \ldots - (\Sigma\mathbf{Z}_{2-n})\mathbf{I}_n = (\Sigma\mathbf{E}_2)$

$\vdots$

Malha n: $-(\Sigma\mathbf{Z}_{n-1})\mathbf{I}_1 - (\Sigma\mathbf{Z}_{n-2})\mathbf{I}_2 - \ldots + (\Sigma\mathbf{Z}_n)\mathbf{I}_n = (\Sigma\mathbf{E}_n)$

Nessa estrutura, $\Sigma\mathbf{Z}_x$ é o somatório de todas as impedâncias ao redor da malha x. O sinal para todas as impedâncias das malhas será positivo.

$\Sigma\mathbf{Z}_{x-y}$ é o somatório das impedâncias que são comuns entre as malhas x e y. Se não há impedância em comum entre duas malhas, este termo é simplesmente anulado. Todos os termos correspondentes às impedâncias em comum nas equações lineares recebem sinais negativos.

$\Sigma\mathbf{E}_x$ é o somatório das elevações de tensão na direção da corrente pressuposta, $\mathbf{I}_x$. Se uma fonte de tensão tiver uma polaridade de modo que apareça como uma queda de tensão na direção da corrente considerada, a tensão receberá, então, um sinal negativo.

5. Calcule as equações lineares simultâneas usando o método de substituição ou o dos determinantes. Se necessário, consulte o Apêndice B no site do livro (www.cengage.com.br) para fazer uma revisão das equações lineares simultâneas.

Exemplo 19-5

Calcule as equações das malhas no circuito da Figura 19-12.

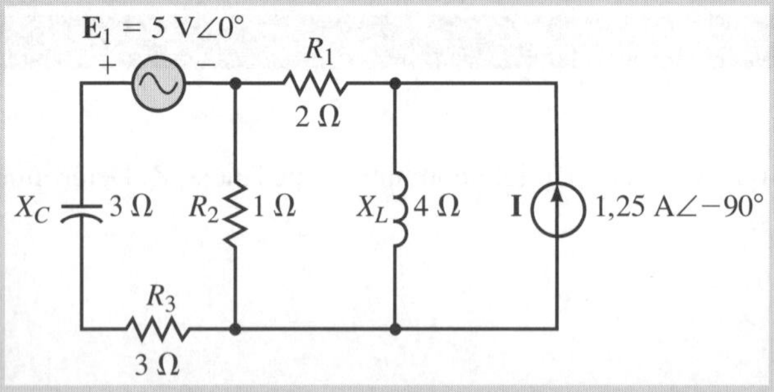

FIGURA 19-12

Solução:

1º Passo: Primeiro, converte-se a fonte de corrente em uma fonte de tensão equivalente, como mostra a Figura 19-13.

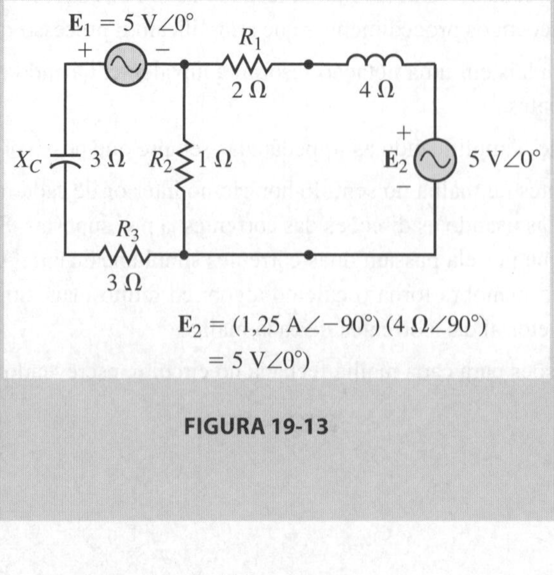

$\mathbf{E}_2 = (1{,}25\ \text{A}\angle{-90^\circ})\ (4\ \Omega\angle 90^\circ)$
$= 5\ \text{V}\angle 0^\circ)$

FIGURA 19-13

(continua)

Exemplo 19-5 *(continuação)*

2º e 3º Passos: Em seguida, o circuito é redesenhado como mostra a Figura 19-14. As impedâncias foram simplificadas e as correntes de malha foram desenhadas no sentido horário.

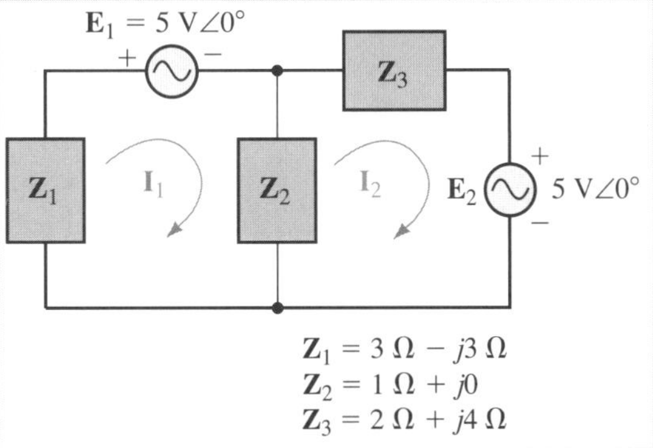

FIGURA 19-14

4º Passo: As equações das malhas são escritas da seguinte maneira:

Malha 1: $(\mathbf{Z}_1 + \mathbf{Z}_2)\mathbf{I}_1 - (\mathbf{Z}_2)\mathbf{I}_2 = -\mathbf{E}_1$

Malha 2: $-(\mathbf{Z}_2)\mathbf{I}_1 + (\mathbf{Z}_2 + \mathbf{Z}_3)\mathbf{I}_2 = -\mathbf{E}_2$

Quando os valores de $\mathbf{Z}_1$, $\mathbf{Z}_2$, $\mathbf{Z}_3$, $\mathbf{E}_1$ e $\mathbf{E}_2$ são inseridos, as equações lineares simplificadas podem ser escritas como:

Malha 1: $(4 - j3)\mathbf{I}_1 - (1 + j0)\mathbf{I}_2 = -5\angle 0°$

Malha 2: $-(1 + j0)\mathbf{I}_1 + (3 + j4)\mathbf{I}_2 = -5\angle 0°$

Usando determinantes, podemos calcular essas equações da seguinte maneira:

$$\begin{aligned}\mathbf{I}_1 &= \frac{-(5)(3 + j4) - (5)(1)}{(3 - j3)(1) + (3 - j3)(2 + j4) + (1)(2 + j4)}\\ &= \frac{(-15 - j20) - 5}{(3 - j3) + (6 + j6 - j^2 12) + (2 + j4)}\\ &= \frac{-20 - j20}{23 + j7}\\ &= \frac{28{,}28\angle -135°}{24{,}04\angle 16{,}93°}\\ &= 1{,}18\ \text{A}\angle -151{,}93°\end{aligned}$$

e

$$\begin{aligned}\mathbf{I}_2 &= \frac{-(5)(4 - j3) - (5)(1)}{23 + j7}\\ &= \frac{(-20 + j15) - (5)}{23 + j7}\\ &= \frac{-25 + j15}{23 + j7}\\ &= \frac{29{,}15\angle 149{,}04°}{24{,}04\angle 16{,}93°}\\ &= 1{,}21\ \text{A}\angle 132{,}11°\end{aligned}$$

Dica para o Uso da Calculadora: Calculadoras como a TI-86 simplificam bastante a resolução de equações lineares complexas simultâneas.

Exemplo 19-6

Dado o circuito da Figura 19-15, escreva as equações das malhas e calcule as correntes de malha. Determine a tensão **V**.

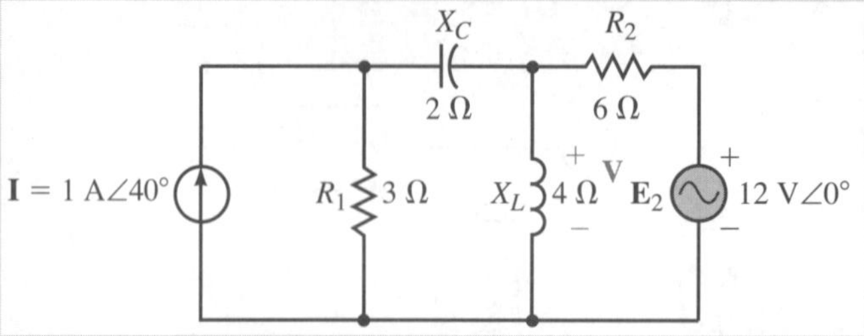

FIGURA 19-15

Solução:

1º Passo: Convertendo a fonte de corrente em uma fonte de tensão equivalente, obtém-se o circuito da Figura 19-16.

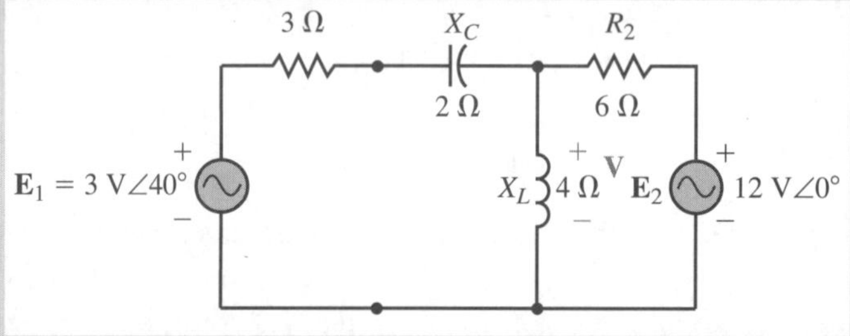

FIGURA 19-16

2º e 3º Passos: Após simplificar as impedâncias e assinalar as correntes de malha no sentido horário, temos o circuito da Figura 19-17.

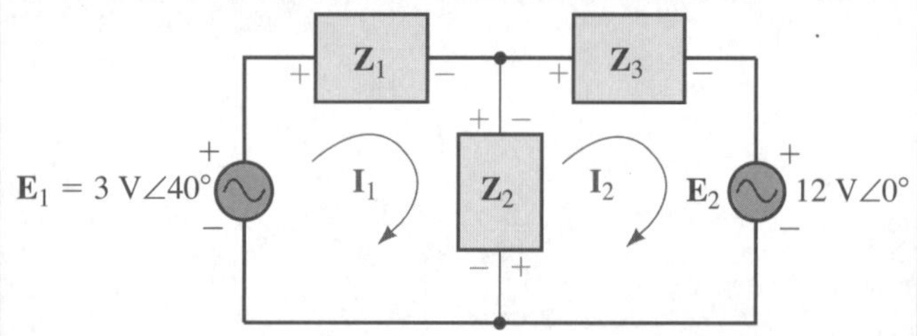

$\mathbf{Z}_1 = 3\ \Omega - j2\ \Omega$
$\mathbf{Z}_2 = 0 + j4\ \Omega$
$\mathbf{Z}_3 = 6\ \Omega$

FIGURA 19-17

Dica para o Uso da Calculadora: Usando calculadora TI-86, os coeficientes das equações lineares são inseridos da seguinte maneira:

```
a1,1x1+a1,2x2=b1
 a1,1=(3,2)
 a1,2=(0,-4)
 b1=(3∠40)
```

e

```
a2,1x1+a2,2x2=b2
 a2,1=(0,-4)
 a2,2=(6,4)
 b2=(-12∠0)
```

(continua)

Exemplo 19-6 *(continuação)*

4º Passo: As equações das malhas para o circuito da Figura 19-17 são:

Malha 1: $(\mathbf{Z}_1 + \mathbf{Z}_2)\mathbf{I}_1 - (\mathbf{Z}_2)\mathbf{I}_2 = \mathbf{E}_1$

Malha 2: $-(\mathbf{Z}_2)\mathbf{I}_1 + (\mathbf{Z}_2 + \mathbf{Z}_3)\mathbf{I}_2 = -\mathbf{E}_2$

que, após a substituição dos valores da impedância nas expressões, passam a ser:

Malha 1: $(3\ \Omega + j2\ \Omega)\mathbf{I}_1 - (j4\ \Omega)\mathbf{I}_2 = 3\ \text{V}\angle 40^{\circ}$

Malha 2: $-(j4\ \Omega)\mathbf{I}_2 + (6\ \Omega + j4\ \Omega)\mathbf{I}_2 = -12\ \text{V}\angle 0^{\circ}$

5º Passo: Calcule as correntes.

Determinam-se as soluções como

$\mathbf{I}_1 = 0{,}7887\ \text{A}\angle -120{,}14^{\underline{o}}$

e

$\mathbf{I}_2 = 1{,}304\ \text{A}\angle 156{,}00^{\circ}$

A corrente em uma reatância indutiva de 4 Ω (na direção de cima para baixo) é

$$\begin{aligned}
\mathbf{I} &= \mathbf{I}_1 - \mathbf{I}_2 \\
&= (0{,}7887\ \text{A}\angle -120{,}14^{\underline{o}}) - (1{,}304\ \text{A}\angle 156{,}00^{\circ}) \\
&= (-0{,}3960\ \text{A} - j0{,}6821\ \text{A}) - (-1{,}1913\ \text{A} + j0{,}5304\ \text{A}) \\
&= 0{,}795\ \text{A} - j1{,}213\ \text{A} = 1{,}45\ \text{A}\angle -56{,}75^{\circ}
\end{aligned}$$

Agora, usando a lei de Ohm, fica fácil encontrar a tensão:

$$\begin{aligned}
\mathbf{V} &= \mathbf{I}\mathbf{Z}_L \\
&= (1{,}45\ \text{A}\angle -56{,}75^{\circ})(4\ \Omega\angle 90^{\circ}) = 5{,}80\ \text{V}\angle 33{,}25^{\circ}
\end{aligned}$$

Exemplo 19-7

Dado o circuito da Figura 19-18, escreva as equações das malhas e calcule as correntes de malha.

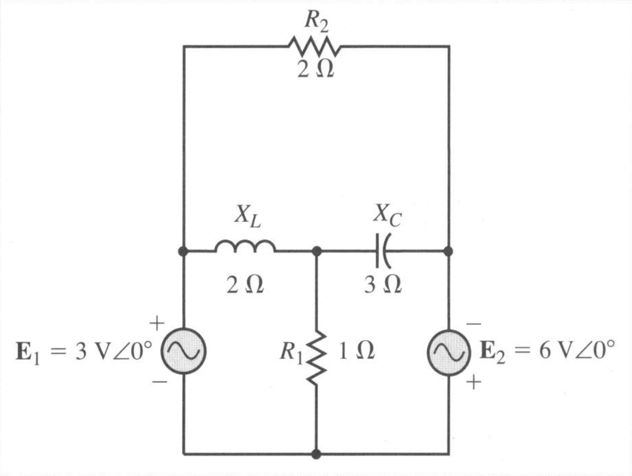

FIGURA 19-18

(continua)

Exemplo 19-7 *(continuação)*

Solução: O circuito é redesenhado na Figura 19-19, mostrando as correntes de malha e as impedâncias e as devidas polaridades da tensão.

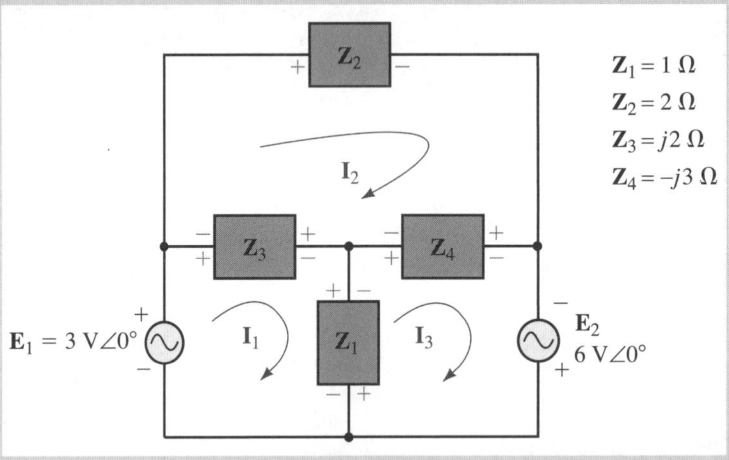

FIGURA 19-19

As equações das malhas podem ser escritas como:

Malha 1: $(\mathbf{Z}_1 + \mathbf{Z}_3)\mathbf{I}_1 - (\mathbf{Z}_3)\mathbf{I}_2 - (\mathbf{Z}_1)\mathbf{I}_3 = \mathbf{E}_1$

Malha 2: $-(\mathbf{Z}_3)\mathbf{I}_1 + (\mathbf{Z}_2 + \mathbf{Z}_3 + \mathbf{Z}_4)\mathbf{I}_2 - (\mathbf{Z}_4)\mathbf{I}_3 = 0$

Malha 3: $-(\mathbf{Z}_1)\mathbf{I}_1 - (\mathbf{Z}_4)\mathbf{I}_2 + (\mathbf{Z}_1 + \mathbf{Z}_4)\mathbf{I}_3 = \mathbf{E}_2$

Usando os valores dados para a impedância, temos

Malha 1: $(1\ \Omega + j2\ \Omega)\mathbf{I}_1 - (j2\ \Omega)\mathbf{I}_2 - (1\ \Omega)\mathbf{I}_3 = 3\ \text{V}$

Malha 2: $-(j2\ \Omega)\mathbf{I}_1 + (2\ \Omega - j1\ \Omega)\mathbf{I}_2 - (-j3\ \Omega)\mathbf{I}_3 = 0$

Malha 3: $-(1\ \Omega)\mathbf{I}_1 - (-j3\ \Omega)\mathbf{I}_2 + (1\ \Omega - j3\ \Omega)\mathbf{I}_3 = 6\ \text{V}$

Observe que, nessas equações, os ângulos de fase ($\theta = 0°$) para as tensões foram omitidos, uma vez que $3\ \text{V}\angle 0° = 3\ \text{V} + j0\ \text{V} = 3\ \text{V}$.

Usando uma calculadora do tipo TI-86, temos:

$$\mathbf{I}_1 = 5{,}26\ \text{A}\angle -41{,}25^{\circ}$$
$$\mathbf{I}_2 = 3{,}18\ \text{A}\angle -45^{\circ}$$
$$\mathbf{I}_3 = 3{,}39\ \text{A}\angle -1{,}03^{\circ}$$

PROBLEMAS PRÁTICOS 3

Dado o circuito da Figura 19-20, escreva as equações das malhas e calcule as correntes de malha. Use os resultados para determinar a corrente **I**.

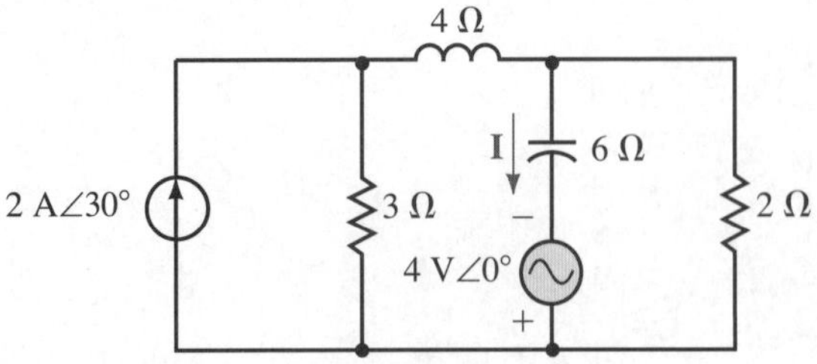

FIGURA 19-20

Respostas

$\mathbf{I}_1 = 1{,}19\ \text{A}\angle 1{,}58^{\circ}$; $\mathbf{I}_2 = 1{,}28\ \text{A}\angle -46{,}50^{\circ}$; $\mathbf{I} = 1{,}01\ \text{A}\angle 72{,}15^{\circ}$

VERIFICAÇÃO DO PROCESSO DE APRENDIZAGEM 2

(As respostas encontram-se no final do capítulo.)

Enumere de maneira sucinta os passos a serem seguidos quando utilizamos a análise de malha para calcular as correntes de malha de um circuito.

19.4 Análise Nodal

A análise nodal permite calcular todas as tensões nos nós em relação a um ponto de referência arbitrário em um circuito. Os passos a seguir fornecem uma organização simples para a aplicação da análise nodal.

1. Converta todas as expressões senoidais em uma notação fasorial equivalente. Se necessário, converta as fontes de tensão em fontes de corrente equivalentes.
2. Desenhe novamente o circuito, simplificando sempre que possível as impedâncias fornecidas e identificando as impedâncias como admitâncias ($\mathbf{Y}_1$, $\mathbf{Y}_2$ etc.).
3. Selecione e designe um nó de referência adequado. Arbitrariamente, assinale tensões subscritas ($\mathbf{V}_1$, $\mathbf{V}_2$ etc.) para cada um dos n nós restantes no circuito.
4. Indique as direções pressupostas da corrente através de todas as admitâncias no circuito. Se houver uma admitância comum a dois nós, ela será considerada em cada uma das equações dos dois nós.
5. Aplique a lei de Kirchhoff das correntes para cada um dos n nós no circuito, escrevendo cada equação da seguinte maneira:

$$\Sigma(\mathbf{YV}) = \Sigma\mathbf{I}_{\text{fontes}}$$

As equações lineares resultantes podem ser simplificadas para o seguinte formato:

Nó 1: $+(\Sigma\mathbf{Y}_1)\mathbf{V}_1 - (\Sigma\mathbf{Y}_{1\text{-}2})\mathbf{V}_2 - \ldots - (\Sigma\mathbf{Y}_{1\text{-}n})\mathbf{V}_n = (\Sigma\mathbf{I}_1)$

Nó 2: $-(\Sigma\mathbf{Y}_{2\text{-}1})\mathbf{V}_1 + (\Sigma\mathbf{Y}_2)\mathbf{V}_2 - \ldots - (\Sigma\mathbf{Y}_{2\text{-}n})\mathbf{V}_n = (\Sigma\mathbf{I}_2)$

$\vdots$

Nó n: $-(\Sigma\mathbf{Y}_{n\text{-}1})\mathbf{V}_1 - (\Sigma\mathbf{Y}_{n\text{-}2})\mathbf{V}_2 - \ldots + (\Sigma\mathbf{Y}_n)\mathbf{V}_n = (\Sigma\mathbf{I}_n)$

Nesse formato, $\Sigma\mathbf{Y}_x$ é o somatório de todas as admitâncias ligadas ao nó x. O sinal será positivo para todas as admitâncias nos nós.

$\Sigma\mathbf{Y}_{x\text{-}y}$ é o somatório das admitâncias em comum entre os nós x e y. Caso não haja admitâncias em comum entre os dois nós, este termo será simplesmente anulado. Todos os termos da admitância em comum nas equações lineares recebem um sinal negativo.

$\Sigma\mathbf{I}_x$ é o somatório das fontes de corrente que entram no nó x. Se a fonte de corrente sai do nó, a corrente recebe um sinal negativo.

6. Calcule as equações lineares simultâneas usando o método da substituição ou o dos determinantes.

Exemplo 19-8

Dado o circuito da Figura 19-21, escreva as equações nodais e calcule as tensões.

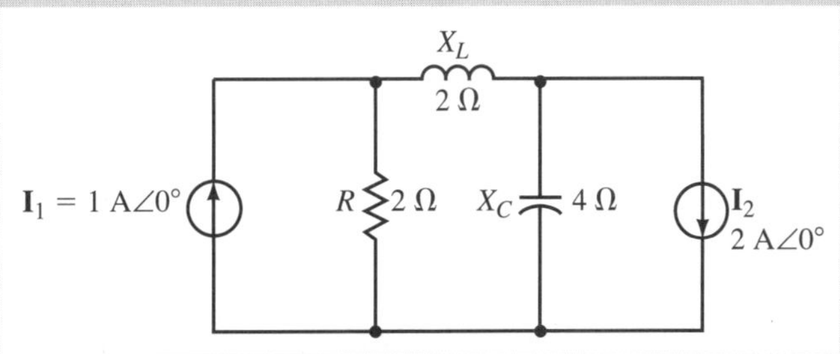

FIGURA 19-21

(continua)

Exemplo 19-8 *(continuação)*

Solução: O circuito é redesenhado na Figura 19-22, mostrando os nós e uma representação simplificada das admitâncias.

As equações nodais são escritas como

Nó 1: $(\mathbf{Y}_1 + \mathbf{Y}_2)\mathbf{V}_1 - (\mathbf{Y}_2)\mathbf{V}_2 = \mathbf{I}_1$

Nó 2: $-(\mathbf{Y}_2)\mathbf{V}_1 + (\mathbf{Y}_2 + \mathbf{Y}_3)\mathbf{V}_2 = -\mathbf{I}_2$

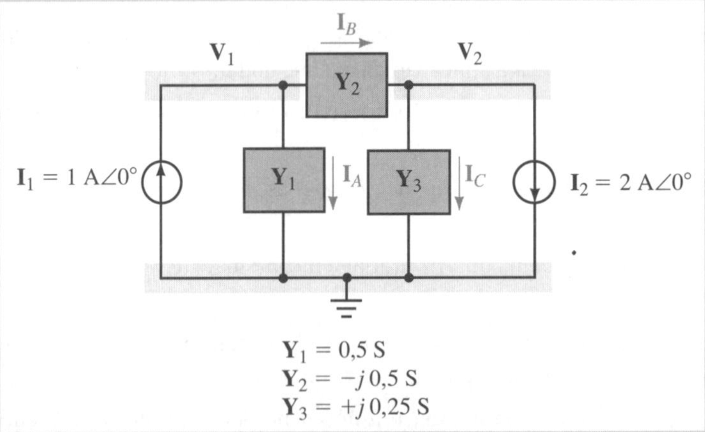

FIGURA 19-22

Agora, substituindo os valores da admitância nas equações nodais, obtêm-se

Nó 1: $(0{,}5 - j0{,}5)\mathbf{V}_1 - (-j0{,}5)\mathbf{V}_2 = 1\angle 0°$

Nó 2: $-(-j0{,}5)\mathbf{V}_1 + (-j0{,}25)\mathbf{V}_2 = -2\angle 0°$

Resolvendo essas equações, temos:

$$\mathbf{V}_1 = 4{,}243\ \text{V}\angle 135°$$

e

$$\mathbf{V}_2 = 6{,}324\ \text{V}\angle -161{,}57°$$

Exemplo 19-9

Use a análise nodal para determinar a tensão **V** para o circuito da Figura 19-23. Compare os resultados àqueles obtidos no Exemplo 19-6, quando o circuito foi analisado com o auxílio da análise de malha.

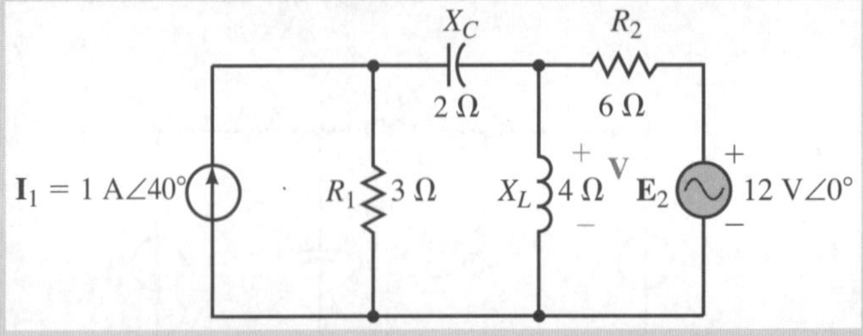

FIGURA 19-23

(continua)

Exemplo 19-9 *(continuação)*

Solução:

1º Passo: Converta a fonte de tensão em uma fonte de corrente equivalente, como ilustrado na Figura 19-24.

$$I_2 = \frac{E_2}{6\,\Omega} = \frac{12\,V\angle 0°}{6\,\Omega} = 2\,A\angle 0°$$

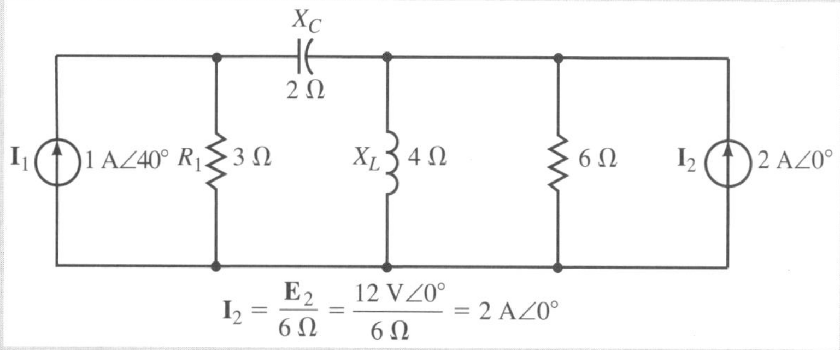

FIGURA 19-24

2º, 3º e 4º Passos: O nó de referência é selecionado para ficar na parte de baixo do circuito, e as admitâncias estão simplificadas, como mostra a Figura 19-25.

$$Y_1 = \tfrac{1}{3}\,S + j\,0$$
$$Y_2 = 0 + j\tfrac{1}{2}\,S$$
$$Y_3 = \tfrac{1}{6}\,S - j\tfrac{1}{4}\,S$$

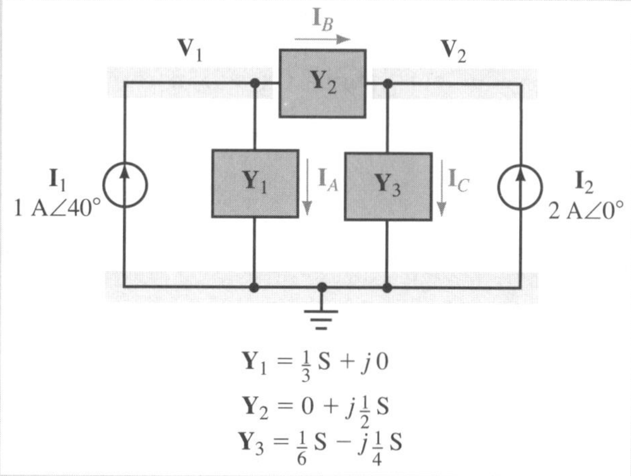

FIGURA 19-25

5º Passo: Aplicando a lei de Kirchhoff das correntes em cada nó, temos o seguinte:

Nó 1:
$$I_A + I_B = I_1$$
$$Y_1 V_1 + Y_2(V_1 - V_2) = I_1$$
$$(Y_1 + Y_2)V_1 - Y_2 V_2 = I_1$$

Nó 2:
$$I_C = I_B + I_2$$
$$Y_3 V_2 = Y_2(V_1 - V_2) + I_2$$
$$-Y_2 V_1 + (Y_2 + Y_3)V_2 = I_2$$

(continua)

Exemplo 19-9 *(continuação)*

Agora, substituindo os valores da admitância nas equações nodais, temos:

Nó 1: $$\left(\frac{1}{3}+\frac{1}{-j2}\right)\mathbf{V}_1-\left(\frac{1}{-j2}\right)\mathbf{V}_2=1\angle 40°$$

Nó 2: $$-\left(\frac{1}{-j2}\right)\mathbf{V}_1+\left(\frac{1}{-j2}+\frac{1}{j4}+\frac{1}{6}\right)\mathbf{V}_2=2\angle 0°$$

Estas equações são ainda mais simplificadas:

Nó 1: $$\left(\frac{1}{3}+j\frac{1}{2}\right)\mathbf{V}_1-\left(j\frac{1}{2}\right)\mathbf{V}_2=1\angle 40°$$

Nó 2: $$-\left(j\frac{1}{2}\right)\mathbf{V}_1+\left(\frac{1}{6}+j\frac{1}{4}\right)\mathbf{V}_2=2\angle 0°$$

6º Passo: Finalmente, os resultados das equações são:

$$\mathbf{V}_1 = 5{,}29\ \text{V}\angle 48{,}75°$$

e

$$\mathbf{V}_2 = 5{,}80\ \text{V}\angle 33{,}27°$$

Examinando o circuito da Figura 19-23, vemos que a tensão $\mathbf{V}$ é igual à tensão $\mathbf{V}_2$ no nó. Logo, $\mathbf{V} = 5{,}80\ \text{V}\angle 33{,}27°$, que é o mesmo resultado obtido no Exemplo 19-6. (A pequena diferença no ângulo de fase é resultado do erro de arredondamento.)

Exemplo 19-10

Dado o circuito da Figura 19-26, escreva as equações nodais expressando todos os coeficientes na forma retangular. Calcule $\mathbf{V}_1$, $\mathbf{V}_2$ e $\mathbf{V}_3$.

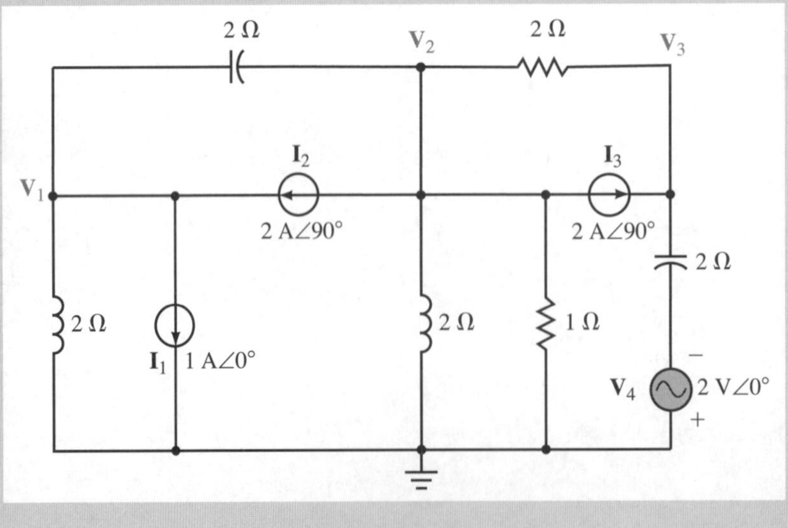

FIGURA 19-26

(continua)

Exemplo 19-10 (continuação)

Solução: Como no exemplo anterior, é necessário converter primeiro a fonte de tensão em sua fonte de corrente equivalente. A fonte de corrente será o fasor $\mathbf{I}_4$, onde

$$\mathbf{I}_4 = \frac{\mathbf{V}_4}{\mathbf{X}_C} = \frac{2\,\text{V}\angle 0°}{2\,\Omega\angle -90°} = 1{,}0\,\text{A}\angle 90°$$

A Figura 19-27 mostra o circuito após a conversão das fontes. Observe que a direção da fonte de corrente é de cima para baixo, de modo a corresponder à polaridade da fonte de tensão V_4.

$$\mathbf{I}_4 = \frac{2\,\text{V}\angle 0°}{2\,\Omega\angle -90°} = 1\,\text{A}\angle 90°$$

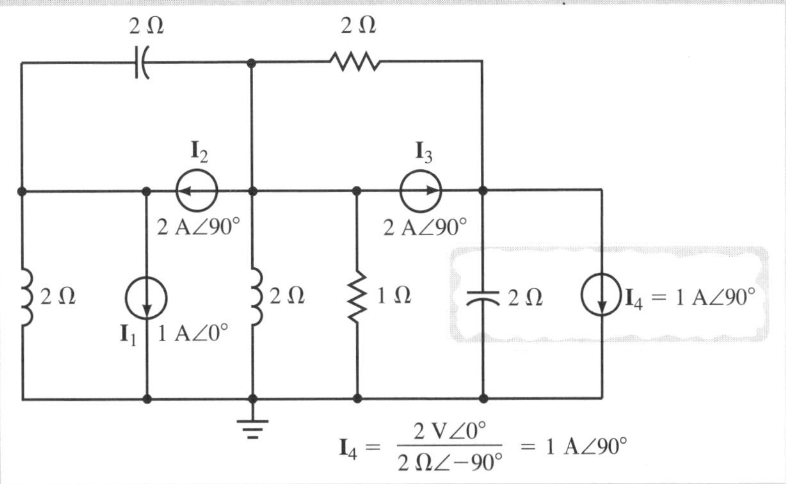

FIGURA 19-27

Identificando os nós e as admitâncias, o circuito pode ser simplificado conforme mostra a Figura 19-28.

$$\mathbf{Y}_1 = 0 - j\tfrac{1}{2}\,\text{S} \quad \mathbf{Y}_3 = \tfrac{1}{2}\,\text{S} + j0 \quad \mathbf{Y}_5 = 1\,\text{S} - j\tfrac{1}{2}\,\text{S}$$
$$\mathbf{Y}_2 = 0 + j\tfrac{1}{2}\,\text{S} \quad \mathbf{Y}_4 = 0 + j\tfrac{1}{2}\,\text{S}$$

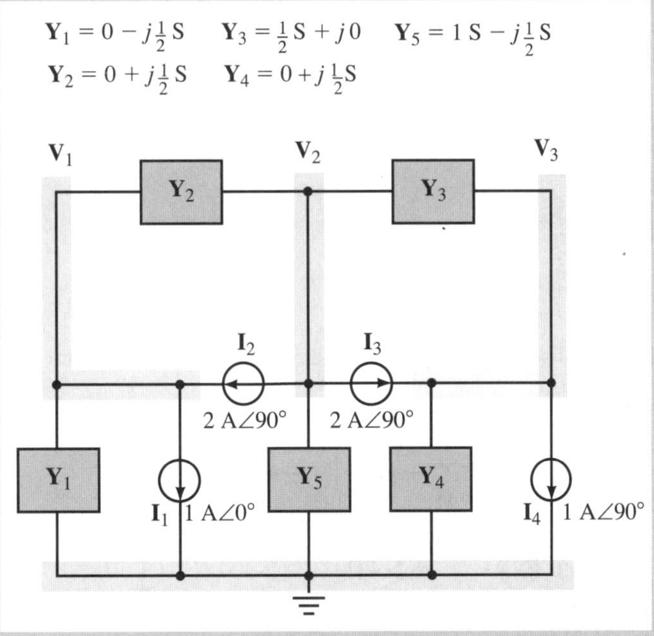

FIGURA 19-28

(continua)

Exemplo 19-10 *(continuação)*

As admitâncias da Figura 19-28 são as seguintes:

$$\mathbf{Y}_1 = 0 - j0{,}5 \text{ S}$$
$$\mathbf{Y}_2 = 0 + j0{,}5 \text{ S}$$
$$\mathbf{Y}_3 = 0{,}5 \text{ S} + j0$$
$$\mathbf{Y}_4 = 0 + j0{,}5 \text{ S}$$
$$\mathbf{Y}_5 = 1{,}0 \text{ S} - j0{,}5 \text{ S}$$

Usando as admitâncias determinadas, as equações nodais são escritas da seguinte maneira:

Nó 1: $(\mathbf{Y}_1 + \mathbf{Y}_2)\mathbf{V}_1 - (\mathbf{Y}_2)\mathbf{V}_2 - (0)\mathbf{V}_3 = -\mathbf{I}_1 + \mathbf{I}_2$

Nó 2: $-(\mathbf{Y}_2)\mathbf{V}_1 + (\mathbf{Y}_2 + \mathbf{Y}_3 + \mathbf{Y}_5)\mathbf{V}_2 - (\mathbf{Y}_3)\mathbf{V}_3 = -\mathbf{I}_2 - \mathbf{I}_3$

Nó 3: $-(0)\mathbf{V}_1 - (\mathbf{Y}_3)\mathbf{V}_2 + (\mathbf{Y}_3 + \mathbf{Y}_4)\mathbf{V}_3 = \mathbf{I}_3 - \mathbf{I}_4$

Substituindo a forma retangular das admitâncias e da corrente nessas equações lineares, as equações serão reescritas da seguinte maneira:

Nó 1: $(-j0{,}5 + j0{,}5)\mathbf{V}_1 - (j0{,}5)\mathbf{V}_2 - (0)\mathbf{V}_3 = -1 + j2$

Nó 2: $-(j0{,}5)\mathbf{V}_1 + (-j0{,}5 + 0{,}5 + 1 - j0{,}5)\mathbf{V}_2 - (0{,}5)\mathbf{V}_3 = -j2 - j2$

Nó 3: $-(0)\mathbf{V}_1 - (0{,}5)\mathbf{V}_2 + (0{,}5 + j0{,}5)\mathbf{V}_3 = j2 - j1$

Finalmente, as equações são simplificadas da seguinte forma:

Nó 1: $(0)\mathbf{V}_1 - (j0{,}5)\mathbf{V}_2 - (0)\mathbf{V}_3 = -1 - j2$

Nó 2: $-(j0{,}5)\mathbf{V}_1 + (1{,}5)\mathbf{V}_2 - (0{,}5)\mathbf{V}_3 = -j4$

Nó 3: $(0)\mathbf{V}_1 - (0{,}5)\mathbf{V}_2 + (0{,}5 + j0{,}5)\mathbf{V}_3 = j1$

Essas equações são solucionadas como

$$\mathbf{V}_1 = 10{,}00 \text{ V}\angle 90^\circ$$
$$\mathbf{V}_2 = 4{,}47 \text{ V}\angle -153{,}44^\circ$$
$$\mathbf{V}_3 = 2{,}83 \text{ V}\angle 135^\circ$$

PROBLEMAS PRÁTICOS 4

Dado o circuito da Figura 19-29, use a análise nodal para determinar as tensões $\mathbf{V}_1$ e $\mathbf{V}_2$. Com os resultados, determine a corrente $\mathbf{I}$.

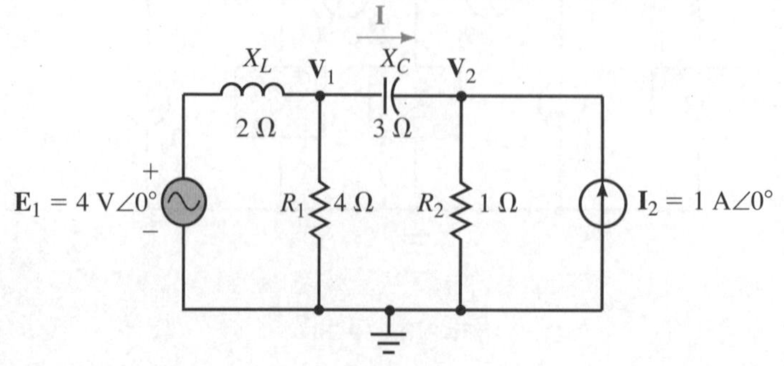

FIGURA 19-29

Respostas

$\mathbf{V}_1 = 4{,}22\ \mathrm{V}\angle{-56{,}89°}$; $\mathbf{V}_2 = 2{,}19\ \mathrm{V}\angle 1{,}01°$; $\mathbf{I} = 1{,}19\ \mathrm{A}\angle 1{,}85°$

VERIFICAÇÃO DO PROCESSO DE APRENDIZAGEM 3

(As respostas encontram-se no final do capítulo.)

Enumere de maneira sucinta os passos a serem seguidos quando usamos a análise nodal para calcular as tensões nos nós de um circuito.

19.5 Conversões Delta-Y e Y-Delta[2]

No Capítulo 8 (volume 1), deduzimos as relações mostrando a equivalência de resistências ligadas em Δ (ou π) a uma configuração Y (ou T).

De modo semelhante, as impedâncias ligadas em uma configuração Δ são equivalentes a uma única configuração Y. A Figura 19-30 mostra os circuitos equivalentes.

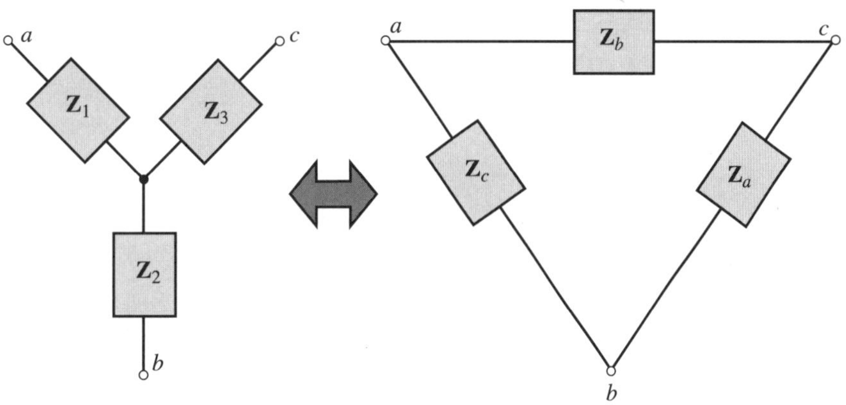

FIGURA 19-30 Equivalência Delta-Y

Converte-se uma configuração Δ em uma Y equivalente usando:

$$\mathbf{Z}_1 = \frac{\mathbf{Z}_b\mathbf{Z}_c}{\mathbf{Z}_a + \mathbf{Z}_b + \mathbf{Z}_c} \quad \textbf{(19-1)}$$

$$\mathbf{Z}_2 = \frac{\mathbf{Z}_a\mathbf{Z}_c}{\mathbf{Z}_a + \mathbf{Z}_b + \mathbf{Z}_c} \quad \textbf{(19-2)}$$

$$\mathbf{Z}_3 = \frac{\mathbf{Z}_a\mathbf{Z}_b}{\mathbf{Z}_a + \mathbf{Z}_b + \mathbf{Z}_c} \quad \textbf{(19-3)}$$

Essa conversão indica que a impedância em qualquer braço de um circuito Y é determinada quando tomamos o produto das duas impedâncias adjacentes em Δ, no braço em questão, e o dividimos pela soma das impedâncias em Δ.

Se as impedâncias dos lados da rede Δ forem iguais (magnitude e ângulo de fase), a rede Y equivalente terá as impedâncias idênticas, e cada uma delas será determinada por:

$$\mathbf{Z}_{\mathrm{Y}} = \frac{\mathbf{Z}_{\Delta}}{3} \quad \textbf{(19-4)}$$

[2] Essas conversões também podem ser chamadas de triângulo-estrela e estrela-triângulo, respectivamente. (N.R.T.)

Converte-se uma configuração Y em uma Δ equivalente usando as seguintes equações:

$$\mathbf{Z}_a = \frac{\mathbf{Z}_1\mathbf{Z}_2 + \mathbf{Z}_1\mathbf{Z}_3 + \mathbf{Z}_2\mathbf{Z}_3}{\mathbf{Z}_1} \quad (19\text{-}5)$$

$$\mathbf{Z}_b = \frac{\mathbf{Z}_1\mathbf{Z}_2 + \mathbf{Z}_1\mathbf{Z}_3 + \mathbf{Z}_2\mathbf{Z}_3}{\mathbf{Z}_2} \quad (19\text{-}6)$$

$$\mathbf{Z}_c = \frac{\mathbf{Z}_1\mathbf{Z}_2 + \mathbf{Z}_1\mathbf{Z}_3 + \mathbf{Z}_2\mathbf{Z}_3}{\mathbf{Z}_3} \quad (19\text{-}7)$$

Determina-se qualquer impedância em Δ somando as possíveis combinações de produtos dois a dois das impedâncias da configuração Y e depois dividindo pela impedância que se encontra no braço da configuração Y oposto ao ramo em questão na configuração Δ.

Se os braços de Y tiverem impedâncias idênticas, a configuração Δ equivalente terá as impedâncias dadas por

$$\mathbf{Z}_\Delta = 3\mathbf{Z}_Y \quad (19\text{-}8)$$

Exemplo 19-11

Determine o equivalente Y da rede Δ mostrada na Figura 19-31.

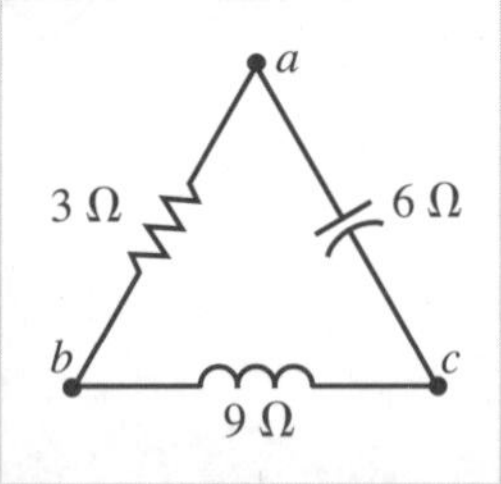

FIGURA 19-31

Solução:

$$\mathbf{Z}_1 = \frac{(3\ \Omega)(-j6\ \Omega)}{3\ \Omega - j6\ \Omega + j9\ \Omega} = \frac{-j18\ \Omega}{3 + j3} = \frac{18\ \Omega\angle -90^\circ}{4{,}242\angle 45^\circ}$$
$$= 4{,}242\ \Omega\angle -135^\circ$$
$$= -3{,}0\ \Omega - j3{,}0\ \Omega$$

$$\mathbf{Z}_2 = \frac{(3\ \Omega)(j9\ \Omega)}{3\ \Omega - j6\ \Omega + j9\ \Omega} = \frac{j27\ \Omega}{3 + j3} = \frac{27\ \Omega\angle 90^\circ}{4{,}242\angle 45^\circ}$$
$$= 6{,}364\ \Omega\angle 45^\circ$$
$$= 4{,}5\ \Omega + j4{,}5\ \Omega$$

$$\mathbf{Z}_3 = \frac{(j9\ \Omega)(-j6\ \Omega)}{3\ \Omega - j6\ \Omega + j9\ \Omega} = \frac{54\ \Omega}{3 + j3} = \frac{54\ \Omega\angle 0^\circ}{4{,}242\angle 45^\circ}$$
$$= 12{,}73\ \Omega\angle -45^\circ$$
$$= 9{,}0\ \Omega - j9{,}0\ \Omega$$

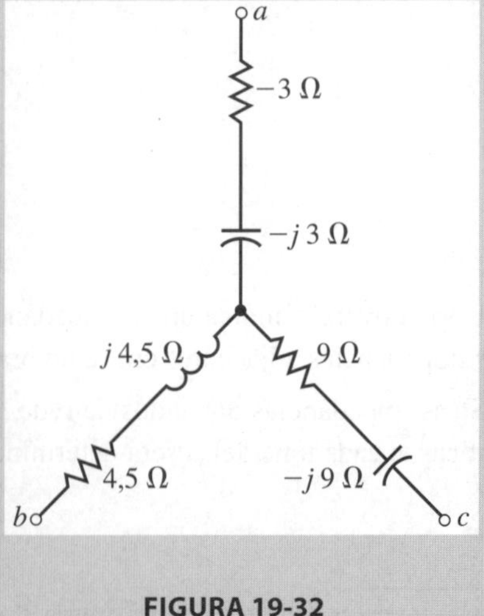

FIGURA 19-32

Nessa solução, vemos que a rede Δ possui uma rede Y equivalente com um braço contendo uma resistência negativa. Esse resultado indica que, embora o circuito Δ tenha um circuito Y equivalente, este, na verdade, não pode ser construído a partir de componentes reais, já que *resistores negativos* não existem (ainda que alguns componentes ativos possam apresentar características de resistência negativa). Se a dada conversão fosse usada para simplificar um circuito, trataríamos a impedância $\mathbf{Z}_1 = -3\ \Omega - j3$ como se a resistência realmente tivesse um valor negativo. A Figura 19-32 mostra o circuito Y equivalente.

Fica a cargo do aluno mostrar que a rede Y da Figura 19-32 é equivalente à Δ da Figura 19-31.

Exemplo 19-12

Encontre a impedância total da rede da Figura 19-33.

Solução: Se examinarmos por um momento esta rede, veremos que o circuito é composto de uma rede Δ e uma Y. Ao calcularmos a impedância total, a solução fica mais fácil quando convertemos a rede Y em uma Δ.

A Figura 19-34 mostra a conversão:

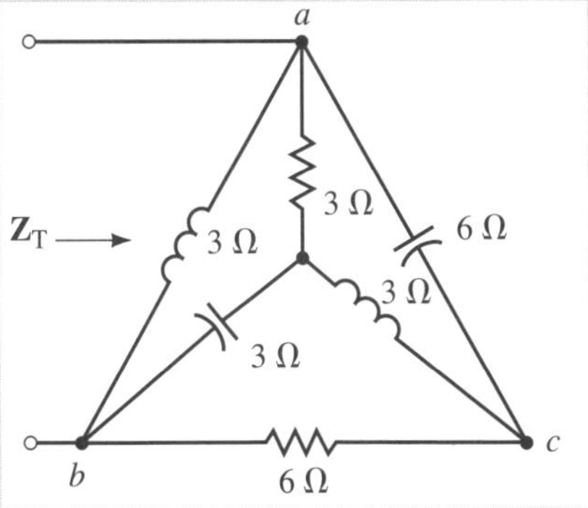

FIGURA 19-33

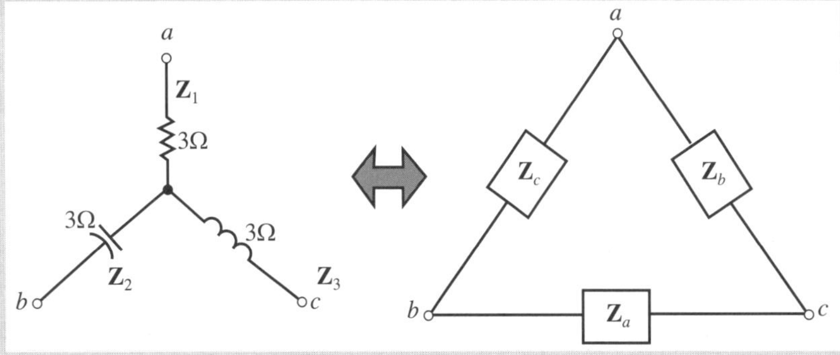

FIGURA 19-34

$$\mathbf{Z}_a = \frac{\mathbf{Z}_1\mathbf{Z}_2 + \mathbf{Z}_1\mathbf{Z}_3 + \mathbf{Z}_2\mathbf{Z}_3}{\mathbf{Z}_1}$$

$$= \frac{(3\ \Omega)(j3\ \Omega) + (3\ \Omega)(-j3\ \Omega) + (j3\ \Omega)(-j3\ \Omega)}{3\ \Omega}$$

$$= \frac{-j^2 9\ \Omega}{3} = 3\ \Omega$$

$$\mathbf{Z}_b = \frac{\mathbf{Z}_1\mathbf{Z}_2 + \mathbf{Z}_1\mathbf{Z}_3 + \mathbf{Z}_2\mathbf{Z}_3}{\mathbf{Z}_2} = \frac{9\ \Omega}{-j3} = j3\ \Omega$$

$$\mathbf{Z}_c = \frac{\mathbf{Z}_1\mathbf{Z}_2 + \mathbf{Z}_1\mathbf{Z}_3 + \mathbf{Z}_2\mathbf{Z}_3}{\mathbf{Z}_3} = \frac{9\ \Omega}{j3} = -j3\ \Omega$$

Então, substituindo a rede equivalente Δ na rede original, temos a rede modificada da Figura 19-35.

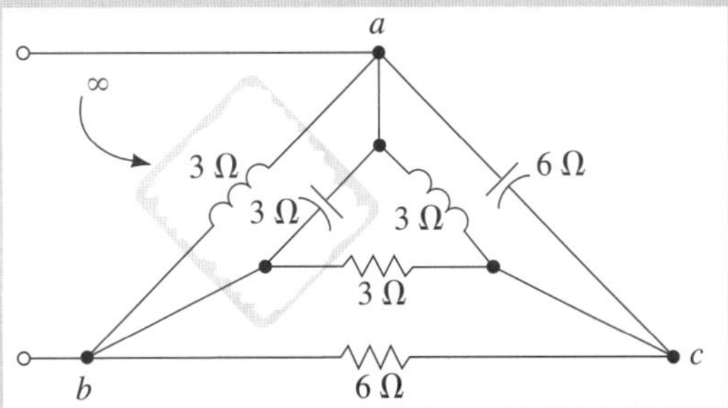

FIGURA 19-35

A rede da Figura 19-35 mostra que os lados correspondentes da rede Δ são paralelos. Como o indutor e o capacitor no lado esquerdo da rede Δ têm o mesmo valor, é possível substituir a combinação paralela desses dois componentes por um circuito aberto. A impedância resultante da rede agora pode ser facilmente determinada como

$$\mathbf{Z}_T = 3\ \Omega \| 6\ \Omega + (j3\ \Omega)\|(-j6\Omega) = 2\ \Omega + j6\ \Omega$$

PROBLEMAS PRÁTICOS 5

Uma rede Y consiste de um capacitor de 60 Ω, um indutor de 180 Ω e um resistor de 540 Ω. Determine a rede Δ correspondente.

Respostas

$\mathbf{Z}_a = -1080\ \Omega + j180\ \Omega$; $\mathbf{Z}_b = 20\ \Omega + j120\ \Omega$; $\mathbf{Z}_c = 360\ \Omega - j60\ \Omega$

VERIFICAÇÃO DO PROCESSO DE APRENDIZAGEM 4

(As respostas encontram-se no final do capítulo.)

Uma rede Δ é composta de um resistor, um indutor e um capacitor, cada um contendo uma impedância de 150 Ω. Determine a rede Y correspondente.

19.6 Redes-ponte

Os circuitos-ponte, parecidos com a rede da Figura 19-36, são bastante usados em eletrônica para medir os valores de componentes desconhecidos.

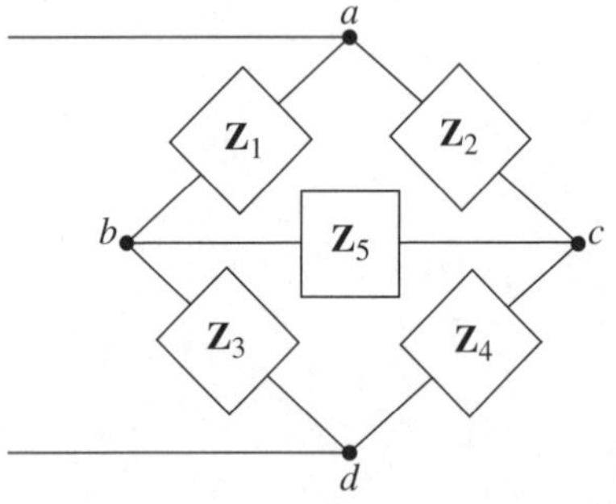

FIGURA 19-36

Lembre-se, do Capítulo 8 (volume 1), de que qualquer circuito-ponte é tido como balanceado quando a corrente que passa pelo ramo entre os dois braços é zero. Em um circuito prático, os valores dos componentes de resistores muito precisos são ajustados até que a corrente através do elemento central (em geral, um galvanômetro sensível) seja exatamente igual a zero. Para os circuitos AC, a condição para uma **ponte balanceada** é atendida quando os vetores da impedância de diversos braços satisfazem a seguinte condição:

$$\frac{\mathbf{Z}_1}{\mathbf{Z}_3} = \frac{\mathbf{Z}_2}{\mathbf{Z}_4} \qquad \textbf{(19-9)}$$

Quando ocorre uma ponte balanceada em um circuito, a impedância equivalente da rede-ponte pode ser facilmente determinada através da remoção da impedância central e sua substituição por um circuito aberto ou por um curto-circuito. É possível achar a impedância resultante do circuito-ponte em qualquer uma das formas a seguir:

$$\mathbf{Z}_T = \mathbf{Z}_1 \| \mathbf{Z}_2 + \mathbf{Z}_3 \| \mathbf{Z}_4$$

ou

$$\mathbf{Z}_T = (\mathbf{Z}_1 + \mathbf{Z}_3) \| (\mathbf{Z}_2 + \mathbf{Z}_4)$$

Se, por outro lado, a ponte não estiver balanceada, então a impedância total deverá ser determinada pela conversão de Δ em Y. Alternativamente, o circuito pode ser avaliado tanto pela análise de malha quanto pela análise nodal.

Exemplo 19-13

Sendo o circuito da Figura 19-37 uma ponte balanceada:

a. Calcule a impedância desconhecida, $\mathbf{Z}_x$.

b. Determine os valores de L_x e R_x se o circuito operar em uma frequência de 1 kHz.

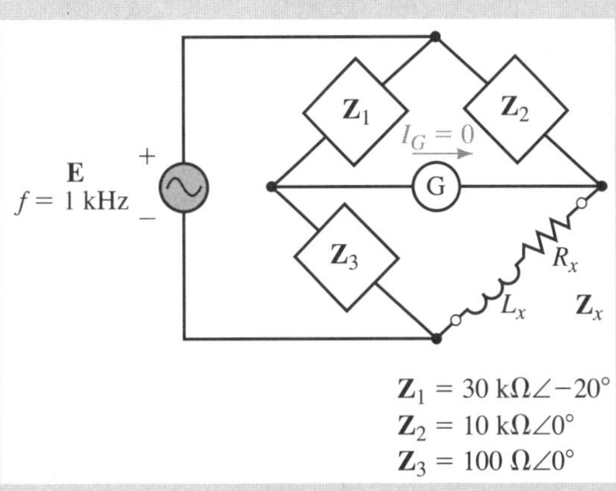

FIGURA 19-37

Solução:

a. A expressão para a impedância desconhecida é determinada, a partir da Equação 19-9, como:

$$\mathbf{Z}_x = \frac{\mathbf{Z}_2\mathbf{Z}_3}{\mathbf{Z}_1}$$

$$= \frac{(10\text{ k}\Omega)(100\ \Omega)}{30\text{ k}\Omega\angle -20^\circ} = 33{,}3\ \Omega\ \angle\ 20^\circ = 31{,}3 + j11{,}4\ \Omega$$

b. Desse resultado, temos

$$R_x = 31{,}3\ \Omega$$

e

$$L_x = \frac{X_L}{2\pi f} = \frac{11{,}4\ \Omega}{2\ \pi(1000\text{ Hz})} = 1{,}81\text{ mH}$$

Agora veremos várias formas dos circuitos-ponte usadas em circuitos eletrônicos para determinar os valores dos indutores e capacitores desconhecidos. Assim como nos resistores-ponte, os circuitos utilizam resistores variáveis juntamente com galvanômetros muito sensíveis, de modo a assegurar a condição de balanceamento para a ponte. No entanto, ao invés da fonte DC para fornecer corrente ao circuito, os circuitos-ponte utilizam fontes AC que operam em uma frequência desconhecida (em geral, 1 kHz). Uma vez balanceada a ponte, o valor da indutância ou capacitância desconhecida pode ser facilmente determinado fazendo-se a leitura diretamente do instrumento. A maioria dos instrumentos que utiliza circuitos-ponte incorpora algumas pontes diferentes para possibilitar a medição de diversos tipos de impedâncias desconhecidas.

Ponte de Maxwell

A **ponte de Maxwell**, mostrada na Figura 19-38, é usada para determinar a indutância e a resistência série de um indutor com uma resistência série relativamente grande (se comparada a $X_L = \omega L$).

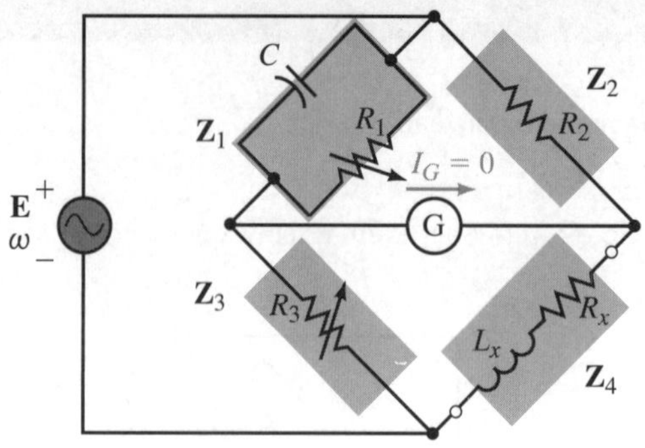

FIGURA 19-38 Ponte de Maxwell.

Os resistores R_1 e R_3 são ajustados para proporcionar as condições de balanceamento (quando a corrente através do galvanômetro é zero: $I_G = 0$).

Quando a ponte está balanceada, sabemos que a seguinte condição deve ser atendida:

$$\frac{\mathbf{Z}_1}{\mathbf{Z}_2} = \frac{\mathbf{Z}_3}{\mathbf{Z}_4}$$

Se escrevermos as impedâncias usando as formas retangulares, teremos

$$\frac{\left[\dfrac{(R_1)\left(-j\dfrac{1}{\omega C}\right)}{R_1 - j\dfrac{1}{\omega C}}\right]}{R_2} = \frac{R_3}{R_x + j\omega L_x}$$

$$\frac{\left(-j\dfrac{R_1}{\omega C}\right)}{\left(\dfrac{\omega R_1 C - j1}{\omega C}\right)} = \frac{R_2R_3}{R_x + j\omega L_x}$$

$$\frac{-jR_1}{\omega CR_1 - j} = \frac{R_2R_3}{R_n + j\omega L_x}$$

$$(-jR_1)(R_x + j\omega L_x) = R_2R_3(\omega CR_1 - j)$$

$$\omega L_xR_1 - jR_1R_x = \omega R_1R_2R_3C - jR_2R_3$$

Como dois números complexos só podem ser iguais se tanto as partes reais quanto as imaginárias forem iguais, devemos ter o seguinte:

$$\omega L_xR_1 = \omega R_1R_2R_3C$$

e

$$R_1R_x = R_2R_3$$

Simplificando essas expressões, temos as seguintes equações para a ponte de Maxwell:

$$L_x = R_2R_3C \qquad \textbf{(19-10)}$$

e

$$R_x = \frac{R_2R_3}{R_1} \qquad \textbf{(19-11)}$$

Exemplo 19-14

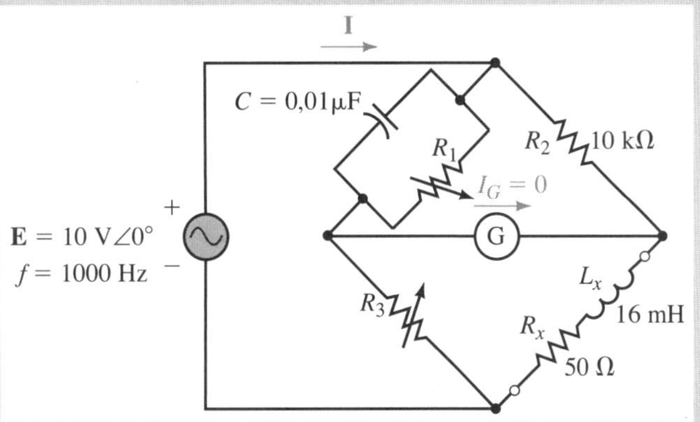

FIGURA 19-39

a. Determine os valores de R_1 e R_3 de modo que a ponte da Figura 19-39 esteja balanceada.

b. Calcule a corrente **I** quando a ponte estiver balanceada.

Solução:

a. Reescrevendo as Equações 19-10 e 19-11 e calculando as incógnitas, temos

$$R_3 = \frac{L_x}{R_2C} = \frac{16 \text{ mH}}{(10 \text{ k}\Omega)(0{,}01 \text{ }\mu\text{F})} = 160 \text{ }\Omega$$

e

$$R_1 = \frac{R_2R_3}{R_x} = \frac{(10 \text{ k}\Omega)(160 \text{ k}\Omega)}{50 \text{ k}\Omega} = 32 \text{ k}\Omega$$

b. Determina-se a impedância total da seguinte maneira:

$$\mathbf{Z}_T = (\mathbf{Z}_C \| \mathbf{R}_1 \| \mathbf{R}_2) + [\mathbf{R}_3 \| (\mathbf{R}_x + \mathbf{Z}_{Lx})]$$

$$\mathbf{Z}_T = (-j15{,}915 \text{ k}\Omega) \| 32 \text{ k}\Omega \| 10 \text{ k}\Omega + [160 \text{ }\Omega \| (50 \text{ }\Omega + j100{,}5 \text{ }\Omega)]$$

$$= 6{,}87 \text{ k}\Omega\angle -25{,}6° + 77{,}2 \text{ }\Omega\angle 38{,}0°$$

$$= 6{,}91 \text{ k}\Omega\angle -25{,}0°$$

A corrente resultante no circuito é

$$\mathbf{I} = \frac{10 \text{ V}\angle 0°}{6{,}91 \text{ k}\Omega\angle -25°} = 1{,}45 \text{ mA}\angle 25{,}0°$$

Ponte de Hay

Para medir a indutância e a resistência série de um indutor com uma resistência série pequena, geralmente se usa uma **ponte de Hay**, mostrada na Figura 19-40.

Aplicando um método parecido com o usado para determinar os valores da indutância e da resistência desconhecidas da ponte de Maxwell, pode-se mostrar que as seguintes equações para a ponte de Hay se aplicam:

$$L_x = \frac{R_2R_3C}{\omega^2R_1^2C^2 + 1} \qquad \textbf{(19-12)}$$

e

$$R_x = \frac{\omega^2R_1R_2R_3C^2}{\omega^2R_1^2C^2 + 1} \qquad \textbf{(19-13)}$$

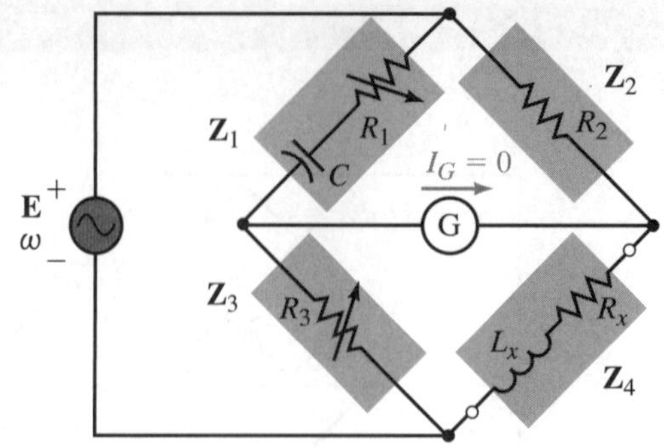

FIGURA 19-40 Ponte de Hay.

Ponte de Schering

A **ponte de Schering**, mostrada na Figura 19-41, é um circuito utilizado para determinar o valor da capacitância desconhecida.

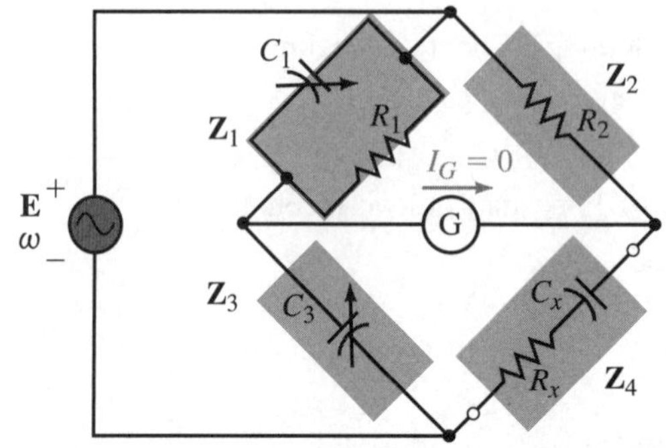

FIGURA 19-41 Ponte de Schering.

Calculando a condição da ponte balanceada, temos as seguintes equações para as grandezas desconhecidas do circuito:

$$C_x = \frac{R_1 C_3}{R_2} \tag{19-14}$$

$$R_x = \frac{C_1 R_2}{C_3} \tag{19-15}$$

Exemplo 19-15

Determine os valores de C_1 e C_3 que resultarão em uma ponte balanceada para o circuito da Figura 19-42.

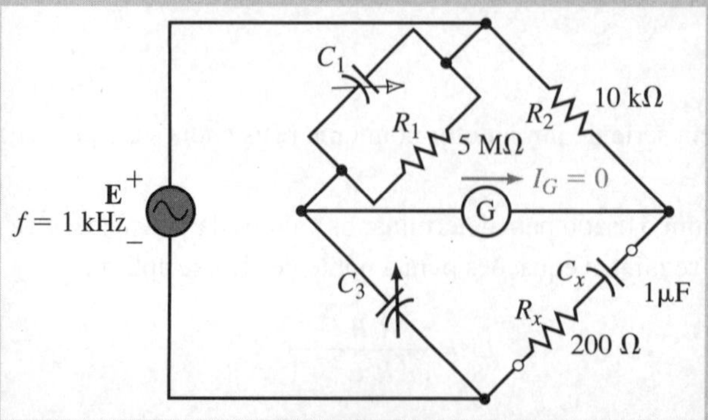

MULTISIM

FIGURA 19-42

(continua)

Exemplo 19-15 *(continuação)*

Solução: Reescrevendo as Equações 19-14 e 19-15, calculamos as capacitâncias desconhecidas da seguinte maneira:

$$C_3 = \frac{R_2 C_x}{R_1} = \frac{(10\ \Omega)(1\ \mu\text{F})}{5\ \text{M}\Omega} = 0{,}002\ \mu\text{F}$$

e

$$C_1 = \frac{C_3 R_x}{R_2} = \frac{(0{,}002\ \mu\text{F})(200\ \Omega)}{10\ \text{k}\Omega} = 40\ \text{pF}$$

PROBLEMAS PRÁTICOS 6

Determine os valores de R_1 e R_3 de modo que a ponte da Figura 19-43 esteja balanceada.

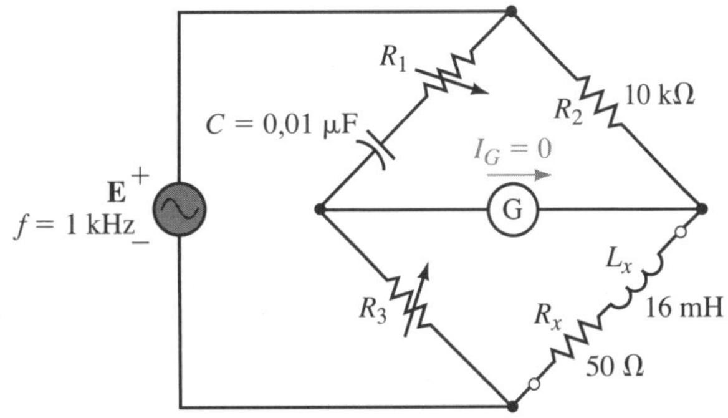

FIGURA 19-43

Respostas

$R_1 = 7916\ \Omega$; $R_3 = 199{,}6\ \Omega$

19.7 Análise de Circuitos Usando Computador

Em alguns exemplos deste capítulo, analisamos circuitos que resultaram em até três equações lineares simultâneas. Com certeza, você pensou em uma maneira menos complicada para resolver esses circuitos, sem ter de usar a álgebra complexa. Os programas computacionais são particularmente úteis para resolver circuitos AC desse tipo. Tanto o Multisim como o PSpice apresentam recursos próprios para a solução de circuitos AC. Como nos exemplos anteriores, o Multisim oferece uma excelente simulação de como as medições são feitas em laboratório. O PSpice, por outro lado, fornece as leituras completas de tensão e corrente, com a magnitude e o ângulo de fase. Os exemplos a seguir mostram como esses programas são úteis para o exame dos circuitos neste capítulo.

MULTISIM

PSpice

Multisim

Exemplo 19-16

Use o Multisim para mostrar que o circuito-ponte da Figura 19-44 está balanceado.

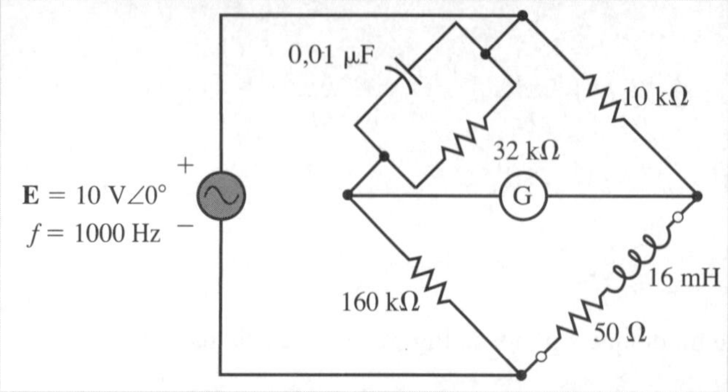

FIGURA 19-44

Solução: Lembre-se de que um circuito-ponte está balanceado quando a corrente através do ramo entre os dois braços da ponte é igual a zero. Neste exemplo, utilizaremos um multímetro funcionando como um amperímetro AC para checar a condição do circuito. O amperímetro é selecionado quando clicamos em **A** e é ajustado para a faixa AC quando clicamos no botão senoidal. A Figura 19-45 mostra as conexões do circuito e a leitura no amperímetro. Os resultados correspondem às condições que foram previamente analisadas no Exemplo 19-14. (Atenção: Quando usamos o Multisim, é possível que o amperímetro não mostre a corrente exatamente igual a zero na condição de equilíbrio. Isso ocorre por causa da maneira como o programa realiza os cálculos. Considera-se qualquer corrente menor do que 5 μA como sendo efetivamente zero.)

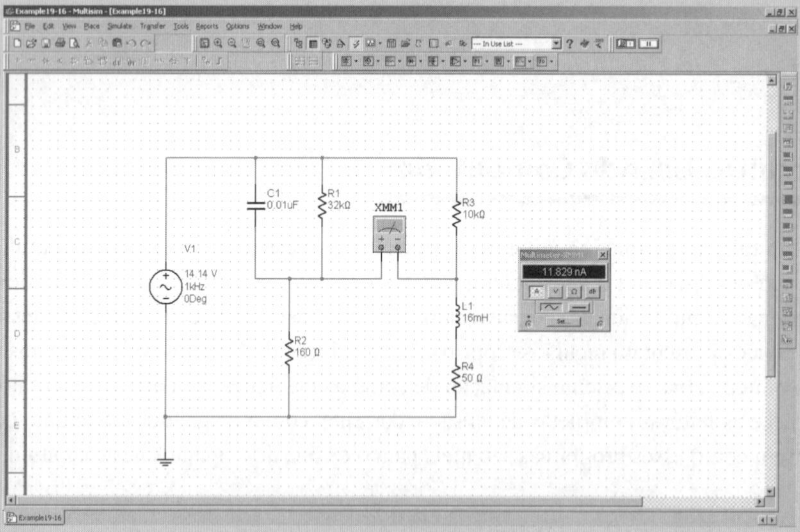

FIGURA 19-45

PROBLEMAS PRÁTICOS 7

Use o Multisim para confirmar que os valores obtidos no Exemplo 19-15 resultam em um circuito-ponte balanceado. (Suponha que a ponte esteja balanceada se a corrente no galvanômetro for menor do que 5 μA.)

PSpice

Exemplo 19-17

Use o PSpice para inserir o circuito da Figura 19-15. Suponha que o circuito opera em uma frequência de $\omega = 50$ rad/s ($f = 7{,}958$ Hz). Utilize o PSpice para obter uma leitura mostrando as correntes que passam através de X_C, R_2 e X_L. Compare os resultados aos obtidos no Exemplo 19-6.

Solução: Já que os componentes reativos na Figura 19-15 foram fornecidos como impedâncias, primeiro é necessário determinar os valores correspondentes em henry e em farad.

$$L = \frac{4\ \Omega}{50\ \text{rad/s}} = 80\ \text{mH}$$

e

$$C = \frac{1}{(2\ \Omega)(50\ \text{rad/s})} = 10\ \text{mF}$$

Agora estamos prontos para usar o OrCAD Capture para inserir o circuito conforme mostrado na Figura 19-46. Os passos básicos são aqui recapitulados para o leitor. Use a fonte de corrente AC, ISRC, da biblioteca SOURCE, e coloque um componente IPRINT da biblioteca SPECIAL. Selecionam-se o resistor, o indutor e o capacitor da biblioteca ANALOG, e o símbolo do aterramento usando a ferramenta Place Ground.

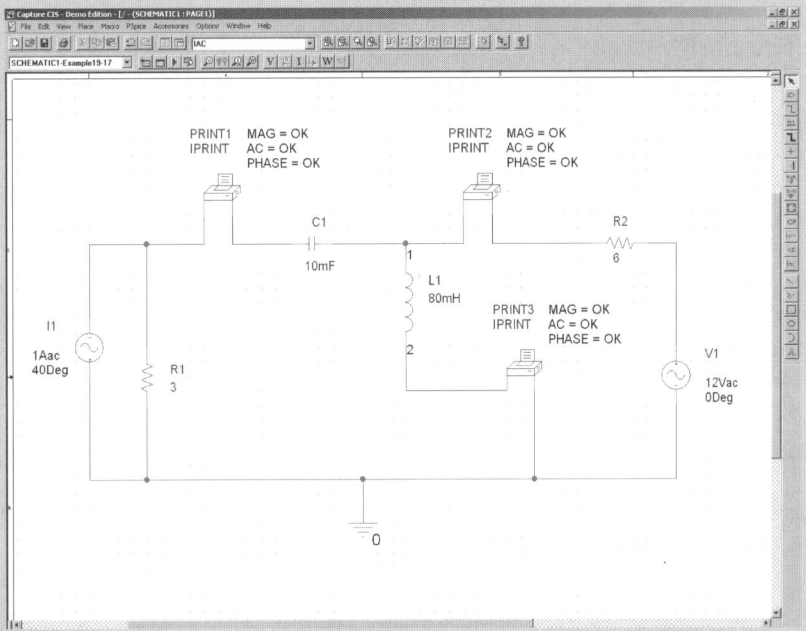

FIGURA 19-46

Mude o valor da fonte de corrente clicando duas vezes no componente e movendo a barra de rolagem horizontal até encontrar o campo intitulado AC. Digite **1A 40Deg** neste campo. Deve-se colocar um espaço entre a magnitude e o ângulo de fase. Clique em Apply. Para exibir esses valores no esquemático, é necessário clicar no botão Display e depois em Value Only. Clique em OK para retornar ao editor Property e depois feche o editor clicando em X.

(continua)

Exemplo 19-17 *(continuação)*

O componente IPRINT é similar a um amperímetro e fornece uma leitura da magnitude da corrente e do ângulo de fase. É possível mudar as propriedades do componente IPRINT clicando duas vezes nele e rolando a barra para mostrar os campos apropriados. Digite **OK** nos campos AC, MAG e PHASE. Para mostrar os campos selecionados no esquemático, clique no botão Display e selecione Name e Value após mudar o valor de cada campo. Como precisamos medir três correntes no circuito, poderíamos seguir este procedimento mais duas vezes. Todavia, um método mais fácil é clicar no componente IPRINT e copiá-lo usando <Ctrl><C> e <Ctrl><V>. Cada IPRINT terá então as mesmas propriedades.

Quando o circuito estiver completo e ligado, clique na ferramenta New Simulation Profile. Dê um nome à simulação (como **Correntes nos Ramos AC**). Clique na guia Analysis e selecione AC Sweep/Noise como o tipo de análise. Digite os seguintes valores:

Start Frequency: **7.958Hz**

End Frequency: **7.958Hz**

Total Points: **1**

Como não precisamos rodar o pós-processador Probe, ele é desativado quando selecionamos a guia Probe Window (da caixa de diálogos Simulation Settings). Clique na janela Display Probe e saia do Simulation Settings clicando em OK.

Clique na ferramenta Run. Após o PSpice ter rodado com sucesso, clique no menu View e selecione o item do menu Output File. Procure pelo arquivo até que as correntes sejam mostradas como a seguir:

```
FREQ          IM(V_PRINT1)IP(V_PRINT1)
7.958E+00     7.887E-01    -1.201E+02
FREQ          IM(V_PRINT2)IP(V_PRINT2)
7.958E+00     1.304E+00     1.560E+02
FREQ          IM(V_PRINT3)IP(V_PRINT3)
7.958E+00     1.450E+00    -5.673E+01
```

Essas leituras fornecem: $\mathbf{I}_1 = 0{,}7887\ \text{A}\angle{-120{,}1^\circ}$; $\mathbf{I}_2 = 1{,}304\ \text{A}\angle 156{,}0^\circ$ e $\mathbf{I}_3 = 1{,}450\ \text{A}\angle{-56{,}73^\circ}$. Esses resultados são compatíveis com os calculados no Exemplo 19-6.

PROBLEMAS PRÁTICOS 8

Use o PSpice para avaliar as tensões nos nós para o circuito da Figura 19-23. Suponha que o circuito opere em uma frequência angular de $\omega = 1000$ rad/s ($f = 159{,}15$ Hz).

Colocando em Prática

A ponte de Schering da Figura 19-74 está balanceada. Neste capítulo, você aprendeu alguns métodos que permitem encontrar a corrente em qualquer ponto do circuito. Usando qualquer um dos métodos vistos, determine a corrente através do galvanômetro se o valor de C_x for igual a 0,07 μF. (Todos os outros valores permanecem inalterados.) Repita o cálculo para um valor de $C_x = 0{,}09$ μF. É possível formular um enunciado geral relativo à corrente através do galvanômetro se C_x for menor do que o valor exigido para equilibrar a ponte? Qual declaração geral pode ser feita se o valor de C_x for maior do que o valor da ponte balanceada?

PROBLEMAS

19.1 Fontes Dependentes

1. Observe o circuito da Figura 19-47.

   Determine **V** quando a corrente de controle **I** for:

   a. 20 μA∠0°

   b. 50 μA∠−180°

   c. 60 μA∠60°

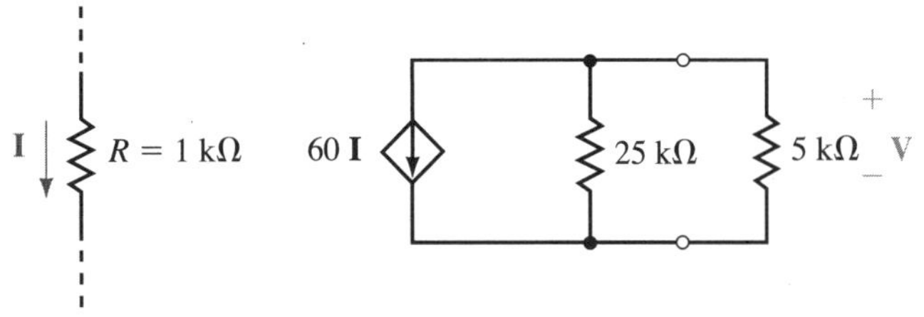

FIGURA 19-47

2. Observe o circuito da Figura 19-48.

   Determine **I** quando a tensão de controle, **V**, for:

   a. 30 mV∠0°

   b. 60 mV∠−180°

   c. 100 mV∠−30°

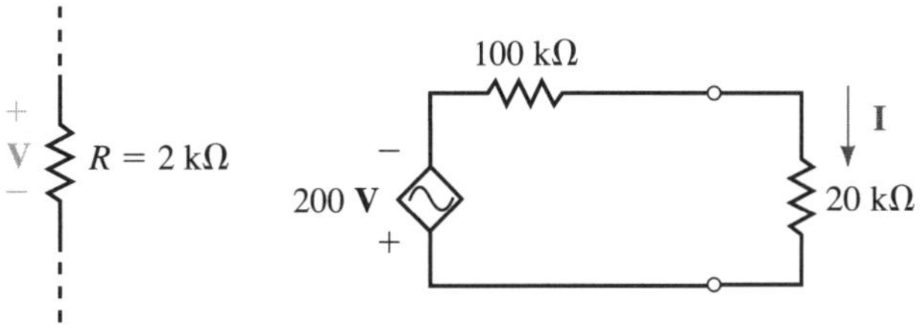

FIGURA 19-48

3. Repita o Problema 1 para o circuito da Figura 19-49.

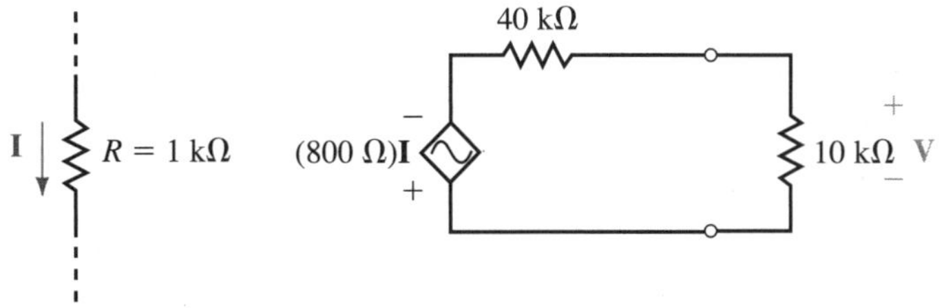

FIGURA 19-49

4. Repita o Problema 2 para o circuito da Figura 19-50.

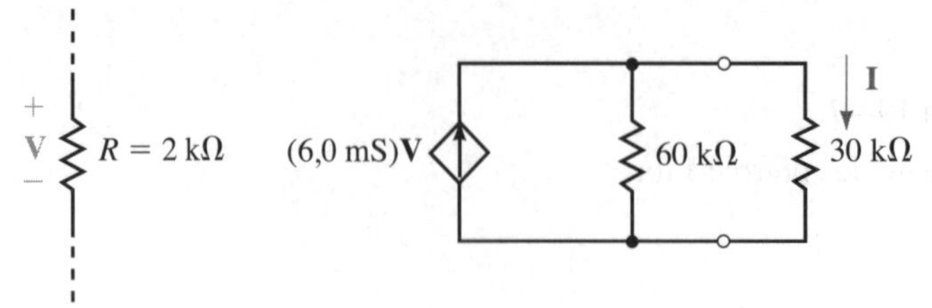

FIGURA 19-50

5. Determine a tensão de saída, $\mathbf{V}_{out}$, para o circuito da Figura 19-51.

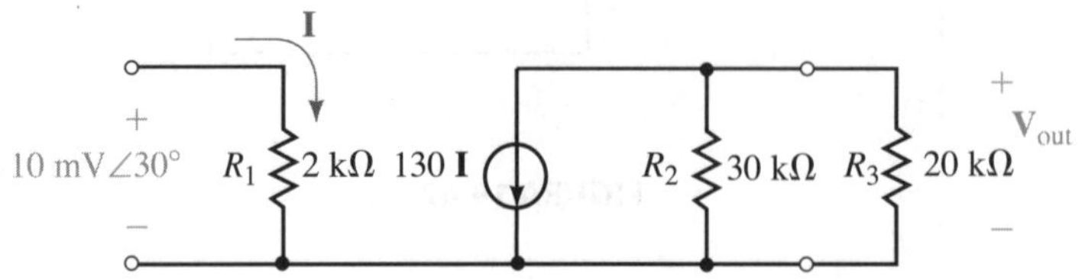

FIGURA 19-51

6. Repita o Problema 5 para o circuito da Figura 19-52.

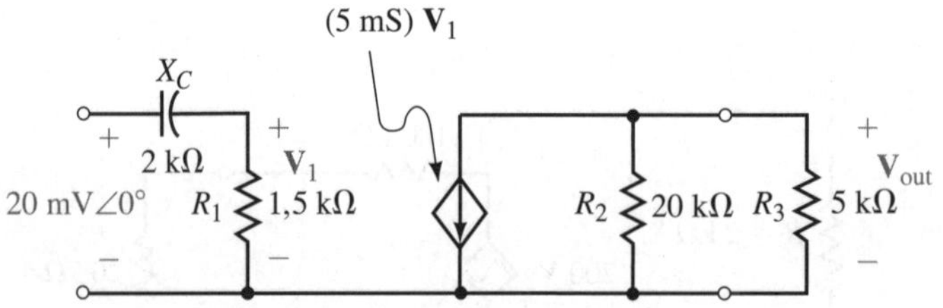

FIGURA 19-52

19.2 Conversão de Fontes

7. Dados os circuitos da Figura 19-53, converta cada uma das fontes de corrente em uma fonte de tensão equivalente. Use o circuito resultante para encontrar $\mathbf{V}_L$.

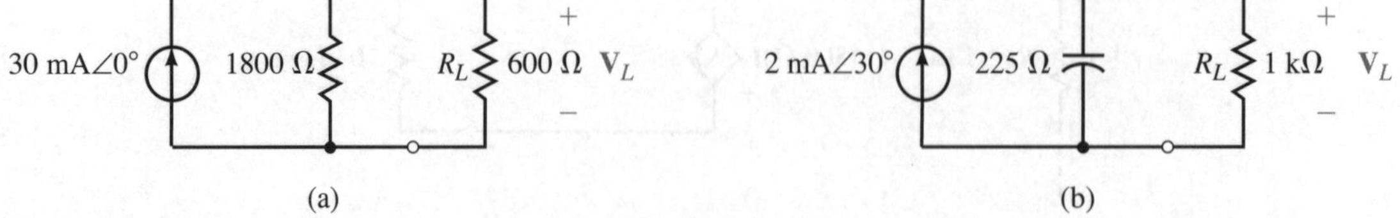

FIGURA 19-53

8. Converta cada fonte de tensão da Figura 19-54 em uma fonte de corrente equivalente.
9. Observe o circuito da Figura 19-55.
   a. Calcule a tensão, **V**.
   b. Converta a fonte de corrente em uma fonte de tensão equivalente e, novamente, calcule **V**. Compare com o resultado obtido em (a).

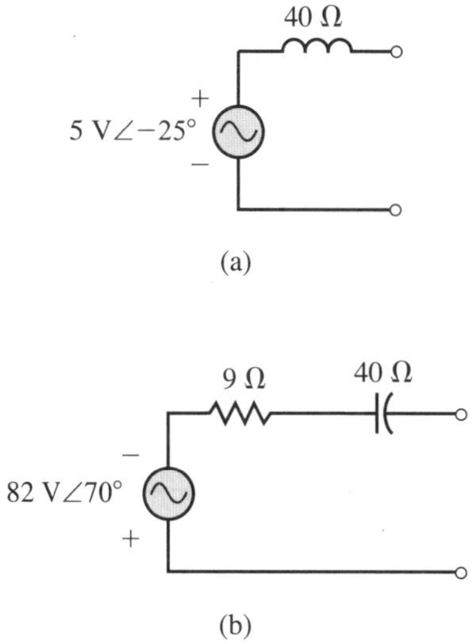

FIGURA 19-54

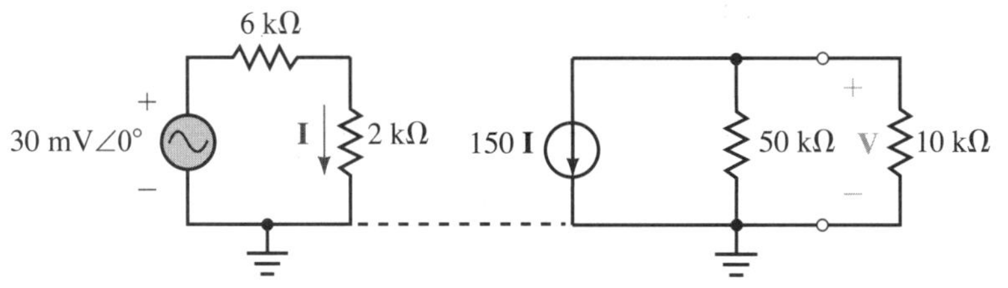

FIGURA 19-55

10. Observe o circuito da Figura 19-56.
    a. Calcule a tensão, $\mathbf{V}_L$.
    b. Converta a fonte de corrente em uma fonte de tensão equivalente e, novamente, calcule $\mathbf{V}_L$.
    c. Se **I** = 5 μA∠90°, qual é o valor de $\mathbf{V}_L$?

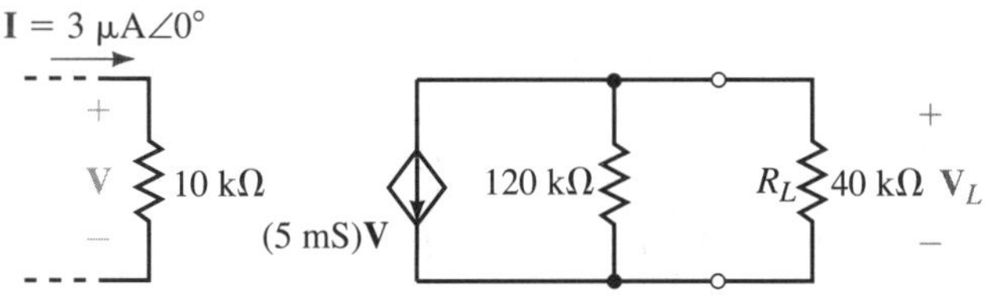

FIGURA 19-56

19.3 Análise de Malha (Malha Fechada)

11. Considere o circuito da Figura 19-57.
    a. Escreva as equações das malhas para o circuito.
    b. Escreva as correntes de malha.
    c. Determine a corrente **I** no resistor de 4 Ω.
12. Observe o circuito da Figura 19-58.
    a. Escreva as equações das malhas para o circuito.
    b. Calcule as correntes de malha.
    c. Determine a corrente através de um indutor de 25 Ω.
13. Observe o circuito da Figura 19-59.
    a. Simplifique o circuito e escreva as equações das malhas.
    b. Calcule as correntes de malha.
    c. Determine a tensão **V** no capacitor de 15 Ω.

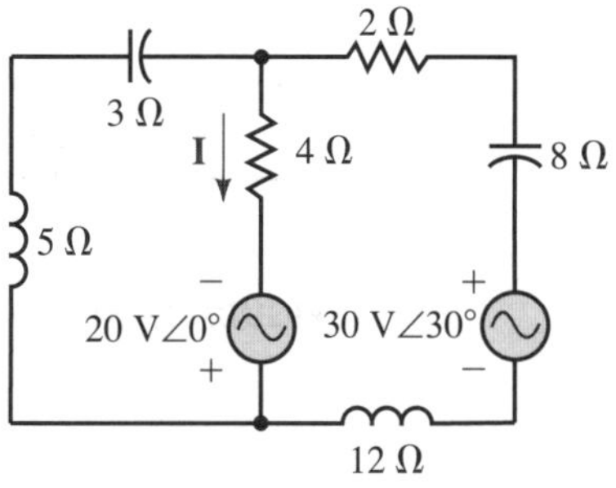

FIGURA 19-57

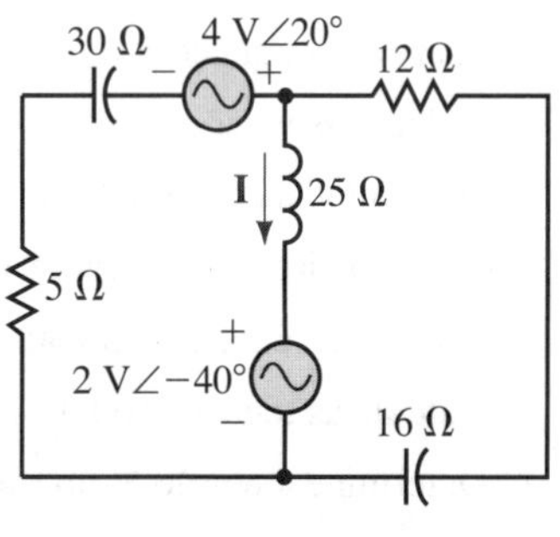

FIGURA 19-58

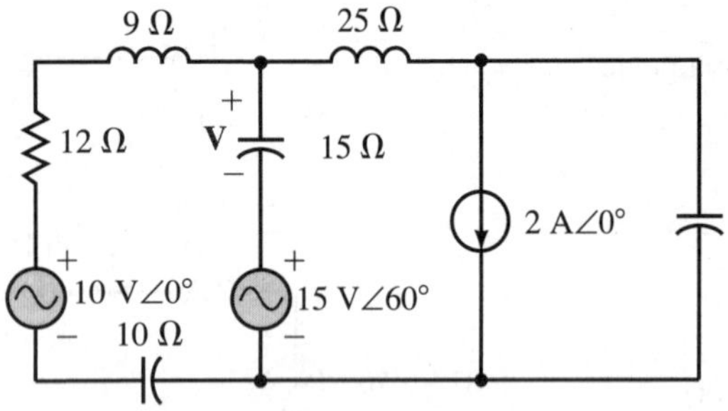

FIGURA 19-59

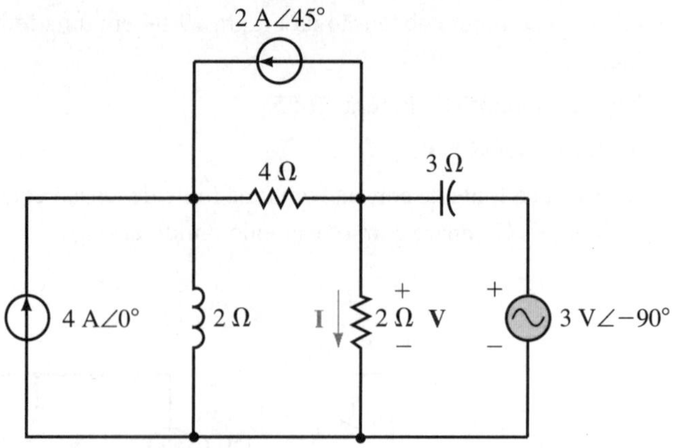

FIGURA 19-60

14. Considere o circuito da Figura 19-60.
    a. Simplifique o circuito e escreva as equações das malhas.
    b. Calcule as correntes de malha.
    c. Determine a tensão V no resistor de 2 Ω.
15. Use a análise de malha para encontrar a corrente **I** e a tensão **V** no circuito da Figura 19-61.
16. Repita o Problema 15 para o circuito da Figura 19-62.

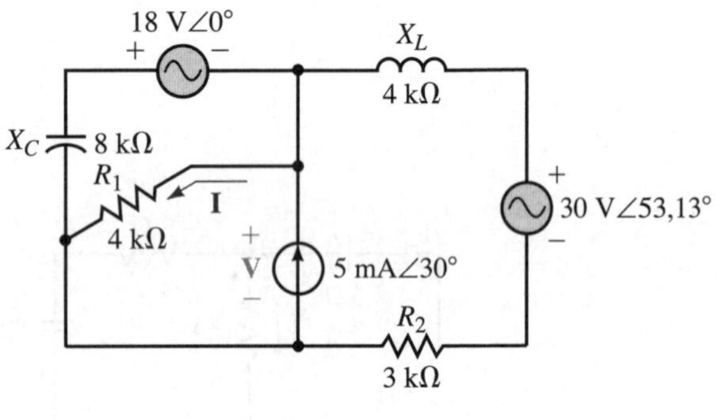

FIGURA 19-61

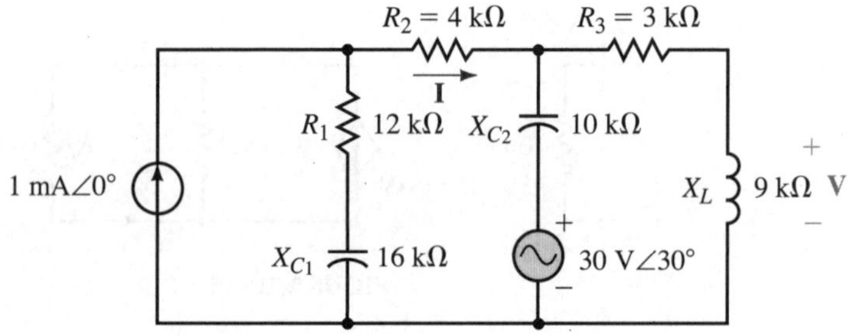

FIGURA 19-62

19.4 Análise Nodal

17. Considere o circuito da Figura 19-63.
    a. Escreva as equações nodais.
    b. Calcule as tensões nodais.
    c. Determine a corrente **I** através do capacitor de 4 Ω.
18. Observe o circuito da Figura 19-64.
    a. Escreva as equações nodais.
    b. Calcule as tensões nodais.
    c. Determine a tensão **V** no capacitor de 3 Ω.

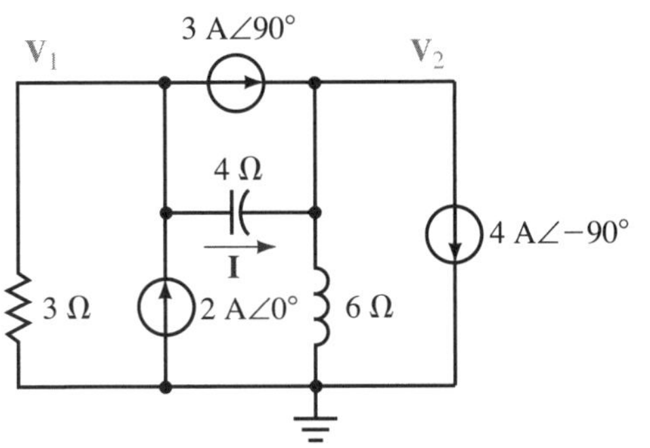

FIGURA 19-63

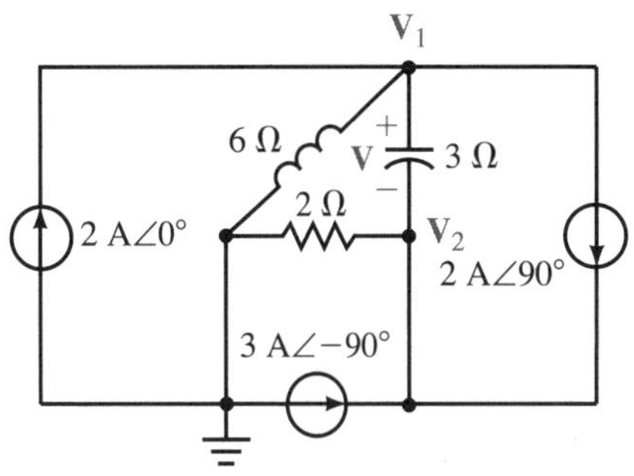

FIGURA 19-64

19. a. Simplifique o circuito da Figura 19-59 e escreva as equações nodais.
    b. Calcule as tensões nodais.
    c. Determine a tensão no capacitor de 15 Ω.
20. a. Simplifique o circuito da Figura 19-60 e escreva as equações nodais.
    b. Calcule as tensões nodais.
    c. Determine a corrente através do resistor de 2 Ω.
21. Use a análise nodal para determinar as tensões nodais no circuito da Figura 19-61. Com os resultados, determine a corrente **I** e a tensão **V**. Compare suas respostas às obtidas quando aplicamos a análise de malha no Problema 15.
22. Use a análise nodal para determinar as tensões nodais no circuito da Figura 19-62. Com os resultados, determine a corrente **I** e a tensão **V**. Compare suas respostas àquelas obtidas quando aplicamos a análise de malha no Problema 16.

19.5 Conversões Delta-Y e Y-Delta

23. Converta cada uma das redes Δ da Figura 19-65 em uma rede Y equivalente.
24. Converta cada uma das redes Y da Figura 19-66 em uma rede Δ equivalente.

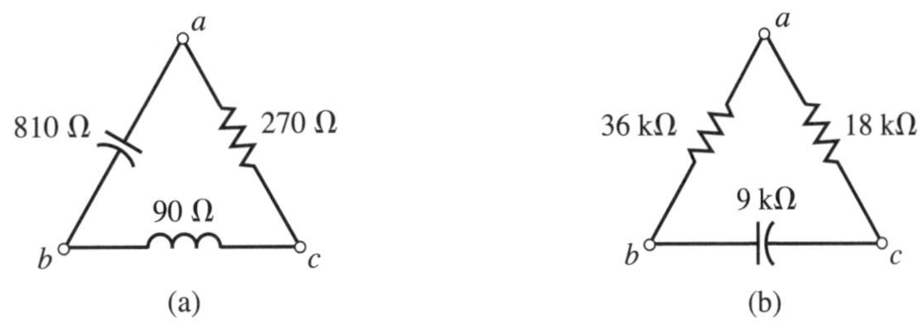

FIGURA 19-65

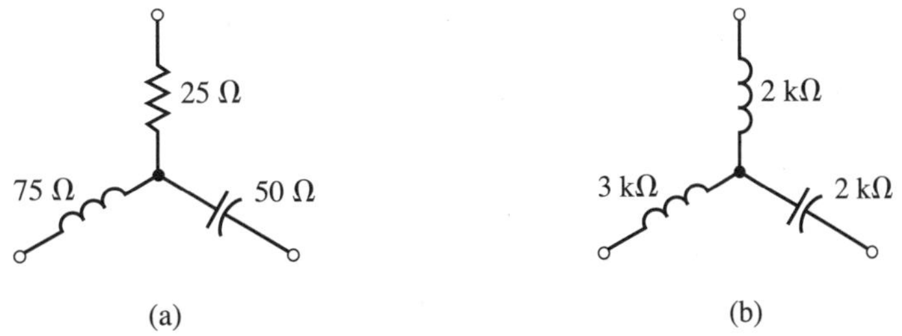

FIGURA 19-66

25. Usando a conversão $\Delta \rightarrow Y$ ou $Y \rightarrow \Delta$, calcule **I** para o circuito da Figura 19-67.

26. Usando a conversão $\Delta \rightarrow Y$ ou $Y \rightarrow \Delta$, calcule **I** para o circuito da Figura 19-68.

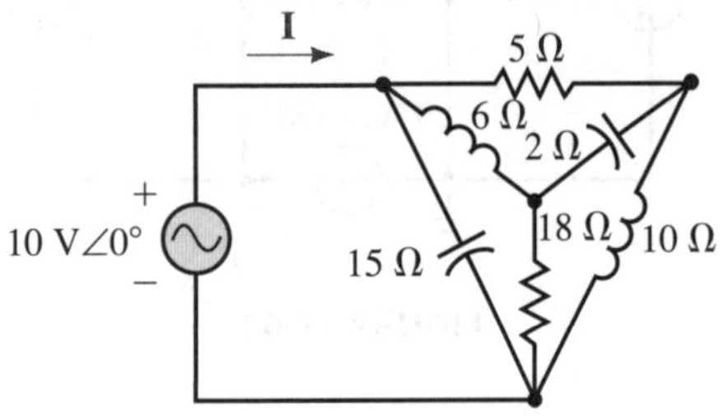

FIGURA 19-67

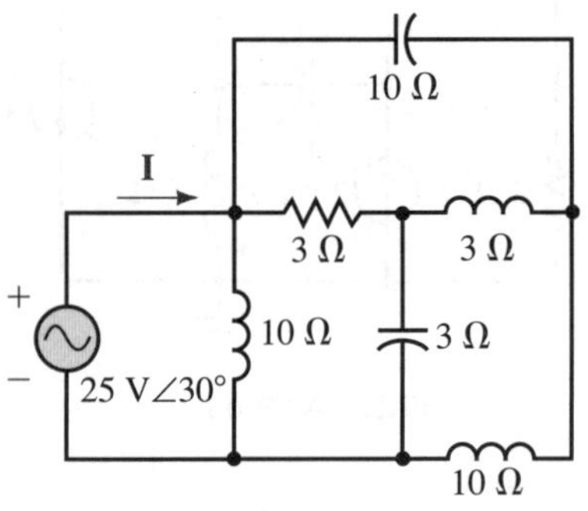

FIGURA 19-68

27. Observe o circuito da Figura 19-69.
    a. Determine a impedância equivalente, $\mathbf{Z}_T$, do circuito.
    b. Encontre as correntes **I** e $\mathbf{I}_1$.

28. Observe o circuito da Figura 19-70.
    a. Determine a impedância equivalente, $\mathbf{Z}_T$, do circuito.
    b. Encontre as tensões **V** e $\mathbf{V}_1$.

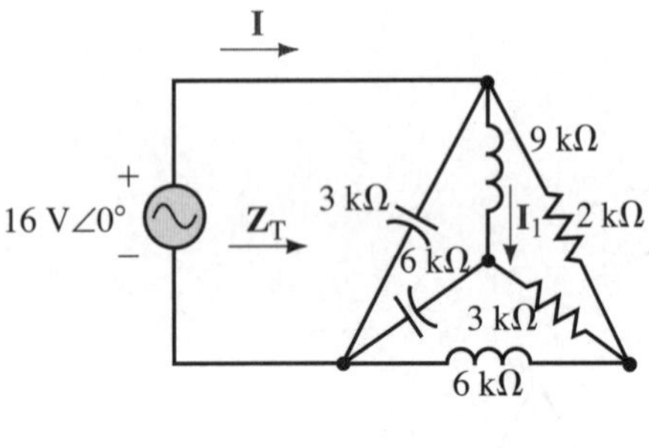

FIGURA 19-69

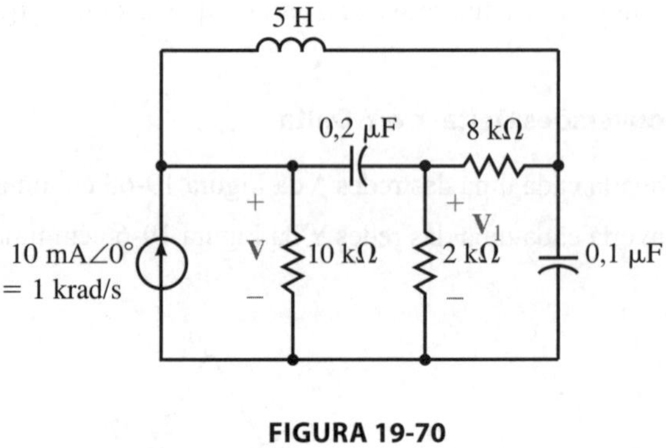

FIGURA 19-70

19.6 Redes-ponte

29. Suponha que o circuito-ponte da Figura 19-71 esteja balanceado.
    a. Determine o valor da impedância desconhecida.
    b. Calcule a corrente **I**.

30. Suponha que o circuito-ponte da Figura 19-72 esteja balanceado.
    a. Determine o valor da impedância desconhecida.
    b. Calcule a corrente **I**.

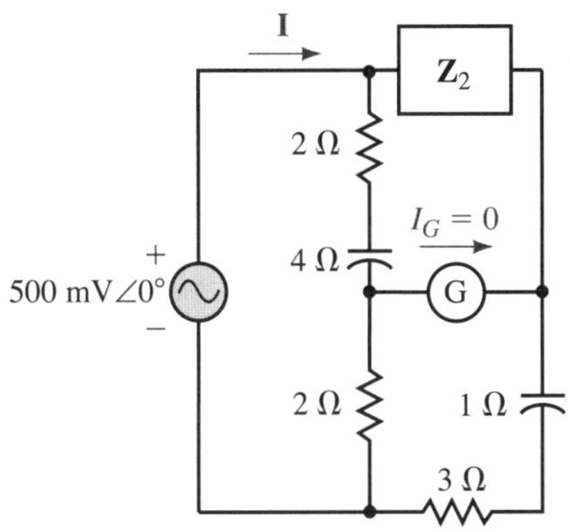

FIGURA 19-71

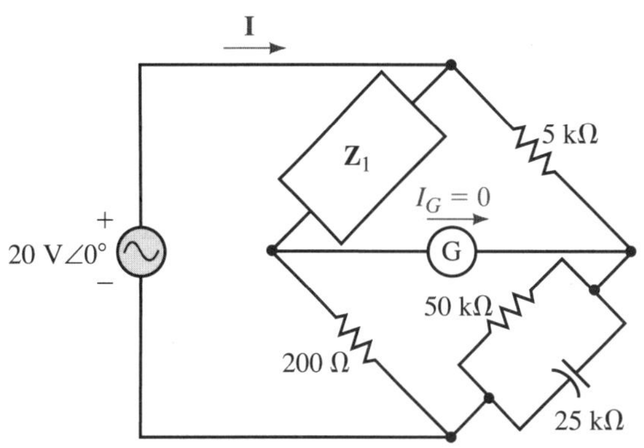

FIGURA 19-72

31. Mostre que o circuito-ponte da Figura 19-73 está balanceado.
32. Mostre que o circuito-ponte da Figura 19-74 está balanceado.

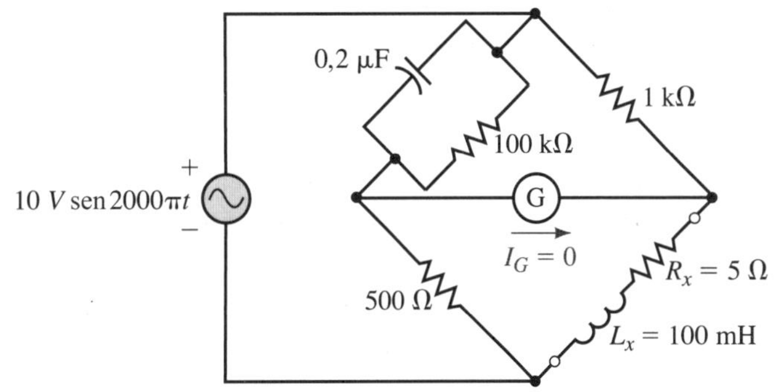

FIGURA 19-73

MULTISIM

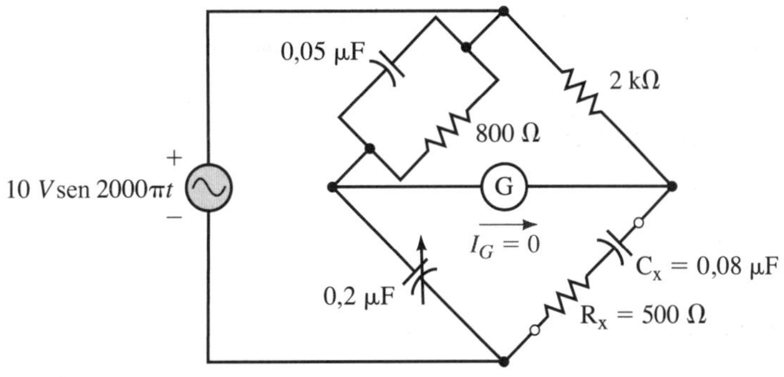

FIGURA 19-74

MULTISIM

33. Deduza as Equações 19-14 e 19-15 para a ponte balanceada de Schering.
34. Deduza as Equações 19-12 e 19-13 para a ponte balanceada de Hay.
35. Determine os valores dos resistores desconhecidos que resultarão em uma ponte balanceada para o circuito da Figura 19-75.
36. Determine os valores dos capacitores desconhecidos que resultarão em uma ponte balanceada para o circuito da Figura 19-76.

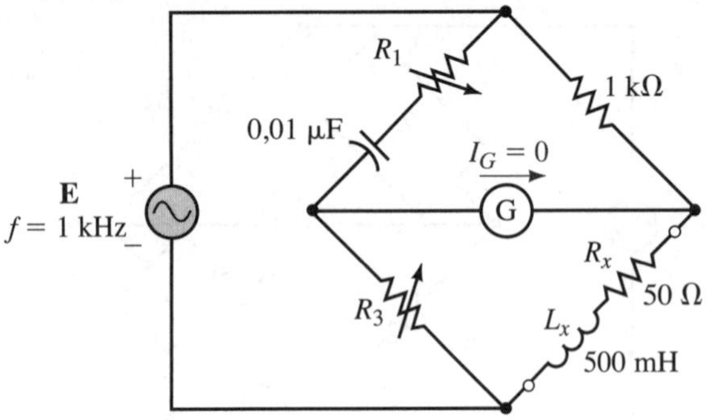

FIGURA 19-75

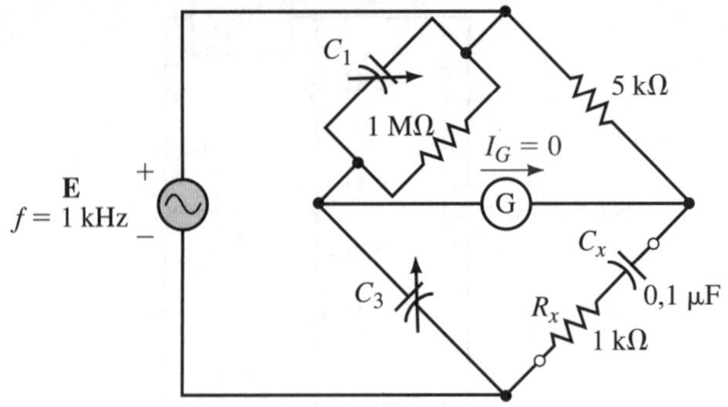

FIGURA 19-76

19.7 Análise de Circuitos Usando Computador

37. Use o Multisim para mostrar que o circuito-ponte da Figura 19-73 está balanceado. (Suponha que a ponte esteja balanceada se a corrente no galvanômetro for menor do que 5 μA.) MULTISIM
38. Repita o Problema 37 para o circuito-ponte da Figura 19-74. MULTISIM
39. Use o PSpice para inserir o circuito da Figura 19-21. Suponha que o circuito opere em uma frequência de $\omega = 2$ krad/s. Use o IPRINT e o VPRINT para obter a leitura das tensões nodais e da corrente em cada elemento do circuito. PSpice
40. Use o PSpice para inserir o circuito da Figura 19-29. Suponha que o circuito opere em uma frequência de $\omega = 1$ krad/s. Use o IPRINT e o VPRINT para obter a leitura das tensões nodais e da corrente em cada elemento do circuito. PSpice
41. Use o PSpice para inserir o circuito da Figura 19-68. Suponha que o circuito opere em uma frequência de $\omega = 20$ rad/s. Use o IPRINT para obter a leitura da corrente **I**. PSpice
42. Use o PSpice para inserir o circuito da Figura 19-69. Suponha que o circuito opere em uma frequência de $\omega = 3$ krad/s. Use o IPRINT para obter a leitura da corrente **I**. PSpice

RESPOSTAS DOS PROBLEMAS PARA VERIFICAÇÃO DO PROCESSO DE APRENDIZAGEM

Verificação do Processo de Aprendizagem 1

a. $\mathbf{E} = 1000\ \text{V}\angle 30°$; **b.** $\mathbf{E} = 4\ \text{V}\angle -90°$;

c. $\mathbf{E} = 1024\ \text{V}\angle -38{,}66°$

Verificação do Processo de Aprendizagem 2

1. Converta as fontes de corrente em fontes de tensão.
2. Desenhe novamente o circuito.
3. Assinale uma corrente no sentido horário para cada malha.
4. Escreva equações das malhas usando as leis de Kirchhoff das tensões.
5. Solucione as equações lineares simultâneas para encontrar as correntes de malha.

Verificação do Processo de Aprendizagem 3

1. Converta as fontes de tensão em fontes de corrente.
2. Desenhe novamente o circuito.
3. Identifique todos os nós, inclusive o de referência.
4. Escreva as equações nodais usando a lei de Kirchhoff das correntes.
5. Solucione as equações lineares simultâneas para encontrar as tensões nodais.

Verificação do Processo de Aprendizagem 4

$\mathbf{Z}_1 = 150\ \Omega\angle 90°$; $\mathbf{Z}_2 = 150\ \Omega\angle -90°$; $\mathbf{Z}_3 = 150\ \Omega\angle 0°$

• TERMOS-CHAVE

Potência Máxima Absoluta;
Potência Máxima Relativa.

• TÓPICOS

Teorema da Superposição — Fontes Independentes;

Teorema da Superposição — Fontes Dependentes;

Teorema de Thévenin — Fontes Independentes;

Teorema de Norton — Fontes Independentes;

Teoremas de Thévenin e de Norton para Fontes Dependentes;

Teorema da Máxima Transferência de Potência;

Análise de Circuitos Usando Computador.

• OBJETIVOS

Após estudar este capítulo, você será capaz de:

- aplicar o teorema da superposição para determinar a tensão ou a corrente em qualquer componente em um dado circuito;
- determinar o equivalente de Thévenin de circuitos com fontes independentes e/ou dependentes;
- determinar o equivalente de Norton de circuitos com fontes independentes e/ou dependentes;
- aplicar o teorema da máxima transferência de potência para determinar o valor da impedância de carga que admite a máxima transferência de potência de um dado circuito para a carga;
- usar o PSpice para encontrar os equivalentes de Thévenin e de Norton com fontes independentes ou dependentes;
- usar o Multisim para verificar a operação de circuitos AC.

Teoremas de Rede AC

20

Apresentação prévia do capítulo

Neste capítulo, aplicaremos os teoremas da superposição, de Thévenin, de Norton e da máxima transferência de potência na análise de circuitos AC. Embora os teoremas de Millman e da reciprocidade se apliquem também a circuitos AC, eles são aqui omitidos, uma vez que as aplicações são praticamente idênticas às usadas na análise dos circuitos DC.

Muitas das técnicas utilizadas neste capítulo são parecidas com as estudadas no Capítulo 9 (volume 1); sendo assim, a maioria dos alunos verá que será útil fazer uma rápida revisão dos teoremas DC.

Este capítulo examina a aplicação dos teoremas de rede considerando tanto as fontes independentes quanto as dependentes. Para mostrar as diferenças entre os métodos usados na análise de diversos tipos de fontes, as seções são designadas de acordo com os tipos de fontes envolvidos.

A compreensão de fontes dependentes é particularmente útil quando se trabalha com circuitos a transistores e amplificadores operacionais. As Seções 20.2 e 20.5 têm como objetivo oferecer os fundamentos necessários para se analisar a operação de amplificadores com realimentação. Talvez seu instrutor considere melhor você deixar esses tópicos de lado até estudá-los em um curso que aborde amplificadores desse tipo. Consequentemente, a omissão das Seções 20.2 e 20.5 não irá de maneira alguma prejudicar a continuidade dos importantes conceitos apresentados neste capítulo.

Colocando em perspectiva

William Bradford Shockley

Shockley, filho de um engenheiro de minas, nasceu em Londres, Inglaterra, em 13 de fevereiro de 1910. Após se formar pelos Institutos de Tecnologia da Califórnia e de Massachusetts, Shockley se juntou aos Laboratórios da Bell Telephone.

Com seus colegas John Bardeen e Walter Brattain, Shockley desenvolveu um retificador em estado sólido de melhor qualidade usando um cristal de germânio que havia sido injetado com uma quantidade muito pequena de impurezas. Diferentemente das válvulas a vácuo, os diodos resultantes podiam operar em tensões muito mais baixas sem necessidade de elementos de aquecimento ineficientes.

Em 1948, Shockley combinou três camadas de germânio para produzir um dispositivo que era não só capaz de retificar um sinal, mas também de amplificá-lo. Desenvolveu-se, portanto, o primeiro transistor. Desde seu modesto início, o transistor vem sendo aperfeiçoado e reduzido de tamanho. Chegou-se ao ponto em que um circuito contendo milhares de transistores pode caber facilmente em um espaço não muito maior do que a cabeça de um alfinete.

O advento do transistor permitiu a construção de naves espaciais complexas, comunicação sem precedentes e novas formas de geração de energia.

Shockley, Bardeen e Brattain receberam o Prêmio Nobel de Física em 1956 pela descoberta do transistor.

20.1 Teorema da Superposição — Fontes Independentes

O teorema da superposição postula o seguinte:

A tensão em um elemento (ou a corrente nele) é determinada pela soma da tensão (ou corrente) originada de cada fonte independente.

Para aplicar esse teorema, todas as outras fontes além da que está sendo considerada são eliminadas. Como nos circuitos DC, isso é feito substituindo-se as fontes de corrente por circuitos abertos e as fontes de tensão por curtos-circuitos. Repete-se o processo até que os efeitos provocados por todas as fontes tenham sido determinados.

Embora, em geral, trabalhemos com circuitos que contêm todas as fontes em uma mesma frequência, ocasionalmente um circuito pode operar em mais de uma frequência por vez. Isso é particularmente verdadeiro em diodos e transistores que utilizam uma fonte DC para estabelecer um ponto de "polarização" (ou de operação) e uma fonte AC para fornecer o sinal a ser condicionado ou amplificado. Nesses casos, as tensões e correntes resultantes ainda são determinadas pela aplicação do teorema da superposição. O Capítulo 25 (neste volume) aborda como resolvemos circuitos que operam simultaneamente em algumas frequências diferentes.

NOTAS...

Como nos circuitos DC, o teorema da superposição pode ser aplicado apenas para a tensão e a corrente; ele não pode ser usado para calcular a potência total dissipada por um elemento. Isso ocorre porque a potência não é uma grandeza linear; em vez disso, ela segue uma relação quadrática ($P = V^2/R = I^2R$).

Exemplo 20-1

Determine a corrente **I** na Figura 20-1 usando o teorema da superposição.

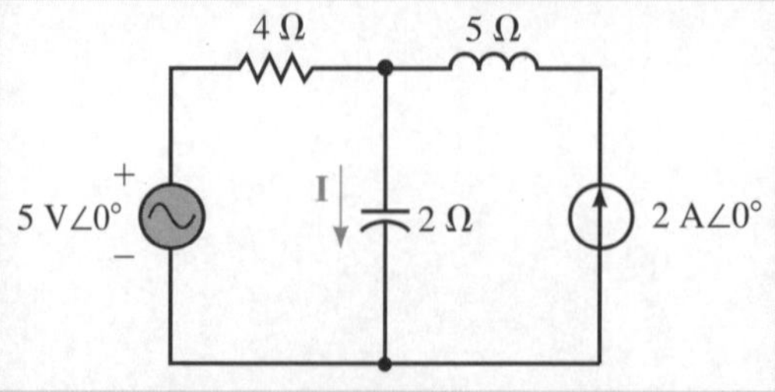

FIGURA 20-1

Exemplo 20-1 *(continuação)*

Solução:

Corrente com uma fonte de tensão de 5V∠0°: Eliminando a fonte de corrente, obtemos o circuito mostrado na Figura 20-2.

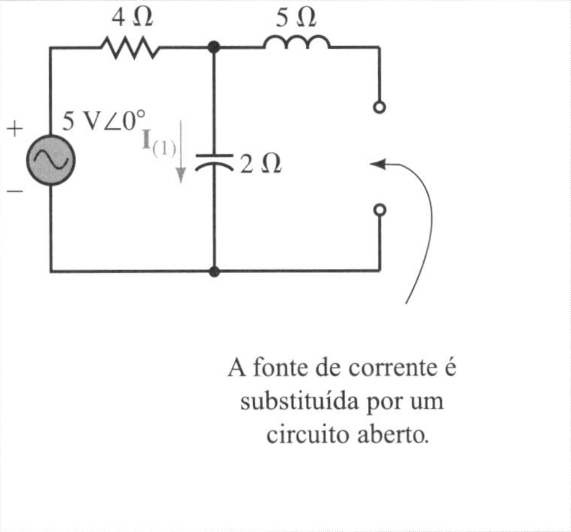

FIGURA 20-2

Aplicando a lei de Ohm, temos

$$\mathbf{I}_{(1)} = \frac{5\ \text{V}\angle 0°}{4 - j2\ \Omega} = \frac{5\ \text{V}\angle 0°}{4{,}472\Omega\angle -26{,}57°}$$
$$= 1{,}118\ \text{A}\angle 26{,}57°$$

Corrente com uma fonte de corrente de 2 A∠0°: Eliminando a fonte de tensão, obtemos o circuito mostrado na Figura 20-3.

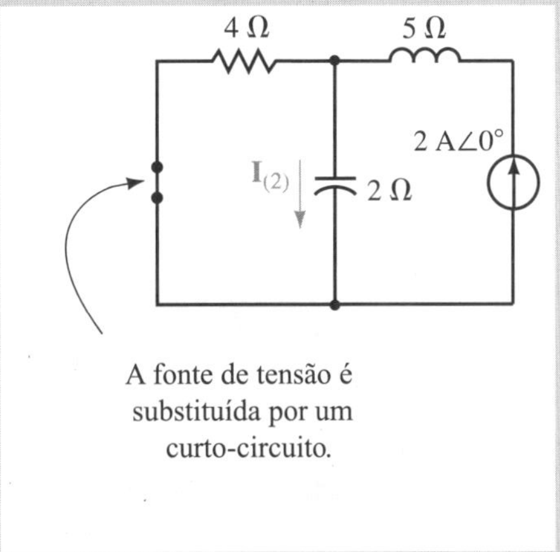

FIGURA 20-3

A corrente $\mathbf{I}_{(2)}$ originada da fonte é determinada pela aplicação da regra do divisor de corrente:

$$\mathbf{I}_{(2)} = (2\ \text{A}\angle 0°)\frac{4\ \Omega\angle 0°}{4\ \Omega - j2\ \Omega}$$
$$= \frac{8\ \text{V}\angle 0°}{4{,}472\ \Omega\angle -26{,}57°}$$
$$= 1{,}789\ \text{A}\angle 26{,}57°$$

(continua)

Exemplo 20-1 *(continuação)*

Determina-se a corrente total como a soma das correntes $\mathbf{I}_{(1)}$ e $\mathbf{I}_{(2)}$:

$$\begin{aligned}\mathbf{I} &= \mathbf{I}_{(1)} + \mathbf{I}_{(2)}\\ &= 1{,}118\ \text{A}\angle 26{,}57^\circ + 1{,}789\ \text{A}\angle 26{,}57^\circ\\ &= (1{,}0\ \text{A} + j0{,}5\ \text{A}) + (1{,}6\ \text{A} + j0{,}8\ \text{A})\\ &= 2{,}6 + j1{,}3\ \text{A}\\ &= 2{,}91\ \text{A}\angle 26{,}57^\circ\end{aligned}$$

Exemplo 20-2

Considere o circuito da Figura 20-4.

Determine:

a. $\mathbf{V}_R$ e $\mathbf{V}_C$ usando o teorema da superposição.

b. A potência dissipada pelo circuito.

c. A potência fornecida ao circuito em cada uma das fontes.

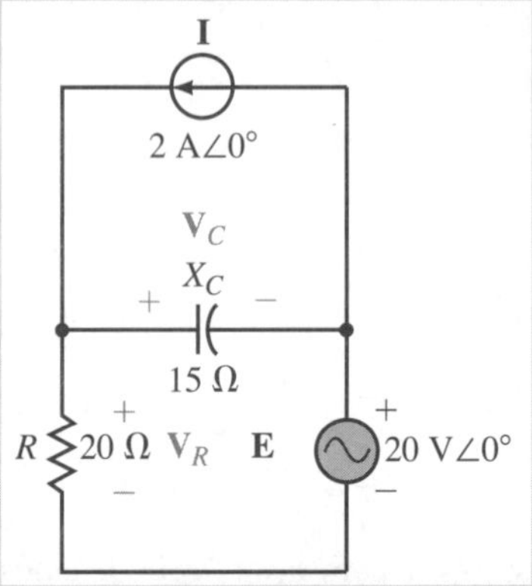

FIGURA 20-4

Solução:

a. Pode-se empregar o teorema da superposição da seguinte maneira:

Tensões originadas da fonte de corrente: Eliminando a fonte de tensão, obtemos o circuito mostrado na Figura 20-5.

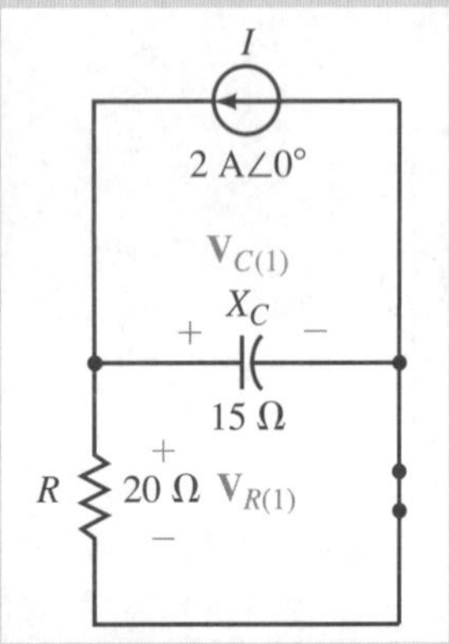

FIGURA 20-5

A impedância "percebida" pela fonte de corrente será uma combinação paralela de $\mathbf{R}\|\mathbf{Z}_C$.

$$\mathbf{Z}_1 = \frac{(20\ \Omega)(-j15\ \Omega)}{20\ \Omega - j15\ \Omega} = \frac{300\ \Omega\angle -90^\circ}{25\ \Omega\angle -36{,}87^\circ} = 12\ \Omega\angle -53{,}13^\circ$$

A tensão $\mathbf{V}_{R(1)}$ é igual à tensão no capacitor, $\mathbf{V}_{C(1)}$. Logo,

$$\begin{aligned}\mathbf{V}_{R(1)} &= \mathbf{V}_{C(1)}\\ &= (2\ \text{A}\angle 0^\circ)(12\ \Omega\angle -53{,}13^\circ)\\ &= 24\ \text{V}\angle -53{,}13^\circ\end{aligned}$$

(continua)

Exemplo 20-2 *(continuação)*

Tensões originada da fonte de tensão: Eliminando a fonte de corrente, obtemos o circuito mostrado na Figura 20-6.

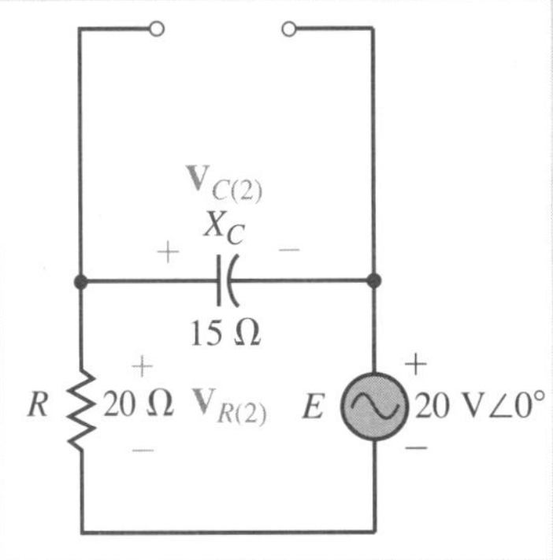

FIGURA 20-6

Determinam-se as tensões $\mathbf{V}_{R(2)}$ e $\mathbf{V}_{C(2)}$ aplicando a regra do divisor de tensão:

$$\mathbf{V}_{R(2)} = \frac{20\ \Omega\angle 0°}{20\ \Omega - j15\ \Omega}(20\ \mathrm{V}\angle 0°)$$

$$= \frac{400\ \mathrm{V}\angle 0°}{25\angle -36{,}87°} = 16\ \mathrm{V}\angle +36{,}87°$$

e

$$\mathbf{V}_{C(2)} = \frac{-15\ \Omega\angle -90°}{20\ \Omega - j15\ \Omega}(20\ \mathrm{V}\angle 0°)$$

$$= \frac{300\ \mathrm{V}\angle 90°}{25\angle -36{,}87°} = 12\ \mathrm{V}\angle 126{,}87°$$

Observe que $\mathbf{V}_{C(2)}$ é assinalada como negativa em relação à polarização originalmente assumida. Elimina-se o sinal negativo somando (ou subtraindo) 180º do cálculo correspondente.

Aplicando a superposição, temos

$$\begin{aligned}\mathbf{V}_R &= \mathbf{V}_{R(1)} + \mathbf{V}_{R(2)} \\ &= 24\ \mathrm{V}\angle -53{,}13° + 16\ \mathrm{V}\angle 36{,}87° \\ &= (14{,}4\ \mathrm{V} - j19{,}2\ \mathrm{V}) + (12{,}8\ \mathrm{V} + j9{,}6\ \mathrm{V}) \\ &= 27{,}2\ \mathrm{V} - j9{,}6\ \mathrm{V} \\ &= 28{,}84\ \mathrm{V}\angle -19{,}44°\end{aligned}$$

e

$$\begin{aligned}\mathbf{V}_C &= \mathbf{V}_{C(1)} + \mathbf{V}_{C(2)} \\ &= 24\ \mathrm{V}\angle -53{,}13° + 12\ \mathrm{V}\angle 126{,}87° \\ &= (14{,}4\ \mathrm{V} - j19{,}2\ \mathrm{V}) + (-7{,}2\ \mathrm{V} + j9{,}6\ \mathrm{V}) \\ &= 7{,}2\ \mathrm{V} - j9{,}6\ \mathrm{V} \\ &= 12\ \mathrm{V}\angle -53{,}13°\end{aligned}$$

b. Como apenas o resistor dissipará potência, é possível achar a potência total dissipada pelo circuito como:

$$P_\mathrm{T} = \frac{(28{,}84\ \mathrm{V})^2}{20\ \Omega} = 41{,}60\ \mathrm{W}$$

c. A potência fornecida ao circuito pela fonte de corrente é

$$P_1 = V_1 I \cos\theta_1$$

onde $\mathbf{V}_1 = \mathbf{V}_C = 12\ \mathrm{V}\angle -53{,}13°$ é a tensão na fonte de corrente e θ_1 é o ângulo de fase entre $\mathbf{V}_1$ e $\mathbf{I}$.

A potência fornecida pela fonte de corrente é

$$P_1 = (12\ \mathrm{V})(2\ \mathrm{A})\cos 53{,}13° = 14{,}4\ \mathrm{W}$$

A potência fornecida ao circuito pela fonte de tensão é determinada de modo semelhante:

$$P_2 = EI_2\cos\theta_2$$

(continua)

Exemplo 20-2 *(continuação)*

onde $\mathbf{I}_2$ é a corrente que passa pela fonte de tensão e θ_2 é o ângulo de fase entre **E** e $\mathbf{I}_2$.

$$P_2 = (20\ \text{V})\left(\frac{28{,}84\ \text{V}}{20\ \Omega}\right)\cos 19{,}44° = 27{,}2\ \text{W}$$

Como esperado, a potência total fornecida ao circuito deve ser a soma

$$P_T = P_1 + P_2 = 41{,}6\ \text{W}$$

PROBLEMAS PRÁTICOS 1

Use a superposição para encontrar **V** e **I** no circuito da Figura 20-7.

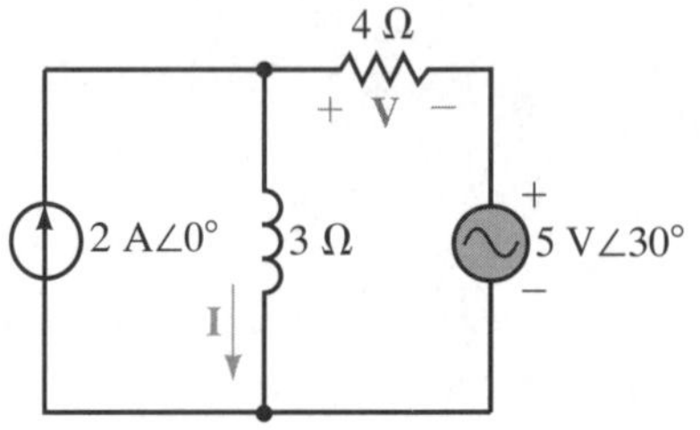

FIGURA 20-7

Respostas

$\mathbf{I} = 2{,}52\ \text{A}\angle{-25{,}41°}$; $\mathbf{V} = 4{,}45\text{V}\angle 104{,}18°$

VERIFICAÇÃO DO PROCESSO DE APRENDIZAGEM 1

(As respostas encontram-se no final do capítulo.)

Um resistor de 20 Ω encontra-se em um circuito com três fontes senoidais. Após análise do circuito, percebe-se que a corrente no resistor originada de cada uma das fontes é:

$$I_1 = 1{,}5\ \text{A}\angle 20°$$
$$I_2 = 1{,}0\ \text{A}\angle 110°$$
$$I_3 = 2{,}0\ \text{A}\angle 0°$$

a. Use a superposição para calcular a corrente resultante que passa pelo resistor.

b. Calcule a potência dissipada pelo resistor.

c. Mostre que a potência dissipada pelo resistor não pode ser achada com a aplicação da superposição, isto é, $P_T \neq I_1^2R + I_2^2R + I_3^2R$.

20.2 Teorema da Superposição — Fontes Dependentes

O Capítulo 19 (neste volume) introduziu o conceito de fontes dependentes. Agora examinaremos circuitos AC que contêm fontes dependentes. Para analisar circuitos desse tipo, é necessário primeiro determinar se a fonte dependente está condicionada a um elemento de controle em seu próprio circuito ou se o elemento de controle está localizado em algum outro circuito.

Se o elemento de controle for externo ao circuito examinado, o método de análise será igual ao da fonte independente. No entanto, se o elemento de controle estiver no mesmo circuito, a análise seguirá uma estratégia um pouco diferente. Os próximos dois exemplos mostram as técnicas usadas para analisar circuitos que contêm fontes dependentes.

Exemplo 20-3

Considere o circuito da Figura 20-8.

a. Determine a expressão geral para **V** em termos de **I**.

b. Calcule **V** se **I** = 1,0 A ∠0°.

c. Calcule **V** se **I** = 0,3 A ∠90°.

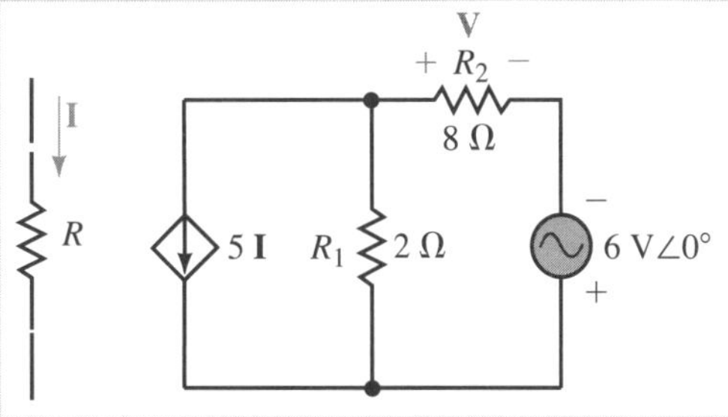

FIGURA 20-8

Solução:

a. Como a fonte de corrente no circuito depende da corrente em um elemento que está fora do circuito de interesse, pode-se analisar o circuito de acordo com o mesmo procedimento utilizado para as fontes independentes.

Tensão originada da fonte de tensão: Eliminando a fonte de corrente, obtemos o circuito mostrado na Figura 20-9.

$$\mathbf{V}_{(1)} = \frac{8\ \Omega}{10\ \Omega}(6\ \text{V}\angle 0°) = 4{,}8\ \text{V}\angle 0°$$

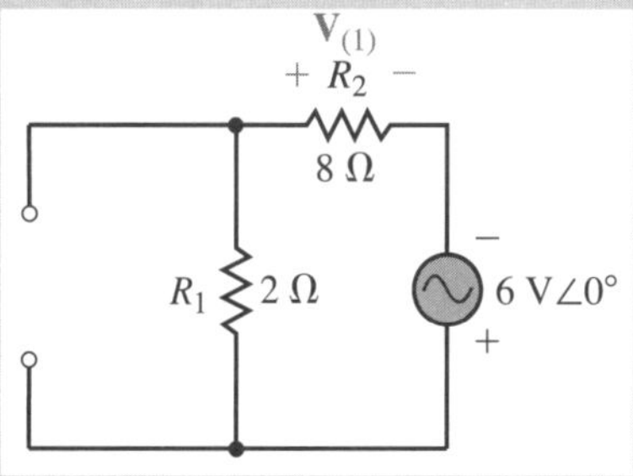

FIGURA 20-9

Tensão originada da fonte de corrente: Eliminando a fonte de tensão, obtemos o circuito mostrado na Figura 20-10.

$$\mathbf{Z}_T = 2\ \Omega \| 8\ \Omega = 1{,}6\ \Omega\angle 0°$$

$$\mathbf{V}_{(2)} = \mathbf{V}_{Z_T} = -(5\mathbf{I})(1{,}6\ \Omega\angle 0°) = -8{,}0\ \Omega\mathbf{I}$$

Utilizando a superposição, determina-se a expressão geral para a tensão como:

$$\mathbf{V} = \mathbf{V}_{(1)} + \mathbf{V}_{(2)}$$
$$= 4{,}8\ \text{V}\angle 0° - 8{,}0\ \Omega\mathbf{I}$$

b. Se **I** = 1,0 A∠0°,

$$\mathbf{V} = 4{,}8\ \text{V}\angle 0° - (8{,}0\ \Omega)(1{,}0\ \text{A}\angle 0°) = -3{,}2\ \text{V}$$
$$= 3{,}2\ \text{V}\angle 180°$$

c. Se **I** = 0,3 A∠90°,

$$\mathbf{V} = 4{,}8\ \text{V}\angle 0° - (8{,}0\ \Omega)(0{,}3\ \text{A}\angle 90°) = 4{,}8\ \text{V} - j2{,}4\ \text{V}$$
$$= 5{,}367\ \text{V}\angle -26{,}57°$$

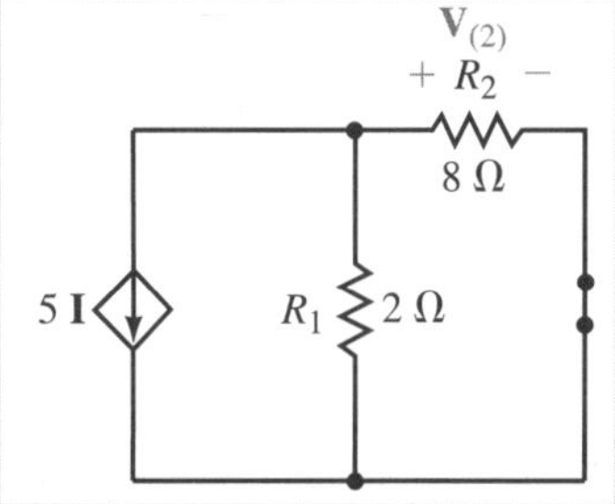

FIGURA 20-10

Exemplo 20-4

Dado o circuito da Figura 20-11, calcule a tensão no resistor de 40 Ω.

Solução: No circuito da Figura 20-11, a fonte dependente é controlada por um elemento localizado no próprio circuito. Diferentemente das fontes nos exemplos anteriores, a fonte dependente não pode ser eliminada do circuito. Caso o fosse, contradiria as leis de Kirchhoff das tensões e das correntes.

Deve-se fazer a análise do circuito levando-se em consideração todos os efeitos simultaneamente.

Aplicando a lei de Kirchhoff das correntes, temos

$$\mathbf{I}_1 + \mathbf{I}_2 = 2\ \text{A}\angle 0^\circ$$

Da lei de Kirchhoff das tensões, temos

$$(10\ \Omega)\mathbf{I}_1 = \mathbf{V} + 0{,}2\ \mathbf{V} = 1{,}2\ \mathbf{V}$$

$$\mathbf{I}_1 = 0{,}12\ \mathbf{V}$$

e

$$\mathbf{I}_2 = \frac{\mathbf{V}}{40\ \Omega} = 0{,}025\ \mathbf{V}$$

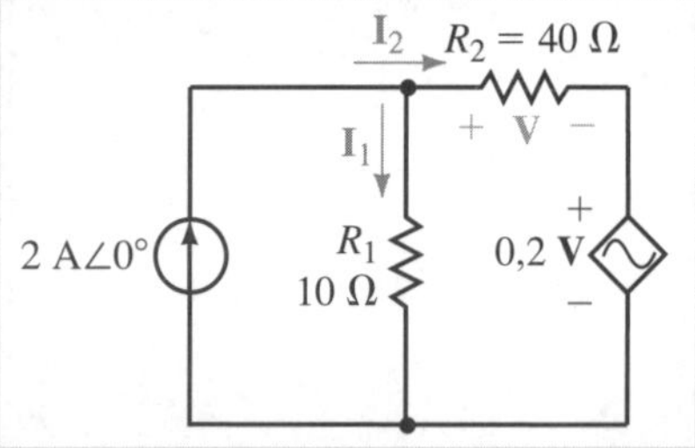

FIGURA 20-11

Combinando essas expressões, temos

$$0{,}12\ \mathbf{V} + 0{,}025\ \mathbf{V} = 2{,}0\ \text{A}\angle 0^\circ$$

$$0{,}145\ \mathbf{V} = 2{,}0\ \text{A}\angle 0^\circ$$

$$\mathbf{V} = 13{,}79\ \text{V}\angle 0^\circ$$

PROBLEMAS PRÁTICOS 2

Determine a tensão **V** no circuito da Figura 20-12.

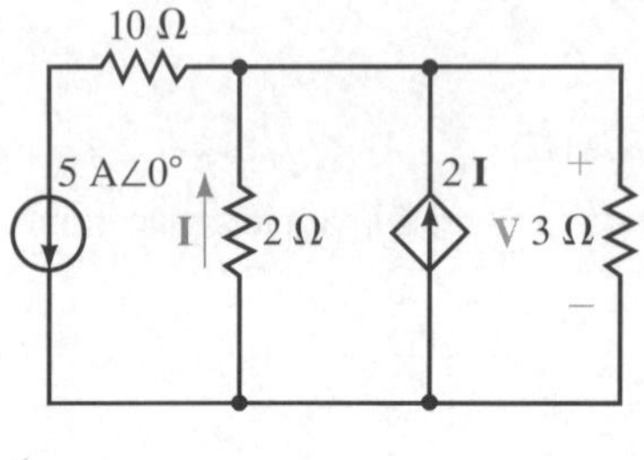

FIGURA 20-12

Resposta

$\mathbf{V} = 2{,}73\ \text{V}\angle 180^\circ$

20.3 Teorema de Thévenin — Fontes Independentes

O teorema de Thévenin é um método que converte qualquer circuito AC linear bilateral em uma única fonte de tensão AC em série com uma impedância equivalente, conforme mostra a Figura 20-13.

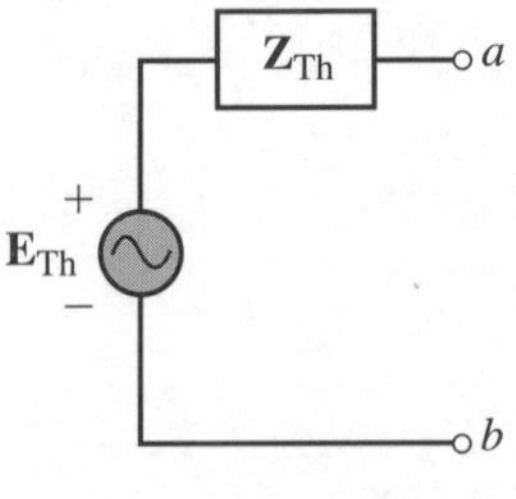

FIGURA 20-13 Circuito equivalente de Thévenin.

A rede de dois terminais resultante será equivalente quando estiver ligada a qualquer ramo ou componente externo. Se o circuito original tiver elementos reativos, o circuito equivalente de Thévenin só será válido na frequência em que as reatâncias foram determinadas. O método a seguir pode ser usado para determinar o equivalente de Thévenin de um circuito AC contendo fontes independentes ou fontes dependentes de tensão ou de corrente em algum outro circuito. O método esquematizado a seguir não pode ser usado em circuitos com fontes dependentes controladas por tensão ou corrente no mesmo circuito.

1. Remova o ramo no qual será encontrado o circuito equivalente de Thévenin. Nomeie os dois terminais resultantes. Embora qualquer designação seja possível, usaremos as notações *a* e *b*.
2. Ajuste todas as fontes para zero. Como nos circuitos DC, isso é feito quando substituímos as fontes de tensão por curtos-circuitos e as fontes de corrente por circuitos abertos.
3. Determine a impedância equivalente de Thévenin, $\mathbf{Z}_{\text{Th}}$, fazendo o cálculo da impedância entre os terminais abertos *a* e *b*. Às vezes, será necessário redesenhar o circuito para simplificar esse processo.
4. Substitua as fontes removidas no 3º Passo e determine a tensão de circuito aberto entre os terminais *a* e *b*. Se qualquer uma das fontes estiver expressa na forma senoidal, primeiro será necessário convertê-la na forma fasorial equivalente. Para circuitos contendo mais de uma fonte, talvez seja necessário aplicar o teorema da superposição para calcular a tensão de circuito aberto. Como todas as tensões serão fasores, encontramos a tensão resultante utilizando álgebra vetorial. A tensão de circuito aberto é a tensão de Thévenin, $\mathbf{E}_{\text{Th}}$.
5. Desenhe o circuito equivalente de Thévenin incluindo aquela porção do circuito removida no 1º Passo.

Exemplo 20-5

Ache o circuito equivalente de Thévenin externo a $\mathbf{Z}_L$ para o circuito da Figura 20-14.

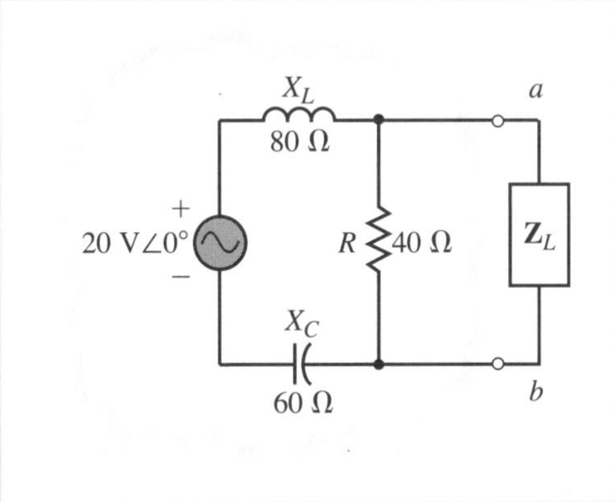

FIGURA 20-14

Solução:

1º e 2º Passos: Removendo a impedância de carga $\mathbf{Z}_L$ e ajustando a fonte de tensão para zero, obtemos o circuito da Figura 20-15.

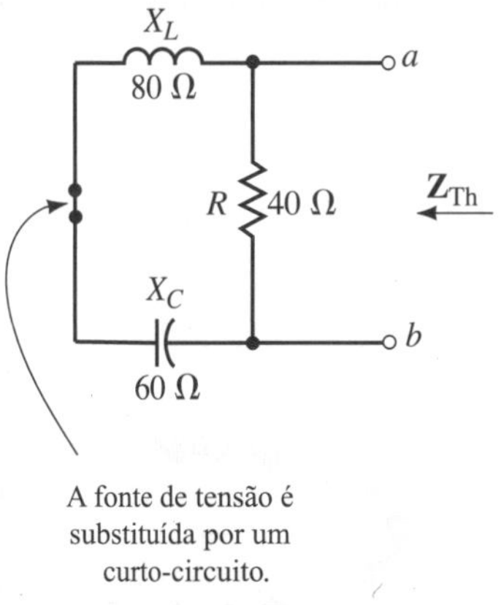

FIGURA 20-15

(continua)

Exemplo 20-5 *(continuação)*

3º Passo: Encontramos a impedância de Thévenin entre os terminais *a* e *b* da seguinte maneira:

$$\mathbf{Z}_{Th} = \mathbf{R} \| (\mathbf{Z}_L + \mathbf{Z}_C)$$
$$= \frac{(40\ \Omega\angle 0°)(20\ \Omega\angle 90°)}{40\ \Omega + j20\ \Omega}$$
$$= \frac{800\ \Omega\angle 90°}{44{,}72\ \Omega\angle 26{,}57°}$$
$$= 17{,}89\ \Omega\angle 63{,}43°$$
$$= 8\ \Omega + j16\ \Omega$$

4º Passo: Encontramos a tensão equivalente de Thévenin usando a regra do divisor de tensão, conforme mostrado no circuito da Figura 20-16.

$$\mathbf{E}_{Th} = \mathbf{V}_{ab} = \frac{40\ \Omega\angle 0°}{40\ \Omega + j80\ \Omega - j60\ \Omega}(20\ \text{V}\angle 0°)$$
$$= \frac{800\ \text{V}\angle 0°}{44{,}72\ \Omega\angle 26{,}57°}$$
$$= 17{,}89\ \text{V}\angle -26{,}57°$$

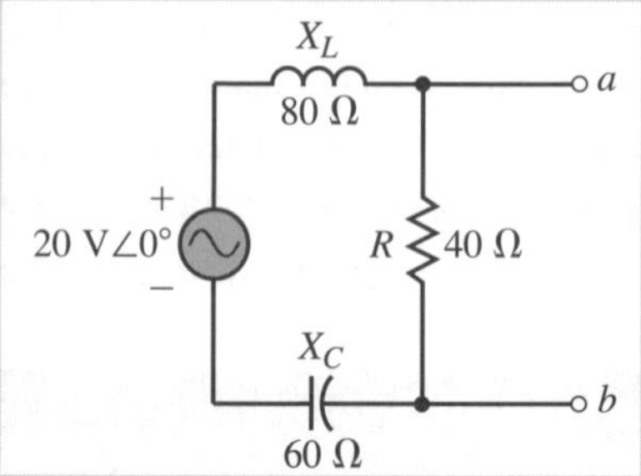

FIGURA 20-16

5º Passo: A Figura 20-17 mostra o circuito equivalente de Thévenin resultante.

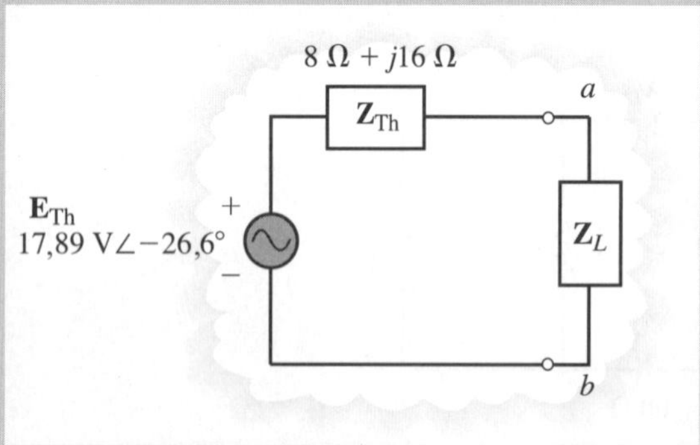

FIGURA 20-17

Exemplo 20-6

Determine o circuito equivalente de Thévenin externo a $\mathbf{Z}_L$ no circuito da Figura 20-18.

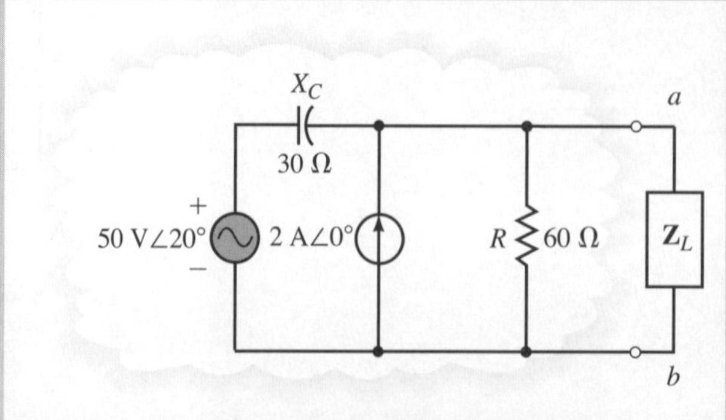

FIGURA 20-18

(continua)

Exemplo 20-6 *(continuação)*

Solução:

1º Passo: Removendo o ramo que contém $\mathbf{Z}_L$, temos o circuito da Figura 20-19.

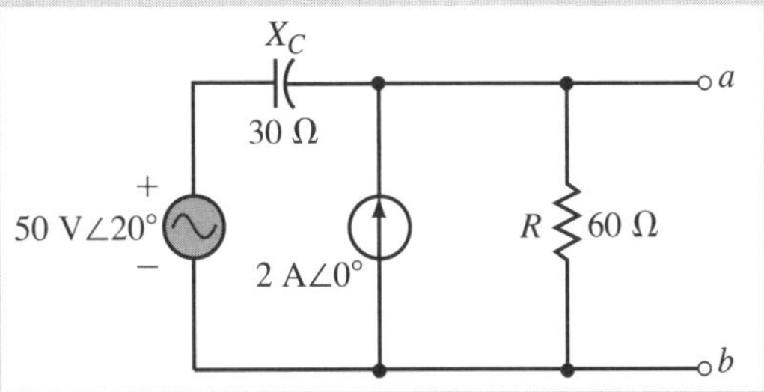

FIGURA 20-19

2º Passo: Após ajustar as fontes de tensão e de corrente para zero, temos o circuito da Figura 20-20.

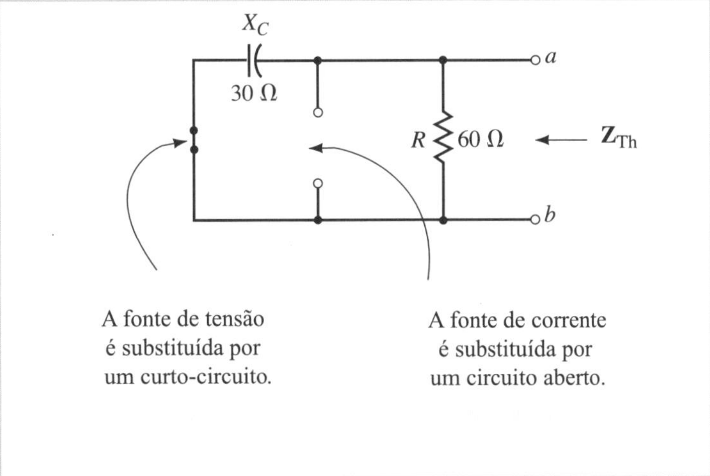

FIGURA 20-20

3º Passo: Determina-se a impedância de Thévenin da seguinte maneira:

$$\begin{aligned}
\mathbf{Z}_{Th} &= \mathbf{Z}_C \| \mathbf{Z}_R \\
&= \frac{(30\ \Omega\angle -90^\circ)(60\ \Omega\angle 0^\circ)}{60\ \Omega - j30\ \Omega} \\
&= \frac{1800\ \Omega\angle -90^\circ}{67{,}08\ \Omega\angle -26{,}57^\circ} \\
&= 26{,}83\ \Omega\angle -63{,}43^\circ
\end{aligned}$$

4º Passo: Como a rede fornecida é composta de duas fontes independentes, consideramos os efeitos de cada uma delas sobre a tensão do circuito aberto. O efeito total é então facilmente determinado pela aplicação do teorema da superposição. Reinserir apenas a fonte de tensão no circuito original, como mostra a Figura 20-21, permite encontrar a tensão de circuito aberto, $\mathbf{V}_{ab(1)}$, aplicando a regra do divisor de tensão:

$$\begin{aligned}
\mathbf{V}_{ab(1)} &= \frac{60\ \Omega}{60\ \Omega - j30\ \Omega}(50\ \text{V}\angle 20^\circ) \\
&= \frac{3000\ \text{V}\angle 20^\circ}{67{,}08\angle -26{,}57^\circ} \\
&= 44{,}72\ \text{V}\angle 46{,}57^\circ
\end{aligned}$$

(continua)

Exemplo 20-6 *(continuação)*

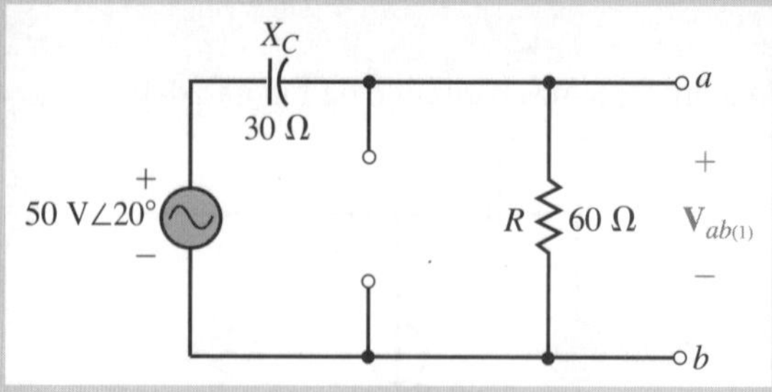

FIGURA 20-21

Agora, considerando apenas a fonte de corrente conforme mostrado na Figura 20-22, determinamos $\mathbf{V}_{ab(2)}$ com a lei de Ohm:

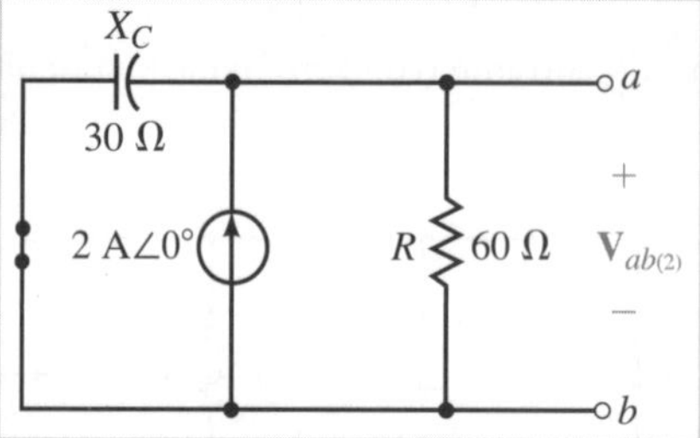

FIGURA 20-22

$$\begin{aligned}\mathbf{V}_{ab(2)} &= \frac{(2\,\text{A}\angle 0°)(30\,\Omega\angle -90°)(60\,\Omega\angle 0°)}{60\,\Omega - j30\,\Omega}\\ &= (2\,\text{A}\angle 0°)(26{,}83\,\Omega\angle -63{,}43°)\\ &= 53{,}67\,\text{V}\angle -63{,}43°\end{aligned}$$

Pelo teorema da superposição, a tensão de Thévenin é determinada como

$$\begin{aligned}\mathbf{E}_{\text{Th}} &= \mathbf{V}_{ab(1)} + \mathbf{V}_{ab(2)}\\ &= 44{,}72\,\text{V}\angle 46{,}57° + 53{,}67\,\text{V}\angle -63{,}43°\\ &= (30{,}74\,\text{V} + j32{,}48\,\text{V}) + (24{,}00\,\text{V} - j48{,}00\,\text{V})\\ &= (54{,}74\,\text{V} - j15{,}52\,\text{V}) = 56{,}90\,\text{V}\angle -15{,}83°\end{aligned}$$

5º Passo: A Figura 20-23 mostra o resultado do circuito equivalente de Thévenin.

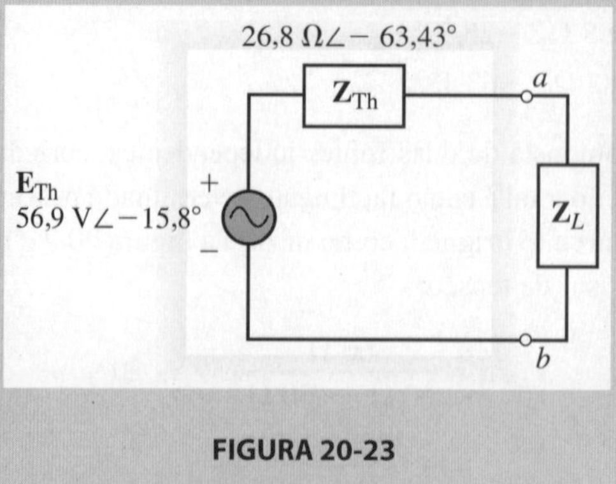

FIGURA 20-23

VERIFICAÇÃO DO PROCESSO DE APRENDIZAGEM 2

(As respostas encontram-se no final do capítulo.)

Observe o circuito da Figura 20-24 do Problema Prático 3. Enumere os passos necessários para encontrar o circuito equivalente de Thévenin.

PROBLEMAS PRÁTICOS 3

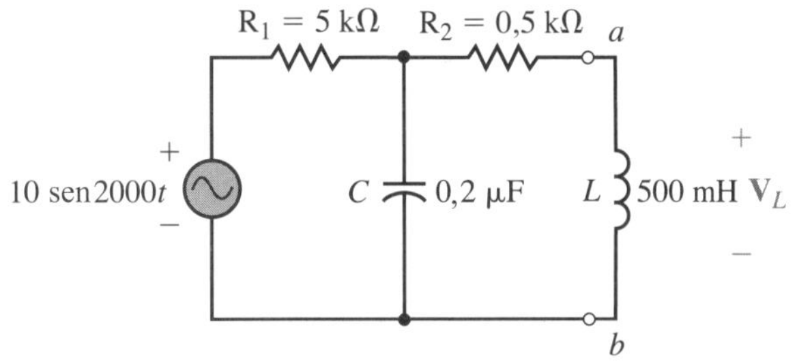

FIGURA 20-24

a. Determine o circuito equivalente de Thévenin externo ao indutor no circuito da Figura 20-24. (Observe que a fonte de tensão é mostrada como senoidal.)

b. Use o circuito equivalente de Thévenin para determinar a tensão de saída fasorial, $\mathbf{V}_L$.

c. Converta a resposta (b) na tensão senoidal equivalente.

Respostas

a. $\mathbf{Z}_{\text{Th}} = 1{,}5\ \text{k}\Omega - j2{,}0\ \text{k}\Omega = 2{,}5\ \text{k}\Omega\angle{-53{,}13^\circ}$, $\mathbf{E}_{\text{Th}} = 3{,}16\ \text{V}\angle{-63{,}43^\circ}$

b. $\mathbf{V}_L = 1{,}75\ \text{V}\angle 60{,}26^\circ$

c. $v_L = 2{,}48\ \text{sen}(2000t + 60{,}26^\circ)$

20.4 Teorema de Norton — Fontes Independentes

O teorema de Norton converte qualquer rede linear bilateral em um circuito equivalente composto de uma única fonte de corrente e uma impedância paralela, conforme mostrado na Figura 20-25.

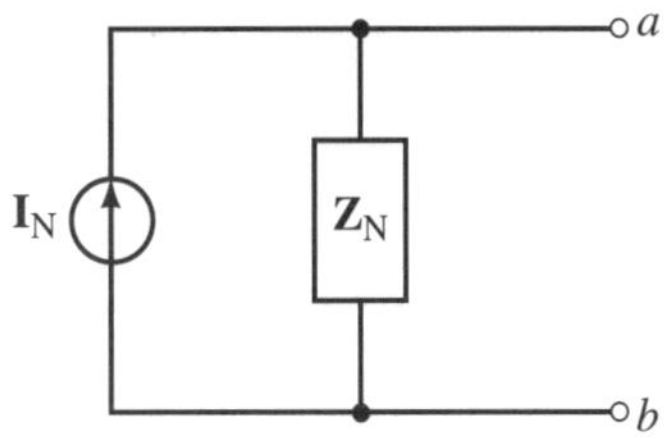

FIGURA 20-25 Circuito equivalente de Norton.

Embora o circuito equivalente de Norton possa ser determinado se encontrarmos primeiro o circuito equivalente de Thévenin e depois convertermos a fonte, geralmente usamos um método mais direto, que está esquematizado a seguir. Os passos para encontrar o circuito equivalente de Norton são os seguintes:

1. Remova o ramo no qual será encontrado o circuito equivalente de Norton. Nomeie os dois terminais resultantes de *a* e *b*.
2. Ajuste todas as fontes para zero.
3. Determine a impedância equivalente de Norton, $\mathbf{Z}_N$, pelo cálculo da impedância entre os terminais abertos *a* e *b*.

ATENÇÃO: Como os passos anteriores são iguais aos utilizados para encontrar o equivalente de Thévenin, conclui-se que a impedância de Norton deve ser igual à impedância de Thévenin.

4. Substitua as fontes removidas no 3º Passo e determine a corrente que iria passar entre os terminais *a* e *b* se eles fossem curto-circuitados. Quaisquer tensões e correntes fornecidas em notação senoidal devem primeiro ser expressas em uma notação fasorial equivalente. Se o circuito tiver mais de uma fonte, talvez seja necessário aplicar o teorema da superposição para calcular a corrente total no curto-circuito. Como todas as correntes estarão na forma fasorial, qualquer soma deve ser feita em álgebra vetorial. A corrente resultante é a corrente de Norton, $\mathbf{I}_N$.
5. Desenhe o circuito equivalente de Norton resultante inserindo a porção do circuito removida no 1º Passo.

Como mencionado anteriormente, é possível determinar o circuito equivalente de Norton a partir do equivalente de Thévenin simplesmente convertendo uma fonte. Já dissemos que ambas as impedâncias, de Thévenin e de Norton, são determinadas da mesma forma; por conseguinte, as impedâncias devem ser equivalentes. Temos, assim,

$$\mathbf{Z}_N = \mathbf{Z}_{Th} \quad \textbf{(20-1)}$$

Agora, aplicando a lei de Ohm, determinamos a fonte de corrente de Norton a partir da tensão e impedância de Thévenin, isto é,

$$\mathbf{I}_N = \frac{\mathbf{E}_{Th}}{\mathbf{Z}_{Th}} \quad \textbf{(20-2)}$$

A Figura 20-26 mostra os circuitos equivalentes.

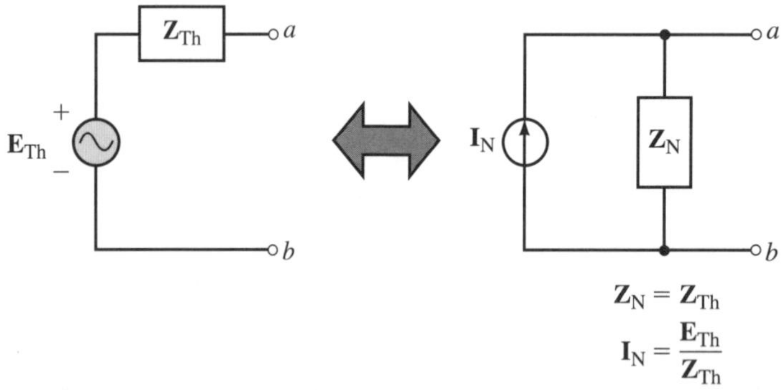

FIGURA 20-26

Exemplo 20-7

Dado o circuito da Figura 20-27, encontre o equivalente de Norton.

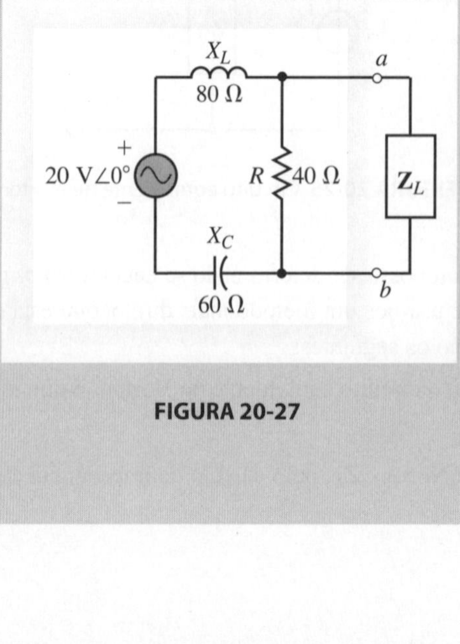

FIGURA 20-27

(continua)

Exemplo 20-7 *(continuação)*

Solução:

1º e 2º Passos: Removendo a impedância de carga, $\mathbf{Z}_L$, e ajustando a fonte para zero, temos a rede da Figura 20-28.

3º Passo: A impedância de Norton pode ser determinada avaliando-se a impedância entre os terminais *a* e *b*. Logo, temos

$$\begin{aligned}\mathbf{Z}_N &= \frac{(40\ \Omega\angle 0°)(20\ \Omega\angle 90°)}{40\ \Omega + j20\ \Omega}\\ &= \frac{800\ \Omega\angle 90°}{44{,}72\angle 26{,}57°}\\ &= 17{,}89\ \Omega\angle 63{,}43°\\ &= 8\ \Omega + j16\ \Omega\end{aligned}$$

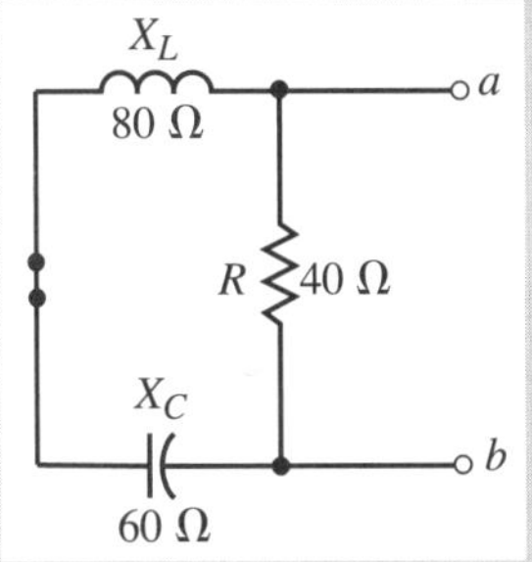

FIGURA 20-28

4º Passo: Reinserindo a fonte de tensão, como na Figura 20-29, encontramos a corrente de Norton calculando a corrente entre os terminais curto-circuitados, *a* e *b*.

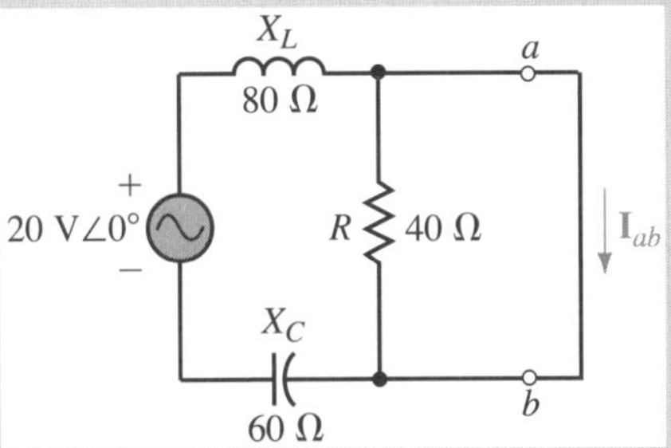

FIGURA 20-29

Como o resistor $R = 40\ \Omega$ está curto-circuitado, determina-se a corrente nas impedâncias X_L e X_C como

$$\begin{aligned}\mathbf{I}_N = \mathbf{I}_{ab} &= \frac{20\ V\angle 0°}{j80\ \Omega - j60\ \Omega}\\ &= \frac{20\ V\angle 0°}{20\ \Omega\angle 90°}\\ &= 1{,}00\ A\angle -90°\end{aligned}$$

5º Passo: A Figura 20-30 mostra o circuito equivalente de Norton resultante.

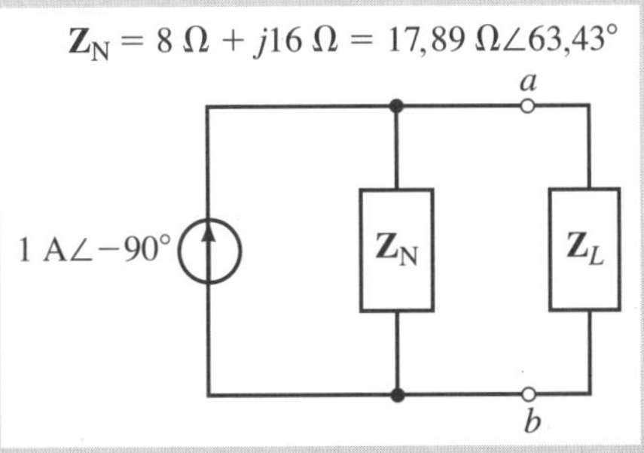

FIGURA 20-30

Exemplo 20-8

Encontre o equivalente de Norton externo a R_L no circuito da Figura 20-31. Use o circuito equivalente para calcular a corrente $\mathbf{I}_L$ quando $R_L = 0\ \Omega$, 400 Ω e 2 kΩ.

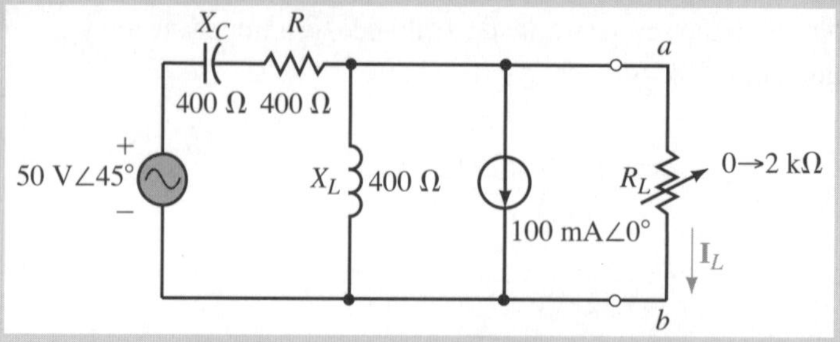

FIGURA 20-31

Solução:

1º e 2º Passos: Removendo o resistor de carga e ajustando as fontes para zero, obtemos a rede mostrada na Figura 20-32.

3º Passo: Determina-se a impedância de Norton como

$$\mathbf{Z}_N = \frac{(400\ \Omega\angle 90°)(400\ \Omega - j400\ \Omega)}{j400\ \Omega + 400\ \Omega - j400\ \Omega}$$

$$= \frac{(400\ \Omega\angle 90°)(565{,}69\ \Omega\angle -45°)}{400\ \Omega\angle 0°}$$

$$= 565{,}69\ \Omega\angle +45°$$

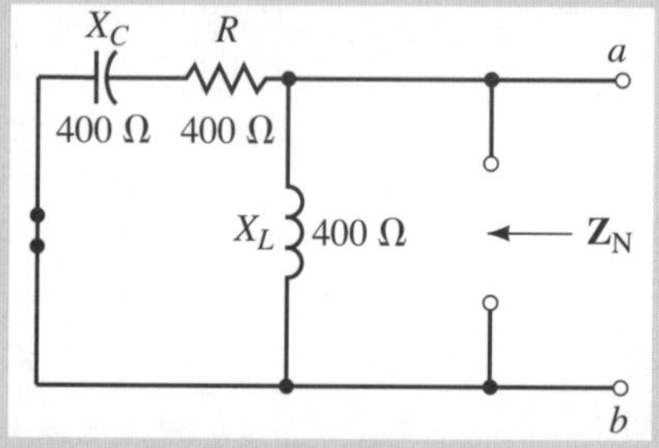

FIGURA 20-32

4º Passo: Como a rede é composta por duas fontes, determinamos os efeitos provocados pelas fontes separadamente, e depois aplicamos a superposição para avaliar a fonte de corrente de Norton.

Reinserindo a fonte de tensão na rede original, vemos a partir da Figura 20-33 que a corrente de curto-circuito entre os terminais a e b é facilmente encontrada usando-se a lei de Ohm.

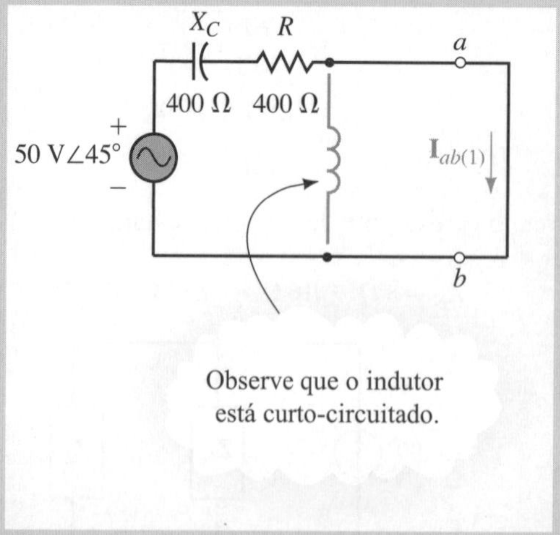

FIGURA 20-33

(continua)

Exemplo 20-8 *(continuação)*

$$\mathbf{I}_{ab(1)} = \frac{50\ \text{V}\angle 45^\circ}{400\ \Omega - j400\ \Omega}$$
$$= \frac{50\ \text{V}\angle 45^\circ}{565{,}69\ \Omega\angle -45^\circ}$$
$$= 88{,}4\ \text{mA}\angle 90^\circ$$

Como curto-circuitar a fonte de corrente efetivamente remove todas as impedâncias conforme ilustrado na Figura 20-34, a corrente de curto-circuito entre os terminais *a* e *b* é dada da seguinte maneira:

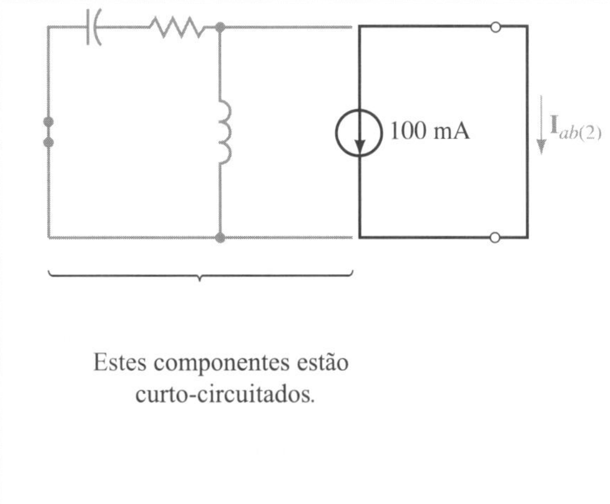

FIGURA 20-34

$$\mathbf{I}_{ab(2)} = -100\ \text{mA}\angle 0^\circ$$
$$= 100\ \text{mA}\angle 180^\circ$$

Aplicando o teorema da superposição, determina-se a corrente de Norton como a soma

$$\mathbf{I}_{\text{N}} = \mathbf{I}_{ab(1)} + \mathbf{I}_{ab(2)}$$
$$= 88{,}4\ \text{mA}\angle 90^\circ + 100\ \text{mA}\angle 180^\circ$$
$$= -100\ \text{mA} + j88{,}4\ \text{mA}$$
$$= 133{,}5\ \text{mA}\angle 138{,}52^\circ$$

5º Passo: A Figura 20-35 mostra o circuito equivalente de Norton.

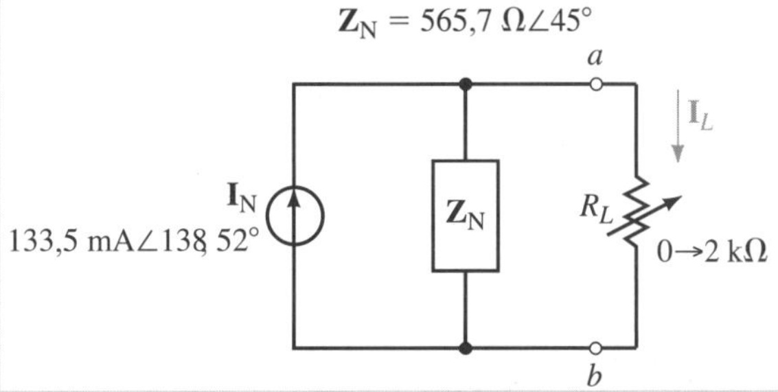

FIGURA 20-35

(continua)

Exemplo 20-8 *(continuação)*

A partir desse circuito, expressamos a corrente na carga, $\mathbf{I}_L$, como

$$\mathbf{I}_L = \frac{\mathbf{Z}_N}{R_L + \mathbf{Z}_N}\mathbf{I}_N$$

$R_L = \mathbf{0\ \Omega}$:

$$\mathbf{I}_L = \mathbf{I}_N = 133{,}5\ \text{mA}\angle 138{,}52^\circ$$

$R_L = \mathbf{400\ \Omega}$:

$$\mathbf{I}_L = \frac{\mathbf{Z}_N}{R_L + \mathbf{Z}_N}\mathbf{I}_N$$

$$= \frac{(565{,}7\ \Omega\angle 45^\circ)(133{,}5\ \text{mA}\angle 138{,}52^\circ)}{400\ \Omega + 400\ \Omega + j400\ \Omega}$$

$$= \frac{75{,}24\ \text{V}\angle 183{,}52^\circ}{894{,}43\ \Omega\angle 26{,}57^\circ}$$

$$= 84{,}12\ \text{mA}\angle 156{,}95^\circ$$

$R_L = \mathbf{2\ k\Omega}$:

$$\mathbf{I}_L = \frac{\mathbf{Z}_N}{R_L + \mathbf{Z}_N}\mathbf{I}_N$$

$$= \frac{(565{,}7\ \Omega\angle 45^\circ)(133{,}5\ \text{mA}\angle 138{,}52^\circ)}{2000\ \Omega + 400\ \Omega + j400\ \Omega}$$

$$= \frac{75{,}24\ \text{V}\angle 183{,}52^\circ}{2433{,}1\ \Omega\angle 9{,}46^\circ}$$

$$= 30{,}92\ \text{mA}\angle 174{,}06^\circ$$

VERIFICAÇÃO DO PROCESSO DE APRENDIZAGEM 3

(As respostas encontram-se no final do capítulo.)

Observe o circuito mostrado na Figura 20-36 (Problema Prático 4). Enumere os passos necessários para encontrar o circuito equivalente de Norton.

PROBLEMAS PRÁTICOS 4

Determine o circuito equivalente de Norton externo a R_L no circuito da Figura 20-36. Use o circuito equivalente para encontrar a corrente $\mathbf{I}_L$.

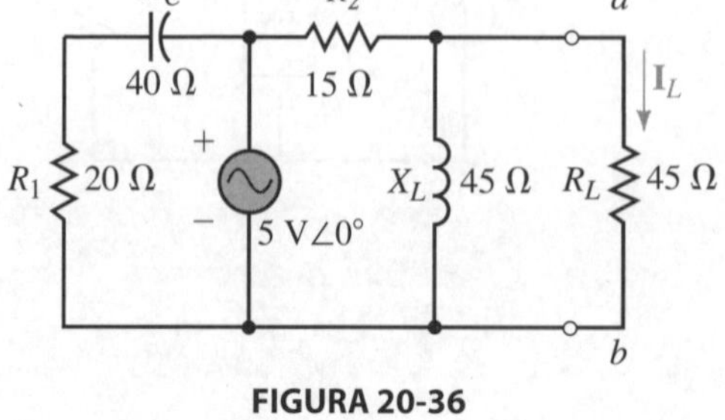

FIGURA 20-36

Respostas

$\mathbf{Z}_N = 13{,}5\ \Omega + j4{,}5\ \Omega = 14{,}23\ \Omega\angle 18{,}43°$; $\mathbf{I}_N = 0{,}333\ \text{A}\angle 0°$;

$\mathbf{I}_L = 0{,}0808\angle 14{,}03°$

20.5 Teoremas de Thévenin e de Norton para Fontes Dependentes

Se o circuito tiver uma fonte dependente controlada pelo elemento fora do circuito de interesse, os métodos resumidos nas Seções 20.2 e 20.3 serão usados para encontrar tanto o circuito equivalente de Thévenin quanto o de Norton.

Exemplo 20-9

Dado o circuito da Figura 20-37, encontre o circuito equivalente de Thévenin externo a R_L. Se a tensão aplicada ao resistor R_1 for de 10 mV, use o circuito equivalente de Thévenin para calcular a tensão máxima e mínima em R_L.

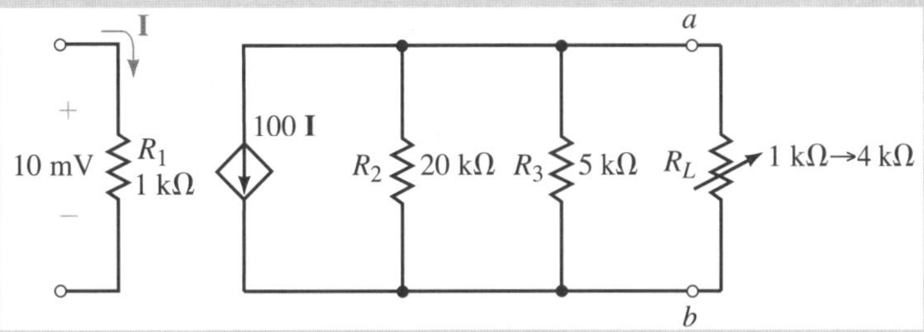

FIGURA 20-37

Solução:

1º Passo: Removendo o resistor de carga do circuito e nomeando os terminais restantes de *a* e *b*, temos o circuito da Figura 20-38.

2º e 3º Passos: A resistência de Thévenin é encontrada quando abrimos a fonte de corrente e calculamos a impedância observada entre os terminais *a* e *b*. Como o circuito é puramente resistivo, temos

$$R_{Th} = 20\ \text{k}\Omega \| 5\ \text{k}\Omega = \frac{(20\ \text{k}\Omega)(5\ \text{k}\Omega)}{20\ \text{k}\Omega + 5\ \text{k}\Omega} = 4\ \text{k}\Omega$$

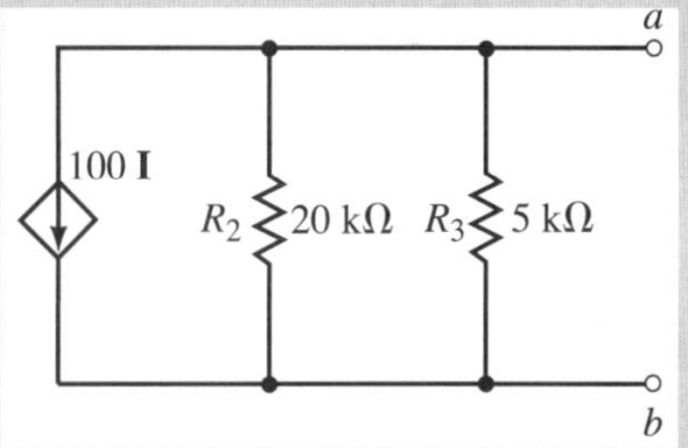

FIGURA 20-38

4º Passo: Achamos a tensão de circuito aberto entre os terminais da seguinte maneira:

$$\mathbf{V}_{ab} = -(100\mathbf{I})(4\ \text{k}\Omega) = -(4 \times 10^5\ \Omega)\mathbf{I}$$

Como esperado, a fonte de tensão de Thévenin depende da corrente **I**.

5º Passo: Como a tensão de Thévenin é uma fonte de tensão dependente, usamos o símbolo apropriado quando desenhamos o circuito equivalente, conforme mostrado na Figura 20-39.

(continua)

Exemplo 20-9 *(continuação)*

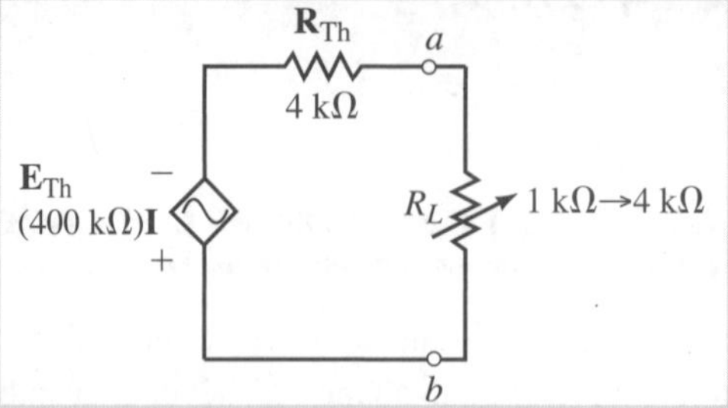

FIGURA 20-39

Para as condições dadas, temos

$$I = \frac{10\text{ mV}}{1\text{ k}\Omega} = 10\ \mu\text{A}$$

A tensão na carga agora é determinada da seguinte maneira:

$R_L = \mathbf{1\ k\Omega}$:
$$V_{ab} = -\frac{1\text{ k}\Omega}{1\text{ k}\Omega + 4\text{ k}\Omega}(1\times 10^5\Omega)(10\ \mu\text{A})$$
$$= -0{,}8\text{ V}$$

$R_L = \mathbf{4\ k\Omega}$:
$$V_{ab} = -\frac{4\text{ k}\Omega}{4\text{ k}\Omega + 4\text{ k}\Omega}(4\times 10^5\Omega)(10\ \mu\text{A})$$
$$= -2{,}0\text{ V}$$

Para uma tensão de 10 mV aplicada, a tensão na resistência da carga irá variar bastante entre 0,8 V e 2,0 V à medida que R_L é ajustada entre 1 kΩ e 4 kΩ.

Se um circuito tiver uma ou mais fontes dependentes controladas por um elemento no circuito que está sendo analisado, todos os outros métodos não conseguirão fornecer circuitos equivalentes que modelem de forma correta o comportamento do circuito. Para determinar o equivalente de Thévenin e de Norton de um circuito contendo uma fonte dependente controlada por uma tensão ou corrente local, deve-se seguir estes passos:

1. Remova o ramo no qual será encontrado o circuito equivalente de Norton. Nomeie os dois terminais resultantes de *a* e *b*.
2. Calcule a tensão do circuito aberto (tensão de Thévenin) nos dois terminais *a* e *b*. Como o circuito contém uma fonte dependente controlada por um elemento no circuito, esta não pode ser ajustada para zero. Seus efeitos devem ser considerados juntamente com os efeitos de qualquer ou quaisquer fontes independentes.
3. Determine a corrente de curto-circuito (corrente de Norton) que passaria entre os terminais. Mais uma vez, a fonte dependente não pode ser ajustada para zero, e deve ter seus efeitos considerados concomitantemente com os efeitos de qualquer ou quaisquer fontes independentes.
4. Determine a impedância de Thévenin ou de Norton aplicando as Equações 20-1 e 20-2 da seguinte forma:

$$\mathbf{Z}_N = \mathbf{Z}_{Th} = \frac{\mathbf{E}_{Th}}{\mathbf{I}_N} \quad \textbf{(20-3)}$$

5. Desenhe o circuito equivalente de Thévenin ou de Norton, conforme mostrado na Figura 20-26. Certifique-se de inserir como parte do circuito equivalente a porção da rede que foi removida no 1º Passo.

Exemplo 20-10

Para o circuito da Figura 20-40, encontre o circuito equivalente de Norton externo ao resistor de carga, R_L.

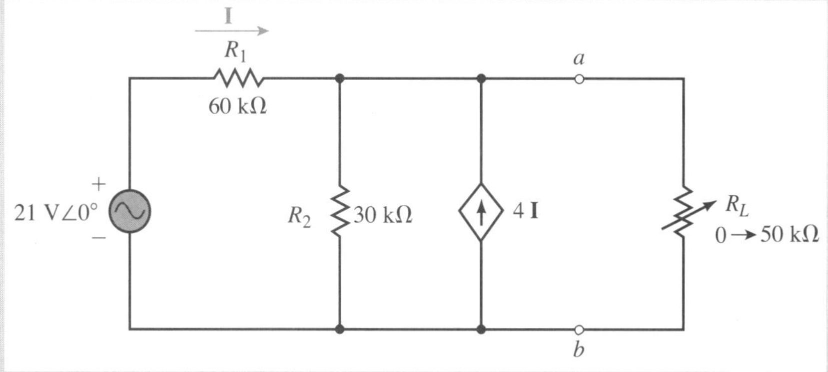

FIGURA 20-40

Solução:

1º Passo: Após remover o resistor de carga do circuito, obtemos a rede mostrada na Figura 20-41.

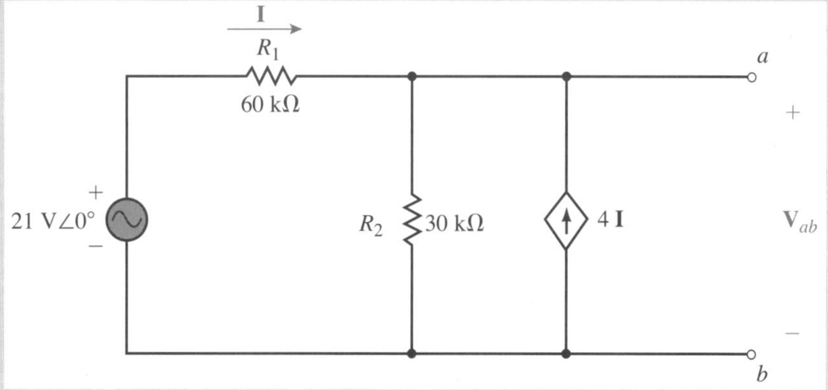

FIGURA 20-41

2º Passo: À primeira vista, podemos examinar os terminais abertos e dizer que a impedância de Norton (ou de Thévenin) parece ser de 60 kΩ||30 kΩ = 20 kΩ. No entanto, veremos que esse resultado é incorreto. A presença da fonte de corrente dependente e controlada localmente torna a análise deste circuito um pouco mais complicada do que a de um circuito que contém apenas uma fonte independente. Sabemos, entretanto, que as regras básicas da análise de circuitos devem ser aplicadas a todos os circuitos, independentemente da complexidade. Aplicando a lei de Kirchhoff das correntes no nó a, temos a corrente em R_2 como

$$\mathbf{I}_{R_2} = \mathbf{I} + 4\mathbf{I} = 5\mathbf{I}$$

Aplicando a lei de Kirchhoff das tensões ao redor da malha fechada contendo uma fonte de tensão e dois resistores, temos

$$21\ \text{V}\angle 0^\circ = (60\ \text{k}\Omega)\mathbf{I} + (30\ \text{k}\Omega)(5\mathbf{I}) = 210\ \text{k}\Omega\mathbf{I}$$

o que nos permite calcular a corrente **I** como

$$\mathbf{I} = \frac{21\ \text{V}\angle 0^\circ}{210\ \text{k}\Omega} = 0{,}100\ \text{mA}\angle 0^\circ$$

Como a tensão de circuito aberto, $\mathbf{V}_{ab}$, é igual à tensão em R_2, temos

$$\mathbf{E}_{\text{Th}} = \mathbf{V}_{ab} = (30\ \text{k}\Omega)(5)(0{,}1\ \text{mA}\angle 0^\circ) = 15\ \text{V}\angle 0^\circ$$

(continua)

Exemplo 20-10 *(continuação)*

3º Passo: Determinamos a fonte de corrente de Norton quando colocamos um curto-circuito entre os terminais *a* e *b*, conforme mostrado na Figura 20-42.

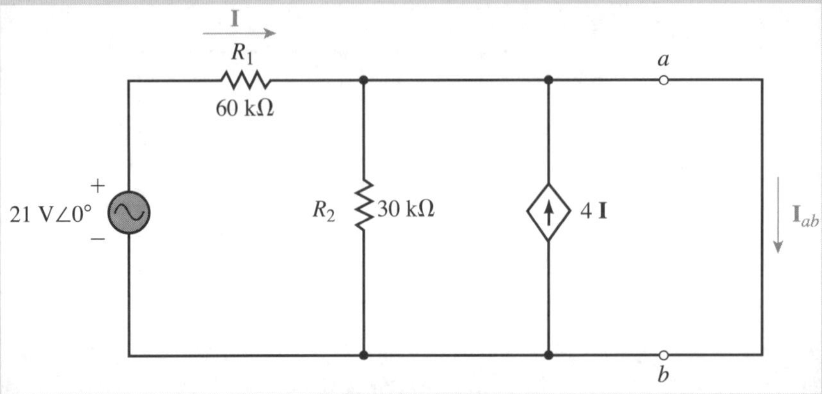

FIGURA 20-42

Com uma inspeção mais cuidadosa deste circuito, vemos que o resistor R_2 está curto-circuitado. A Figura 20-43 mostra o circuito simplificado.

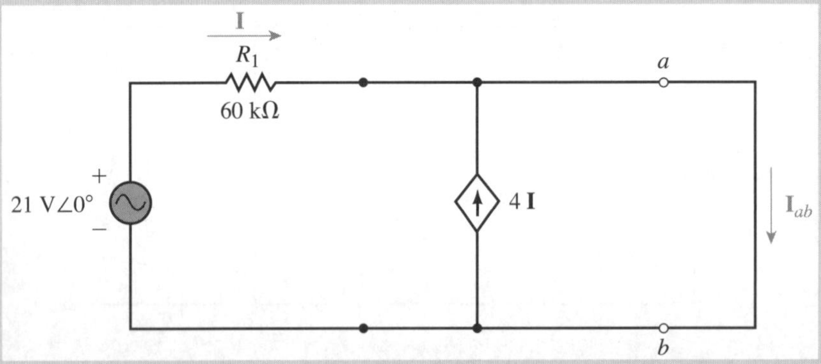

FIGURA 20-43

Usando a lei de Kirchhoff das correntes no nó *a*, a corrente $\mathbf{I}_{ab}$ de curto-circuito pode ser facilmente determinada. Temos então:

$$\mathbf{I}_N = \mathbf{I}_{ab} = 5\mathbf{I}$$

Pela lei de Ohm, temos

$$\mathbf{I} = \frac{21\ \text{V}\angle 0^\circ}{60\ \text{k}\Omega} = 0{,}35\ \text{mA}\angle 0^\circ$$

Assim,

$$\mathbf{I}_N = 5(0{,}35\ \text{mA}\angle 0^\circ) = 1{,}75\ \text{mA}\angle 0^\circ$$

4º Passo: A impedância de Norton (ou de Thévenin) é determinada a partir da lei de Ohm da seguinte maneira:

(continua)

Exemplo 20-10 *(continuação)*

$$\mathbf{Z}_N = \frac{\mathbf{E}_{Th}}{\mathbf{I}_N} = \frac{15\ \text{V}\angle 0°}{1{,}75\ \text{mA}\angle 0°} = 8{,}57\ \text{k}\Omega$$

Observe que esta impedância é diferente da impedância de 20 kΩ que foi assumida originalmente. Em geral, essa condição ocorrerá para a maioria dos circuitos que contêm uma fonte de tensão ou corrente controlada localmente.

5º Passo: A Figura 20-44 mostra o circuito equivalente de Norton.

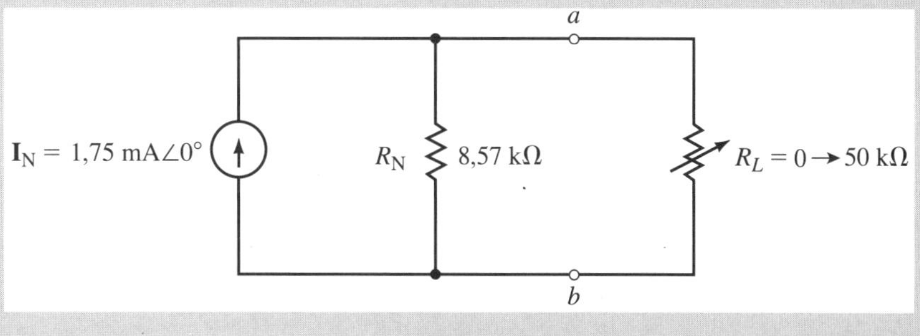

FIGURA 20-44

PROBLEMAS PRÁTICOS 5

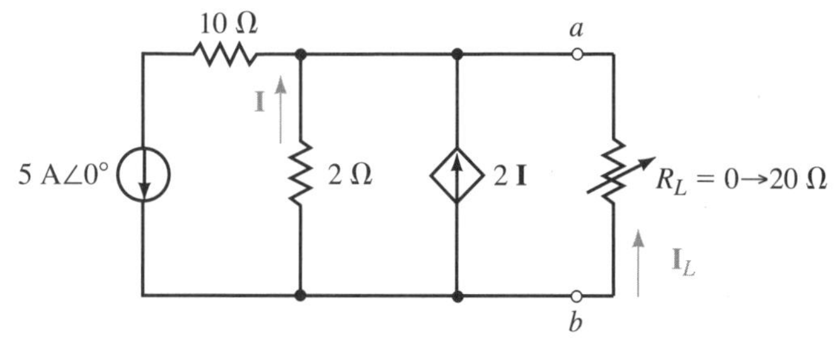

FIGURA 20-45

a. Encontre o circuito equivalente de Thévenin externo a R_L no circuito da Figura 20-45.

b. Determine a corrente $\mathbf{I}_L$ quando $R_L = 0$ e quando $R_L = 20\ \Omega$.

Respostas

a. $\mathbf{E}_{Th} = \mathbf{V}_{ab} = -3{,}33$ V, $\mathbf{Z}_{Th} = 0{,}667\ \Omega$

b. Para $R_L = 0$: $\mathbf{I}_L = 5{,}00$ A (para cima); para $R_L = 20\ \Omega$: $\mathbf{I}_L = 0{,}161$ A (para cima)

Se um circuito tiver mais de uma fonte independente, será necessário determinar a tensão de circuito aberto e a corrente de curto-circuito originada em cada fonte independente e, de forma simultânea, considerar os efeitos da fonte dependente. O exemplo a seguir ilustra o princípio.

Exemplo 20-11

Determine os circuitos equivalentes de Thévenin e de Norton externos ao resistor de carga no circuito da Figura 20-46.

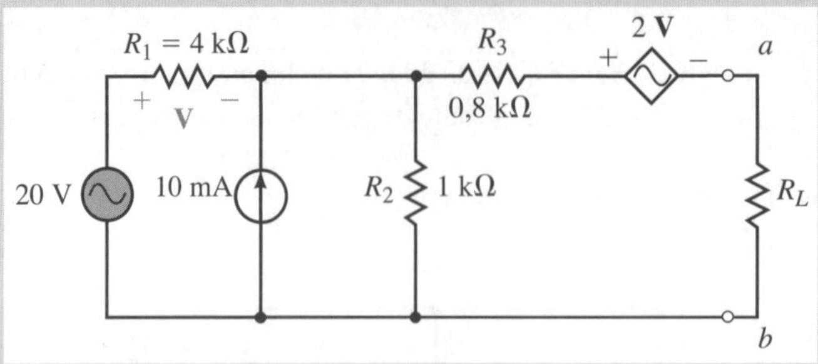

FIGURA 20-46

Solução: Há vários métodos para resolver este circuito. A abordagem a seguir usa um número mínimo de passos.

1º Passo: Removendo o resistor de carga, temos o circuito mostrado na Figura 20-47.

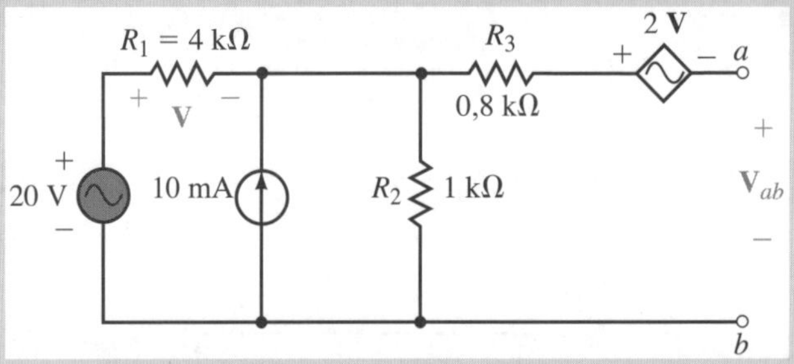

FIGURA 20-47

2º Passo: Para encontrar a tensão do circuito aberto, $\mathbf{V}_{ab}$, da Figura 20-47, podemos isolar os efeitos provocados em cada fonte independente e então aplicar a superposição para determinar o resultado combinado. No entanto, convertendo a fonte de corrente em uma fonte de tensão equivalente, determinaremos a tensão do circuito aberto em um passo. A Figura 20-48 mostra o resultado do circuito quando a fonte de corrente é convertida em uma fonte de tensão equivalente.

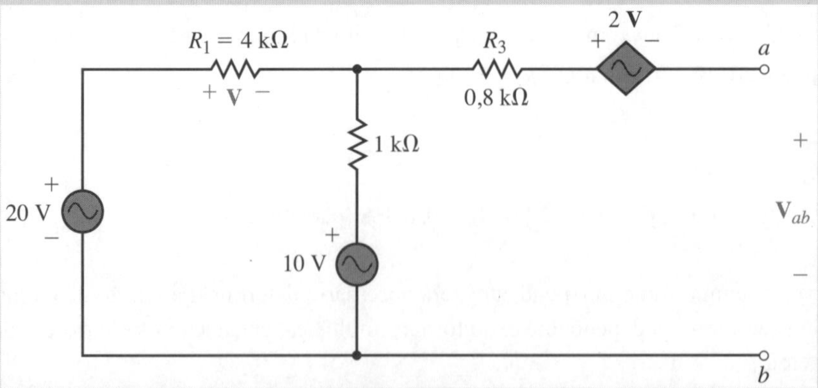

FIGURA 20-48

(continua)

Exemplo 20-11 *(continuação)*

O elemento de controle (R_1) tem uma tensão **V** determinada como

$$\mathbf{V} = \left(\frac{4\ \text{k}\Omega}{4\ \text{k}\Omega + 1\ \text{k}\Omega}\right)(20\ \text{V} - 10\ \text{V})$$
$$= 8\ \text{V}$$

o que resulta em uma tensão de Thévenin (circuito aberto) de

$$\mathbf{E}_{\text{Th}} = \mathbf{V}_{ab} = -2(8\ \text{V}) + 0\ \text{V} - 8\ \text{V} + 20\ \text{V}$$
$$= -4{,}0\ \text{V}$$

3º Passo: Determina-se a corrente de curto-circuito com o exame do circuito mostrado na Figura 20-49.

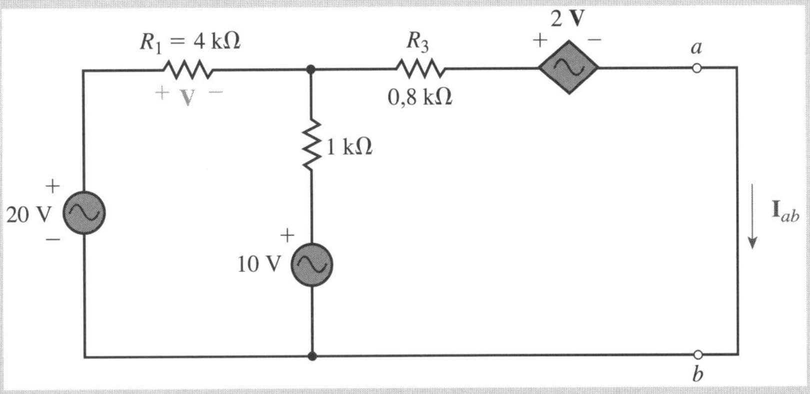

FIGURA 20-49

Mais uma vez, é possível determinar a corrente de curto-circuito usando a superposição. No entanto, após uma reflexão maior, vemos que o circuito é facilmente analisado utilizando-se a análise de malha. As correntes das malhas $\mathbf{I}_1$ e $\mathbf{I}_2$ são assinaladas no sentido horário, conforme mostra a Figura 20-50.

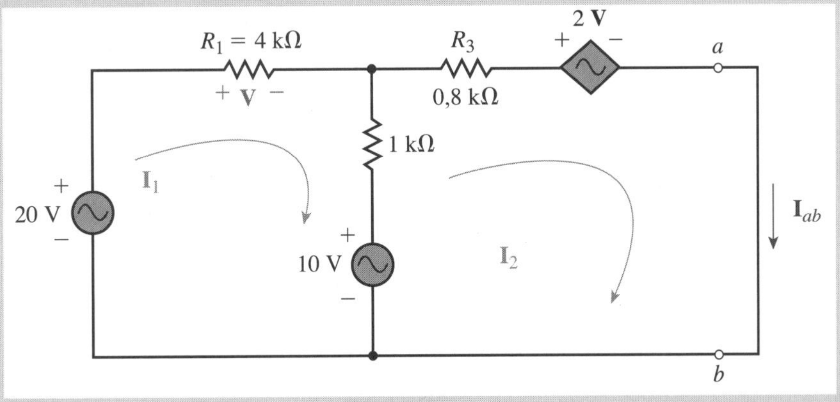

FIGURA 20-50

As equações das malhas são as seguintes:

Malha 1: $(5\ \text{k}\Omega)\mathbf{I}_1 - (1\ \text{k}\Omega)\mathbf{I}_2 = 10\ \text{V}$

Malha 2: $-(1\ \text{k}\Omega)\mathbf{I}_1 + (1{,}8\ \text{k}\Omega)\mathbf{I}_2 = 10\ \text{V} - 2\ \mathbf{V}$

(continua)

Exemplo 20-11 *(continuação)*

Observe que a tensão na segunda equação da malha é expressa em termos da tensão de controle em R_1. Por ora, não nos preocuparemos com isso. Podemos simplificar os cálculos ignorando as unidades nessas equações de malha. É óbvio que, se todas as impedâncias forem expressas em kΩ e todas as tensões estiverem em volts, as correntes $\mathbf{I}_1$ e $\mathbf{I}_2$ devem estar então em mA. O determinante para o denominador é

$$\mathbf{D} = \begin{vmatrix} 5 & -1 \\ -1 & 1{,}8 \end{vmatrix} = 9 - 1 = 8$$

Calcula-se a corrente $\mathbf{I}_1$ nos determinantes como a seguir:

$$\mathbf{I}_1 = \frac{\begin{vmatrix} 10 & -1 \\ 10 - 2\,\mathbf{V} & 1{,}8 \end{vmatrix}}{\mathbf{D}} = \frac{18 - (-1)(10 - 2\,\mathbf{V})}{8}$$
$$= 3{,}5 - 0{,}25\,\mathbf{V}$$

Esse resultado mostra que a corrente $\mathbf{I}_1$ depende da tensão de controle. No entanto, examinando o circuito da Figura 20-50, vemos que a tensão de controle depende da corrente $\mathbf{I}_1$, e é determinada a partir da lei de Ohm como

$$\mathbf{V} = (4\ \text{k}\Omega)\mathbf{I}_1$$

ou, de maneira mais simplificada, como

$$\mathbf{V} = 4\mathbf{I}_1$$

Determina-se a corrente $\mathbf{I}_1$ da seguinte maneira:

$$\mathbf{I}_1 = 3{,}5 - 0{,}25(4\mathbf{I}_1)$$
$$2\mathbf{I}_1 = 3{,}5$$
$$\mathbf{I}_1 = 1{,}75\ \text{mA}$$

o que resulta em $\mathbf{V} = 7{,}0$ V.

Finalmente, encontramos a corrente de curto-circuito (que é representada por $\mathbf{I}_2$ no circuito da Figura 20-50) da seguinte maneira:

$$\mathbf{I}_2 = \frac{\begin{vmatrix} 5 & 10 \\ -1 & 10 - 2\,\mathbf{V} \end{vmatrix}}{\mathbf{D}} = \frac{50 - 10\,\mathbf{V} - (-10)}{8}$$
$$= 7{,}5 - 1{,}25\,\mathbf{V} = 7{,}5 - 1{,}25(7{,}0\ \text{V})$$
$$= -1{,}25\ \text{mA}$$

Isso gera a fonte de corrente de Norton como

$$I_N = I_{ab} = -1{,}25\ \text{mA}$$

4º Passo: Determina-se a impedância de Thévenin (ou de Norton) usando a lei de Ohm.

$$\mathbf{Z}_{Th} = \mathbf{Z}_N = \frac{\mathbf{E}_{Th}}{\mathbf{I}_N} = \frac{-4{,}0\ \text{V}}{-1{,}25\ \text{mA}} = 3{,}2\ \text{k}\Omega$$

(continua)

Exemplo 20-11 *(continuação)*

A Figura 20-51 mostra o circuito equivalente de Thévenin, e a Figura 20-52 mostra o circuito equivalente de Norton.

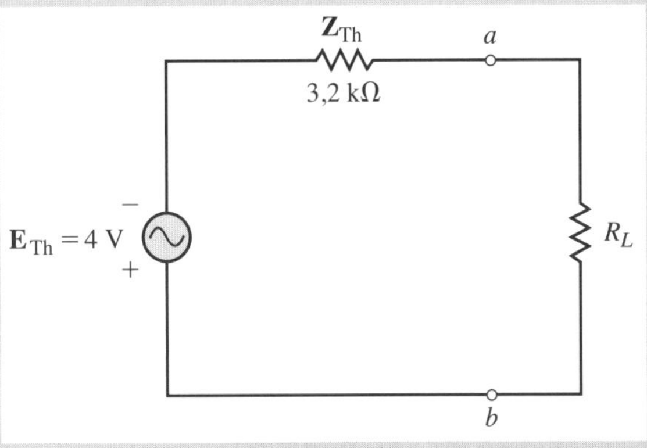

FIGURA 20-51

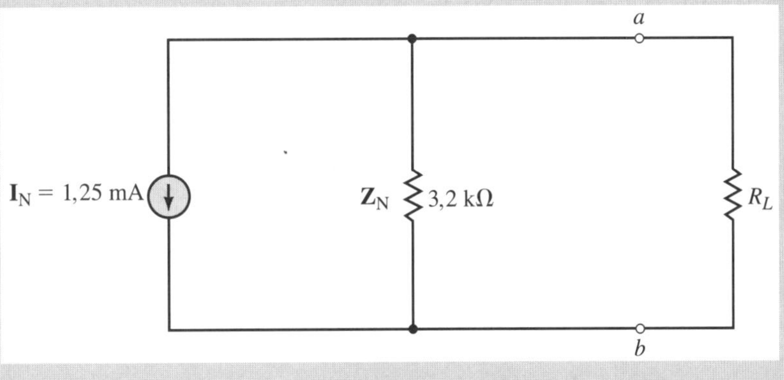

FIGURA 20-52

PROBLEMAS PRÁTICOS 6

Determine os circuitos equivalentes de Thévenin e de Norton externos ao resistor de carga no circuito da Figura 20-53.

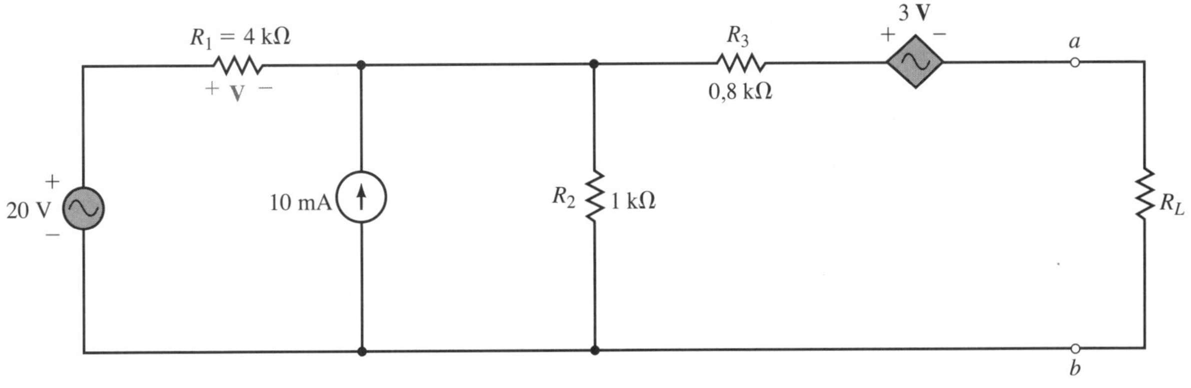

FIGURA 20-53

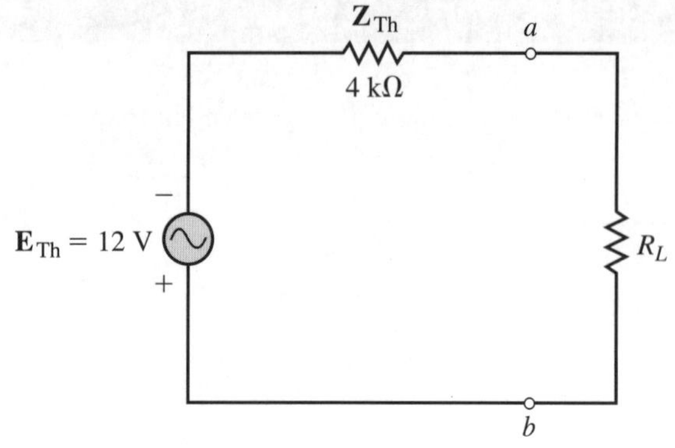

FIGURA 20-54

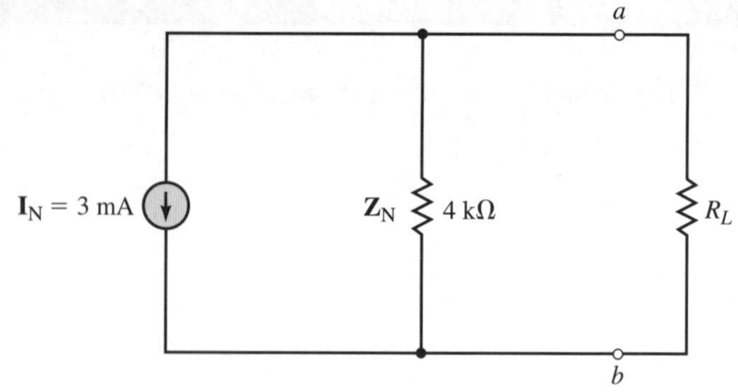

FIGURA 20-55

20.6 Teorema da Máxima Transferência de Potência

O teorema da máxima transferência de potência é usado para determinar o valor da impedância de carga necessário para que a carga receba a máxima quantidade de potência do circuito. Considere o circuito equivalente de Thévenin mostrado na Figura 20-56.

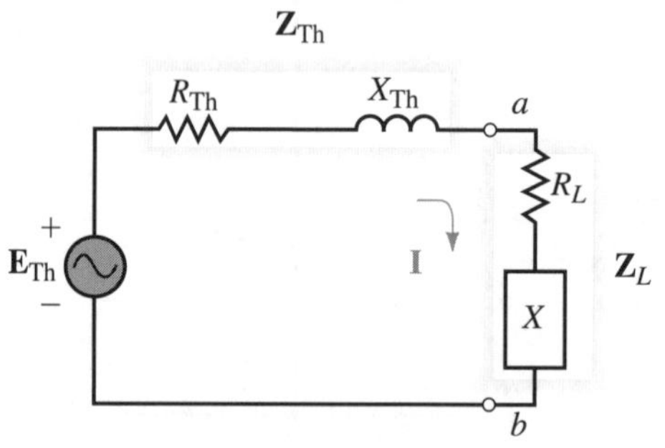

FIGURA 20-56

Para qualquer impedância de carga $\mathbf{Z}_L$ composta de uma resistência e uma reatância tal como $\mathbf{Z}_L = R_L \pm jX$, a potência dissipada pela carga será determinada da seguinte maneira:

$$P_L = I^2 R_L$$

$$I = \frac{E_{Th}}{\sqrt{(R_{Th} + R_L)^2 + (X_{Th} \pm X)^2}}$$

$$P_L = \frac{E_{Th}{}^2 R_L}{(R_{Th} + R_L)^2 + (X_{Th} \pm X)^2}$$

Por um instante, considere apenas a porção da reatância, X, da impedância de carga, e despreze o efeito da resistência de carga. Vemos que a potência dissipada pela carga será máxima quando o denominador for minimizado. Se a carga tivesse uma impedância como $jX = -jX_{Th}$, então a potência fornecida à carga deveria ser determinada da seguinte forma

$$P_L = \frac{E_{Th}^2 R_L}{(R_{Th} + R_L)^2} \qquad \textbf{(20-4)}$$

Reconhece-se que essa expressão da potência é igual à que foi determinada para o equivalente de Thévenin dos circuitos DC no Capítulo 9 (volume 1). Lembre-se de que a potência máxima era fornecida à carga quando

$$R_L = R_{Th}$$

Para circuitos AC, o teorema da máxima transferência de potência postula o seguinte:

A potência máxima será fornecida para uma carga sempre que esta tiver uma impedância igual ao complexo conjugado da impedância de Thévenin (ou de Norton) do circuito equivalente.

O Apêndice C, disponível no site do livro (www.cengage.com.br), oferece uma derivação detalhada do teorema da máxima transferência de potência. A potência máxima fornecida para a carga pode ser calculada usando-se a Equação 20-4, que é simplificada como:

$$P_{\text{máx.}} = \frac{E_{\text{Th}}^2}{4R_{\text{Th}}} \tag{20-5}$$

Para um circuito equivalente de Norton, a potência máxima fornecida à carga é determinada com a substituição de $E_{\text{Th}} = I_N Z_N$ na expressão acima, como a seguir:

$$P_{\text{máx.}} = \frac{I_N^2 Z_N^2}{4R_N} \tag{20-6}$$

Exemplo 20-12

Determine a impedância de carga, $\mathbf{Z}_L$, que permitirá que a potência máxima seja fornecida à carga no circuito da Figura 20-57. Encontre a potência máxima.

Solução: Expressando a impedância de Thévenin na forma retangular, temos

$$\mathbf{Z}_{\text{Th}} = 500\ \Omega\angle 60^\circ = 250\ \Omega + j433\ \Omega$$

Para fornecer a máxima potência à carga, a impedância de carga deve ser o complexo conjugado da impedância de Thévenin. Logo,

$$\mathbf{Z}_L = 250\ \Omega - j433\ \Omega = 500\ \Omega\angle -60^\circ$$

Agora a potência fornecida para a carga pode ser facilmente determinada aplicando a Equação 20-5:

$$P_{\text{máx.}} = \frac{(20\ \text{V})^2}{4(250\ \Omega)} = 400\ \text{mW}$$

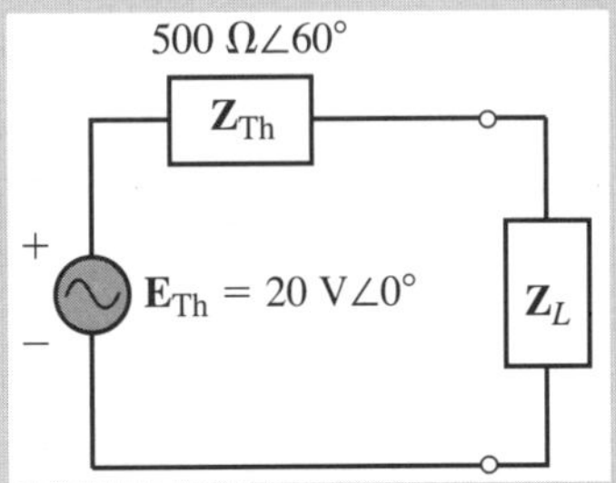

FIGURA 20-57

PROBLEMAS PRÁTICOS 7

Dado o circuito da Figura 20-57, determine a potência dissipada pela carga se a impedância de carga for igual à impedância de Thévenin, $\mathbf{Z}_L = 500\ \Omega\angle 60^\circ$. Compare sua resposta à obtida no Exemplo 20-12.

Resposta

$P = 100$ mW, que é menor do que a $P_{\text{máx.}}$

Às vezes, não é possível ajustar a porção da reatância de uma carga. Em tais casos, uma **potência máxima relativa** será fornecida à carga quando a resistência de carga tiver um valor determinado como

$$R_L = \sqrt{R_{Th}^2 + (X \pm X_{Th})^2} \qquad \textbf{(20-7)}$$

Se a reatância da impedância de Thévenin for do mesmo tipo da reatância na carga (ambas capacitivas ou ambas indutivas), então as reatâncias serão somadas.

Se uma reatância é capacitiva e a outra é indutiva, subtraem-se então as reatâncias.

Para determinar a potência fornecida à carga nesses casos, será necessário calcular a potência encontrando ou a tensão na carga ou a corrente nela. As Equações 20-5 e 20-6 não serão mais aplicáveis, pois se baseiam na premissa de que a impedância de carga é um complexo conjugado da impedância de Thévenin.

Exemplo 20-13

Para o circuito da Figura 20-58, determine o valor do resistor de carga, R_L, de modo que a potência máxima seja fornecida à carga.

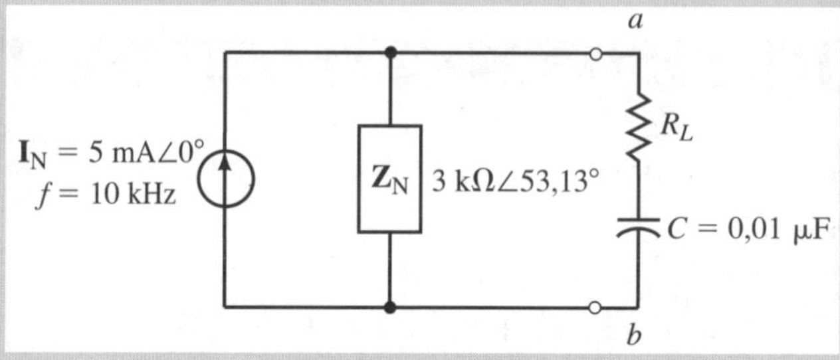

FIGURA 20-58

Solução: Observe que a impedância de carga é composta de um resistor em série com uma capacitância de 0,010 μF. Como a reatância capacitiva é determinada pela frequência, é bem provável que a potência máxima para esse circuito seja apenas um máximo relativo em vez de absoluto. Para que a **potência máxima absoluta** seja fornecida à carga, a impedância de carga deverá ser

$$\mathbf{Z}_L = 3\text{ k}\Omega\angle{-53{,}13^\circ} = 1{,}80\text{ k}\Omega - j2{,}40\text{ k}\Omega$$

Determina-se a reatância do capacitor em uma frequência de 10 kHz da seguinte maneira:

$$X_C = \frac{1}{2\pi(10\text{ kHz})(0{,}010\ \mu\text{F})} = 1{,}592\text{ k}\Omega$$

Como a reatância capacitiva não é igual à reatância indutiva da impedância de Norton, o circuito não fornecerá para a carga a potência máxima absoluta. No entanto, a potência máxima relativa será fornecida à carga quando

$$\begin{aligned} R_L &= \sqrt{R_{Th}^2 + (X - X_{Th})^2} \\ &= \sqrt{(1{,}800\text{ k}\Omega)^2 + (1{,}592\text{ k}\Omega - 2{,}4\text{ k}\Omega)^2} \\ &= 1{,}973\text{ k}\Omega \end{aligned}$$

(continua)

Exemplo 20-13 *(continuação)*

A Figura 20-59 mostra o circuito com todos os valores da impedância.

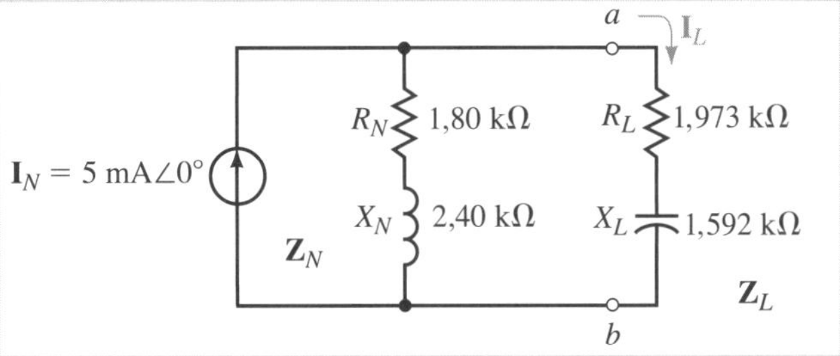

FIGURA 20-59

A corrente na carga será de

$$\mathbf{I}_L = \frac{\mathbf{Z}_N}{\mathbf{Z}_N + \mathbf{Z}_L}\mathbf{I}_N$$

$$= \frac{1{,}80\ \text{k}\Omega + j2{,}40\ \text{k}\Omega}{(1{,}80\ \text{k}\Omega + j2{,}40\ \text{k}\Omega) + (1{,}973\ \text{k}\Omega - j1{,}592\ \text{k}\Omega)}(5\ \text{mA}\angle 0°)$$

$$= \frac{3\ \text{k}\Omega\angle 53{,}13°}{3{,}773\ \text{k}\Omega + j0{,}808\ \text{k}\Omega}(5\ \text{mA}\angle 0°)$$

$$= \frac{15{,}0\ \text{V}\angle 53{,}13°}{3{,}859\ \text{k}\Omega\angle 12{,}09°} = 3{,}887\ \text{mA}\angle 41{,}04°$$

Determina-se a potência fornecida à carga para as condições dadas como

$$P_L = I_L^2 R_L$$
$$= (3{,}887\ \text{mA})^2(1{,}973\ \text{k}\Omega) = 29{,}82\ \text{mW}$$

Se tivéssemos aplicado a Equação 20-6, teríamos encontrado a potência máxima absoluta como

$$P_{\text{máx.}} = \frac{(5\ \text{mA})^2(3{,}0\ \text{k}\Omega)^2}{4(1{,}8\ \text{k}\Omega)} = 31{,}25\ \text{mW}$$

PROBLEMAS PRÁTICOS 8

Observe o circuito equivalente de Norton da Figura 20-60:

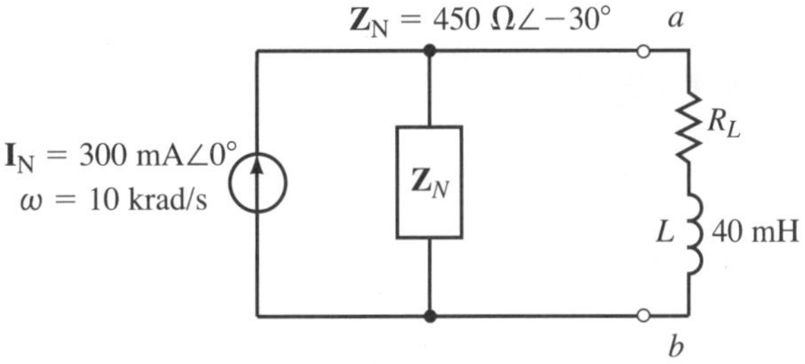

FIGURA 20-60

a. Determine o valor da resistência de carga, R_L, de modo que a carga receba a potência máxima.

b. Determine a potência máxima recebida pela carga para as condições dadas.

Respostas

a. $R_L = 427\ \Omega$; **b.** $P_L = 11{,}2$ W

VERIFICAÇÃO DO PROCESSO DE APRENDIZAGEM 4

(As respostas encontram-se no final do capítulo.)

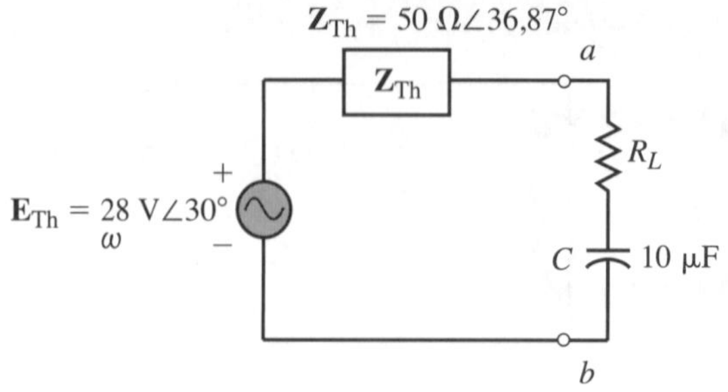

FIGURA 20-61

a. Determine o valor da resistência de carga desconhecida, R_L, que resultará em uma potência máxima relativa em uma frequência angular de 1 krad/s.

b. Calcule a potência dissipada pela carga em $\omega_1 = 1$ krad/s.

c. Supondo que a impedância de Thévenin permaneça constante em todas as frequências, em qual frequência angular, ω_2, o circuito fornecerá a potência máxima absoluta?

d. Calcule a potência dissipada pela carga em ω_2.

20.7 Análise de Circuitos Usando Computador

MULTISIM

PSpice

Como demonstrado no Capítulo 9 (volume 1), os programas de análise de circuitos são úteis para determinarmos o circuito equivalente entre os terminais especificados de um circuito DC. Usaremos métodos similares para obter os circuitos AC equivalentes de Thévenin e de Norton. Tanto o Multisim quanto o PSpice são úteis para analisarmos circuitos com fontes dependentes. Como já vimos, analisar esse tipo de circuito manualmente é muito trabalhoso e consome muito tempo. Nesta seção, você aprenderá como usar o PSpice para encontrar o equivalente de Thévenin de um circuito AC simples. Também usaremos os dois programas para analisar circuitos com fontes dependentes.

PSpice

O exemplo a seguir mostra como o PSpice é usado para encontrar o equivalente de Thévenin ou de Norton de um circuito AC.

Exemplo 20-14

Use o PSpice para determinar o equivalente de Thévenin do circuito na Figura 20-18.

Suponha que o circuito opere em uma frequência de $\omega = 200$ rad/s ($f = 31,83$ Hz). Compare o resultado à solução do Exemplo 20-6.

Solução: Começamos usando o OrCAD Capture para inserir o circuito, como mostrado na Figura 20-62.

Observe que a impedância de carga foi removida e o valor da capacitância é mostrado como

$$C = \frac{1}{\omega X_C} = \frac{1}{(200\ \text{rad/s})(30\ \Omega)} = 166,7\ \mu\text{F}$$

(continua)

Exemplo 20-14 *(continuação)*

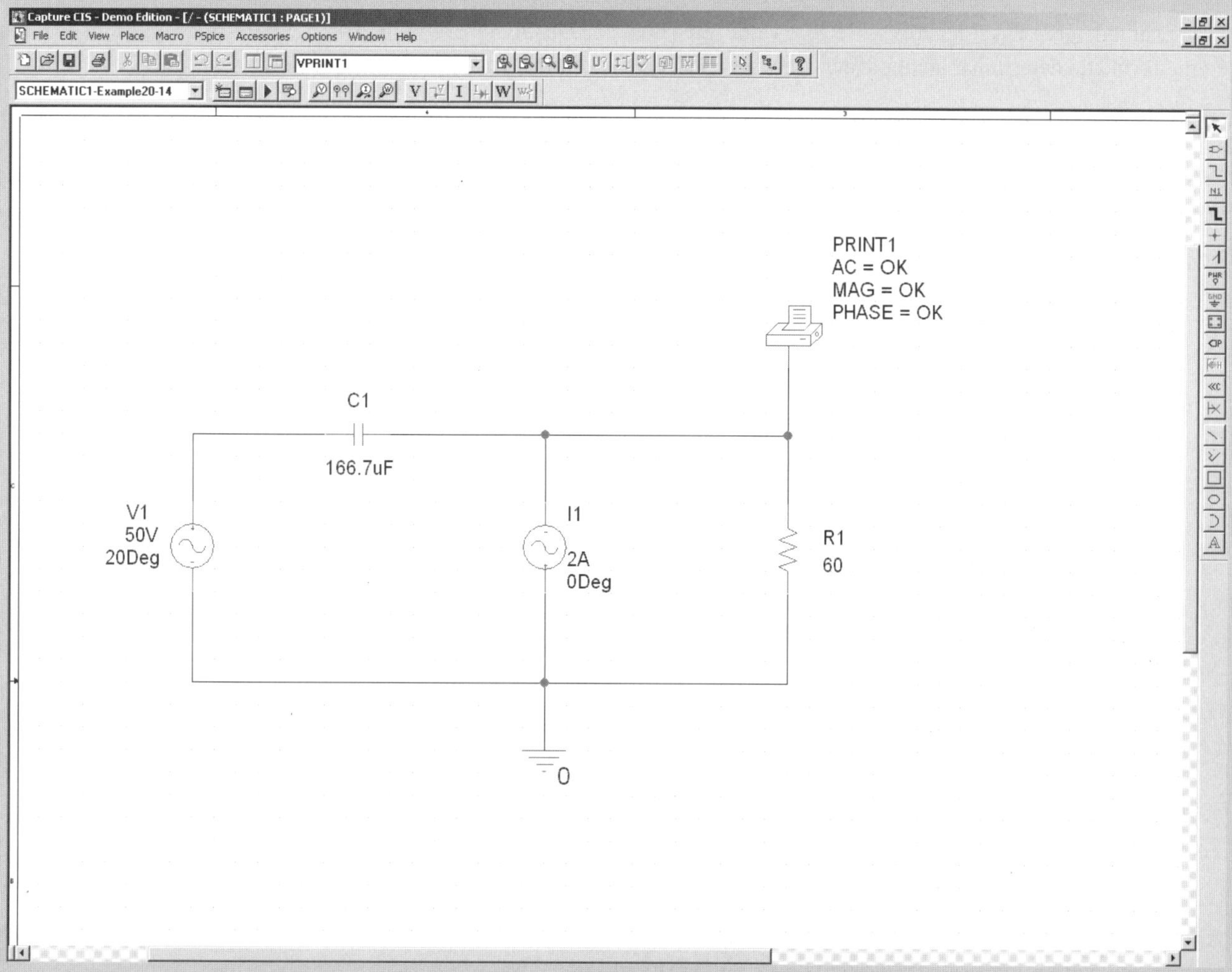

FIGURA 20-62

Para obtermos a fonte correta de tensão e de corrente, selecionamos VAC e ISRC da biblioteca-fonte do PSpice, a SOURCE.slb. Os valores são ajustados para AC = **50V 20Deg** e AC = **2A 0Deg**, respectivamente. Exibe-se a tensão de saída do circuito aberto usando o componente VPRINT1, que pode ser ajustado para medir a magnitude e a fase de uma tensão AC, como a seguir. Mude as propriedades do VPRINT1 ao clicar duas vezes com o mouse no componente. Use a barra de rolagem horizontal para encontrar as células AC, MAG e PHASE. Após inserir **OK** em cada uma das células, clique em Apply. Em seguida, clique em Display e selecione Name and Value em display properties.

Uma vez inserido o circuito, clique na ferramenta New Simulation Profile e ajuste a análise para AC Sweep/Noise com uma varredura linear começando e terminando em uma frequência de **31,83Hz** (1 ponto). Como antes, é conveniente desabilitar o pós-processador Probe na guia Probe Window, na caixa de diálogos Simulation Settings.

É também conveniente desabilitar o pós-processador Probe antes de simular o projeto. Após simulá-lo, determine a tensão do circuito aberto examinando o arquivo de saída do PSpice. Os dados relevantes do arquivo de saída aparecem da seguinte maneira:

```
FREQ         VM(a)         VP(a)
3.183E+01    5.690E+01    -1.583E+01
```

(continua)

Exemplo 20-14 *(continuação)*

Esse resultado gera $\mathbf{E}_{Th} = 56{,}90\ V\angle{-15{,}83^\circ}$, valor igual ao determinado no Exemplo 20-6. Lembre-se de que a lei de Ohm é uma forma de determinar a impedância de Thévenin (ou de Norton), ou seja,

$$\mathbf{Z}_{Th} = \mathbf{Z}_N = \frac{\mathbf{E}_{Th}}{\mathbf{I}_N}$$

Determinamos a corrente de Norton removendo o dispositivo VPRINT1 do circuito da Figura 20-62 e inserindo um dispositivo IPRINT (amperímetro) entre o terminal *a* e o aterramento. A Figura 20-63 mostra o resultado.

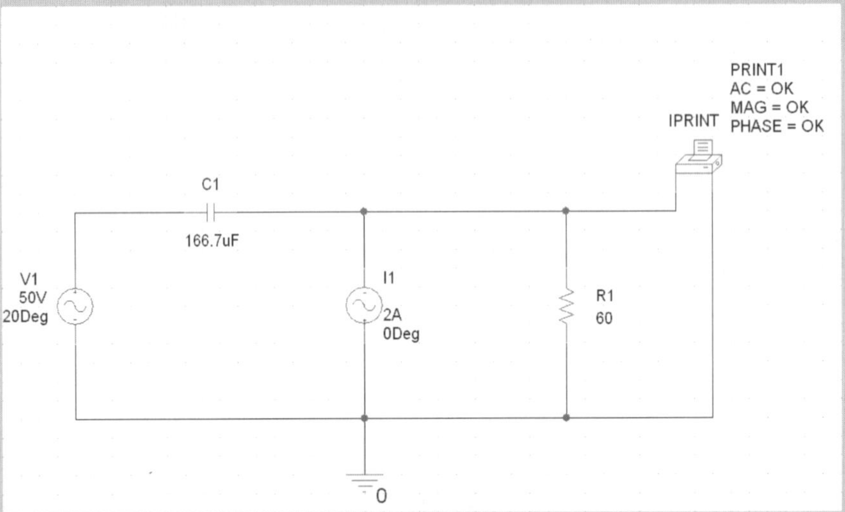

FIGURA 20-63

Após simular o desenho, determinamos a corrente de curto-circuito examinando o arquivo de saída do PSpice. Os dados relevantes do arquivo de saída aparecem da seguinte maneira:

```
FREQ         IM(V_PRINT2)IP(V_PRINT2)
3.183E+01    2.121E+00    4.761E+01
```

Esse resultado gera $\mathbf{I}_N = 21{,}21\ A\angle 47{,}61^\circ$ e, assim, calculamos a impedância de Thévenin como

$$\mathbf{Z}_{Th} = \frac{56{,}90\ V\angle{-15{,}83^\circ}}{2{,}121\ A\angle 47{,}61^\circ} = 26{,}83\Omega\angle{-63{,}44^\circ}$$

que é o mesmo valor obtido no Exemplo 20-6.

No exemplo anterior, foi necessário determinar a impedância de Thévenin em duas etapas: primeiro calculamos a tensão de Thévenin e depois a corrente de Norton. É possível determinar o valor em uma única etapa usando um outro passo na análise. O exemplo a seguir mostra como determinar a impedância de Thévenin para um circuito com fontes dependentes. O mesmo passo pode ser usado também para um circuito com fontes independentes.

Os componentes do OrCAD Capture a seguir são utilizados para representar fontes dependentes:

Fonte de tensão controlada por tensão (voltage-controlled voltage source): **E**

Fonte de corrente controlada por corrente (current-controlled current source): **F**

Fonte de tensão controlada por corrente (voltage-controlled current source): **G**

Fonte de corrente controlada por tensão (current-controlled voltage source): **H**

Ao se usar fontes dependentes, é preciso certificar-se de que os terminais de qualquer fonte controlada por tensão sejam colocados *em paralelo* com a tensão de controle, e qualquer fonte controlada por corrente seja colocada *em série* com a corrente de controle. Além disso, cada fonte dependente deve ter um **ganho** discriminado. Este valor simplesmente oferece a razão entre o valor de saída e a tensão ou corrente de controle. Embora o exemplo a seguir mostre como usar apenas um tipo de fonte dependente, você perceberá muitas semelhanças entre as diversas fontes.

Exemplo 20-15

Use o PSpice para encontrar o equivalente de Thévenin do circuito mostrado na Figura 20-64.

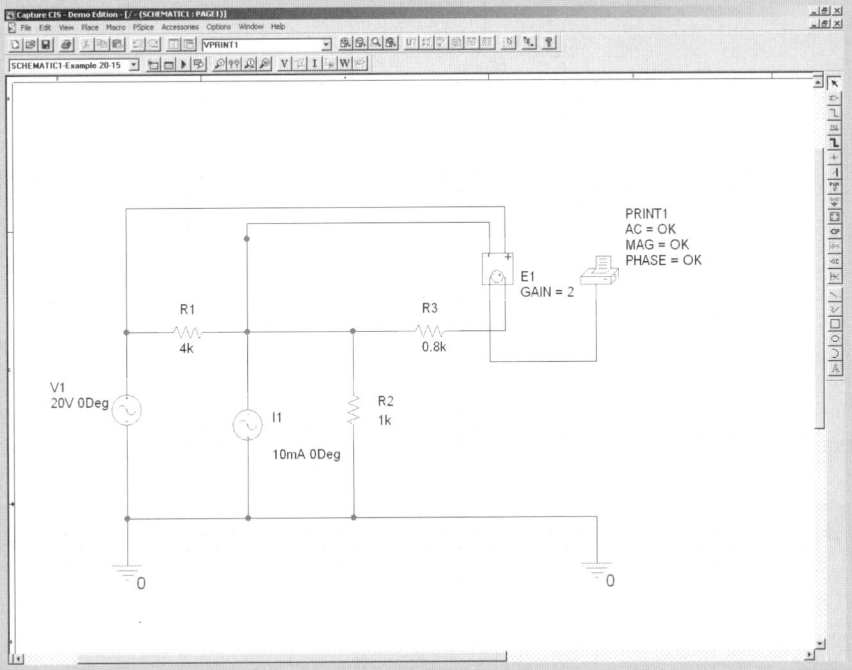

FIGURA 20-64

Solução: O OrCAD Capture é usado para inserir o circuito mostrado na Figura 20-64. Obtém-se a fonte de tensão controlada por tensão clicando na ferramenta Place Part e selecionando E na biblioteca ANALOG. Observe a colocação da fonte. Como R_1 é o elemento de controle, os terminais de controle são colocados em paralelo a esse resistor. Para ajustar o ganho da fonte de tensão, clique duas vezes no símbolo. Utilize a barra de rolagem para achar a célula GAIN e digite **2**. Para exibir esse valor no esquemático, é preciso clicar em Display e selecionar Name and Value em display properties.

Como no circuito anterior, deve-se usar primeiro um componente VPRINT1 para medir a tensão do circuito aberto no terminal *a*. Digitando **OK** nas células AC, MAG e PHASE, as propriedades de VPRINT1 mudam. Clique em Display e selecione Name and Value para cada uma das células. Dê um nome ao perfil de simulação e rode a simulação. Os dados relevantes nos arquivos de saída do PSpice fornecem a tensão do circuito aberto (Thévenin) da seguinte maneira:

```
FREQ          VM(N00431)   VP(N00431)
1.000E+03     4.000E+00    1.800E+02
```

O componente VPRINT1 é então substituído pelo IPRINT, que está conectado entre o terminal *a* e o aterramento para fornecer a corrente de curto-circuito. Lembre-se de mudar as células apropriadas usando o editor properties. O arquivo de saída do PSpice fornece a corrente de curto-circuito (Norton) da seguinte maneira:

```
FREQ          IM(V_PRINT2)IP(V_PRINT2)
1.000E+03     1.250E−03    1.800E+02
```

(continua)

Exemplo 20-15 *(continuação)*

A impedância de Thévenin agora pode ser facilmente determinada como

$$\mathbf{Z}_{\text{Th}} = \frac{4\ \text{V}}{1{,}25\ \text{mA}} = 3{,}2\ \text{k}\Omega$$

A Figura 20-65 mostra o circuito resultante.

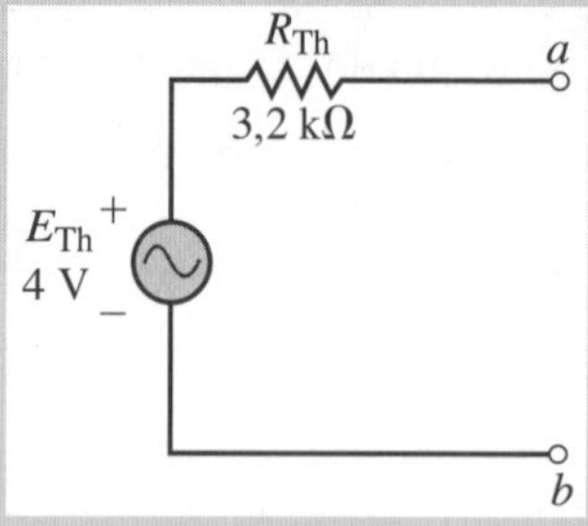

FIGURA 20-65

Multisim

O Multisim se assemelha muito ao PSpice quanto à análise de circuitos AC. O exemplo a seguir mostra que os resultados obtidos pelo Multisim são exatamente iguais aos obtidos no PSpice.

Exemplo 20-16

Use o Multisim para determinar o equivalente de Thévenin do circuito mostrado na Figura 20-47. Compare os resultados aos obtidos no Exemplo 20-15.

Solução: A Figura 20-66 mostra o circuito tal como ele é inserido.

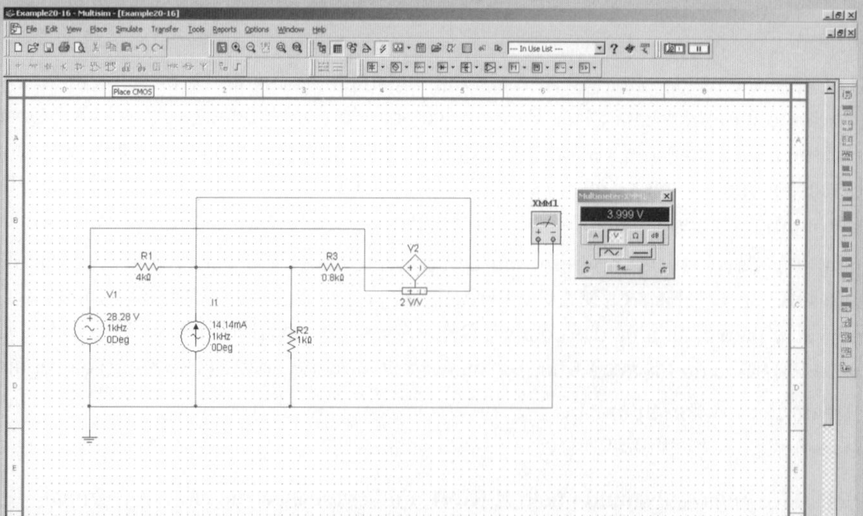

FIGURA 20-66

(continua)

Exemplo 20-16 *(continuação)*

Usamos 1 kHz como a frequência de operação, embora qualquer frequência possa ser utilizada. Seleciona-se a fonte de tensão controlada por tensão (voltage-controlled voltage source) na caixa de componentes Sources. Clicando duas vezes no símbolo, ajusta-se o ganho. Seleciona-se a guia Value e o Voltage Gain (E) é ajustado para **2 V/V**. O multímetro deve ser configurado para medir os volts em AC. Como esperado, a leitura no multímetro é de 4 V. Pode-se medir facilmente a corrente configurando o multímetro para a faixa AC do amperímetro, conforme mostrado na Figura 20-67. A leitura da corrente é de 1,25 mA. Uma das limitações do Multisim é que o programa não indica o ângulo de fase da tensão ou da corrente.

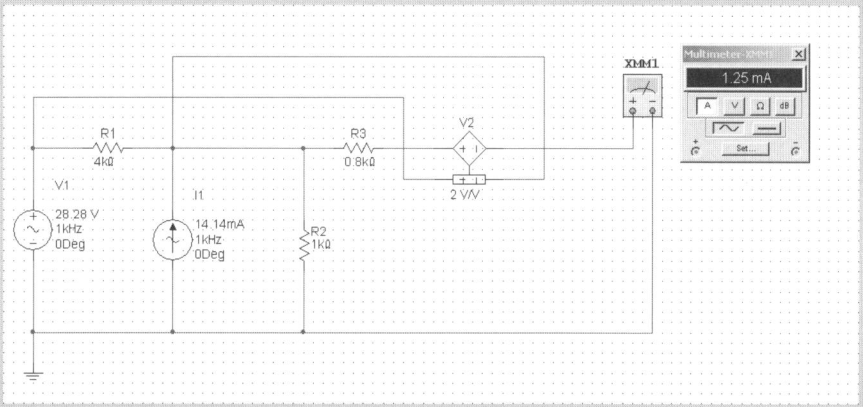

FIGURA 20-67

Determina-se a impedância de Thévenin do circuito usando a lei de Ohm, ou seja,

$$\mathbf{Z}_{\text{Th}} = \frac{4\ \text{V}}{1{,}25\ \text{mA}} = 3{,}2\ \text{k}\Omega$$

Esses resultados são compatíveis com os cálculos do Exemplo 20-11 e com os resultados obtidos pelo PSpice no Exemplo 20-15.

PROBLEMAS PRÁTICOS 9

Use o PSpice para encontrar o equivalente de Thévenin do circuito mostrado na Figura 20-45. Compare sua resposta à obtida no Problema Prático 5.

Resposta

$\mathbf{E}_{\text{Th}} = \mathbf{V}_{ab} = -3{,}33$ V; $\mathbf{Z}_{\text{Th}} = 0{,}667\ \Omega$

PROBLEMAS PRÁTICOS 10

Use o Multisim para achar o equivalente de Thévenin do circuito mostrado na Figura 20-45. Compare sua resposta à obtida nos Problemas Práticos 5 e 9.

Resposta

$\mathbf{E}_{\text{Th}} = \mathbf{V}_{ab} = -3{,}33$ V; $\mathbf{Z}_{\text{Th}} = 0{,}667\ \Omega$

PROBLEMAS PRÁTICOS 11

Use o PSpice para encontrar o equivalente de Norton do circuito externo ao resistor de carga no circuito da Figura 20-31. Suponha que o circuito opere em uma frequência de 20 kHz. Compare seus resultados aos obtidos no Exemplo 20-8. Atenção: Será necessário colocar um resistor pequeno (por exemplo, 1 mΩ) em série com o indutor.

Respostas

$\mathbf{E}_{Th} = 7{,}75\ \text{V}\angle{-176{,}5°}$; $\mathbf{I}_N = 0{,}1335\ \text{A}\angle 138{,}5°$; $\mathbf{Z}_N = 566\ \Omega\angle 45°$

Os resultados são compatíveis.

COLOCANDO EM PRÁTICA

Neste capítulo, você aprendeu a calcular a impedância de carga de modo a possibilitar a máxima transferência de potência à carga. Em todos os casos, trabalhou com as impedâncias de carga que estavam em série com os terminais de saída. Esse nem sempre será o caso. O circuito apresentado na figura a seguir ilustra uma carga composta de um resistor em paralelo com um indutor.

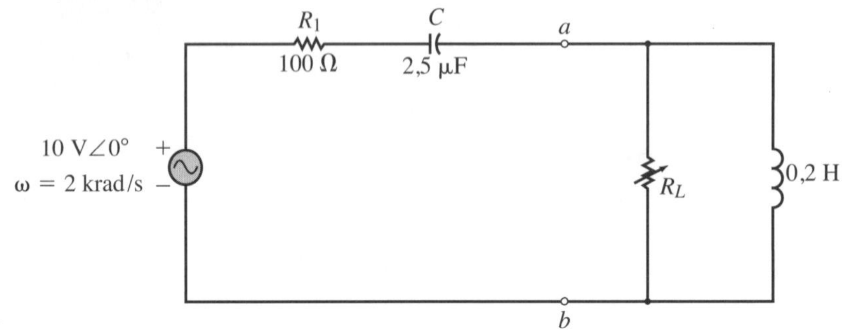

Determine o valor necessário do resistor R_L de modo a resultar em uma máxima potência fornecida à carga. Embora alguns métodos sejam possíveis, você verá que este exemplo pode ser resolvido usando-se cálculo.

PROBLEMAS

20.1 Teorema da Superposição — Fontes Independentes

1. Use a superposição para determinar a corrente no ramo indicado do circuito na Figura 20-68.
2. Repita o Problema 1 para o circuito da Figura 20-69.
3. Use a superposição para determinar a tensão $\mathbf{V}_{ab}$ para o circuito da Figura 20-68.
4. Repita o Problema 3 para o circuito da Figura 20-69.
5. Considere o circuito da Figura 20-70.
   a. Use a superposição para determinar a tensão **V** indicada.
   b. Mostre que a potência dissipada pelo resistor indicado não pode ser determinada pela superposição.

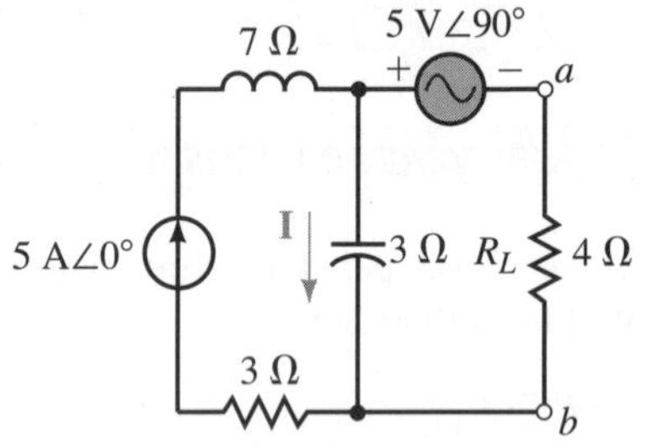

FIGURA 20-68

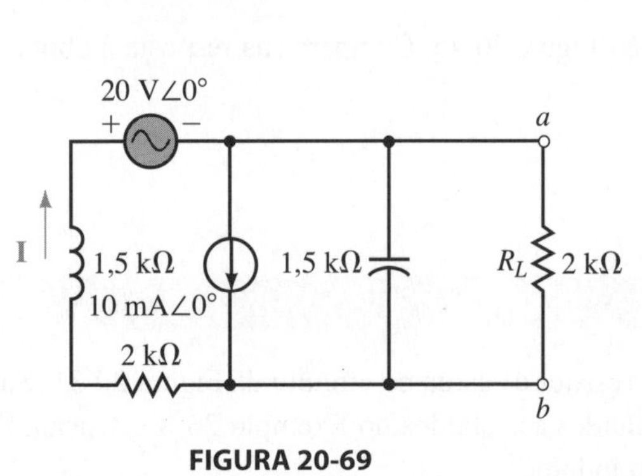

FIGURA 20-69

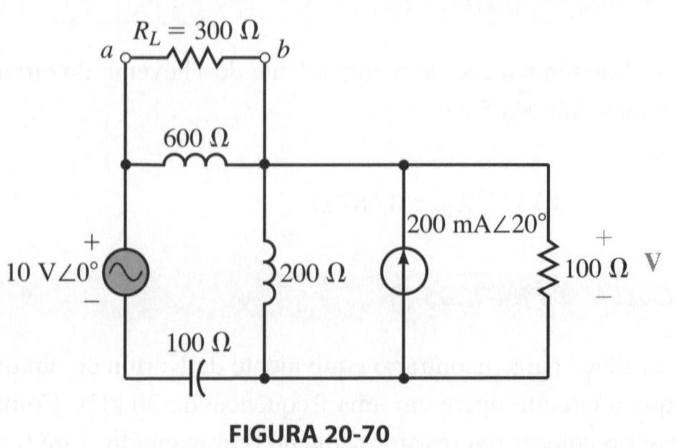

FIGURA 20-70

6. Repita o Problema 5 para o circuito da Figura 20-71.

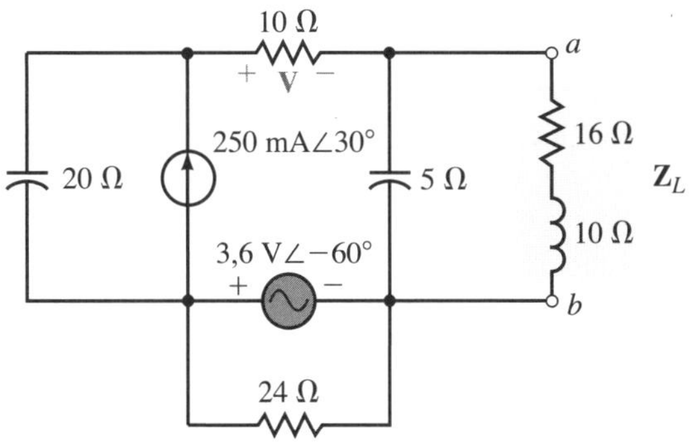

FIGURA 20-71

7. Use a superposição para determinar a corrente **I** no circuito da Figura 20-72.

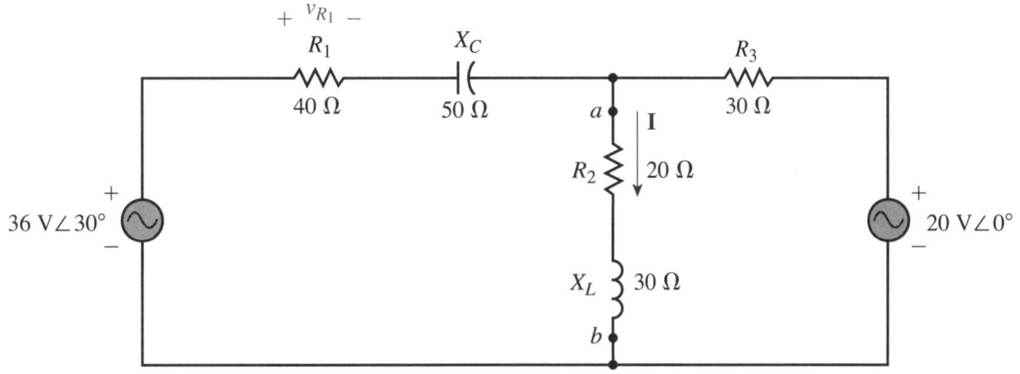

FIGURA 20-72

8. Repita o Problema 7 para o circuito da Figura 20-73.

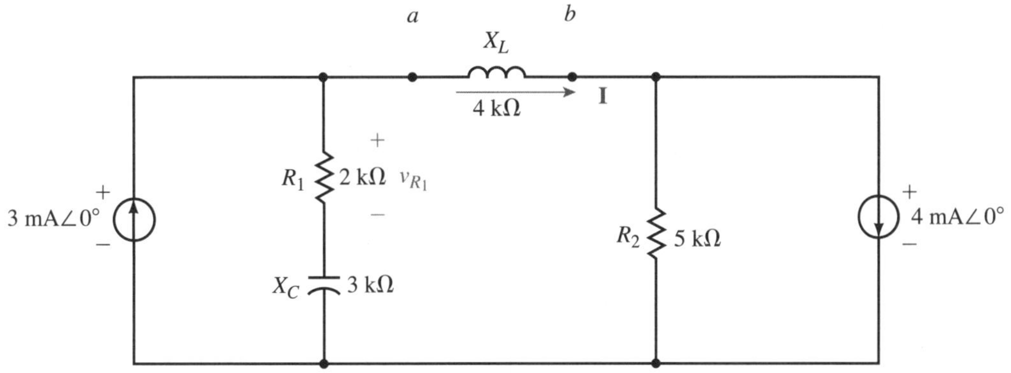

FIGURA 20-73

9. Use a superposição para determinar a tensão senoidal, v_{R_1}, para o circuito da Figura 20-72.

10. Repita o Problema 9 para o circuito da Figura 20-73.

20.2 Teorema da Superposição — Fontes Dependentes

11. Observe o circuito da Figura 20-74.
    a. Use a superposição para encontrar $\mathbf{V}_L$.
    b. Se a magnitude da tensão $\mathbf{V}$ aplicada for elevada para 200 mV, calcule a tensão $\mathbf{V}_L$ resultante.

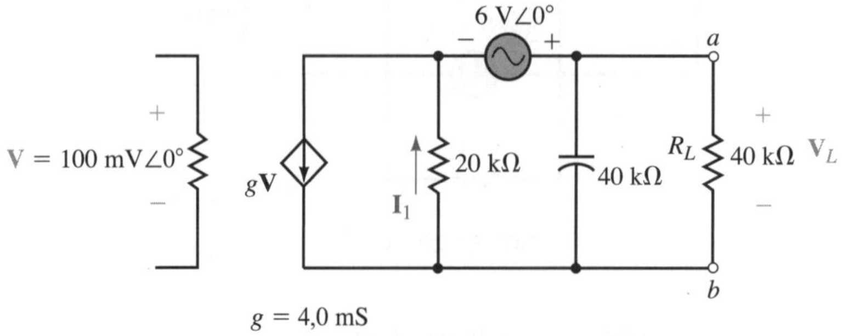

FIGURA 20-74

MULTISIM

12. Considere o circuito da Figura 20-75.
    a. Use a superposição para encontrar $\mathbf{V}_L$.
    b. Se a magnitude da corrente aplicada, I, for diminuída para 2 mA, calcule a tensão $\mathbf{V}_L$ resultante.

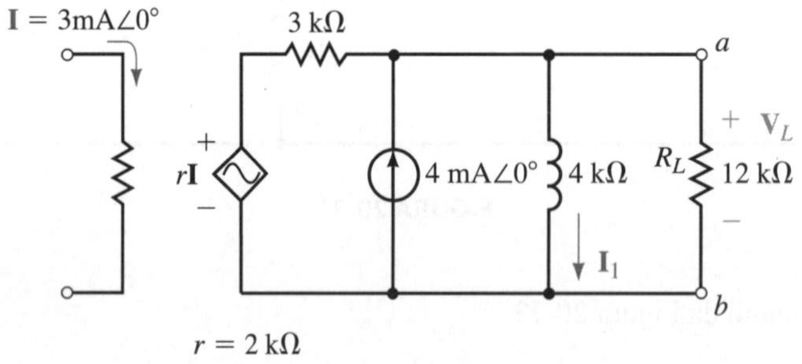

FIGURA 20-75

13. Use a superposição para encontrar a corrente $\mathbf{I}_1$ no circuito da Figura 20-74.
14. Repita o Problema 13 para o circuito da Figura 20-75.
15. Determine $\mathbf{V}_L$ no circuito da Figura 20-76.

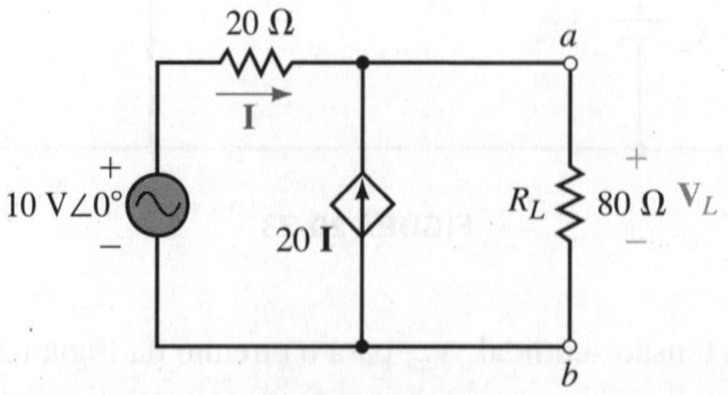

FIGURA 20-76

MULTISIM

16. Encontre $\mathbf{V}_L$ no circuito da Figura 20-77.

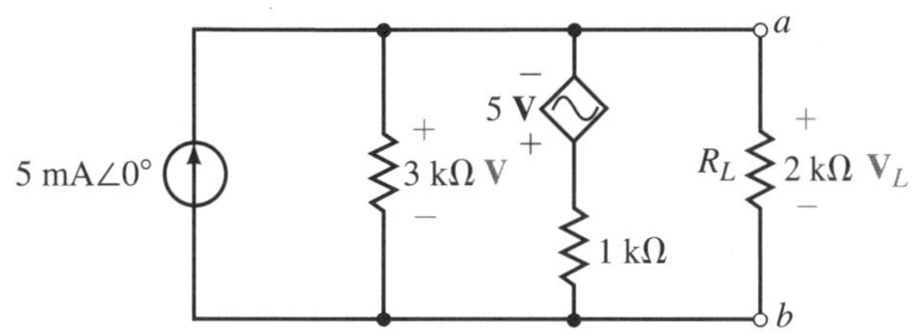

FIGURA 20-77

MULTISIM

17. Determine a tensão $\mathbf{V}_{ab}$ para o circuito da Figura 20-78.

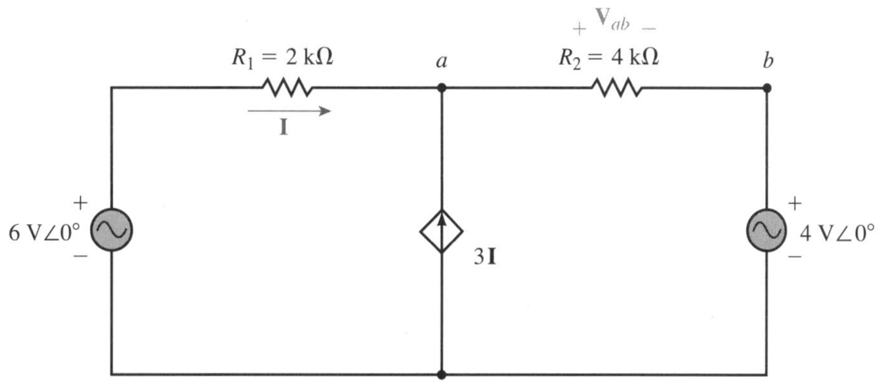

FIGURA 20-78

MULTISIM

18. Determine a corrente **I** para o circuito da Figura 20-79.

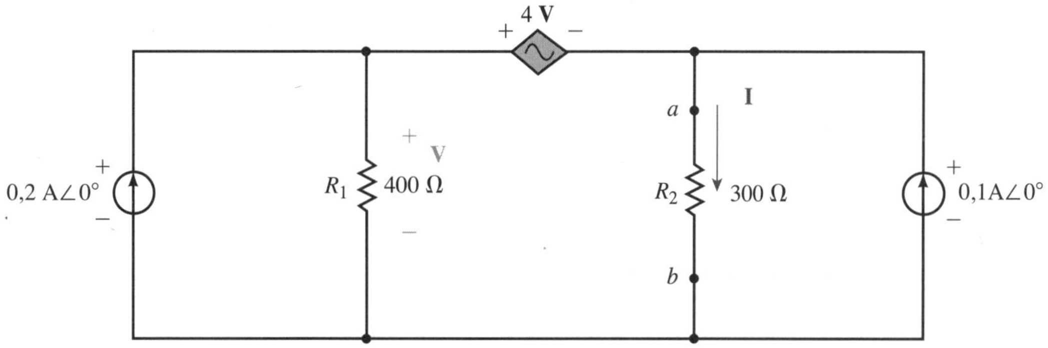

FIGURA 20-79

20.3 Teorema de Thévenin — Fontes Independentes

MULTISIM

19. Encontre o circuito equivalente de Thévenin externo à impedância de carga da Figura 20-68.
20. Observe o circuito da Figura 20-80.
    a. Encontre o circuito equivalente de Thévenin externo à carga indicada.
    b. Determine a potência dissipada pela carga.
21. Observe o circuito da Figura 20-81.
    a. Encontre o circuito equivalente de Thévenin externo à carga indicada em uma frequência de 5 kHz.
    b. Determine a potência dissipada pela carga se $\mathbf{Z}_L = 100\ \Omega\angle 30°$.

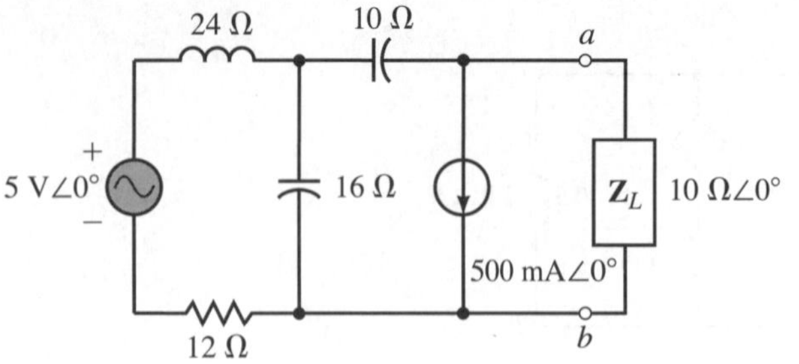

FIGURA 20-80

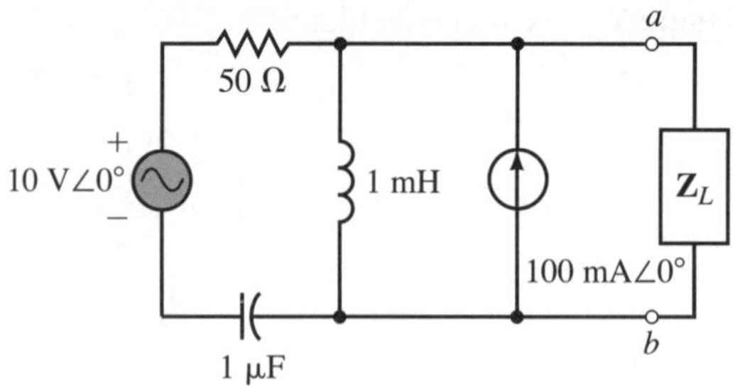

FIGURA 20-81

MULTISIM

22. Repita o Problema 21 para uma frequência de 1 kHz.
23. Determine o circuito equivalente de Thévenin externo a R_L no circuito da Figura 20-72.
24. Repita o Problema 23 para o circuito da Figura 20-69.
25. Repita o Problema 23 para o circuito da Figura 20-70.
26. Determine o circuito equivalente de Thévenin externo a Z_L no circuito da Figura 20-71.
27. Considere o circuito da Figura 20-82.
    a. Encontre o circuito equivalente de Thévenin externo à carga indicada.
    b. Determine a potência dissipada pela carga se $\mathbf{Z}_L = 20\ \Omega\angle{-60^\circ}$.

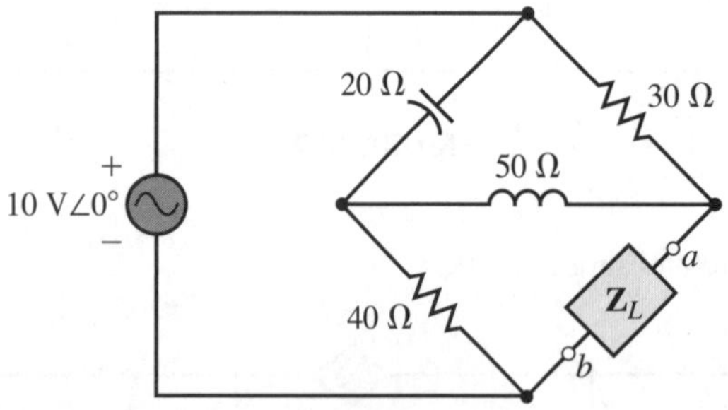

FIGURA 20-82

28. Repita o Problema 27 se um resistor de 10 Ω for colocado em série com a fonte de tensão.

20.4 Teorema de Norton — Fontes Independentes

29. Encontre o circuito equivalente de Norton externo à impedância de carga da Figura 20-68.
30. Repita o Problema 29 para o circuito da Figura 20-69.
31. a. Usando o procedimento descrito, encontre o circuito equivalente de Norton externo aos terminais *a* e *b* na Figura 20-72.
    b. Determine a corrente na carga indicada.
    c. Encontre a potência dissipada pela carga.
32. Repita o Problema 31 para o circuito da Figura 20-73.
33. a. Usando o procedimento descrito, encontre o circuito equivalente de Norton externo à impedância de carga indicada (localizada entre os terminais *a* e *b*) na Figura 20-70.
    b. Determine a corrente na carga indicada.
    c. Encontre a potência dissipada pela carga.
34. Repita o Problema 33 para o circuito da Figura 20-71.

35. Suponha que o circuito da Figura 20-81 opere em uma frequência de 2 kHz.

   a. Encontre o circuito equivalente de Norton externo à impedância de carga.

   b. Se um resistor de carga de 30 Ω for conectado entre os terminais *a* e *b*, determine a corrente que passa através da carga.

36. Repita o Problema 35 para uma frequência de 8 kHz;

20.5 Teoremas de Thévenin e de Norton para Fontes Dependentes

37. a. Encontre o circuito equivalente de Thévenin externo à impedância de carga na Figura 20-74.

   b. Calcule a corrente através de R_L.

   c. Determine a potência dissipada por R_L.

38. a. Encontre o circuito equivalente de Norton externo à impedância de carga na Figura 20-75.

   b. Calcule a corrente através de R_L.

   c. Determine a potência dissipada por R_L.

39. Encontre os circuitos equivalentes de Thévenin e de Norton externos à impedância de carga da Figura 20-76.

40. Encontre o circuito equivalente de Thévenin externo à impedância de carga da Figura 20-77.

20.6 Teorema da Máxima Transferência de Potência

41. Observe o circuito da Figura 20-83.

   a. Determine a impedância de carga, $\mathbf{Z}_L$, necessária para assegurar que a carga receba a potência máxima.

   b. Determine a potência máxima para a carga.

42. Repita o Problema 41 para o circuito da Figura 20-84.

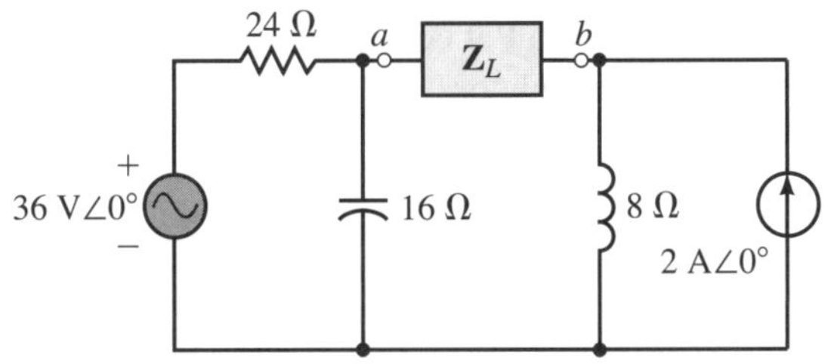

FIGURA 20-83

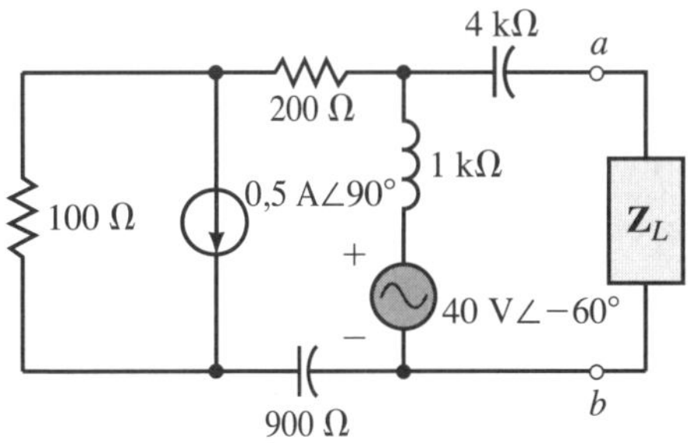

FIGURA 20-84

43. Repita o Problema 41 para o circuito da Figura 20-85.

44. Repita o Problema 41 para o circuito da Figura 20-86.

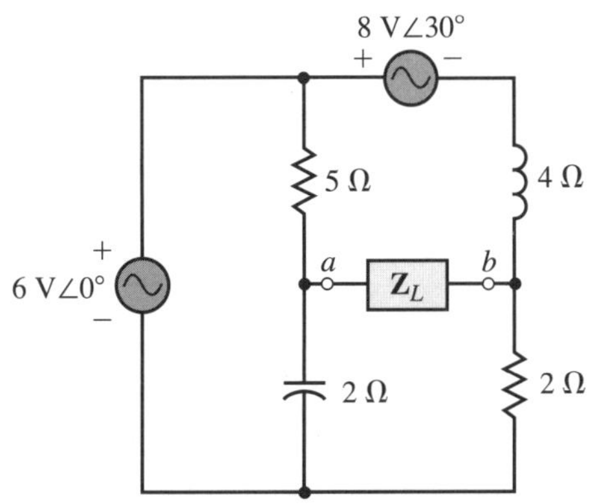

FIGURA 20-85

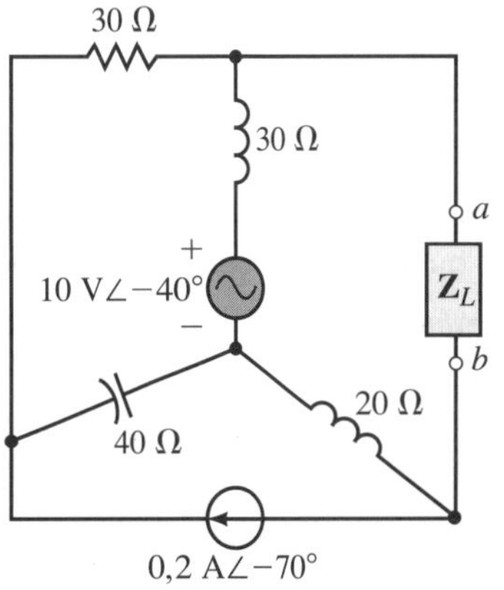

FIGURA 20-86

45. Qual é a impedância de carga necessária para o circuito da Figura 20-71 de modo a assegurar que a carga receba a potência máxima do circuito?

46. Determine a impedância de carga necessária para o circuito da Figura 20-82 de modo a assegurar que a carga receba a potência máxima do circuito.

47. a. Determine a impedância $\mathbf{Z}_L$ necessária para o circuito da Figura 20-81 fornecer a potência máxima para a carga em uma frequência de 5 kHz.
    b. Tendo a impedância de carga um resistor e um capacitor de 1 μF, determine o valor do resistor de modo a resultar em uma máxima transferência de potência relativa.
    c. Calcule a potência fornecida à carga em (b).

48. a. Determine a impedância de carga, $\mathbf{Z}_L$, necessária para que o circuito da Figura 20-81 forneça a potência máxima para a carga em uma frequência de 1 kHz.
    b. Tendo a impedância de carga um resistor e um capacitor de 1 μF, determine o valor do resistor de modo a resultar em uma máxima transferência de potência relativa.
    c. Calcule a potência fornecida à carga em (b).

20.7 Análise de Circuitos Usando Computador

49. Use o PSpice para encontrar o equivalente de Thévenin externo a R_L no circuito da Figura 20-68. Suponha que o circuito opere em uma frequência de $\omega = 2000$ rad/s. PSpice

    Atenção: O PSpice não permite que uma fonte de tensão tenha terminais flutuantes; portanto, deve-se colocar uma resistência grande (por exemplo, 10 GΩ) na saída.

50. Repita o Problema 49 para o circuito da Figura 20-69. PSpice

51. Use o PSpice para encontrar o equivalente de Norton externo a R_L no circuito da Figura 20-70. Suponha que o circuito opere em uma frequência de $\omega = 5000$ rad/s. PSpice

    Atenção: O PSpice não pode analisar um circuito com um indutor curto-circuitado. Por conseguinte, é necessário colocar uma resistência pequena (por exemplo, 1 nΩ) em série com um indutor.

52. Repita o Problema 51 para o circuito da Figura 20-71. PSpice

    Atenção: O PSpice não pode analisar um circuito com um capacitor em circuito aberto. Consequentemente, é necessário colocar uma resistência grande (por exemplo, 10 GΩ) em paralelo com um capacitor.

53. Use o PSpice para encontrar o equivalente de Thévenin externo a R_L no circuito da Figura 20-76. Suponha que o circuito opere em uma frequência de $f = 1000$ Hz. PSpice

54. Repita o Problema 53 para o circuito da Figura 20-77. PSpice

55. Use o PSpice para encontrar o equivalente de Norton externo a $\mathbf{V}_{ab}$ no circuito da Figura 20-78. Suponha que o circuito opere em uma frequência de 1000 Hz. PSpice

56. Repita o Problema 55 para o circuito da Figura 20-79. PSpice

57. Use o Multisim para determinar o equivalente de Thévenin externo a R_L no circuito da Figura 20-76. Suponha que o circuito opere em uma frequência de $f = 1000$ Hz. MULTISIM

58. Repita o Problema 53 para o circuito da Figura 20-77. MULTISIM

59. Use o Multisim para determinar o equivalente de Thévenin externo a $\mathbf{V}_{ab}$ no circuito da Figura 20-78. Suponha que o circuito opere em uma frequência de $f = 1000$ Hz. MULTISIM

60. Repita o Problema 55 para o circuito da Figura 20-79. MULTISIM

RESPOSTAS DOS PROBLEMAS PARA VERIFICAÇÃO DO PROCESSO DE APRENDIZAGEM

Verificação do Processo de Aprendizagem 1

a. $\mathbf{I} = 3{,}39\ \text{A}\angle 25{,}34^{\circ}$

b. $P_T = 230{,}4\ \text{W}$

c. $P_1 + P_2 + P_3 = 145\ \text{W} \angle P_T = 230{,}4\ \text{W}$

A superposição não se aplica para a potência.

Verificação do Processo de Aprendizagem 2

1. Remova o indutor do circuito. Nomeie os terminais restantes de *a* e *b*.
2. Ajuste a fonte de tensão para zero removendo-a do circuito e substituindo-a por um curto-circuito.
3. Determine os valores da impedância usando a frequência dada. Calcule a impedância de Thévenin entre os terminais *a* e *b*.
4. Converta a fonte de tensão em sua forma fasorial equivalente. Calcule a tensão do circuito aberto entre os terminais *a* e *b*.
5. Desenhe o circuito equivalente de Thévenin resultante.

Verificação do Processo de Aprendizagem 3

1. Remova o resistor do circuito. Nomeie os terminais restantes de *a* e *b*.
2. Ajuste a fonte de tensão para zero removendo-a do circuito e substituindo-a por um curto-circuito.
3. Calcule a impedância de Norton entre os terminais *a* e *b*.
4. Calcule a corrente de curto-circuito entre os terminais *a* e *b*.
5. Desenhe o circuito equivalente de Norton resultante.

Verificação do Processo de Aprendizagem 4

a. $R_L = 80{,}6\ \Omega$

b. $P_L = 3{,}25\ \text{W}$

c. $\omega = 3333\ \text{rad/s}$

d. $P_L = 4{,}90\ \text{W}$

• TERMOS-CHAVE

Largura de Banda;
Oscilações Amortecidas;
Frequências de Meia-potência;
Ressonância Paralela;
Fator de Qualidade;
Curva de Seletividade;
Ressonância Série.

• TÓPICOS

Ressonância Série;
Fator de Qualidade, *Q*;
Impedância de um Circuito Ressonante Série;
Potência, Largura de Banda e Seletividade de um Circuito Ressonante Série;
Conversão Série-paralelo de Circuitos *RL* e *RC*;
Ressonância Paralela;
Análise de Circuitos Usando Computador.

• OBJETIVOS

Após estudar este capítulo, você será capaz de:

- determinar a frequência de ressonância e a largura de banda de um circuito série ou paralelo simples;
- determinar as tensões, as correntes e a potência dos elementos em um circuito ressonante;
- fazer um esboço das curvas de resposta da impedância, da corrente e da potência de um circuito ressonante série;
- achar o fator de qualidade, *Q*, de um circuito ressonante e usar *Q* para determinar a largura de banda para um dado conjunto de condições;
- explicar a dependência da largura de banda em relação à razão *L/C* e a *R* para os circuitos ressonantes série e paralelo;
- montar um circuito ressonante para um dado conjunto de parâmetros;
- converter uma rede *RL* série em uma equivalente paralela para uma dada frequência.

Ressonância

21

Apresentação prévia do capítulo

Neste capítulo, tomaremos como base o conhecimento obtido em capítulos anteriores para observar como os circuitos ressonantes permitem passar por uma faixa de frequências de uma fonte de sinal para uma carga. Em sua forma mais simples, o **circuito ressonante** é composto de um indutor e um capacitor e uma fonte de tensão ou de corrente. Embora o circuito seja simples, ele é um dos mais importantes usados em eletrônica. O circuito ressonante, por exemplo, em uma de suas muitas formas, permite selecionar o sinal de rádio ou televisão desejado entre um vasto número de sinais que nos rodeiam todo o tempo. Para obter toda a energia transmitida para determinada estação de rádio ou canal de televisão, seria desejável que um circuito tivesse uma resposta em frequência como mostrado na Figura 21-1(a). Um circuito com uma resposta em frequência adequada permitiria a passagem de todas as componentes de frequência em uma banda entre f_1 e f_2 e rejeitaria todas as outras frequências. Para um transmissor de rádio, a frequência central, f_r, corresponderia à *frequência da portadora* da estação. A diferença entre as frequências mais alta e mais baixa entre as quais se deseja passar é chamada de *largura de banda*[1].

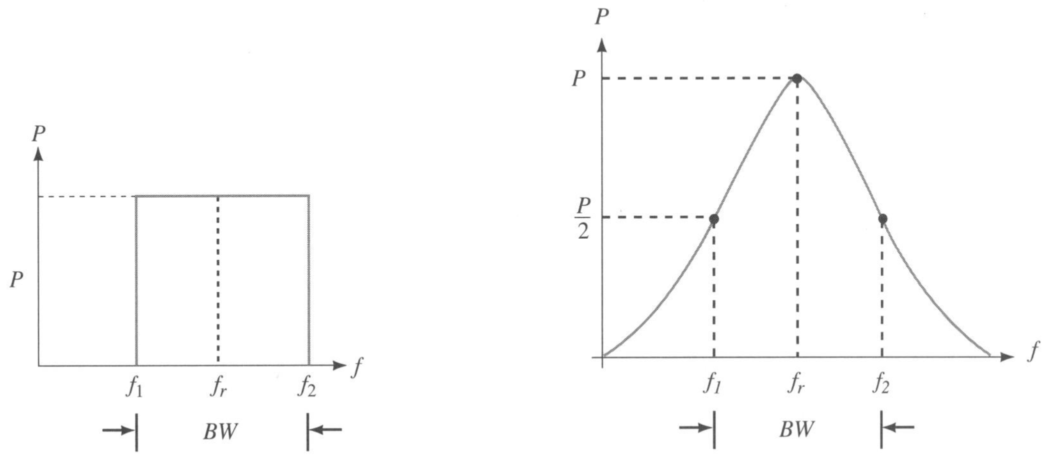

(a) Curva ideal de resposta em frequência.

(b) Curva de resposta real de um circuito ressonante.

FIGURA 21-1

[1] A largura de banda também pode ser chamada de largura de faixa. (N.R.T.)

Embora haja várias configurações para os circuitos ressonantes, todos eles apresentam algumas características em comum. Os circuitos eletrônicos ressonantes contêm ao menos um capacitor e têm uma curva de resposta com formato de sino, centralizada em determinada frequência de ressonância, f_r, como ilustrado na Figura 21-1(b).

A curva de resposta da Figura 21-1(b) indica que a potência será máxima na frequência de ressonância, f_r. Variar a frequência para qualquer direção resulta em uma redução de potência. A largura de banda do circuito ressonante é a diferença entre os pontos de meia-potência na curva de resposta do filtro.

Se aplicássemos os sinais senoidais com frequência variável a um circuito composto de um indutor e capacitor, veríamos que a energia máxima seria transferida entre os dois elementos na frequência de ressonância. Em um circuito *LC* ideal (o que não contém resistência), essas oscilações continuariam indefinidamente mesmo se a fonte de sinal estivesse desligada. No entanto, na prática, todos os circuitos têm alguma resistência. Como resultado, a energia armazenada será gradativamente dissipada pela resistência, resultando em **oscilações amortecidas**. De forma análoga a empurrar uma criança em um balanço, as oscilações continuarão indefinidamente se uma pequena quantidade de energia for aplicada ao circuito no momento exato. Esse fenômeno ilustra como os circuitos osciladores operam e nos proporciona outra aplicação para o circuito ressonante.

Neste capítulo, examinaremos com detalhes os dois tipos principais de circuitos ressonantes: o **circuito ressonante série** e o **circuito ressonante paralelo**.

Colocando em perspectiva

Edwin Howard Armstrong — Recepção de Rádio

Edwin Armstrong nasceu na cidade de Nova York, em 18 de dezembro de 1890. Quando jovem, esteve muito interessado em experimentos que envolviam transmissão e recepção de rádio.

Após receber o diploma em engenharia elétrica na Universidade de Columbia, Armstrong usou seu conhecimento teórico para explicar e melhorar a operação da válvula triodo a vácuo, que havia sido inventada por Lee de Forest. Edwin Armstrong conseguiu melhorar a sensibilidade dos receptores usando a retroalimentação para amplificar um sinal muitas vezes. Aumentando a quantidade de retroalimentação do sinal, ele também projetou e patenteou um circuito que usava a válvula a vácuo como um oscilador.

Armstrong é mais conhecido por conceber o conceito de circuito super-heteródino, no qual uma frequência alta é diminuída para uma frequência intermediária mais conveniente. O super-heteródino ainda é usado em receptores AM e FM modernos e em vários outros circuitos eletrônicos, como o radar e os equipamentos de comunicação.

Edwin Armstrong foi o inventor da transmissão FM, o que levou a um grande aperfeiçoamento quanto à fidelidade na radiotransmissão. Embora tenha sido um engenheiro brilhante, ele era intransigente e acabou se envolvendo em vários processos judiciais com Lee de Forest e um gigante da comunicação, a RCA.

Após gastar quase US$ 2 milhões em batalhas judiciais, Edwin Armstrong se jogou da janela de seu apartamento localizado no décimo terceiro andar, em 31 de janeiro de 1954.

21.1 Ressonância Série

Montamos um circuito ressonante série simples quando combinamos uma fonte AC com um indutor, um capacitor e, opcionalmente, um resistor, como mostra a Figura 21-2(a). Combinando a resistência do gerador, R_G, com a resistência série, R_S, e a resistência da bobina do indutor, R_{bobina}, o circuito pode ser simplificado conforme ilustrado na Figura 21-2(b).

Nesse circuito, a resistência total é expressa como

$$R = R_G + R_S + R_{\text{bobina}}$$

Como o circuito da Figura 21-2 é um circuito série, calculamos a impedância total da seguinte maneira:

$$\begin{aligned} \mathbf{Z}_T &= R + jX_L - jX_C \qquad (21\text{-}1) \\ &= R + j(X_L - X_C) \end{aligned}$$

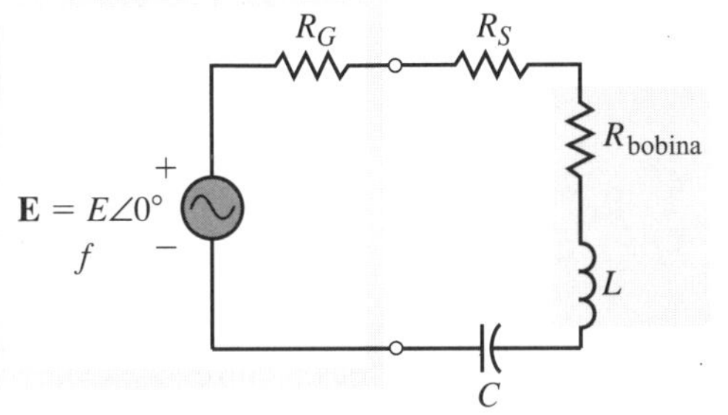

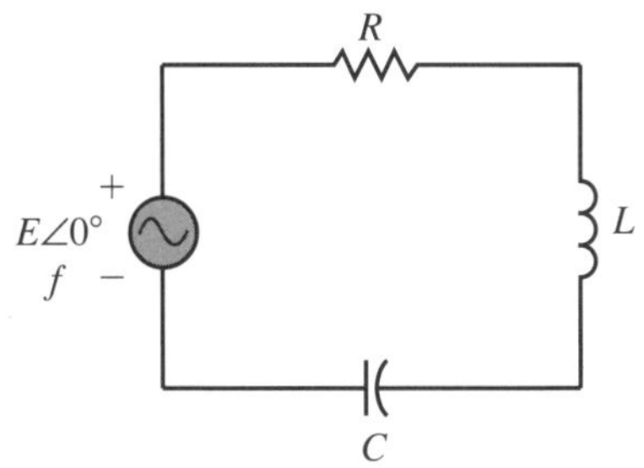

FIGURA 21-2

A ressonância ocorre quando a reatância do circuito é efetivamente eliminada, resultando em uma impedância total puramente resistiva. Sabemos que as reatâncias do indutor e do capacitor são dadas da seguinte maneira:

$$X_L = \omega L = 2\pi f L \qquad \textbf{(21-2)}$$

$$X_C = \frac{1}{\omega C} = \frac{1}{2\pi f C} \qquad \textbf{(21-3)}$$

Examinando a Equação 21-1, percebemos que, ao igualarmos as reatâncias do capacitor e do indutor, a impedância total, $\mathbf{Z}_T$, torna-se puramente resistiva, uma vez que a reatância indutiva que está no eixo j positivo cancela a reatância capacitiva do eixo j negativo. A impedância total do circuito série em ressonância é igual à resistência total do circuito, R. Logo, em ressonância,

$$Z_T = R \qquad \textbf{(21-4)}$$

Sendo as reatâncias iguais, é possível determinar a frequência da ressonância série, ω_S (em radianos por segundo) da seguinte maneira:

$$\omega L = \frac{1}{\omega C}$$

$$\omega^2 = \frac{1}{LC}$$

$$\omega_S = \frac{1}{\sqrt{LC}} \quad \text{(rad/s)} \qquad \textbf{(21-5)}$$

Como o cálculo da frequência angular, ω, em radianos por segundo é mais fácil do que o da frequência, f, em hertz, geralmente expressamos a frequência de ressonância na forma mais simples. Os cálculos posteriores da tensão e da corrente em geral serão muito mais fáceis se usarmos ω em vez de f. Se, no entanto, for necessário determinar a frequência em hertz, lembre-se da relação entre ω e f:

$$\omega = 2\pi f \text{ (rad/s)} \qquad \textbf{(21-6)}$$

A Equação 21-6 é inserida na Equação 21-5 para resultar na frequência de ressonância

$$f_S = \frac{1}{2\pi\sqrt{LC}} \quad \text{(Hz)} \qquad \textbf{(21-7)}$$

O subscrito S nessas equações indicam que a frequência determinada é a frequência de ressonância série.

Em ressonância, a corrente total no circuito é determinada a partir da lei de Ohm

$$\mathbf{I} = \frac{\mathbf{E}}{\mathbf{Z}_T} = \frac{E\angle 0°}{R\angle 0°} = \frac{E}{R}\angle 0° \qquad \textbf{(21-8)}$$

Aplicando novamente a lei de Ohm, encontramos a tensão em cada um dos elementos no circuito da seguinte maneira:

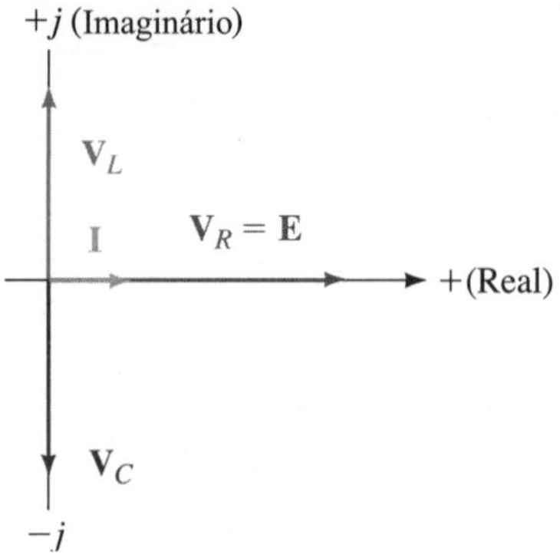

FIGURA 21-3

$$\mathbf{V}_R = IR\angle 0° \quad \textbf{(21-9)}$$

$$\mathbf{V}_L = IX_L\angle 90° \quad \textbf{(21-10)}$$

$$\mathbf{V}_C = IX_C\angle -90° \quad \textbf{(21-11)}$$

A Figura 21-3 mostra a forma fasorial das tensões e correntes. Observe que, como as reatâncias indutiva e capacitiva têm a mesma magnitude, as tensões nos elementos devem ter a mesma magnitude, porém devem estar defasadas de 180º.

Determinamos a potência média dissipada pelo resistor e as potências reativas do indutor e do capacitor da seguinte maneira:

$$P_R = I^2R \text{ (W)}$$
$$Q_L = I^2X_L \text{ (VAR)}$$
$$Q_C = I^2X_C \text{ (VAR)}$$

Essas potências estão ilustradas na Figura 21-4.

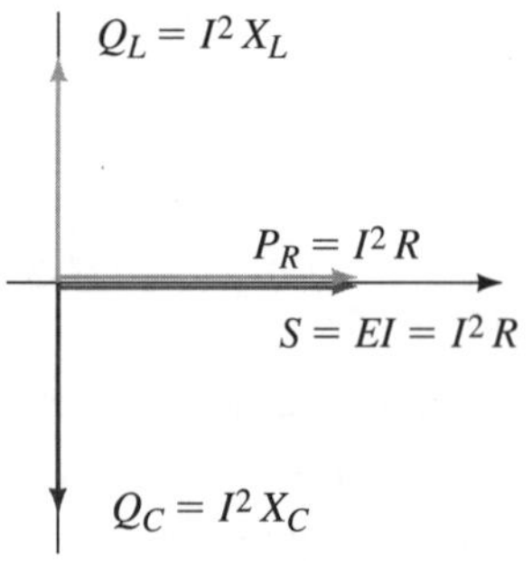

FIGURA 21-4

21.2 Fator de Qualidade, Q

Para qualquer circuito ressonante, definimos o **fator de qualidade**, Q, como a razão entre a potência reativa e a potência média, ou seja,

$$Q = \frac{\text{potência reativa}}{\text{potência média}} \quad \textbf{(21-12)}$$

Como a potência reativa do indutor é igual à potência reativa do capacitor em ressonância, podemos expressar Q em termos das duas potências reativas. Consequentemente, essa expressão é escrita da seguinte maneira:

$$Q_S = \frac{I^2X_L}{I^2R}$$

e assim temos

$$Q_S = \frac{X_L}{R} = \frac{\omega L}{R} \quad \textbf{(21-13)}$$

É comum que o indutor de um dado circuito tenha um Q expresso em termos de sua reatância e resistência interna, como a seguir:

$$Q_{\text{bobina}} = \frac{X_L}{R_{\text{bobina}}}$$

Se um indutor com um Q_{bobina} especificado for incluído em um circuito, será necessário incluir seus efeitos no cálculo geral do Q correspondente ao circuito total.

Agora examinaremos como o Q de um circuito é usado para determinar outras grandezas do circuito. Multiplicando tanto o numerador quanto o denominador da Equação 21-13 pela corrente, I, temos o seguinte:

$$Q_S = \frac{IX_L}{IR} = \frac{V_L}{E} \quad \textbf{(21-14)}$$

Como a magnitude da tensão no capacitor é igual à magnitude da tensão no indutor em ressonância, vemos que as tensões no indutor e no capacitor estão relacionadas a Q na seguinte expressão:

$$V_C = V_L = Q_S E \text{ em ressonância} \tag{21-15}$$

Atenção: Como o Q de um circuito ressonante geralmente é muito maior do que 1, percebe-se que a tensão nos elementos reativos pode ser muitas vezes maior do que a tensão aplicada pela fonte. Logo, sempre é necessário certificar-se de que os elementos reativos usados em um circuito ressonante são capazes de suportar as tensões e correntes esperadas.

Exemplo 21-1

Encontre as grandezas indicadas para o circuito da Figura 21-5.

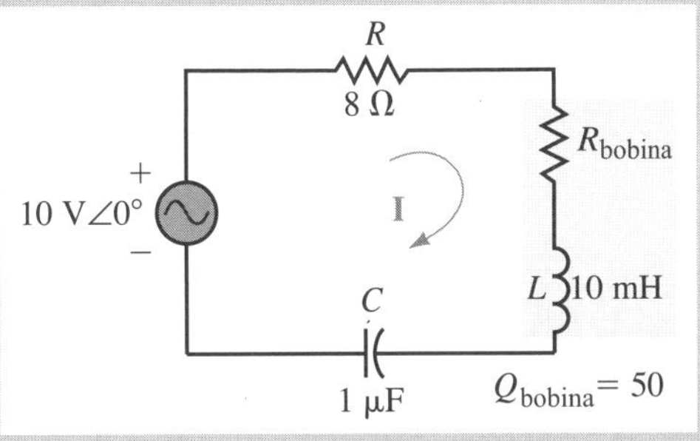

FIGURA 21-5

a. A frequência de ressonância expressa em ω(rad/s) e f(Hz).

b. A impedância total em ressonância.

c. A corrente em ressonância.

d. $\mathbf{V}_L$ e $\mathbf{V}_C$.

e. Potências reativas, Q_C e Q_L.

f. Fator de qualidade do circuito, Q_S.

Solução:

a.

$$\omega_S = \frac{1}{\sqrt{LC}} = \frac{1}{\sqrt{(10\text{ mH})(1\,\mu\text{F})}} = 10\,000 \text{ rad/s}$$

$$f_S = \frac{\omega}{2\pi} = 1592 \text{ Hz}$$

b.

$$X_L = \omega L = (10\,000 \text{ rad/s})(10 \text{ mH}) = 100\ \Omega$$

$$R_{\text{bobina}} = \frac{X_L}{Q_{\text{bobina}}} = \frac{100\ \Omega}{50} = 2{,}00\ \Omega$$

$$R_T = R + R_{\text{bobina}} = 10{,}0\ \Omega$$

$$\mathbf{Z}_T = 10\ \Omega\angle 0°$$

c.

$$\mathbf{I} = \frac{\mathbf{E}}{\mathbf{Z}_T} = \frac{10\text{ V}\angle 0°}{10\ \Omega\angle 0°} = 1{,}0\text{ A}\angle 0°$$

d.

$$\mathbf{V}_L = (100\ \Omega\angle 90°)(1{,}0\text{ A}\angle 0°) = 100\text{ V}\angle 90°$$

$$\mathbf{V}_C = (100\ \Omega\angle -90°)(1{,}0\text{ A}\angle 0°) = 100\text{ V}\angle -90°$$

Observe que a tensão nos elementos reativos é dez vezes maior do que a tensão aplicada pelo sinal.

(continua)

Exemplo 21-1 *(continuação)*

e. Embora usemos o símbolo Q para designar a potência reativa e o fator de qualidade, o contexto da questão geralmente nos fornece uma pista sobre o termo referido.

$$Q_L = (1{,}0\ \text{A})^2(100\ \Omega) = 100\ \text{VAR}$$
$$Q_C = (1{,}0\ \text{A})^2(100\ \Omega) = 100\ \text{VAR}$$

f.
$$Q_S = \frac{Q_L}{P} = \frac{100\ \text{VAR}}{10\ \text{W}} = 10$$

PROBLEMAS PRÁTICOS 1

Considere o circuito da Figura 21-6:

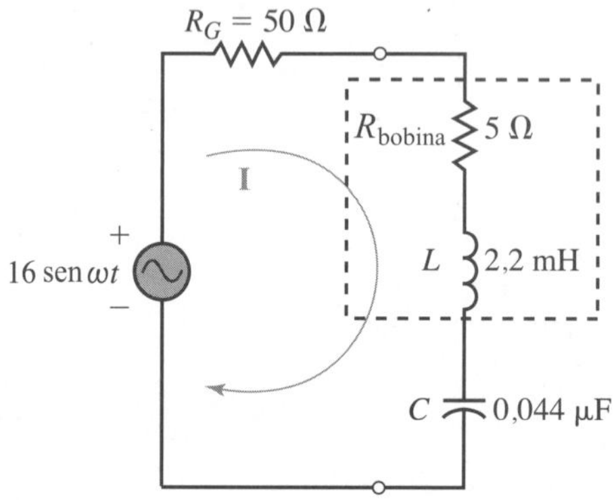

MULTISIM

FIGURA 21-6

a. Encontre a frequência expressa em ω(rad/s) e *f*(Hz).

b. Determine a impedância total em ressonância.

c. Calcule **I**, $\mathbf{V}_L$ e $\mathbf{V}_C$ em ressonância.

d. Calcule as potências reativas Q_C e Q_L em ressonância.

e. Encontre o fator de qualidade, Q_S, do circuito.

Respostas

a. 102 krad/s, 16,2 kHz; **b.** 55,0 $\Omega\angle 0°$

c. 0,206 $\text{A}\angle 0°$, 46,0$\text{V}\angle 90°$, 46,0 $\text{V}\angle -90°$; **d.** 9,46 VAR; e. 4,07

21.3 Impedância de um Circuito Ressonante Série

Nesta seção, examinaremos como a impedância de um circuito ressonante série varia em função da frequência. Como as impedâncias dos indutores e capacitores dependem da frequência, a impedância total de um circuito ressonante série deve variar também com a frequência. Por uma questão de simplicidade algébrica, usamos a frequência expressa como ω em radianos por segundo. Se for necessário expressar a frequência em hertz, a conversão da Equação 21-6 será usada.

A impedância total de um circuito ressonante série simples é escrita como

$$\begin{aligned}\mathbf{Z}_T &= R + j\omega L - j\frac{1}{\omega C}\\ &= R + j\left(\frac{\omega^2 LC - 1}{\omega C}\right)\end{aligned}$$

A magnitude e o ângulo de fase do vetor da impedância, $\mathbf{Z}_T$, são expressos da seguinte maneira:

$$Z_T = \sqrt{R^2 + \left(\frac{\omega^2 LC - 1}{\omega C}\right)^2} \quad \textbf{(21-16)}$$

$$\theta = \text{tg}^{-1}\left(\frac{\omega^2 LC - 1}{\omega RC}\right) \quad \textbf{(21-17)}$$

Examinando essas equações para diversos valores da frequência, percebemos que as seguintes condições serão aplicáveis:

Quando $\omega = \omega_S$:

$$Z_T = R$$

e

$$\theta = \text{tg}^{-1} 0 = 0^\circ$$

Esse resultado é compatível com os obtidos na seção anterior.

Quando $\omega < \omega_S$:

À medida que diminuímos ω da ressonância, Z_T irá aumentar até $\omega = 0$. A essa altura, a magnitude da impedância estará indefinida, correspondendo a um circuito aberto. Como esperado, ocorre a impedância grande porque o capacitor se comporta como um circuito aberto em DC.

O ângulo θ ocorre entre 0º e –90º, uma vez que o numerador da função arco tangente será sempre negativo, correspondendo a um ângulo no quarto quadrante. Como o ângulo da impedância tem um sinal negativo, conclui-se que a impedância deve parecer capacitiva nessa região.

Quando $\omega > \omega_S$:

Como ω é maior do que a ressonância, a impedância $\mathbf{Z}_T$ irá aumentar devido ao aumento da reatância do indutor.

Para esses valores de ω, o ângulo θ sempre estará entre 0º e +90º, uma vez que o numerador e o denominador da função arco tangente são positivos. Como o ângulo de $\mathbf{Z}_T$ ocorre no primeiro quadrante, a impedância deve ser indutiva.

Desenhando a magnitude e o ângulo de fase da impedância $\mathbf{Z}_T$ como uma função da frequência angular, temos as curvas mostradas na Figura 21-7.

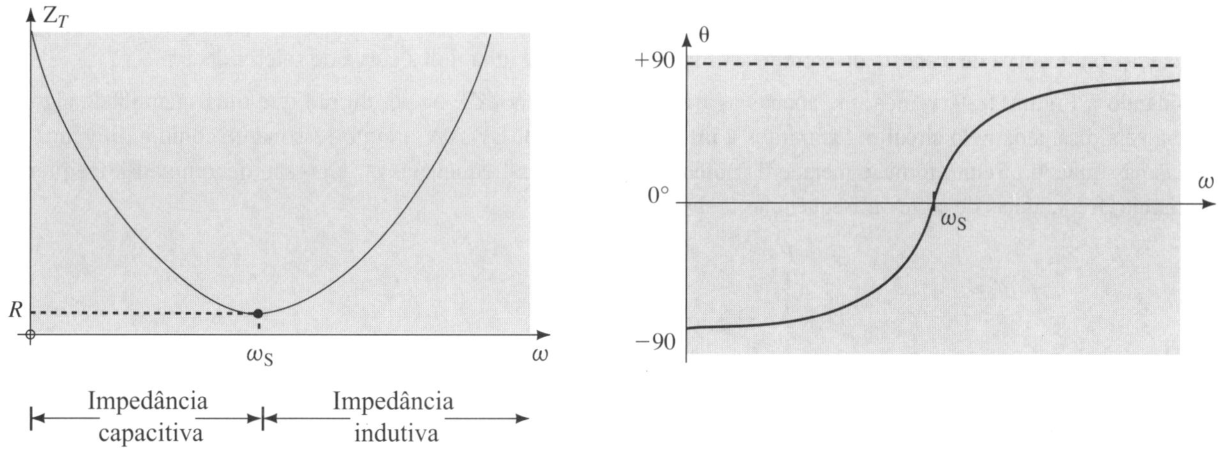

FIGURA 21-7 Impedância (magnitude e ângulo de fase) *versus* frequência angular para um circuito ressonante série.

21.4 Potência, Largura de Banda e Seletividade de um Circuito Ressonante Série

Dada a impedância variável no circuito, conclui-se que, se uma tensão com amplitude constante for aplicada ao circuito ressonante série, a corrente e a potência do circuito não serão constantes em todas as frequências. Nesta seção, examinaremos como a corrente e a potência são afetadas quando variamos a frequência da fonte de tensão.

Aplicando a lei de Ohm, temos a magnitude da corrente em ressonância da seguinte maneira:

$$I_{\text{máx.}} = \frac{E}{R} \tag{21-18}$$

Para todas as outras frequências, a magnitude da corrente será menor do que $I_{\text{máx}}$, porque a impedância é maior do que na ressonância. Na verdade, quando a frequência for zero (DC), a corrente será zero, já que o capacitor é efetivamente um circuito aberto. Por outro lado, em frequências cada vez maiores, o indutor começa a se aproximar de um circuito aberto, fazendo com que a corrente no circuito se aproxime de zero novamente. A Figura 21-8 mostra a curva de resposta da corrente para um típico circuito ressonante série.

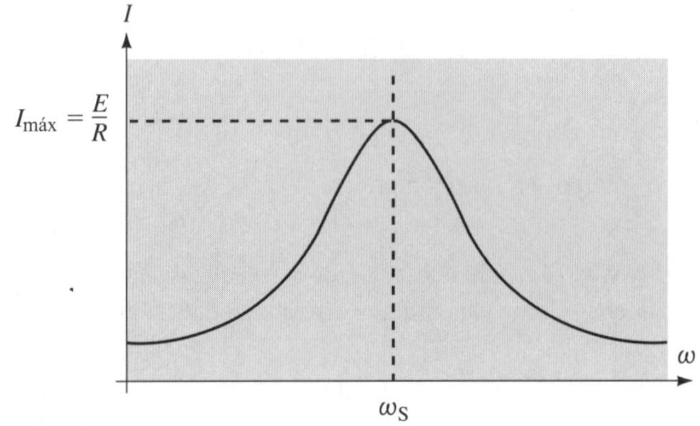

FIGURA 21-8 Corrente *versus* frequência angular para um circuito ressonante série.

A potência total dissipada pelo circuito em qualquer frequência é obtida por

$$P = I^2R \tag{21-19}$$

Como a corrente é máxima em ressonância, a potência também deve ser máxima em ressonância. A potência máxima dissipada pelo circuito ressonante série é, portanto, obtida com

$$P_{\text{máx}} = I^2_{\text{máx.}}R = \frac{E^2}{R} \tag{21-20}$$

A resposta da potência de um circuito ressonante série tem uma curva em forma de sino, denominada **curva de seletividade**, que é parecida com a curva de resposta da corrente. A Figura 21-9 ilustra uma típica curva de seletividade.

Examinando a Figura 21-9, vemos que apenas as frequências ao redor de ω_S permitirão que uma quantidade significativa de potência seja dissipada pelo circuito. Definimos a **largura de banda**, BW, do circuito ressonante como a diferença entre as frequências nas quais o circuito fornece metade da potência máxima. As frequências ω_1 e ω_2 são denominadas **frequências de meia-potência**, frequências de corte ou frequências de banda.

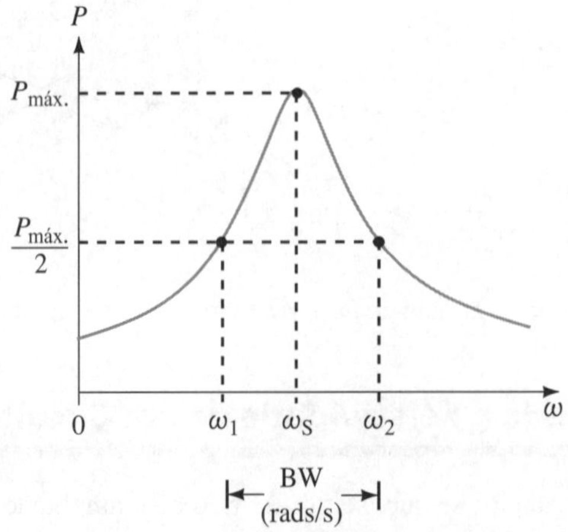

FIGURA 21-9 Curva de seletividade.

Se a largura de banda de um circuito for mantida muito estreita, diz-se que o circuito apresenta seletividade alta, uma vez que é altamente seletivo em relação a sinais que ocorrem dentro de uma faixa muito estreita de frequências. Por outro lado, se a largura de banda de um circuito for larga, diz-se que o circuito tem uma seletividade baixa.

Os elementos de um circuito ressonante série determinam não só a frequência na qual o circuito é ressonante como também o formato (e, portanto, a largura de banda) da curva de resposta da potência. Considere um circuito no qual a resistência, R, e a frequência de ressonância, ω_S, são mantidas constantes. Percebemos que, aumentando a razão L/C, os lados da curva de resposta da potência se tornam mais íngremes. Isso, por sua vez, resulta na diminuição da largura de banda. De modo inverso, diminuir a razão L/C faz com que os lados da curva fiquem menos íngremes, resultando em uma largura de banda maior. Essas características estão ilustradas na Figura 21-10.

NOTAS...

Para Investigação Adicional

Na Figura 21-9, vemos que a curva de seletividade não é perfeitamente simétrica nos dois lados da frequência ressonante. Como resultado, ω_S não está exatamente centralizada entre as frequências de meia-potência. No entanto, à medida que Q aumenta, vemos que a frequência ressonante se aproxima do ponto central entre ω_1 e ω_2. *Em geral, se $Q > 10$, então se pressupõe que a frequência de ressonância esteja no ponto central das frequências de meia-potência.*

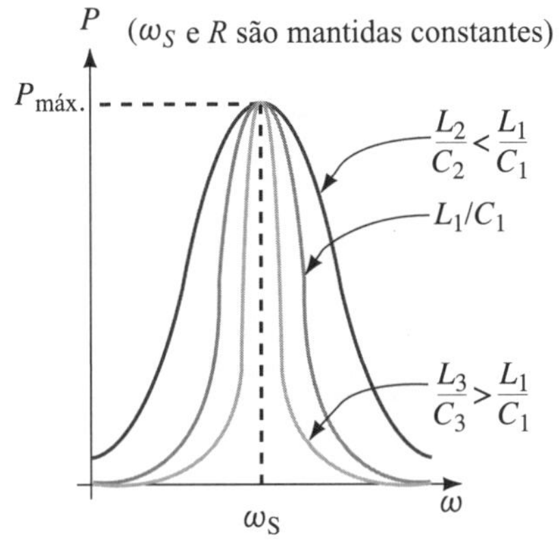

FIGURA 21-10

Se, por outro lado, L e C forem mantidas constantes, vemos que a largura de banda diminuirá à medida que R diminuir e aumentará à medida que R aumentar. A Figura 21-11 mostra como o formato da curva de seletividade depende do valor da resistência. Um circuito série terá a maior seletividade se a resistência do circuito for mantida em um valor mínimo.

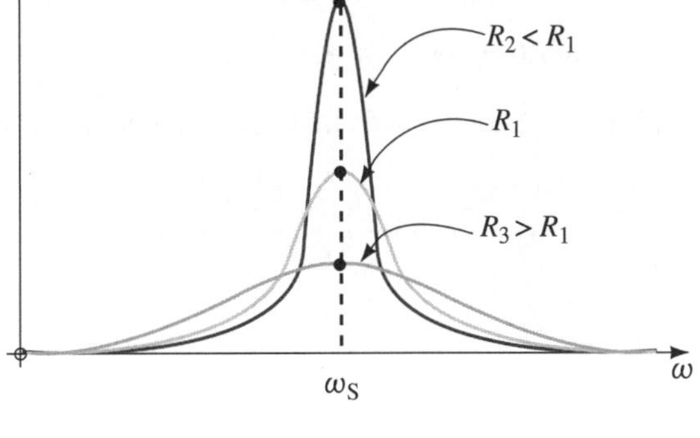

FIGURA 21-11

Para o circuito ressonante série, a potência em qualquer frequência é determinada como

$$P = I^2R$$
$$= \left(\frac{E}{Z_T}\right)^2 R$$

Substituindo a Equação 21-16 nessa expressão, chegamos à expressão geral para a potência em função da frequência, ω:

$$P = \frac{E^2R}{R^2 + \left(\dfrac{\omega^2LC - 1}{\omega C}\right)^2} \tag{21-21}$$

Nas frequências de meia-potência, a potência deve ser

$$P_{\text{hpf}} = \frac{E^2}{2R} \tag{21-22}$$

Como a corrente máxima no circuito é obtida por $I_{\text{máx}} = E/R$, vemos que, manipulando a expressão acima, a magnitude da corrente nas frequências de meia-potência é

$$I_{\text{hpf}} = \sqrt{\frac{P_{\text{hpf}}}{R}} = \sqrt{\frac{E^2}{2R^2}} = \sqrt{\frac{I^2_{\text{máx}}}{2}}$$

$$I_{\text{hpf}} = \frac{I_{\text{máx}}}{\sqrt{2}} \tag{21-23}$$

As frequências de corte são encontradas avaliando as frequências nas quais a potência dissipada pelo circuito é metade da potência máxima. Combinando as Equações 21-21 e 21-22, temos o seguinte:

$$\frac{E^2}{2R} = \frac{E^2R}{R^2 + \left(\dfrac{\omega^2LC - 1}{\omega C}\right)^2}$$

$$2R^2 = R^2 + \left(\frac{\omega^2LC - 1}{\omega C}\right)^2$$

$$\frac{\omega^2LC - 1}{\omega C} = \pm R$$

$$\omega^2LC - 1 = \pm\omega RC \quad \text{(em meia-potência)} \tag{21-24}$$

Nas curvas de seletividade para um circuito série, vemos que os dois pontos de meia-potência ocorrem nos dois lados da frequência angular de ressonância, ω_S.

Quando $\omega < \omega_S$, o termo ω^2LC deve ser menor do que 1. Nesse caso, determinamos a solução da seguinte maneira:

$$\omega^2LC - 1 = -\,\omega RC$$

$$\omega^2LC + \omega RC - 1 = 0$$

A solução da equação quadrática gera a menor frequência de meia-potência como

$$\omega_1 = \frac{-RC + \sqrt{(RC)^2 + 4LC}}{2LC}$$

ou

$$\omega_1 = \frac{-R}{2L} \quad \sqrt{\frac{R^2}{4L^2} \quad \frac{1}{LC}} \tag{21-25}$$

De modo semelhante, para $\omega > \omega_S$, a maior frequência de meia-potência é

$$\omega_2 = \frac{R}{2L} + \sqrt{\frac{R^2}{4L^2} + \frac{1}{LC}} \tag{21-26}$$

Tirando a diferença entre as Equações 21-25 e 21-26, encontramos a largura de banda como

$$BW = \omega_2 - \omega_1$$

$$= \frac{R}{2L} + \sqrt{\frac{R^2}{4L^2} + \frac{1}{LC}} - \left(-\frac{R}{2L} + \sqrt{\frac{R^2}{4L^2} + \frac{1}{LC}}\right)$$

que gera

$$BW = \frac{R}{L} \text{ (rad/s)} \tag{21-27}$$

Se essa expressão for multiplicada por ω_S/ω_S, obteremos

$$BW = \frac{\omega_S R}{\omega_S L}$$

e como $Q_S = \omega_S L/R$, simplificamos ainda mais a largura de banda:

$$BW = \frac{\omega_S}{Q_S} \text{ (rad/s)} \tag{21-28}$$

Como a largura de banda também pode ser expressa em hertz, essa expressão é equivalente a

$$BW = \frac{f_S}{Q_S} \text{ (HZ)} \tag{21-29}$$

Exemplo 21-2

Observe o circuito da Figura 21-12.

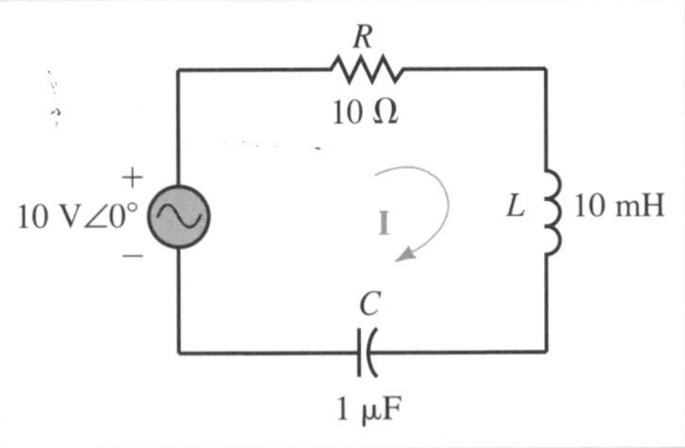

FIGURA 21-12

a. Determine a potência máxima dissipada pelo circuito.

b. Use os resultados obtidos no Exemplo 21-1 para determinar a largura de banda do circuito ressonante e obter as frequências aproximadas de meia-potência, ω_1 e ω_2.

c. Calcule as frequências de meia-potência efetivas, ω_1 e ω_2, a partir dos valores fornecidos para as componentes. Mostre as respostas com duas casas decimais.

d. Calcule a corrente I no circuito e a potência dissipada na menor frequência de meia-potência, ω_1, encontrada na Parte (c).

Solução:

a. $P_{máx} = \dfrac{E^2}{R} = 10{,}0 \text{ W}$

(continua)

Exemplo 21-2 *(continuação)*

b. No Exemplo 21-1, o circuito apresentava as seguintes características:

$$Q_S = 10,\ \omega_S = 10 \text{ krad/s}$$

Determina-se a largura de banda do circuito como

$$\text{BW} = \omega_S Q_S = 1{,}0 \text{ krad/s}$$

Se a frequência de ressonância estivesse centralizada na largura de banda, as frequências de meia-potência ocorreriam em aproximadamente

$$\omega_1 = 9{,}50 \text{ krad/s}$$

e

$$\omega_2 = 10{,}50 \text{ krad/s}$$

c.
$$\begin{aligned}
\omega_1 &= -\frac{R}{2L} + \sqrt{\frac{R^2}{4L^2} + \frac{1}{LC}} \\
&= -\frac{10\ \Omega}{(2)(10\text{ mH})} + \sqrt{\frac{(10\ \Omega)^2}{(4)(10\text{ mH})^2} + \frac{1}{(10\text{ mH})(1\ \mu\text{F})}} \\
&= -500 + 10\,012{,}49 = 9512{,}49 \text{ rad/s} \quad (f_1 = 1514{,}0 \text{ Hz}) \\
\omega_2 &= \frac{R}{2L} + \sqrt{\frac{R^2}{4L^2} + \frac{1}{LC}} \\
&= 500 + 10\,012{,}49 = 10\,512{,}49 \text{ rad/s} \quad (f_2 = 1673{,}1 \text{ Hz})
\end{aligned}$$

Observe que o valor efetivo das frequências de meia-potência é muito próximo dos valores aproximados. Sendo assim, se $Q \geq 10$, geralmente basta calcular as frequências de corte usando o método mais fácil apresentado na Parte (b).

d. Em $\omega_1 = 9{,}51249$ krad/s, as reatâncias são as seguintes:

$$X_L = \omega L = (9{,}51249 \text{ krad/s})(10 \text{ mH}) = 95{,}12\ \Omega$$

$$X_C = \frac{1}{\omega C} = \frac{1}{(9{,}51249 \text{ krad/s})(1\ \mu\text{F})} = 105{,}12\ \Omega$$

Agora a corrente é determinada como

$$\begin{aligned}
\mathbf{I} &= \frac{10 \text{ V}\angle 0°}{10\ \Omega + j95{,}12\ \Omega - j105{,}12\ \Omega} \\
&= \frac{10 \text{ V}\angle 0°}{14{,}14\ \Omega\angle -45°} \\
&= 0{,}707 \text{ A}\angle 45°
\end{aligned}$$

e a potência é dada por

$$P = I^2R = (0{,}707 \text{ A})^2(10 \text{ V}) = 5{,}0 \text{ W}$$

Como esperado, vemos que a potência na frequência ω_1 é realmente igual à meia-potência dissipada pelo circuito na ressonância.

Exemplo 21-3

Observe o circuito da Figura 21-13.

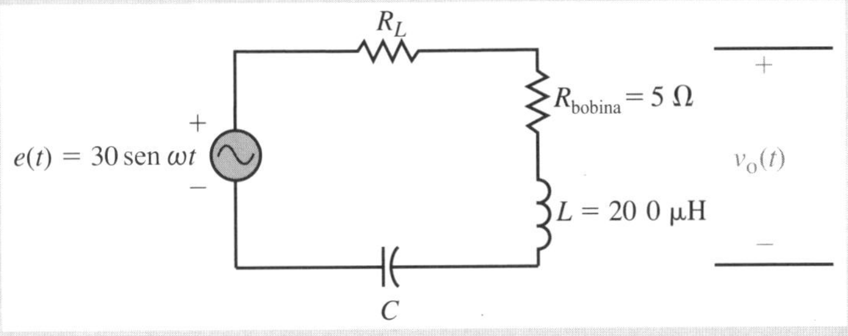

FIGURA 21-13

a. Calcule os valores de R_L e C para que o circuito tenha uma frequência de ressonância de 200 kHz e uma largura de banda de 16 kHz.

b. Use os valores designados para as componentes para determinar a potência dissipada pelo circuito em ressonância.

c. Calcule $v_o(t)$ em ressonância.

Solução:

a. Como o circuito está em ressonância, devemos ter as seguintes condições:

$$Q_S = \frac{f_S}{\text{BW}} = \frac{200 \text{ kHz}}{16 \text{ kHz}} = 12{,}5$$

$$X_L = 2\pi f_L = 2\pi(200 \text{ kHz})(200\ \mu\text{H}) = 251{,}3\ \Omega$$

$$R = R_L + R_{\text{bobina}} = \frac{X_L}{Q_S} = 20{,}1\ \Omega$$

assim, R_L deve ser

$$R_L = 20{,}1\ \Omega - 5\ \Omega = 15{,}1\ \Omega$$

Como $X_C = X_L$, determinamos a capacitância como

$$C = \frac{1}{2\pi f X_C} = \frac{1}{2\pi(200 \text{ kHz})(251{,}3\ \Omega)} = 3{,}17 \text{ nF } (\equiv 0{,}00317\ \mu\text{F})$$

(continua)

Exemplo 21-3 *(continuação)*

b. Determinamos a potência em ressonância a partir da Equação 21-20 como

$$P_{\text{máx}} = \frac{E^2}{R} = \frac{\left(\frac{30\ \text{V}}{\sqrt{2}}\right)^2}{20{,}1\ \Omega}$$

$$= 22{,}4\ \text{W}$$

c. A partir do circuito da Figura 21-13, vemos que a tensão $v_o(t)$ pode ser determinada aplicando-se a regra do divisor de tensão ao circuito. Deve-se, entretanto, fazer primeiro a conversão da fonte de tensão do domínio do tempo para o domínio fasorial, como a seguir:

$$e(t) = 30 \text{ sen } \omega t \Leftrightarrow \mathbf{E} = 21{,}21\ \text{V}0°$$

Aplicando a regra do divisor de tensão ao circuito, temos

$$\mathbf{V}_o = \frac{(R_1 + j\omega L)}{R}\mathbf{E}$$

$$= \frac{(5\ \Omega + j251{,}3\ \Omega)}{20{,}1\ \Omega} 21{,}21\ \text{V}\angle 0°$$

$$= (251{,}4\ \Omega\angle 88{,}86°)(1{,}056\ \text{A}\angle 0°)$$

$$= 265{,}5\ \text{V}\angle 88{,}86°$$

que no domínio do tempo é dada como

$$v_o(t) = 375 \text{ sen}(\omega t + 88{,}86°)$$

PROBLEMAS PRÁTICOS 2

Observe o circuito da Figura 21-14.

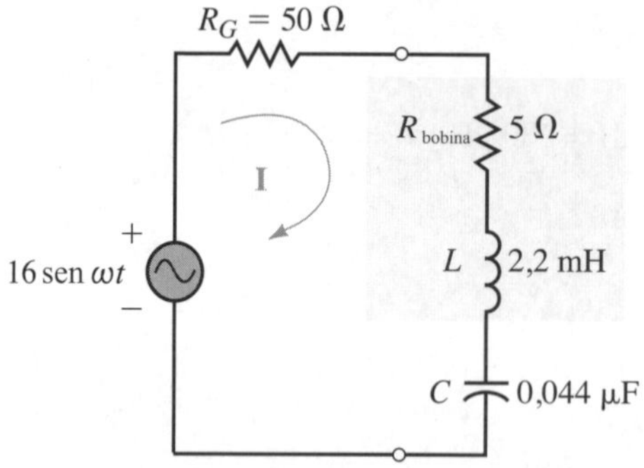

MULTISIM

FIGURA 21-14

a. Determine a potência máxima dissipada pelo circuito.

b. Use os resultados obtidos no Problema 1 para determinar a largura de banda do circuito ressonante. Calcule os valores aproximados das frequências de meia-potência, ω_1 e ω_2.

c. Calcule as frequências de meia-potência efetivas, ω_1 e ω_2, para os valores fornecidos dos componentes. Compare seus resultados com os obtidos na Parte (b). Explique sucintamente por que há discrepância entre os resultados.

d. Calcule a corrente **I** no circuito e a potência dissipada na menor frequência de meia-potência, ω_1, encontrada na Parte (c).

Respostas

a. 2,33 W

b. BW = 25,0 krad/s (3,98 kHz), $\omega_1 \cong 89{,}1$ krad/s, $\omega_2 \cong 114{,}1$ krad/s

c. $\omega_1 = 89{,}9$ krad/s, $\omega_2 \cong 114{,}9$ krad/s. Com a aproximação, parte-se do princípio de que a curva potência *versus* frequência é simétrica em ω_S, o que não é de todo verdade.

d. $\mathbf{I} = 0{,}145\ \text{A}\angle 45°$, $P = 1{,}16$ W

VERIFICAÇÃO DO PROCESSO DE APRENDIZAGEM 1

(As respostas encontram-se no final do capítulo.)

Considere o circuito ressonante série da Figura 21-15.

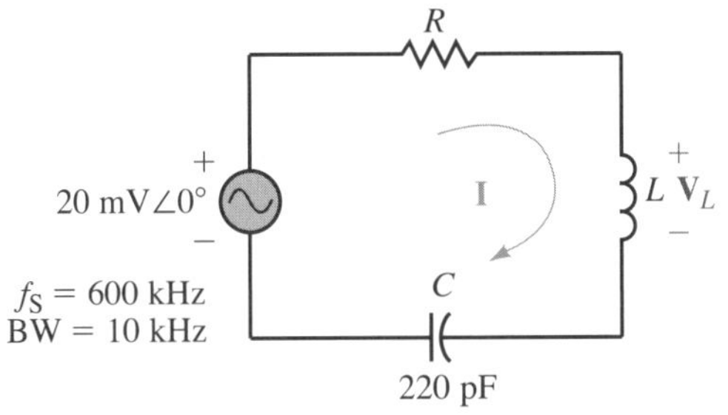

FIGURA 21-15

Suponha que o circuito tenha uma frequência de ressonância de 600 kHz e uma largura de banda de 10 kHz:

a. Determine o valor do indutor L em henry.

b. Calcule o valor do resistor R em ohms.

c. Encontre $\mathbf{I}$, $\mathbf{V}_L$ e a potência, P, em ressonância.

d. Encontre os valores aproximados para as frequências de meia-potência, f_1 e f_2.

e. Usando os resultados da Parte (d), determine a corrente no circuito na menor frequência de meia-potência, f_1, e mostre que a potência dissipada pelo resistor nesta frequência é a metade da potência dissipada pela frequência de ressonância.

VERIFICAÇÃO DO PROCESSO DE APRENDIZAGEM 2

(As respostas encontram-se no final do capítulo.)

Considere o circuito ressonante série da Figura 21-16:

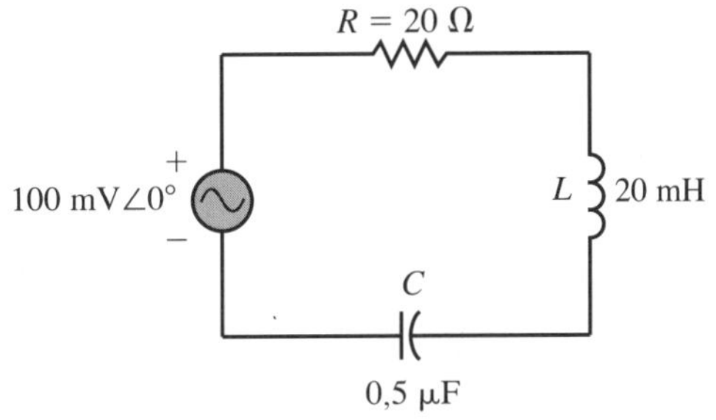

FIGURA 21-16

a. Calcule a frequência de ressonância do circuito, ω_S, e calcule a potência dissipada pelo circuito em ressonância.

b. Determine Q, BW e as frequências de meia-potência, ω_1 e ω_2, em radianos por segundo.

c. Faça um esboço da curva de seletividade do circuito, mostrando P (em watts) *versus* ω (em radianos por segundo).

d. Repita as Partes (a) até (c) se o valor da resistência for reduzido para 10 Ω.

e. Explique de maneira sucinta como a seletividade depende do valor da resistência em um circuito ressonante série.

21.5 Conversão Série-paralelo de Circuitos *RL* e *RC*

Como já vimos, um indutor sempre terá alguma resistência série devido ao comprimento do fio usado no enrolamento da bobina. Embora, em geral, a resistência do fio seja pequena em comparação com as reatâncias no circuito, essa resistência pode ocasionalmente contribuir de maneira significativa para a resposta global de um circuito ressonante paralelo. Primeiro convertemos a rede *RL* série, conforme mostrado na Figura 21-17, em uma rede *RL* paralela equivalente. Deve-se ressaltar, no entanto, que *a equivalência só é válida em uma única frequência,* ω.

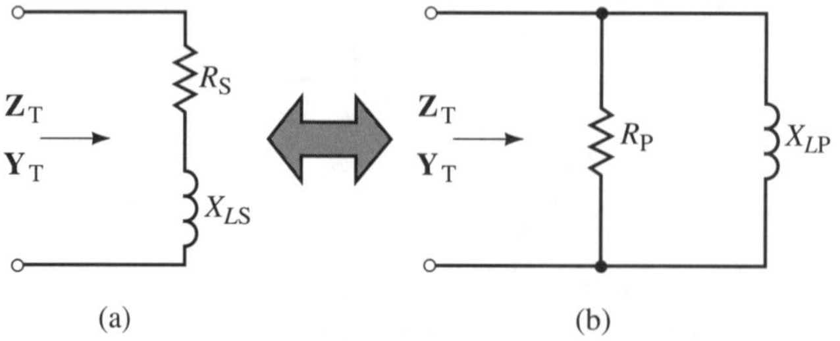

FIGURA 21-17

As redes da Figura 21-17 podem ser equivalentes apenas se cada uma delas tiver a mesma impedância de entrada, $\mathbf{Z}_T$ (e também a mesma admitância de entrada, $\mathbf{Y}_T$).

A impedância de entrada da rede série da Figura 21-17(a) é dada como

$$\mathbf{Z}_T = R_S + jX_{LS}$$

o que gera a seguinte admitância de entrada

$$\mathbf{Y}_T = \frac{1}{\mathbf{Z}_T} = \frac{1}{R_S + jX_{LS}}$$

Multiplicando o numerador e o denominador pelo complexo conjugado, temos

$$\mathbf{Y}_T = \frac{R_S - jX_{LS}}{(R_S + jX_{LS})(R_S - jX_{LS})}$$

$$= \frac{R_S - jX_{LS}}{R_S^2 + X_{LS}^2}$$

$$= \frac{R_S}{R_S^2 + X_{LS}^2} - j\frac{X_{LS}}{R_S^2 + X_{LS}^2} \qquad \textbf{(21-30)}$$

A partir da Figura 21-7(b), vemos que a admitância de entrada da rede paralela deve ser

$$\mathbf{Y}_T = G_P - jB_{LP}$$

que também pode ser escrita como

$$\mathbf{Y}_T = \frac{1}{R_P} - j\frac{1}{X_{LP}} \qquad \textbf{(21-31)}$$

As admitâncias das Equações 21-30 e 21-31 só podem ser iguais se as componentes real e imaginária também o forem. Como resultado, vemos que, para uma dada frequência, as equações a seguir nos permitem converter uma rede *RL* série em sua rede paralela equivalente:

$$R_P = \frac{R_S^2 + X_{LS}^2}{R_S} \qquad \textbf{(21-32)}$$

$$X_{LP} = \frac{R_S^2 + X_{LS}^2}{X_{LS}} \qquad \textbf{(21-33)}$$

Se tivéssemos uma rede *RL* paralela, seria possível mostrar que a conversão em uma rede série equivalente é realizada pela aplicação das seguintes equações:

$$R_S = \frac{R_P X_{LP}^2}{R_P^2 + X_{LP}^2} \qquad \textbf{(21-34)}$$

$$X_{LS} = \frac{R_P^2 X_{LP}}{R_P^2 + X_{LP}^2} \qquad \textbf{(21-35)}$$

A dedução dessas equações fica como exercício para o aluno.

As Equações 21-32 a 21-35 podem ser simplificadas usando o fator de qualidade da bobina. Multiplicando a Equação 21-32 por R_S/R_S e depois usando a Equação 21-13, temos

$$R_P = R_S \frac{R_S^2 + X_{LS}^2}{R_S^2}$$

$$R_P = R_S(1 + Q^2) \qquad \textbf{(21-36)}$$

De modo semelhante, a Equação 21-33 é simplificada da seguinte maneira:

$$X_{LP} = X_{LS} \frac{R_S^2 + X_{LS}^2}{X_{LS}^2}$$

$$X_{LP} = X_{LS}\left(1 + \frac{1}{Q^2}\right) \qquad \textbf{(21-37)}$$

O fator de qualidade da rede paralela resultante deve ser igual ao da rede série original, uma vez que as potências reativa e média devem ser idênticas. Usando os elementos paralelos, o fator de qualidade é expresso como

$$Q = \frac{X_{LS}}{R_S} = \frac{\left(\dfrac{R_P^2 X_{LP}}{R_P^2 + X_{LP}^2}\right)}{\left(\dfrac{R_P X_{LP}^2}{R_P^2 + X_{LP}^2}\right)}$$

$$= \frac{R_P^2 X_{LP}}{R_P X_{LP}^2}$$

$$Q = \frac{R_P}{X_{LP}} \qquad \textbf{(21-38)}$$

Exemplo 21-4

Para a rede série da Figura 21-18, encontre o Q da bobina em $\omega = 1000$ rad/s e converta a rede *RL* série em sua equivalente paralela. Repita esses passos para $\omega = 10$ krad/s.

Solução:

Para $\omega = 1000$ rad/s,

$$X_L = \omega L = 20\ \Omega$$

$$Q = \frac{X_L}{R} = 2{,}0$$

$$R_P = R(1 + Q^2) = 50\ \Omega$$

$$X_{LP} = X_L\left(1 + \frac{1}{Q^2}\right) = 25\ \Omega$$

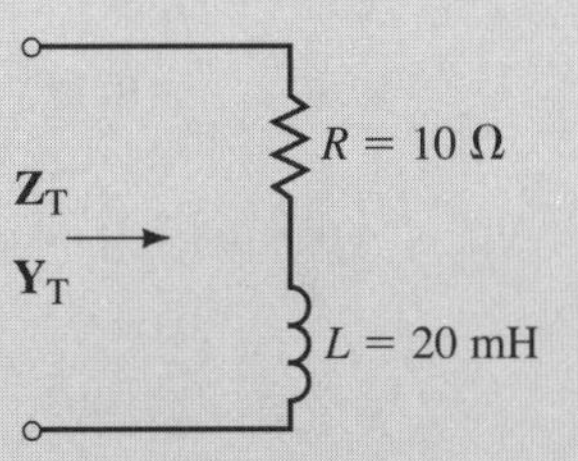

FIGURA 21-18

(continua)

Exemplo 21-4 *(continuação)*

A Figura 21-19 mostra a rede paralela resultante para ω = 1000 rad/s.

Para ω = 10 krad/s,

$$X_L = \omega L = 200\ \Omega$$

$$Q = \frac{X_L}{R} = 20$$

$$R_P = R(1 + Q^2) = 4010\ \Omega$$

$$X_{LP} = X_L\left(1 + \frac{1}{Q^2}\right) = 200{,}5\ \Omega$$

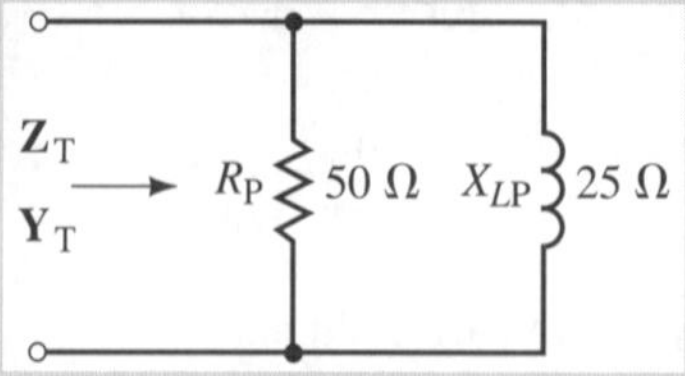

FIGURA 21-19

A Figura 21-20 mostra a rede paralela resultante para ω = 10 krad/s.

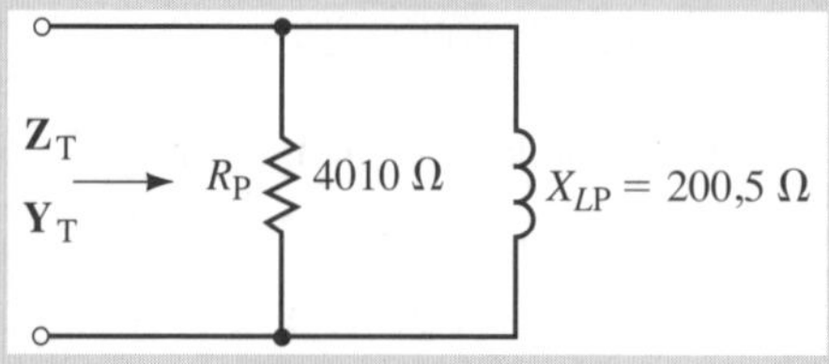

FIGURA 21-20

Exemplo 21-5

Determine o Q de cada uma das redes da Figura 21-21 e o equivalente série para cada uma delas.

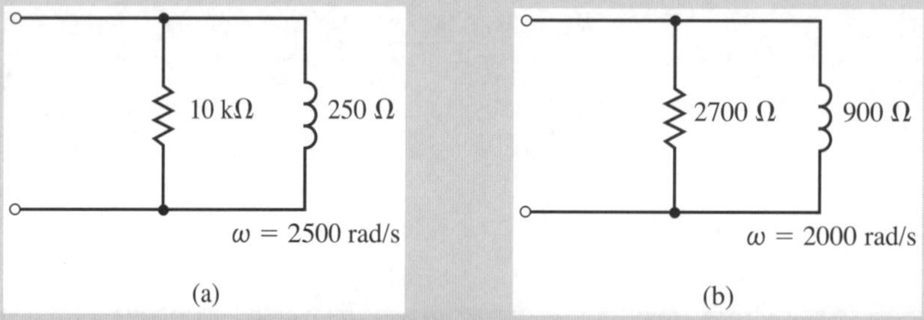

FIGURA 21-21

Solução: Para cada rede da Figura 21-21(a),

$$Q = \frac{R_P}{X_{LP}} = \frac{10\ \text{k}\Omega}{250\ \Omega} = 40$$

$$R_S = \frac{R_P}{1 + Q^2} = \frac{10\ \text{k}\Omega}{1 + 40^2} = 6{,}25\ \Omega$$

$$X_{LS} = QR_S = (40)(6{,}25\ \Omega) = 250\ \Omega$$

$$L = \frac{X_L}{\omega} = \frac{250\ \Omega}{2500\ \text{rad/s}} = 0{,}1\ \text{H}$$

(continua)

Exemplo 21-5 *(continuação)*

Para a rede da Figura 21-21(b),

$$Q = \frac{R_P}{X_{LP}} = \frac{2700\ \Omega}{900\ \Omega} = 3$$

$$R_S = \frac{R_P}{1 + Q^2} = \frac{2700\ \Omega}{1 + 3^2} = 270\ \Omega$$

$$X_{LS} = QR_S = (3)(270\ \Omega) = 810\ \Omega$$

$$L = \frac{X_L}{\omega} = \frac{810\ \Omega}{2000\ \text{rad/s}} = 0{,}405\ \text{H}$$

A Figura 21-22 mostra as redes série equivalentes.

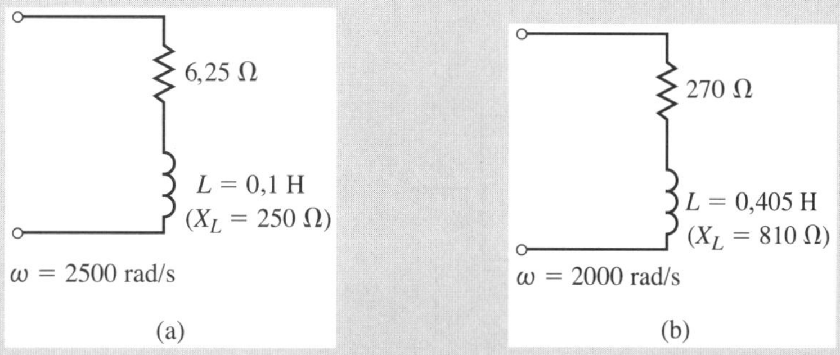

FIGURA 21-22

PROBLEMAS PRÁTICOS 3

Observe as redes da Figura 21-23.

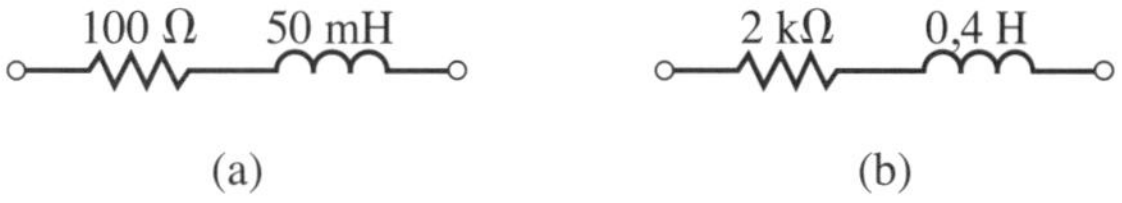

FIGURA 21-23

a. Encontre os fatores de qualidade, Q, das redes em $\omega_1 = 5$ krad/s.

b. Use o Q para achar as redes paralelas equivalentes (resistência e reatância) em uma frequência angular de $\omega_1 = 5$ krad/s.

c. Repita as Partes (a) e (b) para uma frequência angular de $\omega_2 = 25$ krad/s.

Respostas

a. $Q_a = 2{,}5$ $Q_b = 1{,}0$

b. Rede a: $R_P = 725\ \Omega$ $X_{LP} = 290\ \Omega$

Rede b: $R_P = 4\ \text{k}\Omega$ $X_{LP} = 4\ \text{k}\Omega$

c. Rede a: $Q_a = 12{,}5$ $R_P = 15{,}725\ \text{k}\Omega$ $X_{LP} = 1{,}258\ \text{k}\Omega$

Rede b: $Q_b = 5$ $R_P = 52\ \text{k}\Omega$ $X_{LP} = 10{,}4\ \text{k}\Omega$

Os exemplos anteriores ilustram dois pontos importantes que são válidos se o Q da rede é grande ($Q \geq 10$).

1. A resistência da rede paralela é aproximadamente Q^2 maior do que a resistência da rede série.
2. As reatâncias indutivas das redes série e paralela são aproximadamente iguais. Logo,

$$R_P \cong Q^2 R_S \quad (Q \geq 10) \qquad \textbf{(21-39)}$$

$$X_{LP} \cong X_{LS} \quad (Q \geq 10) \tag{21-40}$$

Embora tenhamos feito conversões entre circuitos RL série e paralelo, é fácil perceber que, se o elemento reativo é um capacitor, as conversões são igualmente aplicáveis. Em todos os casos, as mudanças nas equações se referem apenas à substituição dos termos X_{LS} e X_{LP} por X_{CS} e X_{CP}, respectivamente. O Q da rede é determinado pelas razões

$$Q = \frac{X_{CS}}{R_S} = \frac{R_P}{X_{CP}} \tag{21-41}$$

PROBLEMAS PRÁTICOS 4

Considere as redes da Figura 21-24:

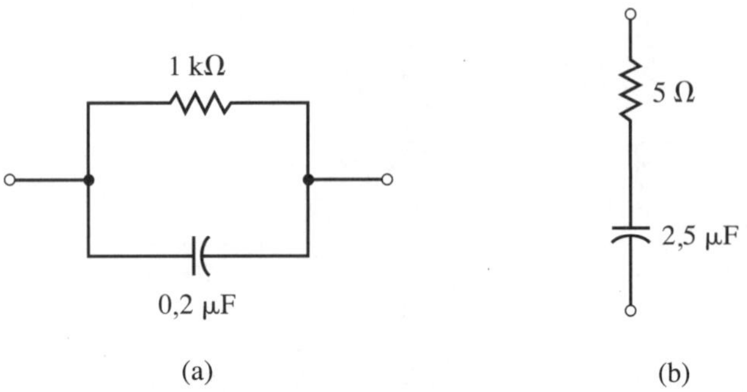

FIGURA 21-24

a. Encontre o Q de cada rede na frequência de f_1 = 1 kHz.

b. Determine o equivalente série da rede na Figura 21-24(a) e o equivalente paralelo da rede na Figura 21-24(b).

c. Repita as Partes (a) e (b) para uma frequência f_2 igual a 200 kHz.

Respostas

a. $Q_a = 1{,}26$ $\quad Q_b = 12{,}7$

b. Rede a: $R_S = 388\ \Omega$ $\quad X_{CS} = 487\ \Omega$

Rede b: $R_P = 816\ \Omega$ $\quad X_{CP} = 64{,}1\ \Omega$

c. Rede a: $Q_a = 251$ $\quad R_S = 0{,}0158\ \Omega$ $\quad X_{CS} = 3{,}98\ \Omega$

Rede b: $Q_b = 0{,}0637$ $\quad R_P = 5{,}02\ \Omega$ $\quad X_{CP} = 78{,}9\ \Omega$

VERIFICAÇÃO DO PROCESSO DE APRENDIZAGEM 3

(As respostas encontram-se no final do capítulo.)

Observe as redes da Figura 21-25:

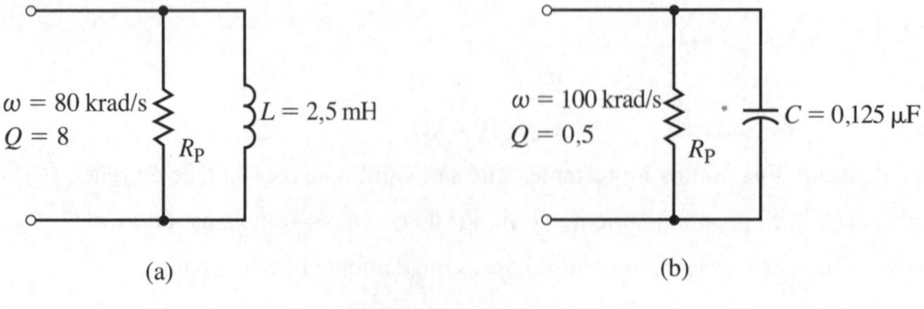

FIGURA 21-25

a. Determine a resistência, R_P, para cada rede.

b. Encontre a rede série equivalente usando o fator de qualidade para as redes fornecidas.

21.6 Ressonância Paralela

A Figura 21-26 mostra um circuito ressonante paralelo simples. O circuito ressonante paralelo é mais bem analisado quando se usa uma fonte de corrente constante, diferentemente do circuito ressonante série, que utilizava uma fonte de tensão constante.

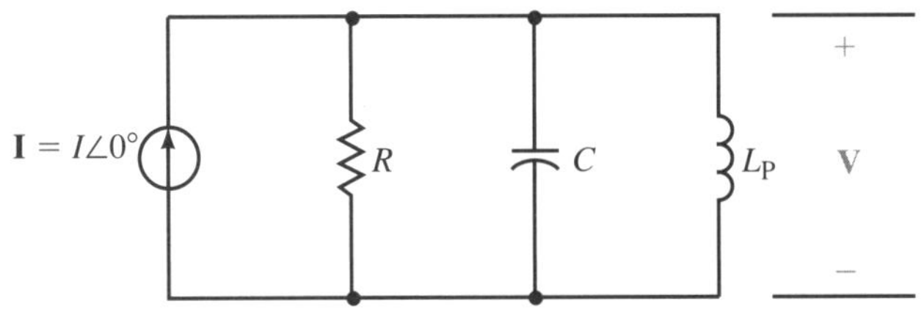

FIGURA 21-26 Circuito ressonante paralelo simples.

Considere o circuito "tanque" LC mostrado na Figura 21-27. O circuito tanque é composto de um capacitor em paralelo com um indutor. Devido ao seu Q alto e à sua resposta em frequência, o circuito tanque é muito usado em equipamentos de comunicação, como os transmissores e receptores AM, FM e de televisão.

O circuito da Figura 21-27 não é exatamente um circuito ressonante paralelo, porque a resistência da bobina está em série com a indutância. Para determinar a frequência em que o circuito é puramente resistivo, é necessário primeiro converter a combinação série da resistência e indutância em sua rede paralela equivalente. A Figura 21-28 mostra o circuito resultante.

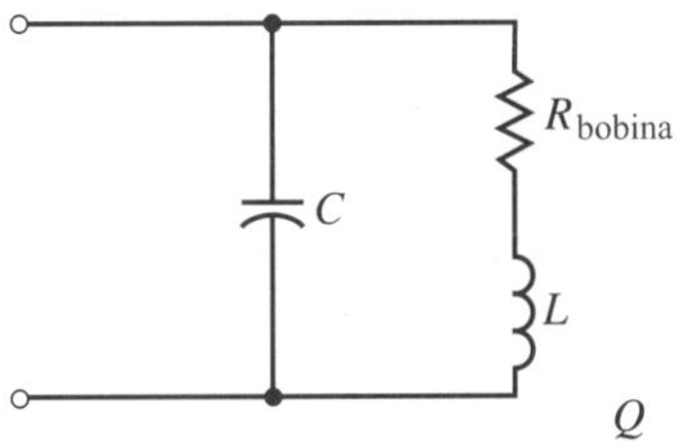

FIGURA 21-27

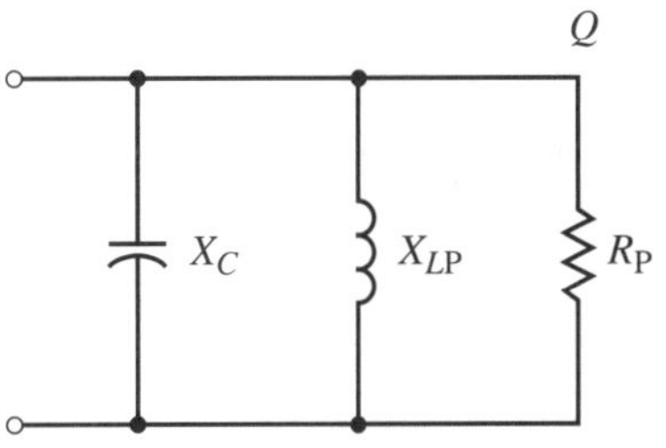

FIGURA 21-28

Na ressonância, as reatâncias capacitivas e indutivas no circuito da Figura 21-28 são iguais. Como vimos anteriormente, colocar reatâncias indutivas e capacitivas iguais em paralelo resulta efetivamente em um circuito aberto na frequência fornecida. A impedância de entrada dessa rede em ressonância é, portanto, puramente resistiva e dada como $Z_T = R_P$. Determinamos a frequência de ressonância de um circuito tanque igualando primeiro as reatâncias do circuito paralelo equivalente:

$$X_C = X_{LP}$$

Usando os valores da componente do circuito tanque, temos

$$X_C = \frac{(R_{bobina})^2 + X_L^2}{X_L}$$

$$\frac{1}{\omega C} = \frac{(R_{bobina})^2 + (\omega L)^2}{\omega L}$$

$$\frac{L}{C} = (R_{bobina})^2 + (\omega L)^2$$

que pode ser ainda mais reduzida para

$$\omega = \sqrt{\frac{1}{LC} - \frac{R_{\text{bobina}}^2}{L^2}}$$

Fatorando denominador, a frequência de ressonância paralela é expressa da seguinte maneira:

$$\omega_P = \frac{1}{\sqrt{LC}}\sqrt{1 - \frac{(R_{\text{bobina}})^2 C}{L}} \quad \textbf{(21-42)}$$

Observe que, se $R_{\text{bobina}}^2 < L/C$, o termo no radical será aproximadamente igual a 1.

Consequentemente, se $L/C \geq 100R_{\text{bobina}}$, a frequência de ressonância paralela deverá ser simplificada da seguinte maneira:

$$\omega_P \cong \frac{1}{\sqrt{LC}} \qquad (\text{para } L/C \geq 100R_{\text{bobina}}) \quad \textbf{(21-43)}$$

NOTAS...

Para um circuito com Q alto, ω_P pode ser aproximado.

Lembre-se de que o fator de qualidade, Q, de um circuito é definido como a razão entre a potência reativa e a potência média para um circuito ressonante. Se considerarmos o circuito ressonante paralelo da Figura 21-29, será necessário fazer algumas observações importantes.

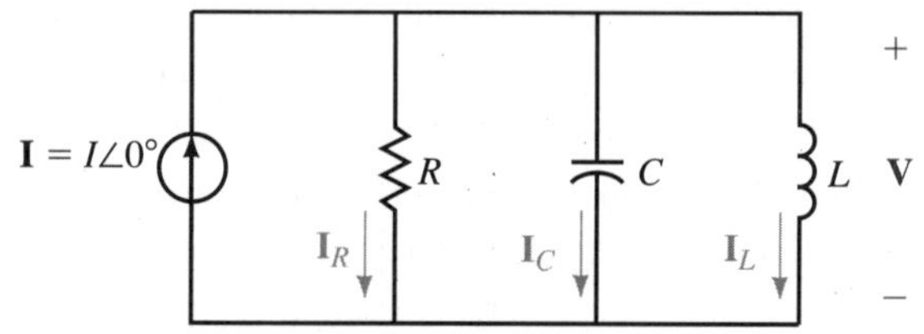

FIGURA 21-29

As reatâncias do indutor e do capacitor se cancelam, resultando em uma tensão no circuito determinada pela lei de Ohm como

$$\mathbf{V} = \mathbf{I}R = IR\angle 0°$$

A Figura 21-30 mostra a resposta em frequência da impedância do circuito paralelo.

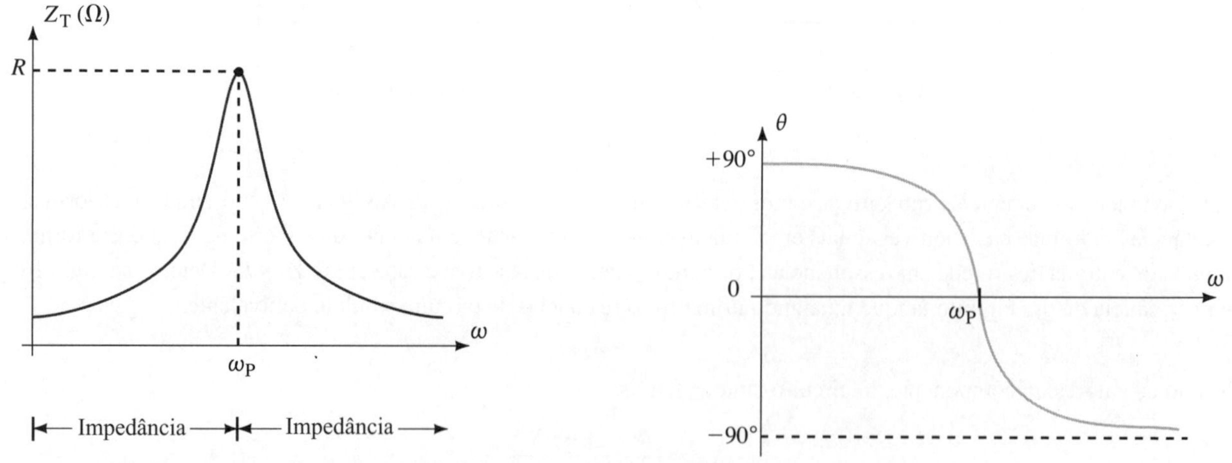

FIGURA 21-30 Impedância (magnitude e ângulo de fase) *versus* frequência angular para um circuito ressonante paralelo.

Observe que a impedância do circuito inteiro é máxima em ressonância e mínima nas condições limítrofes ($\omega = 0$ rad/s e $\omega \to \infty$). Esse resultado é exatamente o oposto do observado em circuitos ressonantes série que têm uma impedância mínima em ressonância. Também percebemos que, para circuitos paralelos, a impedância irá aparecer indutiva para frequências menores do que a frequência de ressonância, ω_P. De modo inverso, a impedância será capacitiva para frequências maiores do que ω_P.

O Q do circuito paralelo é determinado, a partir da definição, como

$$\begin{aligned} Q_P &= \frac{\text{potência reativa}}{\text{potência média}} \\ &= \frac{V^2/X_L}{V^2/R} \\ Q_P &= \frac{R}{X_{LP}} = \frac{R}{X_C} \end{aligned} \qquad \textbf{(21-44)}$$

Esse é exatamente o mesmo resultado do obtido quando convertemos uma rede RL série em sua rede paralela equivalente. Se a resistência da bobina for a única em um circuito, o Q do circuito será igual ao Q da bobina. No entanto, se o circuito tiver outras fontes de resistência, a resistência adicional irá reduzir o Q do circuito.

Para um circuito ressonante RLC paralelo, determinamos as correntes nos diversos elementos a partir da lei de Ohm, como a seguir:

$$\mathbf{I}_R = \frac{\mathbf{V}}{\mathbf{R}} = \mathbf{I} \qquad \textbf{(21-45)}$$

$$\begin{aligned} \mathbf{I}_L &= \frac{\mathbf{V}}{X_L\angle 90^\circ} \\ &= \frac{V}{R/Q_P}\angle -90^\circ \\ &= Q_P I\angle -90^\circ \end{aligned} \qquad \textbf{(21-46)}$$

$$\begin{aligned} \mathbf{I}_C &= \frac{\mathbf{V}}{X_C\angle -90^\circ} \\ &= \frac{V}{R/Q_P}\angle 90^\circ \\ &= Q_P I\angle 90^\circ \end{aligned} \qquad \textbf{(21-47)}$$

Na ressonância, as correntes através do indutor e do capacitor têm as mesmas magnitudes, mas estão com uma defasagem de 180º. Observe que a magnitude da corrente nos elementos reativos em ressonância é Q vezes maior do que a corrente aplicada pela fonte. Como o Q de um circuito paralelo pode ser muito alto, percebe-se a importância de escolher elementos capazes de suportar as correntes esperadas.

De forma semelhante à usada para determinar a largura de banda de um circuito ressonante série, é possível mostrar que as frequências de meia-potência de um circuito ressonante série paralelo são

$$\omega_1 = -\frac{1}{2RC} + \sqrt{\frac{1}{4R^2C^2} + \frac{1}{LC}} \quad \text{(rad/s)} \qquad \textbf{(21-48)}$$

ou

$$\omega_2 = \frac{1}{2RC} + \sqrt{\frac{1}{4R^2C^2} + \frac{1}{LC}} \quad \text{(rad/s)} \qquad \textbf{(21-49)}$$

A largura de banda é, portanto,

$$\text{BW} = \omega_2 - \omega_1 = \frac{1}{RC} \quad \text{(rad/s)} \qquad \textbf{(21-50)}$$

Se o fator de qualidade do circuito for $Q \geq 10$, então a curva de seletividade será praticamente simétrica próxima de ω_P, resultando em frequências de meia-potência que estão localizadas em $\omega_P \pm BW/2$.

Multiplicando a Equação 21-50 por ω_P/ω_P, temos:

$$BW = \frac{\omega_P}{R(\omega_P C)} = \frac{X_C}{R}\omega_P$$

$$BW = \frac{\omega_P}{Q_P} \quad \text{(rad/s)} \qquad \textbf{(21-51)}$$

Observe que a Equação 21-51 é igual para ambos os circuitos série e paralelo.

Exemplo 21-6

Considere o circuito mostrado na Figura 21-31.

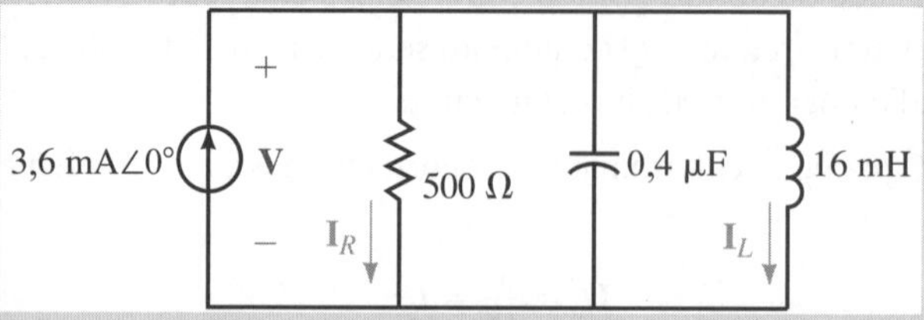

MULTISIM

FIGURA 21-31

a. Determine as frequências de ressonância ω_P (rad/s) e f_P (Hz) do circuito tanque.

b. Encontre o Q do circuito em ressonância.

c. Calcule a tensão **V** no circuito em ressonância.

d. Calcule as correntes através do indutor e do resistor na ressonância.

e. Determine a largura de banda do circuito em radianos por segundo e em hertz.

f. Desenhe a resposta da tensão do circuito mostrando a tensão nas frequências de meia-potência.

g. Faça um esboço da curva de seletividade do circuito mostrando P (watts) *versus* ω (rad/s).

Solução:

a. $$\omega_P = \frac{1}{\sqrt{LC}} = \frac{1}{\sqrt{(16\text{ mH})(0{,}4\ \mu\text{F})}} = 12{,}5\text{ krad/s}$$

$$f_P = \frac{\omega}{2\pi} = \frac{12{,}5\text{ krad/s}}{2\pi} = 1989\text{ Hz}$$

b. $$Q_P = \frac{R_P}{\omega L} = \frac{500\ \Omega}{(12{,}5\text{ krad/s})(16\text{ mH})} = \frac{500\ \Omega}{200\ \Omega} = 2{,}5$$

c. Em ressonância, $\mathbf{V}_C = \mathbf{V}_L = \mathrm{V}_R$. Assim,

$$\mathbf{V} = \mathbf{IR} = (3{,}6\text{ mA}\angle 0°)(500\ \Omega\angle 0°) = 1{,}8\text{ V}\angle 0°$$

d. $$\mathbf{I}_L = \frac{\mathbf{V}_L}{\mathbf{Z}_L} = \frac{1{,}8\text{ V}\angle 0°}{200\ \Omega\angle 90°} = 9{,}0\text{ mA}\angle -90°$$

$$\mathbf{I}_R = \mathbf{I} = 3{,}6\text{ mA}\angle 0°$$

e. $$BW(\text{rad/s}) = \frac{\omega_P}{Q_P} = \frac{12{,}5\text{ krad/s}}{2{,}5} = 5\text{ krad/s}$$

$$BW(\text{Hz}) = \frac{BW(\text{rad/s})}{2\pi} = \frac{5\text{ krad/s}}{2\pi} = 795{,}8\text{ Hz}$$

(continua)

Exemplo 21-6 *(continuação)*

f. As frequências de meia-potência são calculadas a partir das Equações 21-48 e 21-49, uma vez que o Q do circuito é menor do que 10.

$$\begin{aligned}\omega_1 &= -\frac{1}{2RC} + \sqrt{\frac{1}{4R^2C^2} + \frac{1}{LC}} \\ &= -\frac{1}{0{,}0004} + \sqrt{\frac{1}{1{,}6 \times 10^{-7}} + \frac{1}{6{,}4 \times 10^{-9}}} \\ &= -2500 + 12\,748 \\ &= 10\,248 \text{ rad/s}\end{aligned}$$

$$\begin{aligned}\omega_2 &= \frac{1}{2RC} + \sqrt{\frac{1}{4R^2C^2} + \frac{1}{LC}} \\ &= \frac{1}{0{,}0004} + \sqrt{\frac{1}{1{,}6 \times 10^{-7}} + \frac{1}{6{,}4 \times 10^{-9}}} \\ &= 2500 + 12\,748 \\ &= 15\,248 \text{ rad/s}\end{aligned}$$

A Figura 21-32 mostra a curva resultante de resposta da tensão.

g. A potência dissipada pelo circuito em ressonância é

$$P = \frac{V^2}{R} = \frac{(1{,}8 \text{ V})^2}{500\ \Omega} = 6{,}48 \text{ mW}$$

A curva de seletividade pode ser facilmente esboçada, conforme mostra a Figura 21-33.

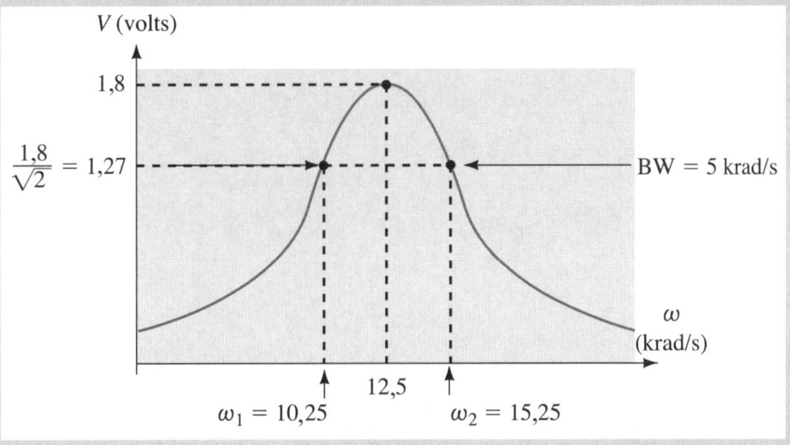

FIGURA 21-32

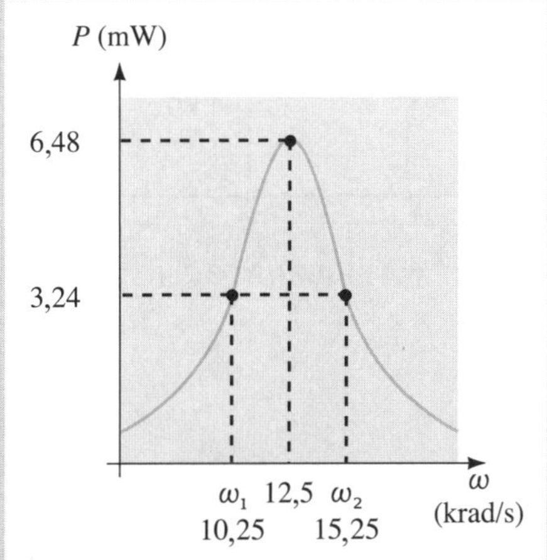

FIGURA 21-33

Exemplo 21-7

Considere o circuito da Figura 21-34.

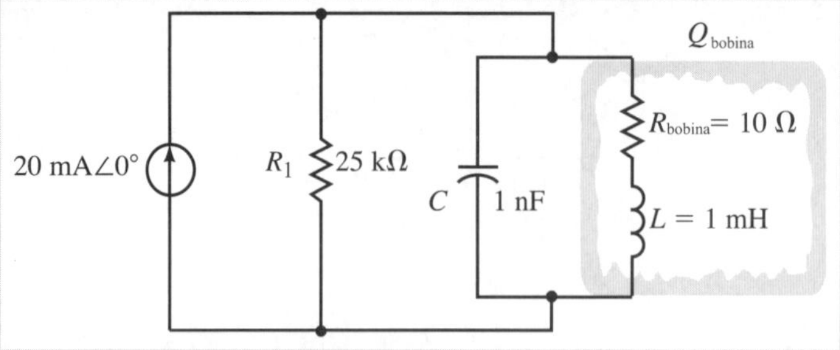

FIGURA 21-34

MULTISIM

a. Calcule a frequência de ressonância, ω_P, do circuito tanque.

b. Encontre o Q da bobina em ressonância.

c. Desenhe o circuito paralelo equivalente.

d. Determine o Q de todo o circuito em ressonância.

e. Calcule a tensão no capacitor em ressonância.

f. Determine a largura de banda do circuito em radianos por segundo.

g. Desenhe a resposta da tensão do circuito mostrando a tensão nas frequências de meia-potência.

Solução:

a. Como a razão $L/C = 1000 \geq 100R_{\text{bobina}}$, usamos a aproximação:

$$\omega_p = \frac{1}{\sqrt{LC}} = \frac{1}{\sqrt{(1\text{ mH})(1\text{ nF})}} = 1\text{ Mrad/s}$$

b. $$Q_{\text{bobina}} = \frac{\omega L}{R_{\text{bobina}}} = \frac{(1\text{ Mrad/s})(1\text{ mH})}{10\ \Omega} = 100$$

c. $$R_P \cong Q_{\text{bobina}}^2 R_{\text{bobina}} - (100)^2(10\ \Omega) = 100\text{ k}\Omega$$
$$X_{LP} \cong X_L = \omega L = (1\text{ Mrad/s})(1\text{ mH}) = 1\text{ k}\Omega$$

A Figura 21-35 mostra o circuito com o equivalente paralelo do indutor.

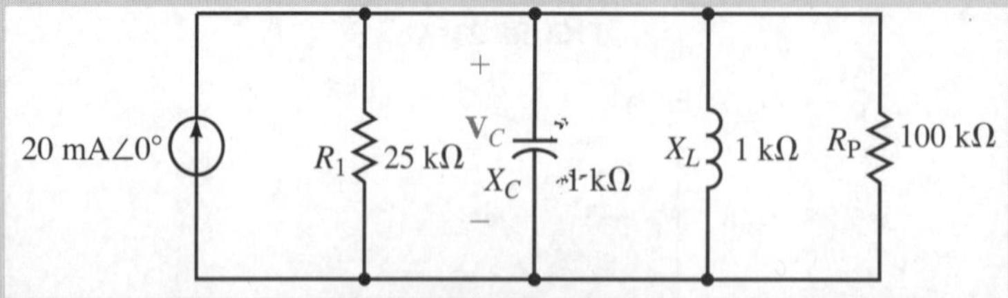

FIGURA 21-35

(continua)

Exemplo 21-7 *(continuação)*

Percebe-se que o circuito anterior pode ser ainda mais simplificado se combinarmos as resistências paralelas:

$$R_{eq} = R_1 \| R_P = \frac{(25\ \text{k}\Omega)(100\ \text{k}\Omega)}{25\ \text{k}\Omega + 100\ \text{k}\Omega} = 20\ \text{k}\Omega$$

A Figura 21-36 mostra o circuito equivalente simplificado.

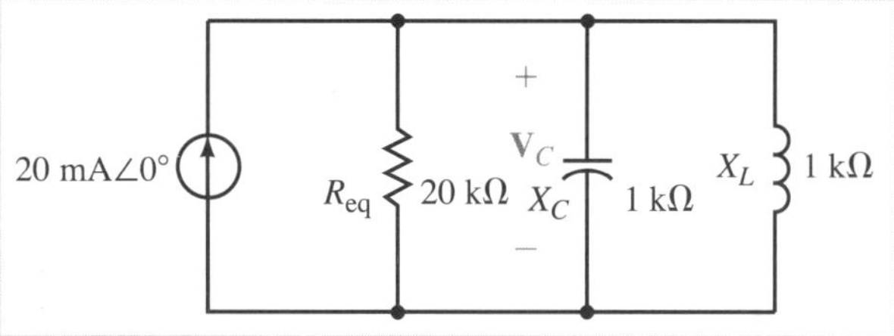

FIGURA 21-36

d.

$$Q_P = \frac{R_{eq}}{X_L} = \frac{20\ \text{k}\Omega}{1\ \text{k}\Omega} = 20$$

e. Em ressonância,

$$\mathbf{V}_C = \mathbf{I}R_{eq} = (20\ \text{mA}\angle 0°)(20\ \text{k}\Omega) = 400\ \text{V}\angle 0°$$

f.

$$\text{BW} = \frac{\omega_P}{Q} = \frac{1\ \text{Mrad/s}}{20} = 50\ \text{krad/s}$$

g. A Figura 21-37 mostra a curva de resposta da tensão. Como o circuito $Q \geq 10$, as frequências de meia-potência ocorrerão nas seguintes frequências angulares:

$$\omega_1 \cong \omega_P - \frac{\text{BW}}{2} = 1{,}0\ \text{Mrad/s} - \frac{50\ \text{krad/s}}{2} = 0{,}975\ \text{Mrad/s}$$

e

$$\omega_2 \cong \omega_P + \frac{\text{BW}}{2} = 1{,}0\ \text{Mrad/s} + \frac{50\ \text{krad/s}}{2} = 1{,}025\ \text{Mrad/s}$$

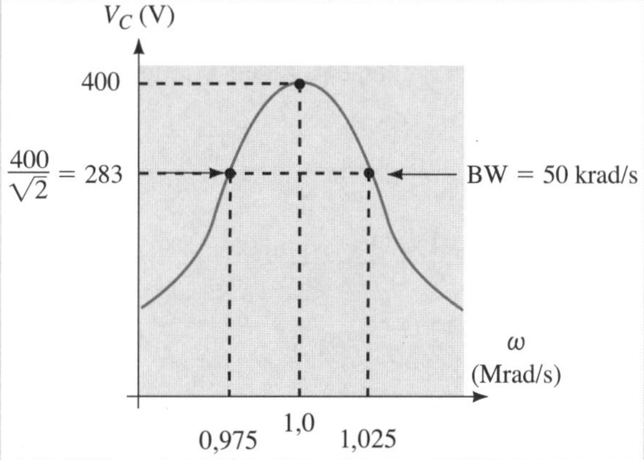

FIGURA 21-37

Exemplo 21-8

Determine os valores de R_1 e C para o circuito tanque ressonante da Figura 21-38, de modo que as condições dadas sejam satisfeitas.

$L = 10$ mH, $R_{bobina} = 30\ \Omega$

$f_P = 58$ kHz

BW = 1 kHz

Calcule a corrente, $\mathbf{I}_L$, que passa através de um indutor.

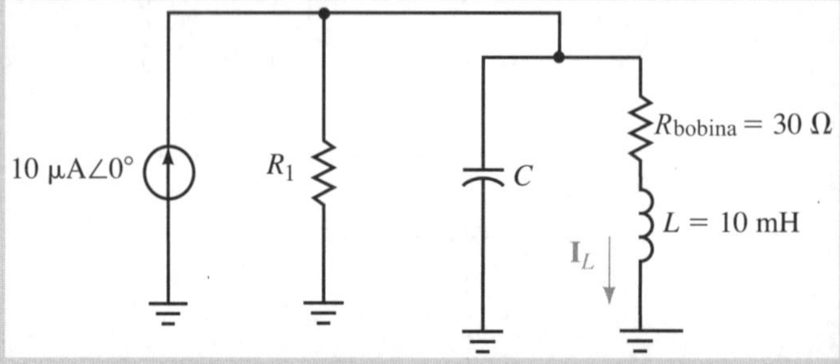

FIGURA 21-38

Solução:

$$Q_P = \frac{f_P}{\text{BW(Hz)}} = \frac{58\text{ kHz}}{1\text{ kHz}} = 58$$

Como a frequência expressa em radianos por segundo é muito mais útil do que em hertz, convertemos f_P em ω_P:

$$\omega_P = 2\pi f_P = (2\pi)(58\text{ kHz}) = 364{,}4\text{ krad/s}$$

Determina-se a capacitância a partir da Equação 21-43 da seguinte maneira:

$$C = \frac{1}{\omega_P^2 L} = \frac{1}{(364{,}4\text{ krad/s})^2(10\text{ mH})} = 753\text{ pF}$$

Calcular o Q da bobina nos permite converter com facilidade a rede RL série em sua rede paralela equivalente.

$$\begin{aligned} Q_{bobina} &= \frac{\omega_P L}{R_{bobina}} \\ &= \frac{(364{,}4\text{ krad/s})(10\text{ mH})}{30\ \Omega} \\ &= \frac{3{,}644\text{ k}\Omega}{30\ \Omega} = 121{,}5 \\ R_P &\cong Q_{bobina}^2 R_{bobina} = (121{,}5)^2(30\ \Omega) = 443\text{ k}\Omega \\ X_{LP} &\cong X_L = 3644\ \Omega \end{aligned}$$

(continua)

Exemplo 21-8 *(continuação)*

A Figura 21-39 mostra o circuito paralelo equivalente.

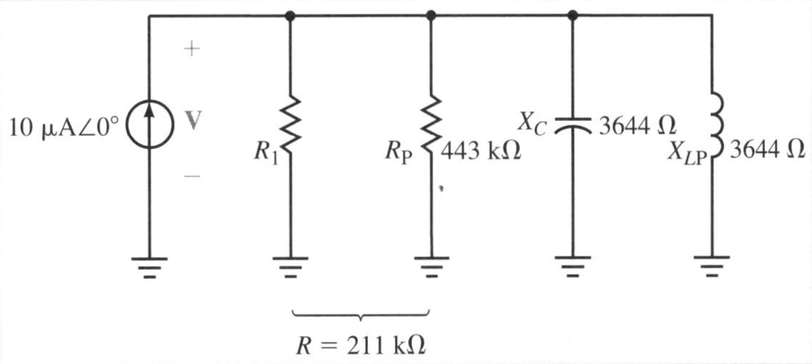

FIGURA 21-39

O fator de qualidade, Q_P, é usado para determinar a resistência total do circuito da seguinte maneira:

$$R = Q_P X_C = (58)(3{,}644\ \text{k}\Omega) = 211\ \text{k}\Omega$$

Mas

$$\frac{1}{R} = \frac{1}{R_1} + \frac{1}{R_P}$$

$$\frac{1}{R_1} = \frac{1}{R} - \frac{1}{R_P} = \frac{1}{211\ \text{k}\Omega} - \frac{1}{443\ \text{k}\Omega} = 2{,}47\ \mu\text{S}$$

Assim,

$$R_1 = 405\ \text{k}\Omega$$

Determina-se a tensão no circuito como

$$\mathbf{V} = \mathbf{I}R = (10\ \mu\text{A}\angle 0^\circ)(211\ \text{k}\Omega) = 2{,}11\text{V}\angle 0^\circ$$

A corrente que passa através do indutor é

$$\mathbf{I}_L = \frac{\mathbf{V}}{R_{\text{bobina}} + jX_L}$$

$$= \frac{2{,}11\ \text{V}\angle 0^\circ}{30 + j3644\ \Omega} = \frac{2{,}11\ \text{V}\angle 0^\circ}{3644\ \Omega\angle 89{,}95^\circ} = 579\ \mu\text{A}\angle -89{,}95^\circ$$

PROBLEMAS PRÁTICOS 5

Observe o circuito da Figura 21-40:

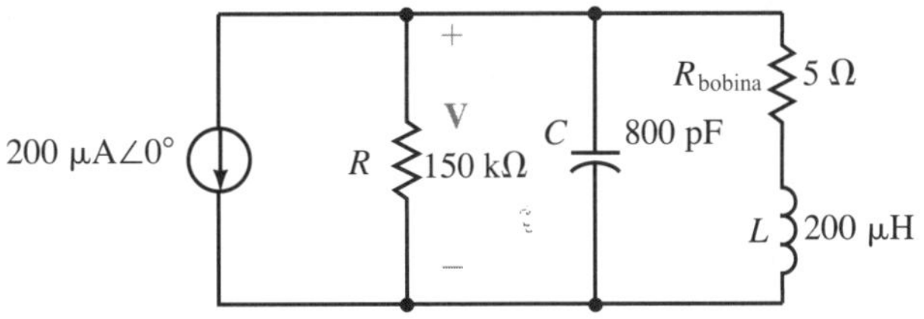

FIGURA 21-40

MULTISIM

a. Determine a frequência de ressonância e expresse-a em radianos por segundo e em hertz.

b. Calcule o fator de qualidade do circuito.

c. Calcule a largura de banda.

d. Determine a tensão **V** na ressonância.

Respostas

a. 2,5 Mrad/s (398 kHz)

b. 75

c. 33,3 krad/s (5,31 kHz)

d. 7,5 V∠180°

VERIFICAÇÃO DO PROCESSO DE APRENDIZAGEM 4

(As respostas encontram-se no final do capítulo.)

Observe o circuito ressonante paralelo da Figura 21-41:

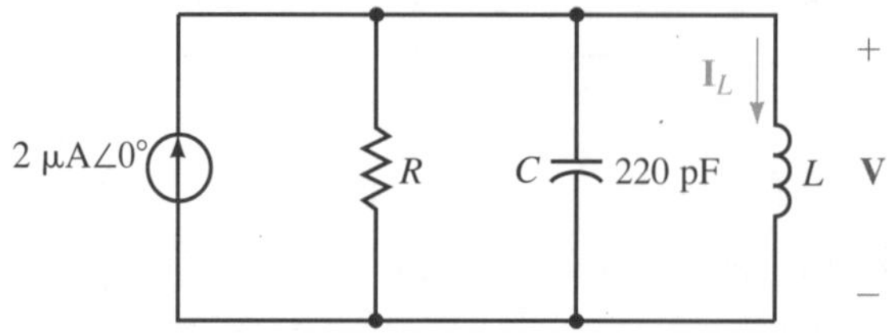

FIGURA 21-41

Suponha que o circuito tenha uma frequência de ressonância de 800 kHz e uma largura de banda de 25 kHz.

a. Determine o valor do indutor, L, em henry.

b. Calcule o valor da resistência, R, em ohms.

c. Encontre **V**, $\mathbf{I}_L$ e a potência P na ressonância.

d. Encontre os valores aproximados das frequências de meia-potência, f_1 e f_2.

e. Determine a tensão no circuito na menor frequência de meia-potência, f_1, e mostre que a potência dissipada pelo resistor nesta frequência é metade da potência dissipada na frequência de ressonância.

21.7 Análise de Circuitos Usando Computador

O PSpice é particularmente útil para examinar a operação de circuitos ressonantes. A capacidade do software de fornecer uma exibição na tela da resposta em frequência é usada para avaliar a frequência de ressonância, a corrente máxima e a Q largura de banda de um circuito. O Q do circuito fornecido é então facilmente determinado.

PSpice

Exemplo 21-9

Use o PSpice para obter a resposta em frequência para a corrente no circuito da Figura 21-12. Use os cursores para encontrar a frequência em ressonância e a largura de banda do circuito a partir da resposta observada. Compare os resultados aos obtidos no Exemplo 21-2.

Solução:

O OrCAD Capture CIS é usado para inserir o circuito conforme mostrado na Figura 21-42. Para esse exemplo, o projeto será chamado de **EXEMPLO 21-9**. A fonte de tensão usada no exemplo é VAC, e seu valor é mudado para AC = **10V 0Deg**. Para obter uma representação gráfica da corrente no circuito, use a ferramenta Current Into Pin, como mostrado.

(continua)

Exemplo 21-9 *(continuação)*

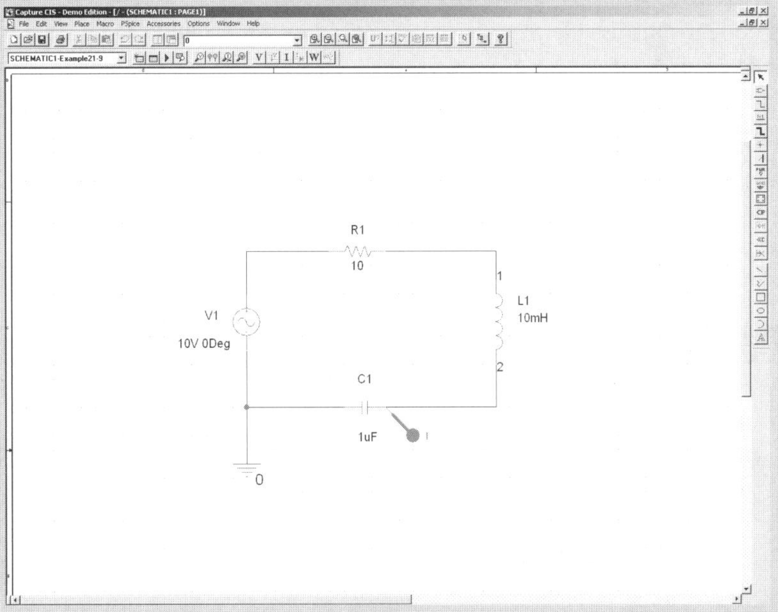

FIGURA 21-42

Em seguida, mude as configurações da simulação clicando na ferramenta New Simulation Profile. Dê um nome à simulação (por exemplo, **Ressonância Série)**, e clique em Create. Quando deparar com a caixa Simulation Settings, clique na guia Analysis e selecione AC Sweep/Noise para o tipo de análise. A frequência pode variar tanto linear quanto logaritmicamente (década ou oitava). Nesse exemplo, selecionamos uma varredura logarítmica por uma década. Na caixa intitulada AC Sweep Type, clique em ⊙ Logarithmic e selecione Decade. Digite os seguintes valores como parâmetros. Start Frequency: **1kHz**, End Frequency: **10kHz** e Points/Decade: **10001**. Clique em OK.

Clique na ferramenta Run. Não havendo erros, o pós-processador PROBE rodará automaticamente e exibirá I(L1) como uma função da frequência. O leitor observará que a curva de seletividade está quase totalmente contida em uma estreita faixa de frequências. É possível dar um *zoom* nesta área da seguinte forma: selecione o menu Plot e clique no item do menu Axis Settings. Clique na guia X Axis e selecione User Defined Data Range. Mude os valores para **1kHz** até **3kHz**. Clique em OK. A Figura 21-43 mostra a tela resultante.

Finalmente, use os cursores para fornecer a frequência em ressonância efetiva, a corrente máxima e as frequências de meia-potência. Obtêm-se os cursores da seguinte maneira: clique em Trace, Cursor e Display.

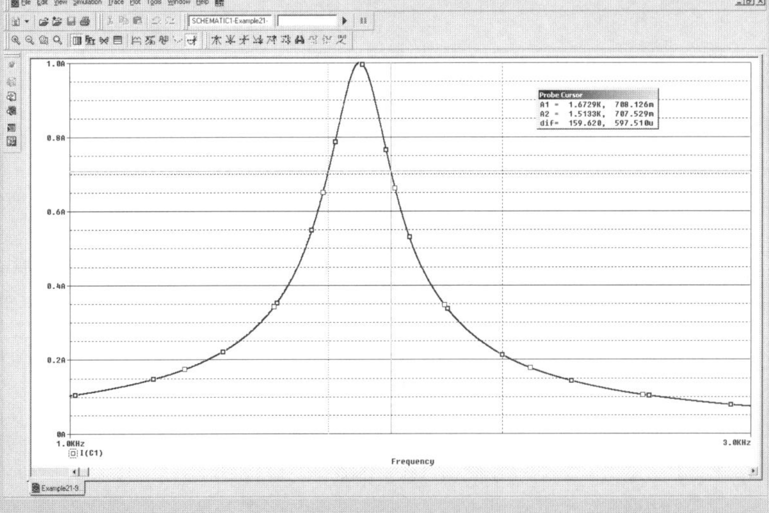

FIGURA 21-43

(continua)

Exemplo 21-9 *(continuação)*

Ajustam-se as posições dos cursores usando o mouse ou as setas e o <Shift> do teclado. Obtém-se a corrente no ponto máximo da curva clicando em Trace, Cursor e Max. A caixa de diálogos oferece os valores da frequência e da corrente. Determina-se a largura de banda definindo as frequências nos pontos da meia-potência (quando a corrente é 0,707 do valor máximo). Usando os cursores, obtêm-se os seguintes resultados:

$$I_{\text{máx}} = 1{,}00 \text{ A}, f_S = 1{,}591 \text{ kHz}, f_1 = 1{,}514 \text{ kHz}, f_2 = 1{,}673 \text{ kHz}, \text{BW} = 0{,}159 \text{ kHz}.$$

Esses valores são muito próximos dos calculados no Exemplo 21-2.

Exemplo 21-10

Use o PSpice para obter a resposta em frequência para a tensão no circuito ressonante paralelo da Figura 21-34. Use o pós-processador PROBE para encontrar a frequência em ressonância, a tensão máxima (na ressonância) e a largura de banda do circuito. Compare os resultados aos obtidos no Exemplo 21-7.

Solução:

Esse exemplo é parecido com o anterior, salvo poucas variações. O programa OrCAD Capture é usado para inserir o circuito conforme mostra a Figura 21-44. A fonte de corrente AC é encontrada na biblioteca SOURCE como IAC. O valor da fonte de corrente é modificado: AC = **20mA 0Deg**. Utiliza-se a ferramenta Voltage Level para realizar a simulação da tensão para o circuito.

Use a ferramenta New Simulation Profile para configurar a simulação de AC Sweep do tipo Logarithmic de 100 kHz para 300 kHz com um total de 10001 pontos por década. Clique no menu Plot para selecionar Axis Settings. Mude o eixo x para indicar uma faixa definida pelo usuário (User Defined) de **100kHz** para **300 kHz** e mude o eixo y para indicar uma faixa definida pelo usuário (User Defined) de **0V** para **400V**. A Figura 21-45 mostra a tela final.

Como no exemplo anterior, utilizamos o cursor para verificar que a tensão máxima no circuito, $V_{\text{máx}} = 400$ V, ocorre na frequência de ressonância como $f_P = 159{,}52$ kHz (1,00 Mrad/s). Determinam-se as frequências de meia-potência quando a

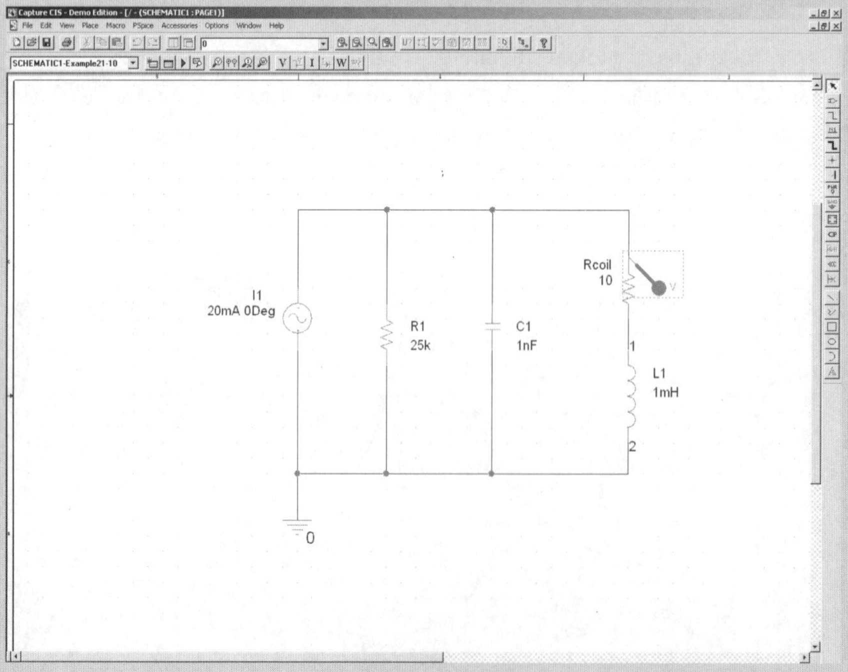

FIGURA 21-44

(continua)

Exemplo 21-10 *(continuação)*

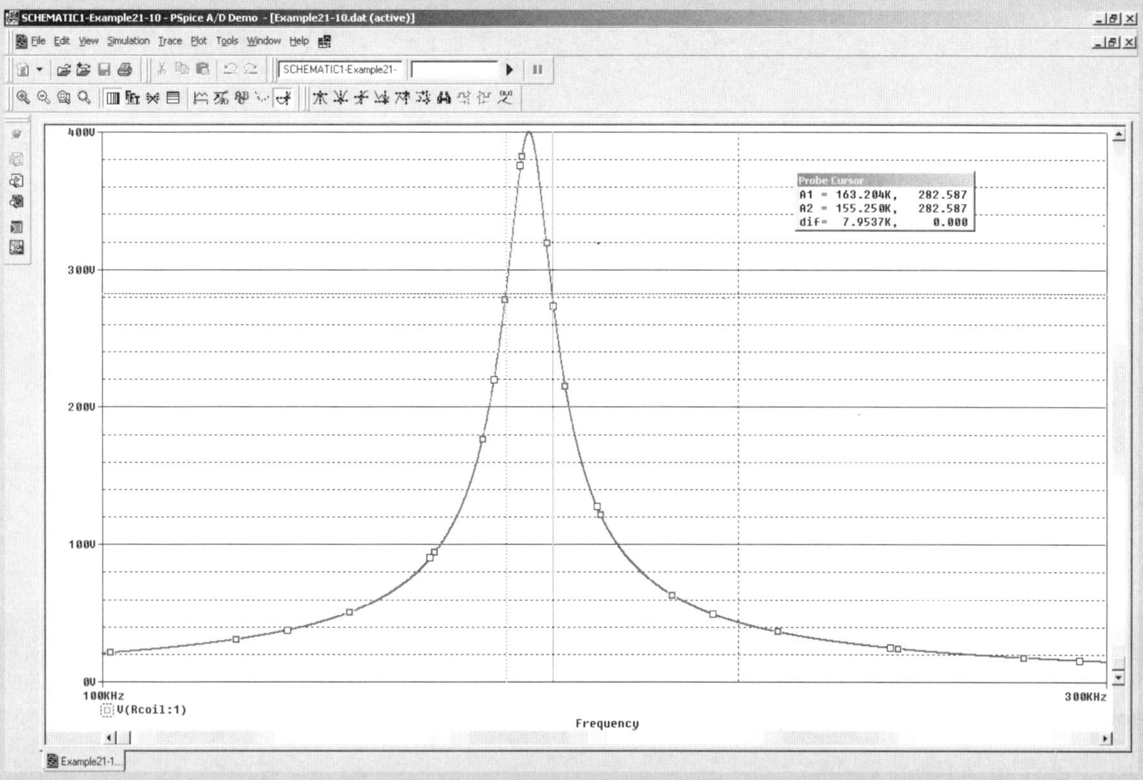

FIGURA 21-45

tensão de saída está em 0,707 do valor máximo, ou seja, em f_1 = 155,26 kHz (0,796 Mrad/s) e f_2 = 163,22 kHz (1,026 Mrad/s). Essas frequências geram uma BW = 7,96 kHz (50,0 krad/s). Os resultados são iguais aos obtidos no Exemplo 21-7.

PROBLEMAS PRÁTICOS 6

Use o PSpice para obter a resposta em frequência da tensão, *V versus f*, para o circuito da Figura 21-40. Use os cursores para determinar os valores aproximados das frequências de meia-potência e da largura de banda do circuito. Compare os resultados aos obtidos no Problema Prático 5.

Respostas

$V_{máx}$ = 7,50 V, f_P = 398 kHz, f_1 = 395,3 kHz, f_2 = 400,7 kHz, BW = 5,31 kHz

Colocando em Prática

Você é o especialista em transmissão de uma estação de rádio AM comercial que transmite em uma frequência de 990 kHz e em uma potência média de 10 kW. Assim como para todas as estações AM comerciais, a largura de banda para a estação onde você trabalha é igual a 10 kHz. Seu transmissor irá radiar a potência usando uma antena de 50 Ω. A figura a seguir mostra um diagrama em bloco simplificado do estágio de saída do transmissor. A antena se comporta exatamente como um resistor de 50 Ω conectado entre a saída do amplificador e o aterramento.

Você foi designado para determinar os valores de *L* e *C*, de modo que o transmissor opere com as especificações determinadas. Como parte do cálculo, encontre a corrente de pico que o indutor deve suportar e calcule a tensão de pico no capacitor. Para seus cálculos, suponha que o sinal transmitido seja senoidal.

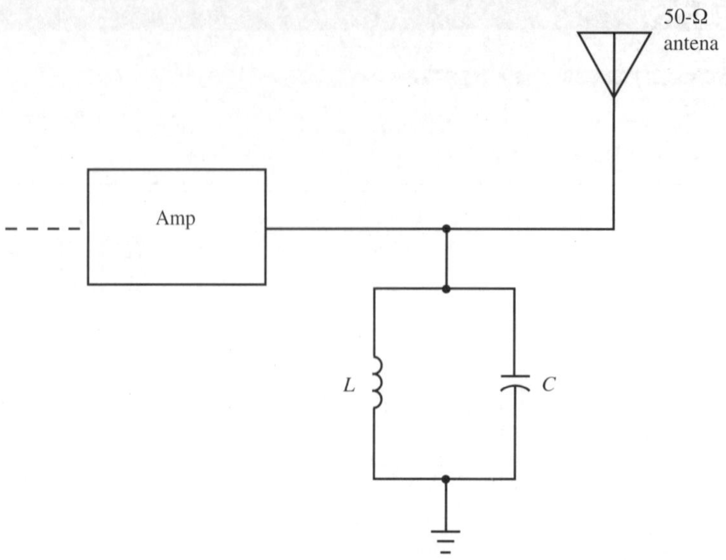

Estágio de transmissão de uma estação de rádio AM comercial.

PROBLEMAS

21.1 Ressonância Paralela

1. Considere o circuito da Figura 21-46.
   a. Determine a frequência de ressonância do circuito em radianos por segundo e em hertz.
   b. Calcule a corrente **I** na ressonância.

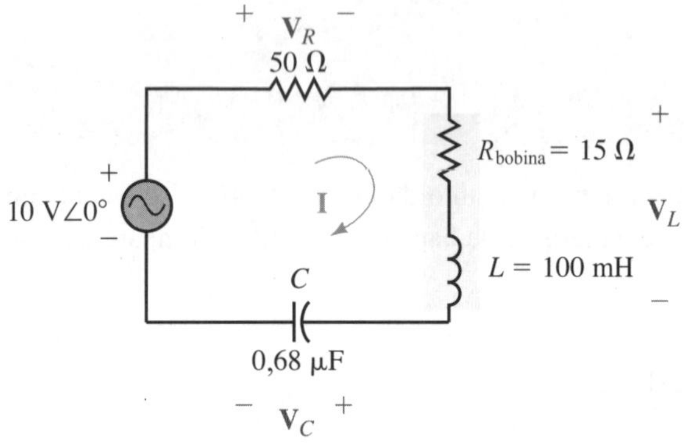

FIGURA 21-46

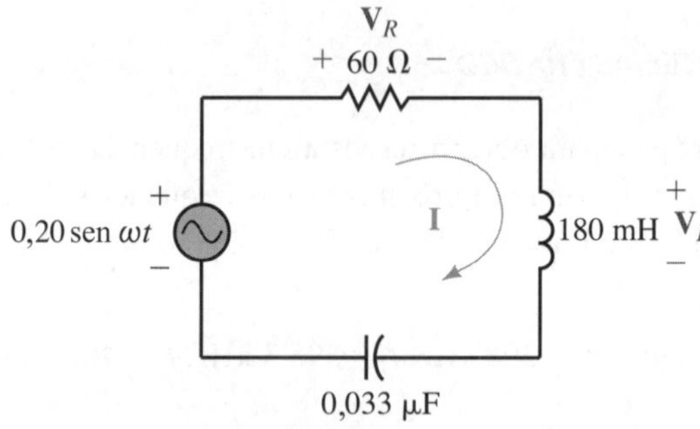

FIGURA 21-47

MULTISIM c. Calcule as tensões $\mathbf{V}_R$, $\mathbf{V}_L$ e $\mathbf{V}_C$. (Observe que a tensão $\mathbf{V}_L$ inclui a queda de tensão na resistência interna da bobina.)

   d. Determine a potência (em watts) dissipada pelo indutor. (Dica: A potência não será igual a zero.)

2. Observe o circuito da Figura 21-47.
   a. Determine a frequência de ressonância do circuito em radianos por segundo e em hertz.
   b. Calcule o fasor corrente **I** na ressonância.
   c. Determine a potência dissipada pelo circuito em ressonância.

d. Calcule os fasores tensão, $\mathbf{V}_L$ e $\mathbf{V}_R$.

e. Escreva a forma senoidal das tensões v_L e v_R.

3. Considere o circuito da Figura 21-48.

a. Determine os valores de R e C de modo que o circuito tenha uma frequência de ressonância de 25 kHz e uma corrente RMS de 25 mA em ressonância.

b. Calcule a potência dissipada pelo circuito em ressonância.

c. Determine os fasores tensão, $\mathbf{V}_C$, $\mathbf{V}_L$ e $\mathbf{V}_R$ na ressonância.

d. Escreva as expressões senoidais para as tensões v_C, v_L e v_R.

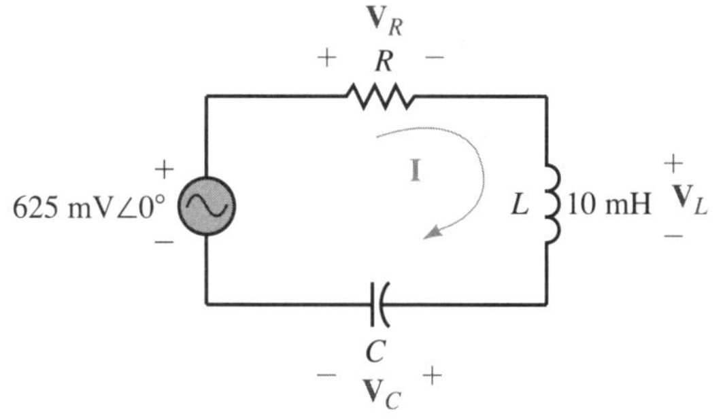

FIGURA 21-48

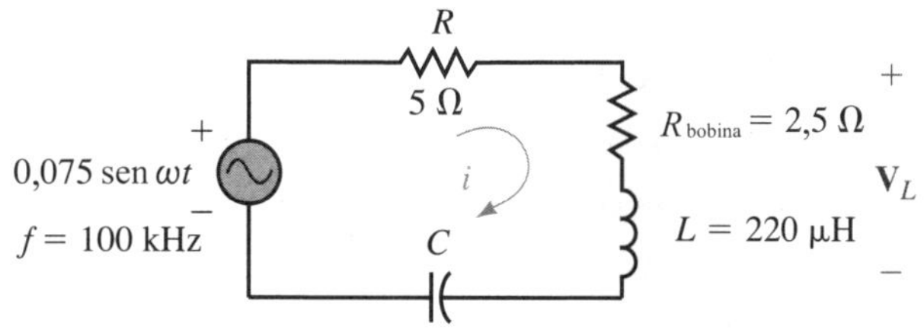

FIGURA 21-49

4. Observe o circuito da Figura 21-49.

a. Determine a capacitância necessária para que o circuito tenha uma frequência de ressonância de 100 kHz.

b. Calcule as grandezas fasoriais $\mathbf{I}$, $\mathbf{V}_L$ e $\mathbf{V}_R$.

c. Encontre as expressões senoidais para i, v_L e v_R.

d. Determine a potência dissipada em cada elemento no circuito.

21.2 Fator de Qualidade, *Q*

5. Observe o circuito da Figura 21-50.

a. Determine a frequência de ressonância expressa como ω(rad/s) e *f*(Hz).

b. Calcule a impedância total, $\mathbf{Z}_T$, na ressonância.

c. Calcule a corrente $\mathbf{I}$ na ressonância.

d. Calcule $\mathbf{V}_R$, $\mathbf{V}_L$ e $\mathbf{V}_C$ na ressonância.

e. Calcule a potência dissipada pelo circuito e avalie as potências reativas, Q_C e Q_L.

f. Encontre o fator de qualidade, Q_S, do circuito.

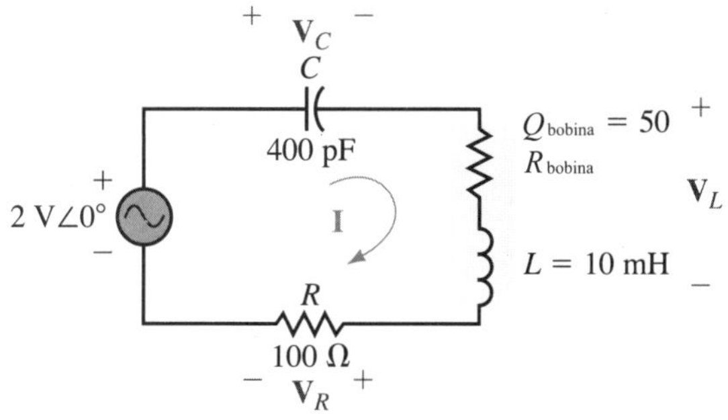

FIGURA 21-50

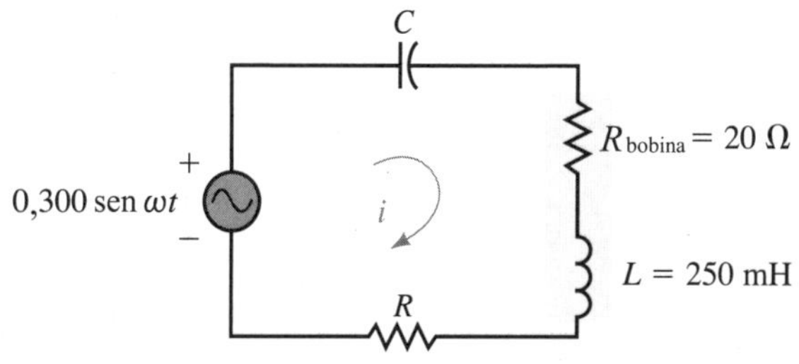

FIGURA 21-51

6. Suponha que o circuito da Figura 21-51 tenha uma frequência de ressonância de $f_S = 2{,}5$ kHz e um fator de qualidade de $Q_S = 10$.
   a. Determine os valores de R e C.
   b. Calcule o fator de qualidade do indutor, Q_{bobina}.
   c. Encontre $\mathbf{Z}_T$, $\mathbf{I}$, $\mathbf{V}_C$ e $\mathbf{V}_R$ na ressonância.
   d. Calcule a expressão senoidal da corrente i na ressonância.
   e. Calcule as expressões senoidais v_C e v_R na ressonância.
   f. Calcule a potência dissipada pelo circuito e determine as potências reativas, Q_C e Q_L.
7. Observe o circuito da Figura 21-52.
   a. Projete um circuito com uma frequência de ressonância de $\omega = 50$ krad/s e um fator de qualidade $Q_S = 25$.
   b. Calcule a potência dissipada pelo circuito na frequência de ressonância.
   c. Determine a tensão, $\mathbf{V}_L$, no indutor na ressonância.
8. Considere o circuito da Figura 21-53.
   a. Projete um circuito com uma frequência de ressonância de $\omega = 400$ krad/s e um fator de qualidade $Q_S = 10$.
   b. Calcule a potência dissipada pelo circuito na frequência de ressonância.
   c. Determine a tensão, $\mathbf{V}_L$, no indutor na ressonância.

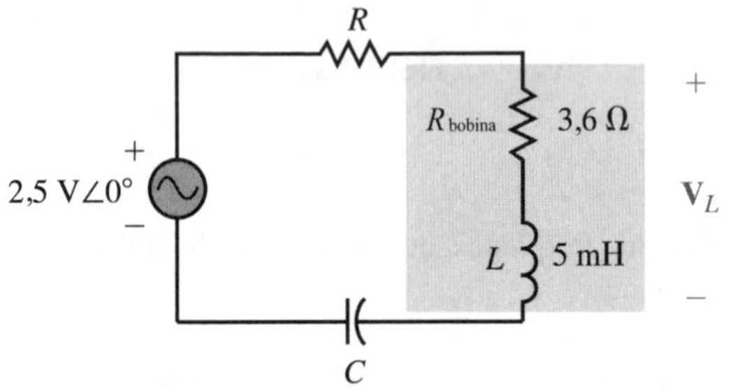

FIGURA 21-52

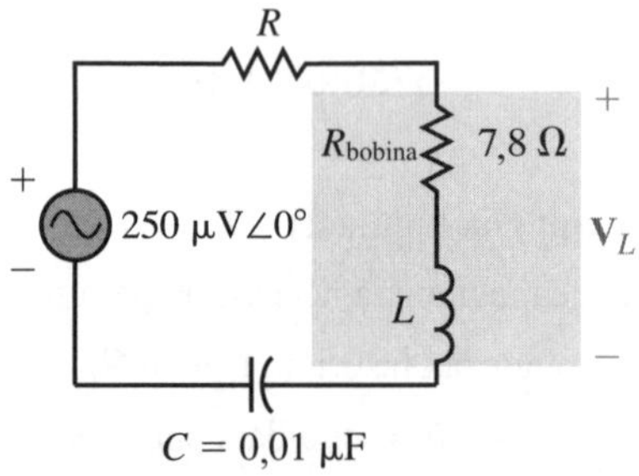

FIGURA 21-53

21.3 Impedância de um Circuito Ressonante Série

9. Observe o circuito ressonante série da Figura 21-54.
   a. Determine a frequência de ressonância, ω_S.
   b. Calcule a impedância de entrada, $\mathbf{Z}_T = Z\angle\theta$, do circuito nas frequências de $0{,}1\omega_S$; $0{,}2\omega_S$; $0{,}5\omega_S$; ω_S; $2\omega_S$; $5\omega_S$ e $10\omega_S$.
   c. Usando os resultados de (b), desenhe um gráfico de Z (magnitude em ohms) *versus* ω (em radianos por segundo) e um gráfico de θ (em graus) *versus* ω (em radianos por segundo). Se possível, use um papel para gráficos log-log para o primeiro e um papel para gráficos semilog para o último.
   d. Usando os resultados de (b), determine a magnitude da corrente em cada uma das frequências fornecidas.
   e. Use os resultados de (d) para plotar um gráfico de I (magnitude em ampères) *versus* ω (em radianos por segundo) no papel para gráficos log-log.

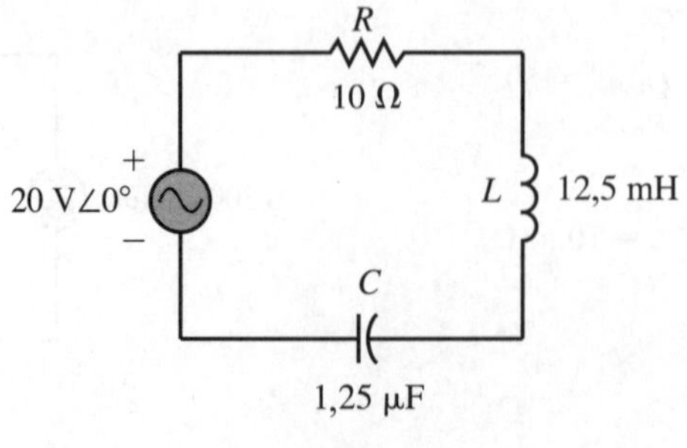

FIGURA 21-54

10. Repita o Problema 9 se o resistor de 10 Ω for substituído por um de 50 Ω.

21.4 Potência, Largura de Banda e Seletividade de um Circuito Ressonante Série

11. Observe o circuito da Figura 21-55.
    a. Encontre ω_S; Q e BW (em radianos por segundo).
    b. Calcule a potência máxima dissipada pelo circuito.
    c. A partir dos resultados obtidos em (a), calcule as frequências de meia-potência ω_1 e ω_2 aproximadas.
    d. Calcule as frequências de meia-potência efetivas, ω_1 e ω_2, usando os valores das componentes e as equações apropriadas.
    e. É possível comparar os resultados em (c) e (d)? Explique.
    f. Calcule a corrente no circuito, I, e a potência dissipada na menor frequência de meia-potência, ω_1, determinada em (d).

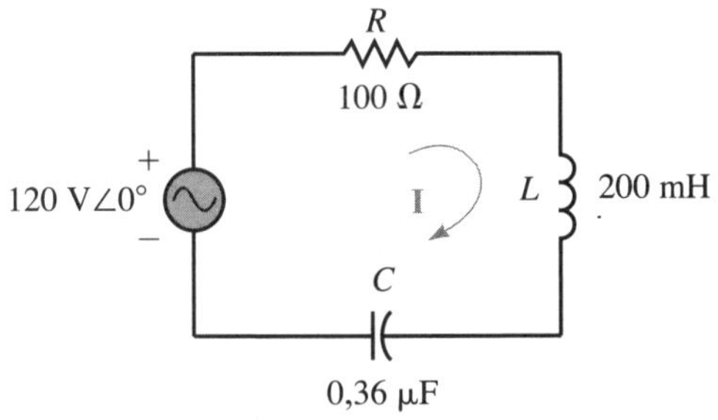

FIGURA 21-55

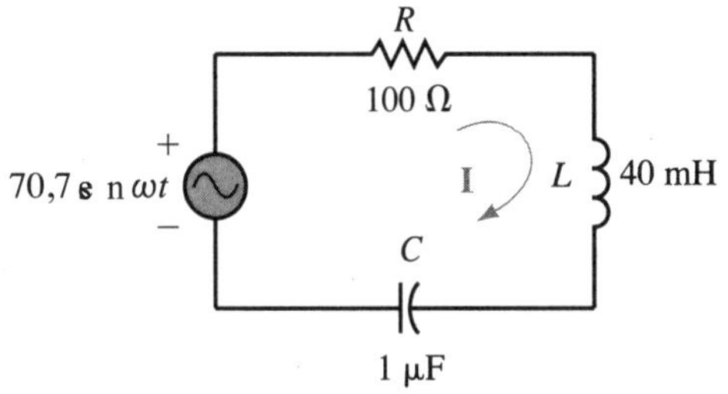

FIGURA 21-56

12. Repita o Problema 11 para o circuito da Figura 21-56.

MULTISIM

13. Considere o circuito da Figura 21-57.
    a. Calcule os valores de R e C de modo que o circuito tenha uma frequência de ressonância de 200 kHz e uma largura de banda de 16 kHz.
    b. Use os valores estabelecidos dos componentes para determinar a potência dissipada pelo circuito em ressonância.
    c. Calcule a v_o na ressonância.
14. Repita o Problema 13 para uma frequência de ressonância de 580 kHz e uma largura de banda de 10 kHz.

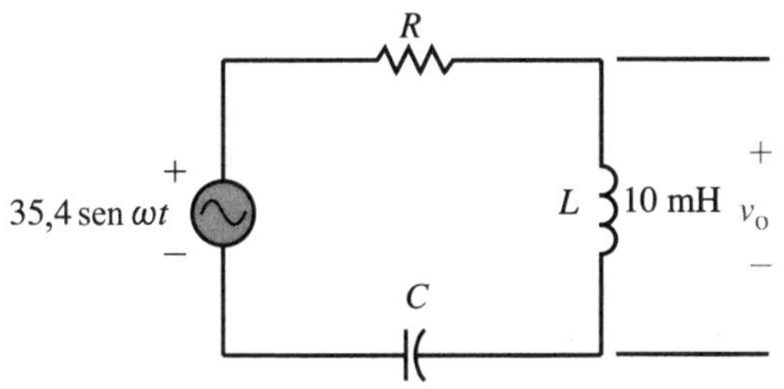

FIGURA 21-57

21.5 Conversão Série-paralelo de Circuitos *RL* e *RC*

15. Observe as redes série da Figura 21-58.
    a. Encontre o Q de cada rede em ω = 1000 rad/s.
    b. Converta cada rede *RL* série em uma rede paralela equivalente com R_P e X_{LP} em ohms.
    c. Repita (a) e (b) para ω = 10 krad/s.

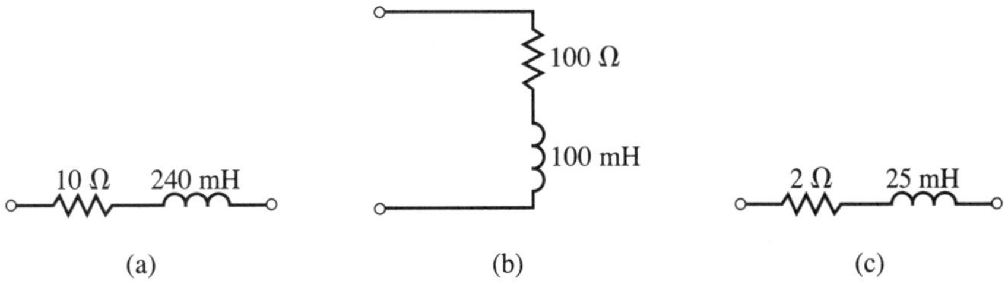

FIGURA 21-58

16. Considere as redes série da Figura 21-59.
    a. Encontre o Q de cada bobina em $\omega = 20$ krad/s.
    b. Converta cada rede RL série em uma rede paralela equivalente com R_P e X_{LP} em ohms.
    c. Repita (a) e (b) para $\omega = 100$ krad/s.

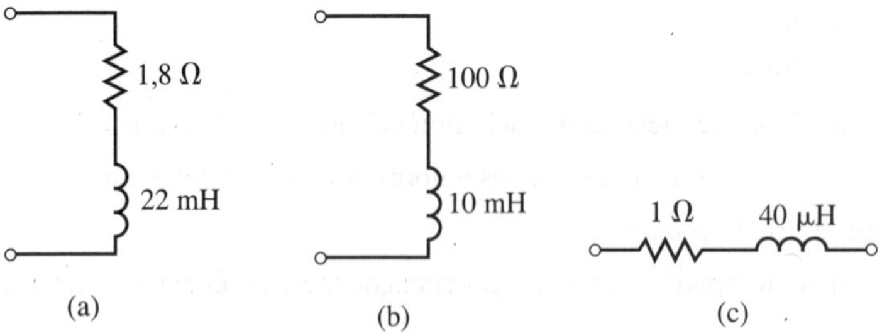

FIGURA 21-59

17. Para as redes série da Figura 21-60, encontre o Q e converta cada rede em sua paralela equivalente.
18. Deduza as Equações 21-34 e 21-35 que nos permitem converter uma rede RL paralela em sua série equivalente. (Sugestão: Primeiro determine a expressão para a impedância de entrada da rede paralela.)
19. Encontre o Q de cada uma das redes da Figura 21-61 e determine o equivalente série de cada uma delas. Expresse o valor de todas as componentes em ohms.

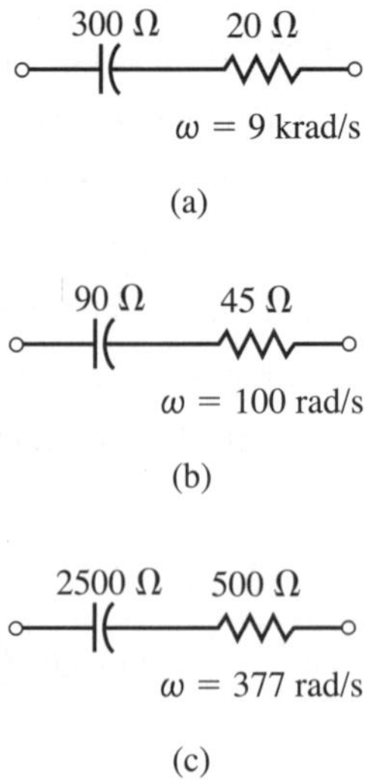

FIGURA 21-60

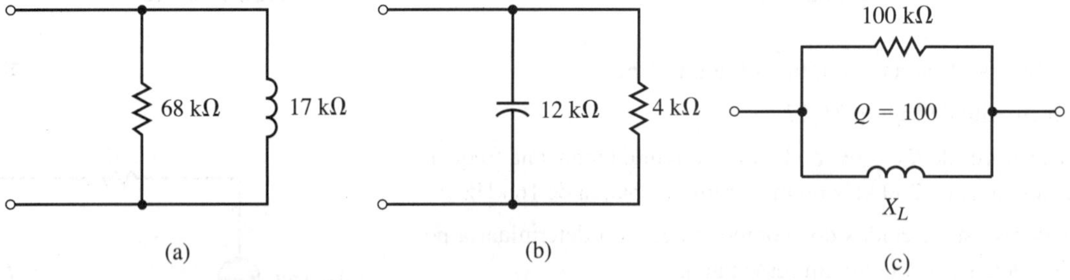

FIGURA 21-61

20. Repita o Problema 19 para as redes da Figura 21-62.

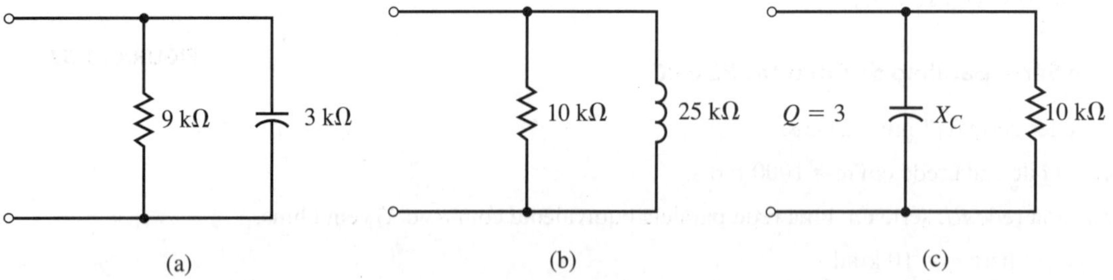

FIGURA 21-62

21. Sendo as redes da Figura 21-63 equivalentes na frequência de 250 krad/s, determine os valores de L_S e L_P em henry.

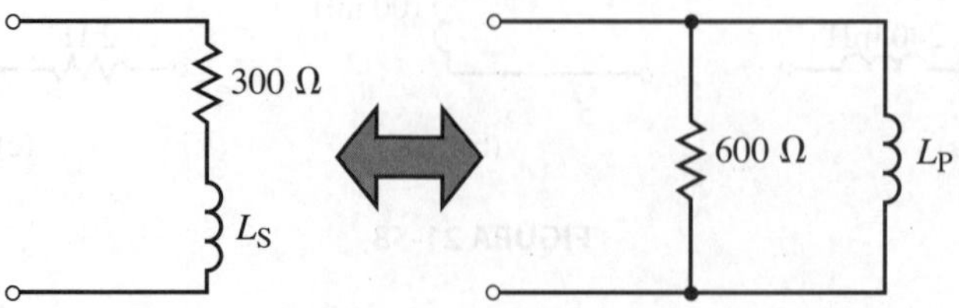

FIGURA 21-63

22. Sendo as redes da Figura 21-64 equivalentes na frequência de 48 krad/s, determine os valores de C_S e C_P em farads.

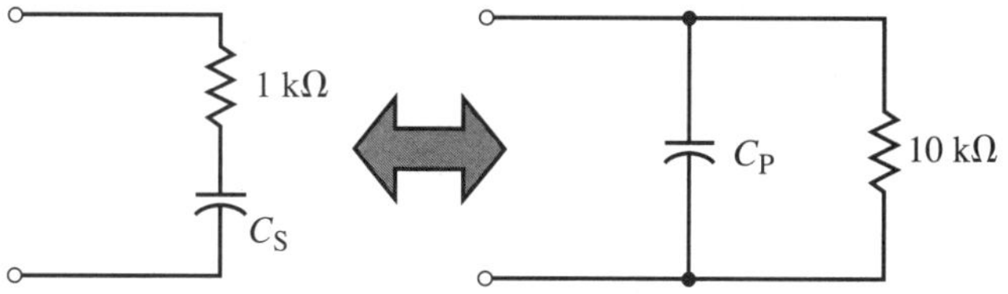

FIGURA 21-64

21.6 Ressonância Paralela

23. Considere o circuito da Figura 21-65.

a. Determine a frequência de ressonância, ω_P, em radianos por segundo.

b. Calcule a impedância de entrada, $\mathbf{Z}_T = Z\angle\theta$, do circuito nas frequências de $0{,}1\omega_P$; $0{,}2\omega_P$; $0{,}5\omega_P$; ω_P; $2\omega_P$; $5\omega_P$ e $10\omega_P$.

c. Usando os resultados obtidos em (b), desenhe os gráficos de Z (magnitude em ohms) *versus* ω (em radianos por segundo) e de θ (em graus) *versus* ω. Se possível, use um papel para gráficos log-log para o primeiro e um para gráficos semilog para o último.

d. Usando os resultados de (b), determine a tensão **V** em cada uma das frequências indicadas.

e. Desenhe um gráfico da magnitude V *versus* ω no papel para gráficos log-log.

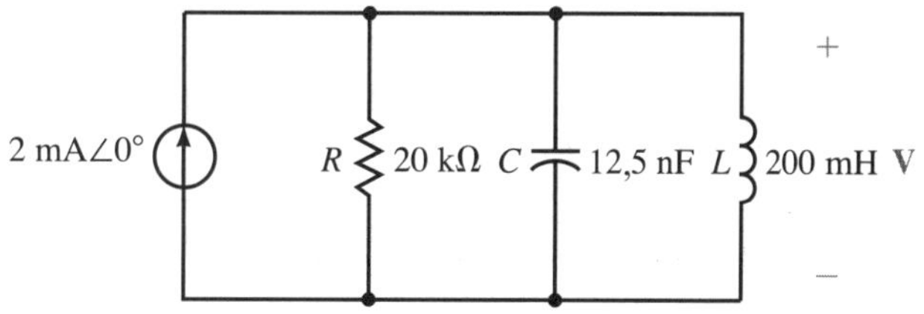

FIGURA 21-65

24. Repita o Problema 23 se o resistor de 20 kΩ for substituído por um de 40 kΩ.

25. Observe o circuito da Figura 21-66.

a. Determine as frequências de ressonância, ω_P (rad/s) e f_P (Hz).

b. Encontre o Q do circuito.

c. Calcule **V**; $\mathbf{I}_R$; $\mathbf{I}_L$ e $\mathbf{I}_C$ na ressonância.

d. Determine a potência dissipada pelo circuito em ressonância.

e. Calcule a largura de banda do circuito em radianos por segundo e em hertz.

f. Desenhe a resposta da tensão do circuito de modo a mostrar a tensão nas frequências de meia-potência.

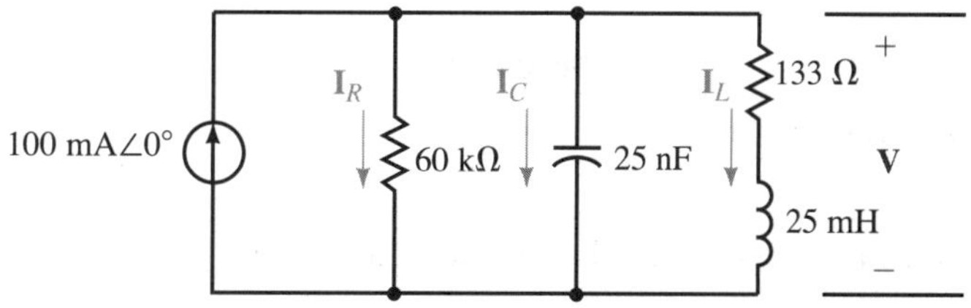

FIGURA 21-66

26. Repita o Problema 25 para o circuito da Figura 21-67.

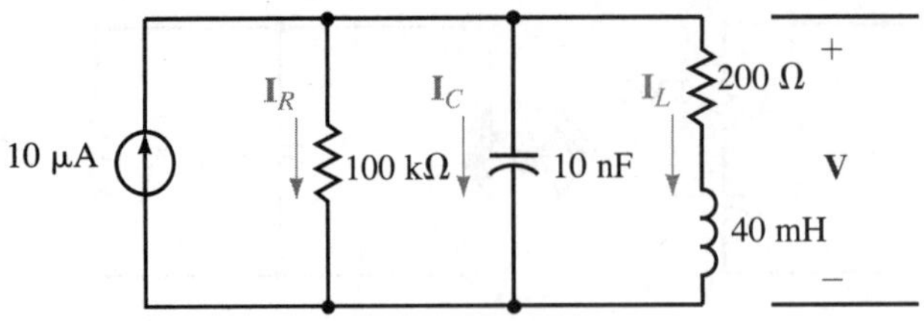

FIGURA 21-67

27. Determine os valores de R_1 e C para o circuito tanque ressonante da Figura 21-68 de modo que as condições fornecidas sejam satisfeitas. Calcule a corrente $\mathbf{I}_L$ que passa através do indutor.

$$L = 25\text{ mH}, R_{\text{bobina}} = 100\text{ V}$$
$$f_P = 50\text{ kHz}$$
$$\text{BW} = 10\text{ kHz}$$

28. Determine os valores de R_1 e C para o circuito ressonante da Figura 21-68 de modo que as condições fornecidas sejam satisfeitas. Calcule a tensão, **V**, no circuito.

$$L = 50\text{ mH}, R_{\text{bobina}} = 50\ \Omega$$
$$\omega_P = 100\text{ krad/s}$$
$$\text{BW} = 10\text{ krad/s}$$

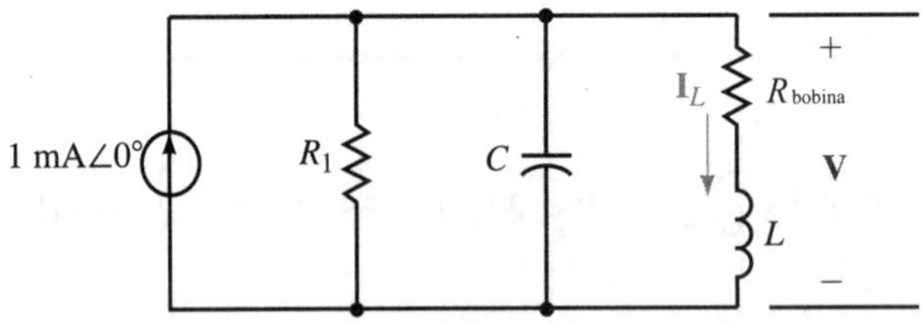

FIGURA 21-68

29. Observe o circuito da Figura 21-69.

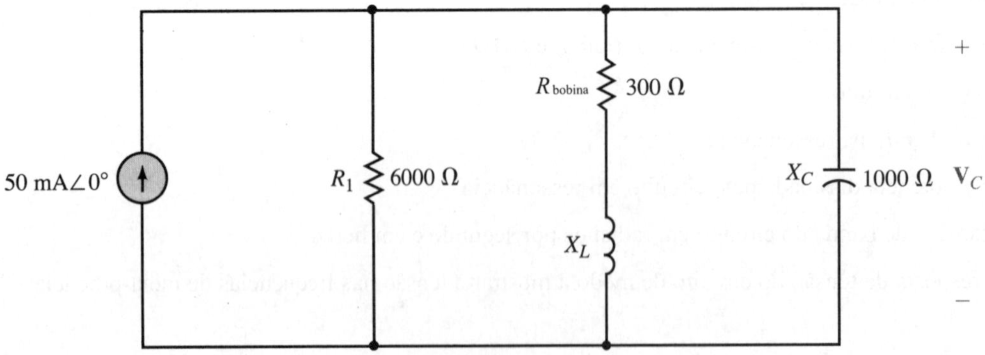

FIGURA 21-69

a. Determine o valor de X_L para a ressonância.

b. Calcule o Q do circuito.

c. Se o circuito tiver uma frequência de ressonância de 2000 rad/s, qual será a largura de banda do circuito?

d. Quais deverão ser os valores de C e L para o circuito ser ressonante em 2000 rad/s?

e. Calcule a tensão $\mathbf{V}_C$ na ressonância.

30. Repita o Problema 29 para o circuito da Figura 21-70.

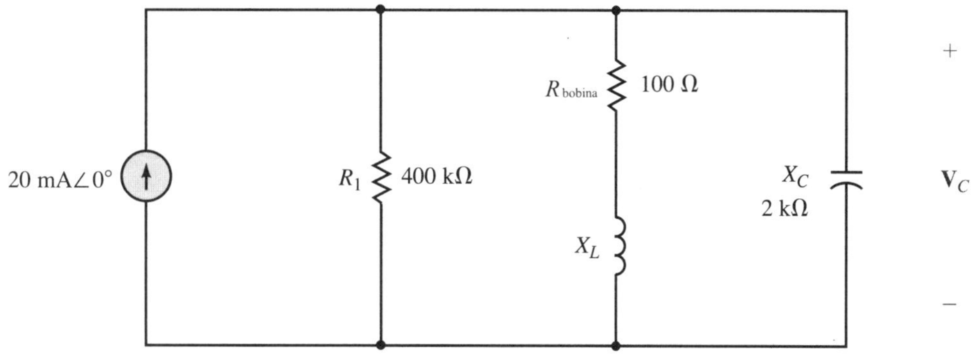

FIGURA 21-70

21.7 Análise de Circuitos Usando Computador

31. Use o PSpice para inserir o circuito da Figura 21-55. Use o pós-processador Probe para exibir a resposta da tensão no indutor como uma função da frequência. A partir da exibição, determine a tensão RMS máxima, a frequência de ressonância, as frequências de meia-potência e a largura de banda. Utilize os resultados para determinar o fator de qualidade do circuito.
32. Repita o Problema 31 para o circuito da Figura 21-56.
33. Use o PSpice para inserir o circuito da Figura 21-66. Use o pós-processador Probe para exibir a resposta da tensão no capacitor como uma função da frequência. A partir da exibição, determine a tensão RMS máxima, a frequência de ressonância, as frequências de meia-potência e a largura de banda. Utilize os resultados para determinar o fator de qualidade do circuito.
34. Repita o Problema 33 para o circuito da Figura 21-67.
35. Use os valores de C e L determinados no Problema 29 para inserir o circuito da Figura 21-69. Use o pós--processador Probe para exibir a resposta da tensão no capacitor como uma função da frequência. A partir da exibição, determine a tensão RMS máxima, a frequência de ressonância, as frequências de meia-potência e a largura de banda. Utilize os resultados para determinar o fator de qualidade do circuito.
36. Use os valores de C e L determinados no Problema 30 para inserir o circuito da Figura 21-70. Repita as medições do Problema 35.

RESPOSTAS DOS PROBLEMAS PARA VERIFICAÇÃO DO PROCESSO DE APRENDIZAGEM

Verificação do Processo de Aprendizagem 1

a. $L = 320 \mu H$

b. $R = 20{,}1\ \Omega$

c. $\mathbf{I} = 0{,}995$ mA<0° $\mathbf{V}_L = 1{,}20$ V<90° $P = 20{,}0\ \mu W$

d. $f_1 = 595$ kHz $f_2 = 605$ kHz

e. $\mathbf{I} = 0{,}700$ mA < 45,28° $P_1 = 9{,}85\ \mu W$

$P_1/P = 0{,}492 \cong 0{,}5$

Verificação do Processo de Aprendizagem 2

a. $\omega_S = 10$ krad/s $P = 500\ \mu W$

b. $Q = 10$ BW = 1 krad/s $\omega_1 = 9{,}5$ krad/s

$\omega_2 = 10{,}5$ krad/s

d. $\omega_S = 10$ krad/s $P = 1000$ μW $Q = 20$

BW = 0,5 krad/s $\omega_1 = 9{,}75$ krad/s

$\omega_2 = 10{,}25$ krad/s

e. À medida que a resistência diminui, a seletividade aumenta.

Verificação do Processo de Aprendizagem 3

a. $X_L = 200\ \Omega$ $R_P = 1600\ \Omega$ $X_C = 80\ \Omega$ $R_P = 40\ \Omega$

b. $X_{LS} = 197\ \Omega$ $R_S = 24{,}6\ \Omega$ $X_{CS} = 16\ \Omega$ $R_S = 32\ \Omega$

Verificação do Processo de Aprendizagem 4

a. $L = 180$ μH

b. $R_P = 28{,}9$ kΩ

c. $\mathbf{V} = 57{,}9$ mV<0° $\mathbf{I}_L = 64{,}0$ μA<–90° $P = 115$ nW

d. $f_1 = 788$ kHz $f_2 = 813$ kHz

e. $\mathbf{V} = 41{,}1$ mV<44,72° $P = 58$ nW

• TERMOS-CHAVE

Amplificador; Atenuador; Bel; Diagramas de Bode; Frequência de Corte; Década; Decibéis; Filtros; Filtros Rejeita-banda (ou Filtro *Notch*); Oitava; Ganho de Potência; Funções de Transferência; Ganho de Tensão.

• TÓPICOS

O Decibel; Sistemas Multiestágios; Funções de Transferência *RC* e *RL* Simples; O Filtro Passa-baixa; O Filtro Passa-alta; O Filtro Passa-banda; O Filtro Rejeita-banda; Análise de Circuitos Usando Computador.

• OBJETIVOS

Após estudar este capítulo, você será capaz de:

- avaliar os ganhos de potência e tensão em um determinado sistema;
- expressar os ganhos de potência e tensão em decibéis;
- expressar os níveis de potência em dBm e de tensão em dBV, e usar esses níveis para determinar os ganhos de potência e tensão;
- identificar e projetar filtros passa--baixa e passa-alta *RL* e *RC* simples (de primeira ordem), e explicar os princípios da operação de cada tipo de filtro;
- escrever a forma-padrão de uma função de transferência para um dado filtro. Os circuitos que serão estudados incluem os passa-banda e rejeita-banda, assim como os circuitos passa-baixa e passa-alta;
- calcular τ_c e usar a constante de tempo para determinar a(s) frequência(s) de corte em radianos por segundo e em hertz para a função de transferência de qualquer filtro de primeira ordem;
- desenhar os diagramas de Bode mostrando a resposta em frequência do ganho de tensão e o deslocamento de fase de qualquer filtro de primeira ordem;
- usar o PSpice para verificar a operação de qualquer filtro de primeira ordem.

Filtros e o Diagrama de Bode

22

Apresentação Prévia do Capítulo

Nos capítulos anteriores, examinamos como os circuitos ressonantes *LRC* reagem a variações de frequência. Neste capítulo, continuaremos a estudar como as variações de frequência afetam o comportamento de outros circuitos simples. Analisaremos os circuitos dos filtros passa-baixa, passa-alta, passa-banda e rejeita-banda simples. A análise fará um comparativo da amplitude e do deslocamento de fase do sinal de saída em relação ao de entrada.

Como sugere o nome, os circuitos dos filtros passa-baixa e passa-alta permitem a passagem de frequências baixas e altas enquanto bloqueiam outras componentes da frequência. Uma boa compreensão desses filtros facilita entender por que circuitos como os amplificadores e osciloscópios não permitem a passagem de todos os sinais da entrada para a saída.

Os filtros passa-banda são projetados para permitir a passagem de uma faixa de frequências da entrada para a saída. No capítulo anterior, vimos que circuitos *L-C* podiam ser usados para deixar passar seletivamente uma faixa de frequência desejada próxima à frequência de ressonância. Neste capítulo, veremos que efeitos similares são possíveis usando apenas componentes *R-C* ou *R-L*. Por outro lado, os filtros rejeita-banda são usados para prevenir de modo seletivo que certas frequências apareçam na saída e permitir que tanto frequências mais altas quanto mais baixas passem relativamente quase sem alterações.

A análise de todos os filtros pode ser simplificada quando plotamos a relação da tensão de entrada/saída em um gráfico semilogarítmico denominado *diagrama de Bode*.

Colocando em Perspectiva

Alexander Graham Bell

Alexander Graham Bell nasceu em Edimburgo, Escócia, em 3 de março de 1847. Quando jovem, seguiu os passos de seu pai e de seu avô ao realizar pesquisas sobre deficiência auditiva.

Em 1873, Bell foi nomeado professor de fisiologia da voz na Universidade de Boston. Sua pesquisa envolvia principalmente a conversão de ondas sonoras em flutuações elétricas. Com o incentivo de Joseph Henry, que havia realizado muitos trabalhos com indutores, Bell finalmente desenvolveu o telefone.

No famoso acidente em que deixou derramar ácido em si mesmo, Bell proferiu as seguintes palavras: "Watson, venha cá, por favor. Preciso do senhor". Watson, que estava em outro andar, correu para ajudar Bell.

Embora outros tenham se dedicado aos fundamentos do telefone, foi Alexander Graham Bell quem recebeu a patente pela sua invenção em 1876. O telefone montado por ele era um aparelho simples pelo qual passava uma corrente através de pó de carbono. A densidade do pó de carbono era determinada pelas flutuações do ar provocadas pelo som da voz de uma pessoa. Quando o carbono era comprimido, a resistividade aumentava, permitindo assim mais corrente.

O nome de Bell foi adotado para o decibel, que é a unidade usada para descrever as intensidades sonoras e o ganho de potência.

Embora a invenção do telefone o tenha deixado rico, Bell continuou a fazer experiências em eletrônica, ar-condicionado e reprodução animal. Ele morreu aos 75 anos, em Baddeck, Nova Escócia, em 2 de agosto de 1922.

22.1 O Decibel

Em eletrônica, geralmente consideramos os efeitos de um circuito sem examinar a operação efetiva dele. Essa abordagem da caixa-preta é uma técnica comum utilizada para simplificar os circuitos transistores e descrever circuitos integrados que possam conter centenas ou até milhares de elementos. Considere o sistema mostrado na Figura 22-1.

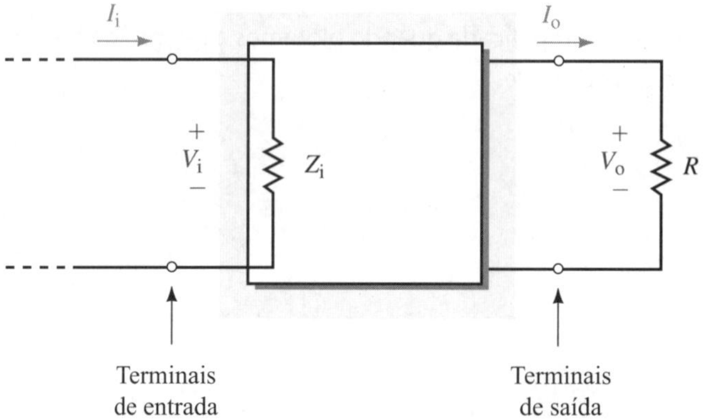

FIGURA 22-1

Embora o circuito dentro da caixa possa conter vários elementos, qualquer fonte ligada aos terminais de entrada irá perceber apenas a impedância de entrada, Z_i. De modo semelhante, qualquer impedância de carga, R_L, ligada aos terminais de saída terá a tensão e a corrente determinadas por certos parâmetros no circuito. Esses parâmetros geralmente resultam em uma saída na carga que é facilmente prevista para certas condições.

Agora definiremos alguns termos usados para analisar qualquer sistema com dois terminais de entrada e dois de saída.

O **ganho de potência**, A_P, é definido como a razão entre a potência do sinal de saída e a potência do sinal de entrada:

$$A_P = \frac{P_o}{P_i} \tag{22-1}$$

Deve-se ressaltar que a potência de saída total fornecida para qualquer carga nunca pode exceder a potência de entrada total fornecida ao circuito. Quando nos referimos ao ganho de potência de um sistema, estamos interessados apenas na potência contida no sinal AC; portanto, desprezamos qualquer potência gerada por DC. Em muitos circuitos, a potência AC será consideravelmente menor do que a potência DC. No entanto, os ganhos de potência AC na ordem de dezenas de milhares são bastante comuns.

O **ganho de tensão**, A_v, é definido como a razão entre a tensão do sinal de saída e a tensão do sinal de entrada:

$$A_v = \frac{V_o}{V_i} \tag{22-2}$$

Como mencionado, o ganho de potência de um sistema pode ser muito grande. Para outras aplicações, a potência de saída pode ser bem menor do que a de entrada, o que resulta em uma perda ou atenuação. Qualquer circuito no qual a potência do sinal de saída é maior do que a potência do sinal de entrada é chamado de **amplificador**. Inversamente, qualquer circuito no qual a potência do sinal de saída é menor do que a potência do sinal de entrada é chamado de **atenuador**.

As razões que expressam os ganhos de potência e de tensão podem ser ou muito altas ou muito baixas, tornando inconveniente expressar o ganho de potência como uma simples razão de dois números. O **bel**, unidade logarítmica cujo nome é uma homenagem a Alexander Graham Bell, foi selecionado para representar um aumento ou uma diminuição de 10 vezes o valor da potência. Matematicamente, o ganho de potência em bels é dado por

$$A_{P(\text{bels})} = 10 \log_{10} \frac{P_o}{P_i}$$

Como o bel é uma unidade muito grande e, portanto, inconveniente, adotou-se o **decibel** (dB) — que é um décimo de um bel — como uma unidade mais aceitável para descrever a variação logarítmica em níveis de potência. Um bel contém 10 decibéis; logo, o ganho de potência em decibéis é obtido da seguinte maneira

$$A_{P(\text{dB})} = 10 \log_{10} \frac{P_o}{P_i} \tag{22-3}$$

Se o nível de potência aumentar no sistema da entrada para a saída, então o ganho em dB será positivo. Se a potência na saída for menor do que a potência na entrada, o ganho de potência será negativo. Observe que, se a entrada e a saída tiverem os mesmos níveis de potência, o ganho de potência será igual a 0 dB, já que log 1 = 0.

Exemplo 22-1

Um amplificador tem os níveis de potência de entrada e de saída indicados a seguir. Determine o ganho de potência linear e em dB para cada uma das condições:

a. $P_i = 1$ mW, $P_o = 100$ W

b. $P_i = 4$ μW, $P_o = 2$ μW

c. $P_i = 6$ mW, $P_o = 12$ mW

d. $P_i = 25$ mW, $P_o = 2{,}5$ mW

Solução:

a. $A_P = \dfrac{P_o}{P_i} = \dfrac{100\text{ W}}{1\text{ mW}} = 100.000$

$A_{P(\text{dB})} = 10 \log_{10}(100.000) = (10)(5) = 50$ dB

b. $A_P = \dfrac{P_o}{P_i} = \dfrac{2\ \mu\text{W}}{4\ \mu\text{W}} = 0{,}5$

$A_{P(\text{dB})} = 10 \log_{10}(0{,}5) = (10)(-0{,}30) = -3{,}0$ dB

(continua)

Exemplo 22-1 *(continuação)*

c. $A_P = \frac{P_o}{P_i} = \frac{12 \text{ mW}}{6 \text{ mW}} = 2$

$A_{P(dB)} = 10 \log_{10} 2 = (10)(0,30) = 3,0 \text{ dB}$

d. $A_P \frac{P_o}{P_i} = \frac{2,5 \text{ mW}}{25 \text{ mW}} = 0,10$

$A_{P(dB)} = 10 \log_{10} 0,10 = (10)(-1) = -10 \text{ dB}$

O exemplo anterior mostra que, se a potência for aumentada ou diminuída por um fator de dois, o ganho de potência resultante será +3 dB ou −3 dB, respectivamente. Você deve se lembrar de que no capítulo anterior mencionou-se algo parecido quando as frequências de meia-potência de um circuito ressonante foram chamadas de frequências de 3 dB de atenuação.

O ganho de tensão de um sistema também pode ser expresso em dB. Para deduzir a expressão para o ganho de tensão, primeiro admitimos que a resistência de entrada e a resistência de carga têm o mesmo valor. Depois, usando a definição de ganho de potência fornecida pela Equação 22-3, temos o seguinte:

$$A_{P(dB)} = 10 \log_{10} \frac{P_o}{P_i}$$

$$= 10 \log_{10} \frac{V_o^2 / R}{V_i^2 / R}$$

$$= 10 \log_{10} \left(\frac{V_o}{V_i} \right)^2$$

que gera

$$A_{P(dB)} = 20 \log_{10} \frac{V_o}{V_i}$$

Como essa expressão representa um decibel equivalente do ganho de potência, escrevemos o ganho de tensão em dB da seguinte maneira:

$$A_{v(dB)} = 20 \log_{10} \frac{V_o}{V_i} \qquad \textbf{(24-4)}$$

Exemplo 22-2

O circuito amplificador da Figura 22-2 tem as condições fornecidas a seguir. Calcule os ganhos de tensão e de potência em dB.

$Z_i = 10 \text{ k}\Omega$

$R_L = 600 \ \Omega$

$V_i = 20 \text{ mV}_{RMS}$

$V_o = 500 \text{ mV}_{RMS}$

(continua)

Exemplo 22-2 *(continuação)*

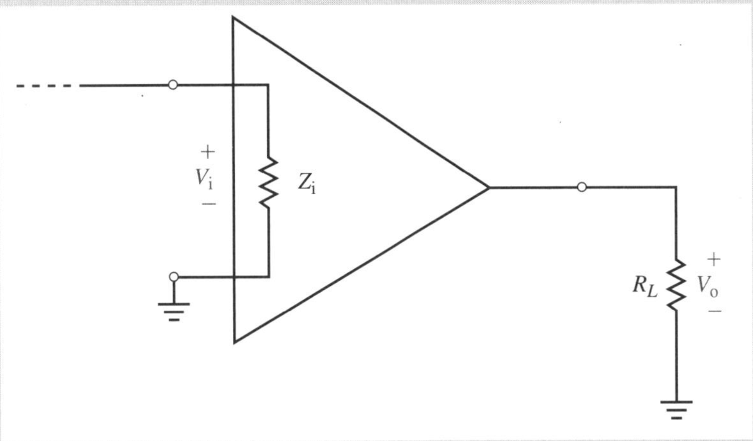

FIGURA 22-2

Solução: O ganho de tensão do amplificador é

$$A_v = 20\log_{10}\frac{V_o}{V_i}$$

$$= 20\log_{10}\frac{500\text{ mV}}{20\text{ mV}} = 20\log_{10}25 = 28{,}0\text{ dB}$$

A potência do sinal disponível na entrada do amplificador é

$$P_i = \frac{V_i^2}{Z_i} = \frac{(20\text{ mV})^2}{10\text{ k}\Omega} = 0{,}040\ \mu\text{W}$$

O sinal na saída do amplificador tem uma potência de

$$P_o = \frac{V_o^2}{R_L} = \frac{(500\text{ mV})^2}{600\ \Omega} = 416{,}7\ \mu\text{W}$$

O ganho de potência do amplificador é

$$A_P = 10\log_{10}\frac{P_o}{P_i}$$

$$= 10\log_{10}\frac{416{,}7\ \mu\text{W}}{0{,}040\ \mu\text{W}}$$

$$= 10\log_{10}(10{,}417) = 40{,}2\text{ dB}$$

PROBLEMAS PRÁTICOS 1

Dadas as condições a seguir, calcule os ganhos de tensão e de potência (em dB) para o amplificador da Figura 22-2:

$Z_i = 2\text{ k}\Omega$

$R_L = 5\ \Omega$

$V_i = 16\ \mu V_{RMS}$

$V_o = 32\ \mu V_{RMS}$

Respostas

66,0 dB; 92,0 dB

Para converter um ganho com valor em decibéis em uma razão simples da potência ou tensão, é necessário realizar a operação inversa do logaritmo, isto é, calcular a grandeza desconhecida usando a exponencial. Lembre-se de que as seguintes operações logarítmicas e exponenciais são equivalentes:

$$y = \log_b x$$

$$x = b^y$$

Com as expressões acima, as Equações 22-3 e 22-4 podem ser utilizadas para determinar as expressões para os ganhos de potência e de tensão da seguinte maneira:

$$\frac{A_{P(\text{dB})}}{10} = \log_{10}\frac{P_o}{P_i}$$

$$\frac{P_o}{P_i} = 10^{A_{P(\text{dB})}/10} \qquad \textbf{(22-5)}$$

$$\frac{A_{v(\text{dB})}}{20} = \log_{10}\frac{V_o}{V_i}$$

$$\frac{V_o}{V_i} = 10^{A_{v(\text{dB})}/20} \qquad \textbf{(22-6)}$$

Exemplo 22-3

Converta os itens a seguir de decibéis em uma razão linear:

a. $A_P = 25$ dB

b. $A_P = -6$ dB

c. $A_v = 10$ dB

d. $A_v = -6$ dB

Solução:

a. $A_P = \frac{P_o}{P_i} = 10^{AP(\text{dB})/10}$

$= 10^{25/10} = 316$

b. $A_P = 10^{A_{P(\text{dB})}/10}$

$= 10^{-6/10} = 0{,}251$

c. $A_v = \frac{V_o}{V_i} = 10^{A_{v(\text{dB})}/20}$

$= 10^{10/20} = 3{,}16$

d. $A_v = 10^{A_{v(\text{dB})}/20}$

$= 10^{-6/20} = 0{,}501$

Aplicações dos Decibéis

Os decibéis foram originalmente concebidos como uma medida das variações nos níveis acústicos. O ouvido humano não é um instrumento linear; na verdade, ele responde aos sons de forma logarítmica. Por causa desse fenômeno peculiar, um aumento de 10 vezes na intensidade do som resulta em uma sensação de duplicação da intensidade do som. Isso significa que, se quisermos duplicar o som provindo de um amplificador de 10 W de potência, deveremos aumentar a potência de saída para 100 W.

O nível sonoro mínimo que pode ser detectado pelo ouvido humano é chamado de limiar auditivo, e geralmente seu valor é tido como $I_0 = 1 \times 10^{-12}$ W/m^2. A Tabela 22-1 mostra a intensidade sonora aproximada de alguns sons comuns. Os níveis de decibéis são determinados com a expressão

$$\beta_{(\mathrm{dB})} = 10 \log_{10} \frac{I}{I_0}$$

Alguns circuitos eletrônicos operam com os níveis de potência muito pequenos. Esses níveis de potência podem tomar como referência algum nível arbitrário e depois serem expressos em decibéis de modo similar à representação da intensidade do som. Por exemplo, os níveis de potência podem ter como referência uma potência-padrão de 1 mW. Nesses casos, o nível de potência é expresso em dBm e é determinado da seguinte maneira:

$$P_{\mathrm{dBm}} = 10 \log_{10} \frac{P}{1 \mathrm{~mW}} \tag{22-7}$$

Se tomarmos como referência o padrão de 1 W para o nível de potência, teremos

$$P_{\mathrm{dBW}} = 10 \log_{10} \frac{P}{1 \mathrm{~W}} \tag{22-8}$$

TABELA 22-1 Níveis de intensidade de Sons Comuns

Som	Nível de intensidade (dB)	Intensidade (W/m^2)
Limiar auditivo, I_0	0	10^{-12}
Silêncio virtual	10	10^{-11}
Ambiente silencioso	20	10^{-10}
Tique-taque do relógio a 1 m	30	10^{-9}
Rua silenciosa	40	10^{-8}
Conversa em tom baixo	50	10^{-7}
Motor silencioso a 1 m	60	10^{-6}
Tráfego movimentado	70	10^{-5}
Porta batendo	80	10^{-4}
Escritório movimentado	90	10^{-3}
Britadeira	100	10^{-2}
Motocicleta	110	10^{-1}
Concerto de rock alto em ambiente fechado	120	1
Limiar de dor	130	10

Exemplo 22-4

Expresse as seguintes potências em dBm e em dBW.

a. $P_1 = 0{,}35\ \mu$W.

b. $P_2 = 20$ mW.

c. $P_3 = 1000$ W.

d. $P_4 = 1$ pW.

(continua)

Exemplo 22-4 *(continuação)*

Solução:

a. $P_{1(\text{dBm})} = 10 \log_{10}\dfrac{0{,}35\ \mu\text{W}}{1\ \text{mW}} = -34{,}6\ \text{dBm}$

$P_{1(\text{dBW})} = 10 \log_{10}\dfrac{0{,}35\ \mu\text{W}}{1\ \text{W}} = -64{,}6\ \text{dBW}$

b. $P_{2(\text{dBm})} = 10 \log_{10}\dfrac{20\ \text{mW}}{1\ \text{mW}} = 13{,}0\ \text{dBm}$

$P_{2(\text{dBW})} = 10 \log_{10}\dfrac{20\ \text{mW}}{1\ \text{W}} = -17{,}0\ \text{dBW}$

c. $P_{3(\text{dBm})} = 10 \log_{10}\dfrac{1000\ \text{W}}{1\ \text{mW}} = 60\ \text{dBm}$

$P_{3(\text{dBW})} = 10 \log_{10}\dfrac{1000\ \text{W}}{1\ \text{W}} = 30\ \text{dBW}$

d. $P_{4(\text{dBm})} = 10 \log_{10}\dfrac{1\ \text{pW}}{1\ \text{mW}} = -90\ \text{dBm}$

$P_{4(\text{dBW})} = 10 \log_{10}\dfrac{1\ \text{pW}}{1\ \text{W}} = -120\ \text{dBW}$

Muitos voltímetros têm em separado uma escala calibrada em decibéis. Nesses casos, a tensão expressa em dBV usa 1 V_{RMS} como a tensão de referência. Em geral, qualquer leitura da tensão pode ser expressa em dBV, como a seguir:

$$V_{\text{dBV}} = 20 \log_{10}\frac{V_o}{1\ \text{V}} \qquad \textbf{(22-9)}$$

PROBLEMAS PRÁTICOS 2

Considere os resistores da Figura 22-3:

a. Determine os níveis de potência em dBm e em dBW.

b. Expresse as tensões em dBV.

Respostas

a. 33,0 dBm (3,0 dBW); −37,0 dBm (−67,0 dBW)

b. 20,0 dBV; −34,0 dBV

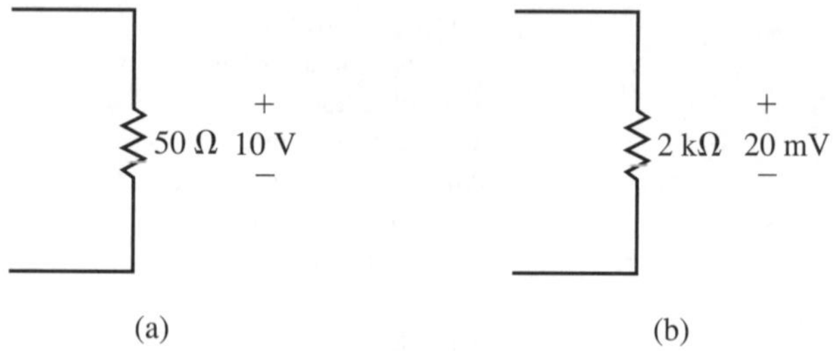

FIGURA 22-3

22.2 Sistemas Multiestágios

Normalmente, um sistema contém vários estágios. Para encontrar os ganhos totais de tensão e de potência, precisaríamos calcular o produto dos ganhos individuais. O uso de decibéis torna fácil a solução de um sistema multiestágio. Se o ganho de cada estágio for fornecido em decibéis, o ganho resultante será determinado como a soma dos ganhos individuais.

Considere o sistema da Figura 22-4, que representa um sistema de três estágios.

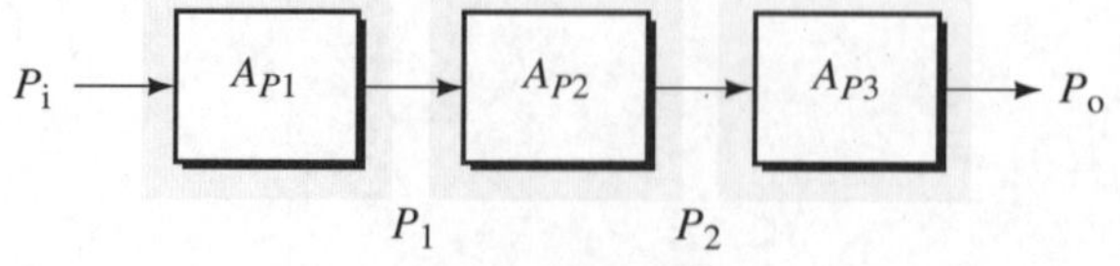

FIGURA 22-4

A potência na saída de cada estágio é determinada da seguinte maneira:

$$P_1 = A_{P1} P_i$$

$$P_2 = A_{P2} P_1$$

$$P_o = A_{P3} P_2$$

Encontramos o ganho de potência total do sistema como

$$A_{PT} = \frac{P_o}{P_i} = \frac{A_{P3}P_2}{P_i}$$

$$= \frac{A_{P3}(A_{P2}P_1)}{P_i}$$

$$= \frac{A_{P3}A_{P2}(A_{P1}P_i)}{P_i}$$

$$= A_{P1} A_{P2} A_{P3}$$

Em geral, para n estágios, encontre o ganho de potência total como o produto:

$$A_{P\mathbf{T}} = A_{P\mathbf{1}} A_{P\mathbf{2}} \ldots A_{Pn} \qquad \textbf{(22-10)}$$

No entanto, se usarmos logaritmos para calcular o ganho em decibéis, teremos o seguinte:

$$A_{PT}(\text{dB}) = 10 \log_{10} A_{PT}$$

$$= 10 \log_{10} (A_{P1} A_{P2} \ldots A_{Pn})$$

$$A_{PT}(\text{dB}) = 10 \log_{10} A_{P1} + 10 \log_{10} A_{P2} + \ldots + 10 \log_{10} A_{Pn}$$

O ganho de potência total em decibéis para n estágios é determinado como a soma dos ganhos de potência individuais em decibéis:

$$A_{P(\mathbf{dB})} = A_{P1(\mathbf{dB})} + A_{P2(\mathbf{dB})} + \ldots + A_{Pn(\mathbf{dB})} \qquad \textbf{(22-11)}$$

O exemplo a seguir mostra a vantagem de se usar o decibel para calcular os ganhos e os níveis de potência.

Exemplo 22-5

O circuito da Figura 22-5 representa os primeiros três estágios de um típico receptor AM ou FM.

Determine as grandezas a seguir:

a. $A_{P1(\text{dB})}$, $A_{P2(\text{dB})}$ e $A_{P3(\text{dB})}$.

b. $A_{PT(\text{dB})}$.

c. P_1, P_2 e P_o.

d. $P_{i(\text{dB})}$, $P_{1(\text{dBm})}$, $P_{2(\text{dBm})}$ e $P_{o(\text{dBm})}$.

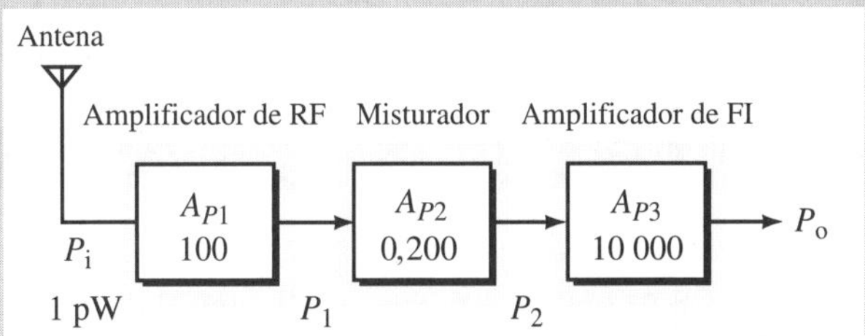

FIGURA 22-5

Solução:

a. $A_{P1(\text{dB})} = 10 \log_{10} A_{P1} = 10 \log_{10} 100 = 20 \text{ dB}$

$A_{P2(\text{dB})} = \log_{10} A_{P2} = 10 \log_{10} 0{,}2 = -7{,}0 \text{ dB}$

$A_{P3(\text{dB})} = 10 \log_{10} A_{P3} = 10 \log_{10}(10.000) = 40 \text{ dB}$

b. $A_{PT(\text{dB})} = A_{P1(\text{dB})} + A_{P2(\text{dB})} + A_{P3(\text{dB})}$

$= 20 \text{ dB} - 7{,}0 \text{ dB} + 40 \text{ dB}$

$= 53{,}0 \text{ dB}$

(continua)

Exemplo 22-5 *(continuação)*

c. $P_1 = A_{P1} P_i = (100)(1 \text{ pW}) = 100 \text{ pW}$

$P_2 = A_{P2} P_1 = (100 \text{ pW})(0{,}2) = 20 \text{ pW}$

$P_o = A_{P3} P_2 = (10.000)(20 \text{ pW}) = 0{,}20 \text{ µW}$

d. $$P_{i(dBm)} = 10 \log_{10}\frac{P_i}{1 \text{ mW}} = 10 \log_{10}\frac{1 \text{ pW}}{1 \text{ mW}} = -90 \text{ dBm}$$

$$P_{1(dBm)} = 10 \log_{10}\frac{P_1}{1 \text{ mW}} = 10 \log_{10}\frac{100 \text{ pW}}{1 \text{ mW}} = -70 \text{ dBm}$$

$$P_{2(dBm)} = 10 \log_{10}\frac{P_2}{1 \text{ mW}} = 10 \log_{10}\frac{20 \text{ pW}}{1 \text{ mW}} = -77{,}0 \text{ dBm}$$

$$P_{o(dBm)} = 10 \log_{10}\frac{P_o}{1 \text{ mW}} = 10 \log_{10}\frac{0{,}20 \text{ µW}}{1 \text{ mW}} = -37{,}0 \text{ dBm}$$

Observe que o nível de potência (em dBm) na saída de qualquer estágio é facilmente determinado como a soma do nível de potência de entrada (em dBm) e o ganho do estágio em (dB). É por isso que muitos circuitos de comunicação expressam os níveis de potência em decibéis em vez de watts.

PROBLEMAS PRÁTICOS 3

Calcule o nível de potência de cada um dos estágios na Figura 22-6.

Respostas

$P_1 = -62\text{dBm}$, $P_2 = -72$ dBm, $P_3 = -45$ dBm

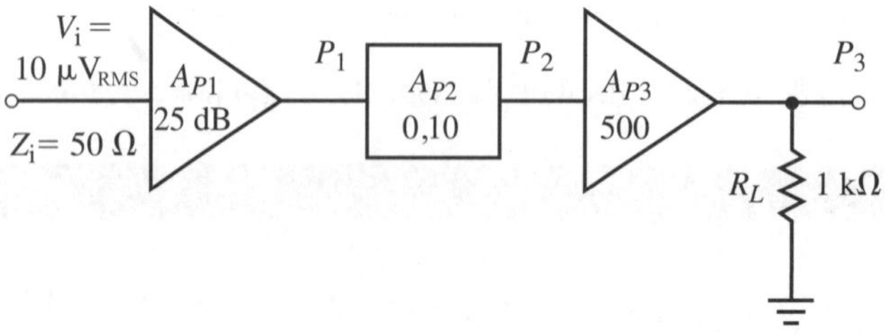

FIGURA 22-6

VERIFICAÇÃO DO PROCESSO DE APRENDIZAGEM 1

(As respostas encontram-se no final do capítulo.)

1. Dado que um amplificador tem um ganho de potência de 25 dB, calcule o nível de potência de saída (em dBm) para as seguintes características de entrada:

   a. $V_i = 10 \text{ mV}_{RMS}$, $Z_i = 50\ \Omega$

   b. $V_i = 10 \text{ mV}_{RMS}$, $Z_i = 1\ \text{k}\Omega$

   c. $V_i = 400\ \text{µV}_{RMS}$, $Z_i = 200\ \Omega$

2. Dados os amplificadores com características de saída a seguir, determine a tensão de saída (em volts RMS).

   a. $P_o = 8{,}0$ dBm, $R_L = 50\ \Omega$.

   b. $P_o = -16{,}0$ dBm, $R_L = 2\ \text{k}\Omega$.

   c. $P_o = -16{,}0$ dBm, $R_L = 5\ \text{k}\Omega$.

22.3 Funções de Transferência *RC* e *RL* Simples

Os circuitos eletrônicos geralmente operam de modo altamente previsível. Se determinado sinal for aplicado na entrada de um sistema, a saída será determinada pelas características físicas do circuito. A frequência do sinal de entrada é uma das muitas condições físicas que determinam a relação entre um dado sinal de entrada e a saída resultante. Embora estejam fora do escopo deste livro, outras condições que podem determinar a relação entre os sinais de entrada e de saída de um dado circuito são: temperatura, luz, radiação etc.

Para qualquer sistema sujeito a uma tensão de entrada senoidal, conforme mostrado na Figura 22-7, definimos a **função de transferência** como a razão entre o fasor da tensão de saída e o fasor da tensão de entrada para qualquer frequência ω (em radianos por segundo).

$$\mathbf{FT}(\omega) = \frac{\mathbf{V}_o}{\mathbf{V}_i} = A_v\angle\theta \tag{22-12}$$

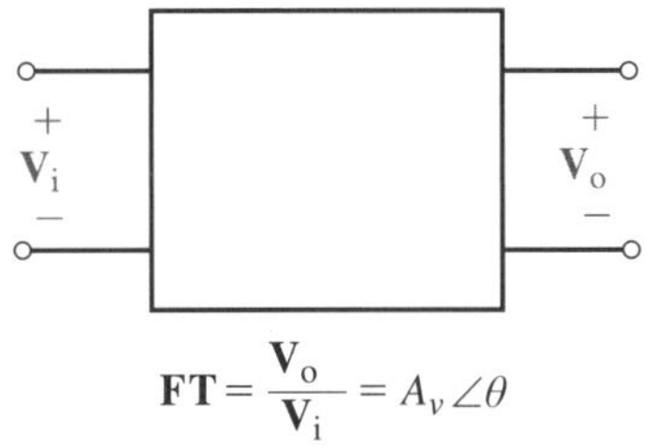

FIGURA 22-7

Observe que a definição da função de transferência é quase igual à do ganho de tensão. A diferença consiste no fato de que a função de transferência leva em consideração tanto a amplitude quanto o deslocamento de fase das tensões, enquanto o ganho de tensão só compara as amplitudes.

A partir da Equação 22-12, vemos que a amplitude da função de transferência é, na verdade, o ganho de tensão — uma grandeza escalar. O ângulo de fase, θ, representa o deslocamento de fase entre os fasores da tensão de saída e de entrada. O ângulo θ será positivo se a saída estiver adiantada em relação à entrada e negativo se a saída estiver atrasada em relação à forma de onda de entrada.

Se os elementos dentro do bloco da Figura 22-7 forem resistores, então as tensões de saída e de entrada estarão sempre em fase. Ademais, como os resistores têm o mesmo valor em todas as frequências, o ganho de tensão permanecerá constante em todas elas. (Neste livro não consideraremos as variações na resistência devido a frequências altas.) O circuito resultante é chamado de atenuador, uma vez que a resistência dentro do bloco irá dissipar alguma quantidade de potência, reduzindo assim (ou atenuando) o sinal à medida que ele passa pelo circuito.

Se os elementos no bloco forem combinações de resistores, indutores e capacitores, então a tensão de saída e a fase dependerão da frequência, porque as impedâncias dos indutores e capacitores são dependentes da frequência. A Figura 22-8 ilustra um exemplo de como o ganho de tensão e o deslocamento de fase de um circuito podem variar como uma função da frequência.

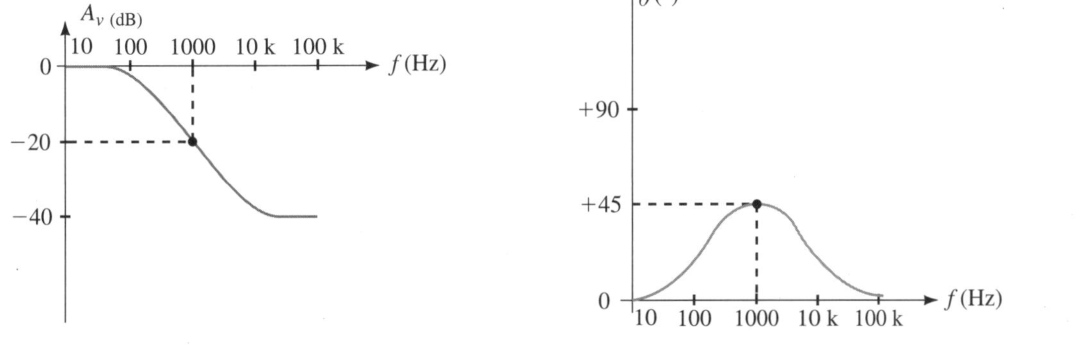

FIGURA 22-8 Resposta em frequência de um circuito.

Para examinar a operação de um circuito durante uma ampla faixa de frequências, a abscissa (eixo horizontal) geralmente é mostrada em uma escala logarítmica. A ordenada (eixo vertical) normalmente é mostrada como uma escala linear em decibéis ou graus. Os gráficos semilogarítmicos que mostram a resposta em frequência de filtros são chamados de **diagramas de Bode** e são extremamente úteis na previsão e compreensão da operação de filtros. Gráficos semelhantes são usados para prever a operação de amplificadores e muitos outros componentes eletrônicos.

Examinando a resposta em frequência de um circuito, é possível determinar rapidamente o ganho de tensão (em dB) e o deslocamento de fase (em graus) para qualquer entrada senoidal em uma dada frequência. Por exemplo, em uma frequência de 1000 Hz, o ganho de tensão é de −20 dB e o deslocamento de fase é de 45°. Isso significa que a amplitude do sinal de saída é um décimo da do sinal de entrada, e a saída está 45° adiantada em relação à entrada.

A partir da resposta em frequência da Figura 22-8, vemos que o circuito correspondente a essa resposta é capaz de permitir a passagem de sinais de baixa frequência e, ao mesmo tempo, atenuar parcialmente os sinais de alta frequência. Qualquer circuito que permite a passagem de determinada faixa de frequência enquanto bloqueia outras é chamado de **filtro**. Os filtros em geral são designados de acordo com suas funções, embora determinados filtros recebam o nome de seus inventores. O filtro que contém a resposta da Figura 22-8 é chamado de filtro degrau[1], pois o ganho de tensão ocorre entre dois limites (degraus). Outros tipos de filtros usados regularmente em circuitos elétricos e eletrônicos incluem os filtros passa-baixa, passa-alta, passa-banda e rejeita-banda[2].

Embora o projeto de filtros seja um tópico abrangente, examinaremos os diagramas de Bode de alguns filtros comuns usados em circuitos eletrônicos.

Esboço de Diagramas de Bode

Para compreender a operação de um filtro (ou qualquer outro sistema que dependa da frequência), é bom desenhar os diagramas de Bode primeiro. Todos os sistemas de primeira ordem (os que consistem de combinações *R-C* ou *R-L*) têm funções de transferência que são montadas a partir de apenas quatro formas possíveis (e talvez uma constante). Se o ganho de tensão for expresso em decibéis, veremos que os diagramas de Bode de expressões mais complexas serão simplesmente determinados como a soma aritmética dessas formas simples. Começaremos por examinar as quatro formas possíveis e depois combinaremos essas formas para determinar as respostas em frequência de funções de transferência mais complicadas. Em cada uma das formas, o valor de tau (τ) é apenas uma constante de tempo determinada pelos componentes do circuito.

Um fato importante a respeito das funções de transferência é que as condições de contorno sempre devem ser satisfeitas. As condições de contorno de uma função de transferência ou de um filtro são determinadas a partir do exame das características quando $\omega = 0$ rad/s e à medida que $\omega \rightarrow \infty$.

1. **FT** $= j\omega\tau = \omega\tau\angle 90^\circ$

O ganho de tensão dessa função de transferência é $A_V = \omega\tau$. Examinando as condições de contorno, vemos que o ganho de tensão é $A_V = 0$ quando $\omega = 0$ e $A_V = \infty$ à medida que $\omega \rightarrow \infty$. (Embora uma função de transferência que contenha apenas este termo não possa ocorrer em sistemas reais, ele é um componente importante quando combinado com outros termos.) Em decibéis, o ganho de tensão passa a ser $[A_V]_{dB} = 20 \log \omega\tau$. Observe que o ganho de tensão dessa expressão aumenta à medida que a frequência aumenta.

Em uma frequência de $\omega = 1/\tau$, a função de transferência é avaliada como sendo **FT** $= j1 = 1\angle 90^\circ$. O ganho de tensão é $A_V = 1$, que equivale a $[A_V]_{dB} = 20 \log 1 = 0$ dB.

Se a frequência aumentar por um fator de 10 (aumentando em uma **década**) para $\omega = 10/\tau$, a função de transferência passa a ser **FT** $= j10 = 10\angle 90^\circ$. O ganho de tensão de $A_V = 10$ é equivalente a $[A_V]_{dB} = 20 \log 10 = 20$ dB. Isso mostra que o ganho da função de transferência aumenta a uma taxa de 20 dB/década. Se a frequência tivesse sido dobrada (aumentando em uma **oitava**), a função de transferência teria sido **FT** $= j2 = 2\angle 90^\circ$. O ganho de tensão de $A_V = 2$ é equivalente a $[A_V]_{dB} = 20 \log 2 = 6$ dB. Isso mostra que o ganho da função de transferência aumenta a uma taxa de 6 dB/oitava. (Logo, uma inclinação de 20 dB/década equivale a 6 dB/oitava).

Para a função de transferência fornecida, o ângulo de fase (da tensão de saída em relação à de entrada) é uma constante de 90°. Consequentemente, um sinal senoidal aplicado na entrada resultará em um sinal de saída que está sempre 90° adiantado em relação à entrada.

1 Tradução livre. (N.R.T.)
2 Os filtros passa-banda e rejeita-banda também podem ser chamados de filtros passa-faixa e rejeita-faixa, respectivamente. (N.R.T.)

A Figura 22-9 mostra os diagramas de Bode para a função de transferência.

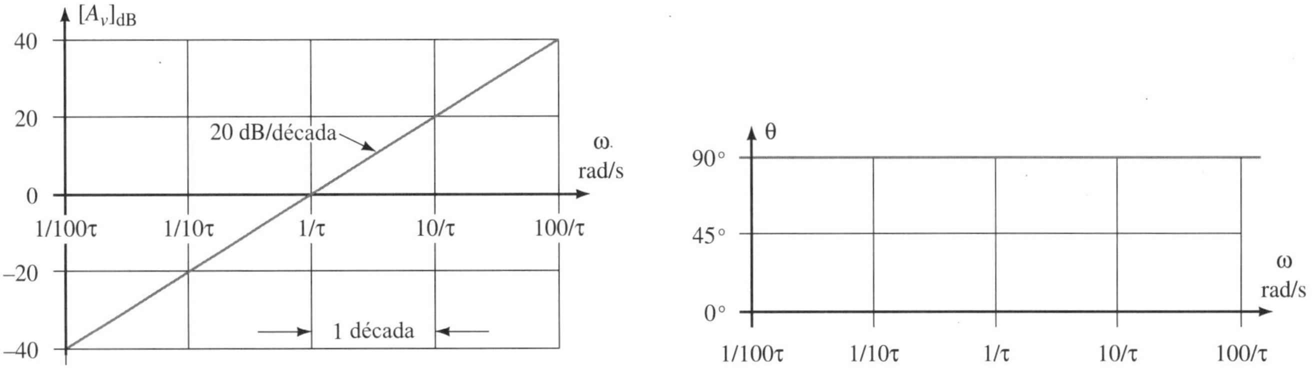

(a) Resposta do ganho de tensão para as funções de transferência da forma **FT** = $j\omega\tau$

(b) Resposta do deslocamento de fase para as funções de transferência da forma **FT** = $j\omega\tau$

FIGURA 22-9

2. **FT** = $1 + j\omega\tau$

Examinando essa expressão, determinamos que a magnitude dessa função de transferência também aumenta à medida que ω aumenta. No entanto, diferentemente da forma anterior da função de transferência, a magnitude dessa função de transferência nunca pode ser menor que 1. Para valores baixos de frequência ω, o termo real predomina sobre o termo imaginário, resultando em **FT** $\approx 1 + j0 = 1\angle 0^\circ$. Ocorre o oposto para valores altos de frequência: o termo imaginário predomina sobre o termo real, resultando em **FT** $\approx j\omega\tau = \omega\tau\angle 90^\circ$.

Agora, a pergunta é: "*o que queremos dizer com frequência baixa e alta?*" Examinemos o que acontece em uma frequência de $\omega_c = 1/\tau$: nessa frequência, a função de transferência passa a ser **FT** $= 1 + j1 = \sqrt{2}\angle 45^\circ$. O ganho de tensão é equivalente a $A_v = 20 \log \sqrt{2} = 3{,}0$ dB. A frequência ω_c geralmente é chamada de **frequência de corte**, **frequência crítica** ou **frequência de quebra**. Se diminuíssemos a frequência de modo que ela fosse 1/10 da frequência de corte, teríamos **FT** $= 1 + j0{,}1 = 1{,}005\angle 5{,}71^\circ$. Duas características muito importantes se tornam evidentes para frequências abaixo da frequência de corte:

i. O ganho de tensão é essencialmente constante em $A_v = 1 \equiv 0$ dB.

ii. O deslocamento de fase abaixo de $0{,}1\omega_c$ é essencialmente constante em 0°.

Em seguida, examinemos o que acontece em uma frequência de $\omega = 10\omega_c$. Nessa frequência mais alta, a função de transferência passa a ser **FT** $= 1 + j10 = 10{,}05\angle 84{,}29^\circ$. O ganho de tensão equivale a $A_v = 20 \log 10{,}05 = 20{,}04$ dB. Uma análise mais profunda mostraria que em $\omega = 100\omega_c$ o ganho de tensão é de 40 dB. Duas características muito importantes se tornam evidentes para frequências acima da frequência de corte:

i. O ganho de tensão aumenta a uma taxa de 20 dB/década ≡ 6 dB/oitava.

ii. O deslocamento de fase acima de $10\omega_c$ é essencialmente constante em 90°.

Quando fazemos o esboço dos diagramas de Bode para essa função de transferência, aproximamos a resposta do ganho de tensão para 0 dB para todas as frequências menores que $\omega_c = 1/\tau$ e consideramos que a resposta de tensão aumenta a uma taxa de 20 dB/década para todas as frequências acima de $\omega_c = 1/\tau$. A resposta do deslocamento de fase é um pouco mais complicada. O deslocamento de fase é aproximado para 0° quando $\omega < 0{,}1\ \omega_c$ e para 90° quando $\omega > 10\ \omega_c$. Na região entre $0{,}1\ \omega_c$ e $10\ \omega_c$, a taxa de deslocamento de fase é aproximada para 45°/década. A Figura 22-10 mostra tanto as aproximações em linha reta quanto as curvas reais para uma função de transferência da forma **FT** $= 1 + j\omega\tau$.

3. **FT** $= \dfrac{1}{j\omega\tau}$

Uma função de transferência dessa forma também pode ser escrita como **FT** $= \dfrac{1}{\omega\tau\angle 90^\circ} = \dfrac{1}{\omega\tau}\angle -90^\circ$, o que mostra que o ganho de tensão é infinitamente alto quando $\omega = 0$ e diminui à medida que a frequência aumenta. Devido ao operador j no deno-

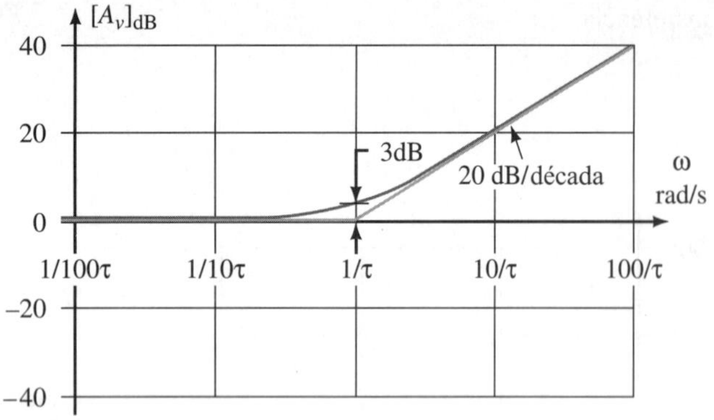

(a) Resposta do ganho de tensão para as funções de transferência da forma **FT** = 1 + *j*ωτ

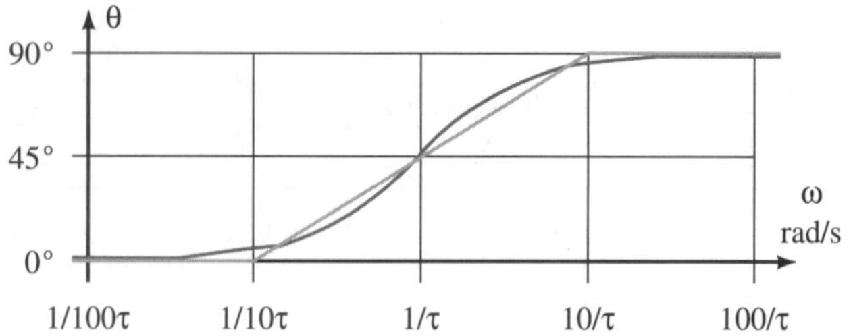

(b) Resposta do deslocamento de fase para as funções de transferência da forma **FT** = 1 + *j*ωτ

FIGURA 22-10

minador, também fica claro que o deslocamento de fase é de −90º para todas as frequências. (Mais uma vez, nenhum sistema de componentes eletrônicos terá uma função de transferência composta por apenas este termo.) A Figura 22-11 mostra os diagramas de Bode para as funções de transferência do tipo $\mathbf{FT} = \dfrac{1}{j\omega\tau}$.

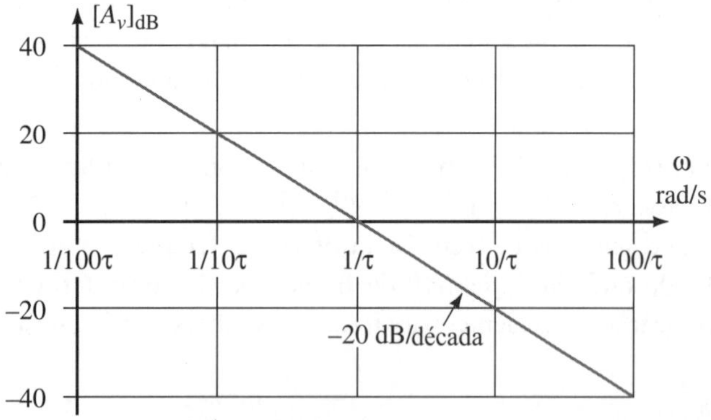

(a) Resposta do ganho de tensão para as funções de transferência da forma $\mathbf{FT} = \dfrac{1}{j\omega\tau}$

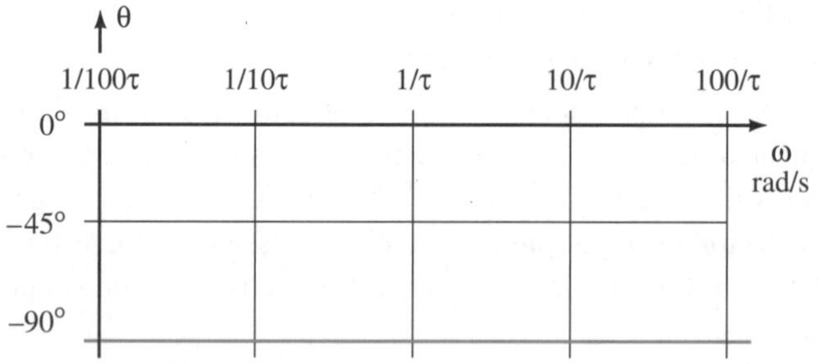

(b) Resposta do deslocamento de fase para as funções de transferência da forma $\mathbf{FT} = \dfrac{1}{j\omega\tau}$

FIGURA 22-11

4. $\mathbf{FT} = \dfrac{1}{1 + j\omega\tau}$

A magnitude dessa função de transferência diminui à medida que ω aumenta. No entanto, diferentemente da forma anterior, o ganho de tensão dessa função de transferência nunca pode ser maior do que 1. Para valores baixos de ω, o termo real prevalece sobre o imaginário, resultando em $\mathbf{FT} \approx \dfrac{1}{1 + j0} = \dfrac{1}{1\angle 0°} = 1\angle 0°$. Ocorre o oposto para valores altos de frequência: o termo imaginário prevalece sobre o real, resultando em $\mathbf{FT} \approx \dfrac{1}{j\omega\tau} = \dfrac{1}{\omega\tau\angle 90°} = \dfrac{1}{\omega\tau}\angle -90°$.

Mais uma vez, a frequência de corte ocorre em $\omega_c = 1/\tau$. Nesta frequência, a função de transferência resulta em um valor de $\mathbf{FT} = \dfrac{1}{1 + j1} = \dfrac{1}{\sqrt{2}\angle 45°} = 0{,}7071\angle -45°$. Na frequência de corte, acha-se o ganho de tensão (em decibéis) como A_v = 20 log 0,7071 = −3,0 dB. Para um filtro com essa função de transferência, vemos que a potência de saída na frequência de corte é de 3 dB abaixo de seu valor máximo. Você se lembra de que um "ganho" de −3 dB resulta em uma potência de saída que é metade da potência máxima.

Para um filtro contendo uma função de transferência na forma de $\mathbf{FT} = \dfrac{1}{1 + j\omega\tau}$, duas características se tornam evidentes para as frequências abaixo da frequência de corte:

i. O ganho de tensão é essencialmente constante em $A_v = 1 \equiv 0$ dB.

ii. O deslocamento de fase abaixo de $0{,}1\ \omega_c$ é essencialmente constante em 0°.

Para frequências acima da frequência de corte:

i. O ganho de tensão cai a uma taxa de 20 dB/década ≡ 6 dB/oitava.

ii. O deslocamento de fase acima de $10\ \omega_c$ é essencialmente constante em −90°.

Quando desenhamos os diagramas de Bode para essa função de transferência, aproximamos a resposta do ganho de tensão para 0 dB para todas as frequências menores que $\omega_c = 1/\tau$ e que diminuem a uma taxa de 20 dB/década para todas as frequências acima de $\omega_c = 1/\tau$. O deslocamento de fase é aproximado para 0° quando $\omega < 0{,}1\ \omega_c$ e para −90° sempre que $\omega > 10\ \omega_c$. Na região entre $0{,}1\ \omega_c$ e $10\ \omega_c$, o deslocamento de fase tem aproximadamente uma inclinação de −45°/década. A Figura 22-12 mostra as aproximações em linha reta e as curvas reais para uma função de transferência da forma $\mathbf{FT} = \dfrac{1}{1 + j\omega\tau}$.

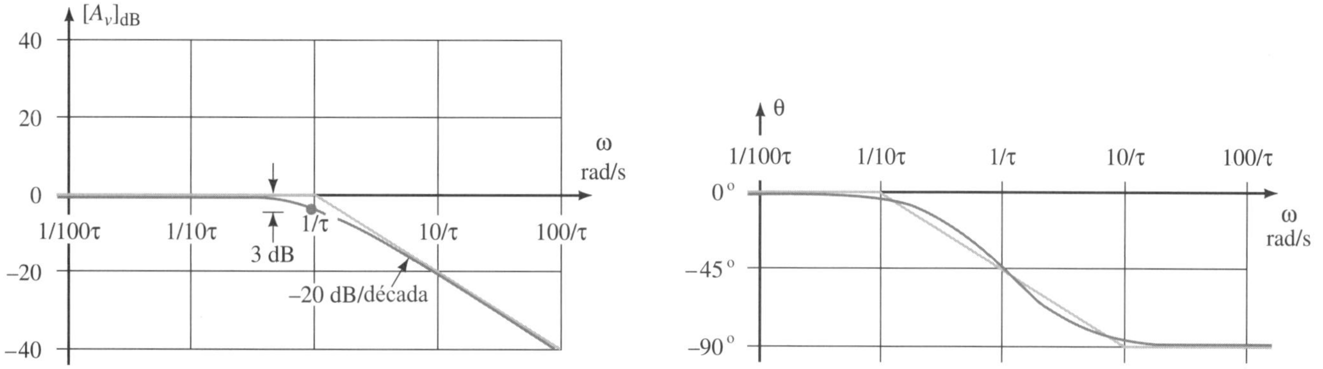

(a) Resposta do ganho de tensão para as funções de transferência da forma $\mathbf{FT} = \dfrac{1}{1 + j\omega\tau}$

(b) Resposta do deslocamento de fase para as funções de transferência da forma $\mathbf{FT} = \dfrac{1}{1 + j\omega\tau}$

FIGURA 22-12

Agora então é possível ver como essas diversas formas das funções de transferência podem ser combinadas para esboçar as funções de transferência de circuitos reais.

Exemplo 22-6

Dado que $\mathbf{FT} = \dfrac{10}{1 + j0{,}001\omega}$

a. Determine as condições de contorno.

b. Calcule a frequência de corte em rad/s e em Hz.

c. Faça um esboço da aproximação em linha reta da resposta do ganho de tensão.

d. Faça um esboço da aproximação em linha reta da resposta do deslocamento de fase.

Solução:

a. Quando $\omega = 0$, a função de transferência é simplificada para $\mathbf{TF} = 10 = 10\angle 0°$.

O ganho de tensão será de $A_v = 20 \log 10 = 20$ dB, e o deslocamento de fase será de 0°. À medida que $\omega \to \infty$, a magnitude da função de transferência se aproxima de zero, e o deslocamento de fase será de −90° (uma vez que o termo real no denominador será desprezível em relação ao termo imaginário).

(continua)

Exemplo 22-6 *(continuação)*

b. A frequência de corte é determinada como

$$\omega_c = \frac{1}{\tau} = \frac{1}{0,001} = 1000 \text{ rad/s} \qquad (f_c = \omega_c/2\pi = 159,15 \text{ Hz})$$

c. A Figura 22-13 mostra a resposta do ganho de tensão.

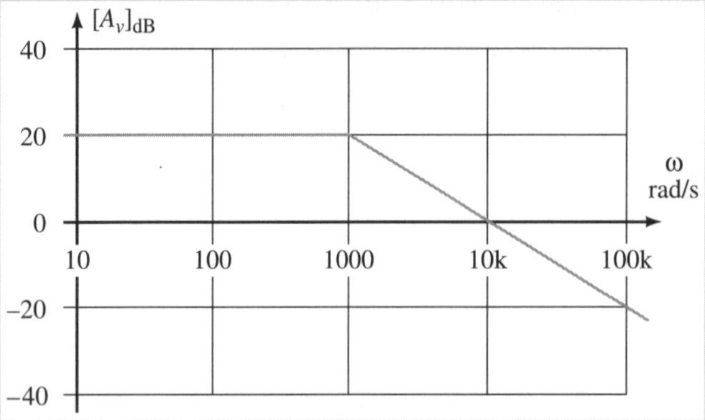

FIGURA 22-13

d. A Figura 22-14 mostra a resposta do deslocamento de fase.

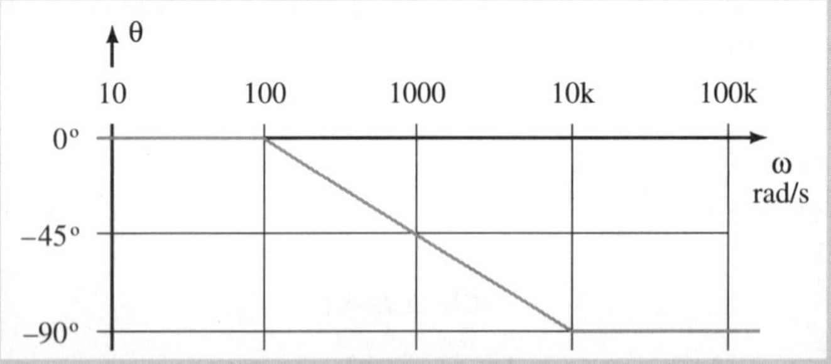

FIGURA 22-14

Atenção: Examinando as curvas de resposta para a função de transferência fornecida, vemos que elas representam as características de um filtro passa-baixa. A exceção notável é que um filtro passivo (composto apenas de resistores, capacitores ou indutores) não pode ter um ganho de tensão maior do que unitário ($A_v = 1$). Por conseguinte, é possível concluir que o filtro inclui um componente ativo tal como um transistor ou um amplificador operacional.

Exemplo 22-7

Dado que $\mathbf{FT} = \dfrac{j0,001\omega}{1 + j0,002\omega}$

a. Determine as condições de contorno.

b. Calcule a frequência de corte em rad/s e em Hz.

c. Faça um esboço da aproximação em linha reta da resposta do ganho de tensão.

d. Faça um esboço da aproximação em linha reta da resposta do deslocamento de fase.

(continua)

Exemplo 22-7 *(continuação)*

Solução:

a. Quando $\omega = 0$, o numerador da função de transferência é $j0$ e o denominador é 1; portanto, a função de transferência inteira é simplificada para **FT** $= j0 = 0\angle 90^\circ$. Isso indica que, para frequências baixas, o ganho de tensão é muito baixo, e há um deslocamento de fase de 90º. À medida que $\omega \to \infty$, o numerador será $j0{,}001\omega$, enquanto o denominador será simplificado para $j0{,}002\ \omega$ (uma vez que o termo imaginário prevalece sobre o real). A função de transferência resultante será simplificada para **FT** $= 0{,}5 = 0{,}5\angle 0^\circ$. Isso corresponde a um ganho de $A_v = 20 \log 0{,}5 = -6{,}0$ dB e um deslocamento de fase de 0º.

b. A função de transferência fornecida tem duas frequências primárias de interesse. A primeira é devido ao numerador, que resulta em um componente em linha reta com um ganho de 0 dB quando $\omega = 1000$ rad/s. A segunda frequência é obtida do denominador, resultando em uma frequência de corte de $\omega = 500$ rad/s ($f = 79{,}6$ Hz).

c. A Figura 22-15 mostra as aproximações em linha reta do ganho de tensão devidas a cada termo na função de transferência, assim como a aproximação em linha reta resultante da combinação (mostrada na linha tracejada).

d. A Figura 22-16 mostra a resposta da fase dos termos individuais, assim como o efeito combinado resultante (mostrado na linha mais clara).

(continua)

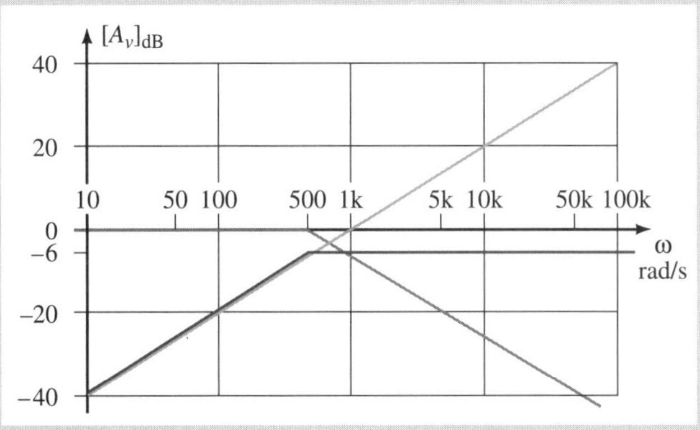

FIGURA 22-15

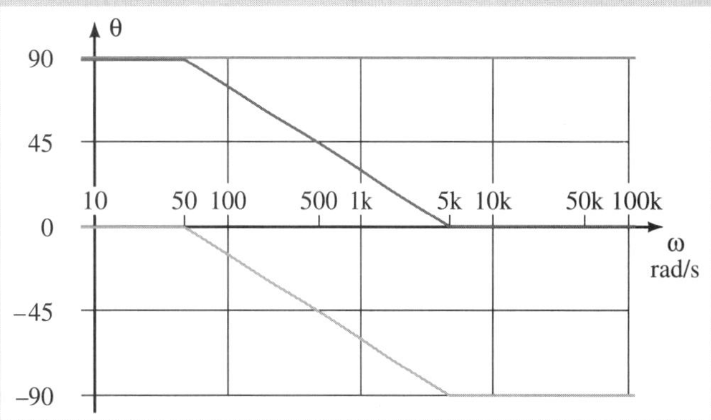

FIGURA 22-16

Atenção: Os resultados desse exemplo mostram que os diagramas da resposta em frequência das funções de transferência são determinados pela combinação aritmética dos resultados devidos a cada componente da função de transferência. Embora os diagramas resultantes possam ser algumas vezes complicado, é importante compreender que uma adição simples é usada em todos os casos.

Uma outra consideração importante a fazer quando esboçamos os diagramas de Bode é lembrar que as condições de contorno das curvas de resposta em frequência devem satisfazer as condições de contorno calculadas para a função de transferência. Examinando a Figura 22-15, vemos que, para frequências altas (aquelas acima de 500 rad/s), o ganho de tensão é de −6 dB. Este é exatamente o valor calculado a partir da função de transferência. De modo semelhante, vemos que a curva de resposta da fase da Figura 22-16 satisfaz as condições de contorno de 90º para $\omega = 0$ e 0º à medida que $\omega \to \infty$, respectivamente.

PROBLEMAS PRÁTICOS 4

Faça um esboço da aproximação em linha reta para cada uma destas funções de transferência:

a. **FT** $= 1 + j0{,}02\omega$

b. **FT** $= \dfrac{100}{1 + j0{,}005\omega}$

c. **FT** $= \dfrac{1 + j0{,}02\omega}{20(1 + j0{,}002\omega)}$

Respostas

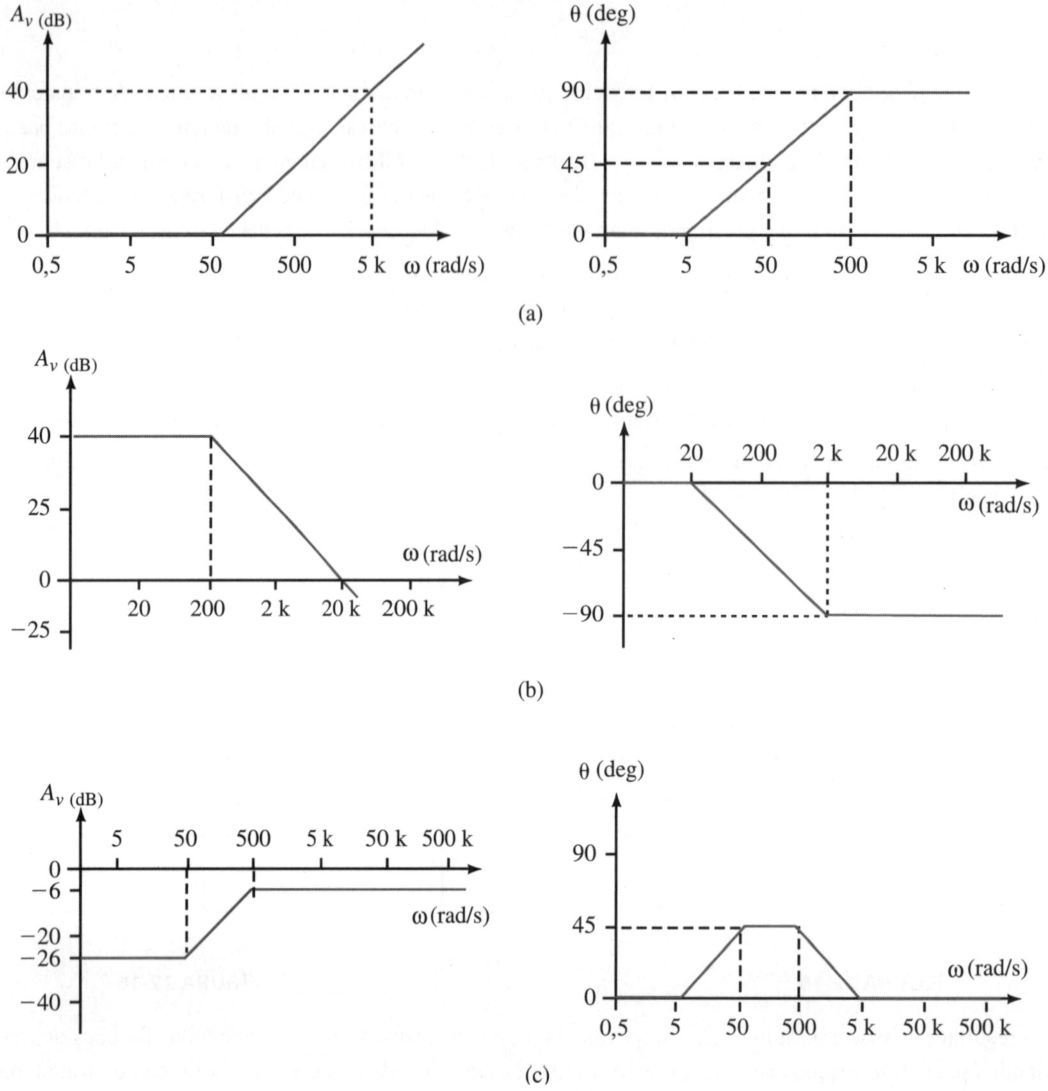

FIGURA 22-17

Escrevendo Funções de Transferência

Encontramos a função de transferência de qualquer circuito seguindo alguns passos simples. Como já vimos, uma função escrita de forma apropriada permite calcular facilmente as frequências de corte e desenhar com rapidez o diagrama de Bode correspondente para o circuito. Os passos estão apresentados a seguir:

1. Determine as condições de contorno para o dado circuito com o cálculo do ganho de potência quando a frequência é zero (DC), e quando ela se aproxima do infinito. Encontramos as condições de contorno usando as seguintes aproximações:

   Em $\omega = 0$, indutores são curtos-circuitos,
   capacitores são circuitos abertos.

   Em $\omega \to \infty$, indutores são circuitos abertos,
   capacitores são curtos-circuitos.

Usando essas aproximações, todos os capacitores e indutores podem ser facilmente removidos do circuito. O ganho de tensão resultante para cada condição de contorno é determinado pela aplicação da regra do divisor de tensão.

2. Use a regra do divisor de tensão para escrever a expressão geral para a função de transferência em termos da frequência, ω. De modo a simplificar a álgebra, todos os vetores das reatâncias capacitivas e indutivas são escritos assim:

$$\mathbf{Z}_C = \frac{1}{j\omega C}$$

e

$$\mathbf{Z}_L = j\omega L$$

3. Simplifique a função de transferência resultante de modo que ela tenha a seguinte estrutura:

$$\mathbf{FT} = \frac{(j\omega\tau_{Z_1})(1+j\omega\tau_{Z_2}\cdots(1+j\omega\tau_{Z_n})}{(j\omega\tau_{P_1})(1+j\omega\tau_{P_2})\cdots(1+j\omega\tau_{P_n})}$$

Quando a função estiver nesse formato, é bom confirmar as condições de contorno encontradas no 1º Passo. Determinam-se algebricamente as condições de contorno primeiro deixando $\omega = 0$ e depois calculando o ganho de tensão DC resultante. Em seguida, deixamos que $\omega \rightarrow \infty$. Os vários termos $(1 + j\omega\tau)$ da função de transferência podem ser aproximados para $(j\omega\tau)$, já que os termos imaginários serão muito maiores (≥ 10) do que os componentes reais. O ganho resultante dará origem ao ganho em alta frequência.

4. Determine a(s) frequência(s) de quebra em $\omega = 1/\tau$ (em radianos por segundo) em que as constantes de tempo serão expressas como $\tau = RC$ ou $\tau = L/R$.
5. Faça um esboço da aproximação em linha reta considerando os efeitos de cada termo na função de transferência.
6. Faça um esboço da resposta real a partir da aproximação. A resposta efetiva do ganho de tensão será uma curva suave e contínua que segue a curva assintótica, mas que geralmente tem uma diferença de 3 dB na(s) frequência(s) de corte. Essa aproximação não será aplicável se duas frequências de corte forem separadas por menos de uma década. Em frequências uma década acima ou abaixo da frequência de corte, o deslocamento de fase efetivo estará a 5,71° da aproximação em linha reta.

Esses passos serão agora utilizados para analisar alguns tipos importantes de filtros.

22.4 O Filtro Passa-baixa

O Filtro Passa-baixa RC

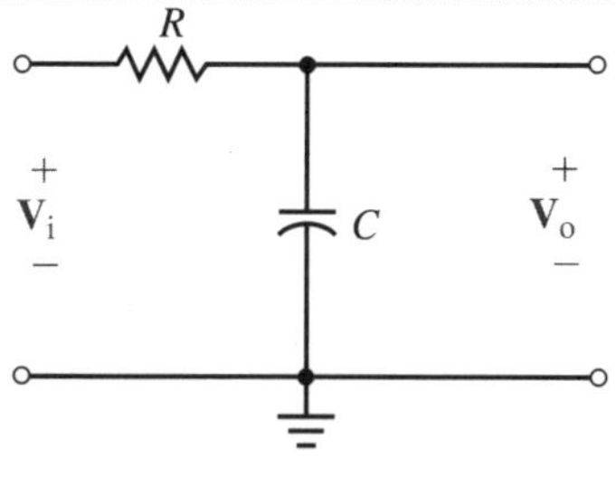

FIGURA 22-18 Filtro passa-baixa *RC*.

O circuito da Figura 22-18 é chamado de filtro passa-baixa *RC*, uma vez que permite que sinais de baixa frequência passem da entrada para a saída enquanto atenuam sinais de alta frequência.

Em frequências baixas, o capacitor tem uma reatância muito grande. Por conseguinte, em frequências baixas, o capacitor é essencialmente um circuito aberto que resulta em uma tensão no capacitor, $\mathbf{V}_o$, basicamente igual à tensão aplicada, $\mathbf{V}_i$.

Em frequências altas, o capacitor tem uma reatância muito pequena que praticamente curto-circuita os terminais de saída. Portanto, a tensão na saída se aproximará de zero à medida que a frequência aumentar. Embora possamos prever com facilidade o que acontece nos dois extremos da frequência (condições de contorno), ainda não sabemos o que ocorre entre os dois extremos.

O circuito da Figura 22-18 pode ser facilmente analisado aplicando-se a regra do divisor de tensão; ou seja,

$$\mathbf{V}_o = \frac{\mathbf{Z}_C}{\mathbf{R}+\mathbf{Z}_C}\mathbf{V}_i$$

Para simplificar a álgebra, a reatância do capacitor é expressa da seguinte maneira:

$$\mathbf{Z}_C = -j\frac{1}{\omega C} = -j\frac{j}{j\omega C} = \frac{1}{j\omega C} \quad \textbf{(22-13)}$$

A função de transferência para o circuito da Figura 22-18 é agora avaliada como:

$$\mathbf{FT}(\omega) = \frac{\mathbf{V}_o}{\mathbf{V}_i} = \frac{\dfrac{1}{j\omega C}}{R + \dfrac{1}{j\omega C}} = \frac{\dfrac{1}{j\omega C}}{\dfrac{1 + j\omega RC}{j\omega C}}$$

$$= \frac{1}{1 + j\omega RC}$$

Definimos a frequência de corte, ω_c, como a frequência na qual a potência de saída é igual à metade da potência de saída máxima (3 dB abaixo do máximo). Essa frequência ocorre quando a tensão de saída tem uma amplitude que é 0,7071 da tensão de entrada. Para o circuito *RC*, a frequência de corte ocorre em

$$\omega_c = \frac{1}{\tau} = \frac{1}{RC} \qquad \textbf{(22-14)}$$

A função de transferência é escrita da seguinte maneira

$$\mathbf{FT}(\omega) = \frac{1}{1 + j\dfrac{\omega}{\omega_c}} \qquad \textbf{(22-15)}$$

A função de transferência anterior resulta no diagrama de Bode mostrado na Figura 22-19.

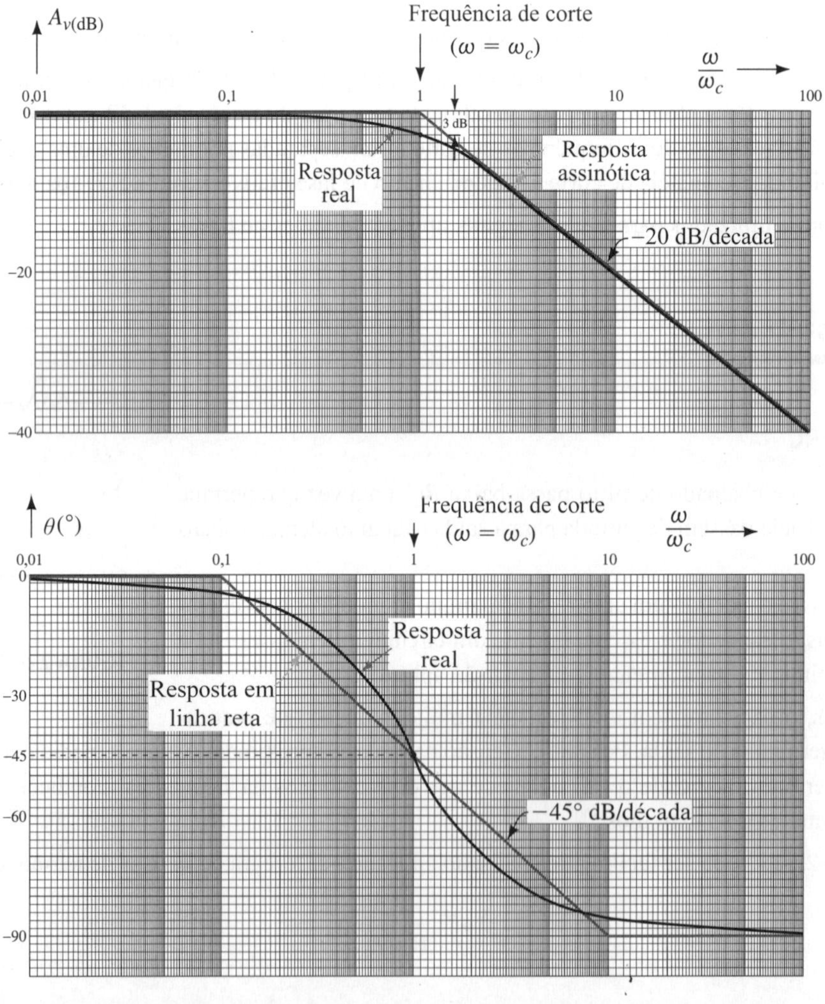

FIGURA 22-19 Resposta em frequência normalizada para um filtro passa-baixa *RC*.

Observe que as abscissas (eixos horizontais) dos gráficos na Figura 22-19 são mostradas como uma razão entre a frequência ω e a frequência de corte ω_c. Um gráfico como esse é chamado de diagrama normalizado e elimina a necessidade de determinar a frequência de corte efetiva, ω_c. O diagrama normalizado terá os valores iguais para todos os filtros passa-baixa *RC*. A resposta em frequência real do filtro passa-baixa *RC* pode ser aproximada a partir da aproximação em linha reta usando-se as seguintes diretrizes:

1. Em frequências baixas ($\omega/\omega_c \leq 0{,}1$), o ganho de tensão é de aproximadamente 0 dB com um deslocamento de fase de aproximadamente 0°. Isso significa que o sinal de saída do filtro é quase igual ao sinal de entrada. O deslocamento de fase em $\omega = 0{,}1\ \omega_c$ será 5,71° mais baixo do que a aproximação em linha reta.
2. Na frequência de corte, $\omega_c = 1/RC$ ($f_c = 1/2\pi RC$), o ganho do filtro é de −3 dB. Isso significa que, na frequência de corte, o circuito irá fornecer metade da potência que forneceria em frequências muito baixas. Na frequência de corte, a tensão de saída estará 45° atrasada em relação à de entrada.
3. À medida que a frequência aumenta para além da frequência de corte, a amplitude do sinal de saída diminui por um fator de aproximadamente dez para cada aumento de 10 vezes na frequência; ou seja, o ganho de tensão é de −20 dB por década. O deslocamento de fase em $\omega = 10\omega_c$ será 5,71° maior do que a aproximação em linha reta, isto é, em $\theta = -84{,}29°$. Para frequências altas ($\omega/\omega_c \geq 10$), o deslocamento de fase entre a tensão de entrada e a de saída se aproxima de −90°.

O Filtro Passa-baixa RL

O circuito que implementa um filtro passa-baixa pode ser composto de um resistor e um indutor, conforme ilustrado na Figura 22-20.

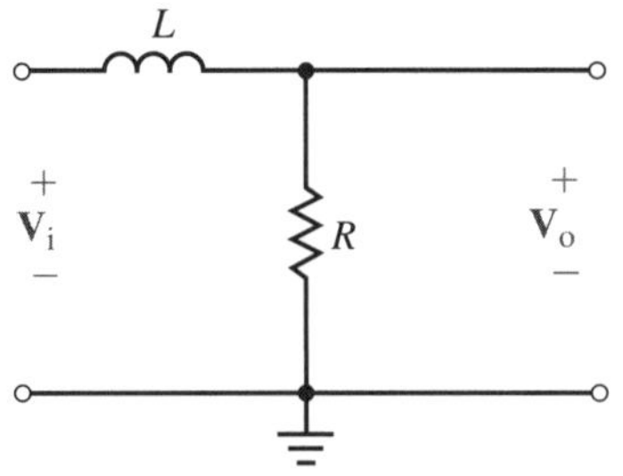

FIGURA 22-20 Filtro passa-baixa *RL*.

De modo semelhante ao usado para o filtro passa-baixa *RC*, podemos escrever a função de transferência para o circuito da Figura 22-20 da seguinte maneira:

$$\mathbf{FT} = \frac{\mathbf{V}_o}{\mathbf{V}_i}$$

$$= \frac{\mathbf{R}}{\mathbf{R} + \mathbf{Z}_L} = \frac{R}{R + j\omega L}$$

Dividindo o numerador e o denominador por *R*, obtemos a função de transferência expressa como

$$\mathbf{FT} = \frac{1}{1 + j\omega\frac{L}{R}}$$

Já que a frequência de corte é encontrada como $\omega_c = 1/\tau$, temos

$$\omega_c = \frac{1}{\tau} = \frac{1}{\frac{L}{R}} = \frac{R}{L}$$

e, assim,

$$\mathbf{FT} = \frac{1}{1 + j\frac{\omega}{\omega_c}} \qquad \textbf{(22-16)}$$

Observe que a função de transferência para um circuito passa-baixa *RL* na Equação 22-16 é idêntica à função de transferência de um circuito *RC* na Equação 22-15. Em cada caso, a frequência de corte é determinada como a recíproca da constante de tempo.

Exemplo 22-8

Faça um esboço do diagrama de Bode mostrando a aproximação em linha reta e as curvas de resposta reais para o circuito da Figura 22-21. Mostre a frequência em hertz.

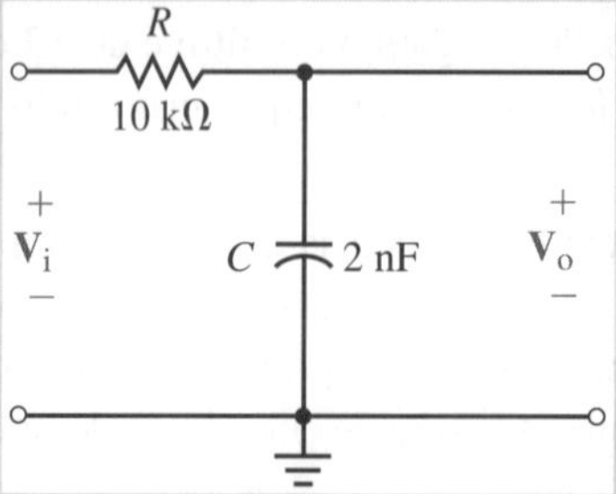

FIGURA 22-21

MULTISIM

Solução: A frequência de corte (em radianos por segundo) para o circuito ocorre em

$$\omega_c = \frac{1}{\tau} = \frac{1}{RC}$$

$$= \frac{1}{(10\text{ k}\Omega)(2\text{ nF})} = 50\text{ krad/s}$$

o que gera

$$f_c = \frac{\omega_c}{2\pi} = \frac{50\text{ krad/s}}{2\pi} = 7{,}96\text{ kHz}$$

Para esboçar o diagrama de Bode, começaremos com as assíntotas para a resposta do ganho de tensão. O circuito terá uma resposta plana até $f_c = 7{,}96$ kHz. Em seguida, o ganho cairá a uma taxa de 20 dB para cada década aumentada na frequência. Logo, o ganho de tensão em 79,6 kHz será de −20 dB, e em 796 kHz, o ganho de tensão será de −40 dB. Na frequência de corte para o filtro, a resposta real do ganho de tensão passará por um ponto que é 3 dB abaixo da interseção das duas assíntotas. A Figura 22-22(a) mostra a resposta em frequência do ganho de tensão.

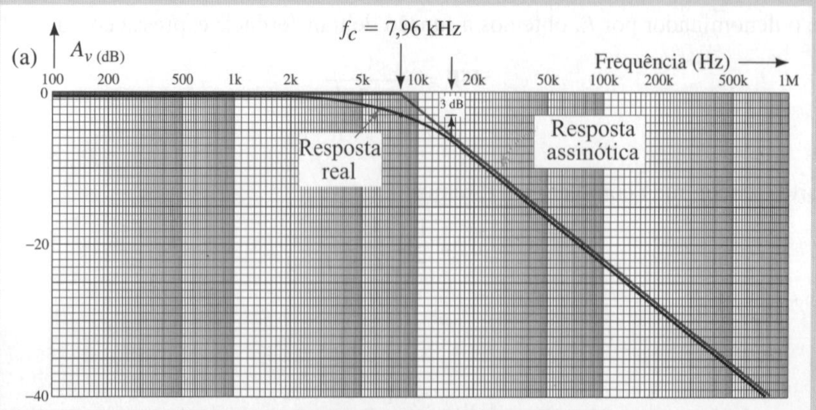

(continua)

Exemplo 22-8 (continuação)

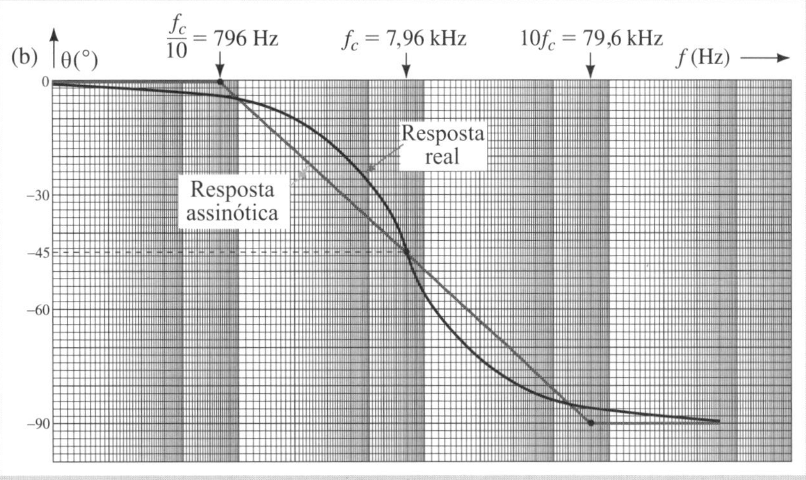

FIGURA 22-22

Em seguida, esboçamos a resposta aproximada do deslocamento de fase. O deslocamento de fase em 7,96 kHz será de −45°. Em uma frequência uma década abaixo da frequência de corte (em 796 kHz), o deslocamento de fase será próximo de 0, enquanto em uma frequência uma década acima da frequência de corte (em 79,6 kHz), o deslocamento de fase será próximo do valor máximo de −90°. A resposta real do deslocamento de fase será uma curva que varia pouco em relação à resposta assintótica, conforme mostra a Figura 22-22(b).

Exemplo 22-9

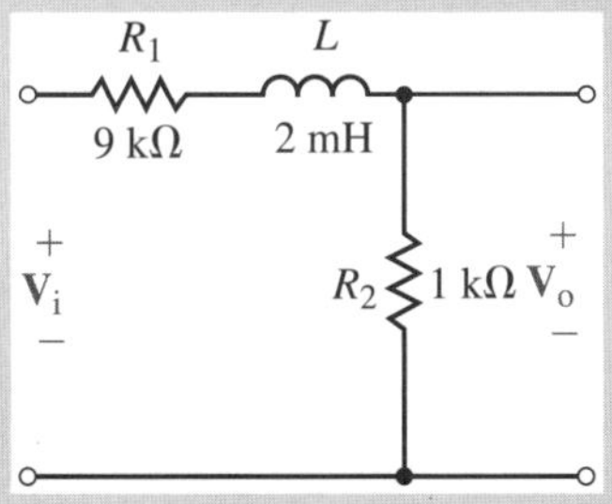

FIGURA 22-23

MULTISIM

Considere o circuito passa-baixa da Figura 22-23.

a. Escreva a função de transferência para o circuito.

b. Esboce a resposta em frequência.

Solução:

a. Determina-se a função de transferência do circuito como

$$\mathbf{FT} = \frac{\mathbf{V}_o}{\mathbf{V}_i} = \frac{R_2}{R_2 + R_1 + j\omega L}$$

que passa a ser

$$\mathbf{FT} = \frac{R_2}{R_1 + R_2}\left(\frac{1}{1 + j\omega \dfrac{L}{R_1 + R_2}}\right)$$

b. A partir da função de transferência da Parte (a), vemos que o ganho em DC não será mais 1 (0 db), e será encontrado como segue:

(continua)

Exemplo 22-9 *(continuação)*

$$A_{v(\mathrm{dc})} = 20\log\left(\frac{R_2}{R_1 + R_2}\right)$$
$$= 20\log\left(\frac{1}{10}\right)$$
$$= -20\ \mathrm{dB}$$

A frequência de corte ocorrerá em

$$\omega_c = \frac{1}{\tau} = \frac{1}{\dfrac{L}{R_1 + R_2}}$$

$$\omega_c = \frac{R_1 + R_2}{L} = \frac{10\ \mathrm{k}\Omega}{2\ \mathrm{mH}}$$
$$= 5{,}0\ \mathrm{Mrad/s}$$

A Figura 22-24 mostra o diagrama de Bode resultante. Observe que a resposta em frequência do deslocamento de fase é exatamente a mesma de outros filtros passa-baixa. No entanto, a resposta do ganho de tensão agora começa em −20 dB e depois cai a uma taxa de −20 dB/década acima da frequência de corte, ω_c = 5 Mrad/s.

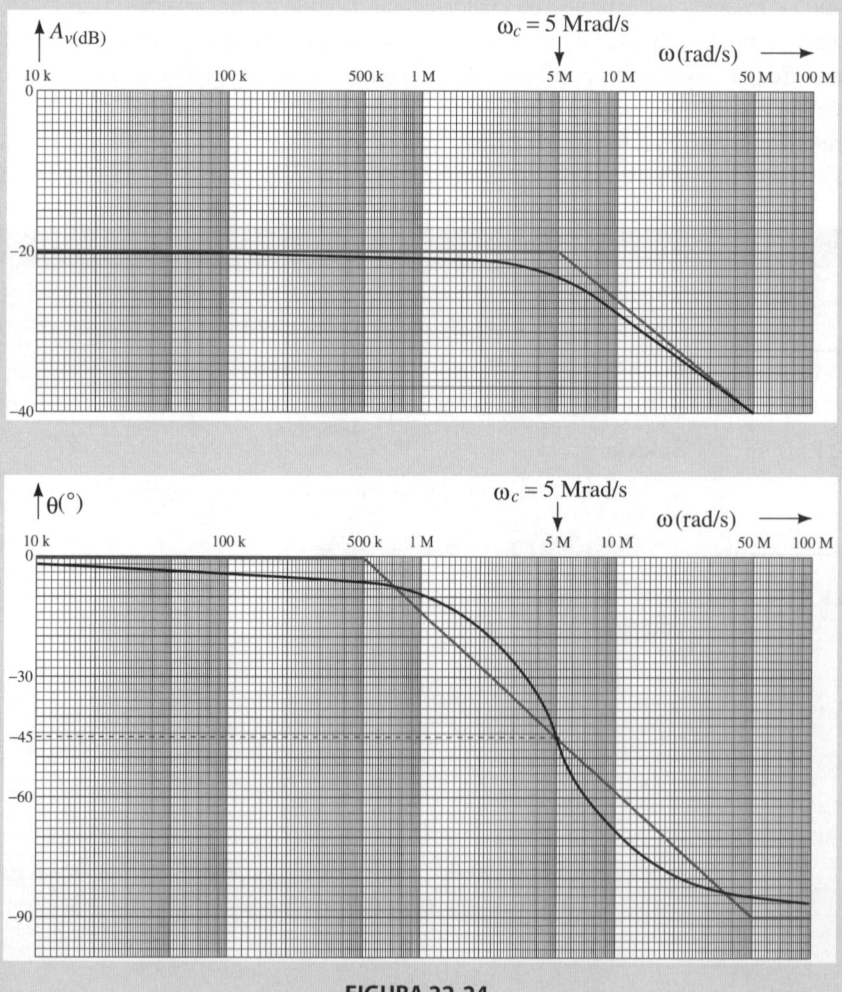

FIGURA 22-24

PROBLEMAS PRÁTICOS 5

Observe o circuito passa-baixa da Figura 22-25.

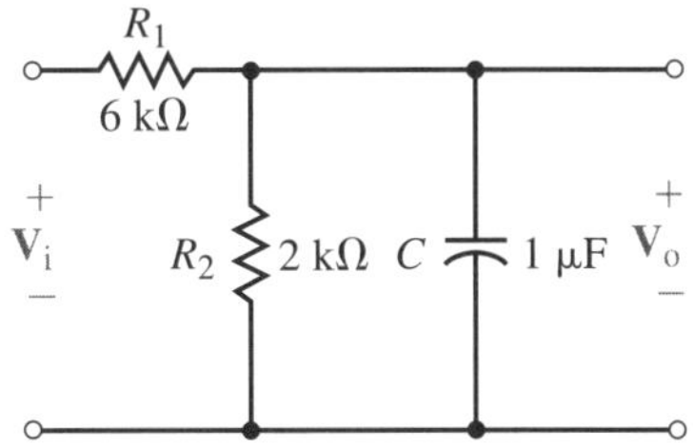

MULTISIM

FIGURA 22-25

a. Escreva a função de transferência para o circuito.

b. Faça um esboço da resposta em frequência.

Respostas

a. $\mathbf{FT}(\omega) = \dfrac{0,25}{1 + j\omega 0,0015}$

b.

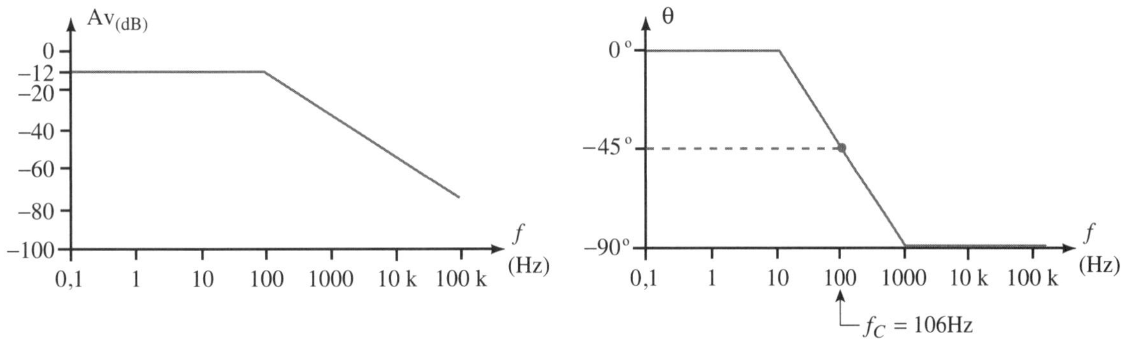

FIGURA 22-26

VERIFICAÇÃO DO PROCESSO DE APRENDIZAGEM 2

(As respostas encontram-se no final do capítulo.)

a. Projete um filtro passa-baixa *RC* de modo que ele tenha uma frequência de corte de 30 krad/s. Use um capacitor de 0,01 μF.

b. Projete um filtro passa-baixa *RL* de modo que ele tenha uma frequência de corte de 20 kHz e um ganho em DC de −6 dB. Use um indutor de 10 mH. (Suponha que o indutor não tenha resistência interna.)

22.5 O Filtro Passa-alta

O Filtro Passa-alta RC

Como o nome sugere, o filtro passa-alta é um circuito que permite que sinais de alta frequência passem da entrada para a saída do circuito enquanto atenua sinais de baixa frequência. A Figura 22-27 mostra um filtro passa-alta simples.

Em frequências baixas, a reatância do capacitor será muito grande, prevenindo com eficácia que qualquer sinal de entrada passe para a saída. Em frequências altas, a reatância capacitiva se aproximará de um estado de curto-circuito, oferecendo uma passagem com uma impedância muita baixa para o sinal da entrada para a saída.

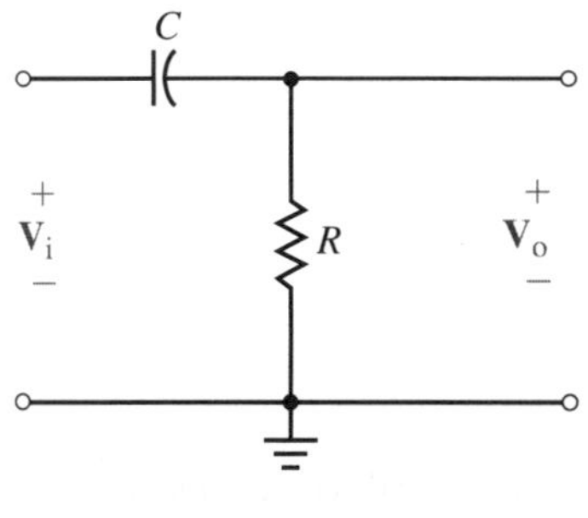

FIGURA 22-27 Filtro passa-alta *RC*.

A função de transferência do filtro passa-alta é determinada da seguinte maneira:

$$\mathbf{FT} = \frac{\mathbf{V}_o}{\mathbf{V}_i} = \frac{\mathbf{R}}{\mathbf{R} + \mathbf{Z}_C}$$

$$= \frac{R}{R + \dfrac{1}{j\omega C}} = \frac{R}{\dfrac{j\omega RC + 1}{j\omega C}} = \frac{j\omega RC}{1 + j\omega RC}$$

Agora, se deixarmos $\omega_c = 1/\tau = 1/RC$, teremos

$$\mathbf{FT} = \frac{j\dfrac{\omega}{\omega_c}}{1 + j\dfrac{\omega}{\omega_c}} \tag{22-17}$$

Observe que a expressão da Equação 22-17 é muito parecida com a expressão para um filtro passa-baixa, com a exceção de que há um termo adicional no numerador. Como a função de transferência é um número complexo que depende da frequência, podemos achar novamente as expressões gerais para o ganho de tensão e o deslocamento de fase como funções da frequência, ω.

Encontramos o ganho de tensão da seguinte maneira:

$$A_v = \frac{\dfrac{\omega}{\omega_c}}{\sqrt{1 + \left(\dfrac{\omega}{\omega_c}\right)^2}}$$

que, quando expresso em decibéis, passa a ser

$$A_{v(\mathrm{dB})} = 20 \log \frac{\omega}{\omega_c} - 10 \log\left[1 + \left(\frac{\omega}{\omega_c}\right)^2\right] \tag{22-18}$$

O deslocamento de fase do numerador será uma constante de 90º, porque o termo tem apenas um componente imaginário. O deslocamento de fase total da função de transferência é então encontrado da seguinte maneira:

$$\theta = 90^\circ - \operatorname{arctg} \frac{\omega}{\omega_c} \tag{22-19}$$

Para desenhar uma resposta assintótica do ganho de tensão, precisamos examinar o efeito da Equação 22-18 em frequências próximas da frequência de corte, ω_c.

Para frequências $\omega \leq 0{,}1\omega_c$, o segundo termo da expressão será essencialmente igual a zero; assim, o ganho de tensão em frequências baixas é aproximado para

$$A_{v(\mathrm{dB})} \cong 20 \log \frac{\omega}{\omega_c}$$

Se substituirmos alguns valores arbitrários de ω nessa aproximação, chegaremos a um enunciado geral. Por exemplo, deixando $\omega = 0{,}01\omega_c$, teremos o ganho de tensão como

$$A_v = 20 \log(0{,}01) = -40 \text{ dB}$$

e deixando $\omega = 0{,}1\omega_c$, teremos

$$A_v = 20 \log(0{,}1) = -20 \text{ dB}$$

Em geral, vemos que a expressão $A_v = 20 \log (\omega/\omega_c)$ pode ser representada como uma linha reta em um gráfico semilogarítmico. A linha reta cruzará o eixo de 0 dB na frequência de corte, ω_c, e terá uma inclinação de +20 dB/década.

Para frequências $\omega >> \omega_c$, a Equação 22-18 pode ser expressa como

$$A_{v(\mathrm{dB})} \cong 20 \log \frac{\omega}{\omega_c} - 10 \log \left[\left(\frac{\omega}{\omega_c} \right)^2 \right]$$

$$= 20 \log \frac{\omega}{\omega_c} - 20 \log \frac{\omega}{\omega_c}$$

$$= 0 \text{ dB}$$

Quando $\omega = \omega_c$, teremos

$$A_{v(\mathrm{dB})} = 20 \log 1 - 10 \log 2 = -3{,}0 \text{ dB}$$

que é exatamente o resultado esperado, pois a resposta real será de 3 dB abaixo da resposta assintótica.

Examinando a Equação 22-19 para frequências de $\omega \leq 0{,}1\omega_c$, vemos que o deslocamento de fase para a função de transferência será essencialmente constante em 90°, ao passo que, para frequências de $\omega \geq 10\ \omega_c$, o deslocamento de fase será aproximadamente constante em 0°. Em $\omega = \omega_c$, temos $\theta = 90° - 45° = 45°$.

A Figura 22-28 mostra o diagrama de Bode normalizado do circuito passa-alta da Figura 22-27.

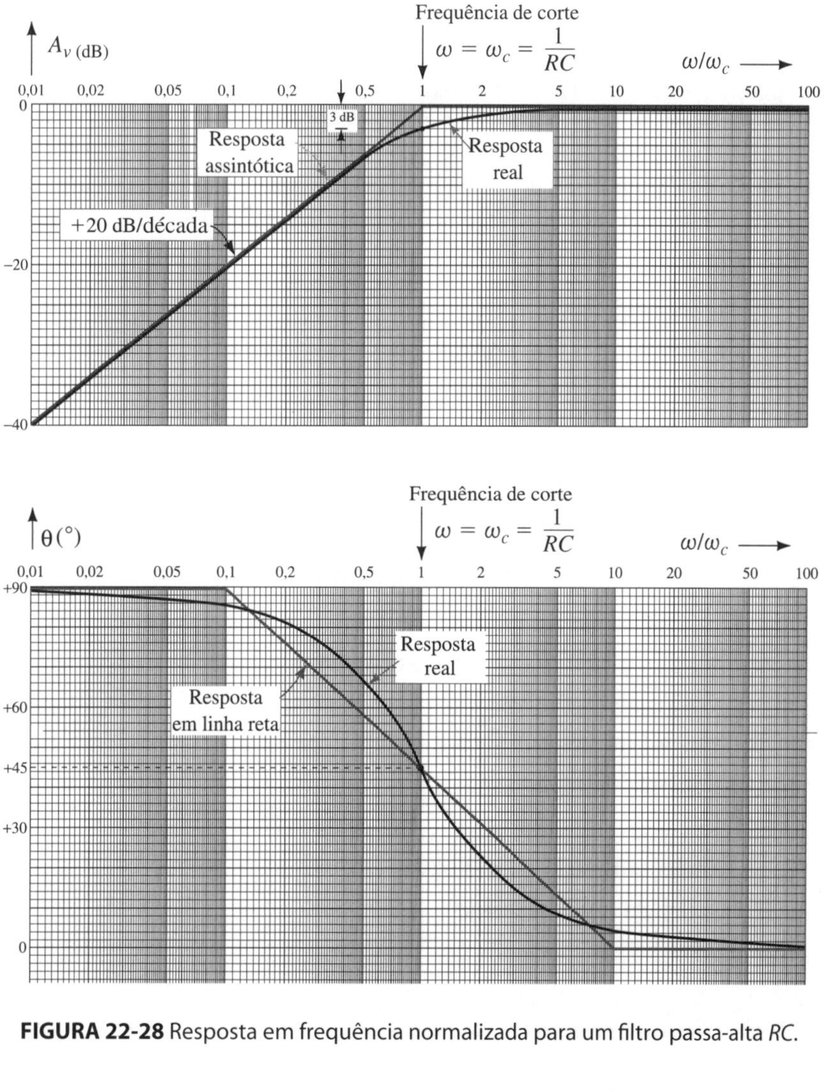

FIGURA 22-28 Resposta em frequência normalizada para um filtro passa-alta *RC*.

O Filtro Passa-alta *RL*

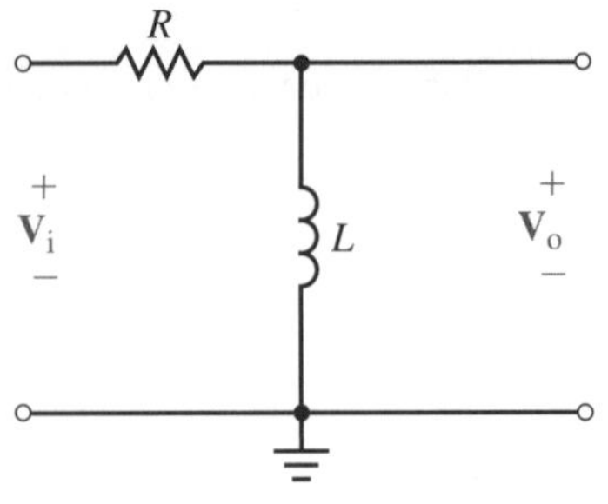

FIGURA 22-29 Filtro passa-alta RL.

A Figura 22-29 mostra um típico circuito que implementa um filtro passa-alta *RL*.

Em frequências baixas, o indutor é efetivamente um curto-circuito, o que significa que a saída do circuito é essencialmente zero em frequências baixas. De modo inverso, em frequências altas, a reatância do indutor se aproxima do infinito e excede significativamente a resistência, prevenindo a corrente com eficácia. A tensão no indutor é, portanto, quase igual ao sinal da tensão de entrada aplicada. Deduz-se a função de transferência para o circuito passa-alta *RL* da seguinte maneira:

$$\mathbf{FT} = \frac{\mathbf{Z}_L}{\mathbf{R} + \mathbf{X}_L}$$

$$= \frac{j\omega L}{R + j\omega L} = \frac{j\omega \dfrac{L}{R}}{1 + j\omega \dfrac{L}{R}}$$

Deixando $\omega_c = 1/\tau = R/L$, simplificamos a expressão da seguinte maneira:

$$\mathbf{FT} = \frac{j\omega\tau}{1 + j\omega\tau}$$

Essa expressão é idêntica à função de transferência para um filtro passa-baixa *RC*, com a exceção de que, neste caso, temos $\tau = L/R$.

Exemplo 22-10

Projete o filtro passa-alta *RL* da Figura 22-30 de modo que ele tenha uma frequência de corte de 40 kHz. (Suponha que o indutor não tenha resistência interna.) Faça um esboço da resposta em frequência do circuito expressando as frequências em quilohertz.

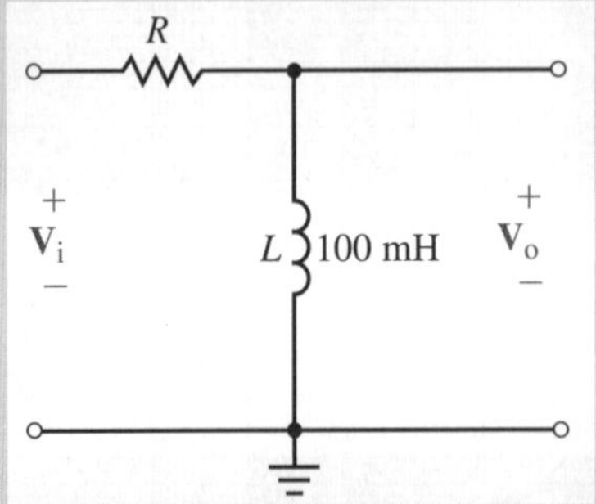

FIGURA 22-30

Solução: A frequência de corte, ω_c, em radianos por segundo é

$$\omega_c = 2\pi f_c = 2\pi(40 \text{ kHz}) = 251{,}33 \text{ krad/s}$$

Como $\omega_c = R/L$, temos

$$R = \omega_c L = (251{,}33 \text{ krad/s})(100 \text{ mH}) = 25{,}133 \text{ k}\Omega$$

A Figura 22-31 mostra o diagrama de Bode resultante.

(continua)

Exemplo 22-10 *(continuação)*

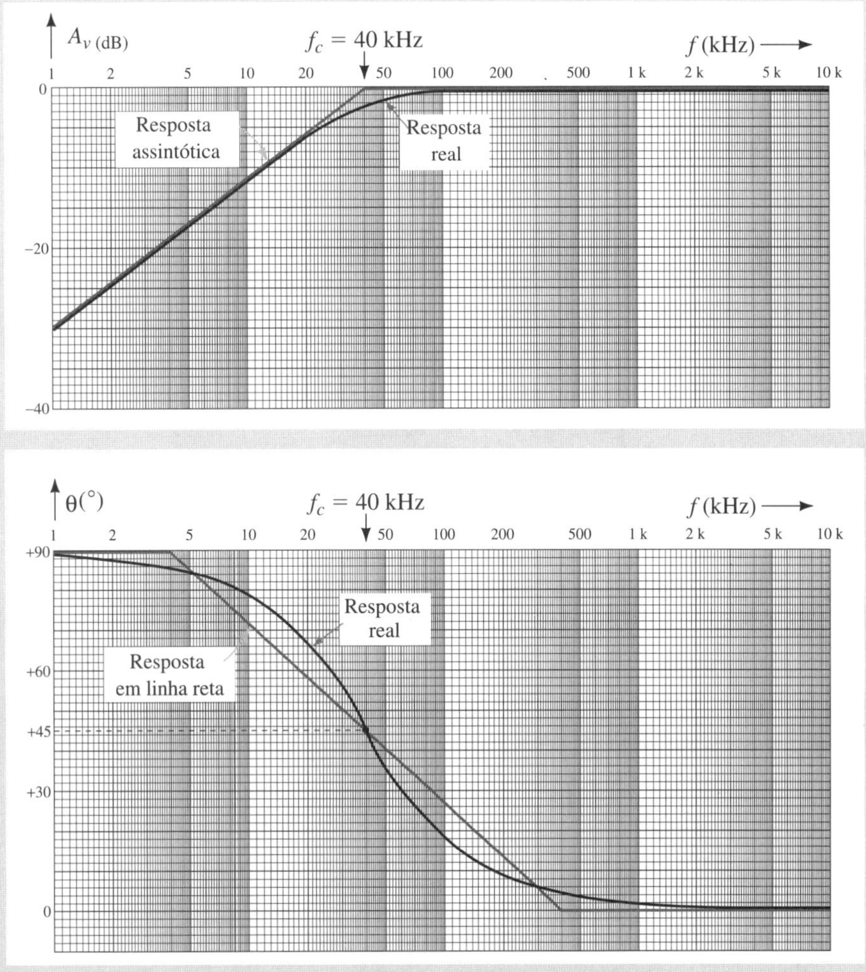

FIGURA 22-31

PROBLEMAS PRÁTICOS 6

Considere o circuito passa-alta da Figura 22-32.

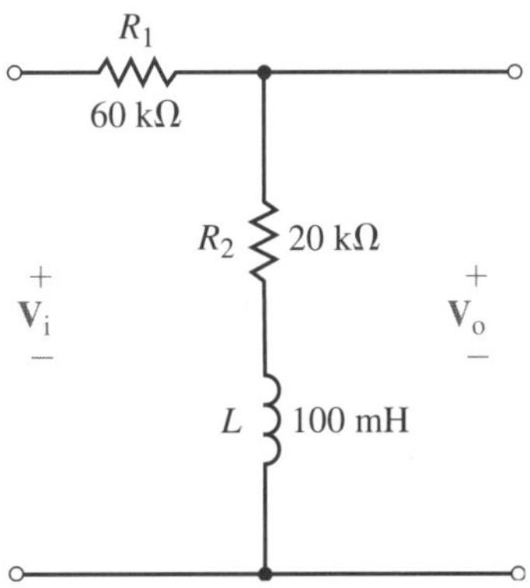

MULTISIM

FIGURA 22-32

a. Escreva a função de transferência do filtro.

b. Desenhe a resposta em frequência do filtro. Mostre a frequência em radianos por segundo. (Dica: A resposta em frequência do filtro é uma resposta tipo degrau.)

Respostas

a. $$\mathbf{FT}(\omega) = \left(\frac{R_2}{R_1 + R_2}\right)\left(\frac{1 + j\omega\dfrac{L}{R_2}}{1 + j\omega\dfrac{L}{R_1 + R_2}}\right)$$

f_1 = 31,8 kHz (200 krad/s), f_2 = 127 kHz (800 krad/s)

b.

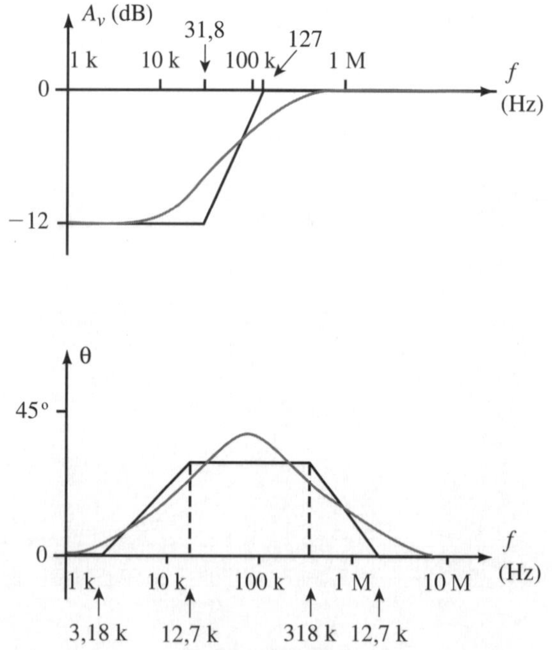

FIGURA 22-33

VERIFICAÇÃO DO PROCESSO DE APRENDIZAGEM 3

(As respostas encontram-se no final do capítulo.)

1. Use um capacitor de 0,05 μF para projetar um filtro passa-alta com uma frequência de corte de 25 kHz. Desenhe a resposta em frequência do filtro.
2. Use um indutor de 25 mH para projetar um filtro passa-alta com uma frequência de 80 krad/s e um ganho de −12 dB em alta frequência. Faça um esboço da resposta em frequência do filtro.

22.6 O Filtro Passa-banda

Um filtro passa-banda permite a passagem de determinada faixa de frequências da entrada de um circuito para a saída. Todas as frequências que estão fora da faixa desejada serão atenuadas e não aparecerão com uma potência significativa na saída. Tal tipo de filtro pode ser facilmente implementado usando-se um filtro passa-baixa em cascata com um circuito passa-alta, como ilustra a Figura 22-34.

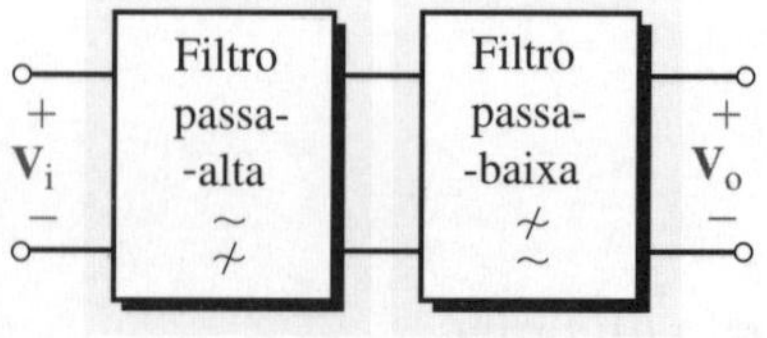

FIGURA 22-34

Embora os blocos passa-baixa e passa-alta sejam compostos de várias combinações de elementos, uma possibilidade é montar uma rede de filtros inteira com resistores e capacitores, como mostra a Figura 22-35.

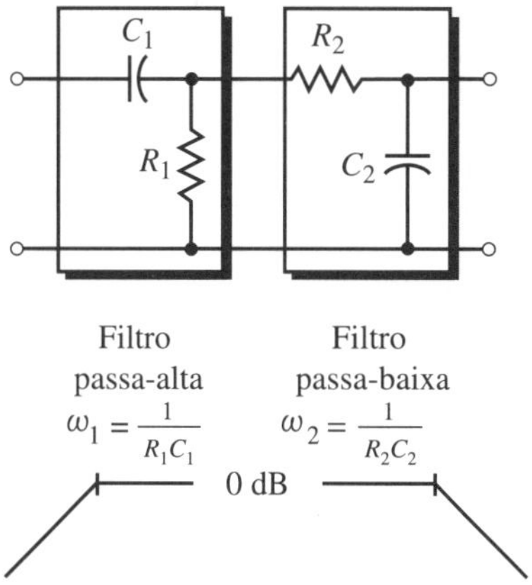

FIGURA 22-35

A largura de banda do filtro passa-banda resultante será aproximadamente igual à diferença entre as duas frequências de corte, isto é,

$$BW \cong \omega_2 - \omega_1 \text{ (rad/s)} \tag{22-20}$$

Essa aproximação será válida se as frequências de corte dos estágios individuais forem separadas por no mínimo uma década.

Exemplo 22-11

Escreva a função de transferência para o circuito da Figura 22-36. Esboce o diagrama de Bode resultante e determine a largura de banda esperada para o filtro passa-banda.

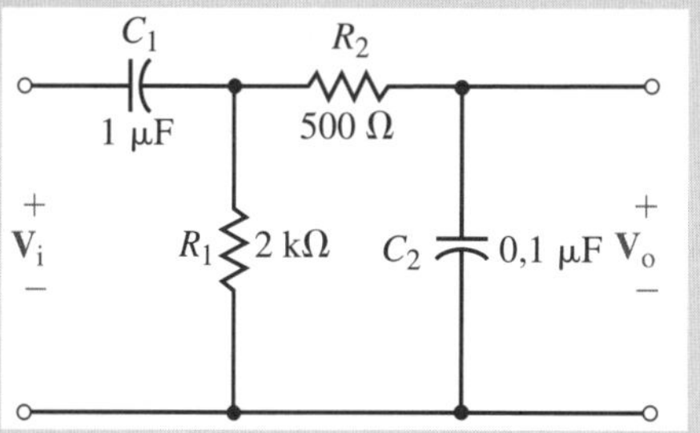

FIGURA 22-36

Solução: A função de transferência para o circuito pode ser escrita fazendo-se uso da teoria de circuitos, no entanto é mais fácil reconhecer que o circuito consiste de dois estágios: um de passa-baixa e outro de passa-alta. Se as frequências de corte de cada estágio forem separadas por mais de uma década, então assumiremos que a impedância de um estágio não afetará indevidamente a operação do outro estágio. (Se esse não é o caso, a análise é complicada e está fora do escopo deste livro-texto.) Com base na suposição anterior, a função de transferência do primeiro estágio será determinada da seguinte maneira:

$$\mathbf{FT}_1 = \frac{\mathbf{V}_1}{\mathbf{V}_i} = \frac{j\omega R_1C_1}{1 + j\omega R_1C}$$

e para o segundo estágio,

$$\mathbf{FT}_2 = \frac{\mathbf{V}_o}{\mathbf{V}_1} = \frac{1}{1 + j\omega R_2C_2}$$

Combinando esses resultados, temos

$$\mathbf{FT} = \frac{\mathbf{V}_o}{\mathbf{V}_i} = \frac{(\mathbf{FT}_2)(\mathbf{V}_1)}{\frac{\mathbf{V}_1}{\mathbf{FT}_1}} = \mathbf{FT}_1\mathbf{FT}_2$$

que, quando simplificada, passa a ser

$$\mathbf{FT} = \frac{\mathbf{V}_o}{\mathbf{V}_i} = \frac{j\omega\tau_1}{(1 + j\omega\tau_1)(1 + j\omega\tau_2)} \tag{22-21}$$

(continua)

Exemplo 22-11 *(continuação)*

onde $\tau_1 = R_1C_1 = 2{,}0$ ms e $\tau_2 = R_2C_2 = 50$ μs. As frequências de corte correspondentes são $\omega_1 = 500$ rad/s e $\omega_2 = 20$ krad/s. A função de transferência da Equação 22-21 apresenta três termos separados que, quando analisados isoladamente, resultam nas respostas aproximadas da Figura 22-37.

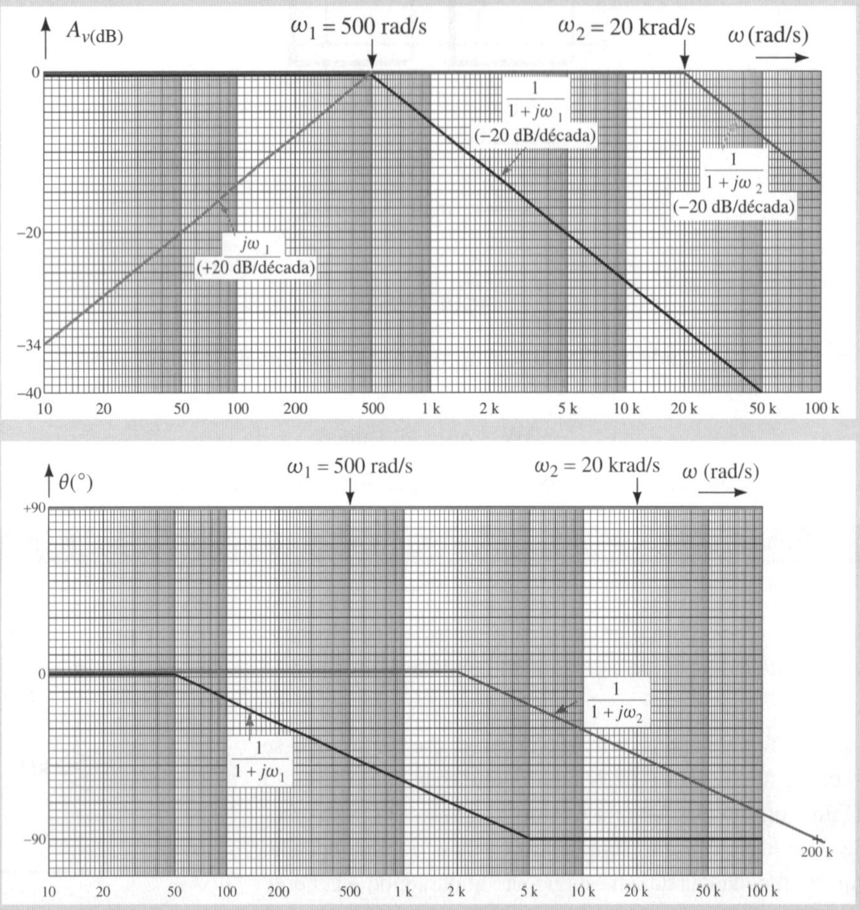

FIGURA 22-37

A frequência em resposta resultante é determinada pela soma das respostas individuais conforme mostrado na Figura 22-38.

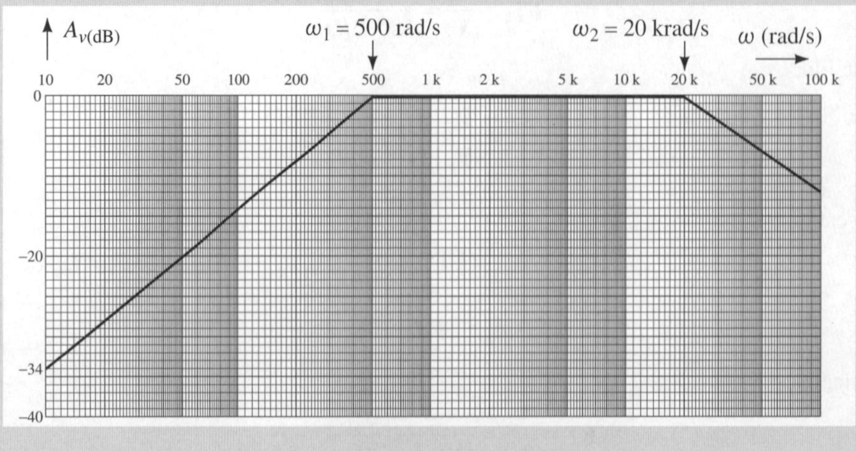

FIGURA 22-38

(continua)

Exemplo 22-11 *(continuação)*

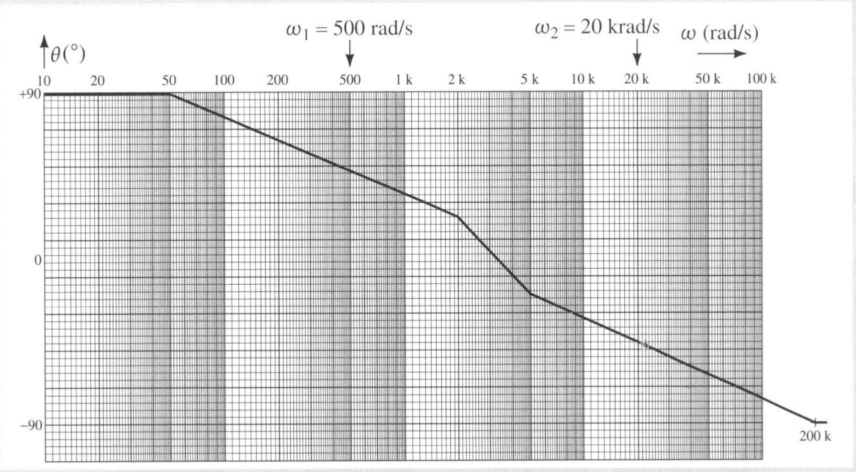

FIGURA 22-38 *(continuação)*

Do diagrama de Bode, determinamos que a largura de banda do filtro resultante é

$$\text{BW (rad/s)} = \omega_2 - \omega_1 = 20\ \text{krad/s} - 0{,}5\ \text{krad/s} = 19{,}5\ \text{krad/s}$$

PROBLEMAS PRÁTICOS 7

Observe o circuito da Figura 22-39.

a. Calcule as frequências de corte em rad/s e a largura de banda aproximada.

b. Faça um esboço da resposta em frequência do filtro.

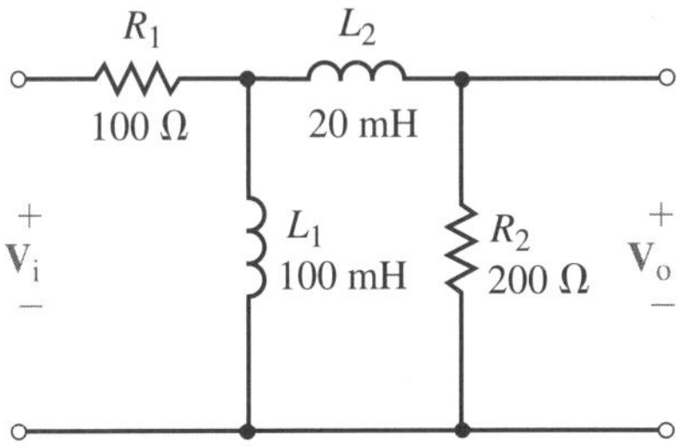

MULTISIM **FIGURA 22-39**

Respostas

a. ω_1 = 1,00 krad/s, ω_2 = 10,0 krad/s, BW = 9,00 krad/s

b.

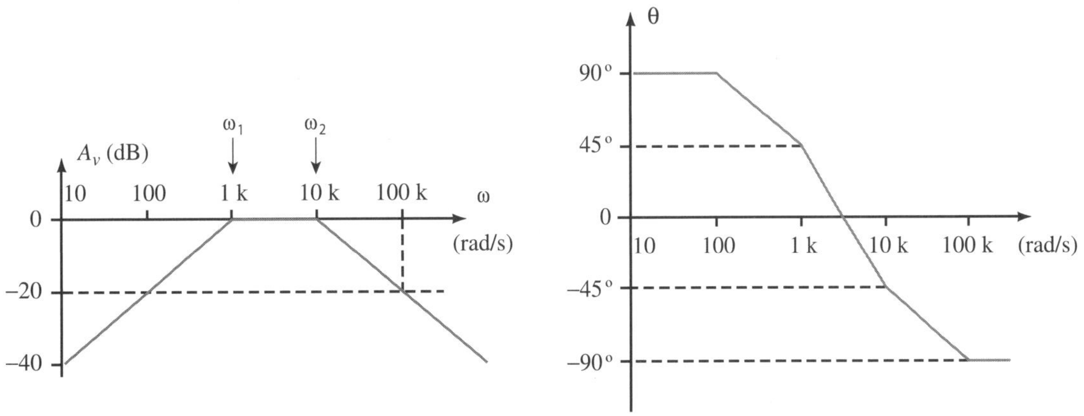

FIGURA 22-40

VERIFICAÇÃO DO PROCESSO DE APRENDIZAGEM 4

(As respostas encontram-se no final do capítulo.)

Dado um capacitor de 0,1 μF e um de 0,04 μF, projete um filtro passa-banda com uma largura de banda de 30 krad/s e uma frequência de corte inferior de 5 krad/s. Faça um esboço da resposta em frequência do ganho de tensão e do deslocamento de fase.

22.7 O Filtro Rejeita-banda

O filtro rejeita-banda tem uma resposta oposta à do filtro passa-banda. Ele permite a passagem de todas as frequências, exceto uma banda estreita que é bastante atenuada. A Figura 22-41 mostra um filtro rejeita-banda composto de um resistor, um indutor e um capacitor.

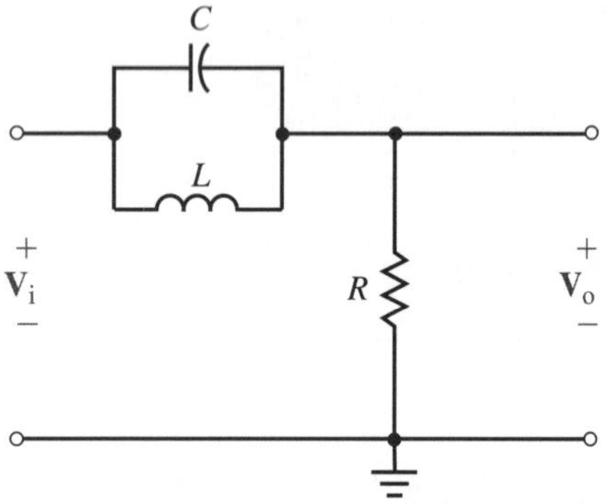

FIGURA 22-41 Filtro *notch*.

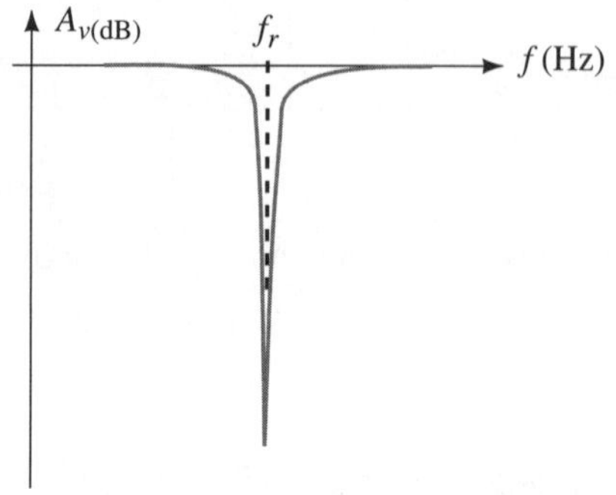

FIGURA 22-42 Resposta do ganho de tensão para um filtro *notch*.

Observe que o circuito usa um circuito tanque ressonante como parte de um projeto geral. Como vimos no capítulo anterior, a combinação do indutor e do capacitor resulta em uma impedância muito alta do tanque na frequência de ressonância. Logo, para quaisquer sinais que ocorrem na frequência de ressonância, a tensão de saída é efetivamente nula. Como o filtro remove com eficácia qualquer sinal que ocorre na frequência de ressonância, o circuito normalmente é chamado de **filtro *notch***. A Figura 22-42 mostra a resposta do ganho de tensão do filtro *notch*.

Para sinais de baixa frequência, o indutor oferece uma passagem com baixa impedância da entrada para a saída, permitindo que esses sinais partam da entrada e apareçam no resistor com uma atenuação mínima. Inversamente, em frequências altas, o capacitor oferece uma passagem com baixa impedância da entrada para a saída. Embora a análise completa do filtro *notch* esteja fora do escopo deste livro-texto, determina-se a função de transferência do filtro pela aplicação das mesmas técnicas desenvolvidas anteriormente.

$$\mathbf{FT} = \frac{\mathbf{R}}{\mathbf{R} + \mathbf{Z}_L \parallel \mathbf{Z}_C}$$

$$= \frac{R}{R + \dfrac{(j\omega L)\left(\dfrac{1}{j\omega C}\right)}{j\omega L + \dfrac{1}{j\omega C}}}$$

$$= \frac{R}{R + \dfrac{j\omega L}{1 - \omega^2 LC}}$$

$$= \frac{R(1 - \omega^2 LC)}{R - \omega^2 RLC + j\omega L}$$

$$\mathbf{FT} = \frac{\mathbf{1} - \omega^2 LC}{1 - \omega^2 LC + j\omega \dfrac{L}{R}} \qquad \textbf{(22-22)}$$

Observe que a função de transferência para o filtro *notch* é mais complicada do que as dos filtros anteriores. Devido à presença do termo quadrático complexo no denominador da função de transferência, esse tipo de filtro é chamado de filtro de segunda ordem. O projeto de filtros como esse é uma área restrita dentro da engenharia eletrônica.

O projeto efetivo de filtros geralmente envolve o uso de amplificadores operacionais de modo a oferecer o ganho de tensão significativo na banda passante do filtro. Além disso, tais filtros ativos apresentam a vantagem de proporcionar uma impedância de entrada muito alta para prevenir os efeitos de carga. Muitos livros-texto excelentes estão disponíveis para auxiliar no projeto de filtros.

22.8 Análise de Circuitos Usando Computador

Apesar da complexidade de projetar um filtro para determinada aplicação, a análise do filtro é um processo relativamente simples quando auxiliada por computador. Já vimos a facilidade com a qual o PSpice pode ser usado para examinar a resposta em frequência de circuitos ressonantes. Neste capítulo, usaremos novamente o pós-processador Probe do PSpice para plotar as características da frequência de um determinado circuito. Com alguns pequenos ajustes, o programa é capaz de plotar simultaneamente o ganho de tensão (em decibéis) e o deslocamento de fase (em graus) de qualquer filtro.

O Multisim oferece exibições de resultados parecidas com as obtidas no PSpice. O método, no entanto, é um tanto diferente. Como o Multisim simula medições reais de laboratório, o software utiliza um instrumento denominado Bode plotter. Como é de se esperar, o Bode plotter oferece um gráfico da resposta em frequência (mostrando tanto o ganho quanto o deslocamento de fase) de um circuito, ainda que em situação real nenhum instrumento desse tipo seja encontrado em um laboratório de eletrônica.

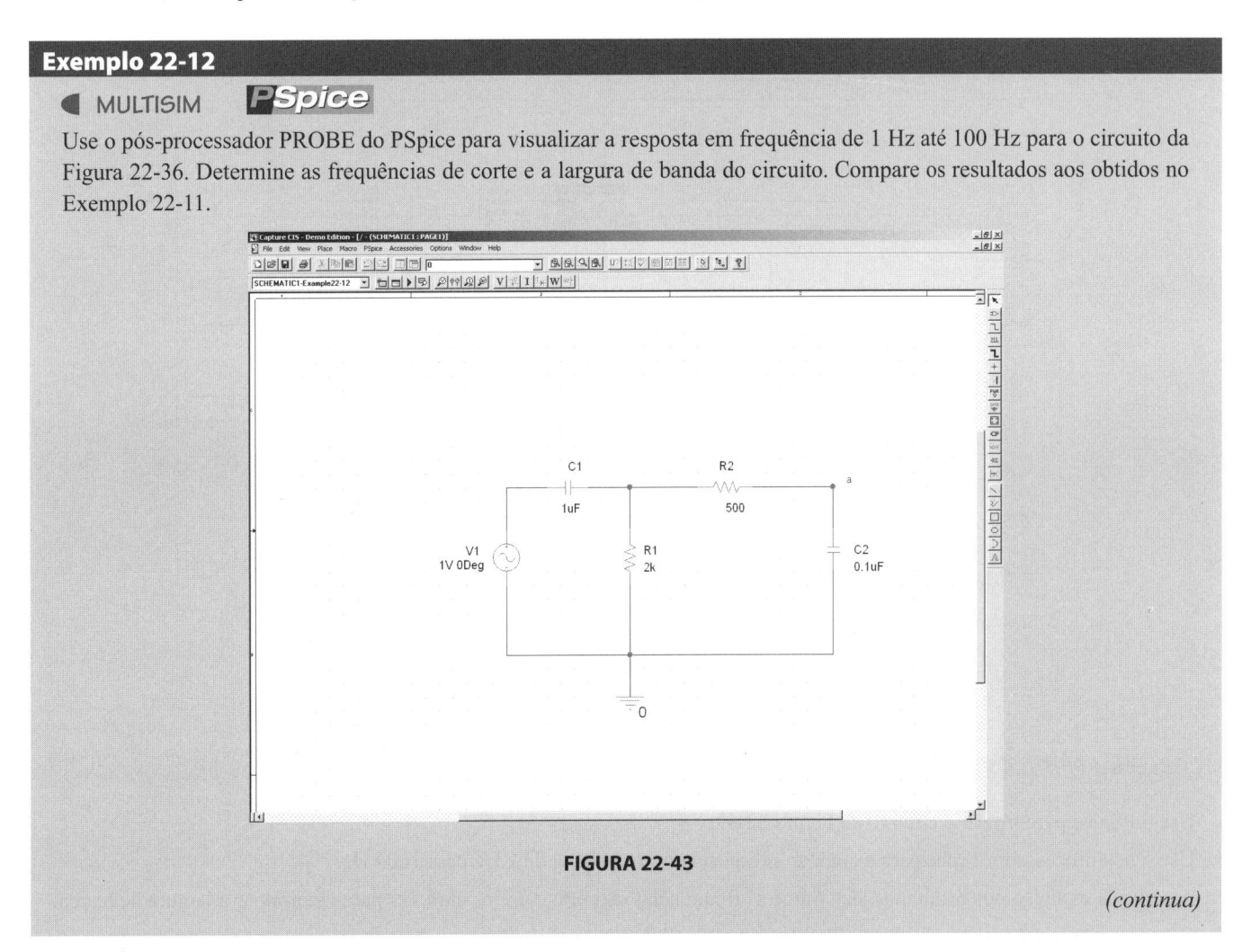

Exemplo 22-12

MULTISIM PSpice

Use o pós-processador PROBE do PSpice para visualizar a resposta em frequência de 1 Hz até 100 Hz para o circuito da Figura 22-36. Determine as frequências de corte e a largura de banda do circuito. Compare os resultados aos obtidos no Exemplo 22-11.

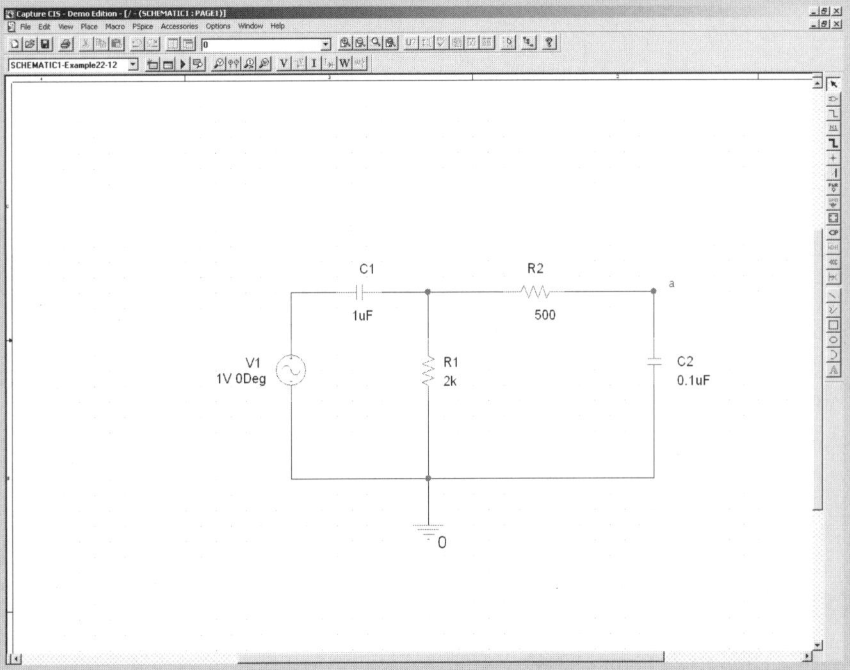

FIGURA 22-43

(continua)

Exemplo 22-12 *(continuação)*

Solução: O programa ORCAD Capture é usado para inserir o circuito, como mostrado na Figura 22-43. A análise é organizada para realizar uma varredura AC de 1 Hz a 100 kHz usando 1001 pontos por década. O gerador do sinal é ajustado para uma magnitude de 1 V e um deslocamento de fase de 0°.

Nesse exemplo, mostraremos tanto o ganho de tensão como o deslocamento de fase na mesma tela. Uma vez ativada a tela PROBE, clicando em Plot/Add Plot to Window, obtêm-se duas exibições de resultados simultâneas. Usaremos a parte superior da tela para mostrar o ganho de tensão e a parte inferior para mostrar o deslocamento de fase.

O PSpice, na verdade, não calcula o ganho de tensão em decibéis; ele determina o nível de tensão de saída em dBV, chamado de 1 V_{RMS}. (É por isso que usamos uma tensão de alimentação de 1 V.) Obtém-se a tensão no ponto *a* do circuito clicando em Trace/Add Trace e depois selecionando **DB(V(C2:1))** como a expressão Trace Expression. Clicando na ferramenta Toggle Cursor, obtêm-se os cursores. O cursor indica que o ganho máximo para o circuito é de −1,02 dB. Encontra-se a largura de banda do circuito (nas frequências de −3 dB) movendo os cursores (as teclas referentes às setas e <Ctrl> mais as setas) para as frequências em que a saída do circuito é em −4,02 dB. Determinam-se f_1 = 0,069 kHz, f_2 = 3,64 kHz e BW = 3,57 kHz. Esses resultados são compatíveis com os encontrados no Exemplo 22-11.

Finalmente, obtém-se o traçado do deslocamento de fase para o circuito da seguinte maneira: clique em qualquer lugar do gráfico inferior; clique em Trace/Add Trace e depois selecione **P(V(C2:1))** como a expressão Trace Expression. É possível mudar a variação da ordenada clicando no eixo, selecionando a guia Y Axis e ajustando a faixa User defined range para o valor de **−90d** a **90d**. A Figura 22-44 mostra a tela resultante.

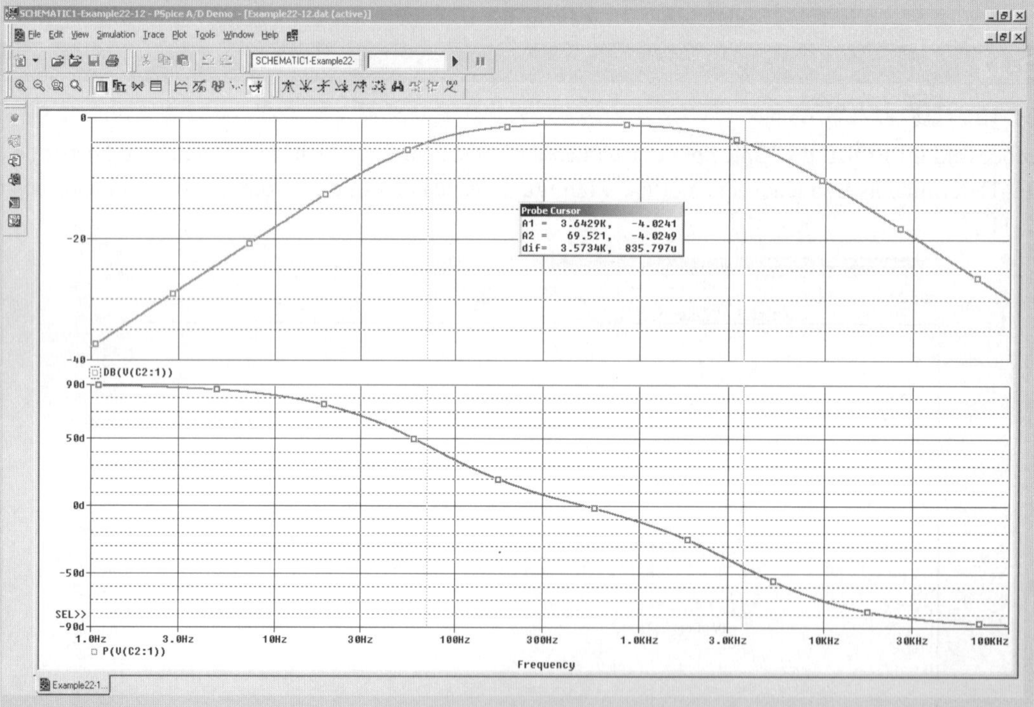

FIGURA 22-44

PROBLEMAS PRÁTICOS 8

a. Use o PSpice para inserir o circuito da Figura 22-39.
b. Use o pós-processador Probe para examinar a resposta em frequência de 1 Hz para 100 kHz.
c. A partir da exibição dos resultados, determine as frequências de corte e use os cursores para determinar a largura de banda.
d. Compare os resultados aos obtidos no Problema Prático 7.

Exemplo 22-13

Use o Multisim para obter a resposta em frequência para o circuito da Figura 22-36. Compare os resultados aos obtidos no Exemplo 22-12.

Solução: Para realizar as medições pedidas, é necessário usar o function generator e o Bode plotter, ambos localizados na caixa de componentes Instruments. O circuito é montado conforme mostra a Figura 22-45.

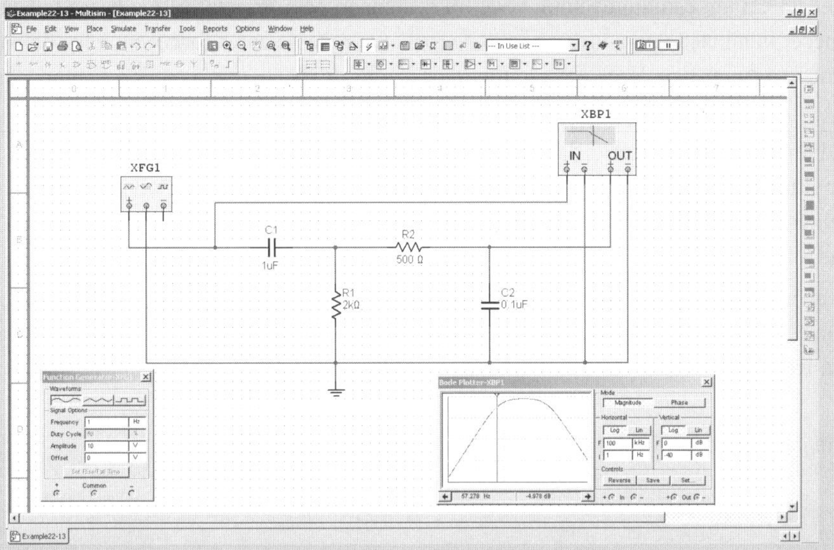

FIGURA 22-45 MULTISIM

Ao clicarmos duas vezes com o mouse no instrumento, ajustamos o Bode plotter de modo a oferecer a resposta em frequência desejada. Em seguida, clica-se no botão Magnitude A vertical scale é ajustada para uma escala logarítmica com valores entre **–40** dB e **0** dB. A Horizontal scale é ajustada para uma escala logarítmica com valores entre **1** Hz e **100** kHz. De modo semelhante, a Phase é configurada para ter uma Vertical range de **−90°** a **90°**. Após clicar no botão Run, o Bode plotter fornece a exibição ou da resposta do ganho de tensão ou da resposta da fase. Ambas as respostas são mostradas simultaneamente ao clicarmos em Grapher no menu View. Usando o cursor, obtêm-se os mesmos resultados do Exemplo 22-12. A Figura 22-46 mostra a resposta em frequência obtida com o uso da janela Grapher.

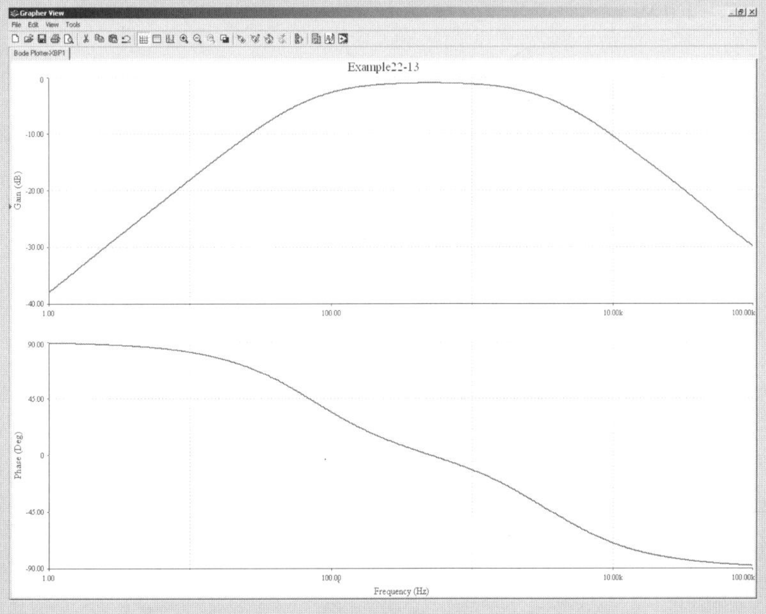

FIGURA 22-46

PROBLEMAS PRÁTICOS 9

Use o Multisim para obter a resposta em frequência para o circuito da Figura 22-25. Compare os resultados aos obtidos no Problema Prático 5.

COLOCANDO EM PRÁTICA

Trabalhando como projetista em um estúdio de som, você foi designado para projetar filtros passa-banda para um órgão de cores que será usado para fornecer iluminação para um concerto de rock. O órgão de cores fornecerá a luz do palco que irá corresponder ao nível sonoro e à frequência da música. Você deve lembrar, das aulas de física, que o ouvido humano é sensível a sons de 20 Hz a 20 kHz.

As especificações advertem que o espectro da frequência de áudio deve ser dividido em três faixas. Os filtros *RC* passivos serão usados para isolar sinais para cada faixa. Esses sinais serão então amplificados e usados para controlar as luzes de uma cor específica. Os componentes de baixa frequência (de 20 Hz a 200 Hz) controlarão as luzes azuis e os de alta frequência (de 2 kHz a 20 kHz) controlarão as luzes vermelhas.

Embora as especificações recomendem 3 filtros passa-banda, você percebe que é possível simplificar o projeto usando um filtro passa-baixa com uma frequência de quebra de 200 Hz para as frequências baixas e um filtro passa-alta com uma frequência de quebra de 2 kHz para frequências altas. Para simplificar o trabalho, você decide usar apenas capacitores de 0,5 μF para todos os filtros.

Mostre o projeto para cada um dos filtros.

PROBLEMAS

22.1 O Decibel

1. Observe o amplificador mostrado na Figura 22-47. Determine o ganho de potência tanto como uma razão linear quanto em decibéis para os seguintes valores da potência:
   a. $P_i = 1{,}2$ mW; $P_o = 2{,}4$ W
   b. $P_i = 3{,}5$ μW; $P_o = 700$ mW
   c. $P_i = 6{,}0$ pW; $P_o = 12$ μW
   d. $P_i = 2{,}5$ mW; $P_o = 1{,}0$ W

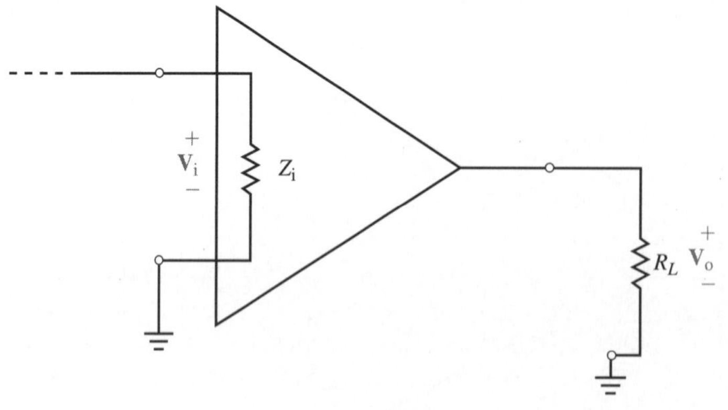

FIGURA 22-47

2. Se o amplificador da Figura 22-47 tiver $Z_i = 600\ \Omega$ e $R_L = 2$ kΩ, encontre P_i, P_o e A_P(dB) para os seguintes níveis de tensão:
   a. $V_i = 20$ mV; $V_o = 100$ mV
   b. $V_i = 100$ μV; $V_o = 400$ μV
   c. $V_i = 320$ mV; $V_o = 600$ mV
   d. $V_i = 2$ μV; $V_o = 8$ V

3. O amplificador da Figura 22-47 tem $Z_i = 2\ \text{k}\Omega$ e $R_L = 10\ \Omega$. Determine os ganhos de tensão e de potência tanto como uma razão linear quanto em dB para as seguintes condições:
   a. $V_i = 2$ mV; $P_o = 100$ mW
   b. $P_i = 16\ \mu$W; $V_o = 40$ mV
   c. $V_i = 3$ mV; $P_o = 60$ mW
   d. $P_i = 2$ pW; $V_o = 80$ mV
4. O amplificador da Figura 22-47 tem uma tensão de entrada de $V_i = 2$ mV e uma potência de saída de $P_o = 200$ mW. Encontre os ganhos de tensão e de potência tanto como uma razão linear quanto em dB para as seguintes condições:
   a. $Z_i = 5\ \text{k}\Omega$; $R_L = 2\ \text{k}\Omega$
   b. $Z_i = 2\ \text{k}\Omega$; $R_L = 10\ \text{k}\Omega$
   c. $Z_i = 300\ \text{k}\Omega$; $R_L = 1\ \text{k}\Omega$
   d. $Z_i = 1\ \text{k}\Omega$; $R_L = 1\ \text{k}\Omega$
5. O amplificador da Figura 22-47 tem uma impedância de entrada de 5 kΩ e uma resistência de carga de 250 Ω. Se o ganho de potência do amplificador é de 35 dB e a tensão de entrada é de 250 mV, encontre P_i, P_o, V_o, A_v e A_v(dB).
6. Repita o Problema 5 se a impedância de entrada for aumentada para 10 kΩ. (Todas as outras grandezas permanecem inalteradas.)
7. Expresse as seguintes potências em dBm e em dBW:
   a. $P = 50$ mW
   b. $P = 1$ W
   c. $P = 400$ nW
   d. $P = 250$ pW
8. Expresse as seguintes potências em dBm e em dBW:
   a. $P = 250$ W
   b. $P = 250$ kW
   c. $P = 540$ nW
   d. $P = 27$ mW
9. Converta os seguintes níveis de potência em watts:
   a. $P = 23{,}5$ dBm
   b. $P = -45{,}2$ dBW
   c. $P = -83$ dBm
   d. $P = 33$ dBW
10. Converta os seguintes níveis de potência em watts:
    a. $P = 16$ dBm
    b. $P = -43$ dBW
    c. $P = -47{,}3$ dBm
    d. $P = 29$ dBW
11. Expresse as seguintes tensões RMS como níveis de tensão (em dBV):
    a. 2,00 V
    b. 34,0 mV
    c. 24,0 V
    d. 58,2 μV
12. Expresse as seguintes tensões RMS como níveis de tensão (em dBV):
    a. 25 μV
    b. 90 V
    c. 72,5 mV
    d. 0,84 V

13. Converta os seguintes níveis de tensão de dBV em tensões RMS:
    a. −2,5 dBV
    b. 6,0 dBV
    c. −22,4 dBV
    d. 10,0 dBV
14. Converta os seguintes níveis de tensão de dBV em tensões RMS:
    a. 20,0 dBV
    b. −42,0 dBV
    c. −6,0 dBV
    d. 3,0 dBV
15. Mede-se uma forma de onda senoidal como 30,0 $V_{p\text{-}p}$ com um osciloscópio. Se essa forma de onda fosse aplicada a um voltímetro calibrado para expressar as leituras em dBV, qual seria a indicação do voltímetro?
16. Um voltímetro mostra uma leitura de 9,20 dBV. Qual tensão de pico a pico seria observada em um osciloscópio?

22.2 Sistemas Multiestágios

17. Calcule os níveis de potência (em dBm) na saída de cada um dos estágios do sistema mostrado na Figura 22-48. Calcule a potência de saída (em watts).

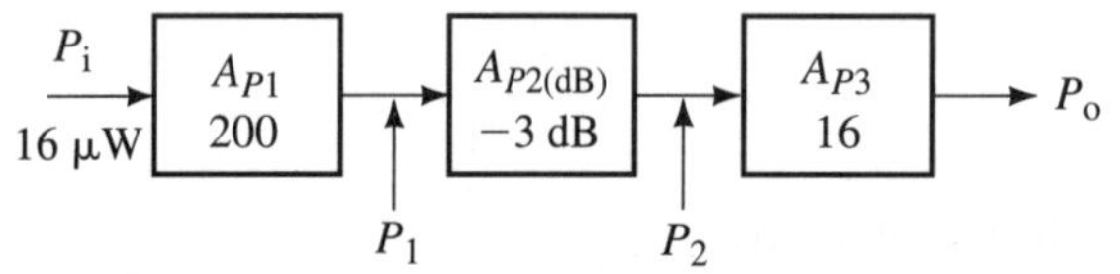

FIGURA 22-48

18. Calcule os níveis de potência (em dBm) nos locais indicados dos sistemas mostrados na Figura 22-49. Calcule as potências de entrada e de saída (em watts).

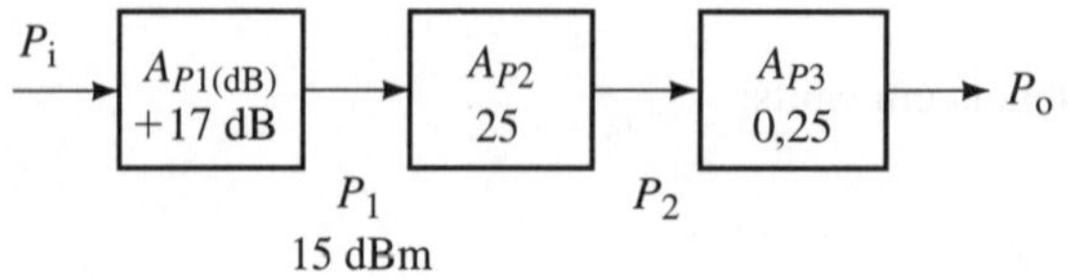

FIGURA 22-49

19. Dado que a potência P_2 = 140 mW, conforme mostra a Figura 22-50, calcule os níveis de potência (em dBm) em cada um dos locais indicados. Calcule a tensão no resistor de carga, R_L.
20. Suponha que o sistema da Figura 22-51 tenha uma tensão de saída de 2 V.
    a. Determine a potência (em watts) em cada um dos locais indicados.
    b. Calcule a tensão, V_i, se a impedância de entrada do primeiro estágio for de 1,5 kΩ.
    c. Converta V_i e V_L em níveis de tensão (em dBV).
    d. Calcule o ganho de tensão, A_v (em dB).

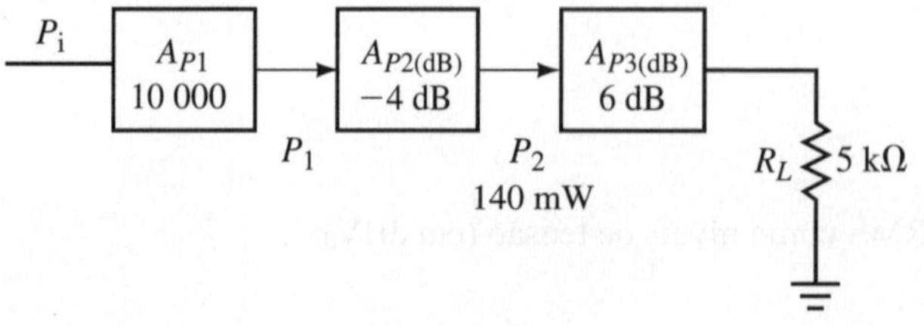

FIGURA 22-50

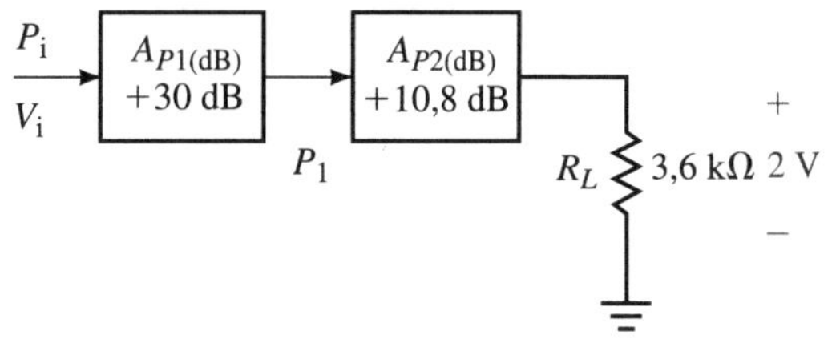

FIGURA 22-51

21. Um amplificador de potência (P.A.) com um ganho de potência de 250 tem uma impedância de entrada de 2,0 kΩ, e é usado para acionar um alto-falante estéreo (impedância de saída de 8,0 Ω). Se a potência de saída for 100 W, determine o seguinte:
    a. O nível de potência de saída (dBm) e o nível de potência de entrada (dBm).
    b. A tensão de saída (RMS) e a tensão de entrada (RMS).
    c. O nível de tensão de saída (dBV) e o nível de tensão de entrada (dBV).
    d. O ganho de tensão em dB.
22. Repita o Problema 21 se o amplificador tiver um ganho de potência de 400 e $Z_i = 1,0$ kΩ. A potência fornecida ao alto-falante é de 200 W.

22.3 Funções de Transferência *RC* e *RL* Simples

23. Dada a função de transferência

$$\mathbf{FT} = \frac{200}{1 + j0,001\omega}$$

    a. Determine a frequência de corte em radianos por segundo e em hertz.
    b. Faça um esboço da resposta em frequência das respostas do ganho de tensão e do deslocamento de fase. Designe a abscissa em radianos por segundo.
24. Repita o Problema 23 para a função de transferência

$$\mathbf{FT} = \frac{1 + j0,001\omega}{200}$$

25. Repita o Problema 23 para a função de transferência

$$\mathbf{FT} = \frac{1 + j0,02\omega}{1 + j0,001\omega}$$

26. Repita o Problema 23 para a função de transferência

$$\mathbf{FT} = \frac{1 + j0,04\omega}{(1 + j0,004\omega)(1 + j0,001\omega)}$$

27. Repita o Problema 23 para a função de transferência

$$\mathbf{FT}\,(\omega) = \frac{j0,02\omega}{1 + j0,02\omega}$$

28. Repita o Problema 23 para a função de transferência

$$\mathbf{FT}(\omega) = \frac{j0,01\omega}{1 + j0,005\omega}$$

22.4 O Filtro Passa-baixa

29. Use um capacitor de 4,0 μF para projetar um filtro passa-baixa com uma frequência de corte de 5 krad/s. Desenhe um esquemático para o seu projeto e faça um esboço da resposta em frequência do ganho de tensão e do deslocamento de fase.
30. Use um capacitor de 1,0 μF para projetar um filtro passa-baixa com uma frequência de corte de 2500 Hz. Desenhe um esquemático para o seu projeto e faça um esboço da resposta em frequência do ganho de tensão e do deslocamento de fase.

31. Use um indutor de 25 mH para projetar um filtro passa-baixa com uma frequência de corte de 50 krad/s. Desenhe um esquemático para o seu projeto e faça um esboço da resposta em frequência do ganho de tensão e do deslocamento de fase.

32. Use um indutor de 100 mH (suponha $R_{\text{bobina}} = 0\ \Omega$) para projetar um filtro passa-baixa com uma frequência de corte de 15 kHz. Desenhe um esquemático para o seu projeto e faça um esboço da resposta em frequência do ganho de tensão e do deslocamento de fase.

33. Use um indutor de 36 mH para projetar um filtro passa-baixa com uma frequência de corte de 36 kHz. Desenhe um esquemático para o seu projeto e faça um esboço da resposta em frequência do ganho de tensão e do deslocamento de fase.

34. Use um capacitor de 5 μF para projetar um filtro passa-baixa com uma frequência de corte de 100 rad/s. Desenhe um esquemático para o seu projeto e faça um esboço da resposta em frequência do ganho de tensão e do deslocamento de fase.

35. Observe o circuito passa-baixa da Figura 22-52.

a. Escreva a função de transferência para o circuito.

b. Faça um esboço da resposta em frequência do ganho de tensão e do deslocamento de fase.

36. Repita o Problema 35 para o circuito da Figura 22-53.

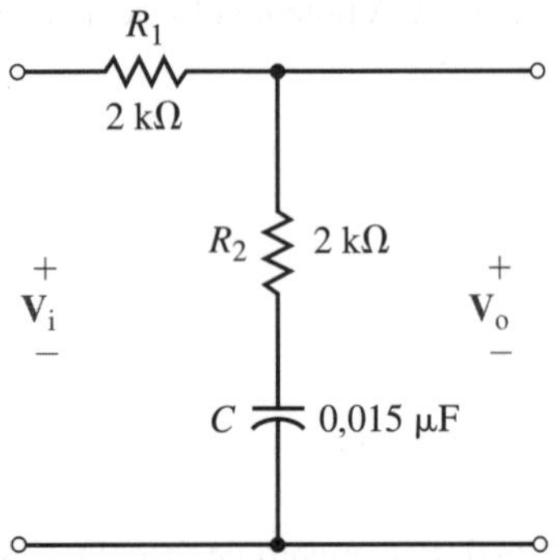

FIGURA 22-52

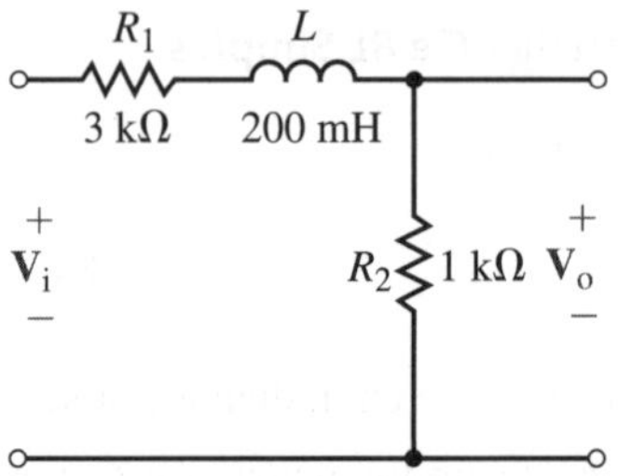

FIGURA 22-53

MULTISIM

22.5 O Filtro Passa-alta

37. Use um capacitor de 0,05 μF para projetar um filtro passa-alta com uma frequência de corte de 100 krad/s. Desenhe um esquemático e faça um esboço da resposta em frequência do ganho de tensão e do deslocamento de fase.

38. Use um capacitor de 2,2 nF para projetar um filtro passa-alta com uma frequência de corte de 5 kHz. Desenhe um esquemático e faça um esboço da resposta em frequência do ganho de tensão e do deslocamento de fase.

39. Use um indutor de 2 mH para projetar um filtro passa-alta com uma frequência de corte de 36 krad/s. Desenhe um esquemático e faça um esboço da resposta em frequência do ganho de tensão e do deslocamento de fase.

40. Use um indutor de 16 mH para projetar um filtro passa-alta com uma frequência de corte de 250 kHz. Desenhe um esquemático e faça um esboço da resposta em frequência do ganho de tensão e do deslocamento de fase.

41. Observe o circuito passa-alta da Figura 22-54.

a. Escreva a função de transferência para o circuito.

b. Faça um esboço da resposta em frequência para o ganho de tensão e o deslocamento de fase.

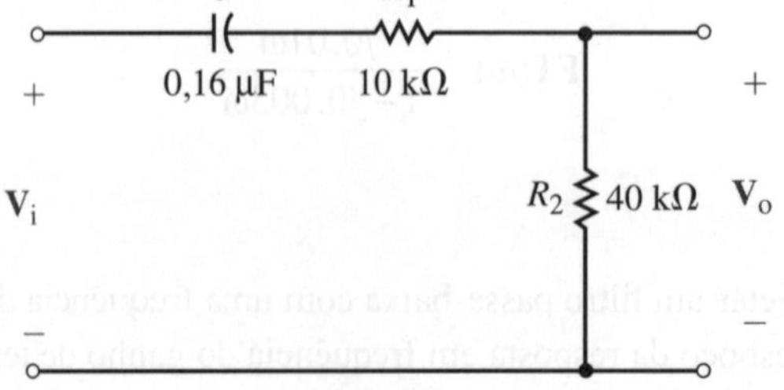

FIGURA 22-54

42. Repita o Problema 41 para o circuito passa-alta da Figura 22-55.

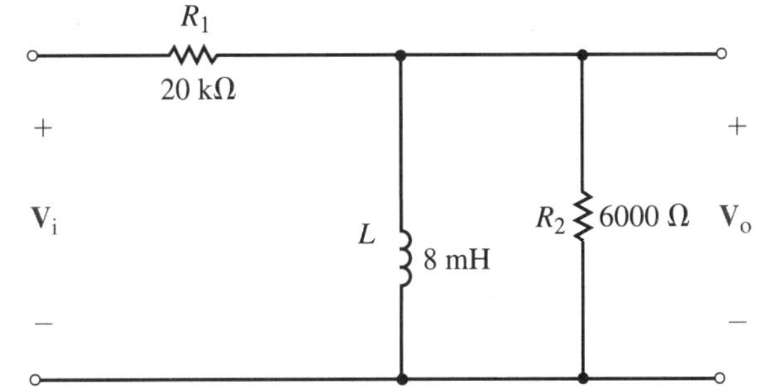

FIGURA 22-55

22.6 O Filtro Passa-banda

43. Observe o filtro da Figura 22-56.

a. Determine as frequências de corte aproximadas e a largura de banda do filtro. (Suponha que os dois estágios do filtro operem de forma independente.)

b. Faça um esboço da resposta em frequência do ganho de tensão e do deslocamento de fase.

44. Repita o Problema 43 para o circuito da Figura 22-57.

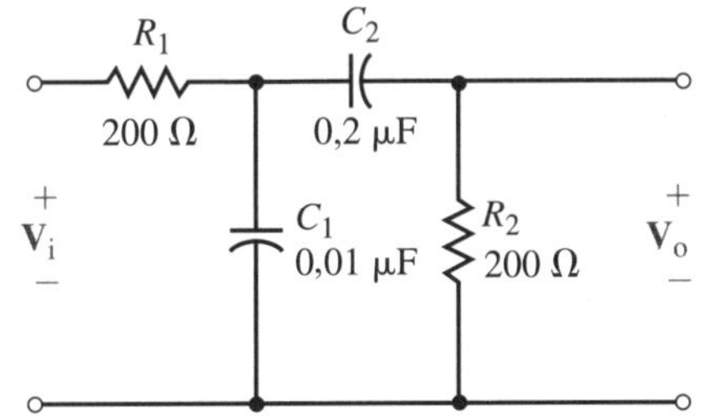

FIGURA 22-56

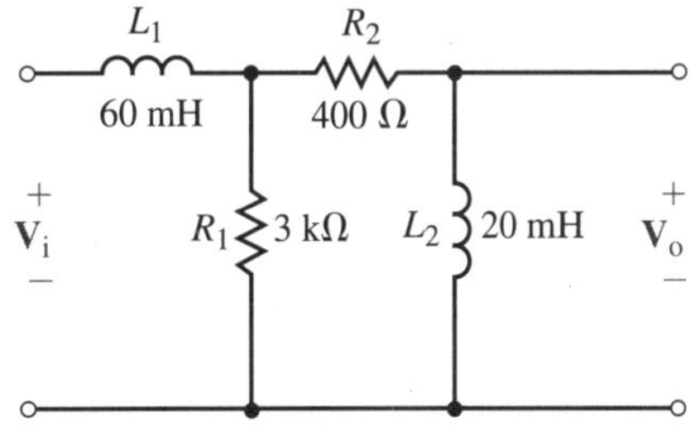

FIGURA 22-57

45. a. Use dois capacitores de 0,01 μF para projetar um filtro passa-banda com frequências de corte de 2 krad/s e 20 krad/s.

b. Desenhe o esquemático e faça um esboço da resposta em frequência do ganho de tensão e do deslocamento de fase.

c. Para você, as frequências reais ocorrerão nas frequências de corte projetadas? Explique.

46. a. Use dois indutores de 10 mH para projetar um filtro passa-banda com frequências de corte de 25 krad/s e 40 krad/s.

b. Desenhe o esquemático e faça um esboço da resposta em frequência do ganho de tensão e do deslocamento de fase.

c. Para você, as frequências reais ocorrerão nas frequências de corte projetadas? Explique.

22.7 O Filtro Rejeita-banda

47. Observe o circuito da Figura 22-58.

a. Determine a frequência *notch*.

b. Calcule o Q do circuito.

c. Calcule a largura de banda e determine as frequências de meia-potência.

d. Faça um esboço da resposta do ganho de tensão do circuito mostrando o nível (em dB) na frequência *notch*.

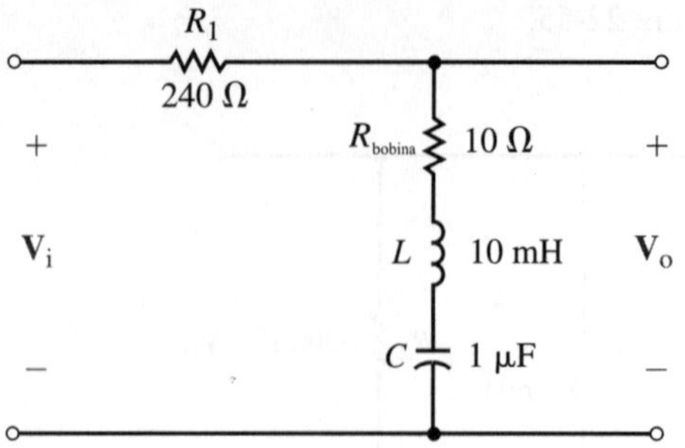

MULTISIM

FIGURA 22-58

48. Repita o Problema 47 para o circuito da Figura 22-59.

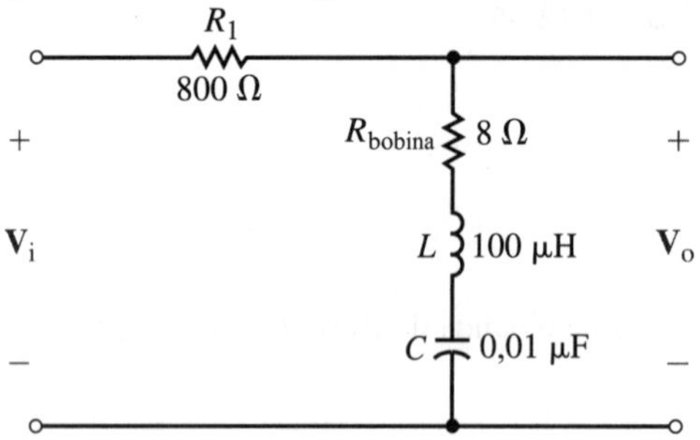

MULTISIM

FIGURA 22-59

49. Observe o circuito da Figura 22-60.
   a. Determine a frequência *notch* em rad/s e em Hz.
   b. Calcule o Q do circuito.
   c. Calcule o ganho de tensão (em dB) na frequência *notch*.
   d. Determine o ganho de tensão nas condições de contorno.
   e. Calcule a largura de banda do filtro *notch* e determine as frequências em que o ganho de tensão é 3 dB mais alto do que na frequência *notch*.

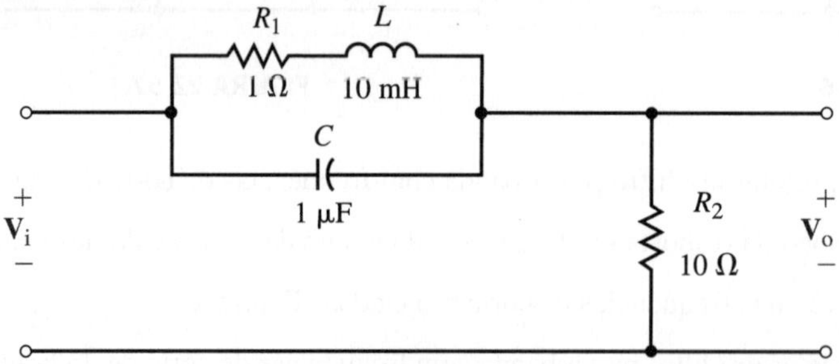

MULTISIM

FIGURA 22-60

50. Repita o Problema 50 para o circuito da Figura 22-61.

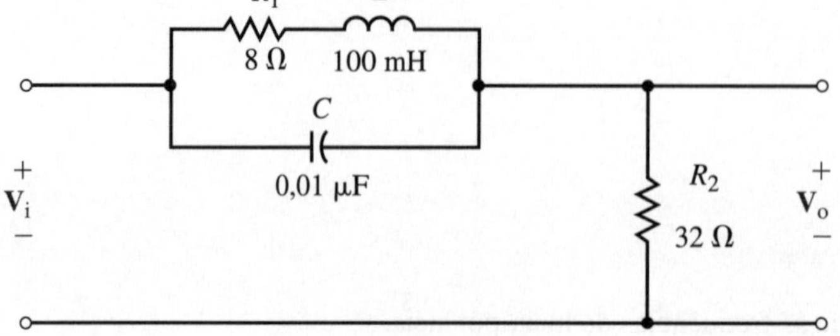

MULTISIM

FIGURA 22-61

22.8 Análise de Circuitos Usando Computador

51. Use o PSpice para inserir o circuito da Figura 22-62. Deixe o circuito fazer uma varredura pelas frequências de 100 Hz a 1 MHz. Use o pós-processador Probe para exibir a resposta em frequência do ganho de tensão (em dBV) e o deslocamento de fase do circuito.

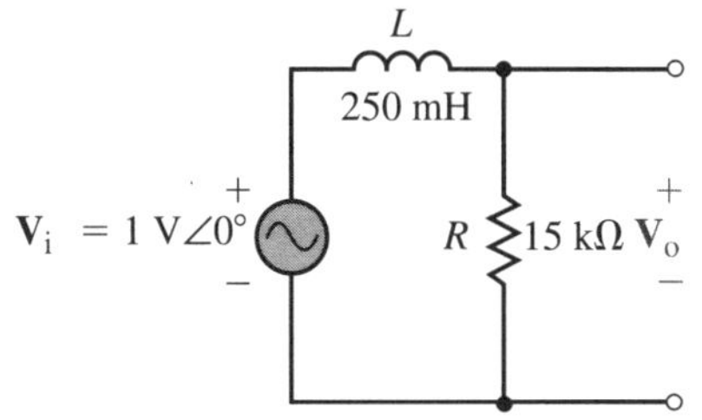

PSpice

FIGURA 22-62

52. Repita o Problema 51 para o circuito mostrado na Figura 22-53. PSpice
53. Use o PSpice para inserir o circuito da Figura 22-56. Use o pós-processador Probe para exibir a resposta em frequência do ganho de tensão (em dBV) e o deslocamento de fase do circuito. Selecione uma faixa adequada para a varredura de frequência e use os cursores para determinar as frequências de meia-potência e a largura de banda do circuito. PSpice
54. Repita o Problema 53 para o circuito mostrado na Figura 22-57. PSpice
55. Repita o Problema 53 para o circuito mostrado na Figura 22-58. PSpice
56. Repita o Problema 53 para o circuito mostrado na Figura 22-59. PSpice
57. Repita o Problema 53 para o circuito mostrado na Figura 22-60. PSpice
58. Repita o Problema 53 para o circuito mostrado na Figura 22-61. PSpice
59. Use o Multisim para obter a resposta em frequência para o circuito da Figura 22-62. Deixe o circuito fazer uma varredura nas frequências de 100 Hz a 1 MHz. MULTISIM
60. Repita o Problema 59 para o circuito da Figura 22-53. MULTISIM
61. Use o Multisim para obter a resposta em frequência para o circuito mostrado na Figura 22-58. Selecione uma faixa de frequência adequada e use os cursores para determinar a frequência *notch* e a largura de banda do circuito. MULTISIM
62. Repita o Problema 61 para o circuito mostrado na Figura 22-59. MULTISIM
63. Repita o Problema 61 para o circuito mostrado na Figura 22-60. MULTISIM
64. Repita o Problema 61 para o circuito mostrado na Figura 22-61. MULTISIM

RESPOSTAS DOS PROBLEMAS PARA VERIFICAÇÃO DO PROCESSO DE APRENDIZAGEM

Verificação do Processo de Aprendizagem 1

1. a. −1,99 dBm b. −15,0 dBm c. −66,0 dBm
2. a. 0,561 V_{RMS} b. 0,224 V_{RMS} c. 0,354 V_{RMS}

Verificação do Processo de Aprendizagem 2

a. $R = 3333\ \Omega$ em série com $C = 0{,}01\ \mu F$ (saída em C)

b. $R_1 = 630\ \Omega$ em série com $L = 10$ mH e $R_2 = 630\ \Omega$ (saída em R_2)

Verificação do Processo de Aprendizagem 3

1. $$\mathbf{FT} = \frac{j\omega(6{,}36\times10^{-6})}{1+j\omega(6{,}36\times10^{-6})}$$

$C = 0{,}05\ \mu F$ está em série com $R = 127{,}3\ \Omega$ (saída em R)

2. $$\mathbf{FT} = \frac{j\omega(3{,}125\times10^{-6})}{1+j\omega(12{,}5\times10^{-6})}$$

$R_1 = 8\ k\Omega$ está em série com $L = 25\ mH||R_2 = 2{,}67\ k\Omega$ (saída na combinação paralela)

Verificação do Processo de Aprendizagem 4

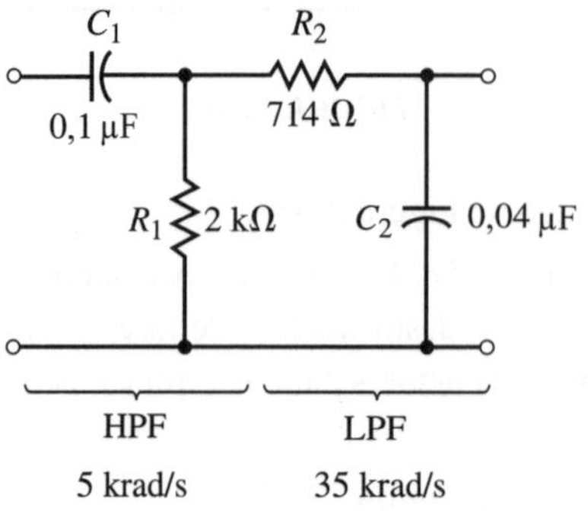

FIGURA 22-63

• TERMOS-CHAVE

Transformador com Núcleo de Ar; Autotransformador; Coeficiente de Acoplamento; Perda no Cobre; Perda no Núcleo; Transformador com Núcleo Envolvido; Terminais Correspondentes; Impedância Acoplada; Circuito Acoplado; Razão de Correntes; Convenção do Ponto; Correntes Parasitas; Núcleo de Ferrite; Histerese; Transformador Ideal; Casamento de Impedância; Núcleo de Ferro; Teste de Salto; Fluxo de Fuga; Fracamente Acoplado; Corrente Magnetizante; Fluxo Mútuo; Indutância Mútua; Teste de Circuito Aberto; Primário; Impedância Refletida; Secundário; Tensão Autoinduzida; Transformador com Núcleo Envolvente; Teste de Curto-circuito; Elevadores/ Abaixadores; Fortemente Acoplado; Transformador; Razão de Transformação; Razão de Espiras; Razão de Tensões.

• TÓPICOS

Introdução; Transformadores com Núcleo de Ferro: o Modelo Ideal; Impedância Refletida; Especificações de Potência dos Transformadores; Aplicações do Transformador; Transformadores Práticos com Núcleo de Ferro; Testes com Transformadores; Efeitos da Tensão e da Frequência; Circuitos Fracamente Acoplados; Circuitos Acoplados Magneticamente com Excitação Senoidal; Impedância Acoplada; Análise de Circuitos Usando Computador.

• OBJETIVOS

Após estudar este capítulo, você será capaz de:

- descrever como um transformador acopla energia de seu primário para o secundário por meio da variação do campo magnético;
- descrever a construção de um transformador básico;
- usar a convenção do ponto para determinar as fases do transformador;
- determinar as razões de tensões e correntes a partir das razões de espiras para transformadores com núcleo de ferro;
- calcular a corrente e a tensão em circuitos contendo transformadores com núcleo de ferro e de ar;
- usar os transformadores para cargas com casamento de impedâncias;
- descrever algumas aplicações básicas dos transformadores;
- determinar os circuitos equivalentes dos transformadores;
- calcular a eficiência do transformador com núcleo de ferro;
- usar o Multisim e o PSpice para resolver circuitos com transformadores e circuitos acoplados;
- usar a calculadora (TI-86) para resolver os problemas de circuitos acoplados.

Transformadores e Circuitos Acoplados

23

Apresentação Prévia do Capítulo

Em nosso estudo sobre a tensão induzida, no Capítulo 13 (volume 1), vimos que o campo magnético variável gerado pela corrente em uma bobina induzia uma tensão no segundo enrolamento, no mesmo núcleo. Um dispositivo construído para fazer uso desse efeito é o **transformador**.

Os transformadores têm muitas aplicações. Eles são usados em sistemas elétricos de potência para elevar a tensão em transmissões de longa distância e depois reduzi-la novamente até um nível seguro para o uso em nossas residências e escritórios. São usados nas fontes de alimentação de equipamentos eletrônicos para elevar ou diminuir as tensões, em sistemas de áudio para casar cargas do alto-falante com amplificadores, em telefones, rádio e sistemas de TV para acoplar sinais etc.

Neste capítulo, examinaremos os princípios dos transformadores e a análise de circuitos contendo transformadores. Discutiremos a ação dos transformadores, os tipos de transformador, as razões de tensões e correntes, as aplicações etc. Abordaremos também os transformadores com núcleo de ferro e de ar junto com o acoplamento geral de circuitos.

Colocando em Perspectiva

George Westinghouse

Um dos dispositivos que tornaram possível o sistema de potência AC comercial como o conhecemos hoje foi o transformador. Ainda que Westinghouse não tenha inventado o transformador, a aquisição dos direitos da patente do transformador e seu negócio industrial contribuíram para que ele fosse uma peça importante na batalha do sistema DC *versus* o sistema AC, no então recente setor de potência elétrica (*vide* o Capítulo 15 no volume 1). Com Tesla (*vide* o Capítulo 24), Westinghouse lutou ferrenhamente contra Edison – que era a favor do sistema DC – pelo sistema AC. Em 1893, a empresa de Westinghouse construiu o sistema de potência das Cataratas do Niágara usando AC, encerrando assim a batalha, e tornando o sistema de potência AC o nítido vencedor. (Por ironia, recentemente o sistema DC ressurgiu em sistemas elétricos de potência comerciais, porque em tensões altíssimas ele é capaz de transmitir energia para distâncias maiores do que o sistema AC. Todavia, isso não era possível na época de Edison, e o sistema AC era e ainda é a opção correta para o sistema elétrico de potência comercial.)

George Westinghouse nasceu em 1846, em Central Bridge, Nova York. Fez fortuna com sua invenção do sistema de freio a ar das ferrovias. Morreu em 1914 e, em 1955, foi eleito para o Hall da Fama.

23.1 Introdução

O transformador é um **circuito acoplado** magneticamente, ou seja, é um circuito em que o campo magnético gerado pela corrente variável no tempo de um subcircuito induz tensão em outro subcircuito. Para ilustrar, a Figura 23-1 mostra um transformador com núcleo de ferro básico. Ele consiste de duas bobinas enroladas em um núcleo comum. A corrente alternada em um enrolamento estabelece o fluxo que acopla o outro enrolamento e induz uma tensão nele. A potência flui então de um circuito para o outro através do campo magnético, sem conexão elétrica entre os dois lados. O enrolamento para o qual fornecemos energia é chamado de **primário**, enquanto o enrolamento do qual tiramos energia é chamado de **secundário**. A energia pode fluir em qualquer direção, uma vez que o enrolamento pode ser usado como o primário ou o secundário.

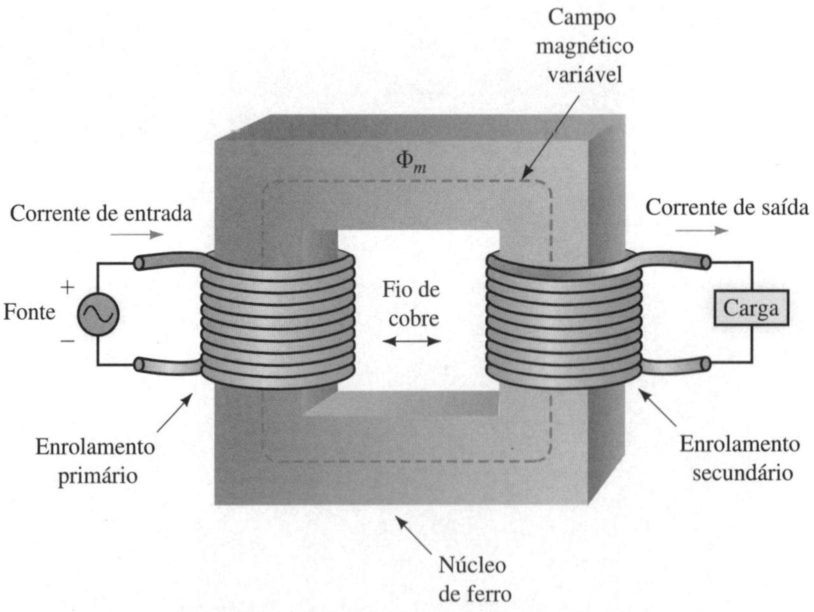

FIGURA 23-1 Tipo de transformador com núcleo de ferro básico. A energia é transferida da fonte para a carga através do campo magnético do transformador sem nenhuma conexão elétrica entre os dois lados.

Construção de um Transformador

Os transformadores podem ser divididos em duas grandes categorias: a com núcleo de ferro e a com núcleo de ar. Começaremos pelos transformadores com **núcleo de ferro**. Os transformadores com núcleo de ferro geralmente são usados em aplicações de baixa frequência, como as de áudio e de sistemas elétricos de potência. As Figuras 23-2 e 23-3 mostram alguns exemplos de transformadores com núcleo de ferro.

O ferro (na verdade, um aço especial denominado aço de transformador) é usado nos núcleos porque ele aumenta o acoplamento entre as bobinas, fornecendo assim uma passagem fácil para o fluxo magnético. Usam-se dois tipos básicos de construção do núcleo de ferro: o **com núcleo envolvido** e o **com núcleo envolvente** (Figura 23-4). Em ambos os casos, os núcleos são feitos de laminações de chapas de aço isoladas umas das outras por finas coberturas de cerâmica ou outro material com o objetivo de auxiliar a minimizar as perdas por corrente parasita (Seção 23.6).

No entanto, o ferro apresenta considerável perda no núcleo em razão da histerese e das correntes parasitas em altas frequências, e, portanto, não é útil para ser utilizado como material para o núcleo em frequências superiores a aproximadamente 50 kHz. Para aplicativos de alta frequência (como circuitos de rádio), usam-se os tipos com **núcleo de ar** e **núcleo de ferrite**. A Figura 23-5 mostra um dispositivo com núcleo de ferrite. O ferrite (um material magnético feito de óxido de ferro em pó) aumenta muito o acoplamento entre as bobinas (se comparado ao ar), enquanto mantém perdas baixas. A Figura 23-6 mostra os símbolos dos circuitos para os transformadores.

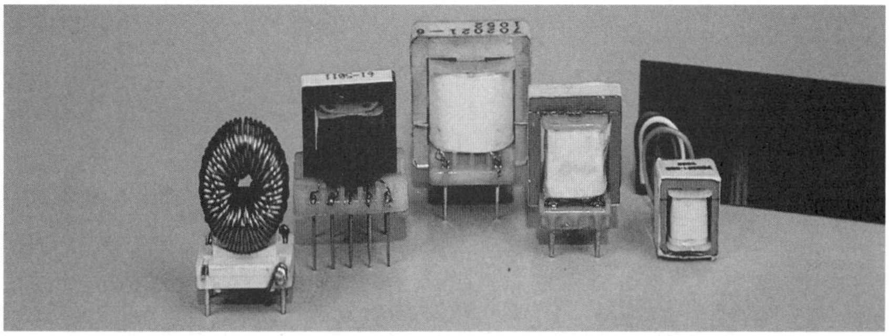

FIGURA 23-2 Tipo de transformadores com núcleo de ferro usado em equipamentos eletrônicos. *(Cortesia de Transformer Manufacturers Inc.)*

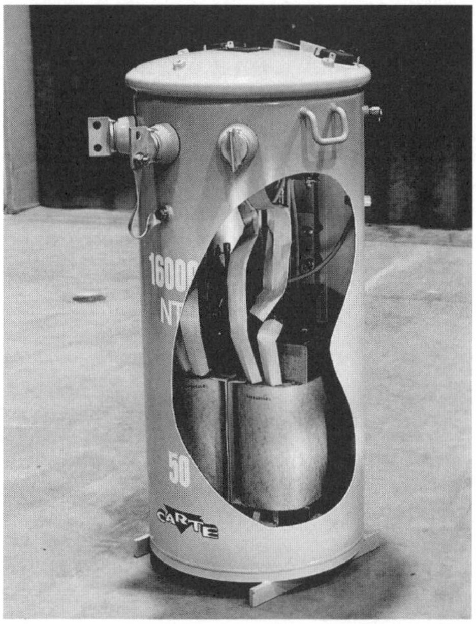

FIGURA 23-3 Transformador de distribuição (visão parcial) do tipo usado por concessionárias elétricas para distribuir energia para os usuários residenciais e comerciais. O tanque é preenchido com óleo para melhorar o isolamento e remover o calor do núcleo e dos enrolamentos. *(Cortesia de Carte International Inc.)*

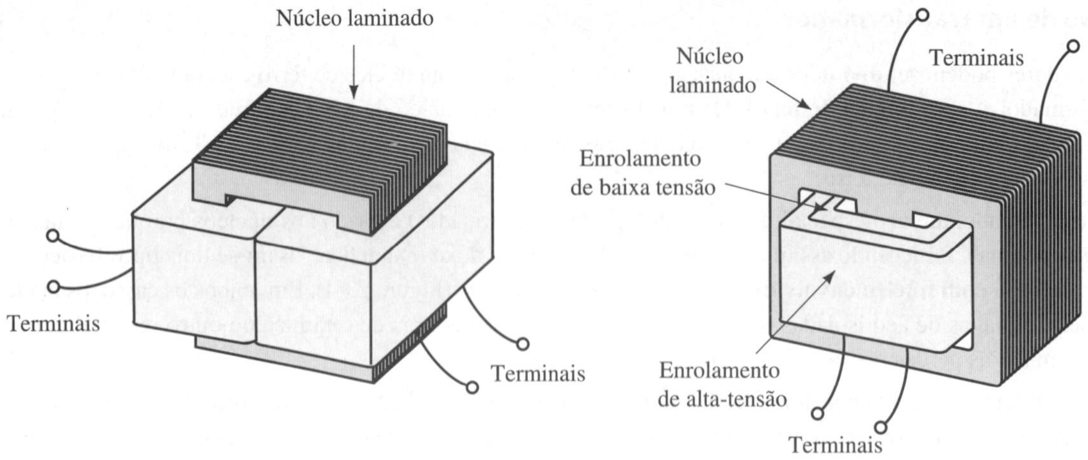

FIGURA 23-4 Para o tipo com núcleo envolvido (à esquerda), os enrolamentos estão em pernas separadas, enquanto para o tipo com núcleo envolvente, ambos os enrolamentos estão na mesma perna. (Adaptado com permissão de Perozzo, *Practical Electronics, Troubleshooting*, © 1985 Delmar Publishers Inc.)

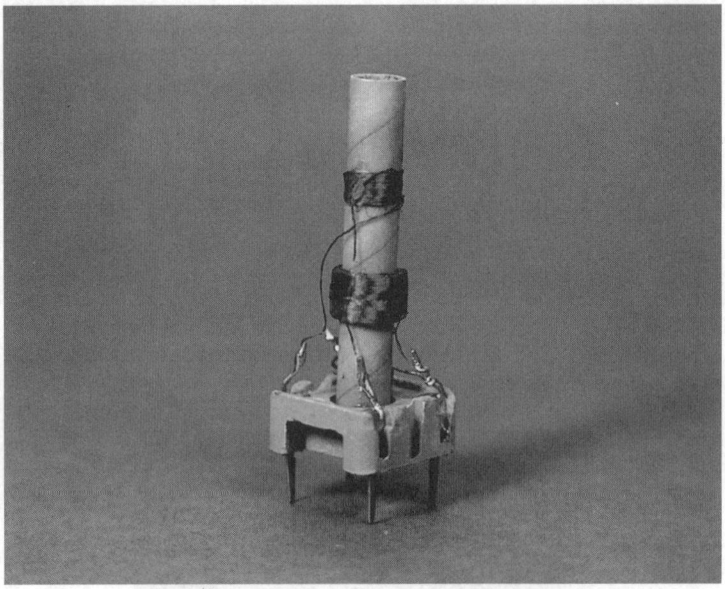

FIGURA 23-5 Transformador ajustado através de um núcleo de ferrite em bastão do tipo usado em circuitos de rádio. Um bastão de ferrite varia o acoplamento entre as bobinas dentro dos tubos.

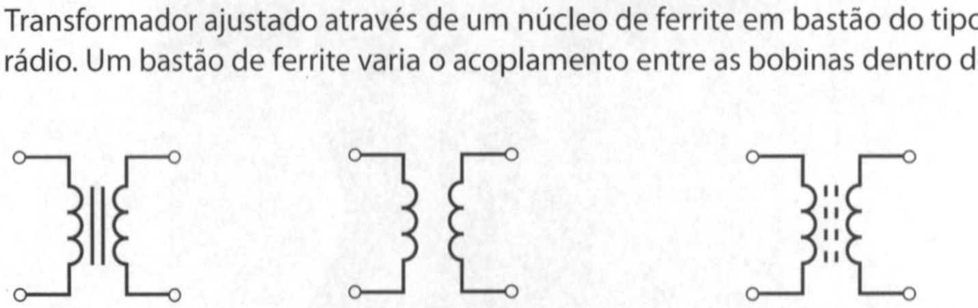

FIGURA 23-6 Símbolos dos esquemáticos dos transformadores.

Direções dos Enrolamentos

Uma das vantagens do transformador é que ele pode ser usado para mudar a polaridade de uma tensão AC. A Figura 23-7 ilustra isso para um par de transformadores com núcleo de ferro. Para o transformador em (a), as tensões no primário e no secundário estão em fase (por razões que serão discutidas posteriormente), enquanto em (b) elas estão com uma defasagem de 180º.

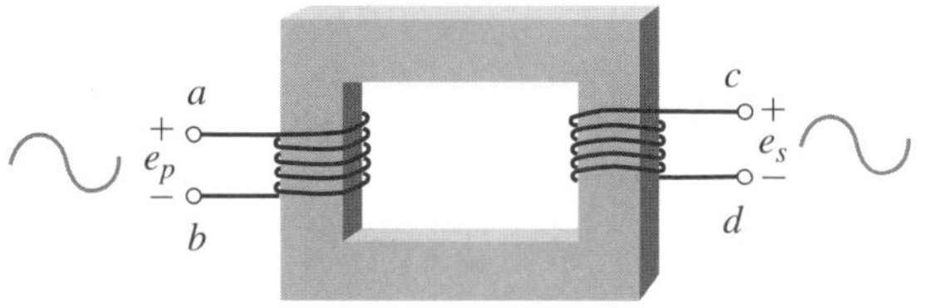

(a) Deslocamento de fase de 0°

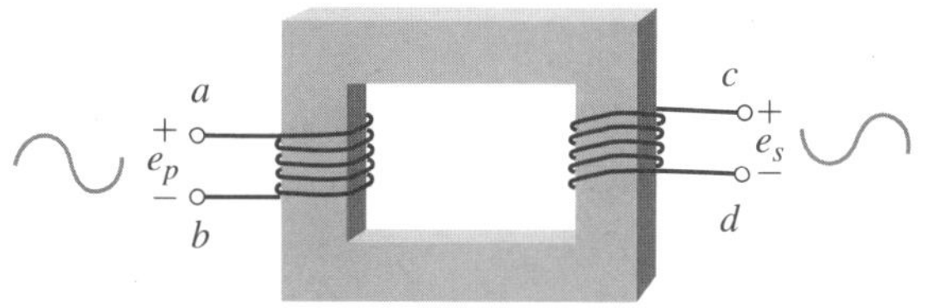

(b) Deslocamento de fase de 180°

FIGURA 23-7 A direção relativa dos enrolamentos determina o deslocamento de fase.

Circuitos Forte e Fracamente Acoplados

Se a maior parte do fluxo gerado por uma bobina passa pela outra, diz-se que as bobinas estão **fortemente acopladas**. Logo, os transformadores com núcleo de ferro estão fortemente acoplados (já que quase 100% do fluxo está confinado no núcleo e, portanto, acopla os dois enrolamentos). Para os transformadores com núcleo de ar e de ferrite, entretanto, uma quantidade de fluxo muito abaixo de 100% acopla ambos os enrolamentos. Eles estão, portanto, **fracamente acoplados**. Como os dispositivos com núcleos de ar e de ferrite estão fracamente acoplados, os mesmos princípios de análise se aplicam a ambos os núcleos. Examinaremos os dois na Seção 23.9.

Lei de Faraday

Toda operação do transformador é descrita pela lei de Faraday. A lei de Faraday (em unidades SI) postula que a tensão induzida em um circuito por um campo magnético variável é igual à taxa de variação do fluxo que acopla o circuito. No entanto, quando a lei de Faraday é aplicada aos transformadores com núcleo de ferro e núcleo de ar, os resultados são diferentes: os transformadores com núcleo de ferro são caracterizados pela razão de espiras, enquanto que os transformadores com núcleo de ar são caracterizados pela autoindutância e indutância mútua. Começaremos pelos transformadores com núcleo de ferro.

23.2 Transformadores com Núcleo de Ferro: o Modelo Ideal

À primeira vista, os transformadores com núcleo de ferro parecem ser um tanto difíceis de analisar, pois apresentam características como resistência do enrolamento, perda no núcleo e fluxo de fuga, que, por sua vez, aparentam ser difíceis de manipular matematicamente. Felizmente, esses efeitos são pequenos e, muitas vezes, podem ser desprezados. O resultado é o **transformador ideal**. Sabendo analisar um transformador ideal, fica relativamente fácil adicionar os efeitos não ideais. Este é o método que será utilizado aqui.

Para idealizar um transformador, (1) despreze a resistência de suas bobinas, (2) despreze a perda no núcleo, (3) pressuponha que todo o fluxo esteja confinado no núcleo, e (4) suponha que uma corrente desprezível seja necessária para estabelecer o fluxo no núcleo. Os transformadores de potência com núcleo de ferro bem projetados são muito próximos dessa idealização.

Agora aplicamos a lei de Faraday ao transformador ideal. Antes, porém, é necessário determinar os acoplamentos dos fluxos. O fluxo que acopla um enrolamento (como foi determinado no Capítulo 13 do volume 1) é o produto do fluxo que passa através do enrolamento pelo número de espiras no qual ele passa. Para o fluxo Φ que passa por N espiras, o acoplamento do fluxo é $N\Phi$. Logo, para o transformador ideal (Figura 23-8), o acoplamento de fluxo no primário é $N_p\Phi_m$, e o acoplamento do fluxo no secundário é $N_s\Phi_m$, onde o subscrito "m" indica fluxo mútuo, isto é, o fluxo que acopla os dois enrolamentos.

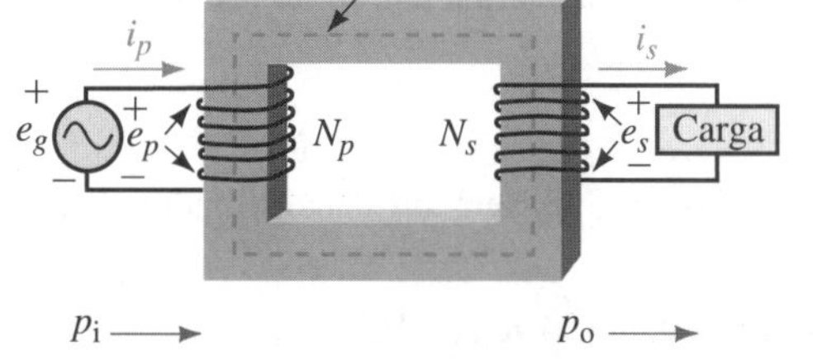

FIGURA 23-8 Transformador ideal. Todo o fluxo está retido no núcleo e acopla ambos os enrolamentos. Esse é um transformador fortemente acoplado.

Razão de Tensões

Agora aplique a lei de Faraday. Como o acoplamento do fluxo é igual a $N\Phi$ e como N é constante, a tensão induzida é igual a N vezes a taxa de variação de Φ, ou seja, $e = Nd\Phi/dt$. Logo, para o primário de um transformador ideal,

$$e_p = N_p \frac{d\Phi_m}{dt} \tag{23-1}$$

enquanto para o secundário

$$e_s = N_s \frac{d\Phi_m}{dt} \tag{23-2}$$

Dividindo a Equação 23-1 pela Equação 23-2 e cancelando $d\Phi_m/dt$, temos

$$\frac{e_p}{e_s} = \frac{N_p}{N_s} \tag{23-3}$$

A Equação 23-3 postula que *a razão entre as tensões no primário e no secundário é igual à razão entre as espiras no primário e no secundário*. Esta razão é denominada **razão de transformação** (ou **razão de espiras**) e é dada pelo símbolo a. Logo,

$$a = N_p/N_s \tag{23-4}$$

e

$$e_p/e_s = a \tag{23-5}$$

Por exemplo, um transformador com 1000 espiras no primário e 250 no secundário tem uma razão de espiras de 1000/250 = 4. Esta é designada como uma razão de 4:1.

Como a razão de duas tensões senoidais instantâneas é igual à razão de seus valores eficazes, a Equação 23-5 também pode ser escrita da seguinte maneira:

$$E_p/E_s = a \tag{23-6}$$

Como observado anteriormente, e_p e e_s estão em fase ou com uma defasagem de 180º, dependendo da direção relativa dos enrolamentos das bobinas. É possível, portanto, expressar a **razão de tensões** usando fasores:

$$\mathbf{E}_p/\mathbf{E}_s = a \tag{23-7}$$

Transformadores Elevadores e Abaixadores

O transformador **elevador** é aquele em que a tensão no secundário é maior do que a no primário. Já o transformador **abaixador** é aquele em que a tensão no secundário é mais baixa. Como $a = E_p/E_s$, um transformador elevador tem $a < 1$, ao passo que, para um transformador abaixador, $a > 1$. Se $a = 1$, a razão de espiras do transformador é unitária, e a tensão no secundário é igual à no primário.

EXEMPLO 23-1

Suponha que o transformador da Figura 23-7(a) tenha 500 espiras em seu primário e 1000 no secundário.

a. Determine a razão de espiras. O transformador é elevador ou abaixador?

b. Se a tensão no primário for $e_p = 25$ sen ωt V, qual será a tensão no secundário?

c. Faça um esboço das formas de onda.

Solução:

a. A razão de espiras é $a = N_p/N_s = 500/1000 = 0{,}5$. Esse é um transformador elevador de 1:2.

b. Da Equação 23-5, $e_s = e_p/a = (25 \text{ sen } \omega t)/0{,}5 = 50 \text{ sen } \omega t$ V.

c. As tensões no primário e no secundário estão em fase, como observado anteriormente. A Figura 23-9 mostra as formas de onda.

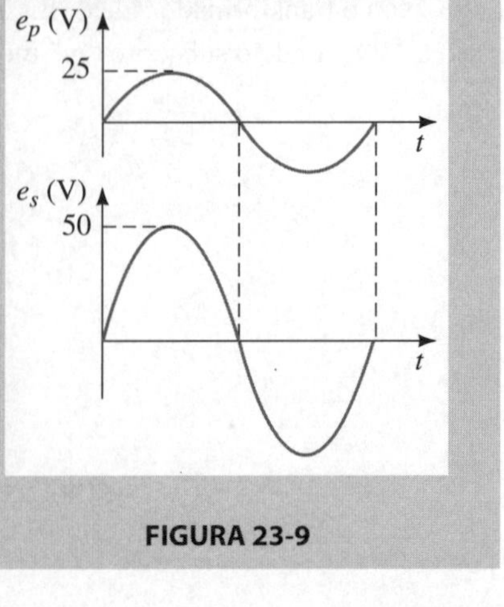

FIGURA 23-9

EXEMPLO 23-2

Se os transformadores da Figura 23-7 tiverem 600 espiras em seus primários e 120 nos secundários, e $\mathbf{E}_p = 120\angle 0°$, qual será $\mathbf{E}_s$ para cada caso?

Solução: A razão de espiras é $a = 600/120 = 5$. Para o transformador (a), $\mathbf{E}_s$ está em fase com $\mathbf{E}_p$; logo, $\mathbf{E}_s = \mathbf{E}_p/5 = (120\ \text{V}\angle 0°)/5 = 24\ \text{V}\angle 0°$. Para o transformador (b), $\mathbf{E}_s$ está 180° defasado em relação a $\mathbf{E}_p$; logo, $\mathbf{E}_s = 24\ \text{V}\angle 180°$.

PROBLEMAS PRÁTICOS 1

Sendo $N_p = 1200$ espiras e $N_s = 200$ espiras, repita o Exemplo 23-1 para o circuito da Figura 23-7(b).

Resposta

$e_s = 4{,}17\ \text{sen}(\omega t + 180°)$

Razão de Correntes

Como um transformador ideal não apresenta perda de potência, sua eficiência é de 100% e, portanto, a potência de entrada é igual à potência de saída. Considere novamente a Figura 23-8. Em qualquer instante, $p_i = e_p i_p$ e $p_o = e_s i_s$. Logo,

$$e_p i_p = e_s i_s \qquad \textbf{(23-8)}$$

e

$$\frac{i_p}{i_s} = \frac{e_s}{e_p} = \frac{1}{a} \qquad \textbf{(23-9)}$$

já que $e_s/e_p = 1/a$. (Isso significa que, se a tensão for elevada, a corrente irá abaixar e vice-versa.) Em termos dos fasores da corrente e da magnitude da corrente, a Equação 23-9 pode ser escrita como

$$\frac{\mathbf{I}_p}{\mathbf{I}_s} = \frac{I_p}{I_s} = \frac{1}{a} \qquad \textbf{(23-10)}$$

Por exemplo, para um transformador com $a = 4$ e $\mathbf{I}_p = 2\ \text{A}\angle -20°$, $\mathbf{I}_s = a\mathbf{I}_p = 4(2\ \text{A}\angle -20°) = 8\ \text{A}\angle -20°$, Figura 23-10.

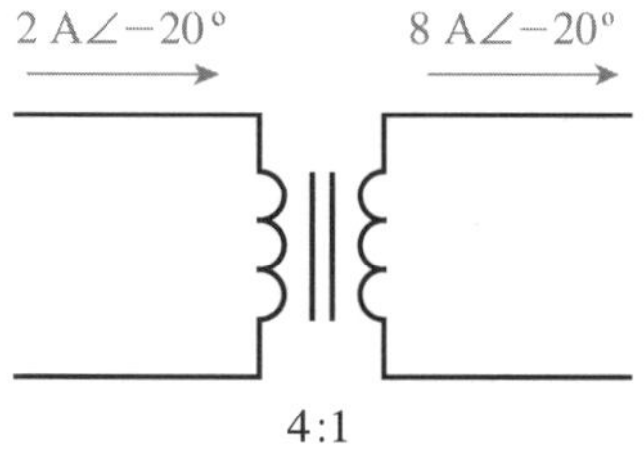

FIGURA 23-10 A razão de correntes é o inverso da razão de espiras.

Polaridade da Tensão Induzida: A Convenção do Ponto

Como observado anteriormente, a tensão no secundário de um transformador com núcleo de ferro ou está em fase com a tensão no primário ou está com uma defasagem de 180°, dependendo da direção relativa dos enrolamentos. Agora demonstraremos por quê.

Um teste simples, denominado **teste de salto** (às vezes usado por profissionais da área de elétrica para determinar a polaridade do transformador), pode auxiliar a demonstração da ideia. A Figura 23-11 mostra o circuito básico. Usa-se uma chave para abrir e fechar o circuito (pois a tensão é induzida apenas durante a variação do fluxo).

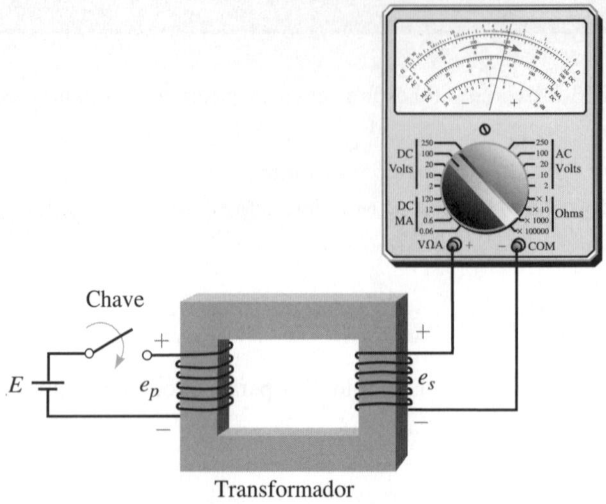

FIGURA 23-11 O teste de "salto". Para as direções do enrolamento mostradas, o ponteiro do voltímetro dá um salto no instante em que a chave é fechada. (Este é o transformador da Figura 23-7a.)

Para as direções do enrolamento mostradas, no instante em que a chave é fechada, o ponteiro do voltímetro "salta" e depois volta ao zero. Para entender o motivo, é necessário considerar os campos magnéticos. Antes, porém, de começar, coloque um ponto em um dos terminais do primário (neste caso, escolhemos de forma arbitrária o terminal superior). Substitua o voltímetro pela sua resistência equivalente (Figura 23-12).

NOTAS PRÁTICAS...

1. Embora tenhamos desenvolvido a convenção do ponto usando uma fonte DC chaveada, ela é válida para a fonte AC também. Na verdade, usaremos mais para a AC.
2. Exige-se que o resistor da Figura 23-12 seja colocado para auxiliar na determinação da polaridade da tensão no secundário. Agora é possível removê-lo sem afetar a posição resultante do ponto.
3. Na prática, os terminais correspondentes podem ser assinalados por pontos, por fios com código de cores ou por designações especiais com letras.
4. A Seção 23.9 trata mais profundamente da convenção do ponto e seu uso.

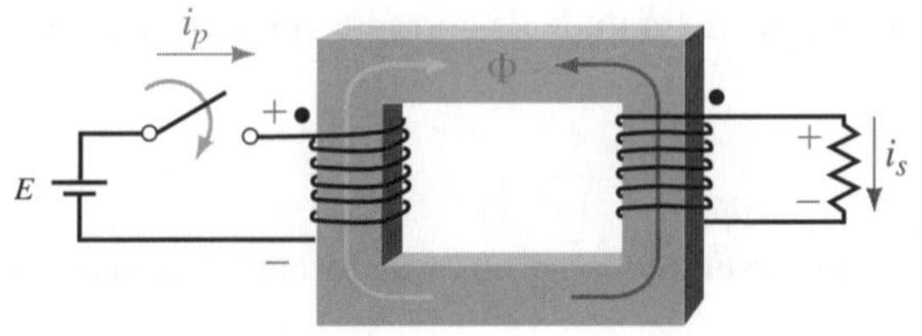

FIGURA 23-12 Determinação das posições dos pontos.

No instante em que a chave é fechada, a polaridade do terminal do primário marcado com o ponto é positiva em relação ao terminal do primário sem o ponto (porque a extremidade + da fonte está diretamente ligada a ela). Como a corrente se forma no primário, ela gera um fluxo na direção para cima, como indica a seta tracejada da esquerda (lembre-se da regra da mão direita). De acordo com a lei de Lenz, o efeito resultante deve se opor à causa geradora. O efeito é uma tensão induzida no enrolamento secundário. A corrente resultante no secundário gera um fluxo que, de acordo com a lei de Lenz, deve se *opor à formação do fluxo original*, isto é, ela deve estar na direção da seta tracejada da direita. Aplicando a regra da mão direita, vemos que a corrente no secundário deve estar na direção indicada por i_s. O sinal positivo na cauda dessa seta mostra que a extremidade superior do resistor é positiva. Isso significa que a extremidade superior do enrolamento secundário também é positiva. Coloque um ponto lá. Os terminais assinalados com um ponto são chamados de **terminais correspondentes**.

Como se pode ver, os terminais correspondentes são positivos (em relação aos terminais sem o ponto) no instante em que a chave é fechada. Se fizermos uma análise parecida no instante em que a chave é aberta, veremos que os terminais marcados com um ponto são negativos. Assim, *os terminais assinalados com um ponto apresentam a mesma polaridade em todos os instantes de tempo*. O que desenvolvemos aqui é conhecido como **convenção do ponto para circuitos acoplados** – veja a nota acima.

EXEMPLO 23-3

Determine a forma de onda para e_s no circuito da Figura 23-13(a).

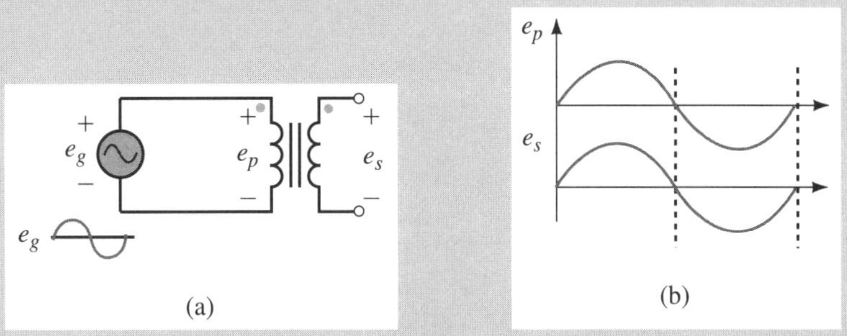

FIGURA 23-13

Solução: Os terminais marcados com um ponto têm a mesma polaridade (em relação aos terminais sem ponto) em todos os instantes. Durante o primeiro meio-ciclo, a extremidade com o ponto do enrolamento primário é positiva; portanto, a extremidade com o ponto do secundário também é positiva. Durante o segundo meio-ciclo, ambas são negativas. Os marcadores das polaridades em e_s mostram que estamos examinando a polaridade na extremidade superior da bobina secundária em relação à extremidade inferior. Logo, e_s é positiva durante o primeiro meio-ciclo e negativa durante o segundo meio-ciclo. Ela está, portanto, em fase com e_p, como indica a letra (b). Assim, se $e_p = E_{m_p}$ sen ωt, então $e_s = E_{m_s}$ sen ωt.

PROBLEMAS PRÁTICOS 2

1. Determine a equação para e_s nos circuitos da Figura 23-14(b), (c) e (d).

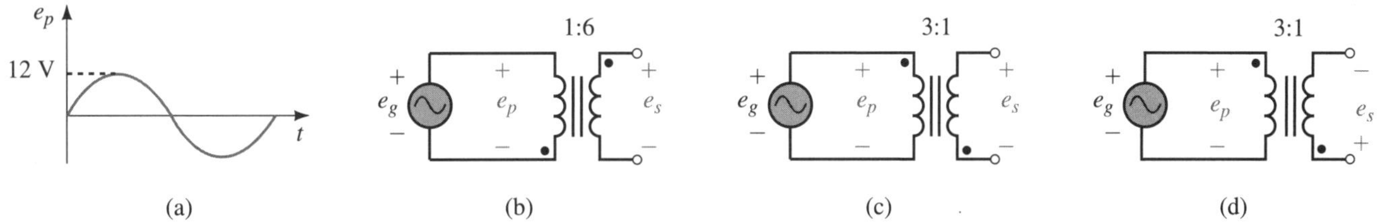

FIGURA 23-14 A forma de onda (a) é a tensão aplicada no primário.

2. Sendo $\mathbf{E}_g = 120\ \text{V}\angle 30^\circ$, determine $\mathbf{E}_s$ para cada transformador da Figura 23-14.
3. Onde são colocados os pontos nos transformadores da Figura 23-7?

Respostas

1. $e_s = 72$ sen$(\omega t + 180^\circ)$V; $e_s = 4$ sen$(\omega t + 180^\circ)$V; $e_s = 4$ sen ωt
2. Para (b), $\mathbf{E}_s = 720\ \text{V}\angle{-150^\circ}$; para (c), $\mathbf{E}_s = 40\ \text{V}\angle{-150^\circ}$; $40\ \text{V}\angle 30^\circ$
3. Para (a), coloque os pontos em *a* e *c*. Para (b), coloque os pontos em *a* e *d*.

Análise de Circuitos Transformadores Simples

Os circuitos transformadores simples podem ser analisados usando-se as relações descritas até agora, ou seja, $\mathbf{E}_p = a\mathbf{E}_s$, $\mathbf{I}_p = \mathbf{I}_s/a$ e $P_i = P_o$. O Exemplo 23-4 ilustra isso. Os problemas mais complexos exigem mais alguns conceitos.

EXEMPLO 23-4

Para a Figura 23-15(a), $\mathbf{E}_g = 120\ V\angle 0°$, a razão de espiras é de 5:1 e $\mathbf{Z}_L = 4\ \Omega\angle 30°$. O transformador é ideal. Encontre:

a. a tensão na carga;

b. a corrente na carga;

c. a corrente no gerador;

d. a potência fornecida à carga;

e. a potência fornecida pelo gerador.

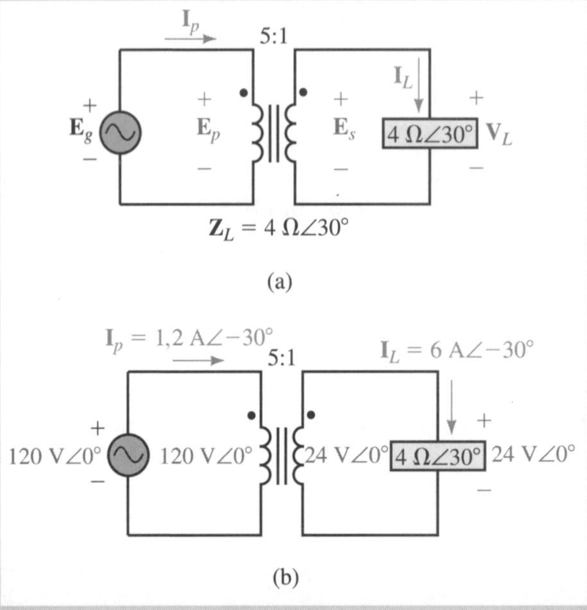

MULTISIM

FIGURA 23-15

Solução:

a. $\mathbf{E}_p = \mathbf{E}_g = 120\ V\angle 0°$

$\mathbf{V}_L = \mathbf{E}_s = \mathbf{E}_p/a = (120\ V\angle 0°)/5 = 24\ V\angle 0°$

b. $\mathbf{I}_L = \mathbf{V}_L/\mathbf{Z}_L = (24\ V\angle 0°)(4\ \Omega\angle 30°) = 6\ A\angle -30°$

c. $\mathbf{I}_g = \mathbf{I}_p$. Como $\mathbf{I}_p = \mathbf{I}_s/a = \mathbf{I}_L/a$,

$\mathbf{I}_g = (6\ A\angle -30°)/5 = 1{,}2\ A\angle -30°$

A Figura 23-15(b) mostra os valores.

d. $P_L = V_L I_L \cos\theta_L = (24)(6)\cos 30° = 124{,}7$ W.

e. $P_g = E_g I_g \cos\theta_g$, onde θ_g é o ângulo entre $\mathbf{E}_g$ e $\mathbf{I}_g$. $\theta_g = 30°$. Assim, $P_g = (120)(1{,}2)\cos 30° = 124{,}7$ W, o que está de acordo com (d) (como deveria ser), já que o transformador não apresenta perda.

VERIFICAÇÃO DO PROCESSO DE APRENDIZAGEM 1

(As respostas encontram-se no final do capítulo.)

1. Um transformador tem uma razão de espiras de 1:8. Ele é elevador ou abaixador? Sendo $\mathbf{E}_p = 25$ V, qual será o valor de $\mathbf{E}_s$?
2. Para os transformadores da Figura 23-7, sendo $a = 0{,}2$ e $\mathbf{E}_s = 600\ V\angle -30°$, qual será $\mathbf{E}_p$ para cada caso?
3. Para cada um dos transformadores da Figura 23-16, faça um esboço da tensão no secundário e mostre a fase e a amplitude.
4. Para a Figura 23-17, determine a posição do ponto que está faltando.

5. A Figura 23-18 mostra uma outra maneira de determinar os terminais marcados com pontos. Primeiro assinale arbitrariamente com um ponto um dos terminais do primário. Em seguida, faça uma conexão direta com um voltímetro como indicado. A partir das leituras dos voltímetros, é possível determinar qual terminal do secundário deveria receber o ponto. Para os dois casos indicados, onde deveria ficar o ponto do secundário? (*Dica*: Use a KVL.)

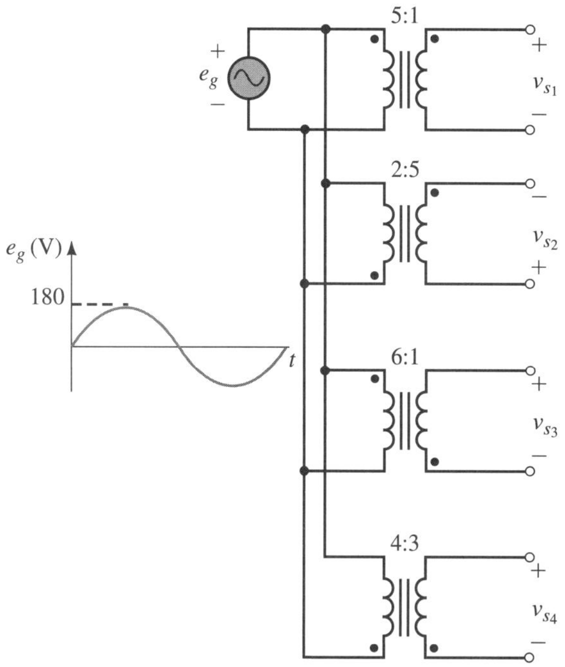

FIGURA 23-16

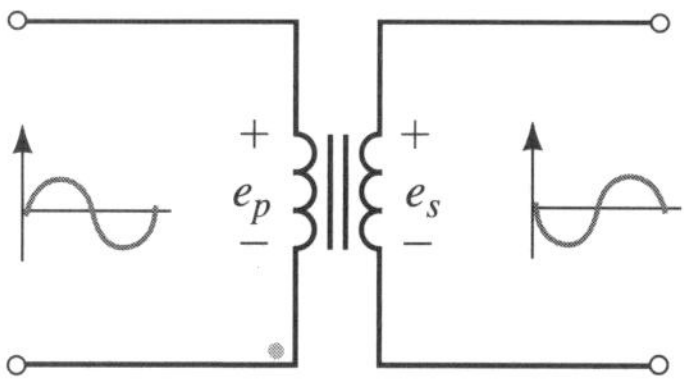

FIGURA 23-17

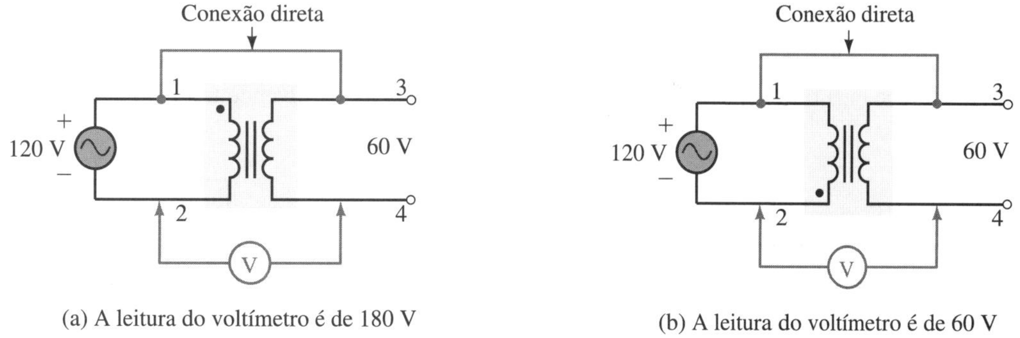

MULTISIM

FIGURA 23-18 Cada transformador é de 120 V/60 V.

23.3 Impedância Refletida

O transformador faz com que uma impedância de carga pareça maior ou menor dependendo de sua razão de espiras. Para ilustrar, considere a Figura 23-19. Quando conectada diretamente à fonte, a carga se comporta como a impedância $\mathbf{Z}_L$, mas quando conectada através de um transformador, ela tem o comportamento de $a^2\mathbf{Z}_L$. Isso pode ser ilustrado como segue: primeiro, repare que $\mathbf{Z}_p = \mathbf{E}_g/\mathbf{I}_p$. No entanto, $\mathbf{E}_g = \mathbf{E}_p$, $\mathbf{E}_p = a\mathbf{E}_s$ e $\mathbf{I}_p = \mathbf{I}_s/a$. Assim,

$$\mathbf{Z}_p = \frac{\mathbf{E}_p}{\mathbf{I}_p} = \frac{a\mathbf{E}_s}{\left(\dfrac{\mathbf{I}_s}{a}\right)} = a^2\frac{\mathbf{E}_s}{\mathbf{I}_s} = a^2\frac{\mathbf{V}_L}{\mathbf{I}_L}$$

No entanto, $\mathbf{V}_L/\mathbf{I}_L = \mathbf{Z}_L$. Assim,

$$\mathbf{Z}_p = a^2\mathbf{Z}_L \qquad \textbf{(23-11)}$$

Isso significa que $\mathbf{Z}_L$ se comporta como uma nova impedância, que é dada pela razão de espiras do transformador ao quadrado vezes a impedância de carga. O termo $a^2\mathbf{Z}_L$ é chamado de **impedância refletida** da carga. Observe que ela mantém as características da carga, ou seja, uma carga capacitiva ainda se comporta como capacitiva; uma carga indutiva ainda se comporta como indutiva, e assim por diante. Observe também, na Figura 23-19(a), que a tensão de entrada no primário é $\mathbf{E}_g$. Mas $\mathbf{E}_g = a\mathbf{V}_L$. Isso significa que a tensão na carga refletida é $a\mathbf{V}_L$, como indicado em (b).

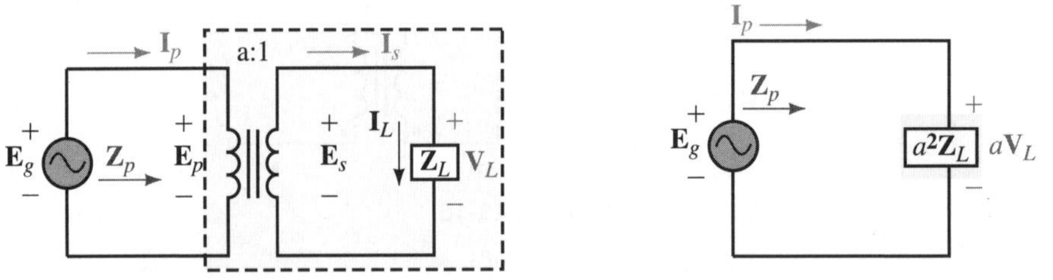

(a) Circuito real

(b) Impedância refletida $\mathbf{Z}_p = a^2\mathbf{Z}_L$

FIGURA 23-19 Conceito de impedância refletida. A partir dos terminais do primário, $\mathbf{Z}_L$ se comporta como uma impedância cujo valor é $a^2\mathbf{Z}_L$ com uma tensão de $a\mathbf{V}_L$ sobre ela e uma corrente de $\mathbf{I}_L/a$ através dele.

Da Equação 23-11, vemos que a carga parecerá maior se $a > 1$ e menor se $a < 1$. Como exemplo, considere a Figura 23-20. Se um resistor de 1 Ω fosse conectado diretamente à fonte, ele se comportaria como um resistor de 1 Ω e a corrente no gerador seria igual a 100 A∠0°. No entanto, quando conectado a um transformador de 10:1, ele se comporta como um resistor de $(10)^2(1\Omega) = 100\ \Omega$, e a corrente no gerador é de apenas 1 A∠0°.

O conceito de impedância refletida é útil por vários motivos, uma vez que nos permite casar cargas com fontes (como amplificadores), e também oferece uma forma alternativa de solucionar os problemas envolvendo transformadores.

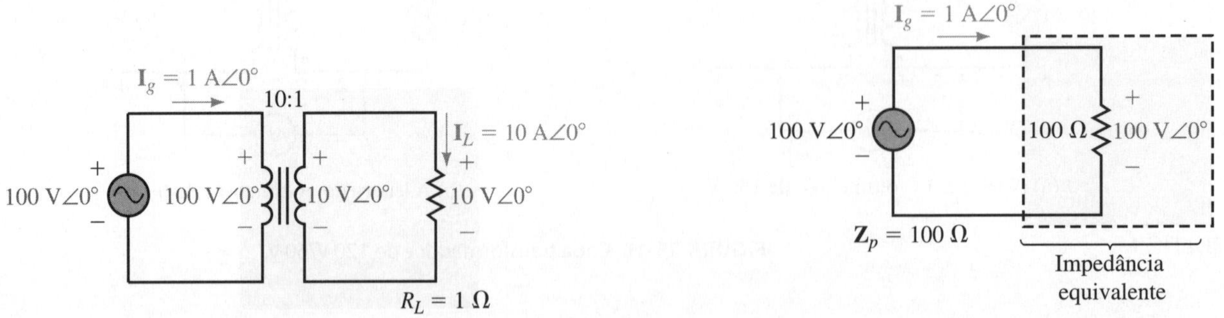

(a) Circuito real

(b) Circuito equivalente

MULTISIM

FIGURA 23-20 A impedância equivalente percebida pela fonte é igual a 100 Ω.

EXEMPLO 23-5

Use o conceito de impedância refletida para calcular as correntes no primário e no secundário e a tensão na carga para o circuito da Figura 23-21(a).

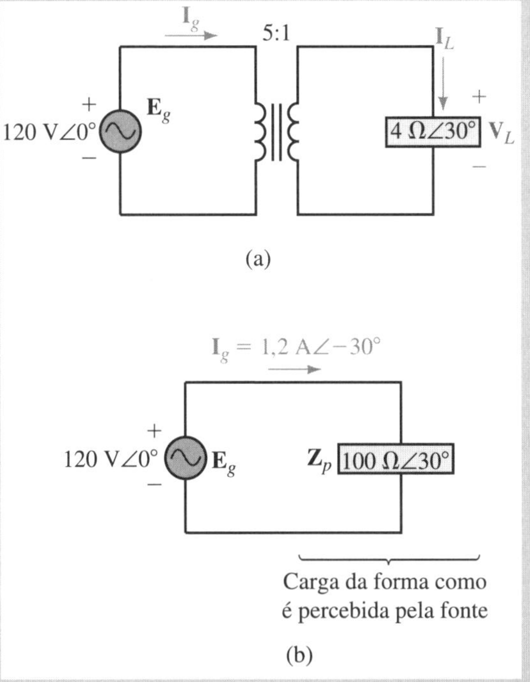

FIGURA 23-21

NOTAS...

O Exemplo 23-5 é igual ao 23-4. No Exemplo 23-4, analisamos o circuito em sua forma original, ao passo que aqui usamos o método da impedância refletida. Como se pode ver, a quantidade de trabalho exigida é quase igual para ambas as soluções, o que mostra não haver uma vantagem especial de um método em relação ao outro para um circuito simples como este. No entanto, para problemas complexos, as vantagens do método da impedância refletida são consideráveis – você verá que ele reduz a quantidade de trabalho e simplifica a análise.

Solução:

$$\mathbf{Z}_p = a^2\mathbf{Z}_L = (5)^2(4\ \Omega\angle 30^\circ) = 100\ \Omega\angle 30^\circ.$$

O circuito equivalente é mostrado em (b).

$$\mathbf{I}_g = \mathbf{E}_g/\mathbf{Z}_p = (120\ \text{V}\angle 0^\circ)/(100\ \Omega\angle 30^\circ) = 1{,}2\ \text{A}\angle -30^\circ$$

$$\mathbf{I}_L = a\mathbf{I}_p = a\mathbf{I}_g = 5(1{,}2\ \text{A}\angle -30^\circ) = 6\ \text{A}\angle -30^\circ$$

$$\mathbf{V}_L = \mathbf{I}_L\mathbf{Z}_L = (6\ \text{A}\angle -30^\circ)(4\ \Omega\angle 30^\circ) = 24\ \text{V}\angle 0^\circ$$

As respostas são iguais às do Exemplo 23-4 – veja nota acima.

23.4 Especificações de Potência dos Transformadores

Na prática, os transformadores de potência são especificados em termos das tensões e da potência aparente (por razões que foram discutidas no Capítulo 1, no volume 1). A corrente especificada pode ser determinada a partir dessas definições. Assim, um transformador especificado como 2400/120 volt, 48 kVA, tem uma especificação da corrente de 48000 VA/2400 V = 20 A em seu lado com 2400 V e 48000 VA/120 V = 400 A no seu lado com 120 V (Figura 23-22). Esse transformador pode suportar uma carga de 48 kVA, independentemente do fator de potência.

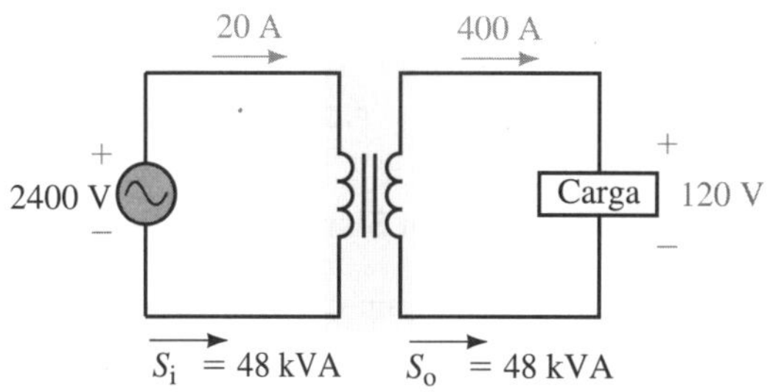

FIGURA 23-22 Os transformadores são especificados de acordo com a quantidade de potência aparente e as tensões às quais eles são projetados para suportar.

23.5 Aplicações do Transformador

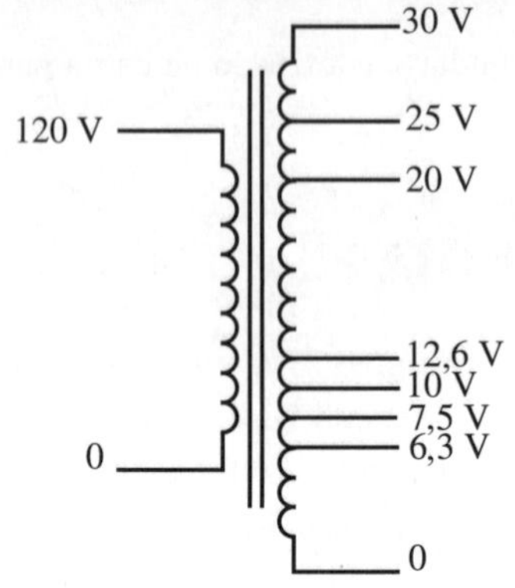

FIGURA 23-23 Transformador em fontes de alimentação com múltiplos *taps*. O secundário tem *taps* em várias tensões.

Transformadores em Fontes de Alimentação

Em equipamentos eletrônicos, **os transformadores em fontes de alimentação** são usados para converter os 120 VAC de entrada em níveis de tensão exigidos para a operação interna do circuito. Há uma variedade de transformadores comerciais fabricados com essa finalidade. O transformador da Figura 23-23, por exemplo, tem um enrolamento secundário com múltiplos *taps*[1], com cada *tap* fornecendo uma tensão de saída diferente. Esse tipo de transformador é adequado para alimentações de laboratório, equipamentos de teste ou fontes de alimentação experimentais.

A Figura 23-24 mostra o uso típico de um transformador em fontes de alimentação. Primeiro, a linha de tensão de entrada é abaixada. Depois, um circuito retificador (que utiliza diodos para converter a tensão AC em tensão DC pelo processo denominado retificação) converte a tensão AC em tensão DC pulsante; um filtro a suaviza e, finalmente, um regulador de tensão (um dispositivo eletrônico usado para manter a tensão de saída constante) a regula em direção ao valor DC exigido.

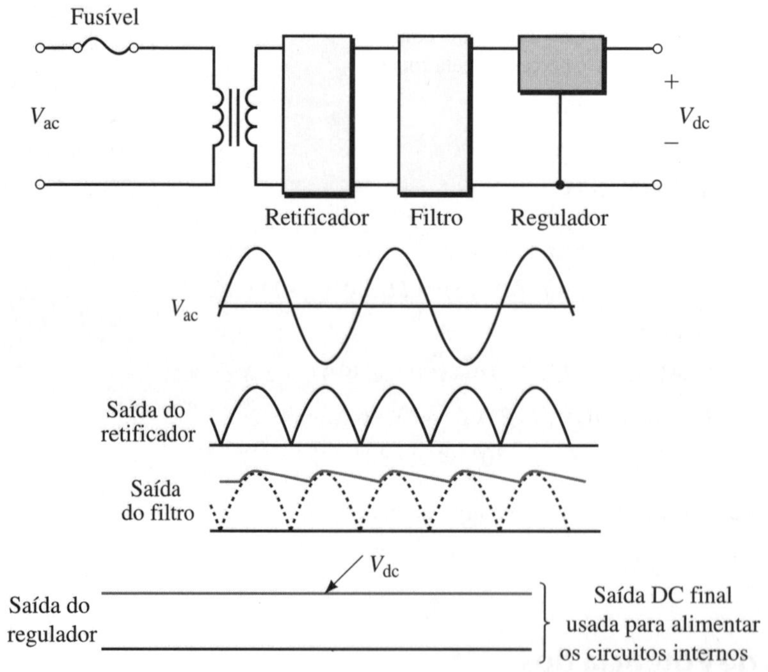

FIGURA 23-24 Transformador usado em aplicações com fontes de alimentação.

Transformadores em Sistemas de Potência

Os transformadores são um dos elementos-chave que tornaram os sistemas de potência AC possíveis. Os transformadores são usados em estações de geração para elevar a tensão em transmissões de longa distância. Isso diminui a corrente transmitida e, portanto, as perdas de potência I^2R na linha de transmissão. Na extremidade do usuário, os transformadores reduzem a tensão a um nível seguro para o uso diário. A Figura 23-25 mostra uma ligação residencial típica. Os *taps* no primário permitem que a concessionária de energia elétrica compense as quedas da linha de tensão. Os transformadores distantes das subestações, por exemplo,

1 Os múltiplos *taps* também podem ser chamados de múltiplos terminais. (N.R.T.)

apresentam tensões de entrada mais baixas (por uma porcentagem pequena) do que os próximos a subestações, devido a quedas de tensão nas linhas de distribuição. Os *taps* permitem que a razão de espiras varie de modo a compensar as quedas. Observe também o secundário dividido. Ele permite que cargas de 120 V e 240 V sejam alimentadas pelo mesmo transformador.

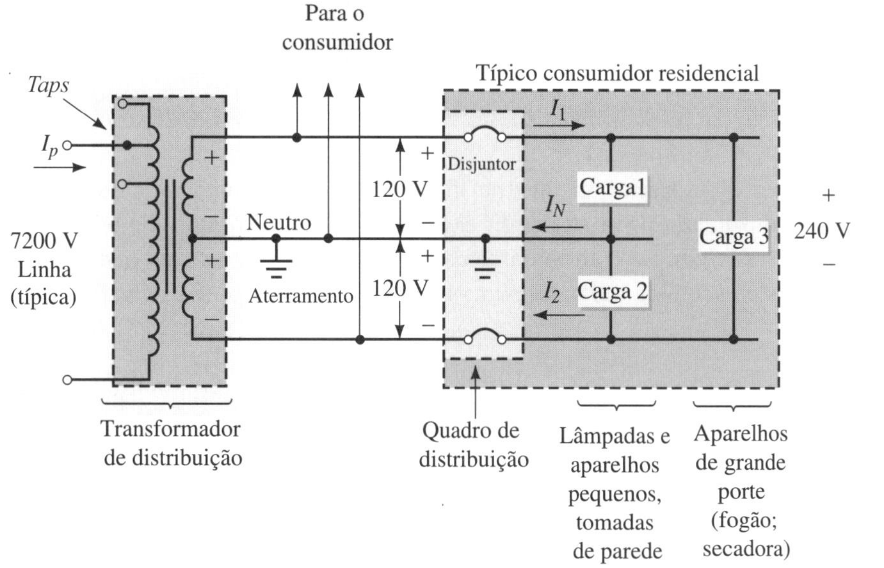

FIGURA 23-25 Típico transformador de distribuição. É assim que a energia é fornecida para nossas casas.

O transformador da Figura 23-25 é uma unidade monofásica (porque os consumidores residenciais exigem apenas uma fase). Conectando uma carga da linha para o neutro (ou linha a linha), obtém-se a entrada monofásica a partir de uma linha trifásica.

Aplicações de Isolamento

Às vezes, os transformadores são usados para isolar equipamentos por motivos de segurança ou por outras razões. Se uma parte do equipamento tiver a carcaça ou o chassi conectados ao neutro aterrado da Figura 23-25, por exemplo, a conexão será totalmente segura, desde que não mude. Se, no entanto, as conexões forem inadvertidamente invertidas como na Figura 23-26(b) (devido a uma instalação defeituosa), é possível surgir uma situação perigosa. Um transformador usado conforme mostra a Figura 23-27 elimina esse perigo ao garantir que o chassi nunca esteja diretamente conectado ao fio "quente"[2]. Os transformadores de isolamento são elaborados com esta finalidade.

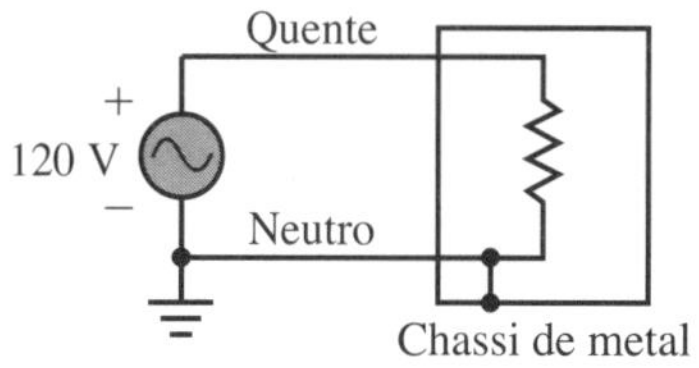

(a) O chassi está seguro

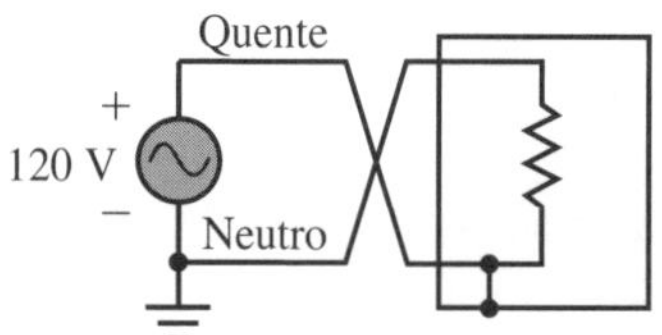

(b) O chassi acidentalmente conectado ao lado "quente" está em 120 V em relação ao aterramento V

FIGURA 23-26 Se as conexões forem inadvertidamente invertidas como em (b), alguém levará um choque se estiver aterrado e tocar o chassi.

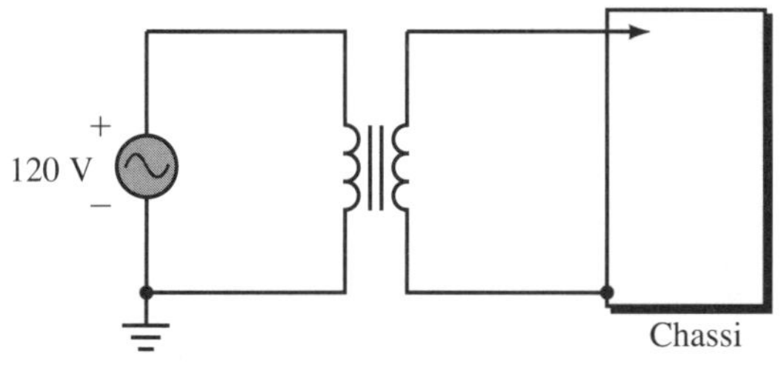

FIGURA 23-27 Uso de um transformador para isolamento.

2 "Fio quente" se refere ao "fio de tensão". (N.R.T.)

Casamento de Impedância

Como você aprendeu, um transformador pode ser usado para elevar ou abaixar a impedância aparente de uma carga escolhendo-se adequadamente a razão de espiras. Isso é denominado **casamento de impedância**. O casamento de impedância às vezes é usado para casar cargas a amplificadores de modo a alcançar a máxima transferência de potência. Se a carga e a fonte não estiverem casadas, pode-se inserir um transformador entre elas, como ilustrado a seguir.

EXEMPLO 23-6

A Figura 23-28(a) mostra o esquemático de um transformador de distribuição sonora com múltiplos *taps* para permitir o casamento dos alto-falantes com os amplificadores. Na faixa de frequência utilizada no projeto, os alto-falantes são basicamente resistivos. Se o alto-falante da Figura 23-29(a) tiver uma resistência de 4 Ω, qual razão do transformador deveria ser escolhida para a máxima transferência de potência? Qual é a potência fornecida ao alto-falante?

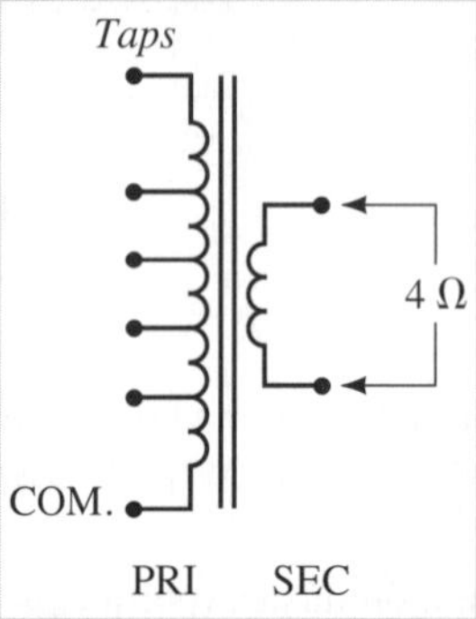

FIGURA 23-28 Um transformador com distribuição sonora com *taps*.

Solução: Deixe a resistência refletida do alto-falante igual à resistência interna (Thévenin) do amplificador. Assim, $Z_p = 400\ \Omega = a^2 Z_L = a^2(4\ \Omega)$. Calculando a, temos

$$a = \sqrt{\frac{Z_p}{Z_L}} = \sqrt{\frac{400\ \Omega}{4\ \Omega}} = \sqrt{100} = 10$$

Agora considere a potência. Como $Z_p = 400\ \Omega$, Figura 23-29(b), metade da tensão da fonte aparece nela. Logo, a potência aplicada em Z_p é $(40\ \text{V})^2/(400\ \Omega) = 4$ W. Como se considera que o transformador não apresenta dissipação de energia, toda a potência é transferida para o alto-falante. Assim, $P_{\text{alto-falante}} = 4$ W.

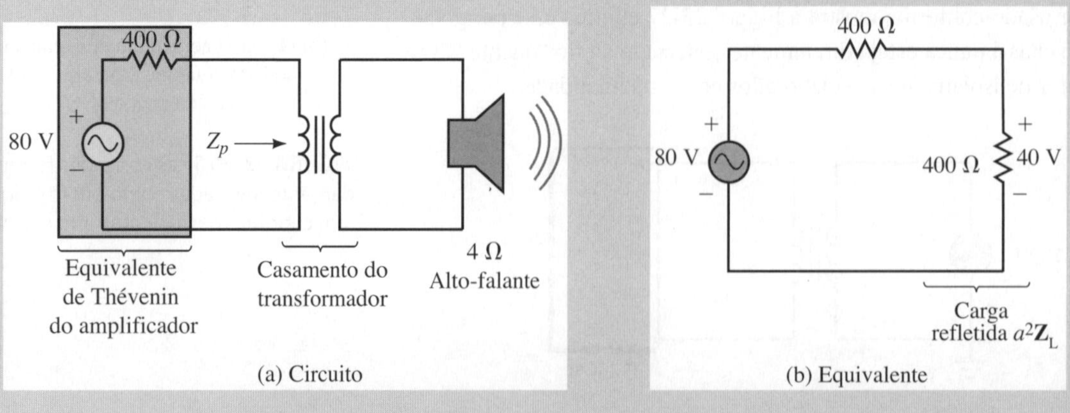

FIGURA 23-29 Casamento de um alto-falante de 4 Ω com o amplificador para a máxima transferência de potência. A potência aqui aplicada ao alto-falante é de 4 W. (Compare ao Problema Prático 3.)

PROBLEMAS PRÁTICOS 3

Determine a potência aplicada ao alto-falante da Figura 23-29 se não houver transformador (ou seja, se o alto-falante estiver diretamente conectado ao amplificador). Faça uma comparação com o Exemplo 23-6.

Resposta

0,157 W (muito mais baixa)

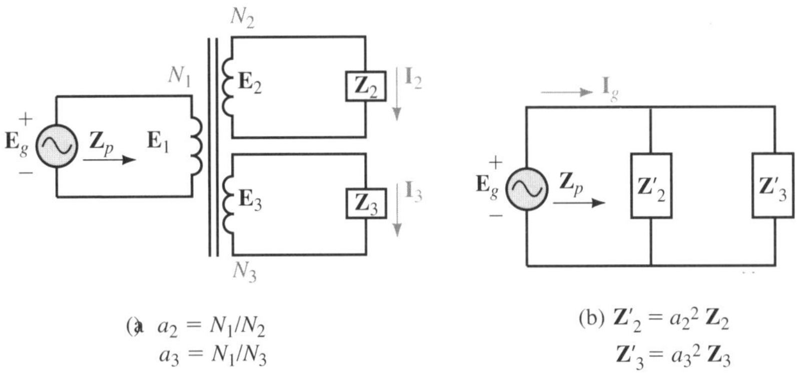

FIGURA 23-30 As cargas são refletidas em paralelo.

Transformadores com Múltiplos Secundários

Para um transformador com múltiplos secundários (Figura 23-30), cada tensão no secundário é regida pela razão de espiras apropriada, ou seja, $\mathbf{E}_1/\mathbf{E}_2 = N_1/N_2$ e $\mathbf{E}_1/\mathbf{E}_3 = N_1/N_3$. As cargas são refletidas em paralelo, isto é, $\mathbf{Z}'_2 = a_2^2\mathbf{Z}_2$ e $\mathbf{Z}'_3 = a_3^2\mathbf{Z}_3$ aparecem em paralelo no circuito equivalente, (b).

EXEMPLO 23-7

Para o circuito da Figura 23-31(a),

a. determine o circuito equivalente;

b. determine a corrente que passa pelo gerador;

c. mostre que a potência aparente de entrada é igual à potência aparente de saída.

Solução:

a. Veja a Figura 23-31(b).

b. $$\mathbf{I}_g = \frac{\mathbf{E}_g}{\mathbf{Z}'_2} + \frac{\mathbf{E}_g}{\mathbf{Z}'_3} = \frac{100\angle 0°}{10} + \frac{100\angle 0°}{-j10} = 10 + j10 = 14{,}14\ \mathrm{A}\angle 45°$$

c. Entrada: $S_i = E_g I_g = (100\ \mathrm{V})(14{,}4\ \mathrm{A}) = 1414\ \mathrm{VA}$

Saída: A partir da Figura 23-31(b), $P_o = (100\ \mathrm{V})^2/(10\ \Omega) = 1000\ \mathrm{W}$ e $Q_o = (100\ \mathrm{V})^2/(10\ \Omega) = 1000\ \mathrm{VAR}$.

Logo, $S_o = \sqrt{P_o^2 + Q_o^2}$, 1414 VA, que, como esperado, é igual a S_i.

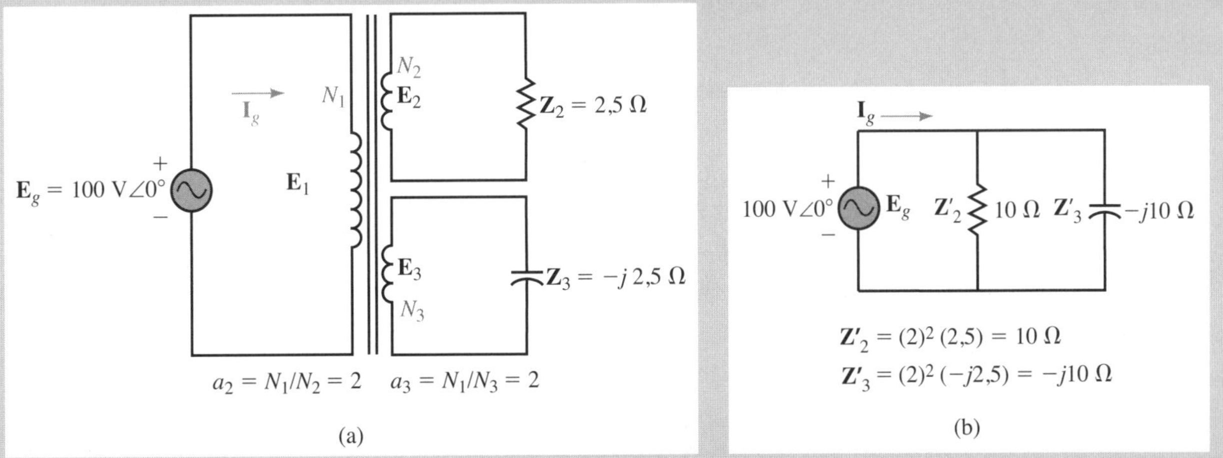

FIGURA 23-31

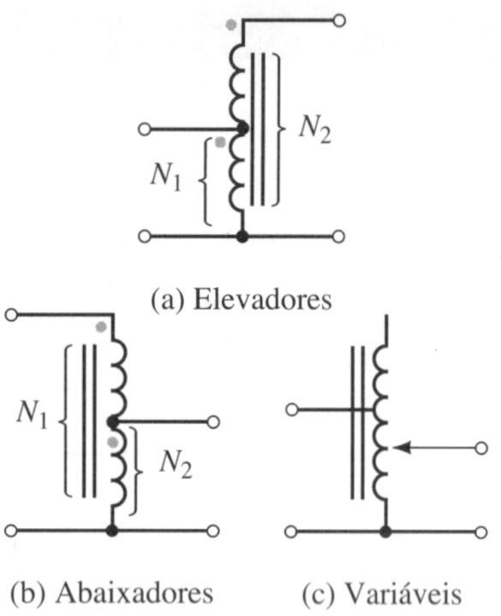

FIGURA 23-32 Autotransformadores.

Autotransformadores

Uma importante variação do transformador é o **autotransformador** (Figura 23-32). Os autotransformadores são estranhos porque o circuito primário não é eletricamente isolado do secundário. No entanto, eles são menores e mais baratos do que os transformadores convencionais para a mesma carga em kVA, já que apenas uma parte da potência na carga é transferida de forma indutiva. A Figura 23-32 mostra algumas variações. O transformador mostrado em (c) é variável por meio de um controle deslizante, tipicamente de 0% a 110%.

Para análise, um autotransformador pode ser visto como um transformador-padrão com dois enrolamentos conectados como na Figura 23-33(b). As razões de tensão e corrente entre os enrolamentos são válidas assim como na conexão-padrão. Logo, se aplicarmos a tensão especificada ao enrolamento primário, obteremos a tensão especificada no enrolamento secundário. Finalmente, como partimos do princípio de que o transformador é ideal, a potência aparente de saída é igual à de entrada.

EXEMPLO 23-8

Um transformador de 240/60 V, 3 kVA [Figura 23-33(a)], é conectado como um autotransformador para fornecer 300 volts a uma carga de uma fonte de alimentação de 240 V [Figura 23-33(b)].

a. Determine as correntes especificadas no primário e no secundário.

b. Determine a máxima potência aparente que pode ser fornecida à carga.

c. Determine a corrente de alimentação.

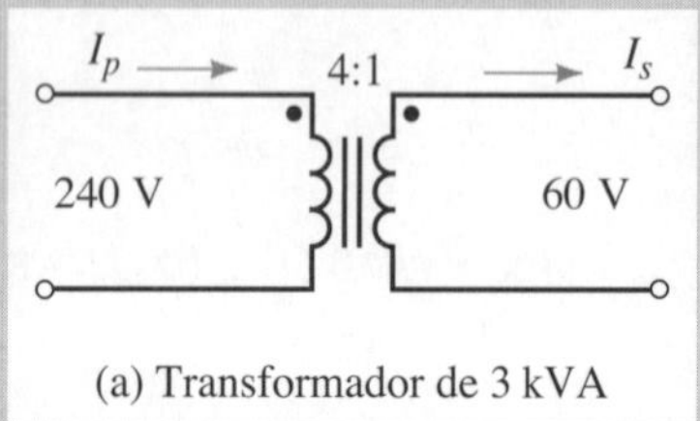

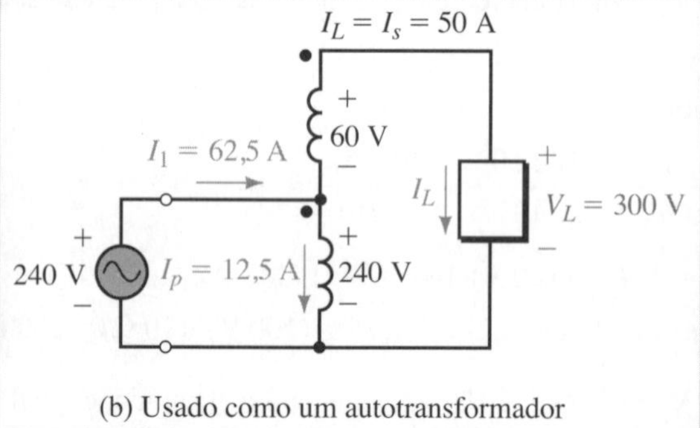

MULTISIM

FIGURA 23-33

Solução:

a. Corrente especificada = kVA especificada/tensão especificada. Logo,

$$I_p = 3 \text{ kVA}/240 \text{ V} = 12{,}5 \text{ A e } I_s = 3 \text{ kVA}/60 \text{ V} = 50 \text{ A}$$

b. Como o enrolamento de 60 V é especificado em 50 A, o transformador pode fornecer 50 A para a carga [Figura 23-33(b)]. A tensão na carga é de 300 V. Assim,

$$S_L = V_L I_L = (300 \text{ V})(50 \text{ A}) = 15 \text{ kVA}$$

Esse valor é cinco vezes a potência especificada em kVA para o transformador.

c. A potência aparente de entrada é igual à potência aparente de saída:

$$240 I_1 = 15 \text{ kVA}$$

Logo, $I_1 = 15$ kVA/240 V = 62,5 A. As direções das correntes são como mostradas.

Para confirmar, usando a KCL na junção das duas bobinas, temos

$$I_1 = I_p + I_L = 12{,}5 + 50 = 62{,}5 \text{ A}$$

VERIFICAÇÃO DO PROCESSO DE APRENDIZAGEM 2

(As respostas encontram-se no final do capítulo.)

1. Para cada um dos circuitos da Figura 23-34, determine o que se pede.

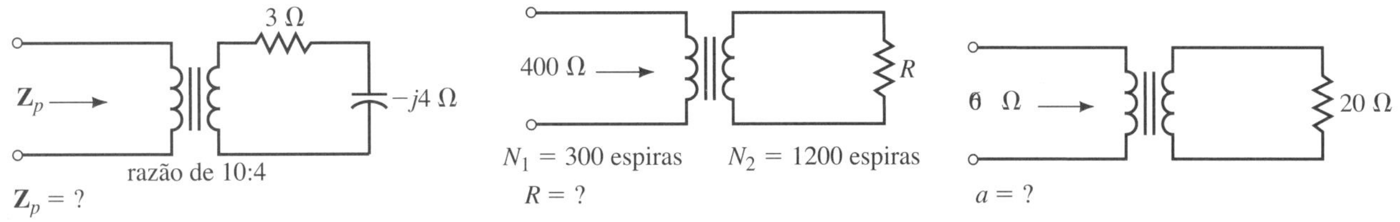

FIGURA 23-34

2. Para a Figura 23-35, sendo $a = 5$ e $\mathbf{I}_p = 5\ \text{A}\angle{-60°}$, qual será $\mathbf{E}_g$?

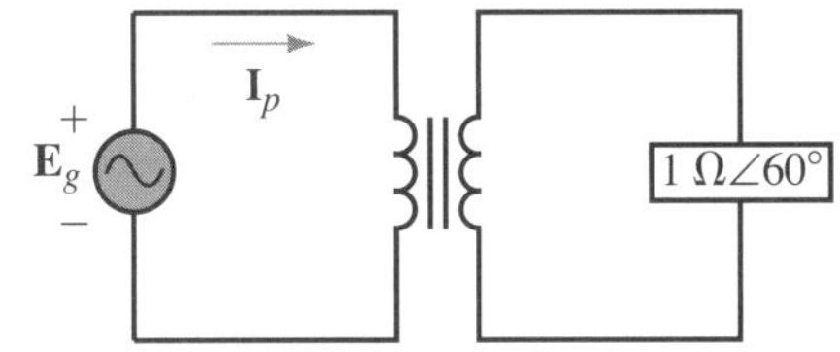

FIGURA 23-35

3. Para a Figura 23-35, se $\mathbf{I}_p = 30\ \text{mA}\angle\ {-40°}$ e $\mathbf{E}_g = 240\ \text{V}\angle 20°$, qual é o valor de a?
4. a. Com quantos amperes um transformador de 24 kVA, 7200/120 V, pode alimentar uma carga de 120 V com fator de potência unitário? E para a carga com fator de potência de 0,75?
   b. Quantos watts ele pode fornecer para cada carga?
5. Para o transformador da Figura 23-36, há 2000 espiras entre as posições 2 e 0. Entre os *taps* 1 e 2 há 200 espiras, e entre os *taps* 1 e 3 há 300 espiras. Qual será a tensão de saída quando a fonte de alimentação estiver conectada ao *tap* 1?Ao *tap* 2? Ao *tap* 3?
6. Para o circuito da Figura 23-37, qual é o valor da potência fornecida para um alto-falante de 4 ohms? Qual será a potência fornecida se um alto-falante de 8 ohms for usado? Por que a potência no alto-falante de 4 ohms é maior?
7. O autotransformador da Figura 23-38 tem um *tap* de 58%[3]. A potência aparente da carga é igual a 7,2 kVA. Calcule:
   a. A tensão e a corrente na carga.
   b. A corrente na fonte.
   c. A corrente em cada enrolamento e sua direção.

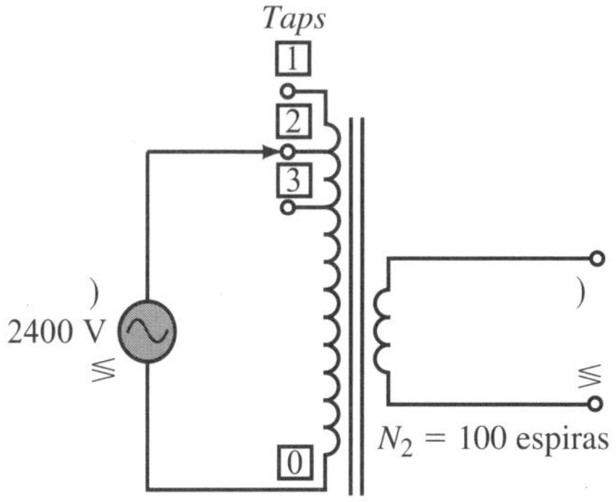

FIGURA 23-36

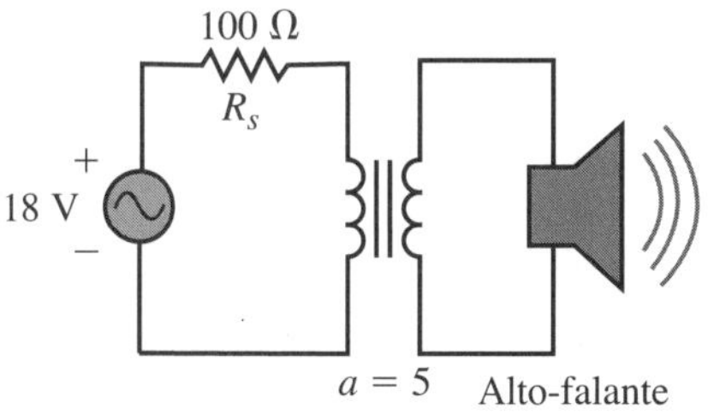

FIGURA 23-37

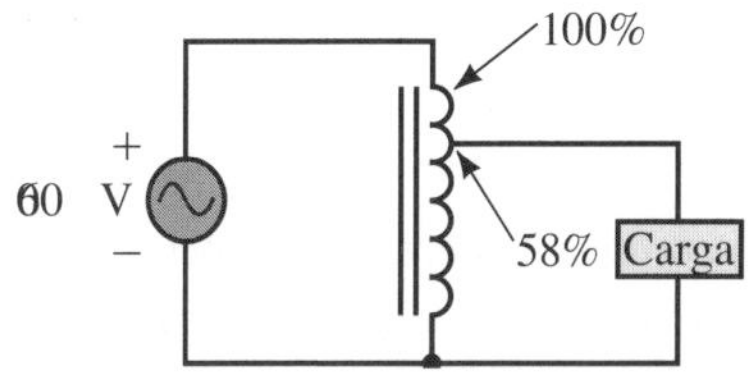

FIGURA 23-38

23.6 Transformadores Práticos com Núcleo de Ferro

Na Seção 23.2, idealizamos o transformador. Agora acrescentaremos os efeitos que foram ignorados.

3 Ou seja, este *tap* possui 58% do total de espiras. (N.R.T.)

Fluxo de Fuga

Embora a maior parte do fluxo esteja retida no núcleo, uma pequena quantidade (denominada **fluxo de fuga**) passa por fora do núcleo e pelo ar em cada enrolamento, conforme a Figura 23-39(a). O efeito dessa fuga pode ser modelado pelas indutâncias L_p e L_s, como indicado em (b). O fluxo restante, o **fluxo mútuo** Φ_m, acopla ambos os enrolamentos e é, portanto, levado em conta pelo transformador ideal, como anteriormente.

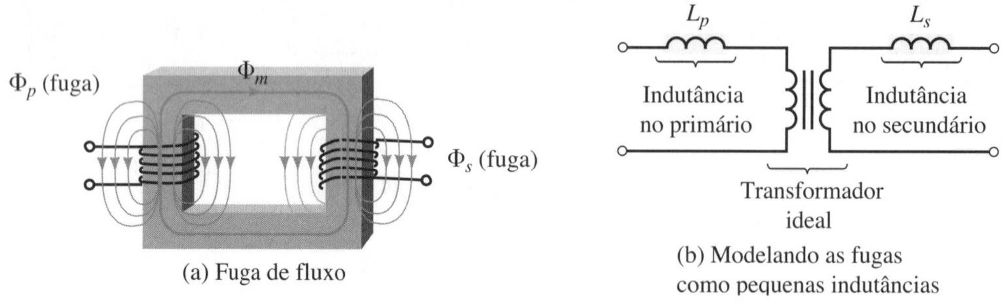

FIGURA 23-39 Acréscimo do efeito do fluxo de fuga ao modelo.

Resistência do Enrolamento

O efeito da resistência da bobina pode ser aproximado quando acrescentamos as resistências R_p e R_s conforme mostrado na Figura 23-40. Essas resistências provocam uma pequena perda de potência e, portanto, uma redução na eficiência, além de uma pequena queda de tensão. [A perda de potência associada à resistência da bobina é chamada de **perda no cobre** (Seção 23.7) e varia de acordo com o quadrado da corrente que passa pela carga.]

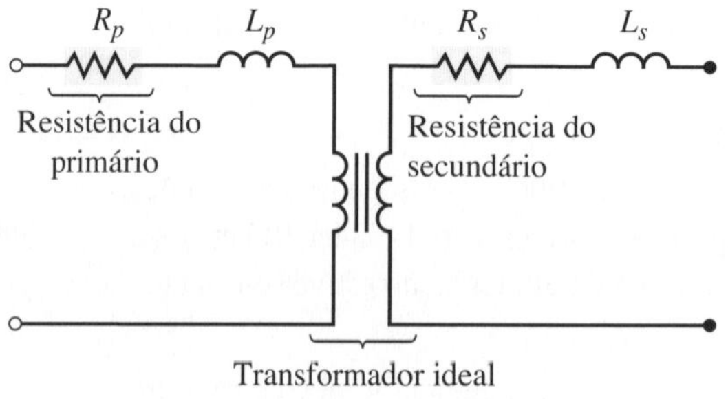

FIGURA 23-40 Acrescentando a resistência do enrolamento ao modelo.

Perda no núcleo

As perdas no núcleo são provocadas pelas **correntes parasitas** e **histerese**. Consideremos primeiro as correntes parasitas. Como o ferro é um condutor, a tensão é induzida no núcleo à medida que o fluxo varia. Essa tensão gera correntes que circulam como redemoinhos dentro do núcleo. Uma forma de reduzir essas correntes é quebrar a passagem de circulação construindo o núcleo a partir de finas lâminas de aço ao invés de um bloco maciço de ferro. As lâminas são isoladas umas das outras por uma cobertura de cerâmica, verniz ou algum tipo similar de material isolante. (Embora esse tipo de ação não elimine as correntes parasitas, estas são bastante reduzidas.) Os transformadores de potência e de áudio são construídos dessa maneira (Figura 23-4). Uma outra forma de reduzir as correntes parasitas é utilizar o ferro em pó e mantê-lo unido por um aglutinante isolante. Os núcleos de ferrite são produzidos desse modo.

Agora considere a histerese (Capítulo 12, Seção 12.4, no primeiro volume). Como o sentido do fluxo muda constantemente, os domínios magnéticos na chapa também invertem com frequência. Isso demanda energia. Na prática, essa energia é minimizada usando-se um transformador especial com chapa de grão orientado.

A soma da histerese e das perdas por corrente parasita é chamada de **perda no núcleo** ou **perda no ferro**. Em um transformador bem projetado, ela é pequena; normalmente varia de 1% a 2% da especificação do transformador. O efeito da perda no núcleo pode ser modelado como um resistor, R_c, na Figura 23-41. As perdas no núcleo variam aproximadamente como o quadrado da tensão aplicada. As perdas no núcleo permanecem constantes, desde que a tensão seja constante (esta normalmente o é).

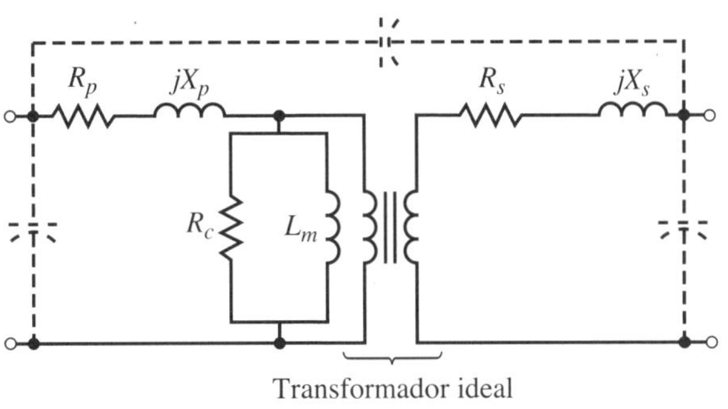

FIGURA 23-41 Circuito equivalente final do transformador com núcleo de ferro.

Outros Efeitos

Também desprezamos a **corrente magnetizante**. No entanto, em um transformador real, é necessário que alguma quantidade de corrente magnetizante o núcleo. Para dar conta disso, acrescente a passagem L_m, como mostrado na Figura 23-41. As capacitâncias parasitas também existem entre as diversas partes do transformador. Elas podem ser aproximadas por capacitâncias concentradas, como indicado.

O Equivalente Completo

A Figura 23-41 mostra o equivalente completo com todos os efeitos incorporados. Quão próximo da prática ele é? Cálculos baseados nesse modelo estão em perfeito acordo com as medições realizadas em transformadores reais – veja a nota ao lado.

Regulação de Tensão

Por causa da impedância interna, ocorrem quedas de tensão dentro de um transformador; logo, a tensão de saída com carga é diferente da tensão de saída sem carga. Essa variação na tensão (expressa como uma porcentagem da tensão com carga plena) é chamada de regulação. Para a análise de regulação, os ramos paralelos R_c e L_m e a capacitância parasita apresentam efeitos desprezíveis e podem ser desconsiderados. Isso gera o circuito simplificado da Figura 23-42(a). É possível alcançar simplificações ainda maiores refletindo as impedâncias do secundário no primário. Com isso, temos o circuito em (b). A tensão na carga refletida é $a\mathbf{V}_L$ e a corrente na carga refletida é $\mathbf{I}_L/a$. O equivalente simplificado em (b) é o circuito que se usa na prática para efetuar a análise de regulação.

> **NOTAS...**
>
> Embora a Figura 23-41 (que representa o equivalente completo dos transformadores com núcleo de ferro) gere resultados excelentes, ela é complexa e inconveniente de se usar. Felizmente, é possível simplificar o modelo, uma vez que certos efeitos são desprezíveis para determinadas aplicações. Por exemplo, nas frequências de sistemas de potência, o efeito da capacitância é desprezível. Para a análise de regulação (que será abordada a seguir), os ramos do núcleo (R_c e L_m) também apresentam efeitos desprezíveis. Logo, na prática, eles podem ser omitidos, gerando o modelo simplificado que será ilustrado a seguir (Figura 23-42).

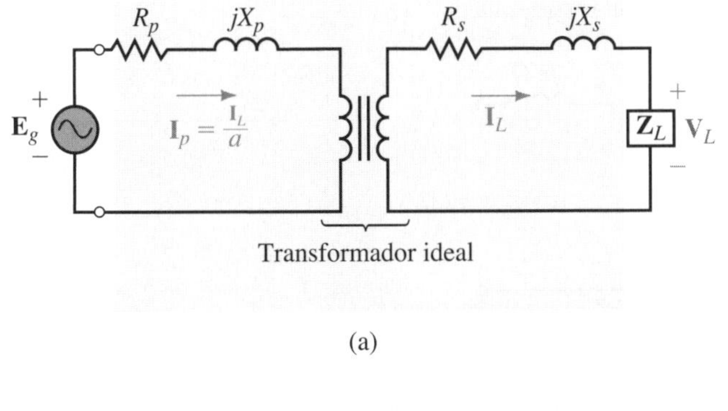

(a)

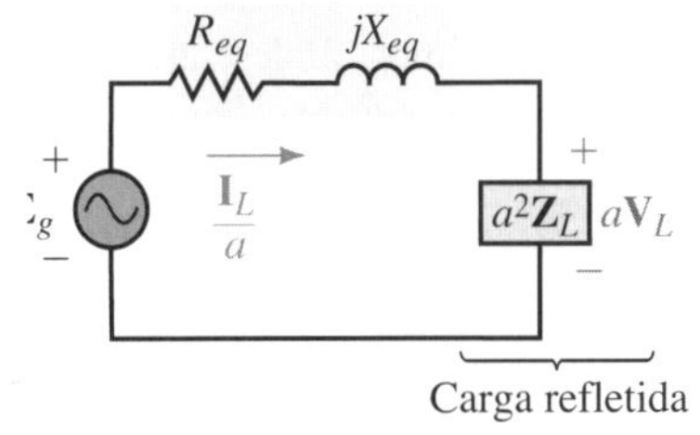

(b) $R_{eq} = R_p + a^2 R_s$
$X_{eq} = X_p + a^2 X_s$

FIGURA 23-42 Simplificação do equivalente.

EXEMPLO 23-9

Um transformador de 10:1 apresenta resistências no primário e no secundário e reatâncias de 4 Ω + j4 Ω e 0,04 Ω + j0,04 Ω, respectivamente, como na Figura 23-43.

a. Determine seu circuito equivalente.

b. Se $\mathbf{V}_L = 120\text{ V}\angle 0°$ e $\mathbf{I}_L = 20\text{ A}\angle -30°$, qual é a tensão de alimentação, $\mathbf{E}_g$?

c. Determine a regulação.

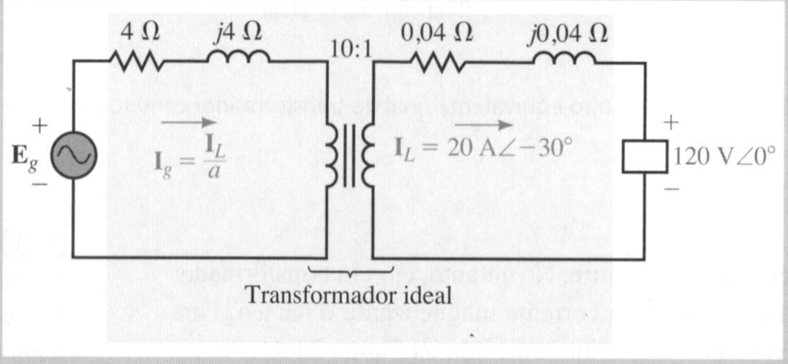

MULTISIM

FIGURA 23-43

Solução:

a. $R_{eq} = R_p + a^2R_s = 4\ \Omega + (10)^2(0{,}04\ \Omega) = 8\ \Omega$

$X_{eq} = X_p + a^2X_s = 4\ \Omega + (10)^2(0{,}04\ \Omega) = 8\ \Omega$

Assim, $\mathbf{Z}_{eq} = 8\ \Omega + j8\ \Omega$, como mostra a Figura 23-44.

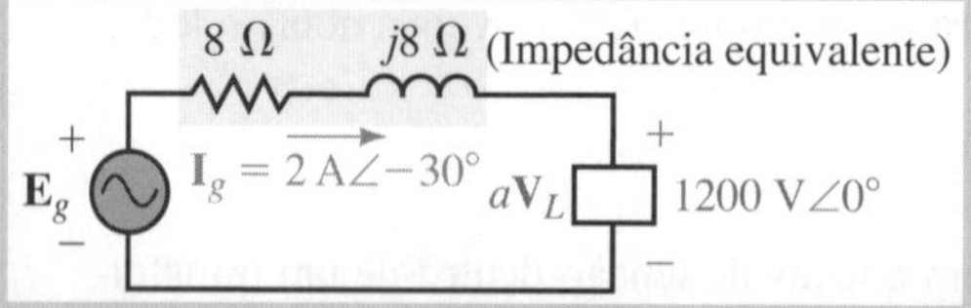

FIGURA 23-44

b. $a\mathbf{V}_L = (10)(120\text{ V}\angle 0°) = 1200\text{ V}\angle 0°$ e $\mathbf{I}_L/a = (20\text{ A}\angle -30°)/10 = 2\text{ A}\angle -30°$. A partir da KVL, $\mathbf{E}_g = (2\text{ A}\angle -30°)(8\ \Omega + j8) + 1200\text{ V}\angle 0° = 1222\text{ V}\angle 0{,}275°$.

Logo, há um deslocamento de fase de 0,275° na impedância interna do transformador e uma queda de 22 V, o que exige que o primário opere um pouco acima de sua tensão especificada (isso é normal).

c. Agora considere o estado "sem carga" (Figura 23-45). Seja V_{NL}[4] a tensão sem carga. Como indicado, $aV_{NL} = 1222$ V.

Logo, $V_{NL} = 1222/a = 1222/10 = 122{,}2$ volts e regulação $= \dfrac{V_{NL} - V_{FL}}{V_{FL}} \times 100 = \dfrac{122{,}2 - 120}{120} \times 100 = 1{,}83\%$

Observe que apenas as magnitudes são usadas para determinar a regulação.

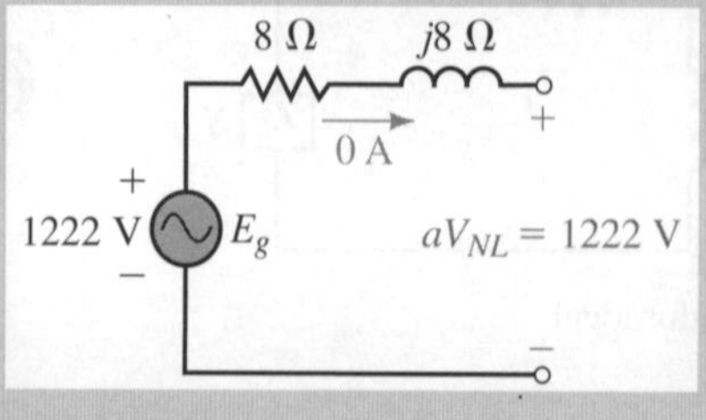

FIGURA 23-45 Equivalente sem carga: $aV_{NL} = E_g$.

4 Usaremos aqui a notação em inglês. O subscrito *L* se refere à "carga" e *NL*, a "sem carga". (N.R.T.)

PROBLEMAS PRÁTICOS 4

Um transformador usado em uma fonte de alimentação eletrônica tem uma especificação nominal de 120/12 volts e está conectado a uma fonte AC de 120 V. Sua impedância equivalente percebida pelo primário é 10 Ω + *j*10Ω. Qual é a magnitude da tensão na carga se a carga é resistiva com resistência de 5 ohms? Determine a regulação.

Resposta

11,8 V; 2,04%

Eficiência do Transformador

Você deve lembrar, do Capítulo 4 (volume 1), que a eficiência é a razão entre a potência de saída e a de entrada:

$$\eta = \frac{P_o}{P_i} \times 100\% \tag{23-12}$$

No entanto, $P_i = P_o + P_{perda}$. Para um transformador, as perdas decorrem das perdas I^2R nos enrolamentos (denominadas perdas no cobre) e no núcleo (denominadas perdas no núcleo):

$$\eta = \frac{P_o}{P_o + P_{perda}} \times 100\% = \frac{P_o}{P_o + P_{cobre} + P_{núcleo}} \times 100\% \tag{23-13}$$

Os grandes transformadores de potência são extraordinariamente eficientes, na faixa de 98% a 99%. A eficiência dos transformadores menores é de 95%.

NOTAS PRÁTICAS...

1. Da Figura 23-45, $a = E_g/V_{NL}$. Isso significa que a razão de espiras é igual à razão da tensão de entrada e a tensão de saída sem carga.
2. A especificação da tensão de um transformador (como 1200/120 V) é chamada de *especificação nominal*. A razão de tensões nominais é igual à razão de espiras. Logo, para um transformador sem carga, se a tensão nominal for aplicada ao primário, aparecerá no secundário a tensão nominal correspondente.
3. Os transformadores de potência geralmente operam próximos de suas tensões nominais. No entanto, dependendo das condições de operação, elas podem ter um valor um pouco acima ou abaixo da tensão especificada em qualquer tempo.

23.7 Testes com Transformadores

É possível determinar as perdas experimentalmente usando os **testes de curto-circuito e de circuito aberto**. (Esses testes são usados basicamente em transformadores de potência.) Eles fornecem os dados necessários para determinar o circuito equivalente de um transformador e calcular sua eficiência.

O Teste de Curto-circuito

A Figura 23-46 mostra a configuração do teste para o teste de curto-circuito. Começando em 0 V, aumente E_g gradualmente até que o amperímetro indique a corrente especificada. (Isso ocorre em torno de 5% da tensão de entrada especificada.) Como as perdas no núcleo são proporcionais ao quadrado da tensão, na tensão especificada de 5% as perdas no núcleo são desprezíveis. As perdas medidas são, portanto, apenas perdas no núcleo.

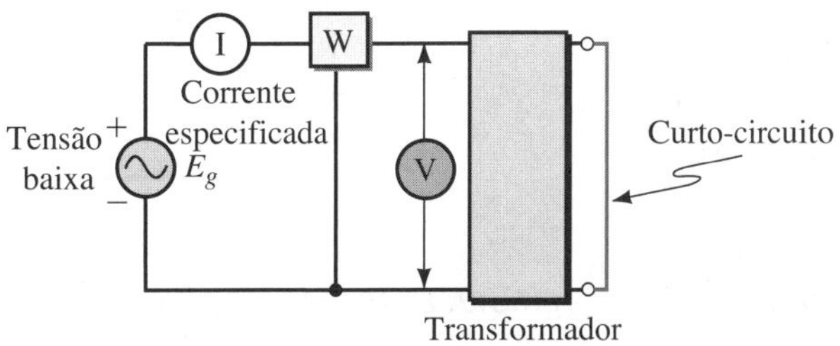

FIGURA 23-46 Teste de curto-circuito. Medida do lado de alta tensão.

EXEMPLO 23-10

Medições no lado de alta tensão de um transformador de 240/120 volt, 4,8 kVA, gera $E_g = 11{,}5$ V e $W = 172$ W na corrente especificada de $I = 4{,}8$ kVA/240 = 20 A. Determine $\mathbf{Z}_{eq}$.

Solução: Veja a Figura 23-47. Como $Z_L = 0$, a única impedância no circuito é Z_{eq}. Assim, $\mathbf{Z}_{eq} = E_g/I = 11{,}5$ V/20 A = 0,575 Ω. Além disso, $R_{eq} = W/I^2 = 172$ W/(20 A)^2 = 0,43 Ω. Logo,

$$X_{eq} = \sqrt{Z_{eq}^2 - R_{eq}^2} = \sqrt{(0{,}575)^2 - (0{,}43)^2} = 0{,}382\ \Omega$$

e $\mathbf{Z}_{eq} = R_{eq} + jX_{eq} = 0{,}43\ \Omega + j0{,}382\ \Omega$, como mostrado em (b).

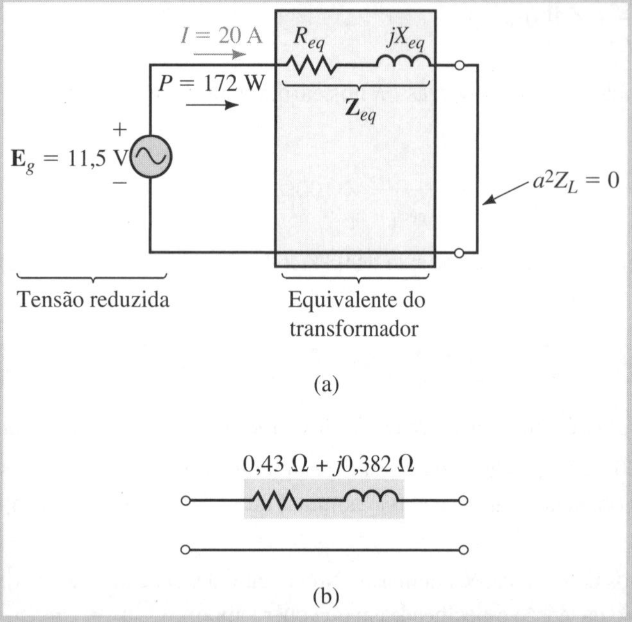

FIGURA 23-47 Determinando o circuito equivalente por teste.

NOTAS PRÁTICAS...

Como a perda de potência é a mesma em qualquer lado do transformador em que fazemos a medição, geralmente se realiza o teste de curto-circuito no lado de alta tensão, pois as correntes são mais baixas nele. (Por exemplo, para um transformador de 48 kVA, 1200/120 V, a corrente especificada no lado de alta tensão é de 40 A, mas no lado de baixa tensão é de 400 A.) Observe que a tensão normalmente não é um problema neste caso, já que apenas uma porcentagem pequena é necessária para executar o teste. Na verdade, se aplicássemos por engano uma tensão especificada a um transformador curto-circuitado, as correntes seriam tão altas que muito provavelmente haveria uma explosão em nossas mãos. Por isso, é preciso usar muita cautela ao realizar esse teste.

O Teste de Circuito Aberto

A Figura 23-48 mostra a configuração do teste de curto-circuito. Aplique a tensão especificada total. Como a corrente na carga é nula, tem-se como resultado apenas a corrente de excitação. Já que a corrente de excitação é pequena, a perda de potência na resistência do enrolamento é desprezível, e a potência medida é apenas a perda no núcleo.

NOTAS PRÁTICAS...

O teste de circuito aberto normalmente é realizado no lado de baixa tensão, uma vez que ele permite que se trabalhe com uma tensão mais baixa. (Por exemplo, para um transformador de 1200/120 V, seria necessário um wattímetro capaz de operar a 1200 V se as medições fossem realizadas do lado de alta tensão. Mas se o teste fosse realizado no lado de baixa tensão, seriam necessários apenas 120 V de capacidade.)

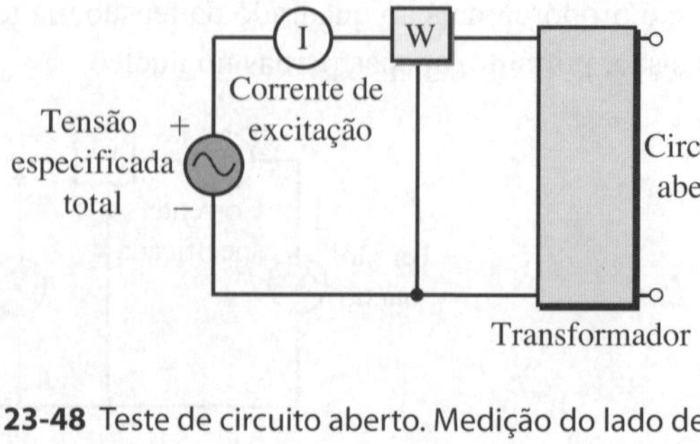

FIGURA 23-48 Teste de circuito aberto. Medição do lado de baixa tensão.

EXEMPLO 23-11

Um teste de circuito aberto no transformador do Exemplo 23-10 apresenta uma perda no núcleo de 106 W. Determine a eficiência desse transformador quando ele está fornecendo a potência total especificada em VA para uma carga no fator de potência unitário.

Solução: Como o transformador está fornecendo a VA especificada, sua corrente é a corrente especificada total. A partir do teste de curto-circuito, a perda no cobre na corrente especificada total é de 172 W. Assim,

$$\text{perda no cobre} = 172 \text{ W}$$

$$\text{perda no núcleo} = 106 \text{ W (Já medida)}$$

$$\text{saída} = 4800 \text{ W (Especificada)}$$

$$\text{entrada} = \text{saída} + \text{perdas} = 5078 \text{ W}$$

Logo,

$$\eta = P_o/P_i = (4800 \text{ W}/5078 \text{ W}) \times 100 = 94{,}5\%$$

A perda no cobre varia proporcionalmente ao quadrado da corrente na carga. Logo, na metade da corrente especificada, a perda no cobre é de $(\frac{1}{2})^2 = \frac{1}{4}$ de seu valor na corrente especificada total. A perda no núcleo permanece constante, porque a tensão se mantém constante.

PROBLEMAS PRÁTICOS 5

Para o transformador do Exemplo 23-11, determine a potência de entrada e a eficiência na metade da VA de saída especificada para um fator de potência unitário.

Resposta

2549 W; 94,2%

23.8 Efeitos da Tensão e da Frequência

As características do transformador com núcleo de ferro variam de acordo com a frequência e a tensão. Para determinar o porquê, começamos com a lei de Faraday, $e = Nd\Phi/dt$. Particularizando isso para o caso da tensão AC senoidal, é possível mostrar que

$$E_p = 4{,}44 fN_p\Phi_m \qquad \textbf{(23-14)}$$

em que Φ_m é o fluxo mútuo no núcleo.

Efeito da Tensão

Em primeiro lugar, suponha uma frequência constante. Como $\Phi_m = E_p/4{,}44\ fN_p$, o fluxo no núcleo é proporcional à tensão aplicada. Assim, se a tensão aplicada aumentar, o fluxo no núcleo também aumentará. Como a corrente magnetizante é necessária para gerar esse fluxo, ela também deverá aumentar. Um exame da Figura 23-49 mostra que a corrente magnetizante aumenta substancialmente quando a densidade do fluxo se eleva para cima do joelho da curva. Na verdade, o efeito é tão acentuado que, quando não há carga no secundário, a corrente no primário pode exceder em muito a corrente de carga plena especificada do transformador, desde que a tensão de entrada seja grande. Por isso, os transformadores de potência deveriam operar apenas na tensão especificada ou próximo a ela.

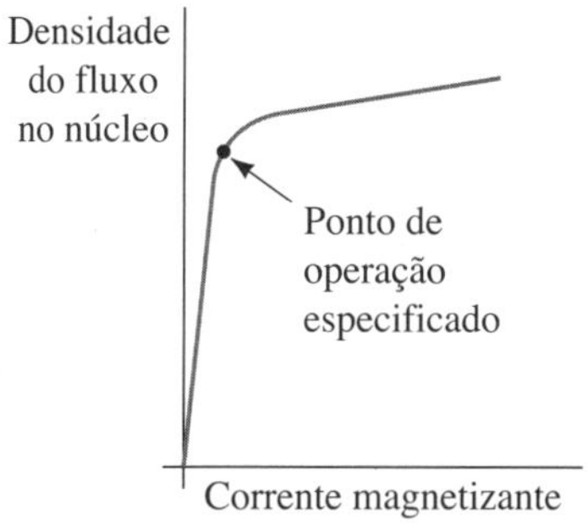

FIGURA 23-49

Efeito da Frequência

Os transformadores de áudio devem operar em uma faixa de frequências. Considere novamente $\Phi_m = E_p/4{,}44fN_p$. Como a expressão indica, diminuir a frequência aumenta o fluxo no núcleo e, por conseguinte, a corrente magnetizante. Em frequências baixas, a corrente maior aumenta as quedas internas de tensão e diminuem, portanto, a tensão de saída, conforme indicado na Figura 23-50. Agora considere um aumento na frequência. À medida que ela aumenta, a indutância de fuga e a capacitância *shunt* (lembre-se da Figura 23-41) fazem com que a tensão diminua. Para compensar esse efeito, às vezes os transformadores de áudio são projetados de modo que suas capacitâncias internas ressonem com suas indutâncias para se estender a faixa de operação. É isso que provoca o pico na extremidade de alta frequência da curva.

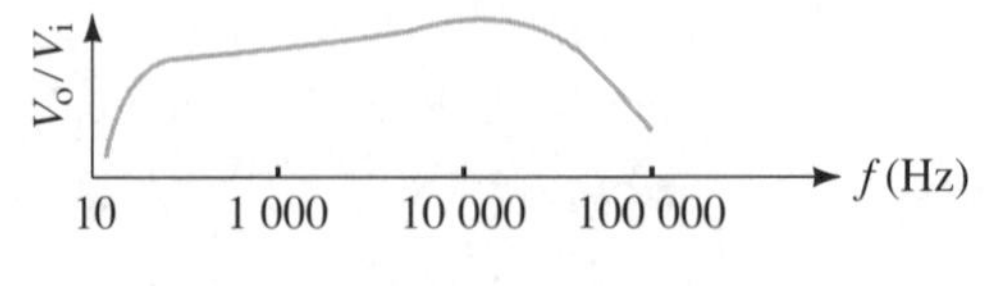

FIGURA 23-50 Curva da resposta em frequência, transformador de áudio.

VERIFICAÇÃO DO PROCESSO DE APRENDIZAGEM 3

(As respostas encontram-se no final do capítulo.)

Um transformador com uma especificação nominal de 240/120 V, 60 Hz, tem sua carga no lado correspondente a 120 V. Suponha que $R_p = 0{,}4\ \Omega$, $L_p = 1{,}061$ mH, $R_s = 0{,}1\ \Omega$ e $L_s = 0{,}2653$ mH.

a. Determine seu circuito equivalente de acordo com a Figura 23-42(b).

b. Sendo $\mathbf{E}_g = 240\ \text{V}\angle 0^\circ$ e $\mathbf{Z}_L = 3 + j4\ \Omega$, qual é o valor de $\mathbf{V}_L$?

c. Calcule a regulação.

23.9 Circuitos Fracamente Acoplados

Agora nos concentraremos em circuitos acoplados que não possuem núcleos de ferro. Para tais circuitos, apenas uma parte do fluxo gerado por uma bobina acopla a outra. Diz-se que as bobinas estão **fracamente acopladas**. Os circuitos fracamente acoplados não podem ser caracterizados em termos das razões de espiras. Como você verá, eles são caracterizadas pela autoindutância e indutância mútua. Os transformadores com núcleos de ar e de ferrite e outros circuitos gerais com acoplamento indutivo pertencem a essa categoria. Nesta seção, iremos desenvolver os principais conceitos.

Tensões nas Bobinas com Núcleo de Ar

Em primeiro lugar, considere a bobina isolada (desacoplada) da Figura 23-51. Como mostrado no Capítulo 13 (volume 1), a tensão nessa bobina é dada por $v_L = Ldi/dt$, onde i é a corrente através da bobina e L é sua indutância. Observe cuidadosamente a polaridade da tensão; o sinal positivo fica na cauda da seta da corrente. Como a tensão na bobina é gerada pela própria corrente, ela é chamada de **tensão autoinduzida**.

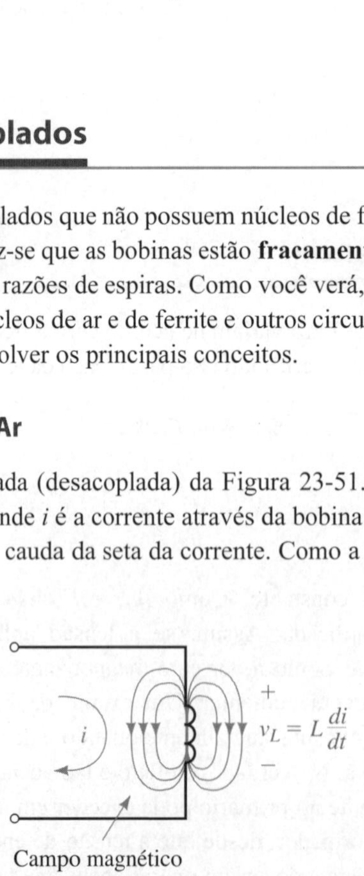

FIGURA 23-51 Coloque o sinal positivo para a tensão autoinduzida na cauda da seta que indica a direção da corrente.

Agora considere um par de bobinas acopladas (Figura 23-52). Quando apenas a bobina 1 é energizada como em (a), ela se assemelha à bobina isolada da Figura 23-51. Assim, sua tensão é

$$v_{11} = L_1 di_1/dt \text{ (autoinduzida na bobina 1)}$$

em que L_1 é a autoindutância da bobina 1, e os subscritos indicam que v_{11} é a tensão na bobina 1 devida à sua própria corrente. De modo semelhante, quando apenas a bobina 2 é energizada como em (b), sua tensão autoinduzida é

$$v_{22} = L_2 di_2/dt \text{ (autoinduzida na bobina 2)}$$

Para essas tensões autoinduzidas, observe que o sinal positivo fica na cauda das respectivas setas que indicam a direção das correntes.

Tensões Mútuas

Considere novamente a Figura 23-52(a). Quando a bobina 1 é energizada, parte do fluxo gerado por ela acopla a bobina 2, induzindo a tensão v_{21} na bobina 2. Como o fluxo é devido a apenas i_1, v_{21} é proporcional à taxa de variação de i_1. Sendo M a constante de proporcionalidade,

$$v_{21} = M di_1/dt \text{ (mutuamente induzida na bobina 2)}$$

v_{21} é a **tensão mutuamente induzida** na bobina 2 e M é a **indutância mútua** entre as bobinas. Sua unidade é o henry. De modo semelhante, quando apenas a bobina 2 é energizada, como em (b), a tensão induzida na bobina 1 é

$$v_{12} = M di_2/dt \text{ (mutuamente induzida na bobina 1)}$$

Quando ambas as bobinas são energizadas, a tensão de cada bobina pode ser encontrada pela superposição; *em cada bobina, a tensão induzida é a soma entre sua tensão autoinduzida e a tensão mutuamente induzida devida à corrente na outra bobina.* Saber o sinal do termo referente a "auto" para cada bobina é simples: coloca-se um sinal positivo na cauda da seta referente à corrente, como mostrado na Figura 23-52(a) e (b). A polaridade do termo referente à mutualidade, no entanto, depende de a tensão mútua ser aditiva ou subtrativa.

Tensões Aditivas e Subtrativas

Se as tensões autoinduzidas ou mútuas são somadas ou subtraídas depende da direção das correntes que passam pelas bobinas em relação às direções dos enrolamentos. Isso pode ser descrito em termos da convenção do ponto. Considere a Figura 23-53(a). Comparando as bobinas desta figura às da Figura 23-12, é possível ver que suas extremidades superiores são correspondentes, podendo, portanto, ser assinaladas com pontos. Agora suponha que as correntes entrem nas bobinas pelas extremidades marcadas com o ponto. Usando a regra da mão direita, vê-se que os fluxos são somados; logo, o fluxo total que concatena a bobina 1 é a *soma* do fluxo gerado por i_1 e i_2. Assim, a tensão na bobina 1 é a soma da tensão gerada por i_1 e i_2, ou seja, $v_1 = v_{11} + v_{12}$. Na forma expandida, isso equivale a

$$v_1 = L_1\frac{di_1}{dt} + M\frac{di_2}{dt} \quad \textbf{(23-15a)}$$

De modo semelhante, para a bobina 2, $v_2 = v_{21} + v_{22}$. Logo,

$$v_2 = M\frac{di_1}{dt} + L_2\frac{di_2}{dt} \quad \textbf{(23-15b)}$$

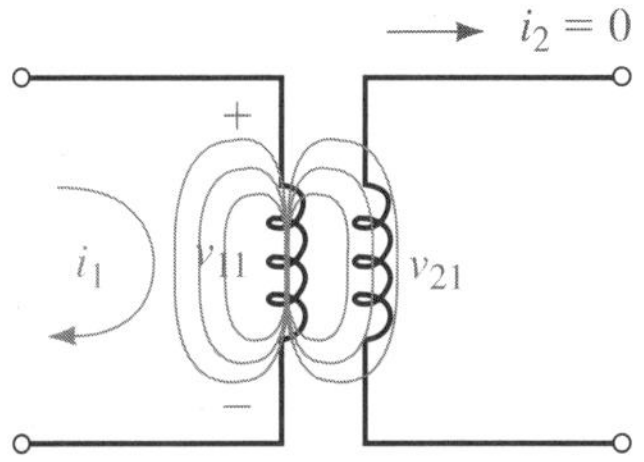

(a) v_{11} é a tensão na bobina 1 devida à corrente i_1. É, portanto, uma tensão "autoinduzida". v_{21} é a tensão na bobina 2 devida à corrente i_1. É, portanto, uma tensão "mutuamente induzida".

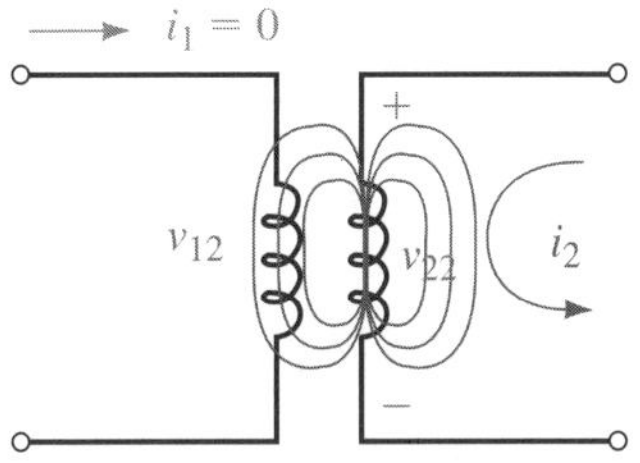

(b) v_{22} é a tensão na bobina 2 devida à corrente i_2. É, portanto, uma tensão "autoinduzida". v_{12} é a tensão na bobina 1 devida à corrente i_2. É, portanto, uma tensão "mutuamente induzida".

FIGURA 23-52 Tensão autoinduzida e tensão mútua. As tensões mostradas em (a) são geradas pela corrente i_1 agindo sozinha, enquanto as tensões mostradas em (b) são provocadas pela corrente i_2 agindo sozinha. Observe a ordem dos subscritos na tensão mútua.

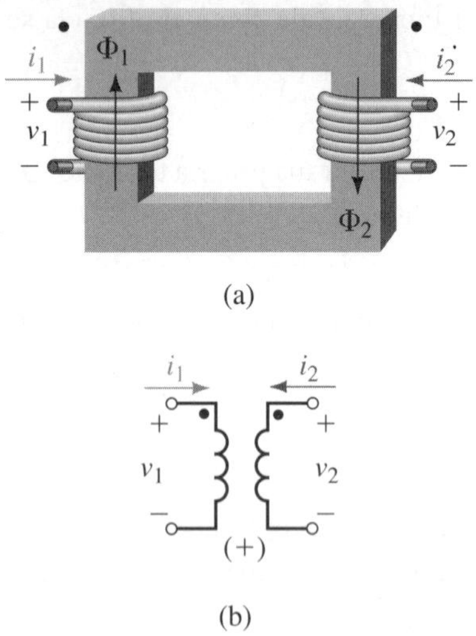

FIGURA 23-53 Quando ambas as correntes entram nos terminais assinalados com o ponto, use o sinal + para o termo referente à mutualidade na Equação 23-15.

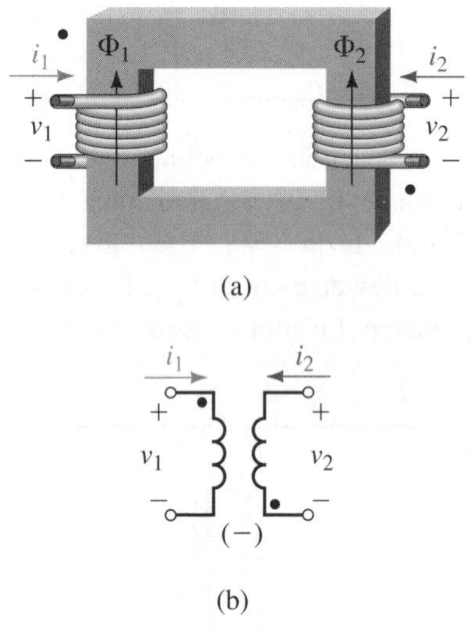

FIGURA 23-54 Quando uma corrente entra em um terminal assinalado com um ponto e a outra entra em um terminal sem o ponto, use o sinal – para o termo referente à mutualidade na Equação 23-15.

Agora considere a Figura 23-54. Nela, os fluxos se opõem, e o que acopla cada bobina é a *diferença* entre o fluxo gerado pela própria corrente e o gerado pela corrente da outra bobina. Assim, o sinal na frente dos termos da tensão mútua será negativo.

A Regra do Ponto

Como se pode observar, os sinais dos termos referentes à tensão mútua nas Equações 23-15 são positivos quando ambas as correntes entram em terminais assinalados com pontos, mas são negativos quando uma corrente entra em um terminal marcado com um ponto e a outra entra em um terminal sem o ponto. Dito de outra forma, *o sinal da tensão mútua é igual ao da tensão autoinduzida quando ambas as correntes entram em um terminal assinalado com um ponto (ou sem ponto); porém, é oposto quando uma corrente entra em um terminal assinalado com um ponto e a outra entra no terminal sem ponto.* Esta observação nos oferece um procedimento para determinarmos as polaridades da tensão em circuitos acoplados.

1. Atribua uma direção para as correntes i_1 e i_2.
2. Coloque um sinal positivo na cauda da seta referente à corrente para cada bobina, de modo a assinalar a polaridade da tensão autoinduzida.
3. Se ambas as correntes entrarem nos terminais assinalados com um ponto (ou saírem deles), atribua um sinal igual para as tensões autoinduzida e mutuamente induzida quando escrever a equação.
4. Se uma corrente entrar em um terminal marcado com um ponto e outra sair dele, faça com que o sinal da tensão mutuamente induzida seja oposto ao da tensão autoinduzida.

EXEMPLO 23-12

Escreva equações para v_1 e v_2 da Figura 23-55(a).

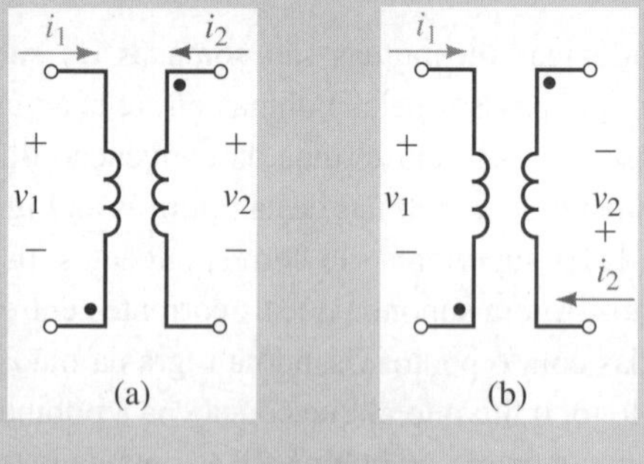

FIGURA 23-55

Solução: Como uma corrente entra em um terminal sem o ponto e a outra entra em um assinalado com o ponto, coloque o sinal negativo na frente de *M*. Logo,

$$v_1 = L_1\frac{di_1}{dt} - M\frac{di_2}{dt}$$

$$v_2 = -M\frac{di_1}{dt} + L_2\frac{di_2}{dt}$$

PROBLEMAS PRÁTICOS 6

Escreva as equações para v_1 e v_2 da Figura 23-55(b).

Resposta

Igual às Equações 23-15(a) e (b).

Coeficiente de Acoplamento

Para bobinas fracamente acopladas, nem todo o fluxo gerado por uma bobina acopla a outra. Para descrever o grau de acoplamento entre as bobinas, apresentamos um **coeficiente de acoplamento**, k. Matematicamente, k é definido como a razão entre o fluxo que acopla a bobina concomitante e o fluxo total gerado pela bobina energizada. Para transformadores com núcleo de ferro, quase todo o fluxo fica retido no núcleo, acoplando ambas as bobinas. Assim, k fica muito próximo de 1. No outro extremo (bobinas isoladas onde não ocorre acoplamento de fluxo), $k = 0$. Logo, $0 \leq k < 1$. A indutância mútua depende de k. É possível mostrar que a indutância mútua, as autoindutâncias e o coeficiente de acoplamento se relacionam pela seguinte equação:

$$M = k\sqrt{L_1 L_2} \qquad \textbf{(23-16)}$$

Dessa forma, quanto maior o coeficiente de acoplamento, maior a indutância mútua.

Indutores com Acoplamento Mútuo

Se um par de bobinas estiver próximo, o campo de cada bobina acoplará o outro, resultando em uma variação da indutância aparente de cada uma delas. Como exemplo, considere a Figura 23-56(a), que mostra um par de indutores com as autoindutâncias L_1 e L_2. Se ocorrer o acoplamento, as indutâncias efetivas da bobina não mais serão L_1 e L_2. Para verificar por quê, considere a tensão induzida em cada enrolamento (é a soma entre a tensão autoinduzida da própria bobina e a tensão mutuamente induzida da outra bobina). Como a corrente é igual para ambas as bobinas, $v_1 = L_1 di/dt + M di/dt = (L_1 + M) di/dt$, o que significa que a bobina 1 tem uma indutância efetiva de $L'_1 = L_1 + M$. De modo semelhante, $v_2 = (L_2 + M) di/dt$, dando uma indutância efetiva de $L'_2 = L_2 + M$ à bobina 2. A indutância efetiva da combinação série [Figura 23-56(b)] é, então

$$L_T^+ = L_1 + L_2 + 2M \text{ (henry)} \qquad \textbf{(23-17)}$$

Se o acoplamento for subtrativo como na Figura 23-57, $L'_1 = L_1 - M$, $L'_2 = L_2 - M$ e

$$L_T^- = L_1 + L_2 - 2M \text{ (henry)} \qquad \textbf{(23-18)}$$

É possível determinar a indutância mútua a partir das Equações 23-17 e 23-18:

$$M = \frac{1}{4}(L_T^+ - L_T^-) \qquad \textbf{(23-19)}$$

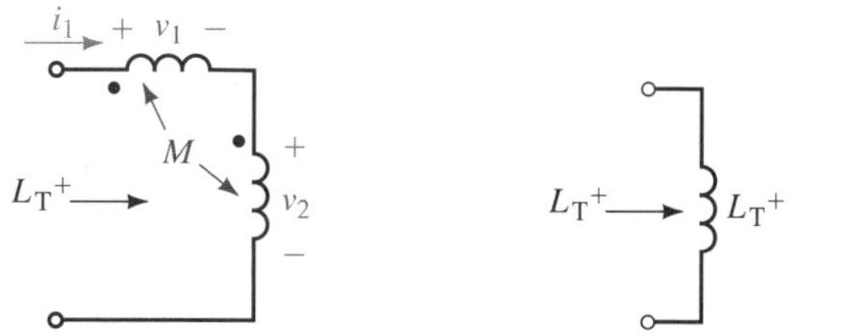

(a) $L'_1 = L_1 + M$; $L'_2 = L_2 + M$ (b) $L_T^+ = L_1 + L_2 + 2M$

FIGURA 23-56 Bobinas em série com acoplamento mútuo aditivo.

EXEMPLO 23-13

Três indutores estão ligados em série (Figura 23-57). As bobinas 1 e 2 interagem magneticamente, mas a bobina 3 não.

a. Determine a indutância efetiva de cada bobina.

b. Determine a indutância total da conexão série.

Solução:

a. $L'_1 = L_1 - M = 2\text{ mH} - 0{,}4\text{ mH} = 1{,}6\text{ mH}$

$L'_2 = L_2 - M = 3\text{ mH} - 0{,}4\text{ mH} = 2{,}6\text{ mH}$

L'_1 e L'_2 estão em série com L_3. Logo,

b. $L_T = 1{,}6\text{ mH} + 2{,}6\text{ mH} + 2{,}7\text{ mH} = 6{,}9\text{ mH}$

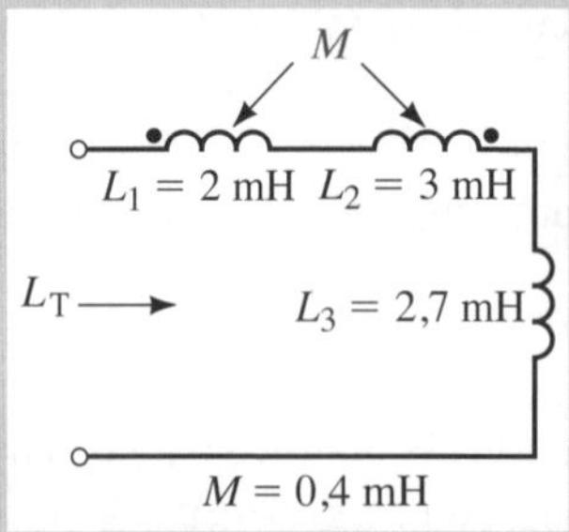

FIGURA 23-57

Os mesmos princípios se aplicam quando mais de duas bobinas estão acopladas. Dessa forma, para o circuito da Figura 23-58, $L'_1 = L_1 - M_{12} - M_{31}$ etc.

Para dois indutores paralelos com acoplamento mútuo, a indutância equivalente é

$$L_{eq} = \frac{L_1 L_2 - M^2}{L_1 + L_2 \quad 2M} \qquad \textbf{(23-20)}$$

Se os pontos estiverem nas mesmas extremidades das bobinas, use o sinal −. Por exemplo, se $L_1 = 20$ mH, $L_2 = 5$ mH e $M = 2$ mH, então $L_{eq} = 4{,}57$ mH quando ambos os pontos estão nas mesmas extremidades das bobinas, e $L_{eq} = 3{,}31$ mH quando os pontos estão em extremidades opostas.

PROBLEMAS PRÁTICOS 7

Para o circuito da Figura 23-58, usam-se símbolos diferentes para o "ponto" para representar o acoplamento entre os conjuntos de bobinas.

a. Determine a indutância efetiva de cada bobina.

b. Determine a indutância total da ligação série.

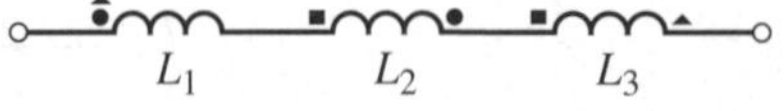

$L_1 = 10$ mH $M_{12} = 2$ mH (Indutância mútua entre as bobinas 1 e 2) (●)

$L_2 = 40$ mH $M_{23} = 1$ mH (Indutância mútua entre as bobinas 2 e 3) (■)

$L_3 = 20$ mH $M_{31} = 0{,}6$ mH (Indutância mútua entre as bobinas 3 e 1) (▲)

FIGURA 23-58

Respostas

a. $L'_1 = 7{,}4$ mH; $L'_2 = 39$ mH; $L'_3 = 20{,}4$ mH

b. 66,8 mH

O efeito da indutância mútua indesejada pode ser minimizado ao se separar fisicamente as bobinas ou orientar seus eixos em ângulos retos. Essa última técnica é usada onde o espaço é limitado e as bobinas não podem ser muito espaçadas. Ainda que não elimine o acoplamento, ajuda a minimizar seus efeitos.

23.10 Circuitos Acoplados Magneticamente com Excitação Senoidal

Quando o acoplamento ocorre entre as várias partes de um circuito (seja ele desejável ou não), os princípios a seguir se aplicam. No entanto, como é difícil dar continuidade à análise em geral, mudaremos para o estado estacionário AC. Isso permitirá que examinemos as ideias principais. Usaremos a abordagem de malha. Para utilizar essa abordagem, (1) escreva as equações das malhas usando a KVL, (2) use a convenção do ponto para determinar os sinais dos componentes da tensão induzida e (3) resolva normalmente as equações resultantes.

Para se adequar ao caso AC senoidal, converta as tensões e correntes para a forma fasorial. Para fazer essa conversão, lembre-se, do Capítulo 16 (volume 1), de que a tensão no indutor na forma fasorial é $\mathbf{V}_L = j\omega L\mathbf{I}$. (Este é o equivalente fasorial de $v_L = Ldi/dt$, Figura 23-51.) Isso significa que Ldi/dt passa a ser $j\omega L\mathbf{I}$. De modo semelhante, $Mdi_1/dt \Rightarrow j\omega M\mathbf{I}_1$ e $Mdi_2/dt \Rightarrow j\omega M\mathbf{I}_2$. Assim, na forma fasorial, as Equações 23-15 passam a ser

$$\mathbf{V}_1 = j\omega L_1\mathbf{I}_1 + j\omega M\mathbf{I}_2$$

$$\mathbf{V}_2 = j\omega M_1\mathbf{I}_1 + j\omega L_2\mathbf{I}_2$$

Essas equações descrevem o circuito da Figura 23-59, como você verá quando for escrever a KVL para cada malha. (Verifique isso.)

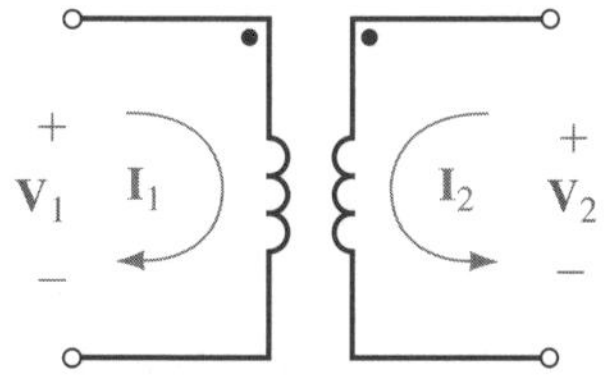

FIGURA 23-59 Bobinas acopladas com excitação senoidal AC.

EXEMPLO 23-14

Para a Figura 23-60, escreva as equações das malhas e calcule $\mathbf{I}_1$ e $\mathbf{I}_2$. Considere que $\omega = 100$ rad/s, $L_1 = 0{,}1$ H; $L_2 = 0{,}2$ H; $M = 0{,}08$ H; $R_1 = 15\ \Omega$ e $R_2 = 20\ \Omega$.

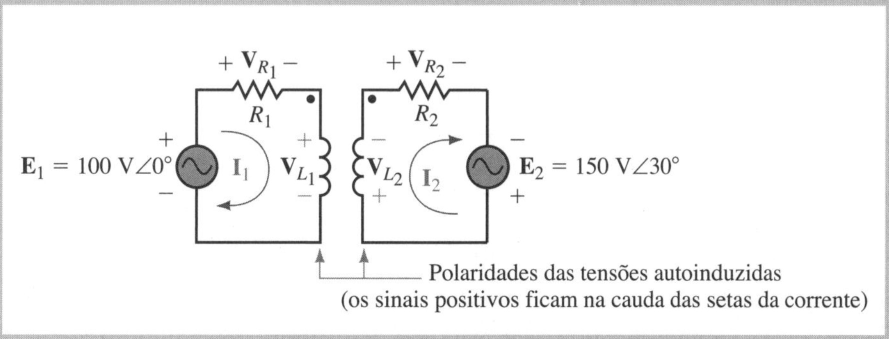

FIGURA 23-60 Exemplo de transformador com núcleo de ar.

Solução: $\omega L_1 = (100)(0{,}1) = 10\ \Omega$, $\omega L_2 = (100)(0{,}2) = 20\ \Omega$ e $\omega M = (100)(0{,}08) = 8\ \Omega$. Já que uma corrente entra em um terminal assinalado com um ponto e a outra sai dele, o sinal do termo referente à mutualidade é oposto ao sinal do termo referente a "auto". (Para auxiliar a diferenciação entre os termos referentes a "auto" e "mútuo(a)", o primeiro está impresso em cinza mais escuro, e o segundo, em cinza claro.) A KVL gera

(continua)

EXEMPLO 23-14 *(continuação)*

$$\text{Malha 1:} \quad \mathbf{E}_1 - R_1\mathbf{I}_1 - j\omega L_1\mathbf{I}_1 + \overbrace{j\omega M\mathbf{I}_2}^{\text{oposto}} = 0$$

$$\text{Malha 2:} \quad \mathbf{E}_2 - j\omega L_2\mathbf{I}_2 + \underbrace{j\omega M\mathbf{I}_1}_{\text{oposto}} - R_2\mathbf{I}_2 = 0$$

Logo,

$$(15 + j10)\mathbf{I}_1 - j8\mathbf{I}_2 = 100\angle 0°$$
$$-j8\mathbf{I}_1 + (20 + j20)\mathbf{I}_2 = 150\angle 30°$$

Podemos resolver essas equações usando determinantes, calculadora ou programas de computador. Para resolvê-las usando a TI-86, por exemplo, selecione SIMULT, digite 2 para o número de equações, e depois digite os coeficientes conforme mostrado na Figura 23-61. (Certifique-se de ler a legenda da Figura 23-61.) As respostas são $\mathbf{I}_1 = 6{,}36\angle{-6{,}57°}$ e $\mathbf{I}_2 = 6{,}54\angle{-2{,}23°}$.

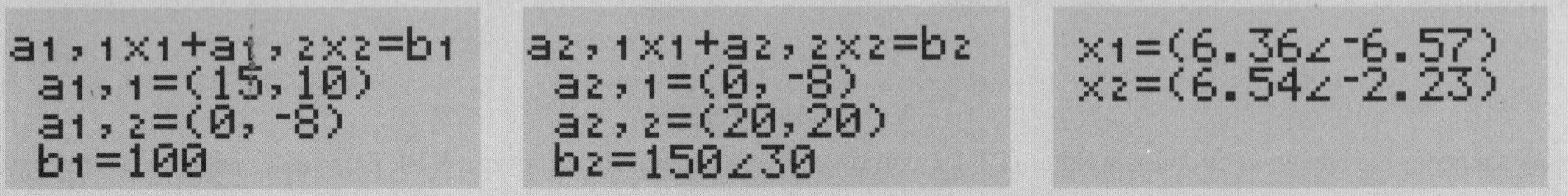

(a) Primeira Equação (b) Segunda Equação (c) Respostas

FIGURA 23-61 Solução fornecida pela TI-86. (a) e (b) mostram como inserir os dados. Observe, no entanto, que assim que apertamos a tecla Enter, cada inserção muda imediatamente para a forma polar; por conseguinte, você não verá a tela ilustrada aqui, pois ela mostrará a forma polar.

EXEMPLO 23-15

Para o circuito da Figura 23-62, determine $\mathbf{I}_1$ e $\mathbf{I}_2$.

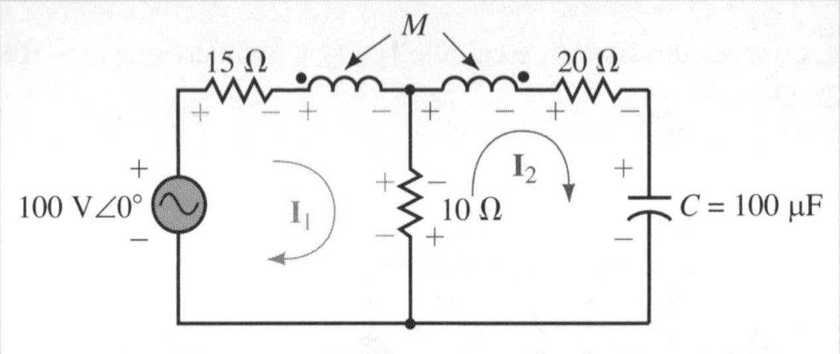

$L_1 = 0{,}1$ H, $L_2 = 0{,}2$ H, $M = 80$ mH, $\omega = 100$ rad/s

FIGURA 23-62

Solução: $\omega L_1 = 10\ \Omega$, $\omega L_2 = 20\ \Omega$, $\omega M = 8\ \Omega$ e $X_C = 100\ \Omega$.

Malha 1: $100\angle 0° - 15\mathbf{I}_1 - j10\mathbf{I}_1 + j8\mathbf{I}_2 - 10\mathbf{I}_1 + 10\mathbf{I}_2 = 0$

Malha 2: $-10\mathbf{I}_2 + 10\mathbf{I}_1 - j20\mathbf{I}_2 + j8\mathbf{I}_1 - 20\mathbf{I}_2 - (-j100)\mathbf{I}_2 = 0$

Assim:

$$(25 + j10)\mathbf{I}_1 - (10 + j8)\mathbf{I}_2 = 100\angle 0°$$
$$-(10 + j8)\mathbf{I}_1 + (30 - j80)\mathbf{I}_2 = 0$$

A solução gera $\mathbf{I}_1 = 3{,}56\text{ A}\angle{-18{,}6°}$ e $\mathbf{I}_2 = 0{,}534\text{ A}\angle 89{,}5°$

PROBLEMAS PRÁTICOS 8

Observe o circuito da Figura 23-63.

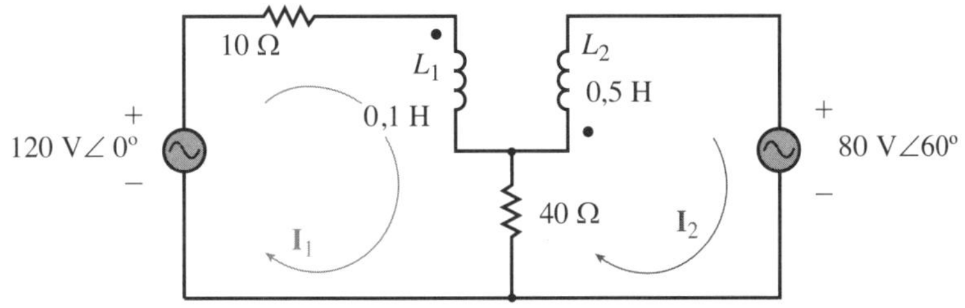

FIGURA 23-63 M = 0,12 H, ω = 100 rad/s.

a. Determine as equações das malhas.

b. Calcule as correntes $\mathbf{I}_1$ e $\mathbf{I}_2$.

Respostas

a. $(50 + j10)\mathbf{I}_1 - (40 - j12)\mathbf{I}_2 = 120\angle 0°$

$-(40 - j12)\mathbf{I}_2 + (40 + j50)\mathbf{I}_2 = -80\angle 60°$

b. $\mathbf{I}_1 = 1{,}14\ \text{A}\angle -31{,}9°$ e $\mathbf{I}_2 = 1{,}65\ \text{A}\angle -146°$

23.11 Impedância Acoplada

Anteriormente, vimos que uma impedância $\mathbf{Z}_L$ no lado do secundário de um transformador com núcleo de ferro é refletida no lado do primário como $a^2\mathbf{Z}_L$. Uma situação um tanto parecida ocorre em circuitos fracamente acoplados. Neste caso, no entanto, a impedância que vemos refletida no lado do primário é chamada de **impedância acoplada**. Para compreender a ideia, considere a Figura 23-64. Escrevendo a KVL para cada malha, temos

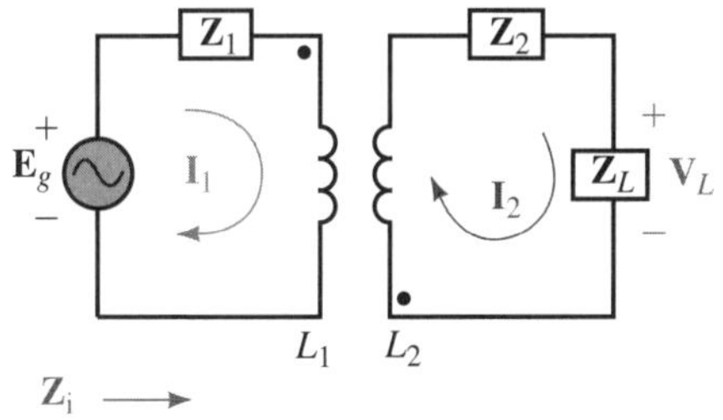

FIGURA 23-64

Malha 1: $\mathbf{E}_g - \mathbf{Z}_1\mathbf{I}_1 - j\omega L_1\mathbf{I}_1 - j\omega M\mathbf{I}_2 = 0$

Malha 2: $-j\omega L_2\mathbf{I}_2 - j\omega M\mathbf{I}_1 - \mathbf{Z}_2\mathbf{I}_2 - \mathbf{Z}_L\mathbf{I}_2 = 0$

que se reduz a

$$\mathbf{E}_g = \mathbf{Z}_p\mathbf{I}_1 + j\omega M\mathbf{I}_2 \quad \textbf{(23-21a)}$$

$$0 = j\omega M\mathbf{I}_1 + (\mathbf{Z}_s + \mathbf{Z}_L)\mathbf{I}_2 \quad \textbf{(23-21b)}$$

onde $\mathbf{Z}_p = \mathbf{Z}_1 + j\omega L_1$ e $\mathbf{Z}_s = \mathbf{Z}_2 + j\omega L_2$. Calculando $\mathbf{I}_2$ na Equação 23-21(b) e substituindo o resultado na Equação 23-21(a), temos, após certa manipulação,

$$\mathbf{E}_g = \mathbf{Z}_p\mathbf{I}_1 + \frac{(\omega M)^2}{\mathbf{Z}_s + \mathbf{Z}_L}\mathbf{I}_1$$

Agora divida ambos os lados por $\mathbf{I}_1$ e defina $\mathbf{Z}_i = \mathbf{E}_g/\mathbf{I}_1$. Assim,

$$\mathbf{Z}_i = \mathbf{Z}_p + \frac{(\omega M)^2}{\mathbf{Z}_s + \mathbf{Z}_L} \quad \textbf{(23-22)}$$

O termo $(\omega M)^2/(\mathbf{Z}_s + \mathbf{Z}_L)$, que reflete as impedâncias do secundário no primário, é a impedância acoplada para o circuito. Observe que, como as impedâncias no secundário aparecem no denominador, elas refletem no primário com as partes reativas invertidas. Dessa forma, uma capacitância no circuito do secundário parece indutiva para a fonte, e a indutância no secundário parece capacitiva para a fonte.

EXEMPLO 23-16

Para a Figura 23-64, sendo $L_1 = L_2 = 10$ mH, $M = 9$ mH, $\omega = 1000$ rad/s, $\mathbf{Z}_1 = R_1 = 5\ \Omega$, $\mathbf{Z}_2 = 1\ \Omega - j5\ \Omega$, $\mathbf{Z}_L = 1\ \Omega + j20\ \Omega$ e $\mathbf{E}_g = 100\ \text{V}\angle 0°$, determine $\mathbf{Z}_i$ e $\mathbf{I}_1$.

Solução:

$\omega L_1 = 10\ \Omega$. Assim, $\mathbf{Z}_p = R_1 + j\omega L_1 = 5\ \Omega + j10\ \Omega$.

$\omega L_2 = 10\ \Omega$. Assim, $\mathbf{Z}_s = \mathbf{Z}_2 + j\omega L_2 = (1\ \Omega - j5\ \Omega) + j10\ \Omega = 1\ \Omega + j5\ \Omega$.

$\omega M = 9\ \Omega$ e $\mathbf{Z}_L = 1\ \Omega + j20\ \Omega$. Logo,

$$\mathbf{Z}_i = \mathbf{Z}_p + \frac{(\omega M)^2}{\mathbf{Z}_s + \mathbf{Z}_L} = (5 + j10) + \frac{(9)^2}{(1 + j5) + (1 + j20)}$$

$$= 8{,}58\ \Omega\angle 52{,}2°$$

$$\mathbf{I}_1 = \mathbf{E}_g/\mathbf{Z}_i = (100\angle 0°)/(8{,}58\angle 52{,}2°) = 11{,}7\ \text{A}\angle -52{,}2°$$

A Figura 23-65 mostra o circuito equivalente.

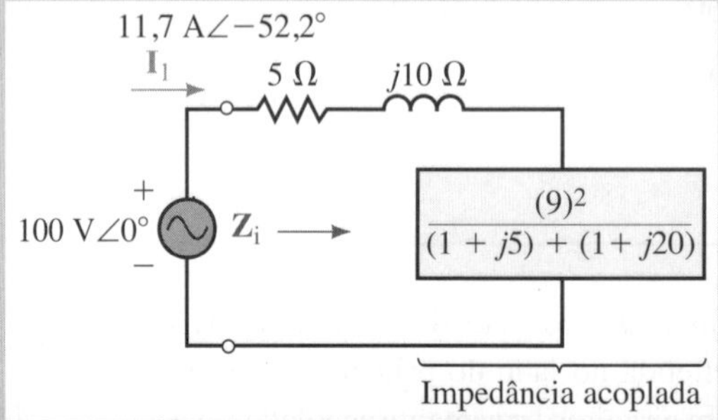

FIGURA 23-65

PROBLEMAS PRÁTICOS 9

1. Para o Exemplo 23-16, suponha que $R_1 = 10\ \Omega$, $M = 8$ mH e $\mathbf{Z}_L = (3 - j8)\ \Omega$. Determine $\mathbf{Z}_i$ e $\mathbf{I}_1$.
2. Escreva as equações simultâneas para o circuito da Figura 23-16 e calcule $\mathbf{I}_1$. Compare o resultado à resposta obtida acima.

Respostas

1. 28,9 Ω∠41,1°; 3,72 A∠−41,1°

2. Igual

23.12 Análise de Circuitos Usando Computador

O Multisim e o PSpice podem ser usados para resolver circuitos acoplados (veja as Notas na página 189). Como um primeiro exemplo, calculemos as correntes no gerador e nas cargas e a tensão na carga para o circuito da Figura 23-66. Primeiro, determine as respostas manualmente, de modo a ter uma base para comparação. Refletir a impedância da carga usando $a^2\mathbf{Z}_L$ resulta no circuito equivalente da Figura 23-67. A partir disso,

$$\mathbf{I}_g = \frac{100\ \text{V}\angle 0°}{200\ \Omega + (200\ \Omega - j265{,}3\ \Omega)} = 208{,}4\ \text{mA}\angle 33{,}5°$$

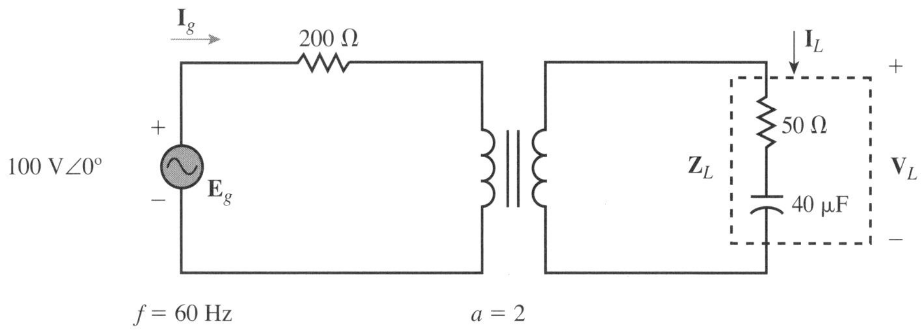

FIGURA 23-66 Circuito com núcleo de ferro para os exemplos do Multisim e do PSpice.

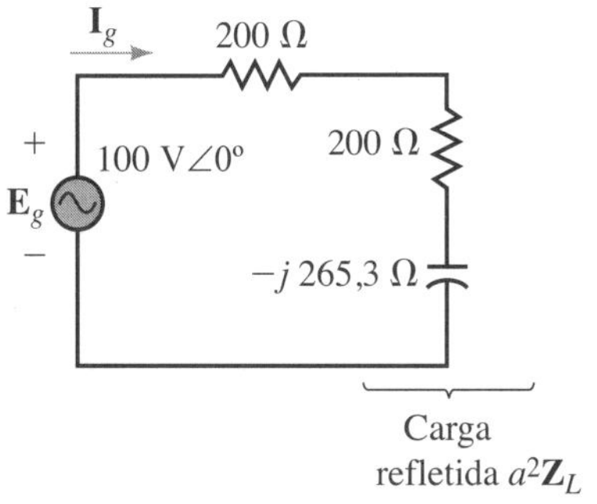

FIGURA 23-67 Equivalente da Figura 23-66.

> **NOTAS...**
>
> O PSpice lida com transformadores (com núcleo de ferro) fraca e fortemente acoplados; porém, até a época em que este livro foi escrito, o Multisim só manejava os dispositivos com núcleo de ferro.

Assim,

$$\mathbf{I}_L = a\mathbf{I}_g = 416{,}8 \text{ mA}\angle 33{,}5^\circ$$

e

$$\mathbf{V}_L = \mathbf{I}_L\mathbf{Z}_L = 34{,}6 \text{ V}\angle -19{,}4^\circ$$

Multisim

Leia as "Notas do Multisim e PSpice para Circuitos Acoplados", página 191, e depois crie o circuito da Figura 23-68 na tela. (Use o transformador TS_VIRTUAL. Ele pode ser encontrado na caixa de componentes básicos.) Clique duas vezes no símbolo do transformador e ajuste a razão de espiras para **2**, as resistências dos enrolamentos primário e secundário para **0,000001** e a indutância de fuga para **1μH**. (Os valores não são importantes, eles só devem ser baixos o suficiente para serem desprezados.) Em seguida, ajuste a indutância magnetizante para **10000 H**. (Isso é a L_m da Figura 23-41. Teoricamente, para um transformador ideal, ela é infinita. O que é necessário fazer é torná-la muito alta.) Configure todos os medidores para AC e clique no botão ON/OFF para ativar o circuito. As respostas da Figura 23-68 estão em perfeito acordo com a solução analítica acima.

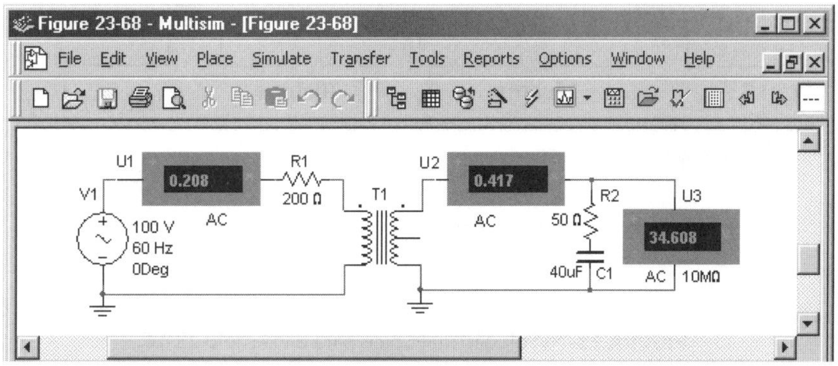

MULTISIM **FIGURA 23-68** Tela gerada pelo Multisim para o exemplo com núcleo de ferro da Figura 23-66.

PSpice

Leia as "Notas do Multisim e PSpice para Circuitos Acoplados", página 191. Como indicado, o elemento XFRM_LINEAR do transformador pode ser usado para representar os transformadores com núcleo de ferro com base unicamente em suas razões de espira. Para fazer isso, estabeleça o acoplamento $k = 1$, escolha arbitrariamente um valor alto para L_1 e faça com que $L_2 = L_1/a^2$, onde a é a razão de espiras. (Os valores reais para L_1 e L_2 não são importantes; eles simplesmente devem ser altos.) Por exemplo, de forma arbitrária, escolha $L_1 = 100000$ H e depois calcule $L_2 = 100000/(2^2) = 25\ 000$ H. Isso gera $a = 2$. Agora proceda da seguinte maneira: crie o circuito da Figura 23-66 na tela como mostra a Figura 23-69. Use a fonte VAC e configure como mostrado. Clique duas vezes em VPRINT1 e depois coloque **yes** para AC, MAG e PHASE no editor Property. Repita o procedimento para os dispositivos IPRINT. Clique duas vezes no transformador e configure COUPLING para **1**, L1 para **100000H** e L2 para **25000H**. Na caixa de diálogos Simulation Settings, selecione AC Sweep e ajuste as frequências Start and End para **60Hz** e Points para **1**. Rode a simulação e depois procure pelo Output File. Você deveria encontrar $\mathbf{I}_g = 208{,}3\ \text{mA}\angle 33{,}6^\circ$, $\mathbf{I}_L = 416{,}7\ \text{mA}\angle 33{,}6^\circ$ e $\mathbf{V}_L = 34{,}6\ \text{V}\angle -19{,}4^\circ$. Observe que este resultado é quase igual às respostas calculadas.

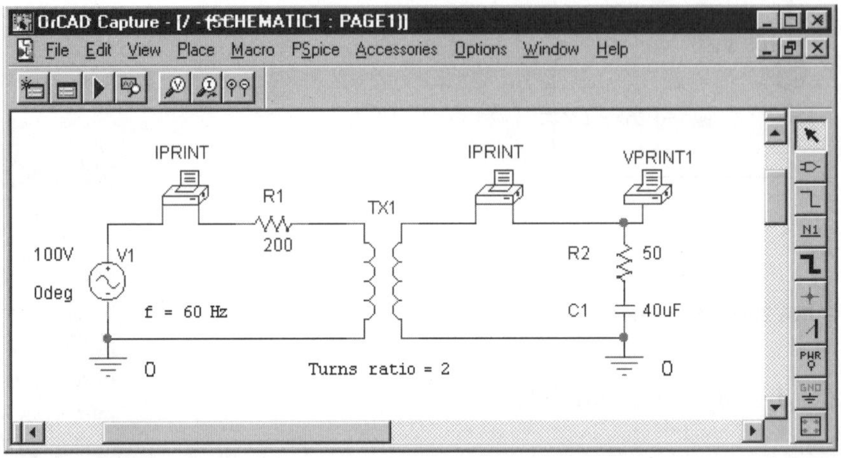

FIGURA 23-69 Tela gerada pelo PSpice para o circuito da Figura 23-66.

Como exemplo final do PSpice, considere o circuito fracamente acoplado da Figura 23-60, desenhado na tela como ilustrado na Figura 23-70. Use VAC para as fontes e XFRM_LINEAR para o transformador. (Certifique-se de orientar a fonte Source 2 de modo que ela fique com o terminal + para baixo.) Calcule $k = \dfrac{M}{\sqrt{L_1 L_2}} = 0{,}5657$. Agora clique duas vezes no símbolo do transformador e determine L_1 = **0,1H**; L_2 = **0,2H** e k = **0,5657**. Calcule a frequência, f, da fonte (ela é 15,9155 Hz). Selecione AC Sweep e ajuste as frequências Start and End para **15.9155Hz** e Points para **1**. Rode a simulação. Quando procurar pelo Output File, você encontrará $\mathbf{I}_1 = 6{,}36\ \text{A}\angle -6{,}57^\circ$ e $\mathbf{I}_2 = 6{,}54\ \text{A}\angle -2{,}23^\circ$, como foi determinado no Exemplo 23-14.

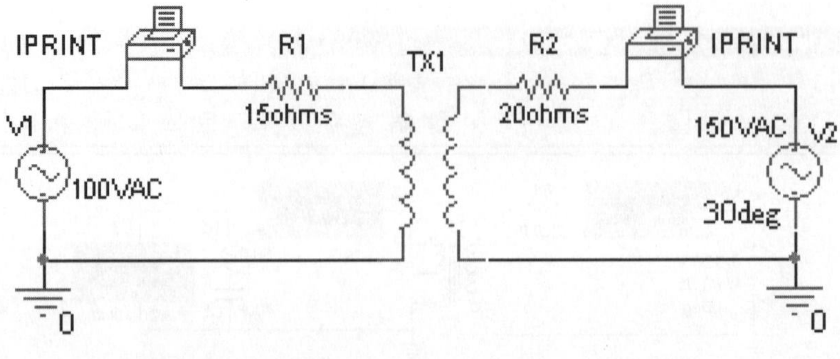

FIGURA 23-70 Solução no PSpice para o Exemplo 23-14.

NOTAS DO MULTISIM E DO PSPICE PARA CIRCUITOS ACOPLADOS

1. O Multisim usa as equações do transformador ideal $\mathbf{E}_p/\mathbf{E}_s = a$ e $\mathbf{I}_p/\mathbf{I}_s = 1/a$ para representar um transformador por meio das razões de espira. É possível também estabelecer a resistência do enrolamento, o fluxo de fuga e os efeitos da corrente de excitação conforme a Figura 23-41.
2. O PSpice o o Multisim exigem que haja aterramentos em ambos os lados de um transformador.
3. O modelo de transformador XFRM_LINEAR do PSpice se baseia nas autoindutâncias e no coeficiente de acoplamento, sendo capaz, portanto, de lidar diretamente com circuitos fracamente acoplados. O programa também é capaz de representar circuitos fortemente acoplados (como transformadores com núcleo de ferro). Para saber como, lembre-se de que a teoria básica mostra que, para um transformador com núcleo de ferro ideal, $k = 1$ e L_1 e L_2 são infinitos, mas a razão entre eles é $L_1/L_2 = a^2$. Dessa forma, para aproximar o valor do transformador, estabeleça um valor arbitrário bem alto para L_1 e calcule $L_2 = L_1/a^2$. Isso faz com que o valor de a seja fixo, o que permite representar os transformadores com núcleo de ferro baseando-se somente na razão de espiras.
4. O sinal do coeficiente de acoplamento a ser usado no PSpice depende da localização dos pontos. Se os pontos estiverem em extremidades adjacentes da bobina (Figura 23-61), torne k positivo; se os pontos estiverem em extremidades opostas (Figura 23-64), torne k negativo.

COLOCANDO EM PRÁTICA

Você está montando um circuito que requer um indutor de 3,6 mH. Em sua caixa de componentes, você encontra um indutor de 1,2 mH e outro de 2,4 mH, e calcula que, se ligá-los em série, a impedância total será de 3,6 mH. Após montar e testar o circuito, você percebe que ele não atende à especificação, e depois de raciocinar com calma, suspeita de que o acoplamento mútuo entre as bobinas está atrapalhando a operação. O leitor começa a medir a indutância mútua. No entanto, você tem um dispositivo que mede apenas a autoindutância. Surge então uma ideia. Você descarrega o circuito, dessolda a extremidade de um dos indutores e mede a indutância total. O resultado é uma indutância de 6,32 mH. Qual será a indutância mútua?

PROBLEMAS

23.1 Introdução

1. Para os transformadores da Figura 23-71, faça um esboço das formas de onda que estão faltando.

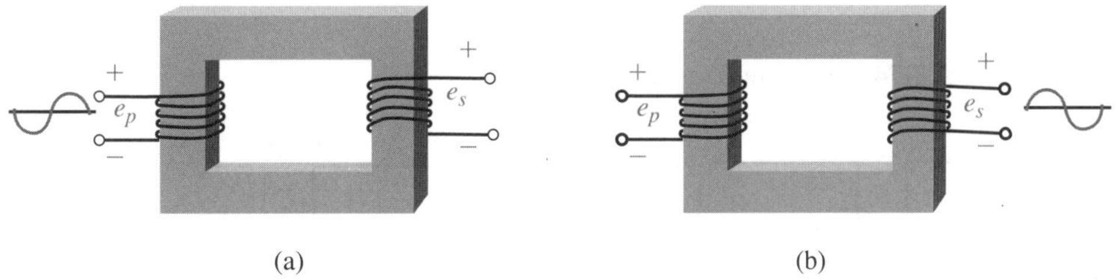

FIGURA 23-71

23.2 Transformadores com Núcleo de Ferro: o Modelo Ideal

2. Enumere quatro itens a serem desprezados quando se idealiza um transformador com núcleo de ferro.
3. Um transformador ideal tem $N_p = 1000$ espiras e $N_s = 4000$ espiras.
   a. É um elevador ou abaixador de tensão?
   b. Sendo $e_s = 100$ sen ωt, qual será e_p quando estiver enrolado como na Figura 23-7(a)?
   c. Sendo $E_s = 24$ volts, qual será E_p?

d. Sendo $\mathbf{E}_p = 24\ \text{V}\angle 0°$, qual é o valor de $\mathbf{E}_s$ quando enrolado como mostrado na Figura 23-7(a)?

e. Sendo $\mathbf{E}_p = 800\ \text{V}\angle 0°$, qual é o valor de $\mathbf{E}_s$ quando enrolado como ilustrado na Figura 23-7(b)?

4. Um transformador elevador de tensão com razão de 3:1 tem uma corrente de 6 A no secundário. Qual é a corrente no primário?
5. Para a Figura 23-72, determine as expressões para v_1, v_2 e v_3.

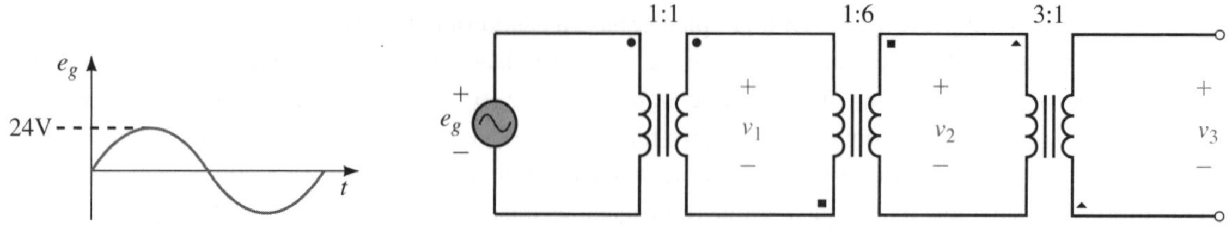

FIGURA 23-72

6. Se, para a Figura 23-73, $\mathbf{E}_g = 240\ \text{V}\angle 0°$, $a = 2$ e $\mathbf{Z}_L = 8\ \Omega - j6\ \Omega$, determine o seguinte:

   a. $\mathbf{V}_L$ b. $\mathbf{I}_L$ c. $\mathbf{I}_g$

7. Se, para a Figura 23-73, $\mathbf{E}_g = 240\ \text{V}\angle 0°$, $a = 0{,}5$ e $\mathbf{I}_g = 2\ \text{A}\angle 20°$, determine o seguinte:

   a. $\mathbf{I}_L$ b. $\mathbf{V}_L$ c. $\mathbf{Z}_L$

8. Se, para a Figura 23-73, $a = 2$, $\mathbf{V}_L = 40\ \text{V}\angle 0°$ e $\mathbf{I}_g = 0{,}5\ \text{A}\angle 10°$, determine $\mathbf{Z}_L$.
9. Se, para a Figura 23-73, $a = 4$, $\mathbf{I}_g = 4\ \text{A}\angle 30°$ e $\mathbf{Z}_L = 6\ \Omega - j8\ \Omega$, determine o seguinte:

   a. $\mathbf{V}_L$ b. $\mathbf{E}_g$

10. Se, para o circuito da Figura 23-73, $a = 3$, $\mathbf{I}_L = 4\ \text{A}\angle 25°$ e $\mathbf{Z}_L = 10\ \Omega\angle -5°$, determine:

    a. a corrente e a tensão no gerador.

    b. a potência transferida à carga.

    c. a potência transferida ao circuito pelo gerador.

    d. $P_o = P_i$?

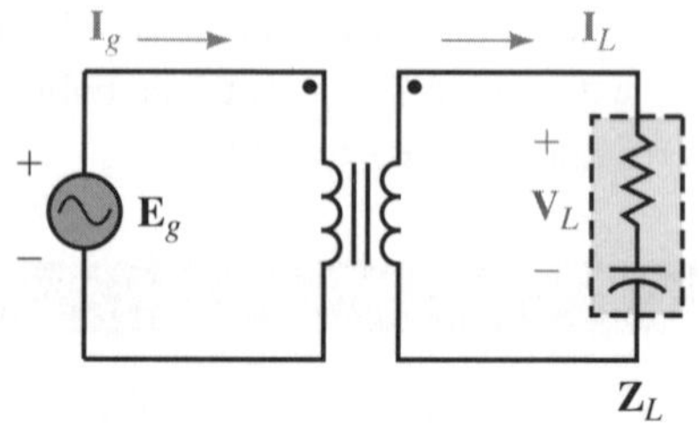

FIGURA 23-73

23.3 Impedância Refletida

11. Para cada circuito da Figura 23-74, determine $\mathbf{Z}_p$.

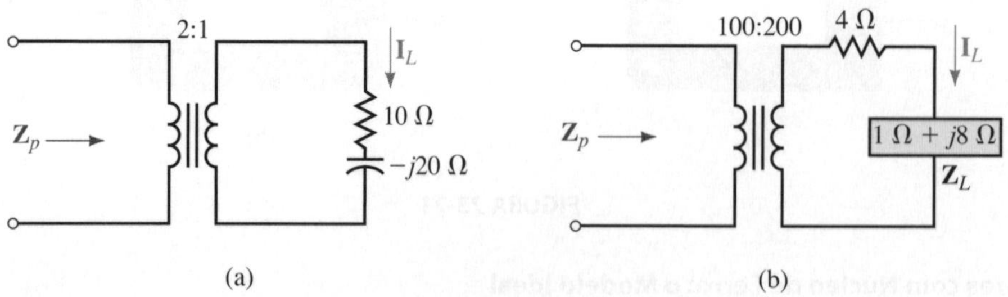

FIGURA 23-74

12. Para cada circuito da Figura 23-74, se $\mathbf{E}_g = 120\ \text{V}\angle 40°$ for aplicada, determine o que se segue usando a impedância refletida do Problema 11.

    a. $\mathbf{I}_g$ b. $\mathbf{I}_L$ c. $\mathbf{V}_L$

13. Para a Figura 23-74(a), qual será a razão de espiras necessária para fazer com que $\mathbf{Z}_p = (62{,}5 - j125)\ \Omega$?
14. Para a Figura 23-74(a), qual será a razão de espiras necessária para fazer com que $\mathbf{Z}_p = 84{,}9\angle 58{,}0°\ \Omega$?
15. Para cada circuito da Figura 23-75, determine $\mathbf{Z}_T$.

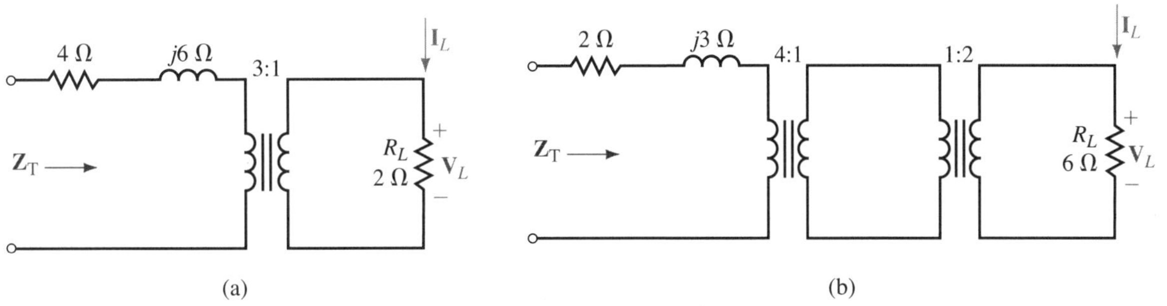

FIGURA 23-75

16. Para cada circuito da Figura 23-75, se um gerador com $\mathbf{E}_g = 120\ \text{V}\angle{-40^\circ}$ for usado, determine o seguinte:
    a. $\mathbf{I}_g$ b. $\mathbf{I}_L$ c. $\mathbf{V}_L$

23.4 Especificações de Potência dos Transformadores

17. Um transformador tem uma tensão de 7,2 kV especificado no primário, $a = 0{,}2$ e uma corrente especificada no secundário de 3 A. Qual é a especificação em kVA?
18. Considere um transformador de 48 kVA, 1200/120 V.
    a. Qual é a carga máxima em kVA que ele pode suportar em $F_p = 0{,}8$?
    b. Qual é a potência máxima que ele pode fornecer para uma carga com um fator de potência de 0,75?
    c. Se o transformador fornece 45 kW a uma carga com um fator de potência de 0,6, ele está sobrecarregado? Justifique sua resposta.

23.5 Aplicações do Transformador

19. O transformador da Figura 23-25 tem um primário de 7200 V e um secundário de 240 V com *tap* central. Se a Carga 1 for composta de 12 lâmpadas de 100 W, a Carga 2 for um aquecedor de 1500 W e a Carga 3 for um fogão de 2400 W com $F_p = 1{,}0$, determine
    a. I_1 b. I_2 c. I_N d. I_p
20. Um amplificador com uma tensão de Thévenin de 10 V e uma resistência de Thévenin de 128 Ω é conectado a um alto-falante de 8 Ω através de um transformador com razão de 4:1. A carga está casada? Qual é a quantidade de potência fornecida à carga?
21. Um amplificador com um equivalente de Thévenin de 10 V e R_{Th} de 25 Ω aciona um alto-falante de 4 Ω através de um transformador com uma razão de espiras de $a = 5$. Qual é a quantidade de potência fornecida ao alto-falante? Qual razão de espiras gera 1 W?
22. Para a Figura 23-76, há 100 espiras entre os *taps* 1 e 2 e 120 entre os *taps* 2 e 3. Qual tensão no *tap* 1 gera 120 V? E no *tap* 3?
23. Para a Figura 23-30(a), $a_2 = 2$ e $a_3 = 5$, $\mathbf{Z}_2 = 20\ \Omega\angle 50^\circ$, $\mathbf{Z}_3 = (12 + j4)\Omega$ e $\mathbf{E}_g = 120\ \text{V}\angle 0^\circ$. Encontre cada corrente na carga e a corrente no gerador.
24. É necessário conectar um transformador de 5 kVA, 120/240 V, como um autotransformador a uma fonte de 120 V para alimentar uma carga com 360 V.
    a. Desenhe o circuito.
    b. Qual é a corrente máxima que a carga pode drenar?
    c. Qual é a carga máxima em kVA que pode ser fornecida?
    d. Qual é a quantidade de corrente drenada pela fonte?

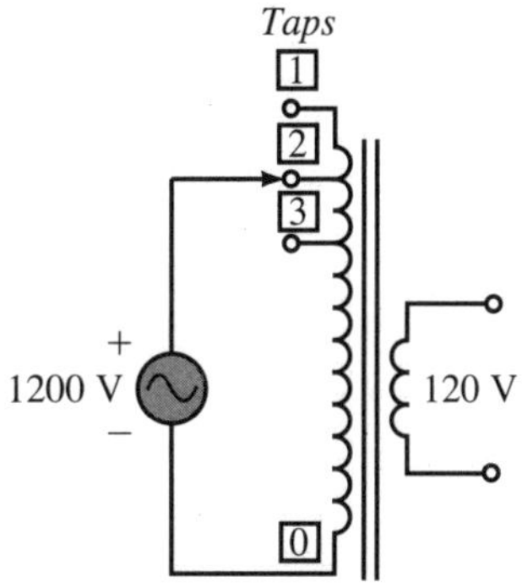

FIGURA 23-76 $N_s = 200$ espiras.

23.6 Transformadores Práticos com Núcleo de Ferro

25. Para a Figura 23-77, $\mathbf{E}_g = 1220\ \text{V}\angle 0^\circ$.

a. Desenhe o circuito equivalente.

b. Determine $\mathbf{I}_g$, $\mathbf{I}_L$ e $\mathbf{V}_L$.

26. Para a Figura 23-77, sendo $V_L = 118\ \text{V}\angle 0°$, desenhe o circuito equivalente e determine:

a. $\mathbf{I}_L$ b. $\mathbf{I}_g$ c. $\mathbf{E}_g$ d. tensão sem carga e regulação

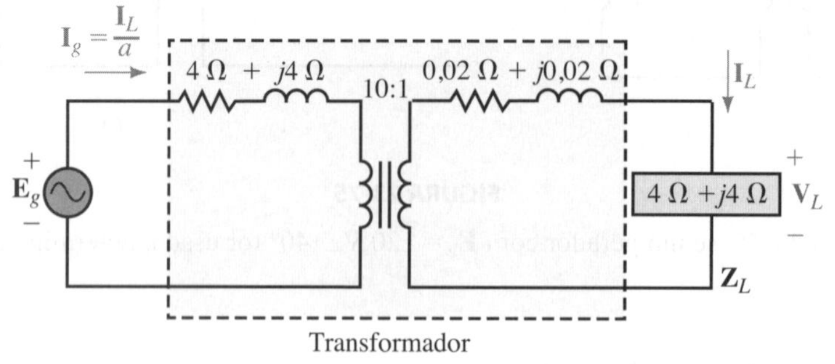

FIGURA 23-77 MULTISIM

27. Um transformador que fornece $P_o = 48$ kW tem uma perda no núcleo de 280 W e uma perda no cobre de 450 W. Qual é a eficiência nesta carga?

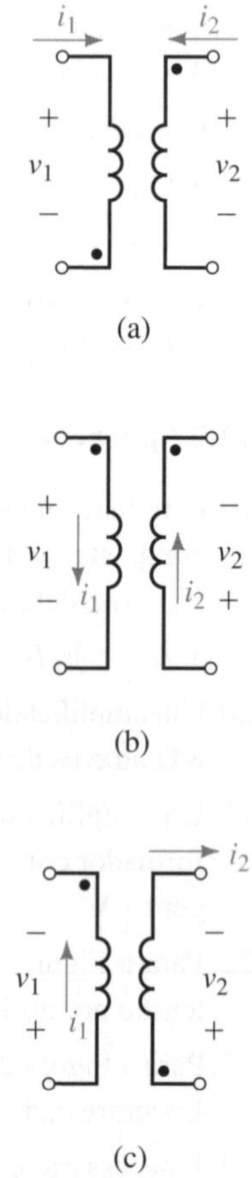

FIGURA 23-78

23.7 Testes com Transformadores

28. Um teste de curto-circuito (Figura 23-46) na corrente especificada gera uma leitura de 96 W no wattímetro, e um teste de circuito aberto (Figura 23-48) gera uma perda no núcleo de 24 W.

a. Qual é a eficiência do transformador quando ele fornece a saída especificada completa de 5 kVA com F_p unitário?

b. Qual é a eficiência quando ele fornece um quarto da kVA especificada com F_p de 0,8?

23.9 Circuitos Fracamente Acoplados

29. Para a Figura 23-78,

$$v_1 = L_1\frac{di_1}{dt} \pm M\frac{di_2}{dt}, \qquad v_2 = \pm M\frac{di_1}{dt} + L_2\frac{di_2}{dt}$$

Para cada circuito, indique se o sinal a ser usado antes de M é positivo ou negativo.

30. Para um conjunto de bobinas, $L_1 = 250$ mH e $L_2 = 0{,}4$ H e $k = 0{,}85$. Qual é o valor de M?

31. Para um conjunto de bobinas acopladas, $L_1 = 2$ H, $M = 0{,}8$ H e o coeficiente de acoplamento é 0,6. Determine L_2.

32. Para a Figura 23-52(a), $L_1 = 25$ mH, $L_2 = 4$ mH e $M = 0{,}8$ mH. Se i_1 variar a uma taxa de 1200 A/s, quais serão as tensões induzidas no primário e no secundário?

33. Todos os valores são iguais aos do Problema 32, com exceção de que $i_1 = 10\,e^{-500t}$. Encontre as equações para as tensões no primário e no secundário. Calcule-as em $t = 1$ ms.

34. Para cada circuito da Figura 23-79, determine L_T.

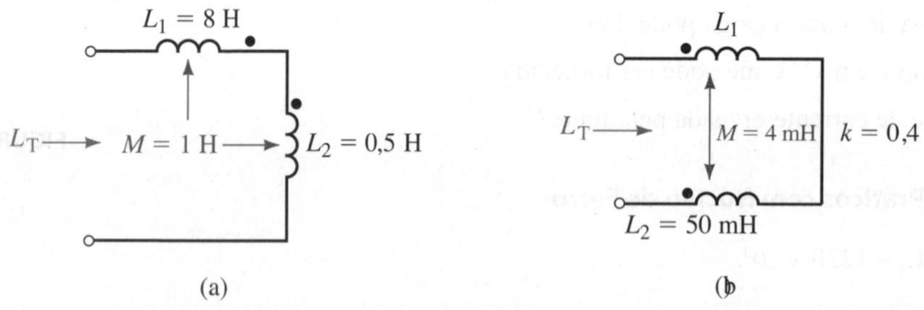

FIGURA 23-79

35. Para a Figura 23-80, determine L_T.

36. Para o circuito da Figura 23-81, determine **I**.

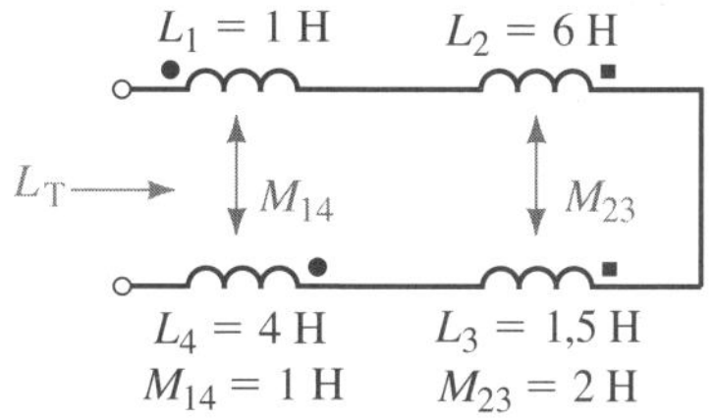

FIGURA 23-80

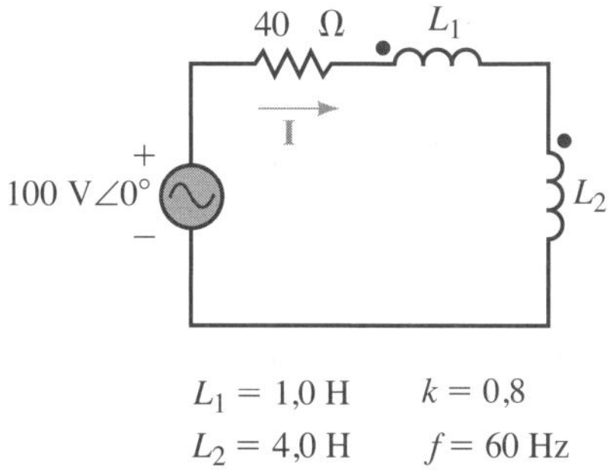

FIGURA 23-81 Indutores paralelos acoplados.

37. Os indutores da Figura 23-82 são mutuamente acoplados. Qual é a indutância equivalente deles? Sendo $f = 60$ Hz, qual é a corrente que passa pela fonte?

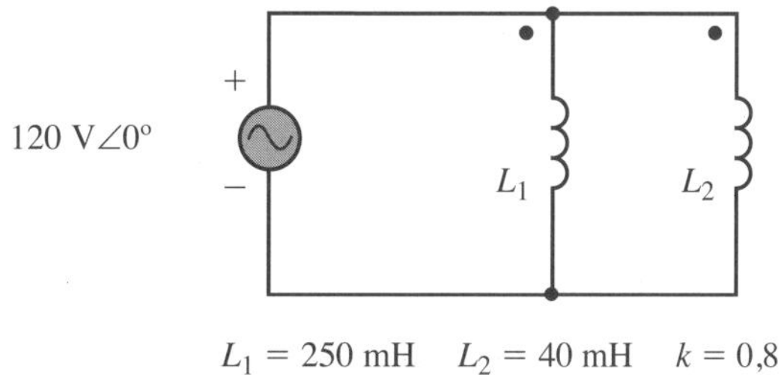

FIGURA 23-82

23.10 Circuitos Acoplados Magneticamente com Excitação Senoidal

38. Para a Figura 23-60, $R_1 = 10\ \Omega$, $R_2 = 30\ \Omega$, $L_1 = 100$ mH, $L_2 = 200$ mH, $M = 25$ mH e $f = 31{,}83$ Hz. Escreva as equações das malhas.

39. Para o circuito da Figura 23-83, escreva as equações das malhas.

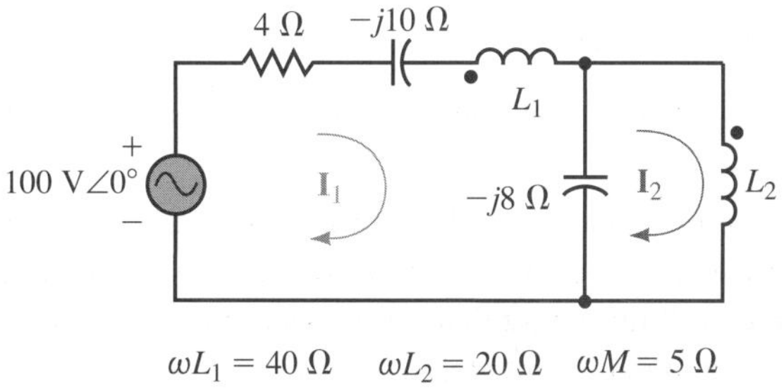

FIGURA 23-83

40. Escreva as equações das malhas para o circuito da Figura 23-84.

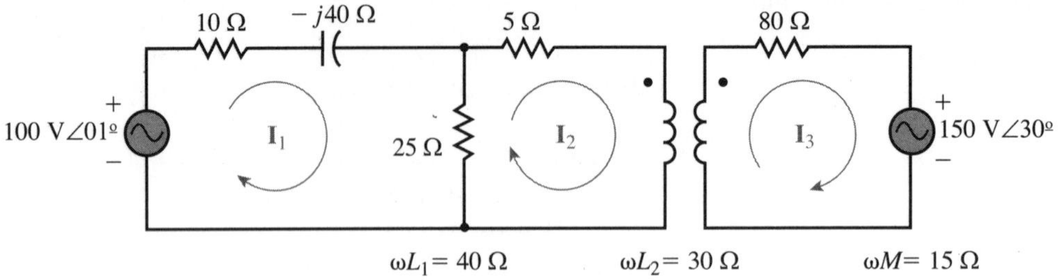

FIGURA 23-84

$\omega L_1 = 40\ \Omega$ $\omega L_2 = 30\ \Omega$ $\omega M = 15\ \Omega$

41. Escreva as equações das malhas para o circuito da Figura 23-85. (Este é um problema bastante desafiador.)

$L_1 = 0{,}1\ \text{H}$ $M = 0{,}12\ \text{H}$
$L_2 = 0{,}5\ \text{H}$ $\omega = 100\ \text{rad/s}$

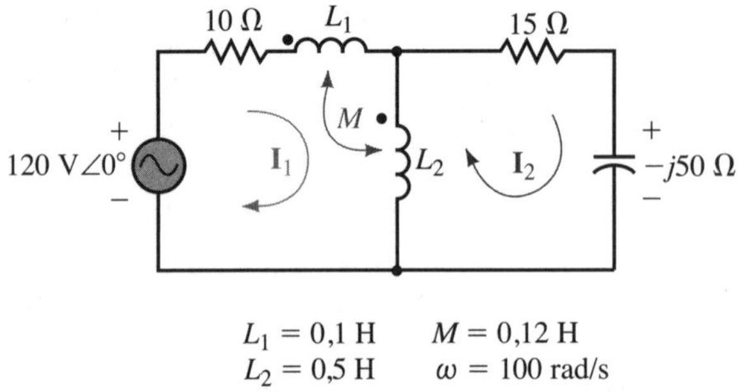

FIGURA 23-85

23.11 Impedância Acoplada

42. Para o circuito da Figura 23-86,
    a. determine Z_i;
    b. determine I_g.

$L_1 = 0{,}1\ \text{H};\ L_2 = 0{,}2\ \text{H};\ M = 0{,}08\ \text{H};\ f = 60\ \text{Hz}$

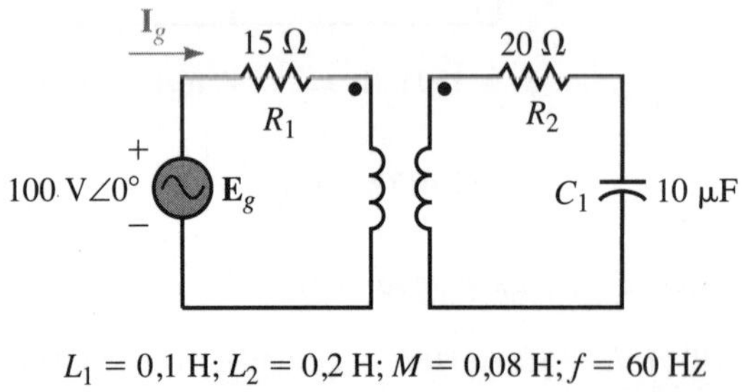

FIGURA 23-86

23.12 Análise de Circuitos Usando Computador

Atenção: Com o PSpice, oriente os dispositivos IPRINT de modo que a corrente entre pelo terminal positivo. Caso contrário, o ângulo de fase apresentará um erro de 180°.

43. Um transformador com núcleo de ferro e uma razão de espiras de 4:1 tem uma carga composta de um resistor de 12 Ω em série com um capacitor de 250 μF. O transformador é alimentado por uma fonte de 120 V∠0°, 60 Hz. Use o Multisim ou o PSpice para determinar as correntes através da fonte e da carga. Confirme as respostas fazendo o cálculo manualmente.

44. Usando o Multisim ou o PSpice, calcule as correntes no primário e no secundário e a tensão na carga para a Figura 23-87.

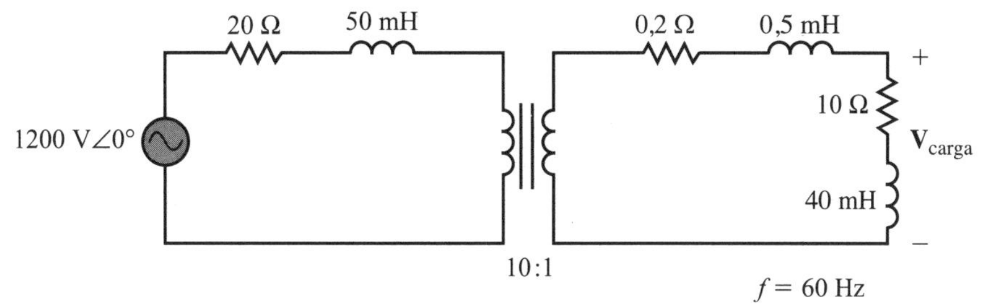

FIGURA 23-87

45. Usando o PSpice, calcule a corrente na fonte para os indutores paralelos acoplados da Figura 23-82. Sugestão: use XFRM_LINEAR para representar os dois indutores. Será necessário um resistor com um valor muito baixo em série com cada indutor de modo a evitar a criação de malhas fechadas contendo somente indutores e fonte. PSpice
46. Calcule as corrente da Figura 23-62 usando o PSpice. Compare as respostas às obtidas no exemplo 23-15.
47. Calcule as correntes da Figura 23-63 usando o PSpice. Compare as respostas às obtidas no Problema Prático 8.
48. Resolva o Exemplo 23-16 para a corrente $\mathbf{I}_1$ usando o PSpice. Compare as respostas. Sugestão: Se os valores forem dados como X_L e X_C, será necessário convertê-los em L e C.

RESPOSTAS DOS PROBLEMAS PARA VERIFICAÇÃO DO PROCESSO DE APRENDIZAGEM

Verificação do Processo de Aprendizagem 1

1. Elevador; 200 V
2. a. 120 V∠–30°; b. 120 V∠150°
3.

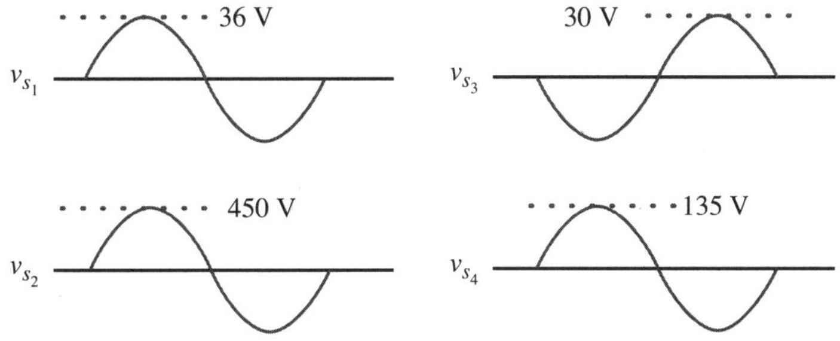

4. Secundário; terminal superior.
5. a. Terminal 4; b. terminal 4

Verificação do Processo de Aprendizagem 2

1. $\mathbf{Z}_p$ = 18,75 Ω – j25 Ω; R = 6400 Ω; a = 1,73
2. 125 V∠0°
3. 89,4
4. a. 200 A; 200 A; b. 24 kW; 18 kW
5. *Tap* 1: 109,1 V; *Tap* 2: 120 V; *Tap* 3: 126,3 V
6. 0,81 W; 0,72 W; A potência máxima é fornecida quando $R_s = a^2R_L$.
7. a. 348 V; 20,7 A; b. 12 A; c. 12 A↓ 8,69 A↑

Verificação do Processo de Aprendizagem 3

1. a. $\mathbf{Z}_{eq}$ = 0,8 Ω + j0,8 Ω
   b. 113,6 V∠0,434°
   c. 5,63%

• TERMOS-CHAVE

Sistemas Balanceados; Sistema com Quatro Fios; Circuito Y-Y com Quatro Fios; Corrente de Linha; Tensão de Linha; Sequência de Fase Negativa; Neutro; Corrente de Fase; Impedâncias de Fase; Sequência de Fase; Tensão de Fase; Sequência de Fase Positiva; Equivalente Monofásico; Sistema com Três Fios; Método dos Dois Wattímetros; Sistemas Desbalanceados; Curva de Razão de Watts; Condutor com Impedância Nula.

• TÓPICOS

Geração de Tensão Trifásica; Ligações Básicas de um Circuito Trifásico; Relações Trifásicas Básicas; Exemplos; Potência em um Sistema Balanceado; Medição de Potência em Circuitos Trifásicos; Cargas Desbalanceadas; Cargas de Sistema de Potência; Análise de Circuitos Usando Computador.

• OBJETIVOS

Após estudar este capítulo, você será capaz de:

- descrever a geração de tensão trifásica;
- representar as tensões e correntes trifásicas na forma fasorial;
- descrever as ligações-padrão de cargas trifásicas;
- analisar os circuitos trifásicos balanceados;
- calcular as potências ativa, reativa e aparente em um sistema trifásico;
- medir a potência usando o método dos dois e dos três wattímetros;
- analisar circuitos trifásicos desbalanceados simples;
- aplicar o Multisim e o PSpice para problemas envolvendo trifásicos.

Sistemas Trifásicos

24

Apresentação Prévia do Capítulo

Até agora, examinamos apenas sistemas monofásicos. Neste capítulo, abordaremos os sistemas trifásicos. (Eles são diferentes dos monofásicos porque utilizam três tensões senoidais AC em vez de uma.) Os sistemas trifásicos são usados para gerar e transmitir grandes níveis de potência elétrica. Todos os sistemas comerciais de potência AC, por exemplo, são trifásicos; porém, nem todas as cargas ligadas a um sistema trifásico são necessariamente trifásicas. Por exemplo, as lâmpadas elétricas e os aparelhos domésticos necessitam apenas de uma fase AC. Para obter uma única fase AC a partir de um sistema trifásico, basta utilizar apenas uma dessas fases, como veremos posteriormente neste capítulo.

Os sistemas trifásicos podem ser **balanceados** ou **desbalanceados**[1]. Se um sistema é balanceado, é possível analisá-lo considerando apenas uma de suas fases. Isso ocorre porque, quando sabemos a solução para uma fase, podemos escrever as soluções para as outras duas sem precisar de cálculo adicional, a não ser a adição ou subtração de um ângulo. Esse fato é importante pois faz com que a análise de sistemas balanceados seja somente um pouco mais complexa do que a de sistemas monofásicos. Como a maioria dos sistemas opera próxima ao estado de equilíbrio, muitos problemas práticos podem ser tratados pressupondo o equilíbrio. Essa é a abordagem usada na prática.

Os sistemas de potência trifásicos apresentam vantagens econômicas e operacionais em relação aos sistemas monofásicos. Por exemplo, para a mesma saída de potência, os geradores trifásicos custam menos do que os monofásicos, geram potência uniforme em vez de pulsante e funcionam com menos vibração e barulho.

Começaremos o capítulo examinando a geração de tensão trifásica.

1 Os sistemas balanceados e desbalanceados também podem ser chamados de equilibrados e desequilibrados, respectivamente. (N.R.T.)

Colocando em Perspectiva

Nikola Tesla

Como foi visto no Capítulo 15, no volume 1, o advento da era da potência elétrica comercial começou com uma batalha ferrenha entre Thomas A. Edison e George Westinghouse pelo uso de DC *versus* AC no incipiente setor de potência elétrica. Edison promovia o sistema DC com vigor enquanto Westinghouse promovia o sistema AC. Tesla pôs fim à discussão, favorecendo o AC com seu desenvolvimento do sistema de potência trifásico, do motor de indução e de outros dispositivos AC. Com a invenção do transformador de potência prático (Capítulo 23), essas criações tornaram possível a transmissão de energia elétrica para longa distância, fazendo com que a potência AC se tornasse a grande vencedora.

Tesla nasceu em Smiljan, Croácia, em 1856, e emigrou para os Estados Unidos em 1884. Durante parte de sua carreira, teve uma parceria com Edison, mas os dois brigaram e se tornaram rivais implacáveis. Tesla fez contribuições importantes na área de eletricidade e magnetismo (ele registrou mais de 700 patentes). A unidade do SI referente à densidade do fluxo magnético recebeu o nome de "tesla" em sua homenagem. Tesla também foi o principal responsável pela seleção de 60 Hz como a frequência-padrão do sistema de potência na América do Norte e em grande parte do mundo.

24.1 Geração de Tensão Trifásica

Os geradores trifásicos apresentam três conjuntos de enrolamentos, gerando, assim, três tensões em vez de uma. Para entender o mecanismo, considere primeiro o gerador monofásico básico da Figura 24-1. À medida que a bobina *AA′* rotaciona, ela gera uma forma de onda senoidal $e_{AA'}$ como indicado em (b). Essa tensão pode ser representada pelo fasor $\mathbf{E}_{AA'}$ conforme mostrado em (c).

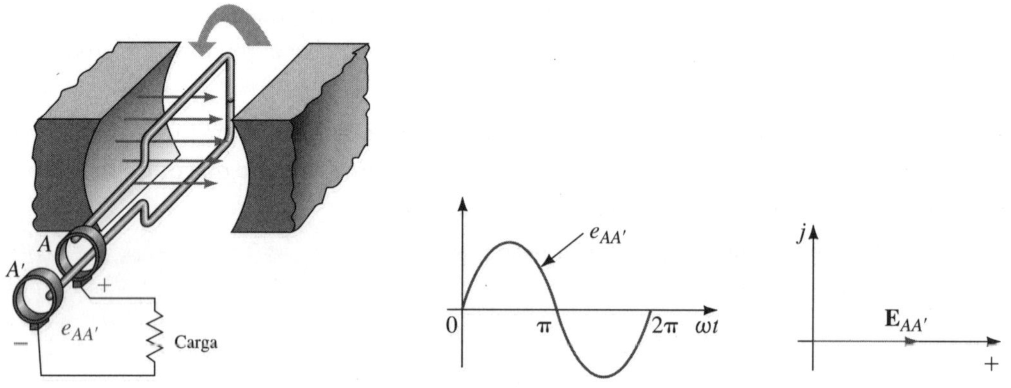

(a) Gerador AC básico (b) Forma de onda da tensão (c) Fasor

FIGURA 24-1 Gerador monofásico básico.

Se dois ou mais enrolamentos forem adicionados como na Figura 24-2, geram-se mais duas tensões. Como esses enrolamentos são idênticos a *AA′* (com exceção da posição no rotor), eles geram tensões idênticas. No entanto, como a bobina *BB′* é colocada 120º atrás da bobina *AA′*, a tensão $e_{BB'}$ está com uma defasagem de 120º em relação a $e_{AA'}$. De modo semelhante, a bobina *CC′*, que está 120º à frente da bobina *AA′*, gera uma tensão $e_{CC'}$, que está 120º adiantada. As formas de onda aparecem em (b) e os fasores em (c). Como indicado, as tensões geradas são iguais em magnitude e defasadas de 120º. Assim, se $\mathbf{E}_{AA'}$ está em 0º, então $\mathbf{E}_{BB'}$ estará em −120º e $\mathbf{E}_{CC'}$ em +120º. Pressupondo um valor RMS de 120 V e uma posição de referência de 0º para o fasor $\mathbf{E}_{AA'}$, por exemplo, tem-se $\mathbf{E}_{AA'} = 120\ \text{V}\angle 0^\circ$, $\mathbf{E}_{BB'} = 120\ \text{V}\angle -120^\circ$ e $\mathbf{E}_{CC'} = 120\ \text{V}\angle 120^\circ$. Diz-se que tais tensões estão balanceadas. Como a relação entre as tensões balanceadas é fixa, se soubermos uma tensão, podemos facilmente determinar as outras duas.

PROBLEMAS PRÁTICOS 1

a. Sendo $\mathbf{E}_{AA'} = 277\ \text{V}\angle 0^\circ$, quais são os valores de $\mathbf{E}_{BB'}$ e $\mathbf{E}_{CC'}$?

b. Sendo $\mathbf{E}_{BB'} = 347\ \text{V}\angle -120^\circ$, quais são os valores de $\mathbf{E}_{AA'}$ e $\mathbf{E}_{CC'}$?

c. Sendo $\mathbf{E}_{CC'} = 120\ \text{V}\angle 150^\circ$, quais são $\mathbf{E}_{AA'}$ e $\mathbf{E}_{BB'}$?

Desenhe os fasores para cada conjunto.

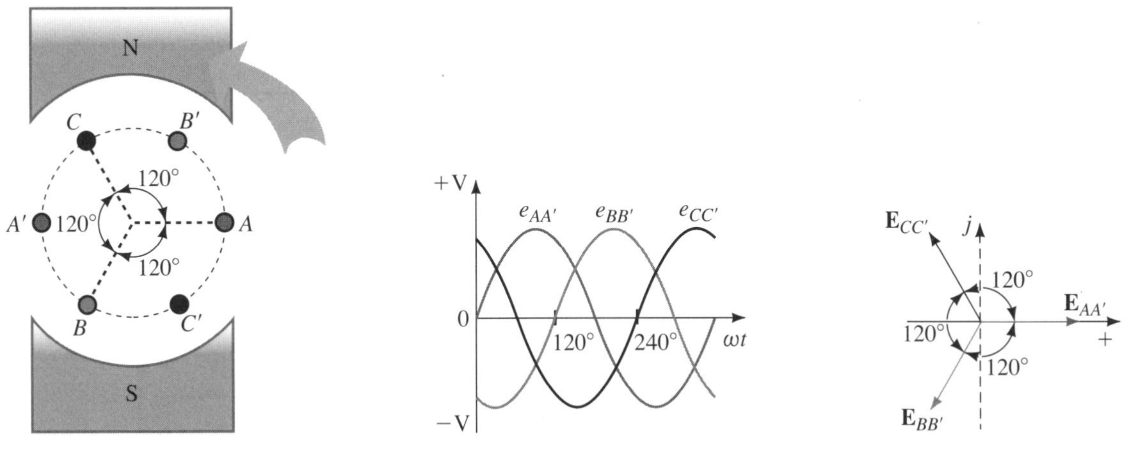

(a) Gerador trifásico básico (b) Formas de onda da tensão (c) Fasores

FIGURA 24-2 Geração de tensões trifásicas. Três conjuntos de bobina são usados para gerar três tensões balanceadas.

Respostas

a. $\mathbf{E}_{BB'} = 277\ \text{V}\angle -120^\circ$; $\mathbf{E}_{CC'} = 277\ \text{V}\angle 120^\circ$

b. $\mathbf{E}_{AA'} = 347\ \text{V}\angle 0^\circ$; $\mathbf{E}_{CC'} = 347\ \text{V}\angle 120^\circ$

c. $\mathbf{E}_{AA'} = 120\ \text{V}\angle 30^\circ$; $\mathbf{E}_{BB'} = 120\ \text{V}\angle -90^\circ$

24.2 Ligações Básicas de um Circuito Trifásico

O gerador da Figura 24-2 possui três enrolamentos independentes: *AA'*, *BB'* e *CC'*. A princípio, podemos tentar ligar a carga usando seis fios como na Figura 24-3(a). Isso funcionará, embora não seja um procedimento utilizado na prática. Não obstante, podemos tirar proveito de algumas noções úteis. Como exemplo, suponha uma tensão de 120 V para cada bobina e uma carga resistiva de 12 ohms. Tendo $\mathbf{E}_{AA'}$ como referência, a lei de Ohm aplicada a cada circuito propicia

$$\mathbf{I}_A = \mathbf{E}_{AA'}/R = 120\ \text{V}\angle 0^\circ/12\ \Omega = 10\ \text{A}\angle 0^\circ$$
$$\mathbf{I}_B = \mathbf{E}_{BB'}/R = 120\ \text{V}\angle -120^\circ/12\ \Omega = 10\ \text{A}\angle -120^\circ$$
$$\mathbf{I}_C = \mathbf{E}_{CC'}/R = 120\ \text{V}\angle 120^\circ/12\ \Omega = 10\ \text{A}\angle 120^\circ$$

Essas correntes formam um conjunto balanceado, como mostra a Figura 24-3(b).

Sistemas com Três e Quatro Fios

Cada carga na Figura 24-3(a) tem seu próprio fio de retorno. E se eles fossem substituídos por um único fio como mostrado em (c)? Com a lei de Kirchhoff das correntes, a corrente nesse fio (o qual chamamos de **neutro**) é a soma dos fasores de $\mathbf{I}_A$, $\mathbf{I}_B$ e $\mathbf{I}_C$. Para a carga balanceada de 12 ohms,

$$\mathbf{I}_N = \mathbf{I}_A + \mathbf{I}_B + \mathbf{I}_C = 10\ \text{A}\angle 0^\circ + 10\ \text{A}\angle -120^\circ + 10\ \text{A}\angle 120^\circ$$
$$= (10\ \text{A} + j0) + (-5\ \text{A} - j8{,}66\ \text{A}) + (-5\ \text{A} + j8{,}66\ \text{A}) = 0 \text{ ampères}$$

Assim, o fio de retorno não conduz corrente alguma! (Esse resultado é sempre verdadeiro independentemente da impedância de carga, desde que a carga esteja balanceada, ou seja, todas as impedâncias de fase são as mesmas.) Na prática, os sistemas de potência normalmente operam próximos do estado de equilíbrio.

NOTAS...

Comentário sobre a Construção do Gerador

Com exceção de geradores pequenos, a maioria dos geradores trifásicos não usa efetivamente a construção da Figura 24-2. Em vez disso, usam um conjunto fixo de enrolamentos e um campo magnético girante. No entanto, ambos os projetos geram exatamente as mesmas formas de onda. Escolhemos a configuração da Figura 24-2 porque sua operação é mais fácil de ser visualizada.

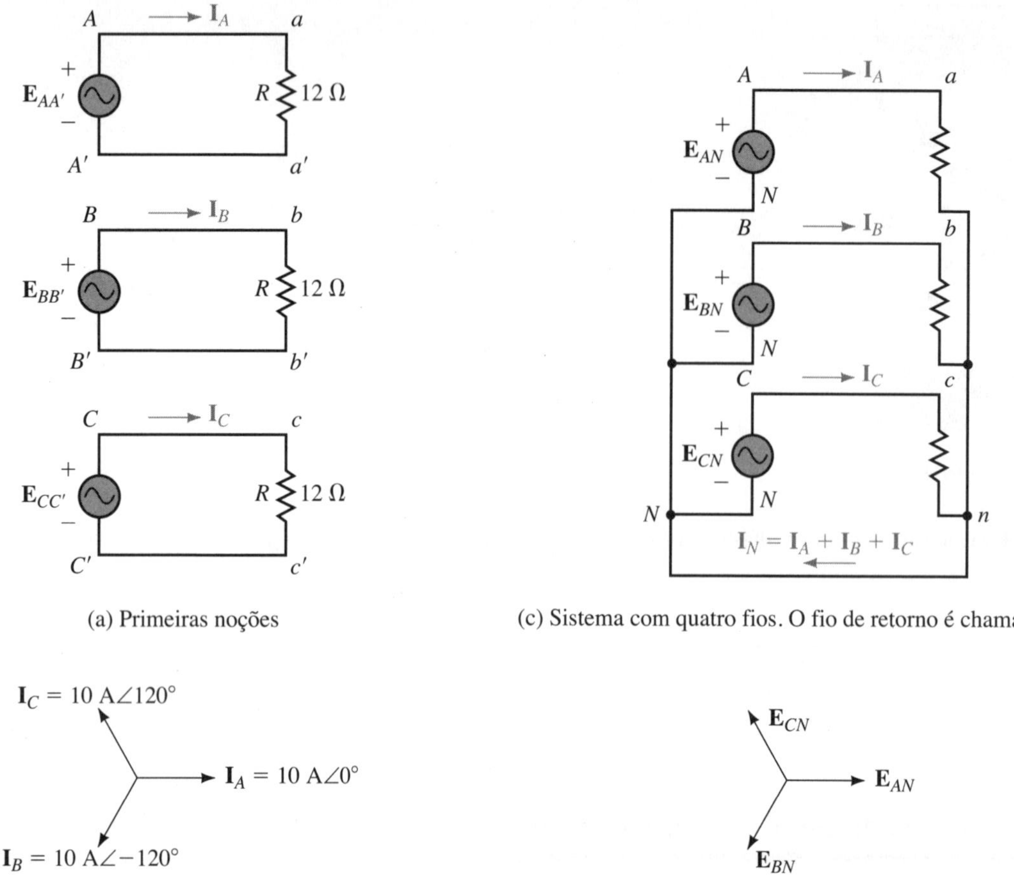

(a) Primeiras noções

(c) Sistema com quatro fios. O fio de retorno é chamado de neutro

(b) As correntes formam um conjunto balanceado

(d) Fasores renomeados

MULTISIM **FIGURA 24-3** Evolução das ligações trifásicas.

Logo, a corrente de retorno, embora não seja necessariamente nula, será consideravelmente baixa, e o fio neutro poderá ser menor do que os outros três condutores. Essa configuração é chamada de **sistema com quatro fios** e é bastante usada na prática.

As linhas da Figura 23-4(c) são chamadas de **condutores de linha** ou **de fase**. São os condutores que vemos suspensos por isolantes nas torres de linha de transmissão.

Simbologia

Tendo juntado os pontos *A'*, *B'* e *C'* na Figura 24-3(c), deixamos de lado a notação *A'*, *B'* e *C'* e simplesmente chamamos o ponto comum de *N*. As tensões são então designadas como $\mathbf{E}_{AN}$, $\mathbf{E}_{BN}$ e $\mathbf{E}_{CN}$. Elas são chamadas de **tensões de linha para neutro**.

Representação-padrão

Em geral, os circuitos trifásicos não são desenhados como na Figura 24-3. Na verdade, eles normalmente são representados conforme mostra a Figura 24-4. [A Figura 24-4(a), por exemplo, mostra a Figura 24-3(c) redesenhada na forma-padrão.] Observe que os símbolos da bobina são usados para representar os enrolamentos do gerador em vez do círculo, que é o símbolo que usamos para as fontes AC monofásicas.

Como mostra a Figura 24-4(a), o circuito que estamos examinando é o **circuito Y-Y[2] com quatro fios**. A Figura 24-4(b) mostra uma variação dele, o **circuito Y-Y com três fios**. Os circuitos Y-Y com três fios podem ser usados se houver garantia de que a carga permanecerá balanceada, já que, sob a condição de equilíbrio, o condutor neutro não conduz corrente. No entanto, por razões práticas (que serão discutidas na Seção 24-7), a maioria dos sistemas Y-Y utiliza quatro fios.

2 Os circuitos Y-Y também podem ser chamados de circuitos estrela-estrela. (N.R.T.)

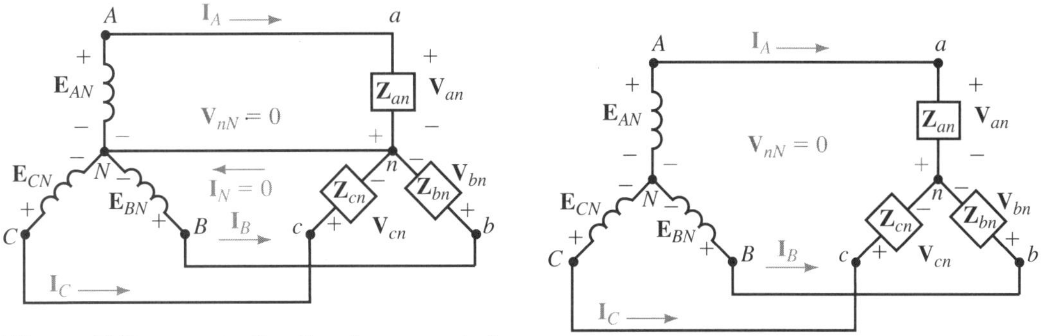

(a) Sistema Y-Y com quatro fios. Essa é a representação da Figura 24-3(c) redesenhada na forma-padrão

(b) Sistema com três fios

FIGURA 24-4 Representação-padrão dos circuitos trifásicos.

Geradores Ligados em Delta[3]

Agora considere a ligação em Δ dos enrolamentos do gerador. Teoricamente, isso é possível, como indicado na Figura 24-5; todavia, há certas dificuldades práticas. Por exemplo, quando os geradores são carregados, ocorrem distorções nas tensões da bobina por causa dos fluxos magnéticos gerados por correntes na carga. Em geradores ligados em Y, essas distorções são anuladas, mas nos geradores ligados em Δ, não. Tais distorções geram uma corrente cuja frequência corresponde ao terceiro harmônico da frequência original do sistema, que circula dentro dos enrolamentos do gerador ligados em Δ, diminuindo, assim, sua eficiência. (Você aprenderá os terceiros harmônicos no Capítulo 25). Por esse e outros motivos, os geradores ligados em Δ raramente são usados nos sistemas de potência e não serão mais discutidos neste livro.

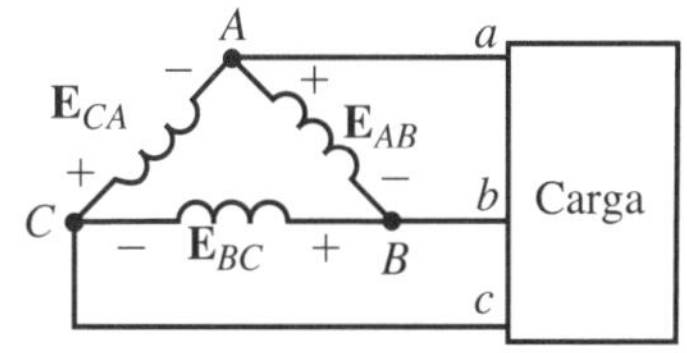

FIGURA 24-5

Um gerador ligado em delta. Por razões práticas, os geradores em delta são raramente usados em sistemas de potência.

Tensão Neutro-neutro em um Circuito Y-Y

Em um sistema Y-Y balanceado, a corrente de neutro é zero. Para saber por que, considere novamente a Figura 24-4(a). Suponha que o fio que une os pontos n e N tenha uma impedância de $\mathbf{Z}_{nN}$. Isso acarreta uma tensão $\mathbf{V}_{nN} = \mathbf{I}_N \times \mathbf{Z}_{nN}$. No entanto, como $\mathbf{I}_N = 0$, $\mathbf{V}_{nN} = 0$, independentemente do valor de $\mathbf{Z}_{nN}$. Mesmo se o condutor neutro estiver ausente como em (b), $\mathbf{V}_{nN}$ ainda será igual a zero. Logo, *em um sistema Y-Y balanceado, a diferença de tensão entre os pontos neutros é zero.*

EXEMPLO 24-1

Suponha que os circuitos da Figura 24-4(a) e (b) estejam balanceados. Se $\mathbf{E}_{AN} = 247\ \text{V}\angle 0°$, quais serão $\mathbf{V}_{an}$, $\mathbf{V}_{bn}$ e $\mathbf{V}_{cn}$?

Solução: Em ambos os casos, a tensão $\mathbf{V}_{nN}$ entre os pontos neutros é zero. Assim, pela KVL, $\mathbf{V}_{an} = \mathbf{E}_{AN} = 247\ \text{V}\angle 0°$. Como o sistema está balanceado, $\mathbf{V}_{bn} = 247\ \text{V}\angle -120°$ e $\mathbf{V}_{cn} = 247\ \text{V}\angle 120°$.

Sequência de Fase

A **sequência de fase** refere-se à ordem em que as tensões trifásicas ocorrem. Isso pode ser ilustrado em termos de fasores. Se, de um ponto de vista conceitual, visualizarmos a rotação dos conjuntos de fasores da Figura 24-6, por exemplo, veremos os fasores girando na ordem ... *ABCABC*... Essa sequência é denominada **sequência de fase ABC** ou **sequência de fase positiva**. Por sua vez, se a direção da rotação fosse invertida, a sequência seria *ACB*. (Essa é chamada de **sequência de fase negativa**.) Como os sistemas de potência geram a sequência *ABC* (lembre-se da Figura 24-2), esta será a única sequência a ser considerada neste livro.

3 A ligação em delta também pode ser chamada de ligação em triângulo. (N.R.T.)

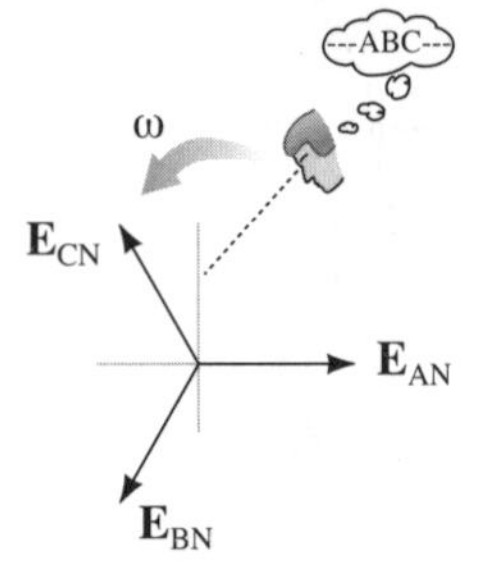

FIGURA 24-6
Ilustração da sequência de fase.

Embora as tensões sejam geradas na sequência ABC, a ordem das tensões aplicadas a uma carga depende de como a conectamos à fonte. Para a maioria das cargas balanceadas, não importa a sequência de fase. Todavia, para os motores trifásicos, a ordem é importante porque, se qualquer par de fios for invertido, a direção do giro do motor será invertida, como pode ser visto na página 318, Colocando em Prática (Desenho A).

24.3 Relações Trifásicas Básicas

Para acompanhar as tensões e correntes, usamos os símbolos e as notações da Figura 24-7. Os subscritos em letra maiúscula são usados para a fonte e os com letra minúscula, para a carga. Como de costume, E é usado para a tensão da fonte e V para as quedas de tensão. Observe cuidadosamente o uso dos subscritos duplos, a colocação dos sinais de polaridade para referência da tensão e a ordem cíclica dos subscritos — veja a nota a seguir.

NOTAS...

Certifique-se de adotar minuciosamente a notação do subscrito duplo conforme foi especificado na Seção 5.8, Capítulo 5 (primeiro volume). Como sempre, o sinal + fica no nó correspondente ao primeiro subscrito. Observe também a ordem cíclica dos subscritos — especificamente, as tensões definidas como $\mathbf{V}_{ab}$, $\mathbf{V}_{bc}$ e $\mathbf{V}_{ca}$. Como pode ver, a ordem do subscrito aqui é ab, bc e ca. Um engano comum é usar ac no lugar de ca. Não o cometa, já que $\mathbf{V}_{ac} = -\mathbf{V}_{ca}$. De modo semelhante, $\mathbf{I}_{ac} = -\mathbf{I}_{ca}$. Dessa forma, se usar a ordem errada do subscrito, você irá inserir uma defasagem de 180° em sua resposta.

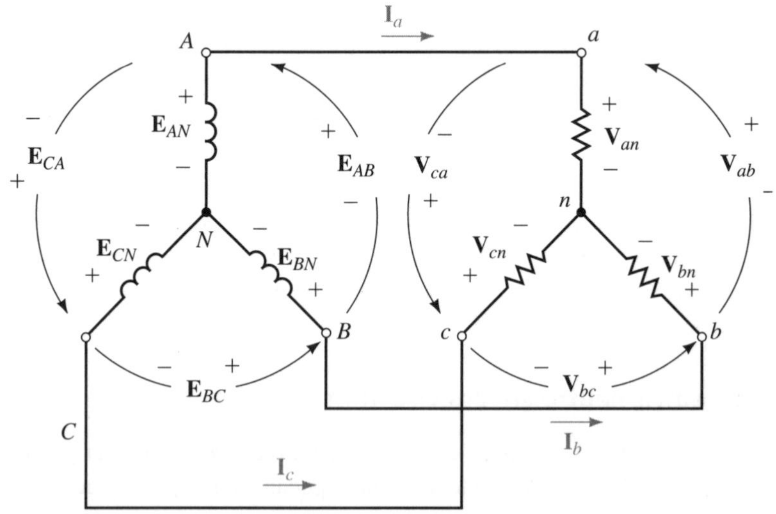

(a) Para uma ligação em Y, as fases são definidas da linha para o neutro

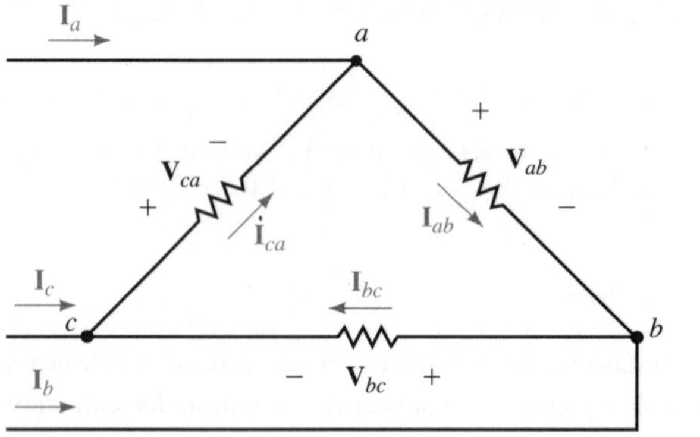

(b) Para uma ligação em Δ, as fases são definidas de linha a linha

FIGURA 24-7 Símbolos e notação para tensões e correntes trifásicas.

Definições

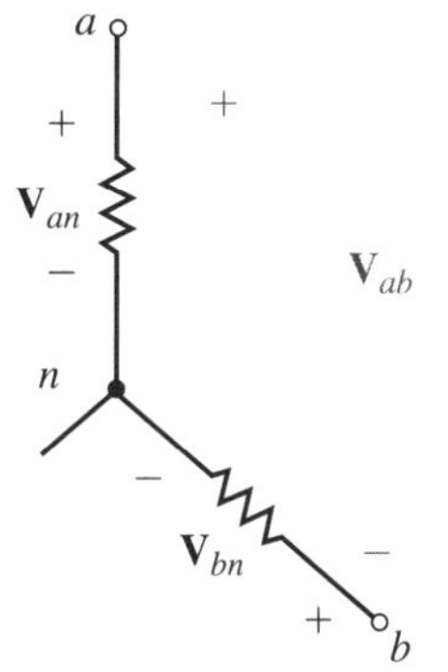

FIGURA 24-8

As **tensões de linha** (também chamadas de **linha a linha**) são tensões entre as linhas. Assim, $\mathbf{E}_{AB}$, $\mathbf{E}_{BC}$ e $\mathbf{E}_{CA}$ são tensões linha a linha no gerador, enquanto $\mathbf{V}_{ab}$, $\mathbf{V}_{bc}$ e $\mathbf{V}_{ca}$ são chamadas de tensões linha a linha na carga.

As **tensões de fase** são tensões entre fases. Para uma carga em Y, as fases são definidas da linha para o neutro, como indicado na Figura 24-7(a); portanto, $\mathbf{V}_{an}$, $\mathbf{V}_{bn}$ e $\mathbf{V}_{cn}$ são tensões de fase para uma carga em Y. Para uma carga em Δ, as fases são definidas de linha a linha, como mostrado na Figura 24-7(b); logo, $\mathbf{V}_{ab}$, $\mathbf{V}_{bc}$ e $\mathbf{V}_{ca}$ são tensões de fase para uma ligação em Δ. Como se pode ver, para uma carga em Δ, as tensões de fase e de linha são iguais. Para o gerador, $\mathbf{E}_{AN}$, $\mathbf{E}_{BN}$ e $\mathbf{E}_{CN}$ são as tensões de fase.

As **correntes de linha** são as correntes nos condutores de linha. É necessário apenas um subscrito. É possível usar $\mathbf{I}_a$, $\mathbf{I}_b$, $\mathbf{I}_c$, como na Figura 24-7 ou $\mathbf{I}_A$, $\mathbf{I}_B$ e $\mathbf{I}_C$, como na Figura 24-4. (Alguns autores utilizam subscritos duplos como $\mathbf{I}_{Aa}$.)

As **correntes de fase** são correntes através das fases. Para a carga em Y na Figura 24-7(a), $\mathbf{I}_a$, $\mathbf{I}_b$ e $\mathbf{I}_c$ passam pelas impedâncias de fase e são, portanto, correntes de fase. Para a carga em Δ na Figura 24-7(b), $\mathbf{I}_{ab}$, $\mathbf{I}_{bc}$ e $\mathbf{I}_{ca}$ são correntes de fase. Como se vê, para uma carga em Y, as correntes de fase e de linha são iguais.

As **impedâncias de fase** para uma carga em Y são as impedâncias de *a-n*, *b-n* e *c-n* [Figura 24-7(a)], e são denotadas pelos símbolos $\mathbf{Z}_{an}$, $\mathbf{Z}_{bn}$ e $\mathbf{Z}_{cn}$. Para a carga em Δ na Figura 24-7(b), as impedâncias de fase são $\mathbf{Z}_{ab}$, $\mathbf{Z}_{bc}$ e $\mathbf{Z}_{ca}$. Em uma carga balanceada, as impedâncias para todas as cargas são iguais, ou seja, $\mathbf{Z}_{an} = \mathbf{Z}_{bn} = \mathbf{Z}_{cn}$ etc.

Tensões de Linha e de Fase para Circuitos em Y

Agora precisamos das relações entre as tensões de linha e de fase para um circuito em Y. Considere a Figura 24-8. Pela KVL, $\mathbf{V}_{ab} - \mathbf{V}_{an} + \mathbf{V}_{bn} = 0$. Assim,

$$\mathbf{V}_{ab} = \mathbf{V}_{an} - \mathbf{V}_{bn} \qquad \textbf{(24-1)}$$

Agora suponha uma magnitude V para cada tensão de fase e tome $\mathbf{V}_{an}$ como referência. Assim, $\mathbf{V}_{an} = V\angle 0^\circ$ e $\mathbf{V}_{bn} = V\angle -120^\circ$. Substitua esses dois valores na Equação 24-1:

$$\mathbf{V}_{ab} = V\angle 0^\circ - V\angle -120^\circ = V(1 + j0) - V(-0{,}5 - j0{,}866)$$
$$= \mathrm{V}(1{,}5 + j0{,}866) = 1{,}732\ \mathrm{V}\angle 30^\circ = \sqrt{3}\ V\angle 30^\circ$$

Uma vez que $\mathbf{V}_{an} = V\angle 0^\circ$, temos

$$\mathbf{V}_{ab} = \sqrt{3}\,\mathbf{V}_{an}\angle 30^\circ \qquad \textbf{(24-2)}$$

A Equação 24-2 mostra que a magnitude de $\mathbf{V}_{ab}$ é $\sqrt{3}$ vezes a magnitude de $\mathbf{V}_{an}$ e que $\mathbf{V}_{ab}$ está 30° adiantada em relação a $\mathbf{V}_{an}$. Isso é apresentado na Figura 24-9(a). As outras duas fases apresentam relações parecidas, o que está mostrado na Figura 24-9(b). Assim, *para um sistema em Y balanceado, a magnitude da tensão linha a linha é $\sqrt{3}$ vezes a magnitude da tensão de fase, e cada tensão linha a linha está 30° adiantada em relação à tensão de fase correspondente*. A partir disso, podemos ver que *as tensões linha a linha também formam um conjunto balanceado*. (Embora tenhamos desenvolvido essas relações com $\mathbf{V}_{an}$ na posição de referência de 0°, elas são verdadeiras independentemente da escolha da referência.) Tais relações também servem para a fonte. Dessa forma,

$$\mathbf{E}_{AB} = \sqrt{3}\,\mathbf{E}_{AN}\angle 30^\circ \qquad \textbf{(24-3)}$$

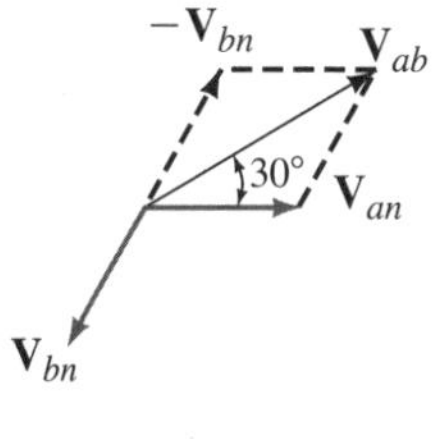

(a) Demonstração gráfica de como $\mathbf{V}_{ab}$ está 30° adiantada em relação à $\mathbf{V}_{an}$

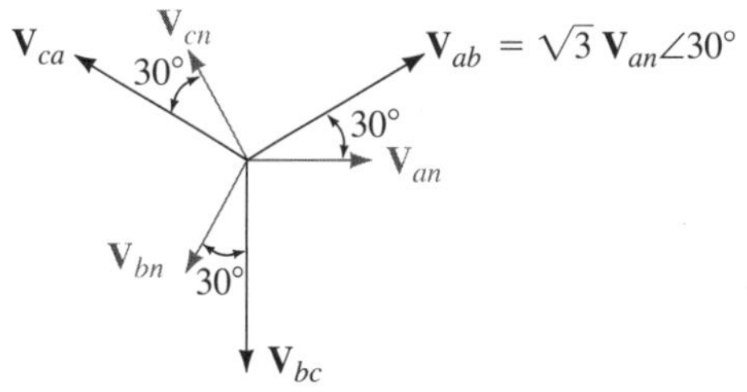

(b) As tensões de linha e de fase formam conjuntos balanceados

FIGURA 24-9 Tensões para uma carga em Y balanceada. Se soubermos uma tensão, podemos determinar as outras cinco por inspeção.

EXEMPLO 24-2

a. Sendo $\mathbf{V}_{an} = 120\angle{-45^\circ}$, determine $\mathbf{V}_{ab}$ usando a Equação 24-2.

b. Confirme o valor de $\mathbf{V}_{ab}$ substituindo diretamente $\mathbf{V}_{an}$ e $\mathbf{V}_{bn}$ na Equação 24-1.

Solução:

a. $\mathbf{V}_{ab} = \sqrt{3}\,\mathbf{V}_{an}\angle 30^\circ = \sqrt{3}\,(120\text{ V}\angle{-45^\circ})(1\angle 30^\circ) = 207{,}8\angle{-15^\circ}$.

b. $\mathbf{V}_{an} = 120\text{ V}\angle{-45^\circ}$. Logo, $\mathbf{V}_{bn} = 120\text{ V}\angle{-165^\circ}$.

$\mathbf{V}_{ab} = \mathbf{V}_{an} - \mathbf{V}_{bn} = (120\text{ V}\angle{-45^\circ}) - (120\text{ V}\angle{-165^\circ})$

$= 207{,}8\text{ V}\angle{-15^\circ}$, como antes.

Tensões Nominais

Embora o Exemplo 24-2 dê como resultado 207,8 para a tensão linha a linha, geralmente arredondamos esse valor para 208 V e nos referimos ao sistema como um de 120/208 V. Estes são valores nominais. Outros pares de tensões nominais usados na prática são 277/480 V e 347/600 V.

EXEMPLO 24-3

Para os circuitos da Figura 24-4, suponha que $\mathbf{E}_{AN} = 120\text{ V}\angle 0^\circ$.

a. Determine as tensões de fase na carga.

b. Determine as tensões de linha da carga.

c. Mostre todas as tensões em um diagrama fasorial.

Solução:

a. $\mathbf{V}_{an} = \mathbf{E}_{AN}$. Logo, $\mathbf{V}_{an} = 120\text{ V}\angle 0^\circ$. Como o sistema está balanceado, $\mathbf{V}_{bn} = 120\text{ V}\angle{-120^\circ}$ e $\mathbf{V}_{cn} = 120\text{ V}\angle 120^\circ$.

b. $\mathbf{V}_{ab} = \sqrt{3}\,\mathbf{V}_{an}\angle 30^\circ = \sqrt{3} \times 120\text{ V}\angle(0^\circ + 30^\circ) = 208\text{ V}\angle 30^\circ$. Como as tensões de linha formam um par balanceado, $\mathbf{V}_{bc} = 208\text{ V}\angle{-90^\circ}$ e $\mathbf{V}_{ca} = 208\text{ V}\angle 150^\circ$.

c. A Figura 24-10 mostra os fasores.

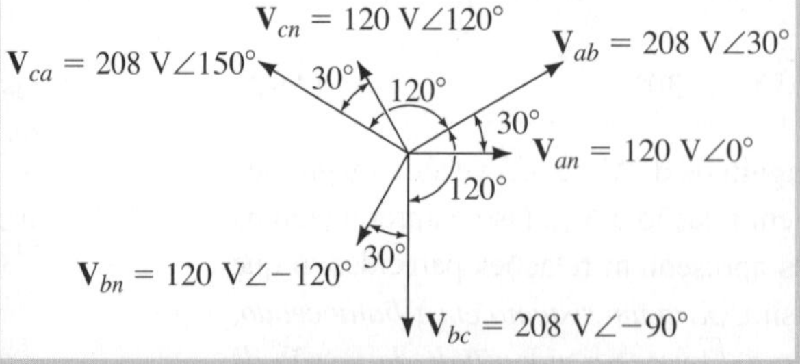

MULTISIM

FIGURA 24-10

As Equações 24-2 e 24-3 permitem calcular as tensões de linha a partir das tensões de fase. Se as rearranjarmos, teremos a Equação 24-4, que permite calcular a tensão de fase a partir da tensão de linha.

$$\mathbf{V}_{an} = \frac{\mathbf{V}_{ab}}{\sqrt{3}\angle 30^\circ} \qquad \mathbf{E}_{AN} = \frac{\mathbf{E}_{AB}}{\sqrt{3}\angle 30^\circ} \tag{24-4}$$

Por exemplo, se $\mathbf{E}_{AB} = 480\text{ V}\angle 45°$, então

$$\mathbf{E}_{AN} = \frac{\mathbf{E}_{AB}}{\sqrt{3}\angle 30°} = \frac{480\text{ V}\angle 45°}{\sqrt{3}\angle 30°} = 277\text{ V}\angle 15°$$

Uma Etapa Importante

Você acaba de alcançar uma etapa importante. *Dada qualquer tensão em um ponto no sistema em Y trifásico e balanceado, é possível, com o auxílio da Equação 24-2 ou 24-4, determinar as cinco tensões restantes por inspeção*, ou seja, simplesmente mudando seus ângulos e multiplicando ou dividindo a magnitude por $\sqrt{3}$, de acordo com a necessidade.

PROBLEMAS PRÁTICOS 2

Para um gerador em Y balanceado, $\mathbf{E}_{AB} = 480\text{ V}\angle 20°$.

a. Determine as outras duas tensões de linha no gerador.

b. Determine as tensões de fase no gerador.

c. Desenhe os fasores.

Respostas

a. $\mathbf{E}_{BC} = 480\text{ V}\angle -100°$; $\mathbf{E}_{CA} = 480\text{ V}\angle 140°$

b. $\mathbf{E}_{AN} = 277\text{ V}\angle -10°$; $\mathbf{E}_{BN} = 277\text{ V}\angle -130°$; $\mathbf{E}_{CN} = 277\text{ V}\angle 110°$

Correntes para um Circuito em Y

Como vimos anteriormente, para uma carga em Y, as correntes de linha são iguais às correntes de fase. Considere a Figura 24-11. Como indicado em (b),

$$\mathbf{I}_a = \mathbf{V}_{an}/\mathbf{Z}_{an} \qquad \textbf{(24-5)}$$

A relação é similar para $\mathbf{I}_b$ e $\mathbf{I}_c$. Como $\mathbf{V}_{an}$, $\mathbf{V}_{bn}$ e $\mathbf{V}_{cn}$ formam um conjunto balanceado, *as correntes de linha $\mathbf{I}_a$, $\mathbf{I}_b$ e $\mathbf{I}_c$ também formam um conjunto balanceado*. Desse modo, se conhecermos uma corrente, podemos determinar as outras duas por inspeção.

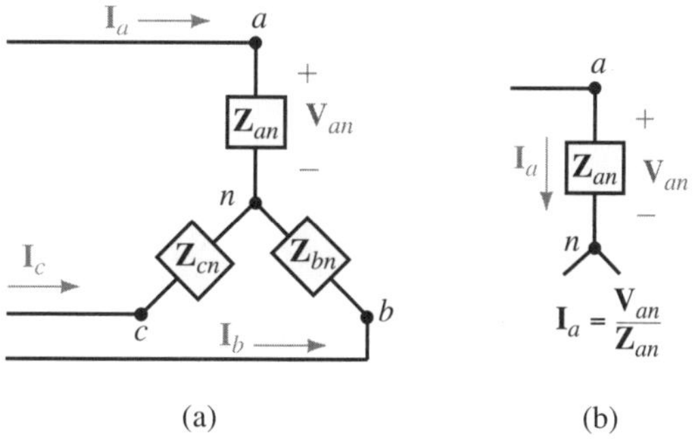

FIGURA 24-11 Determinando as correntes para uma carga em Y.

EXEMPLO 24-4

Para a Figura 24-12, suponha que $\mathbf{V}_{an} = 120\text{ V}\angle 0°$.

a. Calcule $\mathbf{I}_a$ e depois determine $\mathbf{I}_b$ e $\mathbf{I}_c$ por inspeção.

b. Faça o cálculo direto para confirmar o resultado.

(continua)

EXEMPLO 24-4 *(continuação)*

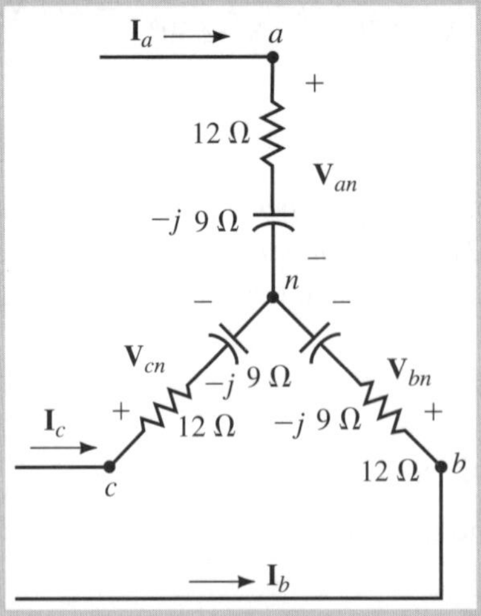

FIGURA 24-12

MULTISIM

Solução:

a. $\mathbf{I}_a = \dfrac{\mathbf{V}_{an}}{\mathbf{Z}_{an}} = \dfrac{120\angle 0°}{12 - j9} = \dfrac{120\angle 0°}{15\angle -36{,}87°} = 8{,}0\ \text{A}\angle 36{,}87°$

$\mathbf{I}_b$ está 120° atrasada em relação a $\mathbf{I}_a$. Assim, $\mathbf{I}_b = 8\ \text{A}\angle -83{,}13°$.

$\mathbf{I}_c$ está 120° adiantada em relação a $\mathbf{I}_a$. Assim, $\mathbf{I}_c = 8\ \text{A}\angle 156{,}87°$.

b. Como $\mathbf{V}_{an} = 120\ \text{V}\angle 0°$, $\mathbf{V}_{bn} = 120\ \text{V}\angle -120°$ e $\mathbf{V}_{cn} = 120\ \text{V}\angle 120°$.

Assim,

$$\mathbf{I}_b = \frac{\mathbf{V}_{bn}}{\mathbf{Z}_{bn}} = \frac{120\angle -120°}{15\angle -36{,}87°} = 8{,}0\ \text{A}\angle -83{,}13°$$

$$\mathbf{I}_c = \frac{\mathbf{V}_{cn}}{\mathbf{Z}_{cn}} = \frac{120\angle 120°}{15\angle -36{,}87°} = 8{,}0\ \text{A}\angle 156{,}87°$$

Esses valores confirmam o resultado obtido em (a).

PROBLEMAS PRÁTICOS 3

1. Sendo $\mathbf{V}_{ab} = 600\ \text{V}\angle 0°$ para o circuito da Figura 24-12, quais são os valores de $\mathbf{I}_a$, $\mathbf{I}_b$ e $\mathbf{I}_c$?
2. Sendo $\mathbf{V}_{bc} = 600\ \text{V}\angle -90°$ para o circuito da Figura 24-12, quais são os valores de $\mathbf{I}_a$, $\mathbf{I}_b$ e $\mathbf{I}_c$?

Respostas

1. $\mathbf{I}_a = 23{,}1\ \text{A}\angle 6{,}9°$; $\mathbf{I}_b = 23{,}1\ \text{A}\angle -113{,}1°$; $\mathbf{I}_c = 23{,}1\ \text{A}\angle 126{,}9°$

2. $\mathbf{I}_a = 23{,}1\ \text{A}\angle 36{,}9°$; $\mathbf{I}_b = 23{,}1\ \text{A}\angle -83{,}1°$; $\mathbf{I}_c = 23{,}1\ \text{A}\angle 156{,}9°$

Correntes de Linha e de Fase para um Circuito em Delta

Considere a carga em delta da Figura 24-13. É possível achar a corrente de fase $\mathbf{I}_{ab}$ como na Figura 24-13(b).

$$\mathbf{I}_{ab} = \mathbf{V}_{ab}/\mathbf{Z}_{ab} \qquad \textbf{(24-6)}$$

Relações parecidas servem para $\mathbf{I}_{bc}$ e $\mathbf{I}_{ca}$. Como as tensões de linha estão balanceadas, as correntes de fase também o estão. Agora considere novamente a Figura 24-13(a). Aplicando a KVL no nó *a*, temos

$$\mathbf{I}_a = \mathbf{I}_{ab} - \mathbf{I}_{ca} \qquad \textbf{(24-7)}$$

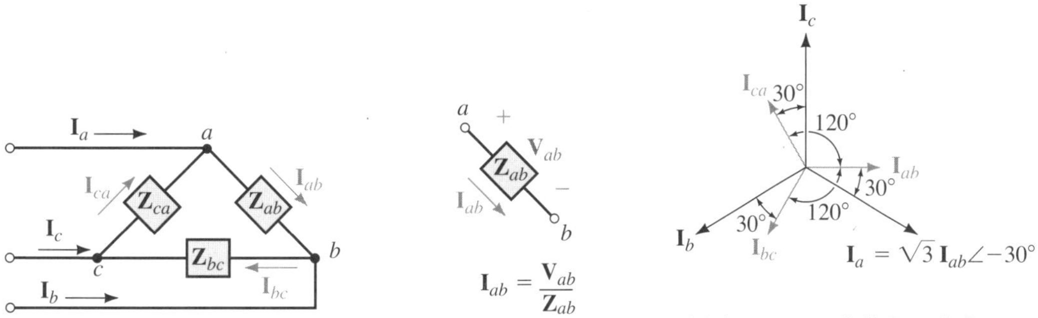

(a) $\mathbf{I}_a = \mathbf{I}_{ab} - \mathbf{I}_{ca}$ (b) (c) As correntes de linha e de fase formam conjuntos balanceados

FIGURA 24-13 Correntes para uma carga em Y balanceada. Se conhecermos uma corrente, é possível determinar as outras cinco por inspeção.

Após alguma manipulação, isso se reduz a

$$\mathbf{I}_a = \sqrt{3}\,\mathbf{I}_{ab}\angle -30^\circ \tag{24-8}$$

Logo, a magnitude de $\mathbf{I}_a$ é $\sqrt{3}$ vezes a magnitude de $\mathbf{I}_{ab}$, e $\mathbf{I}_a$ está 30° atrasada em relação à $\mathbf{I}_a$. Isso também vale para as outras duas fases. Assim, *em uma ligação em Δ balanceada, a magnitude da corrente de linha é $\sqrt{3}$ vezes a magnitude da corrente de fase, e cada corrente de linha está 30° atrasada em relação à corrente de fase correspondente*. Isso está mostrado em 24-13(c). Para achar as correntes de fase a partir das correntes de linha, use

$$\mathbf{I}_{ab} = \frac{\mathbf{I}_a}{\sqrt{3}\angle -30^\circ} \tag{24-9}$$

Uma Segunda Etapa Importante

Você alcançou uma segunda etapa importante. *Dada qualquer corrente em uma carga em Δ trifásica e balanceada, você pode, com o auxílio das Equações 24-8 ou 24-9, determinar todas as correntes restantes por inspeção.*

EXEMPLO 24-5

Suponha que $\mathbf{V}_{ab} = 240\text{ V}\angle 15^\circ$ para o circuito da Figura 24-14.

a. Determine as correntes de fase.

b. Determine as correntes de linha.

c. Faça o diagrama fasorial.

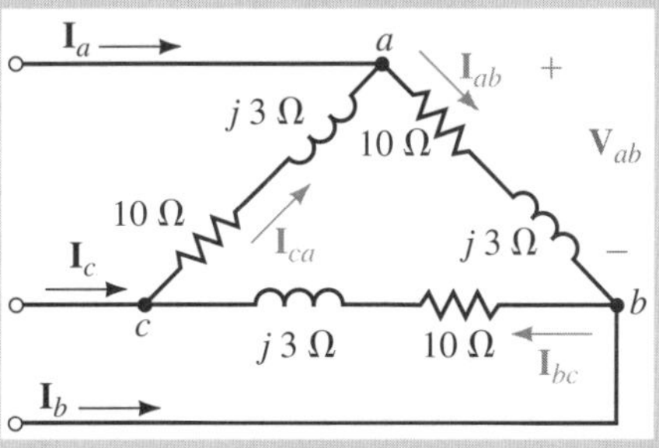

FIGURA 24-14

MULTISIM

Solução:

a. $\mathbf{I}_{ab} = \dfrac{\mathbf{V}_{ab}}{\mathbf{Z}_{ab}} = \dfrac{240\angle 15^\circ}{10 + j3} = 23{,}0\text{ A}\angle -1{,}70^\circ$

(continua)

Exemplo 24-5 *(continuação)*

Assim,

$\mathbf{I}_{bc} = 23{,}0\ \text{A}\angle{-121{,}7^\circ}$ e $\mathbf{I}_{ca} = 23{,}0\ \text{A}\angle{118{,}3^\circ}$

b. $\mathbf{I}_a = \sqrt{3}\,\mathbf{I}_{ab}\angle{-30^\circ} = 39{,}8\ \text{A}\angle{-31{,}7^\circ}$

Assim,

$\mathbf{I}_b = 39{,}8\ \text{A}\angle{-151{,}7^\circ}$ e $\mathbf{I}_c = 39{,}8\ \text{A}\angle{88{,}3^\circ}$

c.

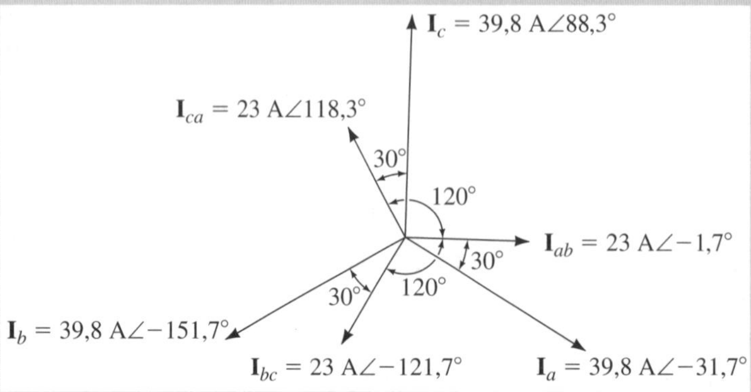

FIGURA 24-15

PROBLEMAS PRÁTICOS 4

1. Para o circuito da Figura 24-14, sendo $\mathbf{I}_a = 17{,}32\ \text{A}\angle{20^\circ}$, determine
   a. $\mathbf{I}_{ab}$
   b. $\mathbf{V}_{ab}$
2. Para o circuito da Figura 24-14, sendo $\mathbf{I}_{bc} = 5\ \text{A}\angle{-140^\circ}$, qual será o valor de $\mathbf{V}_{ab}$?

Respostas

1. a. $10\ \text{A}\angle{50^\circ}$ **b.** $104\ \text{V}\angle{66{,}7^\circ}$

2. $52{,}2\ \text{V}\angle{-3{,}30^\circ}$

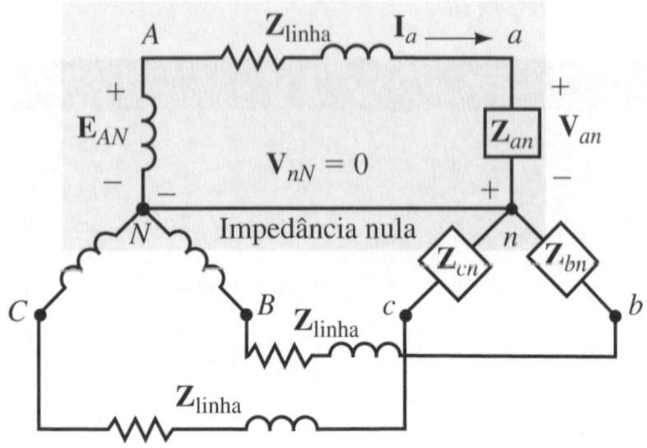

(a) Circuito original $\mathbf{E}_{AN} = \mathbf{I}_a\,\mathbf{Z}_{\text{linha}} + \mathbf{V}_{an}$

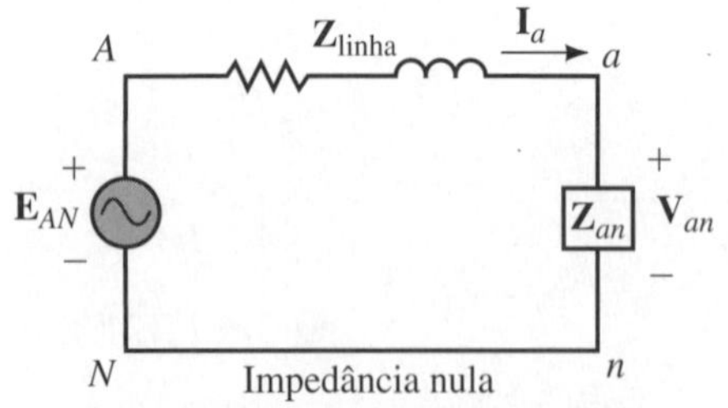

(b) Equivalente monofásico $\mathbf{E}_{AN} = \mathbf{I}_a\,\mathbf{Z}_{\text{linha}} + \mathbf{V}_{an}$

FIGURA 24-16 Redução de um circuito a seu equivalente monofásico. Como as duas configurações são descritas pelo mesmo conjunto de equações, elas são equivalentes.

O Equivalente Monofásico

A essa altura, deve estar claro que, se soubermos a solução para uma fase do sistema balanceado, determinaremos com eficácia a solução para todas as três fases. Agora iremos formalizar o que foi dito, desenvolvendo o método do **equivalente monofásico** para resolver sistemas balanceados. Considere um sistema Y-Y com impedância de linha. O sistema pode ser com três fios ou quatro fios com uma impedância no condutor neutro. Em ambos os casos, como a tensão entre pontos neutros é zero, podemos juntar os pontos n e N com um **condutor de impedância nula**, sem perturbar as tensões ou correntes em outro ponto do circuito. Isso está ilustrado na Figura 24-16(a). A fase a pode ser isolada como na Figura 24-16(b). Já que $\mathbf{V}_{nN} \equiv 0$ como mostrado anteriormente, a equação que descreve a fase a no circuito (b) é igual à que descreve a fase a no circuito original; portanto, o circuito (b) pode ser usado para resolver o problema original. Se houver a presença de cargas em Δ, converta-as em cargas em Y usando a fórmula de conversão Δ-Y para as cargas balanceadas utilizadas no Capítulo 19 (neste volume): $\mathbf{Z}_Y = \mathbf{Z}_\Delta/3$. Esse procedimento é válido independentemente da configuração ou complexidade do circuito. Examinaremos seu uso na Seção 24.4.

Selecionando uma Referência

Antes de resolver um problema envolvendo trifásicos, é necessário selecionar uma referência. Para circuitos em Y, normalmente escolhemos $\mathbf{E}_{AN}$ ou $\mathbf{V}_{an}$; para circuitos em Δ, em geral escolhemos $\mathbf{E}_{AB}$ ou $\mathbf{V}_{ab}$.

Resumo das Relações Trifásicas Básicas

A Tabela 24-1 resume as relações mostradas até aqui. Observe que, em sistemas balanceados (em Y ou Δ), *todas* as tensões e correntes estão balanceadas.

TABELA 24-1 Resumo das Relações (Sistema Balanceado). Todas as Tensões e Correntes estão Balanceadas

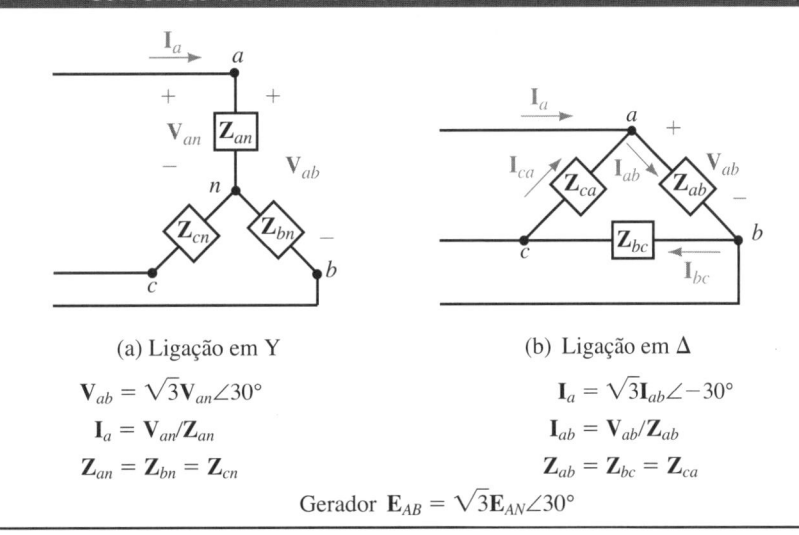

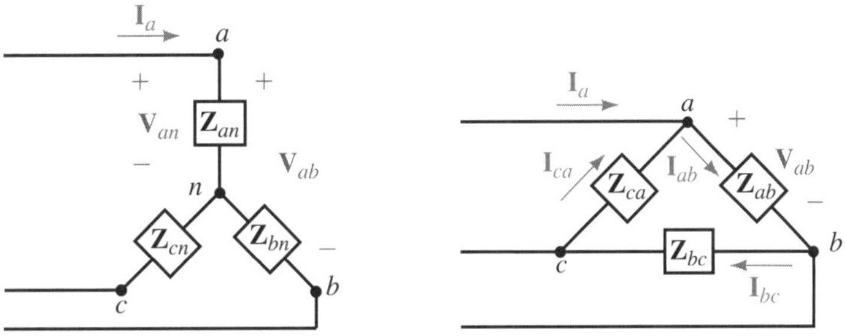

(a) Ligação em Y	(b) Ligação em Δ
$\mathbf{V}_{ab} = \sqrt{3}\mathbf{V}_{an}\angle 30°$	$\mathbf{I}_a = \sqrt{3}\mathbf{I}_{ab}\angle -30°$
$\mathbf{I}_a = \mathbf{V}_{an}/\mathbf{Z}_{an}$	$\mathbf{I}_{ab} = \mathbf{V}_{ab}/\mathbf{Z}_{ab}$
$\mathbf{Z}_{an} = \mathbf{Z}_{bn} = \mathbf{Z}_{cn}$	$\mathbf{Z}_{ab} = \mathbf{Z}_{bc} = \mathbf{Z}_{ca}$

Gerador $\mathbf{E}_{AB} = \sqrt{3}\mathbf{E}_{AN}\angle 30°$

VERIFICAÇÃO DO PROCESSO DE APRENDIZAGEM 1

(As respostas encontram-se no fim do capítulo.)

1. Na Figura 24-4(a), sendo $\mathbf{E}_{AN} = 277 \text{ V}\angle -20°$, determine todas as tensões de linha e de fase na fonte e na carga.
2. Na Figura 24-4(a), sendo $\mathbf{V}_{bc} = 208 \text{ V}\angle -40°$, determine todas as tensões de linha e de fase na fonte e na carga.
3. Na Figura 24-12, sendo $\mathbf{I}_a = 8{,}25 \text{ A}\angle 35°$, determine $\mathbf{V}_{an}$ e $\mathbf{V}_{ab}$.
4. Na Figura 24-14, sendo $\mathbf{I}_b = 17{,}32 \text{ A}\angle -85°$, determine todas as tensões.

24.4 Exemplos

Há várias maneiras de resolver a maioria dos problemas. Normalmente, tentamos usar o método mais simples. Por isso, às vezes aplicamos o método do equivalente monofásico e outras vezes resolvemos o problema na configuração trifásica. Em geral, se um circuito tiver impedância de linha, empregamos o método do equivalente monofásico; caso contrário, resolvemos o problema de forma direta.

EXEMPLO 24-6

Para a Figura 24-17, $\mathbf{E}_{AN} = 120\ \text{V}\angle 0°$.

a. Calcule as correntes de linha.

b. Calcule as tensões de fase na carga.

c. Calcule as tensões de linha na carga.

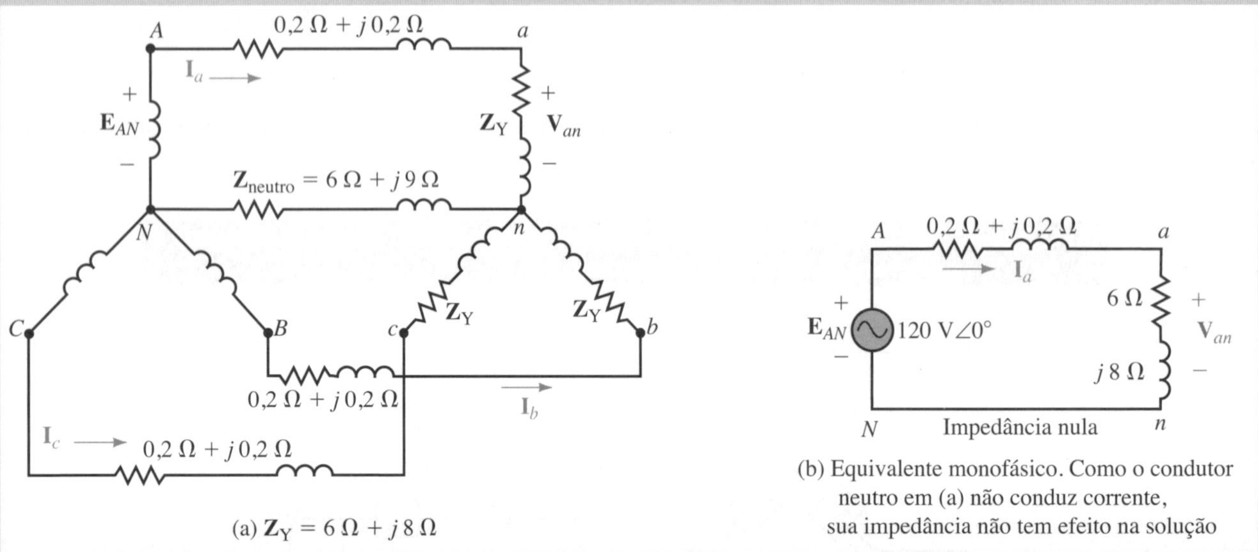

FIGURA 24-17 Problema envolvendo um circuito Y-Y. MULTISIM

Solução:

a. Reduza o circuito em seu equivalente monofásico, como mostrado em (b).

$$\mathbf{I}_a = \frac{\mathbf{E}_{AN}}{\mathbf{Z}_T} = \frac{120\angle 0°}{(0{,}2 + j0{,}2) + (6 + j8)} = 11{,}7\ \text{A}\angle -52{,}9°$$

Logo,

$$\mathbf{I}_b = 11{,}7\ \text{A}\angle -172{,}9° \text{ e } \mathbf{I}_c = 11{,}7\ \text{A}\angle 67{,}1°$$

b. $\mathbf{V}_{an} = \mathbf{I}_a \times \mathbf{Z}_{an} = (11{,}7\angle -52{,}9°)(6 + j8) = 117\ \text{V}\angle 0{,}23°$

Assim,

$$\mathbf{V}_{bn} = 117\ \text{V}\angle -119{,}77° \text{ e } \mathbf{V}_{cn} = 117\ \text{V}\angle 120{,}23°$$

c. $\mathbf{V}_{ab} = \sqrt{3}\,\mathbf{V}_{an}\angle 30° = \sqrt{3} \times 117\angle(0{,}23° + 30°) = 202{,}6\ \text{V}\angle 30{,}23°$

Assim,

$$\mathbf{V}_{bc} = 202{,}6\ \text{V}\angle -89{,}77° \text{ e } \mathbf{V}_{ca} = 202{,}6\ \text{V}\angle 150{,}23°$$

Observe o deslocamento de fase e a queda de tensão na impedância de linha. Note também que a impedância do condutor neutro não interfere na solução porque nenhuma corrente passa por ele, uma vez que o sistema está balanceado.

PROBLEMAS PRÁTICOS 5

Para o circuito da Figura 24-18, $\mathbf{V}_{an} = 120\ \text{V}\angle 0°$.

a. Encontre as correntes de linha.

b. Confirme que a corrente de neutro é zero.

c. Determine as tensões no gerador $\mathbf{E}_{AN}$ e $\mathbf{E}_{AB}$.

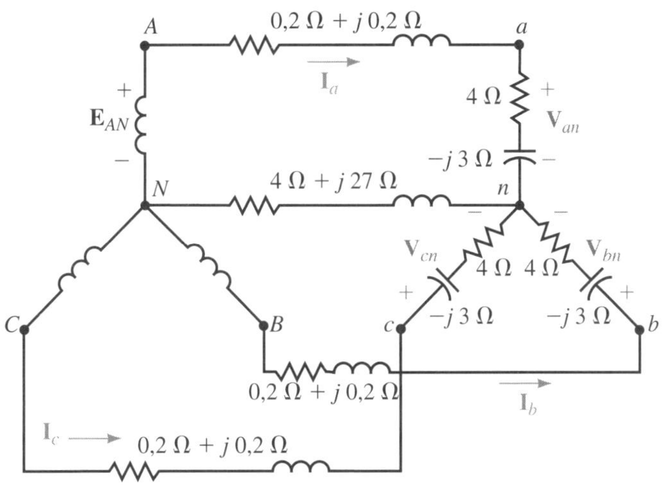

FIGURA 24-18

Respostas

a. $\mathbf{I}_a = 24\ \text{A}\angle 36{,}9°$; $\mathbf{I}_b = 24\ \text{A}\angle -83{,}1°$; $\mathbf{I}_c = 24\ \text{A}\angle 156{,}9°$

b. $24\ \text{A}\angle 36{,}9° + 24\ \text{A}\angle -83{,}1° + 24\ \text{A}\angle 156{,}9° = 0$

c. $\mathbf{E}_{AN} = 121\ \text{V}\angle 3{,}18°$; $\mathbf{E}_{AB} = 210\ \text{V}\angle 33{,}18°$

EXEMPLO 24-7

Para o circuito da Figura 24-19, $\mathbf{E}_{AB} = 208\ \text{V}\angle 30°$

a. Determine as correntes de fase.

b. Determine as correntes de linha.

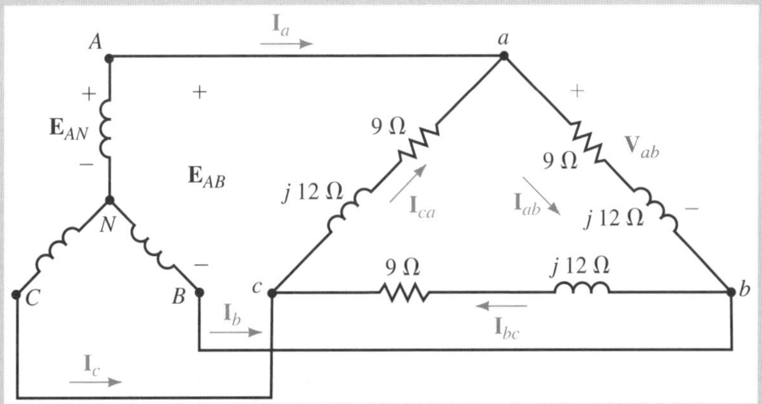

FIGURA 24-19 Problema envolvendo a configuração Y-Δ.

Solução:

a. Como esse circuito não tem impedância de linha, a carga é conectada diretamente à fonte e $\mathbf{V}_{ab} = \mathbf{E}_{AB} = 208\ \text{V}\angle 30°$.

A corrente $\mathbf{I}_{ab}$ pode ser determinada da seguinte maneira:

$$\mathbf{I}_{ab} = \frac{\mathbf{V}_{ab}}{\mathbf{Z}_{ab}} = \frac{208\angle 30°}{9 + j12} = \frac{208\angle 30°}{15\angle 53{,}13°} = 13{,}9\ \text{A}\angle -23{,}13°$$

(continua)

EXEMPLO 24-7 *(continuação)*

Assim,

$\mathbf{I}_{bc} = 13{,}9\ \text{A}\angle{-143{,}13°}$ e $\mathbf{I}_{ca} = 13{,}9\ \text{A}\angle 96{,}87°$

b. $\mathbf{I}_a = \sqrt{3}\,\mathbf{I}_{ab}\angle{-30°} = \sqrt{3}\,(13{,}9)\angle(-30° - 23{,}13°) = 24\ \text{A}\angle{-53{,}13°}$

Assim,

$$\mathbf{I}_b = 24\ \text{A}\angle{-173{,}13°} \text{ e } \mathbf{I}_c = 24\ \text{A}\angle 66{,}87°$$

EXEMPLO 24-8

Para o circuito da Figura 24-20(a), a magnitude da tensão de linha no gerador é de 208 volts. Calcule a tensão de linha, $\mathbf{V}_{ab}$, na carga.

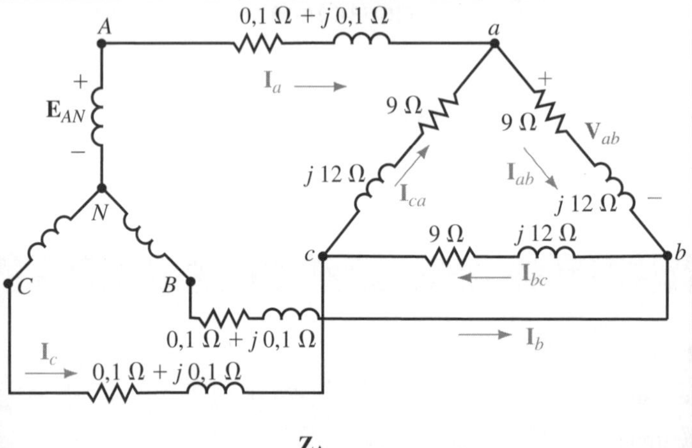

(a) $\mathbf{Z}_Y = \frac{\mathbf{Z}_\Delta}{3} = 3\ \Omega + j\,4\ \Omega$

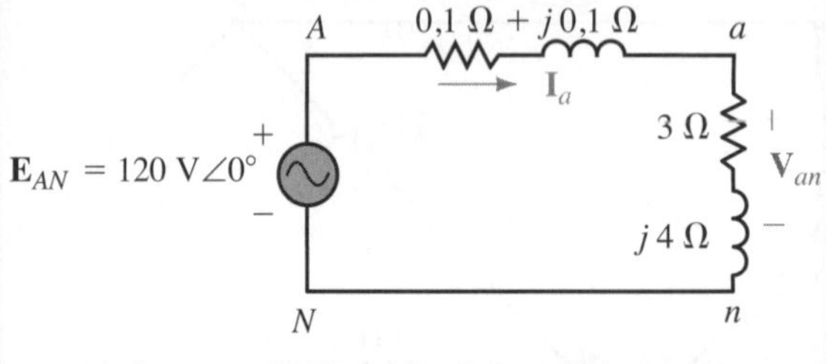

(b) Equivalente monofásico

MULTISIM

FIGURA 24-20 Circuito com impedâncias de linha.

Solução: Como os pontos *A-a* e *B-b* não estão diretamente juntos, $\mathbf{V}_{ab} \neq \mathbf{E}_{AB}$; logo, não podemos resolver o circuito como fizemos no Exemplo 24-7. Use o equivalente monofásico. A tensão de fase na fonte é $208/\sqrt{3} = 120$ V. Escolha $\mathbf{E}_{AN}$ como referência: $\mathbf{E}_{AN} = 120\ \text{V}\angle 0°$.

$$\mathbf{Z}_Y = \mathbf{Z}_\Delta/3 = (9 + j12)/3 = 3\ \Omega + j4\ \Omega$$

O equivalente monofásico é mostrado em (b). Agora use a regra do divisor de tensão para encontrar $\mathbf{V}_{an}$:

$$\mathbf{V}_{an} = \left(\frac{3 + j4}{3{,}1 + j4{,}1}\right) \times 120\angle 0° = 117\ \text{V}\angle 0{,}22°$$

Assim,

$$\mathbf{V}_{ab} = \sqrt{3}\,\mathbf{V}_{an}\angle 30° = \sqrt{3}\,\angle(117\ \text{V})\angle 30{,}22° = 203\ \text{V}\angle 30{,}22°$$

EXEMPLO 24-9

Para o circuito da Figura 24-20(a), a tensão de fase no gerador é de 120 volts. Determine as correntes em Δ.

Solução: Como essa tensão da fonte é igual à do Exemplo 24-8, a tensão da carga, $\mathbf{V}_{ab}$, também será a mesma. Logo,

$$\mathbf{I}_{ab} = \frac{\mathbf{V}_{ab}}{\mathbf{Z}_{ab}} = \frac{203\ \text{V}\angle 30{,}22°}{(9 + j12)\Omega} = 13{,}5\ \text{A}\angle -22{,}9°$$

e

$$\mathbf{I}_{bc} = 13{,}5\ \text{A}\angle -142{,}9° \text{ e } \mathbf{I}_{ca} = 13{,}5\ \text{A}\angle 97{,}1°$$

EXEMPLO 24-10

Uma carga em Y e uma em Δ estão ligadas em paralelo conforme a Figura 24-21(a). $\mathbf{Z}_Y = 20\ \Omega\angle 0°$, $\mathbf{Z}_\Delta = 90\ \Omega\angle 0°$ e $\mathbf{Z}_{\text{linha}} = 0{,}5 + j0{,}5\ \Omega$. A magnitude da tensão de linha no gerador é de 208 V.

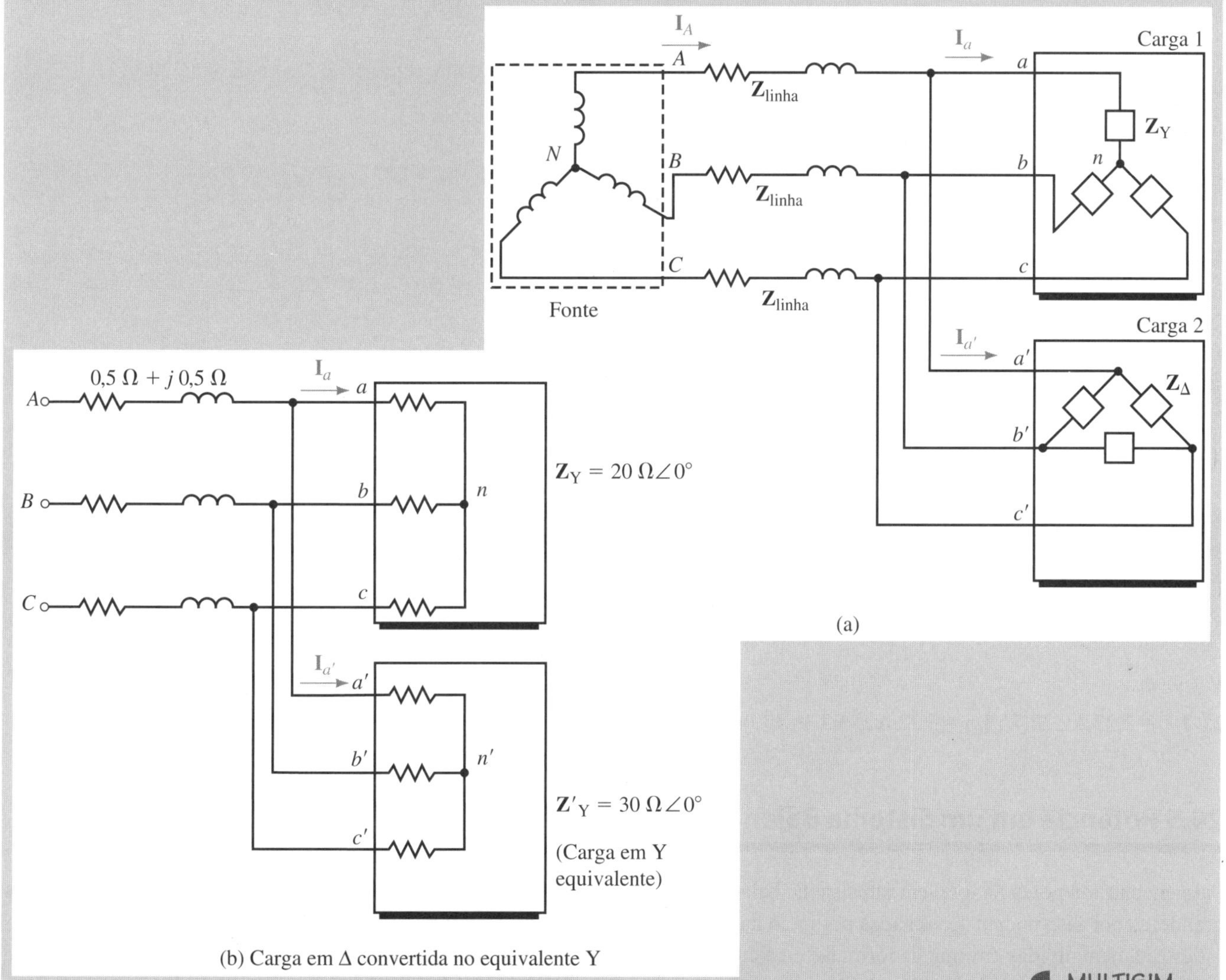

MULTISIM

FIGURA 24-21 Cargas trifásicas paralelas.

(continua)

EXEMPLO 24-10 *(continuação)*

a. Determine as tensões de fase nas cargas.

b. Determine as tensões de linha nas cargas.

Solução: Converta a carga em Δ em uma carga em Y. Assim, $Z'_Y = \frac{1}{3} Z_\Delta = 30\ \Omega\angle 0°$, como em (b). Agora junte seus pontos neutros, N, n e n' por um condutor com impedância nula, de modo a obter o equivalente monofásico, que está ilustrado na Figura 24-22(a). Os resistores de carga paralelos podem ser combinados conforme mostrado em (b).

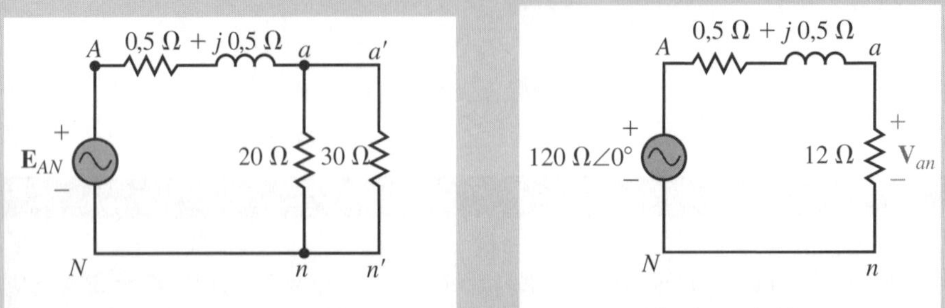

(a) Equivalente monofásico da Figura 24-21

(b) Circuito reduzido

FIGURA 24-22

a. A tensão de fase no gerador é igual a $208\text{ V}/\sqrt{3} = 120\text{ V}$. Selecione $\mathbf{E}_{AN}$ como referência. Assim, $\mathbf{E}_{AN} = 120\text{ V}\angle 0°$.

Usando a regra do divisor de tensão, obtém-se

$$\mathbf{V}_{an} = \left(\frac{12}{12{,}5 + j0{,}5}\right) \times 120\angle 0° = 115{,}1\text{ V}\angle -2{,}29°$$

Logo,

$\mathbf{V}_{bn} = 115{,}1\text{ V}\angle -122{,}29°$ e $V_{cn} = 115{,}1\text{ V}\angle 117{,}71°$

b. $\mathbf{V}_{ab} = \sqrt{3}\,\mathbf{V}_{an}\angle 30° = \sqrt{3}\,(115{,}1\text{ V})\angle(-2{,}29° + 30°) = 199\text{ V}\angle 27{,}71°$

Assim,

$$V_{bc} = 199\text{ V}\angle -92{,}29° \text{ e } \mathbf{V}_{ca} = 199\text{ V}\angle 147{,}71°$$

Essas são as tensões de linha para as cargas em Δ e em Y.

PROBLEMAS PRÁTICOS 6

1. Repita o Exemplo 24-7 usando o equivalente monofásico.
2. Determine as correntes de fase em Δ para o circuito da Figura 24-21(a).

Respostas

2. $\mathbf{I}_{a'b'} = 2{,}22\text{ A}\angle 27{,}7°$; $\mathbf{I}_{b'c'} = 2{,}22\text{ A}\angle -92{,}3°$; $\mathbf{I}_{c'a'} = 2{,}22\text{ A}\angle 147{,}7°$

24.5 Potência em um Sistema Balanceado

Para encontrar a potência total em um sistema balanceado, determine a potência de uma fase e depois a multiplique por três. As grandezas por fase podem ser achadas por meio das fórmulas utilizadas no Capítulo 17 (no volume 1). Como apenas as magnitudes estão envolvidas em muitas fórmulas e cálculos de potência, e como as magnitudes são iguais para todas as três fases, é possível usar uma notação simplificada. Usaremos V_Φ para a magnitude da tensão de fase, I_Φ para a magnitude da corrente de fase, V_L e I_L para a magnitude da tensão de linha e da corrente de linha, respectivamente, e Z_Φ para a impedância de fase.

Potência Ativa aplicada em uma Carga em Y Balanceada

Em primeiro lugar, considere uma carga em Y (Figura 24-23). A potência em qualquer fase conforme indicado em 24-23(b) é o produto da magnitude da tensão de fase, V_Φ, e a magnitude da corrente de fase, I_Φ, vezes o cosseno do ângulo θ_Φ entre elas. Como o ângulo entre a tensão e a corrente de fase é sempre o da impedância de carga, a potência por fase é

$$P_\Phi = V_\Phi I_\Phi \cos \theta_\Phi \quad \text{(W)} \qquad \textbf{(24-10)}$$

em que θ_Φ é o ângulo de $\mathbf{Z}_\Phi$. A potência total é

$$P_T = 3\,P_\Phi = 3V_\Phi I_\Phi \cos \theta_\Phi \quad \text{(W)} \qquad \textbf{(24-11)}$$

Também é útil ter uma fórmula para a potência em termos das grandezas de linha. Para uma carga em Y, $I_\Phi = I_L$ e $V_\Phi = V_L/\sqrt{3}$, onde I_L é a magnitude da corrente de linha e V_L é a magnitude da tensão linha a linha. Substituindo essas relações na Equação 24-11 e observando que $3/\sqrt{3} = \sqrt{3}$, temos

$$P_T = \sqrt{3}\,V_L I_L \cos \theta_\Phi \quad \text{(W)} \qquad \textbf{(24-12)}$$

Essa é uma fórmula muito importante e amplamente usada. No entanto, observe com cuidado que θ_Φ é o ângulo da impedância de carga e não o ângulo entre V_L e I_L.

A potência por fase também pode ser expressa da seguinte maneira:

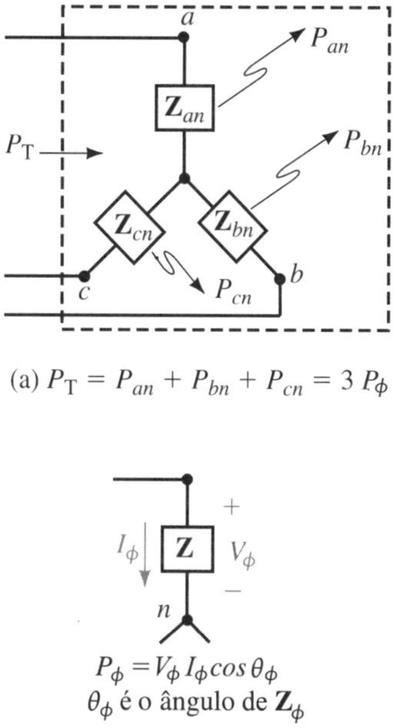

(a) $P_T = P_{an} + P_{bn} + P_{cn} = 3\,P_\phi$

(b)

FIGURA 24-23 Para uma carga em Y balanceada, $P_\Phi = P_{an} = P_{bn} = P_{cn}$.

$$P_\Phi = I_\Phi^2 R_\Phi = V_R^2/R_\Phi \qquad \textbf{(24-13)}$$

em que R_Φ é o componente resistivo da impedância de fase e V_R é a tensão nele. A potência total é, portanto,

$$P_T = 3I_\Phi^2 R_\Phi = 3V_R^2/R_\Phi \quad \text{(W)} \qquad \textbf{(24-14)}$$

Potência Reativa Aplicada em uma Carga em Y Balanceada

As expressões equivalentes para a potência reativa são

$$Q_\Phi = V_\Phi I_\Phi \,\text{sen}\, \theta_\Phi \quad \text{(VAR)} \qquad \textbf{(24-15)}$$

$$= I_\Phi^2 X_\Phi = V_X^2/X_\Phi \quad \text{(VAR)} \qquad \textbf{(24-16)}$$

$$Q_T = \sqrt{3}\,V_L I_L \,\text{sen}\, \theta_\Phi \quad \text{(VAR)} \qquad \textbf{(24-17)}$$

em que X_Φ é o componente reativo de $\mathbf{Z}_\Phi$ e V_X é a tensão nele.

Potência Aparente

$$S_\phi = V_\phi I_\phi = I_\phi^2 Z_\phi = \frac{V_\phi^2}{Z_\phi} \quad \text{(VA)} \qquad \textbf{(24-18)}$$

$$S_T = \sqrt{3}\,V_L I_L \quad \text{(VA)} \qquad \textbf{(24-19)}$$

Fator de Potência

$$F_p = \cos \theta_\Phi = P_T/S_T = P_\Phi/S_\Phi \qquad \textbf{(24-20)}$$

EXEMPLO 24-11

Para a Figura 24-24, a tensão de fase é 120 V.

a. Calcule a potência ativa para cada fase e a potência total usando cada equação desta seção.

b. Repita (a) para a potência reativa.

c. Repita (a) para a potência aparente.

d. Encontre o fator de potência.

Solução: Como queremos comparar as respostas obtidas com diferentes métodos, usaremos 207,8 V para a tensão de linha em lugar do valor nominal de 208 V com o objetivo de evitar erros de arredondamento nos cálculos.

$\mathbf{Z}_\Phi = 9 - j12 = 15\ \Omega\angle{-53{,}13^\circ}$. Assim, $\theta_\Phi = -53{,}13^\circ$.

$V_\Phi = 120$ V e $I_\Phi = V_\Phi / Z_\Phi = 120\ \text{V}/15\ \Omega = 8{,}0$ A.

$V_R = (8\ \text{A})(9\ \Omega) = 72$ V e $V_X = (8\ \text{A})(12\ \Omega) = 96$ V

a. $P_\Phi = V_\Phi I_\Phi \cos\theta_\Phi = (120)(8)\cos(-53{,}13^\circ) = 576$ W

$P_\Phi = I_\Phi^2 R_\Phi = (8^2)(9) = 576$ W

$P_\Phi = V_R^2 / R_\Phi = (72)^2/9 = 576$ W

$P_\text{T} = 3\,P_\Phi = 3(576) = 1728$ W

$P_\text{T} = \sqrt{3}\,V_L I_L \cos\theta_\Phi = \sqrt{3}\,(207{,}8)(8)\cos(-53{,}13^\circ) = 1728$ W

b. $Q_\Phi = V_\Phi I_\Phi \text{sen}\,\theta_\Phi = (120)(8)\text{sen}(-53{,}13^\circ) = -768$ VAR

$= 768$ VAR (cap.)

$Q_\Phi = I_\Phi^2 X_\Phi = (8)^2(12) = 768$ VAR (cap.)

$Q_\Phi = V_X^2 / X_\Phi = (96)^2/12 = 768$ VAR (cap.)

$Q_\text{T} = 3Q_\Phi = 3(768) = 2304$ VAR (cap.)

$Q_\text{T} = \sqrt{3}\,V_L I_L\ \text{sen}\,\theta_\Phi = \sqrt{3}\,(207{,}8)(8)\text{sen}(-53{,}13^\circ) = -2304$ VAR

$= 2304$ VAR (cap.)

c. $S_\Phi = V_\Phi I_\Phi = (120)(8) = 960$ VA

$S_\text{T} = 3S_\Phi = 3(960) = 2880$ VA

$S_\text{T} = \sqrt{3}V_L I_L = \sqrt{3}(207{,}8)(8) = 2880$ VA

Logo, todos os métodos apresentam as mesmas respostas.

d. O fator de potência é $F_p = \cos\theta_\Phi = \cos 53{,}13^\circ = 0{,}6$.

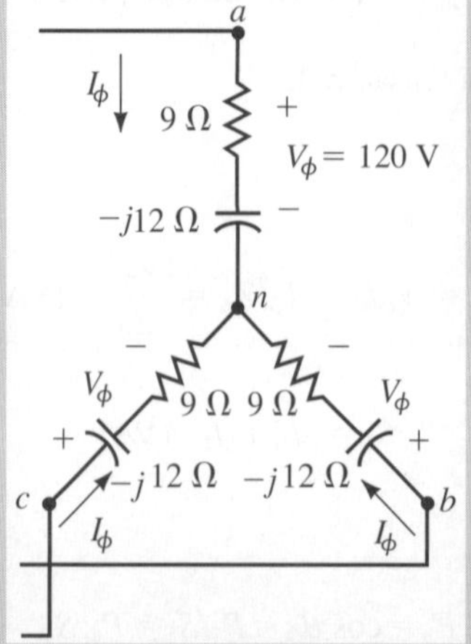

FIGURA 24-24

Potência em uma Carga em Delta Balanceada

Para uma carga em Δ [Figura 24-25(a)],

$$P_\Phi = V_\Phi I_\Phi \cos\theta_\Phi \quad \text{(W)} \tag{24-21}$$

em que θ_Φ é o ângulo da impedância em Δ. Observe que essa fórmula é idêntica à Equação 24-10 para a carga em Y. Isso vale também para as potências reativa e aparente e para o fator de potência. Dessa maneira, todas as fórmulas de potência são iguais. A Tabela 24-2 mostra os resultados. *Atenção: Em todas essas fórmulas, θ_Φ é o ângulo da impedância de carga, ou seja, o ângulo de $\mathbf{Z}_{an}$ para cargas em Y e de $\mathbf{Z}_{ab}$ para cargas em Δ.*

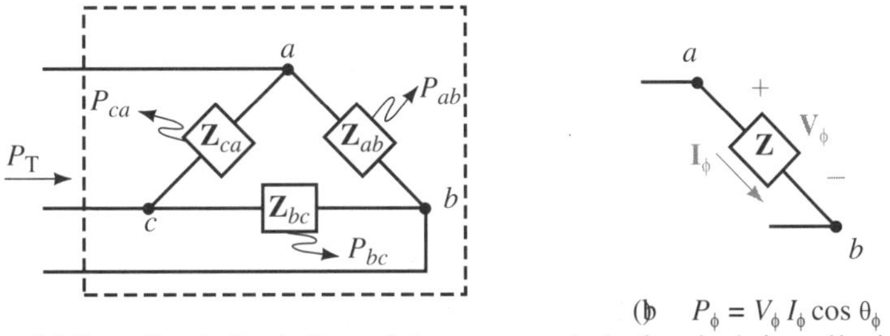

(a) $P_T = P_{ab} + P_{bc} + P_{ca} = 3\,P_\phi$.

(b) $P_\phi = V_\phi I_\phi \cos\theta_\phi$
θ_ϕ é o ângulo da impedância de carga

FIGURA 24-25 Para uma carga em Δ balanceada, $P_\Phi = P_{ab} = P_{bc} = P_{ca}$.

TABELA 24-2 Resumo das Fórmulas de Potência para Circuitos em Y e Delta Balanceados

Potência ativa	$P_\Phi = V_\Phi I_\Phi \cos\theta_\Phi = I_\Phi^2 R_\Phi = \dfrac{V_R^2}{R_\Phi}$
	$P_T = \sqrt{3} V_L I_L \cos\theta_\Phi$
Potência reativa	$Q_\Phi = V_\Phi I_\Phi \text{sen}\,\theta_\Phi = I_\Phi^2 X_\Phi = \dfrac{V_x^2}{X_\Phi}$
	$Q_T = \sqrt{3} V_L I_L \text{sen}\,\theta_\Phi$
Potência aparente	$S_\Phi = V_\Phi I_\Phi = I_\Phi^2 Z_\Phi = \dfrac{V_\Phi^2}{Z_\Phi}$
	$S_T = \sqrt{3} V_L I_L$
Fator de potência	$F_p = \cos\theta_\Phi = \dfrac{P_T}{S_T} = \dfrac{P_\Phi}{S_\Phi}$
Triângulo de potência	$\mathbf{S}_T = P_T + jQ_T$

EXEMPLO 24-12

Determine a potência por fase e a potência total (ativa, reativa e aparente) para a Figura 24-26. Use $V_\Phi = 207{,}8$ V para comparar os resultados.

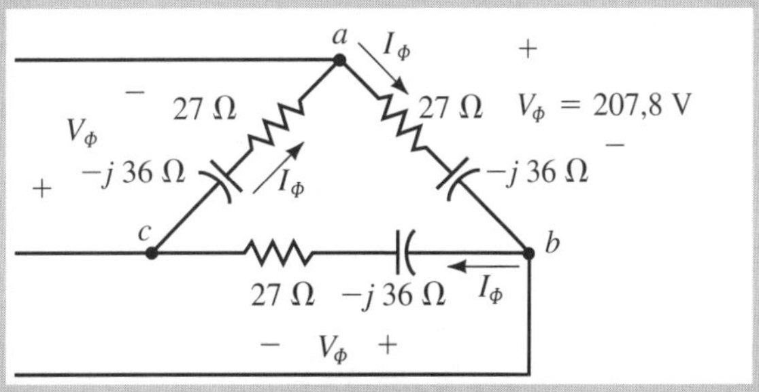

FIGURA 24-26

(continua)

EXEMPLO 24-12 *(continuação)*

Solução:

$$\mathbf{Z}_\Phi = 27 - j36 = 45\ \Omega\angle{-53{,}13°},\ \text{então}\ \theta_\Phi = -53{,}13°$$

$$V_\Phi = 207{,}8\ \text{V e}\ I_\Phi = V_\Phi/Z_\Phi = 207{,}8\ \text{V}/45\ \Omega = 4{,}62\ \text{A}$$

$$P_\Phi = V_\Phi I_\Phi \cos\theta_\Phi = (207{,}8)(4{,}62)\cos(-53{,}13°) = 576\ \text{W}$$

$$Q_\Phi = V_\Phi I_\Phi \operatorname{sen}\theta_\Phi = (207{,}8)(4{,}62)\operatorname{sen}(-53{,}13°) = -768\ \text{VAR}$$

$$= 768\ \text{VAR (cap.)}$$

$$S_\Phi = V_\Phi I_\Phi = (207{,}8)(4{,}62) = 960\ \text{VA}$$

$$P_T = 3P_\Phi = 3(576) = 1728\ \text{W}$$

$$Q_T = 3Q_\Phi = 3(768) = 2304\ \text{VAR (cap.)}$$

$$S_T = 3S_\Phi = 3(960) = 2880\ \text{VA}$$

Observe que os resultados aqui são iguais aos do Exemplo 24-11. Esse resultado já era esperado, pois a carga da Figura 24-24 é o equivalente Y da carga em Δ da Figura 24-26.

PROBLEMAS PRÁTICOS 7

Verifique as potências ativa, reativa e aparente totais para o circuito da Figura 24-13 usando as fórmulas para P_T, Q_T e S_T da Tabela 24-2.

Potência e o Equivalente Monofásico

Também é possível usar o equivalente monofásico nos cálculos que envolvem a potência. Todas as fórmulas para as potências monofásicas ativa, reativa e aparente aprendidas anteriormente neste capítulo se aplicam. O equivalente viabiliza o cálculo da potência para uma fase.

EXEMPLO 24-13

A potência total aplicada em uma carga balanceada da Figura 24-27 é 6912 W. A tensão de fase na carga é de 120 V. Calcule a tensão, $\mathbf{E}_{AB}$, no gerador, a magnitude e o ângulo.

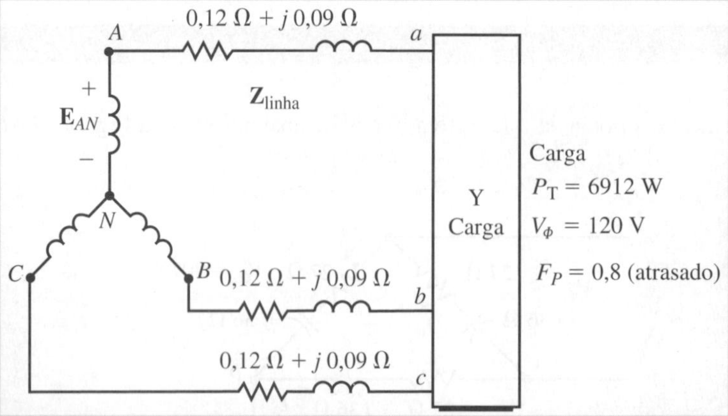

FIGURA 24-27

Solução:

Considere o equivalente monofásico na Figura 24-28. Calcula-se I_a da seguinte maneira:

(continua)

EXEMPLO 24-13 *(continuação)*

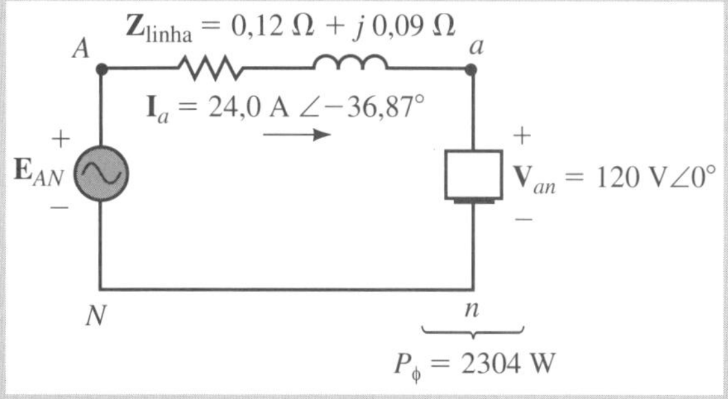

FIGURA 24-28

$$P_{an} = \frac{P_T}{3} = \frac{1}{3}(6912) = 2304\ \text{W}$$

$$V_{an} = 120\ \text{V}$$

$$\theta_{an} = \cos^{-1}(0{,}8) = 36{,}87°$$

$$P_{an} = V_{an} I_a \cos\theta_{an}$$

Logo,

$$I_a = \frac{P_{an}}{V_{an}\cos\theta_{an}} = \frac{2304}{(120)(0{,}8)} = 24{,}0\ \text{A}$$

Selecione $\mathbf{V}_{an}$ como referência. $\mathbf{V}_{an} = 120\ \text{V}\angle 0°$. Dessa forma, $\mathbf{I}_a = 24\ \text{A}\angle -36{,}87°$ (já que o fator de potência foi dado como atrasado).

$\mathbf{E}_{AN} = \mathbf{I}_a \times \mathbf{Z}_{\text{linha}} + \mathbf{V}_{an}$

$= (24\angle -36{,}87°)(0{,}12 + j0{,}09) + 120\angle 0° = 123{,}6\ \text{V}\angle 0°$

$\mathbf{E}_{AB} = \sqrt{3}\,\mathbf{E}_{AN}\angle 30° = 214{,}1\ \text{V}\angle 30°$

24.6 Medição de Potência em Circuitos Trifásicos

O número de wattímetros necessários para medir a potência em um sistema trifásico depende se este é com três ou quatro fios — Nota 1. Para um sistema com quatro fios, precisa-se de três wattímetros, enquanto para um sistema com três fios são necessários apenas dois. Considere primeiro um circuito com quatro fios, Figura 24-29. Aqui, a potência aplicada em cada fase pode ser medida com a mesma técnica utilizada para os circuitos monofásicos: conecta-se cada wattímetro de modo que sua bobina de corrente conduza a corrente para a fase de interesse, e conecta-se a bobina de tensão paralelamente à fase correspondente. Por exemplo, para o wattímetro W_1, a tensão é V_{an} e a corrente é I_a. Assim, a leitura é

$$P_1 = V_{an} I_a \cos\theta_{an}$$

NOTAS...

1. Se sempre fosse possível garantir o equilíbrio absoluto, poderíamos usar um wattímetro para medir a potência aplicada em uma fase e depois multiplicaríamos por três. No entanto, o equilíbrio não é garantido; por isso são necessários mais medidores — como descrevemos nesta seção.
2. Embora tenhamos mostrado três wattímetros individuais na Figura 24-29, muitos medidores modernos unem a capacidade de medição da potência total em um único aparelho. Considere, por exemplo, a Figura 17-23. O medidor mostrado é um sistema completo, pois inclui três elementos de medição de potência, circuitos eletrônicos associados e um visor digital que é projetado para medir a potência (real, reativa e aparente) em fases individuais, assim como a potência total, o fator de potência e as linhas de tensão e de corrente. Seleciona-se a medição desejada a partir de um menu que aparece na tela.

que é a potência aplicada à fase *an*. De modo semelhante, W_2 indica a potência aplicada à fase *bn* e W_3 à *cn*. A potência total é

$$P_T = P_1 + P_2 + P_3 \quad \textbf{(24-22)}$$

Esse esquema funciona corretamente mesmo se as cargas estiverem desbalanceadas — veja Nota 2.

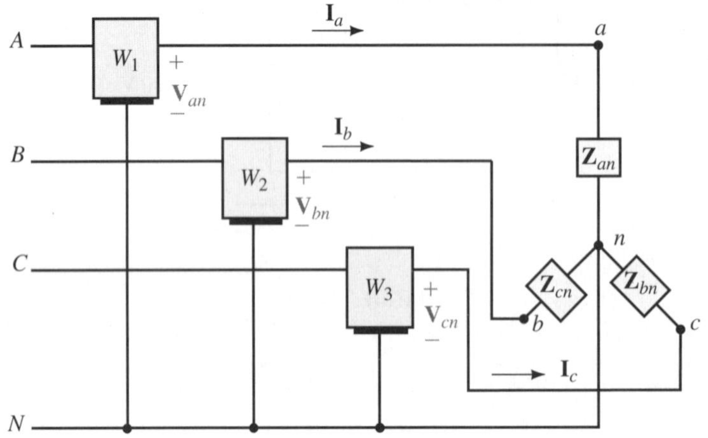

FIGURA 24-29 Ligação com três wattímetros para uma carga com quatro fios.

O Método dos Dois Wattímetros

Para um sistema com três fios, apenas dois wattímetros são necessários. A Figura 24-30 mostra a conexão. As cargas podem estar em Y ou em Δ, balanceadas ou desbalanceadas. Os medidores podem ser conectados em qualquer par de linhas, e os terminais de tensão devem ser conectados à terceira linha. A potência total é a soma algébrica das leituras do medidor.

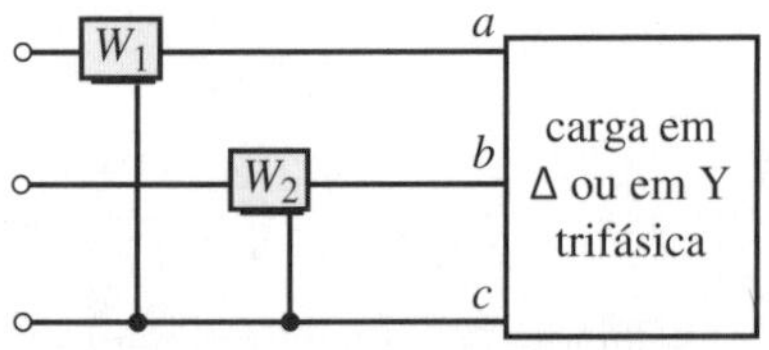

FIGURA 24-30 Conexão com dois wattímetros. A carga pode estar balanceada ou desbalanceada.

Determinando as Leituras do Medidor

Lembre-se de que no Capítulo 17 (no volume 1) vimos que a leitura de um wattímetro é igual ao produto da magnitude de sua tensão, da corrente e do cosseno do ângulo entre elas. Para cada medidor, esse ângulo deve ser determinado com cuidado. Isso é ilustrado a seguir.

EXEMPLO 24-14

Para a Figura 24-31, $\mathbf{V}_{an} = 120\ \text{V}\angle 0°$. Calcule as leituras de cada medidor e depois faça a soma para determinar a potência total. Compare P_T à potência total calculada no Exemplo 24-11.

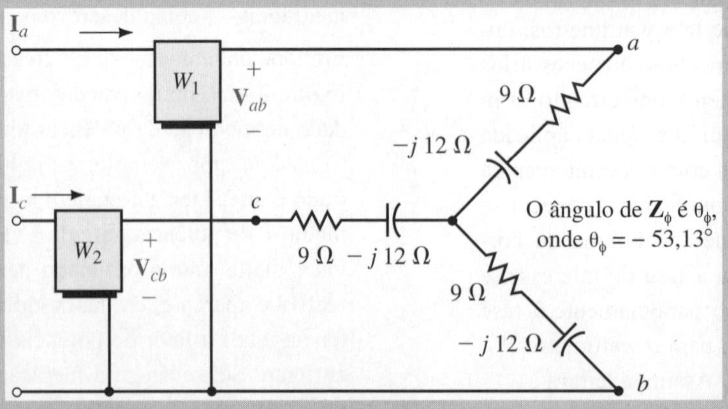

FIGURA 24-31

(continua)

EXEMPLO 24-14 *(continuação)*

Solução: $\mathbf{V}_{an} = 120\ \text{V}\angle 0°$. Assim, $\mathbf{V}_{ab} = 208\ \text{V}\angle 30°$ e $\mathbf{V}_{bc} = 280\ \text{V}\angle -90°$. $\mathbf{I}_a = \mathbf{V}_{an}/\mathbf{Z}_{an} = 120\ \text{V}\angle 0°/(9 - j12)\ \Omega = 8\ \text{A}\angle -53{,}13°$. Logo, $\mathbf{I}_c = 8\ \text{A}\angle 173{,}13°$.

Primeiro, considere o wattímetro 1, Figura 24-32. Observe que W_1 está conectado aos terminais *a-b*, tendo, portanto, uma tensão $\mathbf{V}_{ab}$ e uma corrente $\mathbf{I}_a$. Dessa forma, sua leitura é $P_1 = \mathbf{V}_{ab}\mathbf{I}_a\cos\theta_1$, em que θ_1 é o ângulo entre $\mathbf{V}_{ab}$ e $\mathbf{I}_a$. $\mathbf{V}_{ab}$ tem um ângulo de 30° e $\mathbf{I}_a$ tem um de 53,13°. Assim, $\theta_1 = 53{,}13° - 30° = 23{,}13°$ e $P_1 = (208)(8)\cos 23{,}13° = 1530$ W.

Agora considere o wattímetro 2, Figura 24-33. Como W_2 está conectado aos terminais *c-b*, a tensão nele é igual a $\mathbf{V}_{cb}$ e a corrente através dele é $\mathbf{I}_c$. $\mathbf{V}_{cb} = -\mathbf{V}_{bc} = 208\ \text{V}\angle 90°$ e $\mathbf{I}_c = 8\ \text{A}\angle 173{,}13°$. O ângulo entre $\mathbf{V}_{cb}$ e $\mathbf{I}_c$ é, portanto, $173{,}13° - 90° = 83{,}13°$. Logo, $P_2 = \mathbf{V}_{cb}\mathbf{I}_c\cos\theta_2 = (208)(8)\cos 83{,}13° = 199$ W e $P_T = P_1 + P_2 = 1530 + 199 = 1729$ W. (Esse resultado está de acordo com a resposta de 1728 W obtida no Exemplo 24-11.) Observe que um dos wattímetros tem uma leitura menor do que o outro. (Geralmente isso acontece com o método dos dois wattímetros.)

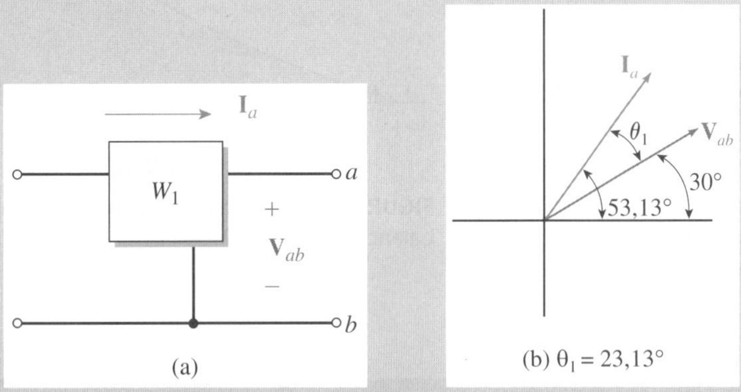

FIGURA 24-32 $P_1 = \mathbf{V}_{ab}\mathbf{I}_a\cos\theta_1$, em que θ_1 é o ângulo entre $\mathbf{V}_{ab}$ e $\mathbf{I}_a$.

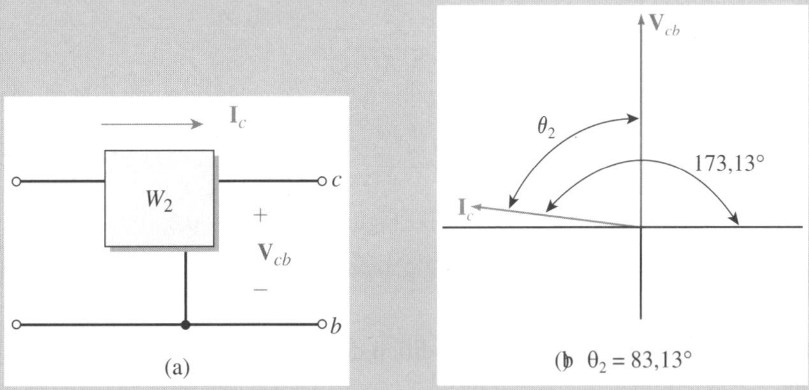

FIGURA 24-33 $P_2 = V_{cb}I_c\cos\theta_2$, em que θ_2 é o ângulo entre $\mathbf{V}_{cb}$ e $\mathbf{I}_c$.

PROBLEMAS PRÁTICOS 8

Mude as impedâncias de carga da Figura 24-31 para $15\ \Omega\angle 70°$. Repita o Exemplo 24-14. (Para confirmar o resultado, a potência total aplicada à carga é de 985 W. *Dica*: Um dos medidores tem uma leitura negativa.)

Respostas

$$P_\ell = -289\ \text{W};\ P_2 = 1275\ \text{W};\ P_1 + P_2 = 986\ \text{W}$$

Se estiver usando wattímetros analógicos no Problema Prático 8, o medidor com a leitura mais baixa (W_1) lerá de trás para a frente — veja a Nota. Para obter uma leitura positiva, inverta a conexão da tensão ou da corrente e depois faça a subtração. Dessa forma, para casos como este, se P_h e P_ℓ forem respectivamente a leitura com valor mais alto e mais baixo,

$$P_T = P_h - P_\ell \qquad \textbf{(24-23)}$$

NOTAS ...

Para compreender por que um wattímetro pode indicar um valor negativo (ou ler de trás para a frente se for um medidor analógico), lembre-se de que ele indica o produto da magnitude da tensão vezes a magnitude da corrente vezes o cosseno do ângulo entre elas. Este não é o ângulo θ_Φ da impedância de carga. É possível mostrar que, para uma carga balanceada, um medidor irá indicar $V_L I_L \cos(\theta_\Phi - 30°)$ enquanto o outro irá indicar $V_L I_L \cos(\theta_\Phi + 30°)$. Se a magnitude de $(\theta_\Phi + 30°)$ ou $(\theta_\Phi - 30°)$ exceder 90°, o cosseno será negativo, e a leitura do medidor correspondente será negativa. Se o medidor for digital, mostrará um sinal negativo; se for analógico, a agulha "tentará" mover para baixo. Para o caso do medidor analógico, deve-se inverter a ponta de prova para que o medidor forneça uma leitura positiva — como já dissemos no corpo do texto.

Curva de Razão de Watts

É possível obter o fator de potência para uma carga balanceada a partir das leituras do wattímetro usando uma curva simples chamada **curva de razão de watts**, mostrada na Figura 24-34.

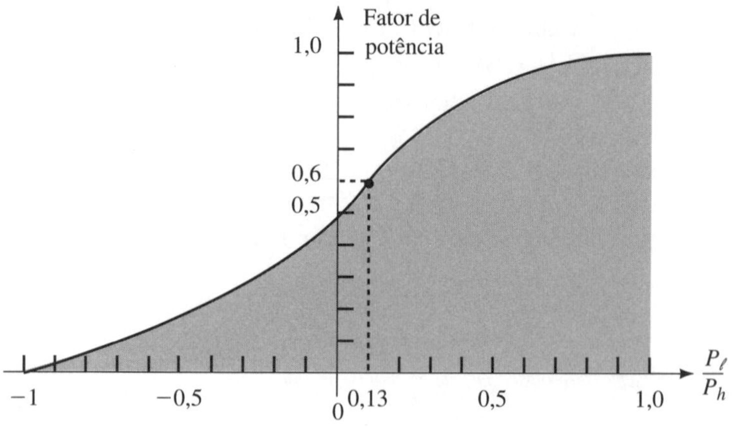

FIGURA 24-34 Curva de razão de watts. Válida apenas para cargas balanceadas.

EXEMPLO 24-15

Considere novamente a Figura 24-31.

a. Determine o fator de potência a partir da impedância de carga.

b. Usando as leituras do medidor do Exemplo 24-14, determine o fator de potência a partir da curva de razão de watts.

Solução:

a. $F_p = \cos \theta_\Phi = \cos 53{,}13° = 0{,}6$.

b. $P_\ell = 199$ W e $P_h = 1530$ W. Dessa forma, $P_\ell / P_h = 0{,}13$. Da Figura 24-34, $F_p = 0{,}6$.

O problema em relação à curva de razão de watts é que é difícil determinar com precisão valores a partir do gráfico. No entanto, é possível mostrar que

$$\text{tg}\ \theta_\Phi = \sqrt{3}\left(\frac{P_h - P_\ell}{P_h + P_\ell}\right) \qquad \textbf{(24-24)}$$

A partir dessa expressão, pode-se determinar θ_Φ e depois calcular o fator de potência com a expressão $F_p = \cos \theta_\Phi$.

24.7 Cargas Desbalanceadas

Para cargas desbalanceadas, nenhuma das relações mostradas para o circuito balanceado se aplica. Cada problema deve, portanto, ser tratado como um problema envolvendo três fases. Agora examinaremos alguns exemplos que podem ser tratados por meio de técnicas básicas de circuito, como as leis de Kirchhoff e a análise de malha. As tensões na fonte são balanceadas (a menos que apresentem falhas, o que não levaremos em conta aqui). Na prática, a segurança pode ser uma preocupação — veja a Nota.

Cargas em Y Desbalanceadas

Os sistemas em Y com quatro fios desbalanceados sem a impedância de linha são tratados com facilidade com o auxílio da lei de Ohm. No entanto, para sistemas com três ou quatro fios com impedância de linha e do neutro, geralmente se usam as equações das malhas ou métodos computacionais.

NOTAS SOBRE SEGURANÇA...

A tensão em um ponto neutro pode ser perigosa. Por exemplo, na Figura 24-35, se o neutro for aterrado na fonte, a tensão no neutro da carga estará *flutuando* em algum potencial em relação ao aterramento. Como estamos acostumados a achar que os neutros estão no potencial de aterramento e, portanto, são seguros de tocar, há uma iminência de perigo — veja o Problema Prático 9, questão 1.

EXEMPLO 24-16

Para a Figura 24-35, o gerador está balanceado com uma tensão de linha a linha de 208 V. Selecione $\mathbf{E}_{AB}$ como referência e determine as correntes de linha e tensões de carga.

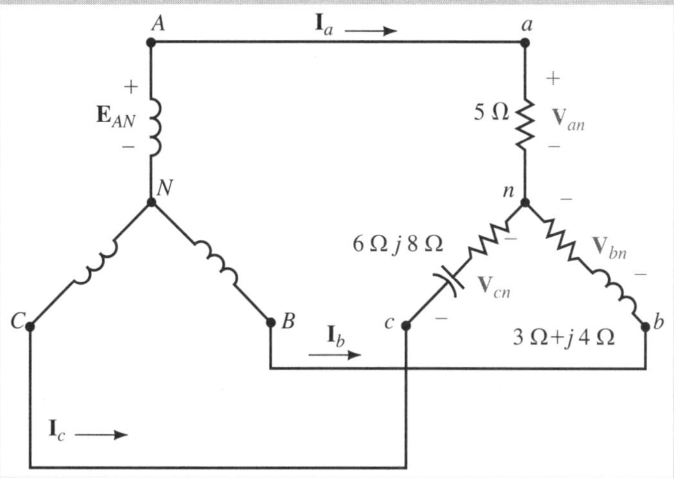

MULTISIM

FIGURA 24-35

Solução: Desenhe novamente o circuito como mostrado na Figura 24-36 e depois use a análise de malha. $\mathbf{E}_{AB} = 208 \text{ V}\angle 0°$ e $\mathbf{E}_{BC} = 208 \text{ V}\angle -120°$.

Malha 1: $(8 + j4)\mathbf{I}_1 - (3 + j4)\mathbf{I}_2 = 208 \text{ V}\angle 0°$

Malha 2: $-(3 + j4)\mathbf{I}_1 + (9 - j4)\mathbf{I}_2 = 208 \text{ V}\angle -120°$

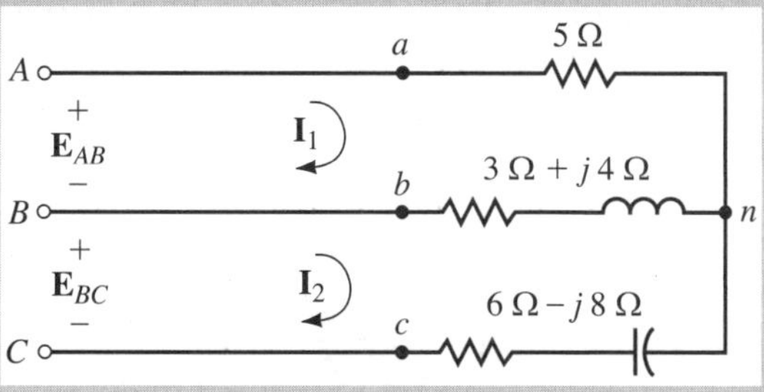

FIGURA 24-36

Essas equações podem ser solucionadas usando técnicas-padrão, como determinantes ou calculadora do tipo TI-86. As soluções são

$\mathbf{I}_1 = 29{,}9 \text{ A}\angle -26{,}2°$ e $\mathbf{I}_2 = 11{,}8 \text{ A}\angle -51{,}5°$

KCL : $\mathbf{I}_a = \mathbf{I}_1 = 29{,}9 \text{ A}\angle -26{,}2°$

(continua)

EXEMPLO 24-16 *(continuação)*

$$\mathbf{I}_b = \mathbf{I}_2 - \mathbf{I}_1 = 19{,}9\ \text{A}\angle 168{,}5^\circ$$

$$\mathbf{I}_c = -\mathbf{I}_2 = 11{,}8\ \text{A}\angle 128{,}5^\circ$$

$$\mathbf{V}_{an} = \mathbf{I}_a\mathbf{Z}_{an} = (29{,}9\ \text{A}\angle{-26{,}2^\circ})\,(5) = 149{,}5\ \text{V}\angle{-26{,}2^\circ}$$

$$\mathbf{V}_{bn} = \mathbf{I}_b\mathbf{Z}_{bn} \text{ e } \mathbf{V}_{cn} = \mathbf{I}_c\mathbf{Z}_{cn}.$$

Assim,

$$\mathbf{V}_{bn} = 99\ \text{V}\angle{-138{,}4^\circ} \text{ e } \mathbf{V}_{cn} = 118\ \text{V}\angle 75{,}4^\circ$$

PROBLEMAS PRÁTICOS 9

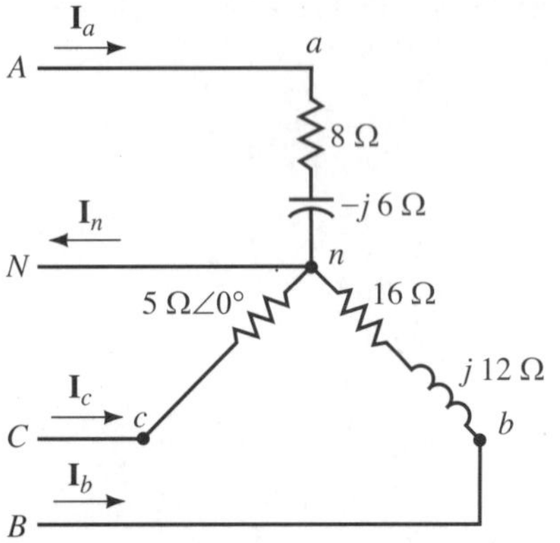

FIGURA 24-37

1. Um dos problemas em relação aos sistemas desbalanceados em Y com três fios é que, como há tensões diferentes em cada fase da carga, há também uma tensão entre os pontos neutros. Para ilustrar, usando a KVL e os resultados do Exemplo 24-16, calcule a tensão entre os pontos neutros n e N da Figura 24-35.
2. Para o circuito da Figura 24-37, $\mathbf{E}_{AN} = 120\ \text{V}\angle 0^\circ$. Calcule as correntes, a potência aplicada em cada fase e a potência total. *Dica*: Este é, na verdade, um problema simples; não é necessário usar a análise de malha.

Respostas

1. $\mathbf{V}_{nN} = 30{,}8\ \text{V}\angle 168{,}8^\circ$

2. $\mathbf{I}_a = 12\ \text{A}\angle 36{,}9^\circ$; $\mathbf{I}_b = 6\ \text{A}\angle{-156{,}9^\circ}$; $\mathbf{I}_c = 24\ \text{A}\angle 120^\circ$; $\mathbf{I}_n = 26{,}8\ \text{A}\angle 107{,}2^\circ$; $P_a = 1152$ W; $P_b = 576$ W; $P_c = 2880$ W; $P_T = 4608$ W

Cargas em Delta Desbalanceadas

Os sistemas sem a impedância de linha são fáceis de manejar, uma vez que a tensão da fonte é aplicada diretamente à carga. No entanto, para sistemas com impedância de linha, use as equações das malhas.

EXEMPLO 24-17

Para o circuito da Figura 24-38, a tensão de linha é 240 V. Tome $\mathbf{V}_{ab}$ como referência e faça o seguinte:

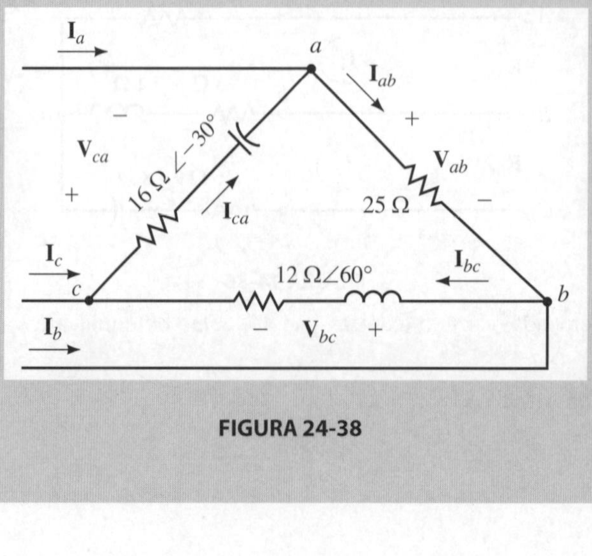

MULTISIM

FIGURA 24-38

(continua)

EXEMPLO 24-17 *(continuação)*

a. Determine as correntes de fase e faça um esboço do diagrama fasorial.

b. Determine as correntes de linha.

c. Determine a potência total aplicada à carga.

Solução:

a. $\mathbf{I}_{ab} = \mathbf{V}_{ab}/\mathbf{Z}_{ab} = (240\ \text{V}\angle 0°)/25\ \Omega = 9{,}6\ \text{A}\angle 0°$

$\mathbf{I}_{bc} = \mathbf{V}_{bc}/\mathbf{Z}_{bc} = (240\ \text{V}\angle -120°)/(12\ \Omega\angle 60°) = 20\ \text{A}\angle -180°$

$\mathbf{I}_{ca} = \mathbf{V}_{ca}/\mathbf{Z}_{ca} = (240\ \text{V}\angle -120°)/(16\ \Omega\angle -30°) = 15\ \text{A}\angle 150°$

b. $\mathbf{I}_{a} = \mathbf{I}_{ab} - \mathbf{I}_{ca} = 9{,}6\ \text{A}\angle 0° - 15\ \text{A}\angle 150° = 23{,}8\ \text{A}\angle -18{,}4°$

$\mathbf{I}_{b} = \mathbf{I}_{bc} - \mathbf{I}_{ab} = 20\ \text{A}\angle -180° - 9{,}6\ \text{A}\angle 0° = 29{,}6\ \text{A}\angle 180°$

$\mathbf{I}_{c} = \mathbf{I}_{ca} - \mathbf{I}_{bc} = 15\ \text{A}\angle 150° - 20\ \text{A}\angle -180° = 10{,}3\ \text{A}\angle 46{,}9°$

c. $P_{ab} = V_{ab}I_{ab}\cos\theta_{ab} = (240)(9{,}6)\cos 0° = 2304\ \text{W}$

$P_{bc} = V_{bc}I_{bc}\cos\theta_{bc} = (240)(20)\cos 60° = 2400\ \text{W}$

$P_{ca} = V_{ca}I_{ca}cos\theta_{ca} = (240)(15)\cos 30° = 3118\ \text{W}$

$P_{\text{T}} = P_{ab} + P_{bc} + P_{ca} = 7822\ \text{W}$

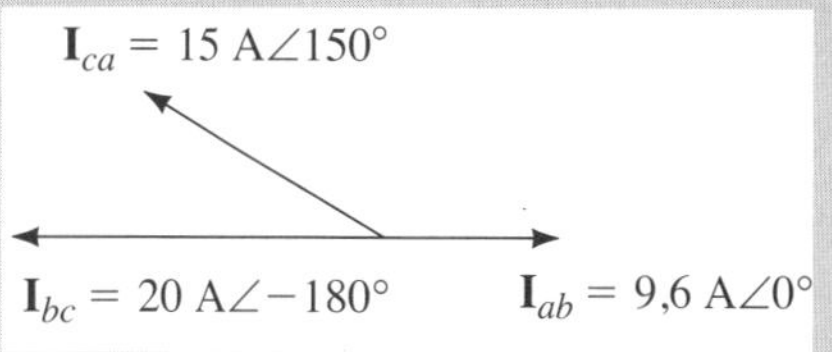

FIGURA 24-39 Correntes de fase para o circuito da Figura 24-38.

EXEMPLO 24-18

Acrescenta-se um par de wattímetros ao circuito da Figura 24-38, como ilustra a Figura 24-40. Determine as leituras dos wattímetros e compare-as à potência total calculada no Exemplo 24-17.

Solução: $P_1 = V_{ca}I_{ca}\cos\theta_1$, onde θ_1 é o ângulo entre $\mathbf{V}_{ac}$ e $\mathbf{I}_a$. A partir do Exemplo 24-17, $\mathbf{I}_a = 23{,}8\ \text{A}\angle -18{,}4°$ e $\mathbf{V}_{ac} = -\mathbf{V}_{ca} = 240\ \text{V}\angle -60°$. Assim, $\theta_1 = 60° - 18{,}4° = 41{,}6°$. Dessa forma,

$$P_1 = (240)(23{,}8)\cos 41{,}6° = 4271\ \text{W}$$

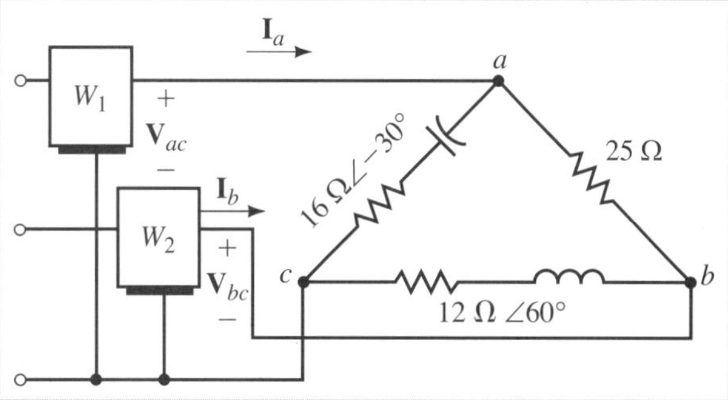

FIGURA 24-40

$P_2 = V_{bc}I_b\cos\theta_2$, em que θ_2 é o ângulo entre $\mathbf{V}_{bc}$ e $\mathbf{I}_b$. $\mathbf{V}_{bc} = 240\ \text{V}\angle -120°$ e $\mathbf{I}_b = 29{,}6\ \text{A}\angle 180°$. Assim, $\theta_2 = 60°$. Logo,

$$P_2 = (240)(29{,}6)\cos 60° = 3552\ \text{W}$$

$P_{\text{T}} = P_1 + P_2 = 7823\ \text{W}$ (compare à solução anterior de 7822 W).

24.8 Cargas de Sistema de Potência

Antes de encerrarmos este capítulo, examinaremos brevemente como as cargas monofásicas e trifásicas podem ser conectadas a um sistema trifásico. (Isso é necessário porque os consumidores residenciais e comerciais requerem apenas a potência mono-

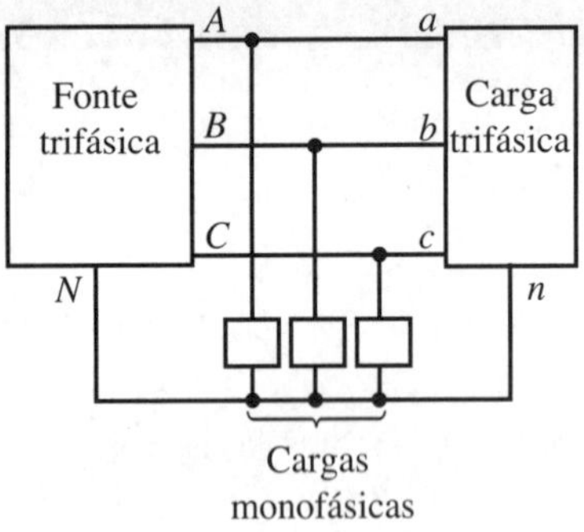

FIGURA 24-41 Cargas monofásicas ligadas em linhas trifásicas.

fásica, enquanto os consumidores industriais às vezes precisam de ambas as potências monofásica e trifásica.) A Figura 24-41 mostra como isso pode ser feito. (Essa figura está simplificada, uma vez que os sistemas reais contêm transformadores. De qualquer forma, os princípios básicos estão corretos.) Dois fatos devem ser destacados aqui.

1. Para deixar o sistema quase balanceado, a concessionária tenta conectar um terço de suas cargas monofásicas a cada fase. As cargas trifásicas geralmente estão quase balanceadas.
2. Raramente se expressam as cargas reais em termos da resistência, capacitância e indutância. Na verdade, elas são descritas quanto à potência, ao fator de potência etc. Isso ocorre porque a maioria das cargas é composta de luzes elétricas, motores e afins, que nunca são descritos em termos da impedância. (Por exemplo, compramos lâmpadas de 60 W, 100 W etc., motores elétricos de ½ hp etc., mas nunca pedimos uma lâmpada de 240 ohms!)

24.9 Análise de Circuitos Usando Computador

O PSpice e o Multisim podem ser usados para analisar os sistemas trifásicos (balanceados ou desbalanceados, com ligação em Δ ou em Y). Como habitualmente, o PSpice oferece soluções completas com fasores, e o Multisim, na época em que este livro foi escrito, oferecia apenas as magnitudes. Como nenhum dos pacotes de software permite a colocação de um componente diagonalmente, os circuitos em Δ e Y devem ser desenhados com componentes colocados horizontal ou verticalmente, conforme mostram as Figuras 24-43 e 24-46, em vez da forma trifásica tradicional. Para começar, considere um circuito balanceado em Y com quatro fios da Figura 24-42. Primeiro, calcule manualmente as correntes, de modo a ter uma base para comparar os resultados. Observe que

$$X_C = 53{,}05\ \Omega$$

Assim,

$$\mathbf{I}_a = \frac{120\ \text{V}\angle 0°}{(30 - j53{,}05)\ \Omega} = 1{,}969\ \text{A}\angle 60{,}51°$$

e

$\mathbf{I}_b = 1{,}969\ \text{A}\angle -59{,}49°$

e

$\mathbf{I}_c = 1{,}969\ \text{A}\angle -179{,}49°$

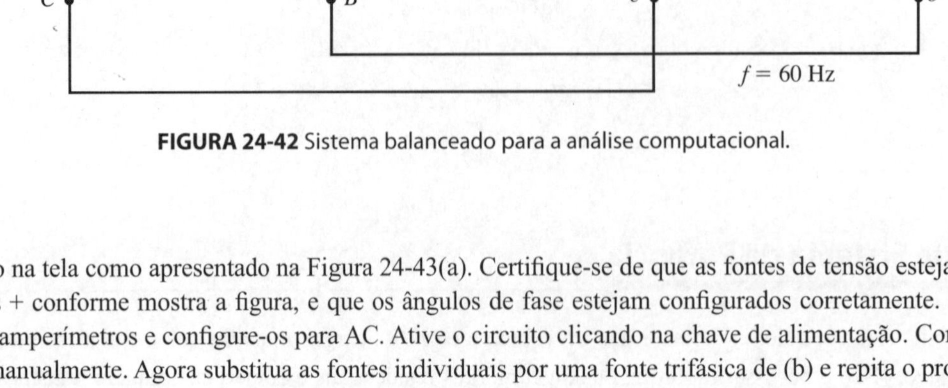

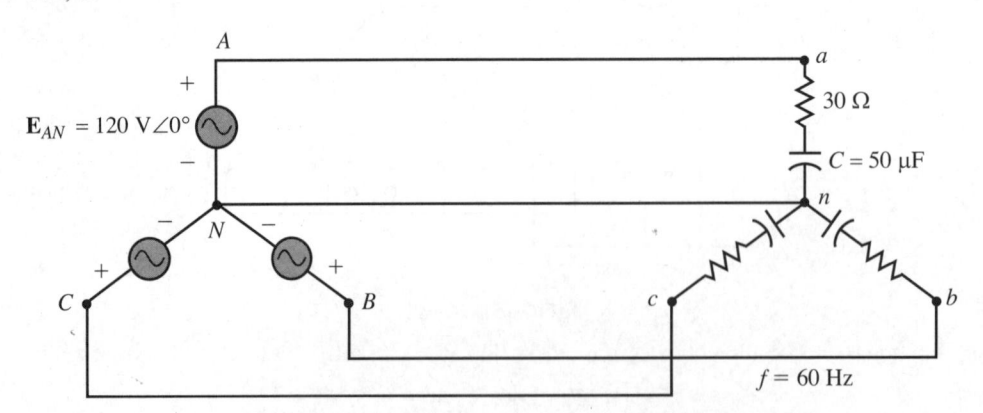

FIGURA 24-42 Sistema balanceado para a análise computacional.

Multisim

Desenhe o circuito na tela como apresentado na Figura 24-43(a). Certifique-se de que as fontes de tensão estejam orientadas com suas extremidades + conforme mostra a figura, e que os ângulos de fase estejam configurados corretamente. Clique duas vezes com o mouse nos amperímetros e configure-os para AC. Ative o circuito clicando na chave de alimentação. Compare as respostas à solução obtida manualmente. Agora substitua as fontes individuais por uma fonte trifásica de (b) e repita o procedimento.

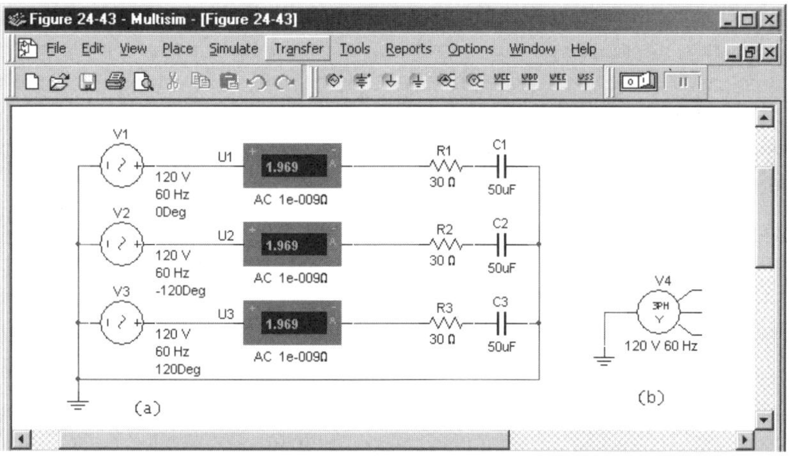

FIGURA 24-43 Solução oferecida pelo Multisim.

PSpice

Desenhe o circuito na tela, como apresenta a Figura 24-44, usando a fonte VAC. (Certifique-se de que todos os terminais + da fonte estejam orientados para a direita, como mostrado.) Clique duas vezes em cada fonte e, no editor Property, ajuste a magnitude para 120V com um ângulo de fase conforme indicado. De modo semelhante, clique duas vezes em cada dispositivo IPRINT e configure MAG para **yes**, PHASE para **yes** e AC para **yes**. No ícone New Profile, selecione AC Sweep/Noise, ajuste as frequências inicial e final (Start and End frequencies) para **60Hz** e o número de pontos para **1**. Rode a simulação, abra o Output File (que pode ser encontrado em View, na janela de resultados) e vasculhe até encontrar as respostas. (A Figura 24-45 mostra a resposta para a corrente $\mathbf{I}_a$). Examinando os resultados, você verá que eles estão em perfeito acordo com o que calculamos anteriormente.

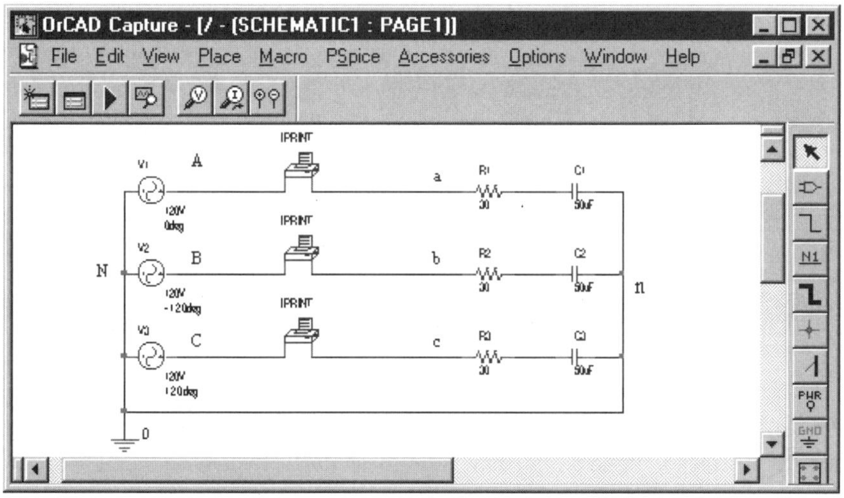

FIGURA 24-44 Solução fornecida pelo PSpice.

FREQ	IM(V_PRINT1)	IP(V_PRINT1)
6.000E+01	1.969E+00	6.051E+01

FIGURA 24-45 Amostra da corrente no computador: $\mathbf{I}_a = 1{,}969\ \text{A}\angle 60{,}51°$.

Como o circuito está balanceado, deveria ser possível remover o condutor neutro localizado entre *N* e *n*. No entanto, se você o fizer, encontrará erros. Isso acontece porque o PSpice exige uma passagem DC de todos os nós para a referência; porém, como os

NOTAS FINAIS...

1. O Multisim e o PSpice não fazem distinção entre os circuitos balanceados e os desbalanceados. Para o computador, eles são simplesmente circuitos. Então, não há necessidade de fazer considerações especiais acerca das cargas desbalanceadas.
2. As cargas em delta devem ser desenhadas conforme a Figura 24-46.
3. Para inserir informações no diagrama como na Figura 24-44 (ou seja, com a identificação dos pontos A, B, C, N etc.), clique no ícone Place text, na paleta de ferramentas, insira o texto e coloque-o como desejar.

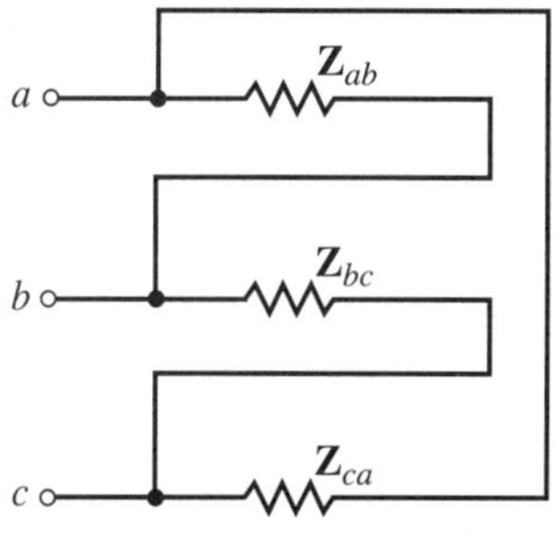

FIGURA 24-46 Representação de uma carga em Δ.

capacitores se comportam como circuitos abertos em DC, eles percebem o nó n como flutuante. Uma solução simples é colocar um resistor com um valor muito alto (digamos, 100 kΩ) na passagem entre N e n. O valor não é crítico, ele deve apenas ser alto o suficiente para que o resistor se comporte como um circuito aberto. Tente fazer isso e repare que as respostas serão as mesmas obtidas anteriormente.

COLOCANDO EM PRÁTICA

Você foi designado para supervisionar uma instalação de um motor trifásico de 208 V. O motor impulsiona uma máquina, e é essencial que gire na direção correta (nesse caso, no sentido horário), ou a máquina será danificada. Tenha em mãos um desenho que o oriente a conectar a Linha a do motor à Linha A do sistema trifásico, a Linha b à Linha B etc. No entanto, percebe que as linhas trifásicas não têm marcação alguma, e não sabe distingui-las. Infelizmente, não é possível apenas conectar o motor e determinar para qual direção ele irá girar, pois há riscos.

Você reflete por um tempo e surge com um plano. Sabe que a direção do giro de um motor trifásico depende da sequência de fase da tensão aplicada e faz, então, um esboço (Desenho A). Como indicado na parte (a) do desenho, o motor gira na direção correta quando a está conectada à A, b à B etc. Você chega à conclusão de que a sequência de fase necessária é ... *A-B-C-A-B-C* ... (já que a direção do giro depende apenas da sequência de fase), e que não importa tanto à qual linha a está conectada, desde que as outras duas estejam conectadas de modo a oferecer a sequência nesta ordem para o motor. Para se convencer de que está correto, você faz mais alguns desenhos (partes b e c). Como indicado, em (b) a sequência é ... *B-C-A-B-C-A* ... (que se encaixa no padrão acima), e o motor gira na direção correta, mas em (c) o motor gira na direção inversa. (Mostre por quê.)

Você também se recorda de ter lido algo sobre um dispositivo denominado *indicador de sequência de fase*, que permite determinar a sequência de fase. Ele utiliza lâmpadas e um capacitor, conforme mostrado no Desenho B. Para usar o dispositivo, conecte o terminal a à linha trifásica que foi designada como A e conecte os terminais b e c às outras duas linhas. A lâmpada que tiver uma luz mais intensa quando acesa será a conectada à linha B. Após alguns cálculos, você pede algumas lâmpadas-padrão de 60 W, 120 V e tomadas ao eletricista da usina. Você coleta de sua caixa de ferramentas um capacitor de 3,9 μF (o que estiver especificado para operar em AC). Faz uma ligeira modificação no esquemático do Desenho B, solda as partes, encapa os fios (por precaução), e depois conecta o dispositivo e identifica as linhas trifásicas, e então, conecta o motor, e ele gira na direção correta. Prepare uma análise para mostrar por que a lâmpada conectada à linha B é muito mais luminosa do que a lâmpada conectada à linha C. (Atenção: Não se esqueça de que fez uma ligeira modificação no esquemático. *Dica:* Se usar apenas lâmpadas de 60 W em cada perna, como mostrado, elas irão queimar.)

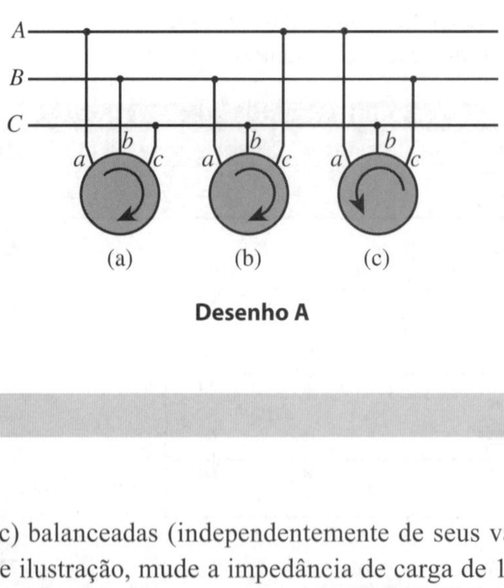

Desenho A

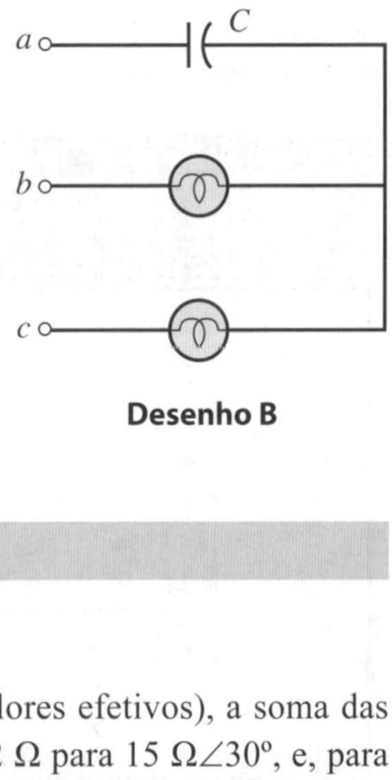

Desenho B

PROBLEMAS

24.2 Ligações Básicas de um Circuito Trifásico

1. Estando as cargas e as tensões da Figura 24-3(c) balanceadas (independentemente de seus valores efetivos), a soma das correntes $\mathbf{I}_A$, $\mathbf{I}_B$ e $\mathbf{I}_C$ será igual a zero. A título de ilustração, mude a impedância de carga de 12 Ω para 15 Ω∠30°, e, para $\mathbf{E}_{AA'} = 120$ V∠0°, faça o seguinte:
   a. Calcule as correntes $\mathbf{I}_A$, $\mathbf{I}_B$ e $\mathbf{I}_C$.
   b. Faça a soma das correntes. $\mathbf{I}_A + \mathbf{I}_B + \mathbf{I}_C = 0$?
2. Para a Figura 24-3(c), $\mathbf{E}_{AN} = 277$ V∠−15°.
   a. Quais são os valores de $\mathbf{E}_{BN}$ e $\mathbf{E}_{CN}$?
   b. Se cada resistência for igual a 5,54 Ω, calcule $\mathbf{I}_A$, $\mathbf{I}_B$ e $\mathbf{I}_C$.
   c. Mostre que $\mathbf{I}_N = 0$.
3. Desenhe as formas de onda das correntes i_A, i_B e i_C para o circuito da Figura 24-3(c). Suponha que os resistores de carga sejam puramente resistivos e balanceados.

24.3 Relações Trifásicas Básicas

4. Para os geradores da Figura 24-4, $\mathbf{E}_{AN} = 7620\ \text{V}\angle -18°$.
   a. Quais são as tensões de fase $\mathbf{E}_{BN}$ e $\mathbf{E}_{CN}$?
   b. Determine as tensões de linha a linha.
   c. Faça um esboço do diagrama fasorial.
5. Para as cargas da Figura 24-4, $\mathbf{V}_{bc} = 208\ \text{V}\angle -75°$.
   a. Determine as tensões de linha a linha, $\mathbf{V}_{ab}$ e $\mathbf{V}_{ca}$.
   b. Determine as tensões de fase.
   c. Faça um esboço do diagrama fasorial.
6. Repita o Problema 5 se $\mathbf{V}_{ca} = 208\ \text{V}\angle 90°$.
7. Para a carga da Figura 24-47, $\mathbf{V}_{an} = 347\ \text{V}\angle 15°$. Determine todas as correntes de linha. Desenhe o diagrama fasorial.

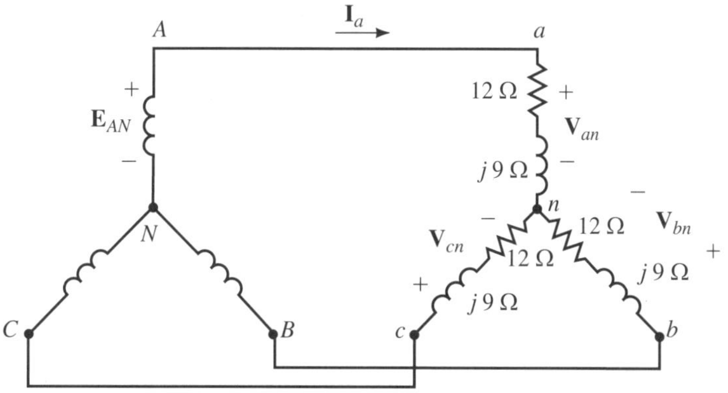

FIGURA 24-47 Sistema balanceado.

8. Para a carga da Figura 24-47, sendo $\mathbf{I}_a = 7{,}8\ \text{A}\angle -10°$, determine as tensões de fase e de linha. Faça um esboço do diagrama fasorial.
9. Uma carga em Y balanceada tem uma impedância de $\mathbf{Z}_{an} = 14{,}7\ \Omega\angle 16°$. Sendo $\mathbf{V}_{cn} = 120\ \text{V}\angle 160°$, determine todas as correntes de linha.
10. Para uma carga em delta balanceada, $\mathbf{I}_{ab} = 29{,}3\ \text{A}\angle 43°$. Qual é o valor de $\mathbf{I}_a$?
11. Para o circuito da Figura 24-48, $\mathbf{V}_{ab} = 480\ \text{V}\angle 0°$. Encontre as correntes de fase e de linha.

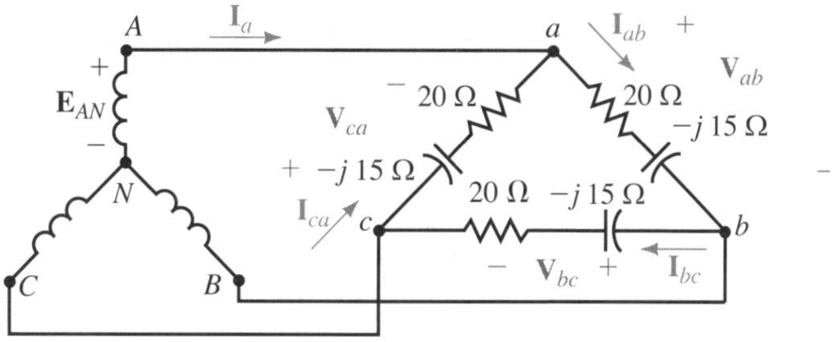

FIGURA 24-48 Sistema balanceado.

12. Para o circuito da Figura 24-48, sendo $\mathbf{I}_a = 41{,}0\ \text{A}\angle -46{,}7°$, determine todas as correntes de fase.
13. Para o circuito da Figura 24-48, sendo $\mathbf{I}_{ab} = 10\ \text{A}\angle -21°$, determine todas as tensões de linha.
14. Para o circuito da Figura 24-48, sendo a corrente de linha $\mathbf{I}_a = 11{,}0\ \text{A}\angle 30°$, encontre todas as tensões de fase.
15. Uma carga em Y balanceada tem uma impedância de fase de $24\ \Omega\angle 33°$ e uma tensão de linha a linha de 600 V. Tome $\mathbf{V}_{an}$ como referência e determine as correntes de linha.

16. Uma carga em Δ balanceada tem uma impedância de fase de 27 $\Omega\angle{-57°}$ e uma tensão de fase de 208 V. Tome $\mathbf{V}_{ab}$ como referência e determine
    a. As correntes de fase.
    b. As correntes de linha.
17. a. Para determinada carga em Y balanceada, $\mathbf{V}_{ab} = 208\ \text{V}\angle 30°$, $\mathbf{I}_a = 24\ \text{A}\angle 40°$ e $f = 60$ Hz. Determine a carga (R e L ou C).
    b. Repita (a) se $\mathbf{V}_{bc} = 208\ \text{V}\angle{-30°}$ e $\mathbf{I}_c = 12\ \text{A}\angle 140°$.
18. Considere a Figura 24-13(a). Mostre que $\mathbf{I}_a = \sqrt{3}\,\mathbf{I}_{ab}\angle{-30°}$.
19. Em 60 Hz, uma carga em Δ balanceada tem uma corrente de $\mathbf{I}_{bc} = 4{,}5\ \text{A}\angle{-85°}$. A tensão de linha é de 240 volts e $\mathbf{V}_{ab}$ é tida como referência.
    a. Encontre as outras correntes de fase.
    b. Encontre as correntes de linha.
    c. Encontre a resistência R e a capacitância C da carga.
20. Um gerador em Y com $\mathbf{E}_{AN} = 120\ \text{V}\angle 0°$ aciona uma carga em Δ. Se $\mathbf{I}_a = 43{,}6\ \text{A}\angle{-37{,}5°}$, quais são as impedâncias de carga?

24.4 Exemplos

21. Para a Figura 24-49, $\mathbf{V}_{an} = 120\ \text{V}\angle 0°$. Desenhe o equivalente monofásico e:
    a. Determine a tensão de fase, $\mathbf{E}_{AN}$ (magnitude e ângulo).
    b. Determine a tensão de linha, $\mathbf{E}_{AB}$ (magnitude e ângulo).
22. Para a Figura 24-49, $\mathbf{E}_{AN} = 120\ \text{V}\angle 20°$. Desenhe o equivalente monofásico e:
    a. Determine a tensão de fase $\mathbf{V}_{an}$, (magnitude e ângulo).
    b. Determine a tensão de linha, $\mathbf{V}_{ab}$, (magnitude e ângulo).
23. Para a Figura 24-48, $\mathbf{E}_{AN} = 120°\angle{-10°}$. Encontre as correntes de linha usando o método do equivalente monofásico.

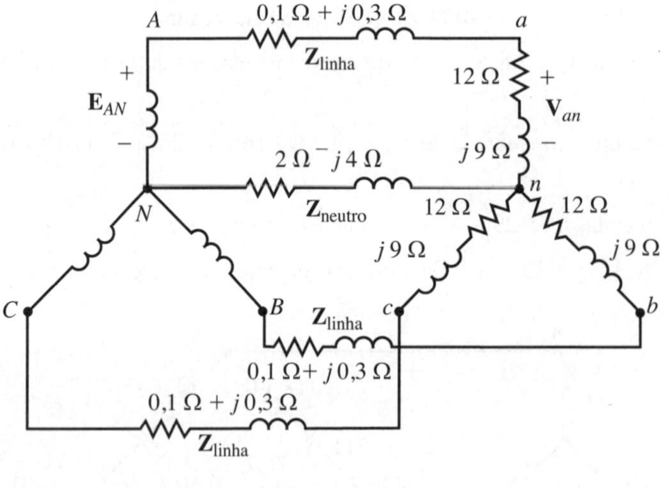

FIGURA 24-49

24. Repita o Problema 23 se $\mathbf{E}_{BN} = 120\ \text{V}\angle{-100°}$.
25. Para a Figura 24-48, suponha que as linhas tenham uma impedância $\mathbf{Z}_{\text{linha}}$ de $0{,}15\ \Omega + j0{,}25\ \Omega$ e $\mathbf{E}_{AN} = 120\ \text{V}\angle 0°$. Converta a carga em Δ em uma carga em Y e use o equivalente monofásico para achar as correntes de linha.
26. Para o Problema 25, determine as correntes de fase na rede em Δ.
27. Para o circuito da Figura 24-49, suponha que $\mathbf{Z}_{\text{linha}} = 0{,}15\ \Omega + j0{,}25\ \Omega$ e $\mathbf{V}_{ab} = 600\ \text{V}\angle 30°$. Determine $\mathbf{E}_{AB}$.
28. Para a Figura 24-21(a), $\mathbf{Z}_Y = 12\ \Omega + j9\ \Omega$, $\mathbf{Z}_\Delta = 27\ \Omega + j36\ \Omega$ e $\mathbf{Z}_{\text{linha}} = 0{,}1\ \Omega + j0{,}1\ \Omega$. Na carga em Y, $\mathbf{V}_{an} = 120\ \text{V}\angle 0°$.
    a. Desenhe o equivalente monofásico.
    b. Encontre a tensão $\mathbf{E}_{AN}$ do gerador.

29. Igual ao Problema 28, com exceção de que a tensão de fase na carga em Δ é $\mathbf{V}_{a'b'} = 480\ \text{V}\angle 30°$. Determine a tensão $\mathbf{E}_{AB}$ do gerador, magnitude e ângulo.

30. Para a Figura 24-21(a), $\mathbf{Z}_Y = 12\ \Omega + j9\ \Omega$, $\mathbf{Z}_\Delta = 36\ \Omega + j27\ \Omega$ e $\mathbf{Z}_{\text{linha}} = 0{,}1\ \Omega + j0{,}1\ \Omega$. A corrente de linha $\mathbf{I}_A$ é $46{,}2\ \text{A}\angle -36{,}87°$. Determine as correntes de fase para ambas as cargas.

31. Para a Figura 24-21(a), $\mathbf{Z}_Y = 15\ \Omega + j20\ \Omega$, $\mathbf{Z}_\Delta = 9\ \Omega - j12\ \Omega$ e $\mathbf{Z}_{\text{linha}} = 0{,}1\ \Omega + j0{,}1\ \Omega$ e $\mathbf{I}_{a'b'} = 40\ \text{A}\angle 73{,}13°$. Determine a tensão de fase, $\mathbf{V}_{an}$, em Y, magnitude e ângulo.

24.5 Potência em um Sistema Balanceado

32. Para a carga balanceada da Figura 24-50, $V_{ab} = 600$ V. Determine a potência por fase e as potências ativa, reativa e aparente totais.

33. Repita o Problema 32 para a carga balanceada da Figura 24-51, sendo $\mathbf{E}_{AN} = 120$ V.

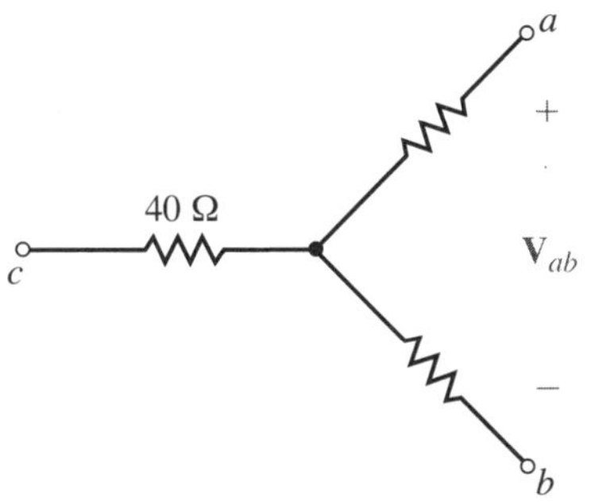

FIGURA 24-50

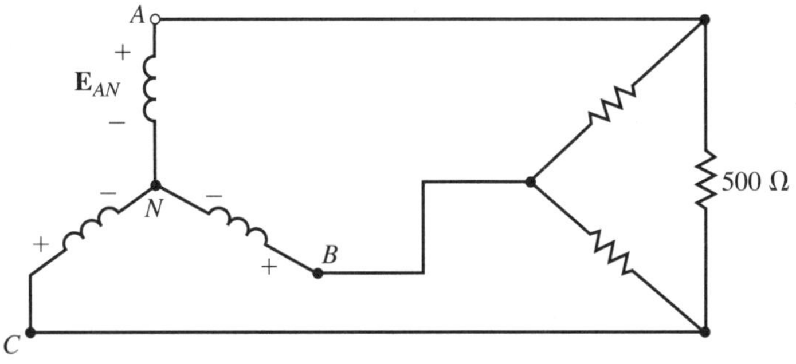

FIGURA 24-51

34. Para a Figura 24-47, $E_{AN} = 120$ volts.
    a. Determine as potências real, reativa e aparente por fase.
    b. Multiplique por 3 as grandezas por fase, de modo a obter as grandezas totais.

35. Para a Figura 24-47, calcule as potências real, reativa e aparente totais usando as fórmulas para P_T, Q_T e S_T da Tabela 24-2. (Use $V_L = 207{,}8$ em vez do valor nominal de 208 V.) Compare os resultados aos do Problema 34.

36. Para a Figura 24-48, $E_{AB} = 208$ volts.
    a. Determine as potências real, reativa e aparente por fase.
    b. Multiplique por 3 as grandezas por fase, de modo a obter as grandezas totais.

37. Para a Figura 24-48, $E_{AB} = 208$ V. Calcule as potências real, reativa e aparente totais usando as fórmulas para P_T, Q_T e S_T da Tabela 24-2. Compare os resultados aos obtidos no Problema 36.

38. Para a Figura 24-52, sendo $V_{an} = 277$ V, determine as potências ativa, reativa e aparente totais e o fator de potência.

39. Para a Figura 24-53, sendo $V_{ab} = 600$ V, determine as potências ativa, reativa e aparente totais e o fator de potência.

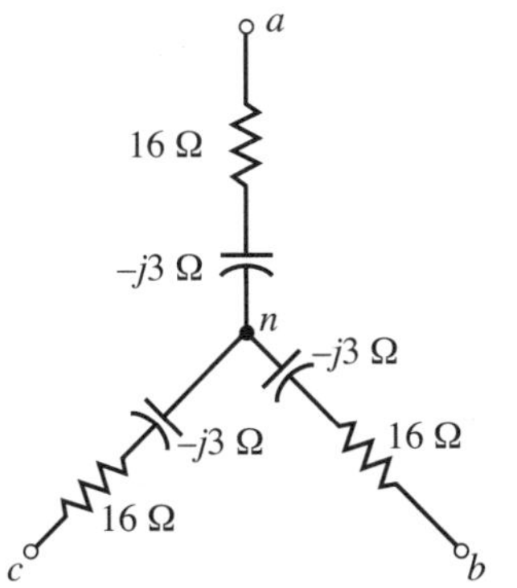

FIGURA 24-52

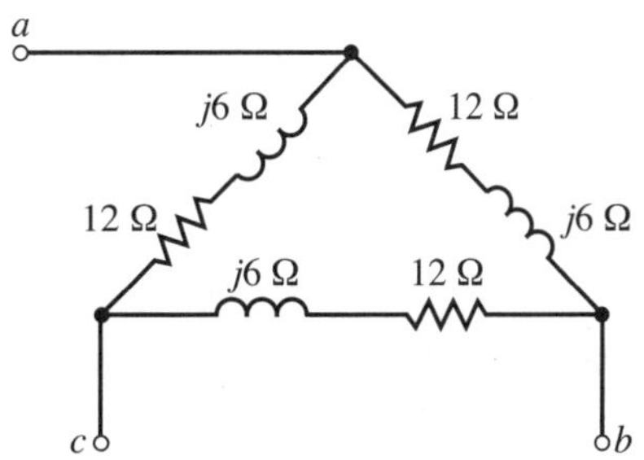

FIGURA 24-53

40. Para a Figura 24-18, sendo V_{an} = 120 V, determine as potências ativa, reativa e aparente totais,
    a. Fornecidas à carga.
    b. Fornecidas pela fonte.
41. Para a Figura 24-19, sendo V_{ab} = 480 V, determine as potências ativa, reativa e aparente totais e o fator de potência.
42. Para a Figura 24-21(a), sejam $\mathbf{Z}_{\text{linha}} = 0\ \Omega$, $\mathbf{Z}_Y = 20\ \Omega\angle 0°$, $\mathbf{Z}_\Delta = 30\ \Omega\angle 10°$ e E_{AN} = 120 V.
    a. Encontre as potências real, reativa e aparente totais aplicadas à carga em Y.
    b. Repita (a) para a carga em Δ.
    c. Determine o total de watts, VARs e VA usando os resultados de (a) e (b).
43. V_{ab} = 208 V para uma carga balanceada em Y, P_T = 1200 W, e Q_T = 750 VAR (ind.). Escolha $\mathbf{V}_{an}$ como referência e determine $\mathbf{I}_a$. (Use o triângulo de potência.)
44. Um motor (fornecendo 100 hp para uma carga) e um banco de capacitores de fator de potência[4] estão ligados como mostra a Figura 24-54. O banco de capacitores é especificado como Q_c = 45 kVAR (total). Reduza o problema a seu equivalente monofásico e depois calcule o fator de potência resultante do sistema.
45. Os capacitores da Figura 24-54 estão ligados em Y, e cada um tem um valor de C = 120 μF. Calcule o fator de potência resultante. A frequência é de 60 Hz.

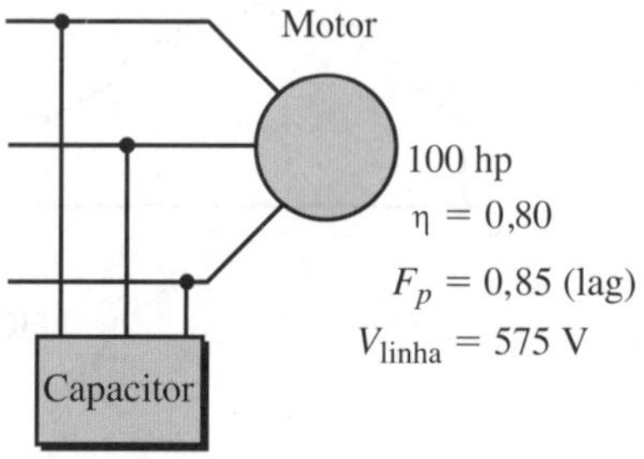

Figura 24-54

24.6 Medição de Potência em Circuitos Trifásicos

46. Para a Figura 24-55:
    a. Determine a leitura fornecida pelo wattímetro.
    b. Se a carga estiver balanceada, qual será o valor de P_T?

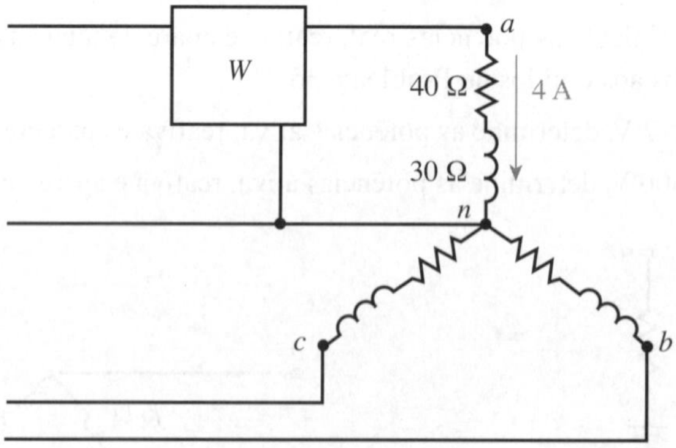

FIGURA 24-55

47. Para a Figura 24-47, a tensão de fase do gerador é de 120 volts.
    a. Desenhe corretamente três wattímetros no circuito.

4 Tais capacitores são assim denominados por serem utilizados para o ajuste do fator de potência do sistema. (N.R.T.)

b. Calcule a leitura de cada wattímetro.

c. Some as leituras e as compare com o resultado de 2304 W obtido no Problema 34.

48. As Figuras 24-30 e 24-31 mostram duas maneiras em que dois wattímetros podem ser ligados para medir a potência em um circuito trifásico com quatro fios. Há mais uma forma. Desenhe-a.

49. Para o circuito da Figura 24-56, $\mathbf{V}_{ab} = 208\ \text{V}\angle 30°$.

a. Determine a magnitude e o ângulo das correntes.

b. Determine a potência por fase e a potência total, P_T.

c. Calcule a leitura de cada wattímetro.

d. Some as leituras dos medidores e compare o resultado à P_T (b).

50. Dois wattímetros medem a potência aplicada a uma carga balanceada. As leituras são $P_h = 1000$ W e $P_\ell = -400$ W. Determine o fator de potência da carga a partir da Equação 24-24 e da Figura 24-34. Qual comparação pode ser feita?

51. Considere o circuito da Figura 24-56.

a. Calcule o fator de potência a partir do ângulo das impedâncias de fase.

b. No Problema 49, determinaram-se as leituras do wattímetro: $P_h = 1164$ W e $P_\ell = 870$ W. Substitua esses valores na Equação 24-24 e calcule o fator de potência da carga. Compare os resultados a (a).

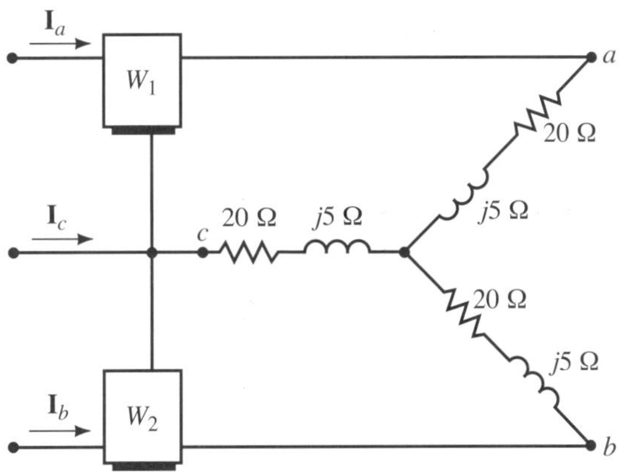

FIGURA 24-56

52. Para a carga balanceada da Figura 24-57, $\mathbf{V}_{ab} = 208\ \text{V}\angle 0°$.

a. Calcule as correntes de fase e de linha.

b. Determine a potência por fase e a potência total P_T.

c. Calcule a leitura de cada wattímetro e depois some as leituras e as compare à P_T de (b).

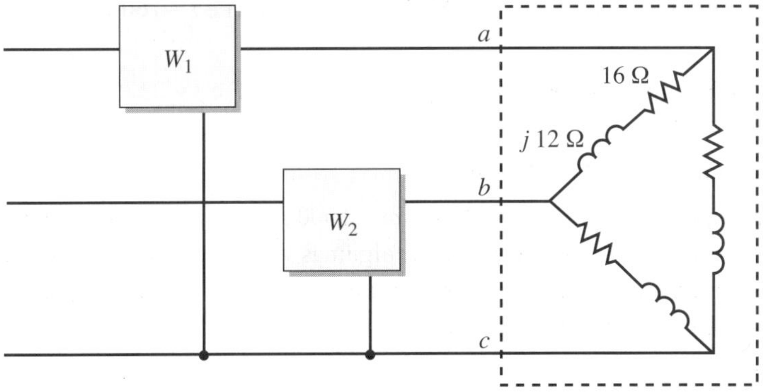

FIGURA 24-57

24.7 Cargas Desbalanceadas

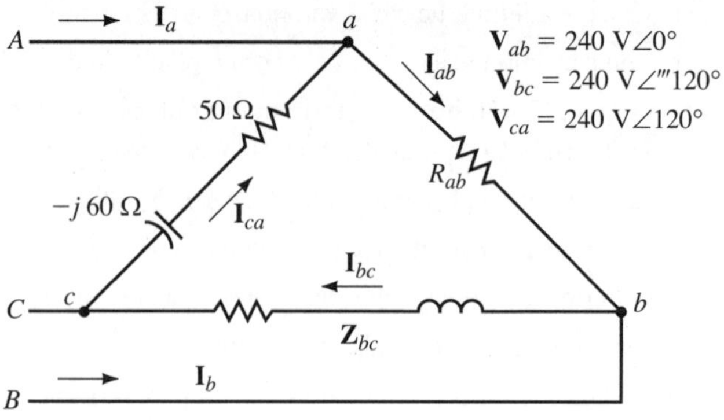

FIGURA 24-58

53. Para a Figura 24-58, R_{ab} = 60 Ω, $\mathbf{Z}_{bc}$ = 80 Ω + j60 Ω. Calcule:
    a. As correntes de fase e de linha.
    b. A potência aplicada em cada fase e a potência total.
54. Repita o Problema 53 se P_{ab} = 2400 W e $\mathbf{Z}_{bc}$ = 50 Ω∠40°.
55. Para a Figura 24-59, calcule o seguinte:
    a. As correntes de linha (magnitudes e ângulos).
    b. A corrente de neutro.
    c. A potência aplicada em cada fase.
    d. A potência total aplicada à carga.
56. Remova o condutor neutro do circuito da Figura 24-59 e calcule as correntes de linha. *Dica*: Use as equações das malhas.
57. A partir do Problema 56, $\mathbf{I}_a$ = 1,94 A∠− 0,737°, $\mathbf{I}_b$ = 4,0 A∠−117,7° e $\mathbf{I}_c$ = 3,57 A∠91,4°. Calcule o seguinte:
    a. As tensões em cada fase da carga.
    b. As tensões entre o neutro da carga e o neutro do gerador.

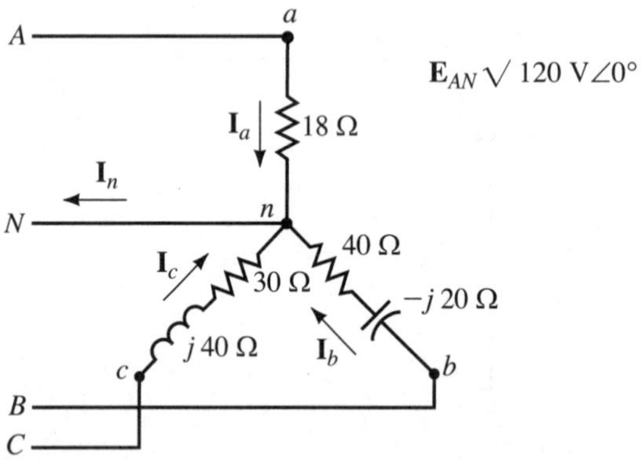

FIGURA 24-59

24.9 Análise de Circuitos Usando Computador

Para os problemas a seguir, use o Multisim ou o PSpice. Com o Multisim, obtém-se apenas a magnitude. Com o PSpice, calculam-se a magnitude e o ângulo. Atenção: Para o PSpice, insira os dispositivos IPRINT de modo que a corrente entre pelo terminal positivo. Caso contrário, haverá um erro de 180° no ângulo. (Veja a Figura 24-44.)

58. Para o sistema balanceado da Figura 24-47, $\mathbf{E}_{AN}$ = 347 V∠15°, L = 8,95 mH e f = 160 Hz. Calcule as correntes de linha. MULTISIM PSpice
59. Para o sistema balanceado da Figura 24-48, $\mathbf{E}_{AN}$ = 277 V∠−30°, C = 50 µF e f = 212 Hz. Calcule as correntes de fase e de linha. MULTISIM PSpice
60. Repita o Problema 59 substituindo C por L = 11,26 mH.
61. Para a Figura 24-59, suponha que L = 40 mH, C = 50 µF e ω = 1000 rad/s. Calcule as correntes de linha e de neutro. Usuários do Multisim: Não se esqueçam de que algumas versões do Multisim não gerenciam bem os ângulos de fase das fontes, e que é necessário inserir um sinal negativo antes do ângulo desejado (como foi detalhado no Capítulo 15 do primeiro volume). MULTISIM PSpice

RESPOSTAS DOS PROBLEMAS PARA VERIFICAÇÃO DO PROCESSO DE APRENDIZAGEM

Verificação do Processo de Aprendizagem 1

1. $\mathbf{V}_{an} = \mathbf{E}_{AN} = 277\ \text{V}\angle{-20°}$; $\mathbf{V}_{bn} = \mathbf{E}_{BN} = 277\ \text{V}\angle{-140°}$;
   $\mathbf{V}_{cn} = \mathbf{E}_{CN} = 277\ \text{V}\angle 100°$; $\mathbf{V}_{ab} = \mathbf{E}_{AB} = 480\ \text{V}\angle 10°$;
   $\mathbf{V}_{bc} = \mathbf{E}_{BC} = 480\ \text{V}\angle{-110°}$; $\mathbf{V}_{ca} = \mathbf{E}_{CA} = 480\ \text{V}\angle 130°$
2. $\mathbf{V}_{an} = \mathbf{E}_{AN} = 120\text{V}\angle 50°$; $\mathbf{V}_{bn} = \mathbf{E}_{BN} = 120\ \text{V}\angle{-70°}$;
   $\mathbf{V}_{cn} = \mathbf{E}_{CN} = 120\ \text{V}\angle 170°$; $\mathbf{V}_{ab} = \mathbf{E}_{AB} = 208\ \text{V}\angle 80°$;
   $\mathbf{V}_{bc} = \mathbf{E}_{BC} = 208\ \text{V}\angle{-40°}$; $\mathbf{V}_{ca} = \mathbf{E}_{CA} = 208\ \text{V}\angle{-160°}$
3. $\mathbf{V}_{an} = 124\ \text{V}\angle{-1{,}87°}$; $\mathbf{V}_{ab} = 214\ \text{V}\angle 28{,}13°$
4. $\mathbf{V}_{ab} = 104\ \text{V}\angle 81{,}7°$; $\mathbf{V}_{bc} = 104\ \text{V}\angle{-38{,}3°}$;
   $\mathbf{V}_{ca} = 104\ \text{V}\angle{-158{,}3°}$

• TERMOS-CHAVE

Simetria Par; Série de Fourier; Espectro de Frequência; Frequência Fundamental; Simetria de Meia-onda; Frequência Harmônica; Simetria Ímpar; Analisador de Espectro.

• TÓPICOS

Formas de Onda Compostas; Série de Fourier; Série de Fourier de Formas de Onda Comuns; Espectro de Frequência; Resposta do Circuito a uma Forma de Onda Não senoidal; Análise de Circuitos Usando Computador.

• OBJETIVOS

Após estudar este capítulo, você será capaz de:

- usar a integral para calcular os coeficientes da série de Fourier de uma forma de onda periódica simples;
- usar tabelas para escrever o equivalente de Fourier de qualquer forma de onda periódica simples;
- fazer um esboço do espectro de frequência de uma forma de onda periódica, fornecendo as amplitudes de diversos harmônicos em volts, watts ou dBm;
- calcular a potência dissipada quando uma forma de onda complexa é aplicada a uma carga resistiva;
- determinar a saída de um filtro, dado o espectro de frequência do sinal de entrada e a resposta em frequência do filtro;
- usar o PSpice para observar a resposta efetiva de um filtro a um sinal de entrada não senoidal.

Formas de Onda Não Senoidais

25

Apresentação Prévia do Capítulo

Na análise de circuitos AC, lidamos principalmente com formas de onda senoidais. Embora a onda senoidal seja a mais comum em circuitos eletrônicos, não é de modo algum o único tipo de sinal usado em eletrônica. Nos capítulos anteriores, observamos como sinais senoidais eram afetados pelas características das componentes de um circuito. Por exemplo, se uma senoide de 1 kHz for aplicada a um filtro passa-baixa com uma frequência de corte de 3 kHz, sabemos que o sinal que aparece na saída do filtro será basicamente igual ao aplicado na entrada. A Figura 25-1 mostra esse efeito.

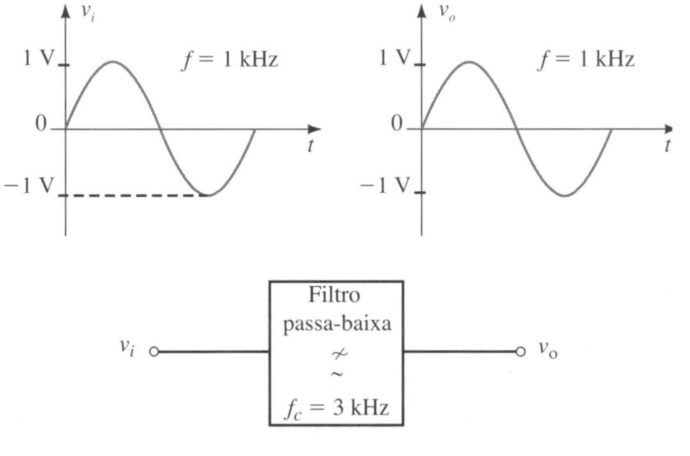

FIGURA 25-1

Era de se esperar que o filtro passa-baixa de 1 kHz permitisse a passagem de qualquer outro sinal de 1 kHz da entrada para a saída sem que houvesse distorção. Infelizmente, esse não é o caso.

Neste capítulo, veremos que qualquer forma de onda periódica é composta de várias formas de onda senoidais, cada uma com uma única amplitude e frequência. Como já foi visto, circuitos como o filtro passa-baixa e o circuito tanque ressonante não permitem a passagem de todas as frequências da entrada para a saída da mesma maneira. Por conseguinte, o sinal de saída pode ser muito diferente do aplicado na entrada. Por exemplo, se aplicássemos uma onda quadrada de 1 kHz a um filtro passa-baixa com uma frequência de corte de 3 kHz, a saída apareceria como mostrado na Figura 25-2.

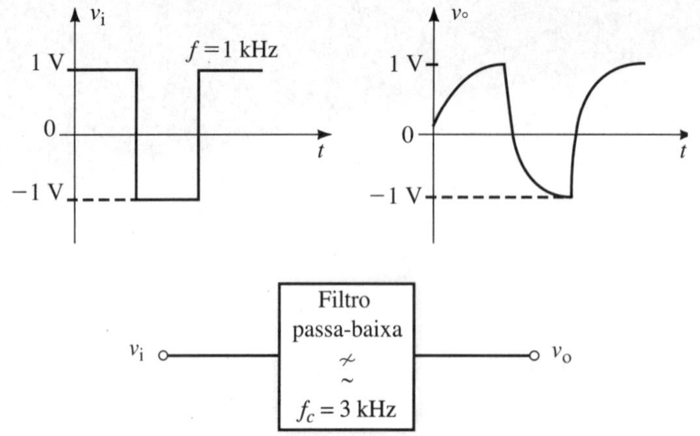

FIGURA 25-2

Embora a frequência da onda quadrada seja menor do que a frequência de corte de 3 kHz do filtro, veremos que a onda quadrada tem muitas componentes de alta frequência, cujos valores estão bem acima da frequência de corte. Essas componentes são afetadas pelo filtro, o que resulta na distorção da forma de onda de saída.

Se uma forma de onda periódica é reduzida à soma das formas de onda senoidais, torna-se razoavelmente fácil determinar como as diversas componentes de frequência do sinal original serão afetadas pelo circuito. É possível, então, encontrar a resposta total do circuito a uma forma de onda específica.

Colocando em Perspectiva

Jean Baptiste Joseph Fourier

Fourier nasceu em Auxerre, em Yonne, França, em 21 de março de 1768. Quando jovem, Fourier estudou — contra sua vontade — para exercer o sacerdócio no monastério de Saint-Benoit-sur Loire. Seu interesse, no entanto, era pela matemática. Em 1798, acompanhou Napoleão ao Egito, onde se tornou governador. Após retornar à França, Fourier estava particularmente interessado no estudo da transferência de calor entre dois pontos com temperaturas diferentes. Ele foi designado secretário-adjunto da Academia de Ciências em 1822.

Em 1807, Fourier anunciou a descoberta de um teorema que o tornou famoso. O teorema de Fourier postula que qualquer forma de onda periódica pode ser escrita como a soma de uma série de funções senoidais simples.

Usando esse teorema, Fourier pôde desenvolver teorias importantes sobre a transferência de calor, que foram publicadas em 1822 em um livro intitulado *Analytic Theory of Heat.*

Embora ainda seja utilizado para descrever a transferência de calor, o teorema de Fourier é hoje usado para prever como filtros e diversos outros circuitos eletrônicos operam quando sujeitos a uma função periódica não senoidal.

Fourier morreu em Paris, em 16 de maio de 1830, em decorrência da queda de uma escada.

25.1 Formas de Onda Compostas

Qualquer forma de onda constituída de duas ou mais formas de onda separadas é chamada de forma de onda composta. A maioria dos sinais que aparece em circuitos eletrônicos consiste de combinações complicadas de níveis DC e ondas senoidais. Considere o circuito e o sinal mostrados na Figura 25-3.

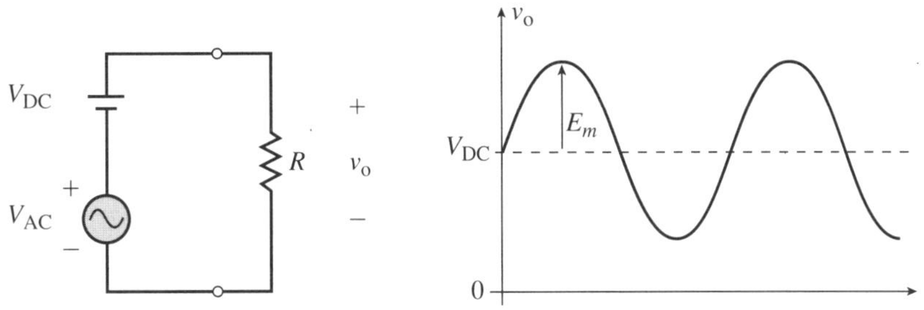

FIGURA 25-3

Por superposição, determina-se a tensão que aparece na carga como a combinação da fonte AC em série com uma fonte DC. O resultado é uma onda senoidal com um deslocamento DC. Como é de se esperar, quando uma onda composta é aplicada a um resistor de carga, consideram-se os efeitos de ambos os sinais para determinar a potência resultante. A tensão RMS da forma de onda composta é determinada da seguinte maneira:

$$V_{RMS} = \sqrt{V_{DC}^2 + V_{AC}^2} \quad \textbf{(25-1)}$$

em que V_{AC} é o valor RMS da componente AC da forma de onda, e é encontrado a partir de $V_{AC} = \frac{E_m}{\sqrt{2}}$. A potência fornecida a uma carga será simplesmente determinada por

$$P_{carga} = \frac{V_{RMS}^2}{R_{carga}}$$

O exemplo a seguir ilustra esse princípio.

EXEMPLO 25-1

Determine a potência fornecida à carga se a forma de onda da Figura 25-4 for aplicada a um resistor de 500 Ω.

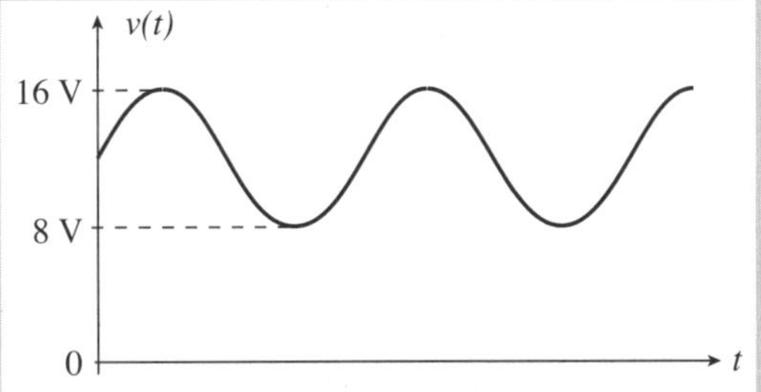

FIGURA 25-4

Solução: Ao examinar a forma de onda, vemos que o valor médio é V_{DC} = 12 V e o valor de pico da senoidal é V_m = 16 V − 12 V = 4 V. Determina-se o valor RMS da forma de onda senoidal como V_{AC} = (0,707)(4 V) = 2,83 V. Agora, determina-se valor RMS da forma de onda composta da seguinte maneira:

$$\begin{aligned} V_{rms} &= \sqrt{(12\ V)^2 + (2{,}83\ V)^2} \\ &= \sqrt{152\ V^2} \\ &= 12{,}3\ V \end{aligned}$$

e a potência fornecida à carga é

$$P_{carga} = \frac{(12{,}3\ V)^2}{500\ \Omega} = 0{,}304\ W$$

PROBLEMAS PRÁTICOS 1

Determine a potência fornecida à carga se a forma de onda da Figura 25-5 for aplicada a um resistor de 200 Ω.

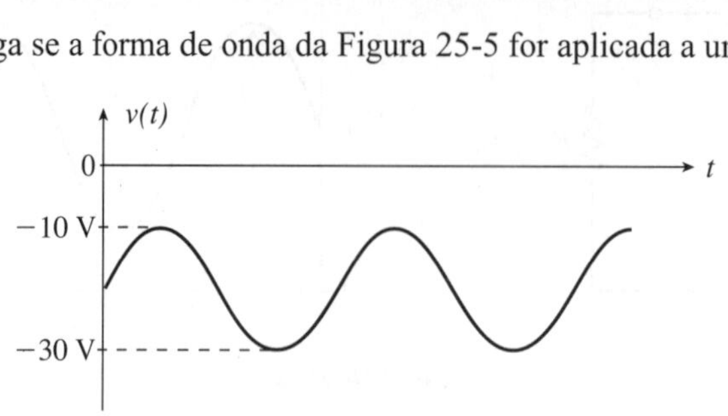

FIGURA 25-5

Resposta

2,25 W

25.2 Série de Fourier

Em 1826, o barão Jean Baptiste Joseph Fourier desenvolveu um ramo da matemática que é usado para expressar qualquer forma de onda periódica como uma série infinita de formas de onda senoidais. Embora pareça que estejamos transformando uma forma de onda simples em uma mais complicada, veremos que, na verdade, a expressão resultante simplifica a análise de muitos circuitos que respondem de maneira diferente a sinais de diversas frequências. Usando a análise de Fourier, qualquer forma de onda senoidal pode ser escrita como uma soma das formas de onda senoidais da seguinte maneira:

$$f(t) = a_0 + a_1 \cos \omega t + a_2 \cos 2\omega t + ... + a_n \cos n\omega t + ...$$
$$+ b_1 \text{ sen } \omega t + b_2 \text{ sen } 2\omega t + ... + b_n \text{ sen } n\omega t + ... \tag{25-2}$$

Encontram-se os coeficientes dos termos individuais da **série de Fourier** com a integral da função original durante um período completo. Os coeficientes são determinados da seguinte maneira:

$$a_0 = \frac{1}{T}\int_{t^1}^{t^1 + T} f(t)\, dt \tag{25-3}$$

$$a_n = \frac{2}{T}\int_{t^1}^{t^1 + T} f(t)\cos n\omega t\, dt \tag{25-4}$$

$$b_n = \frac{2}{T}\int_{t^1}^{t^1 + T} f(t)\text{sen}\, n\omega t\, dt \tag{25-5}$$

Observe que a Equação 25-2 indica que a **série de Fourier** de uma função periódica pode conter tanto uma componente senoidal quanto um cossenoidal em cada frequência. Esses componentes individuais podem ser combinados de modo a propiciar uma única expressão senoidal, como a seguir:

$$a_n \cos nx + b_n \text{ sen } nx = a_n \text{ sen } (nx + 90°) + b_n \text{ sen } nx = c_n \text{ sen } (nx + \theta)$$

em que

$$c_n = \sqrt{a_n^2 + b_n^2} \tag{25-6}$$

e

$$\theta = \text{tg}^{-1}\left(\frac{a_n}{b_n}\right) \tag{25-7}$$

Logo, o equivalente de Fourier de qualquer forma de onda periódica pode ser simplificado da seguinte maneira:

$$f(t) = a_0 + c_1 \text{ sen } (\omega t + \theta_1) + c_2 \text{ sen } (2\omega t + \theta_2) + \ ...$$

O termo a_0 é uma constante que corresponde ao valor médio da forma de onda periódica, e os coeficientes c_n são as amplitudes dos diversos termos senoidais. Observe que o primeiro termo senoidal ($n = 1$) tem a mesma frequência da forma de onda original. Essa componente é denominada **frequência fundamental** da forma de onda em questão. Todas as outras frequências são múltiplos inteiros da frequência fundamental e são chamadas de **frequências harmônicas**. Quando $n = 2$, o termo resultante é denominado segundo harmônico; quando $n = 3$, tem-se o terceiro harmônico etc. Usando as Equações 25-3 a 25-7, é possível deduzir a série de Fourier para qualquer função periódica.

EXEMPLO 25-2

Escreva a série de Fourier para a forma de onda de pulso mostrada na Figura 25-6.

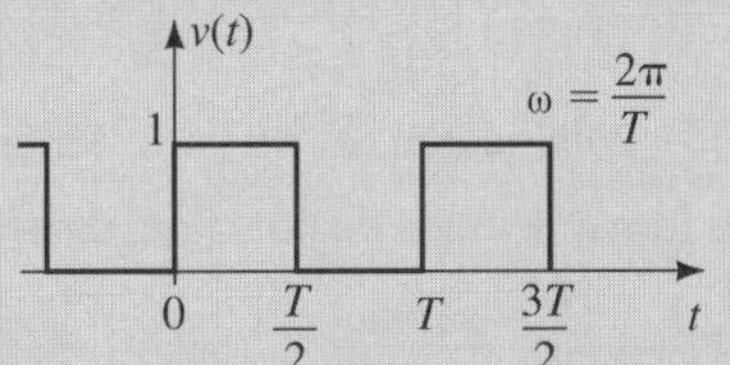

$$v(t) = \begin{cases} 1: 0 < t < \frac{T}{2} \\ 0: \frac{T}{2} < t < T \end{cases}$$

FIGURA 25-6

Solução: Os diversos coeficientes são obtidos com o cálculo de integrais, como a seguir:

$$a_0 = \frac{1}{T}\int_0^{T/2}(1)\,dt + \frac{1}{T}\int_{T/2}^{T}(0)\,dt = \frac{1}{2}$$

$$a_n = \frac{2}{T}\int_0^{T/2}(1)\cos n\omega t\,dt + \frac{2}{T}\int_{T/2}^{T}(0)\,dt$$

$$= \frac{2}{T}\left[\left(\frac{1}{n\omega}\right)\text{sen}\,n\omega t\right]_0^{T/2} = \frac{1}{n\pi}\text{sen}\,n\pi = 0$$

Observe que todo $a_n = 0$, uma vez que sen $n\pi = 0$ para todo n.

$$b_1 = \frac{2}{T}\int_0^{T/2}(1)\,\text{sen}\,\omega t\,dt + \frac{2}{T}\int_{T/2}^{T}(0)\,dt$$

$$= \frac{2}{T}\left[-\left(\frac{1}{\omega}\right)\cos\omega t\right]_0^{T/2} = -\frac{1}{\pi}\left[\cos\left(\frac{2\pi t}{T}\right)\right]_0^{T/2}$$

$$= -\frac{1}{\pi}[(-1) - (1)] = \frac{2}{\pi}$$

$$b_2 = \frac{2}{T}\int_0^{T/2}(1)\,\text{sen}\,2\omega t\,dt + \frac{2}{T}\int_{T/2}^{T}(0)\,dt$$

$$= \frac{2}{T}\left[-\left(\frac{1}{2\omega}\right)\cos 2\omega t\right]_0^{T/2}$$

$$= -\frac{1}{2\pi}\left[\cos\left(\frac{4\pi t}{T}\right)\right]_0^{T/2}$$

$$= -\frac{1}{2\pi}[(1) - (1)] = 0$$

(continua)

EXEMPLO 25-2 *(continuação)*

$$b_3 = \frac{2}{T}\int_0^{T/2}(1)\,\text{sen}\,3\omega t\,dt + \frac{2}{T}\int_{T/2}^{T}(0)\,dt$$

$$= \frac{2}{T}\left[-\left(\frac{1}{3\omega}\right)\cos 3\omega t\right]_0^{T/2}$$

$$= -\frac{1}{3\pi}\left[\cos\left(\frac{6\pi t}{T}\right)\right]_0^{T/2}$$

$$= -\frac{1}{3\pi}[(-1) - (1)] = \frac{2}{3\pi}$$

Para todos os valores ímpares de n, temos $b_n = 2/n\pi$, já que $\cos n\pi = -1$. Valores pares de n dão $b_n = 0$, já que $\cos n\pi = 1$.

A expressão geral da série de Fourier para a forma de onda de pulso em questão é escrita, portanto, da seguinte maneira:

$$v(t) = \frac{1}{2} + \frac{2}{\pi}\sum\frac{\text{sen}\,n\omega t}{n} \qquad n = 1, 3, 5, \ldots \tag{25-8}$$

Na análise da expressão geral para a forma de onda de pulso da Figura 25-6, observam-se algumas características importantes. A série de Fourier comprova que a onda mostrada tem um valor médio de $a_0 = 0{,}5$. Além disso, a forma de onda de pulso tem apenas harmônicos ímpares. Em outras palavras, uma forma de onda de pulso com uma frequência de 1 kHz teria componentes harmônicas ocorrendo em 3 kHz, 5 kHz etc. Embora a onda dada consista de um número infinito de componentes senoidais, as amplitudes dos termos sucessivos diminuem à medida que n aumenta.

Se considerássemos apenas as primeiras quatro componentes da onda de pulso diferentes de zero, teríamos a seguinte expressão:

$$v(t) = 0{,}5 + \frac{2}{\pi}\text{sen}\,\omega t + \frac{2}{3\pi}\text{sen}\,3\omega t + \frac{2}{5\pi}\text{sen}\,5\,\omega t + \frac{2}{7\pi}\text{sen}\,7\omega t \tag{25-9}$$

A Figura 25-7 mostra a representação gráfica dessa expressão:

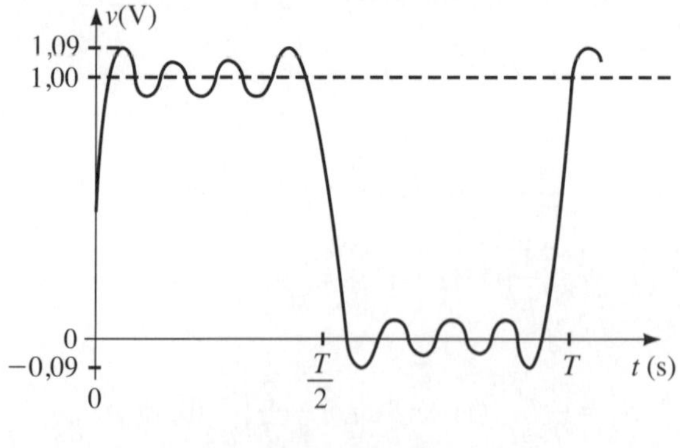

FIGURA 25-7

Embora essa forma de onda não seja idêntica à onda de pulso dada, vemos que os primeiros quatro harmônicos diferentes de zero propiciam uma aproximação razoável da forma de onda original.

Em virtude da simetria que ocorre em determinadas formas da onda, as deduções da série de Fourier de tais formas de onda podem ser simplificadas. Examinaremos três tipos de simetria: par, ímpar e de meia-onda. Cada tipo resulta em padrões consistentes na série de Fourier. As formas de onda da Figura 25-8 são simétricas em torno do eixo vertical, e diz-se que elas apresentam **simetria par** (ou **simetria cossenoidal**).

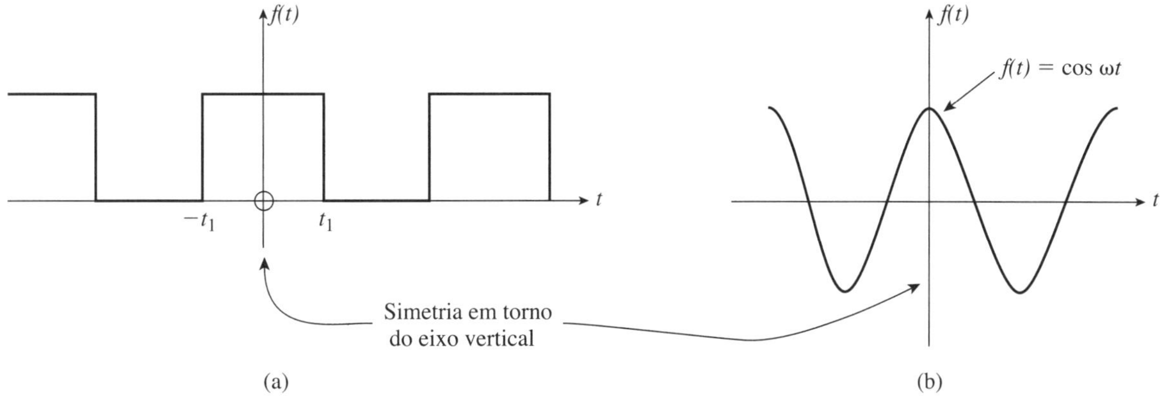

FIGURA 25-8 Simetria par (simetria cossenoidal).

As formas de onda com simetria par terão a forma

$$f(-t) = f(t) \text{ (Simetria par)} \qquad \textbf{(25-10)}$$

Ao se escrever a série de Fourier de uma forma de onda com simetria par, ela só terá termos em cosseno (a_n) e, possivelmente, um termo a_0. Todos os termos em seno (b_n) serão iguais a zero.

Se a parte da forma de onda à direita do eixo vertical em cada sinal da Figura 25-9 girar 180º, coincidirá exatamente com a parte da forma de onda à esquerda do eixo. Diz-se que tais formas de onda apresentam **simetria ímpar**.

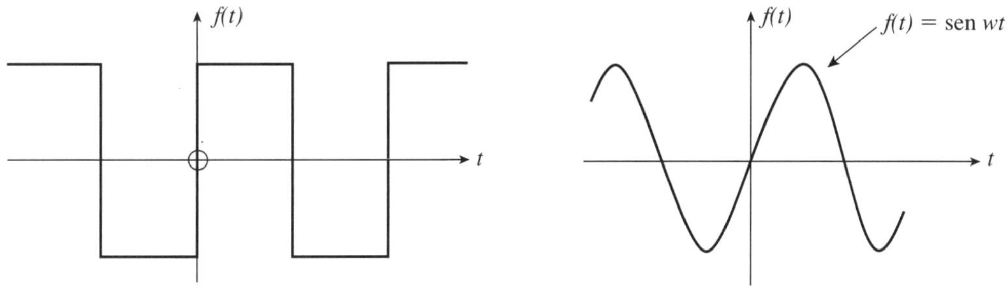

FIGURA 25-9 Simetria ímpar (simetria senoidal).

As formas de onda com simetria ímpar sempre terão a forma

$$f(-t) = -f(t) \text{ (Simetria ímpar)} \qquad \textbf{(25-11)}$$

Quando se escreve a série de Fourier de uma forma de onda com simetria ímpar, ela só terá termos em seno (b_n). Todos os termos em cosseno (a_n) serão iguais a zero.

Quando a parte da forma de onda abaixo do eixo horizontal na Figura 25-10 é a imagem-espelho da parte acima do eixo, diz-se que a forma de onda tem uma **simetria de meia-onda**.

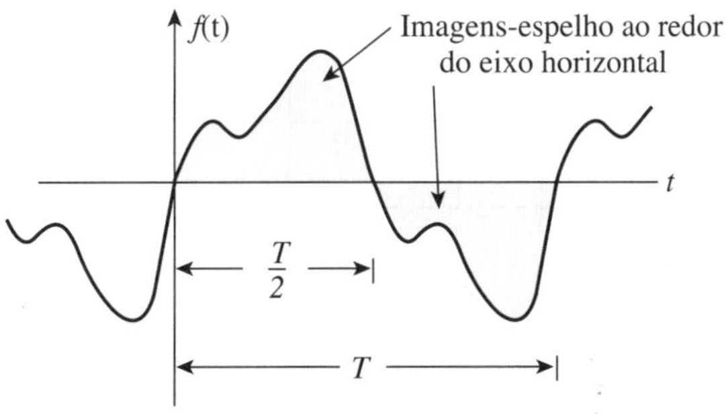

FIGURA 25-10 Simetria de meia-onda.

As formas de onda com simetria de meia-onda terão a forma

$$f\left(t + \frac{T}{2}\right) = -f(t) \text{ (Simetria de meia-onda)} \quad \textbf{(25-12)}$$

Quando se escreve a série de Fourier de uma forma de onda periódica com simetria de meia-onda, temos apenas harmônicos ímpares. Todos os termos harmônicos pares serão iguais a zero[1].

Se voltarmos à forma de onda da Figura 25-6, veremos que, ao subtrairmos o valor médio a_0, a forma de onda resultante[2] tem simetria ímpar e de meia-onda. Usando as regras citadas, espera-se encontrar apenas termos em seno e harmônicos ímpares. De fato, vemos que a Equação 25-9 apresenta essas condições.

PROBLEMAS PRÁTICOS 2

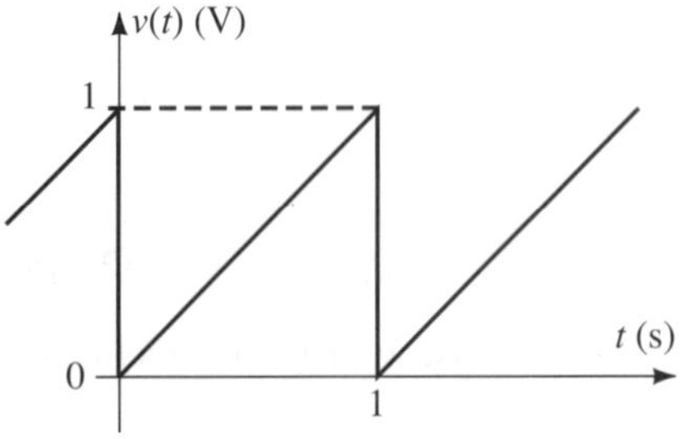

FIGURA 25-11

Considere a função rampa mostrada na Figura 25-11.

a. Essa forma de onda apresenta simetria?
b. Use o cálculo para determinar a expressão de Fourier para $v(t)$.
c. Confirme que o termo a_0 da série de Fourier é igual ao valor médio da forma de onda.
d. A partir da expressão de Fourier, pode-se dizer que a função rampa é constituída de harmônicos ímpares, pares ou todas as componentes harmônicas? Justifique brevemente a sua resposta.

Respostas

a. Se descontarmos o valor médio dessa forma de onda, o resultado apresentará simetria ímpar[3].

b. $v(t) = 0{,}5 - \frac{1}{\pi}\text{sen}(2\pi t) - \frac{1}{2\pi}\text{sen}(4\pi t) - \frac{1}{3\pi}\text{sen}(6\pi t) \cdots$

c. $a_0 = 0{,}5$ V

d. Uma vez que o sinal não possui simetria de meia-onda, é possível que todas as componentes harmônicas estejam presentes[4].

VERIFICAÇÃO DO PROCESSO DE APRENDIZAGEM 1

(As respostas encontram-se no fim do capítulo.)

Sem usar cálculo, determine o método de reescrita da expressão da Equação 25-9 para representar uma onda quadrada com uma amplitude de 1 V, como ilustrado na Figura 25-12. Dica: Observe que a onda quadrada é parecida com a forma de onda de pulso, com exceção de que o valor médio é zero e que o valor de pico a pico é duas vezes o da forma de onda de pulso.

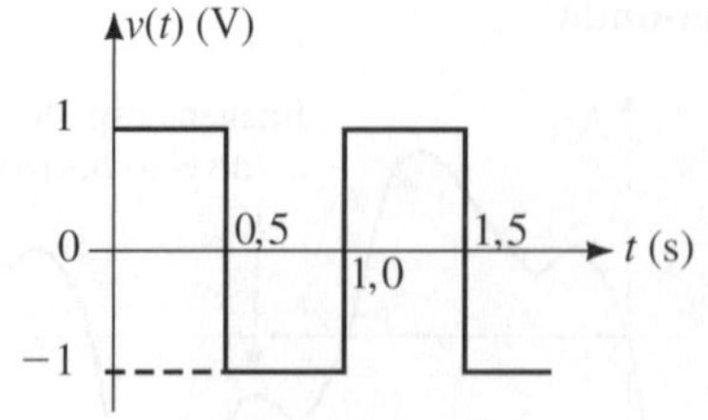

FIGURA 25-12

1 Incluindo o termo a_0. (N.R.T.)
2 Por motivos referentes ao rigor matemático, esse trecho precisou ser adaptado na tradução. (N.R.T.)
3 Por motivos referentes ao rigor matemático, esse trecho precisou ser adaptado na tradução. (N.R.T.)
4 Por motivos referentes ao rigor matemático, esse trecho precisou ser adaptado na tradução. (N.R.T.)

25.3 Série de Fourier de Formas de Onda Comuns

Todas as formas de onda periódicas podem ser convertidas na série equivalente de Fourier usando a integração, como foi mostrado na Seção 25.2. Integrar formas de onda comuns é um processo demorado e propenso a erros. Um método mais simples é usar tabelas como a Tabela 25-1, que fornece a série de Fourier de algumas formas de onda comuns encontradas em circuitos elétricos.

TABELA 25-1 Equivalentes de Fourier de Formas de Onda Comuns ($\omega = 2\,\pi/T$)

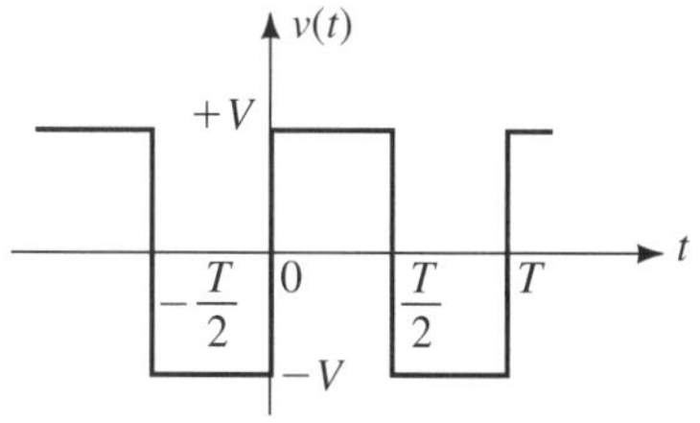

$$V(t) = \begin{cases} -V, \; -\dfrac{T}{2} < t < 0 \\ +V, \; 0 < t < \dfrac{T}{2} \end{cases}$$

FIGURA 25-13

$$v(t) = \frac{4V}{\pi}\left(\sum \frac{\text{sen}\, n\omega t}{n}\right) \qquad n = 1, 3, 5, \ldots$$

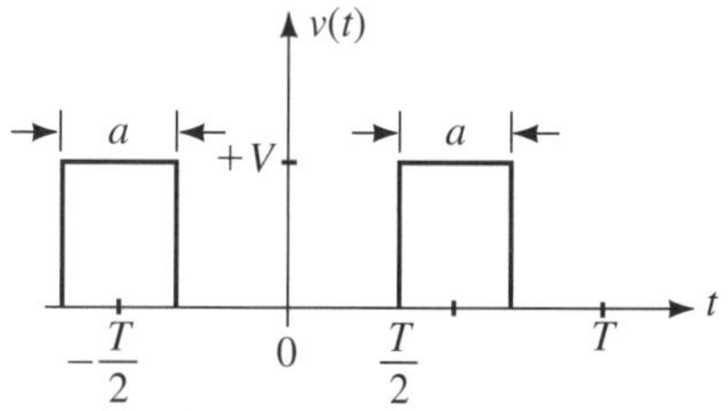

$$V(t) = \begin{cases} 0, \; -\dfrac{T}{2} + a/2 < t < \dfrac{T}{2} - a/2 \\ \text{V}, \; \dfrac{T}{2} - a/2 < t < \dfrac{T}{2} + a/2 \end{cases}$$

FIGURA 25-14

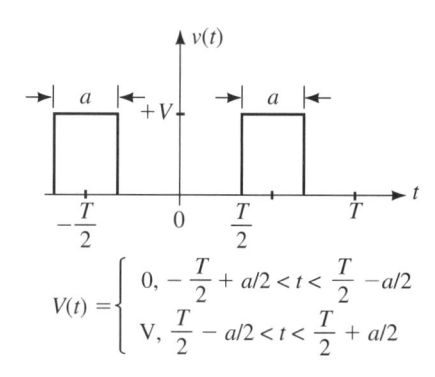

$$v(t) = \frac{aV}{T} + \frac{2V}{\pi}\left(\sum_{1}^{\infty} (-1)^n \frac{\text{sen}\left(\dfrac{\pi n a}{T}\right)\cos n\omega t}{n}\right) \qquad n = 1, 2, 3, \ldots$$

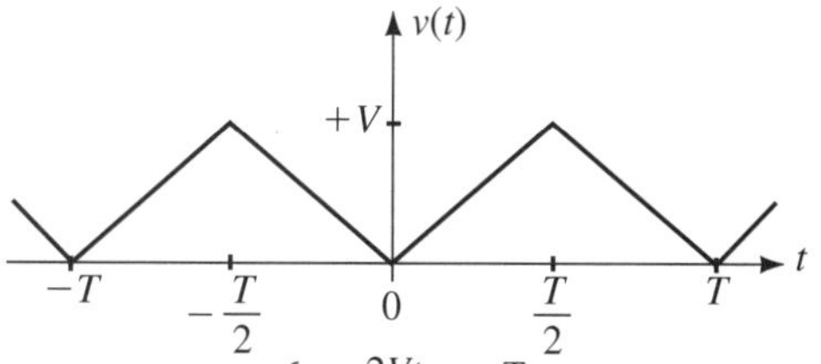

$$V(t) = \begin{cases} -\dfrac{2Vt}{T}, + \dfrac{T}{2} < t < 0 \\ \dfrac{2Vt}{T}, \; 0 < t < \dfrac{T}{2} \end{cases}$$

FIGURA 25-15

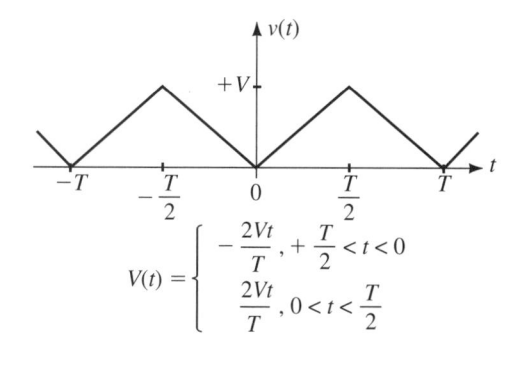

$$v(t) = \frac{V}{2} - \frac{4V}{\pi^2}\left(\sum_{1}^{\infty} \frac{\cos n\omega t}{n^2}\right) \qquad n = 1, 3, 5, \ldots$$

(continua)

TABELA 25-1 Equivalentes de Fourier das Formas de Onda Comuns ($\omega = 2\pi/T$) *(continuação)*

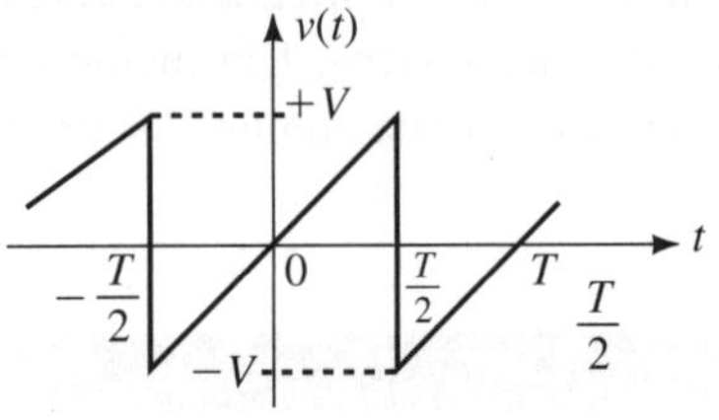

$$V(t) = \frac{2Vt}{T}, -\frac{T}{2} < t < \frac{T}{2}$$

$$v(t) = -\frac{2V}{\pi}\left(\sum (-1)^n \frac{\text{sen}\, n\omega t}{n}\right) \qquad n = 1, 2, 3, \ldots$$

FIGURA 25-16

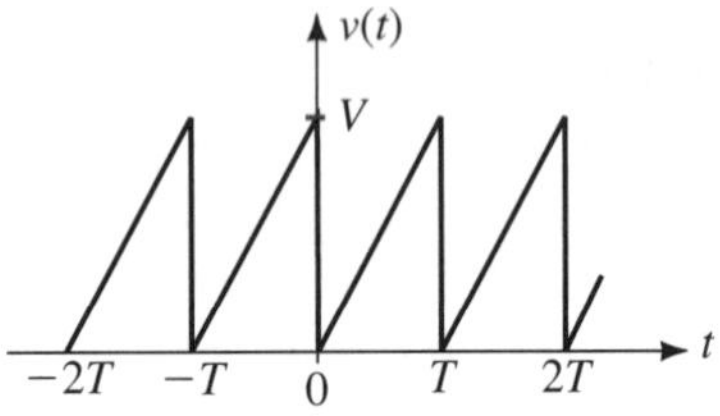

$$V(t) = \frac{Vt}{T}, 0 < t < T$$

$$v(t) = \frac{V}{2} - \frac{V}{\pi}\left(\sum \frac{\text{sen}\, n\omega t}{n}\right) \qquad n = 1, 2, 3, \ldots$$

FIGURA 25-17

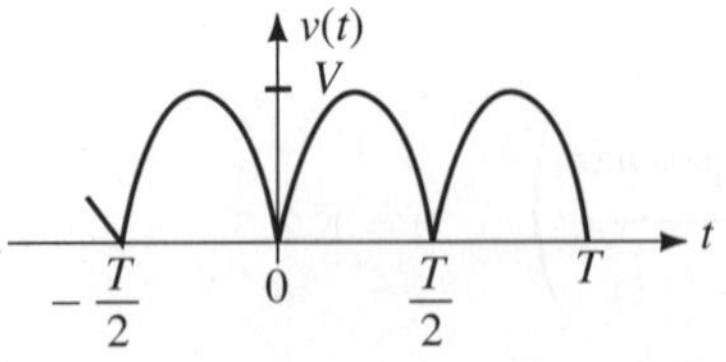

$$V(t) = \left|V \,\text{sen}\, \omega t\right|, -\frac{T}{2} < t < \frac{T}{2}$$

$$v(t) = \frac{2V}{\pi} - \frac{4V}{\pi}\left(\frac{\cos 2\omega t}{1 \cdot 3} + \frac{\cos 4\omega t}{3 \cdot 5} + \frac{\cos 6\omega t}{5 \cdot 7} + \cdots\right)$$

FIGURA 25-18

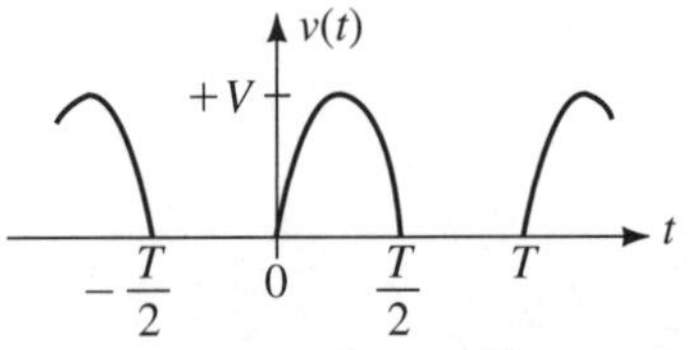

$$v(t) = \begin{cases} 0, -\frac{T}{2} < t < 0 \\ V \,\text{sen}\, \omega t, 0 < t < \frac{T}{2} \end{cases}$$

$$v(t) = \frac{V}{\pi} + \frac{V}{2}\text{sen}\, \omega t - \frac{2V}{\pi}\left(\frac{\cos 2\omega t}{1 \cdot 3} + \frac{\cos 4\omega t}{3 \cdot 5} + \frac{\cos 6\omega t}{5 \cdot 7} + \cdots\right)$$

FIGURA 25-19

O exemplo a seguir ilustra como uma dada forma de onda é convertida em sua série de Fourier equivalente.

EXEMPLO 25-3

Use a Tabela 25-1 para determinar a série de Fourier para a função rampa da Figura 25-20.

Solução: A amplitude da forma de onda é 10 V e a frequência angular da fundamental é $\omega = 2\pi/(2 \text{ ms}) = 1000\ \pi$ rad/s. Determina-se a série resultante a partir da Tabela 25-1:

$$v(t) = \frac{10}{2} - \frac{10}{\pi}\text{sen } 1000\pi t - \frac{10}{2\pi}\text{sen } 2000\,\pi t$$

$$-\frac{10}{3\pi}\text{sen } 3000\,\pi t - \frac{10}{4\pi}\text{sen } 4000\,\pi t - \cdots$$

$$= 5 - 3{,}18 \text{ sen } 1000\,\pi t - 1{,}59 \text{ sen } 2000\,\pi t$$

$$-1{,}06 \text{ sen } 3000\pi t - 0{,}80 \text{ sen } 4000\pi t - \cdots$$

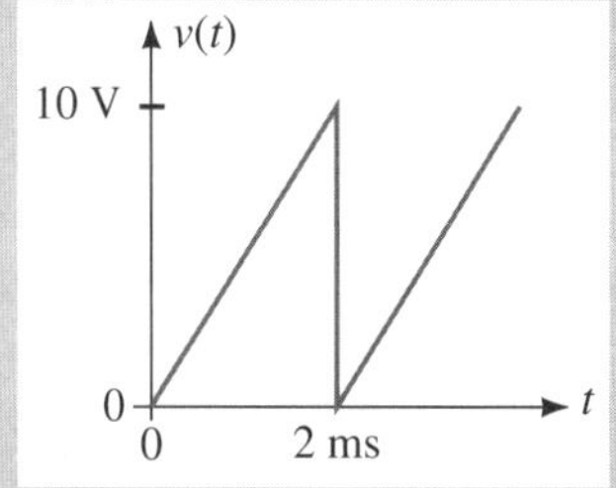

FIGURA 25-20

Se determinada forma de onda for similar a um dos tipos mostrados na Tabela 25-1, mas deslocada ao longo do eixo do tempo, será necessário incluir o deslocamento de fase em cada um dos termos em seno e cosseno. Determina-se o deslocamento de fase da seguinte maneira:

1. Determine o período da forma de onda em questão.
2. Compare a forma de onda com as figuras fornecidas na Tabela 25-1 e selecione qual delas descreve melhor a onda em questão.
3. Determine se a forma de onda está adiantada ou atrasada em relação à figura selecionada da Tabela 25-1. Calcule o deslocamento de fase como uma fração, t, do período total. Como um ciclo completo equivale a 360º, determina-se o deslocamento de fase como

$$\phi = \frac{t}{T} \times 360°$$

4. Escreva a expressão de Fourier resultante para a forma de onda dada. Se ela estiver adiantada em relação à figura selecionada na Tabela 25-1, então some o ângulo Φ a cada termo. Se a forma de onda estiver atrasada em relação à figura selecionada, subtraia o ângulo Φ de cada termo.

EXEMPLO 25-4

Escreva a expressão de Fourier para os primeiros quatro termos em seno diferentes de zero, mostrados na Figura 25-21.

Solução: **1º Passo:** O período da forma de onda em questão é $T = 8{,}0$ ms, o que dá uma frequência de $f = 125$ Hz ou uma frequência angular de $\omega = 250\ \pi$ rad/s.

2º Passo: A partir da Tabela 25-1, vemos que a forma de onda em questão é similar à onda quadrada da Figura 25-13.

3º Passo: A forma de onda da Figura 25-21 está adiantada em relação à onda quadrada da Figura 25-13 por uma quantidade equivalente a $t = 2$ ms. Isso corresponde a um deslocamento de fase de

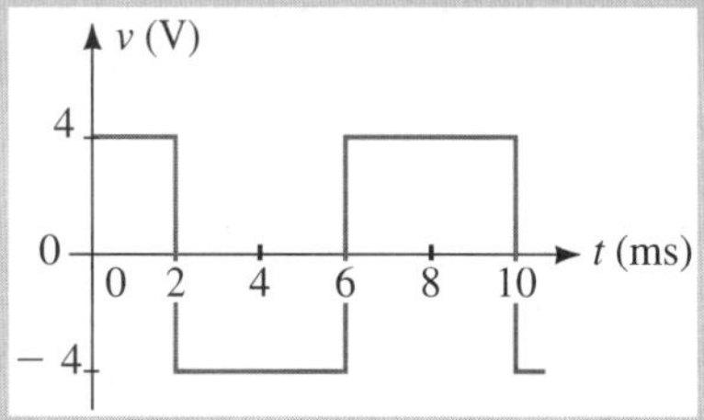

FIGURA 25-21

$$\phi = \frac{2 \text{ ms}}{8 \text{ ms}} \times 360° = 90°$$

4º Passo: A expressão de Fourier para os primeiros quatro termos da forma de onda da Figura 25-21 é agora escrita da seguinte maneira:

(continua)

EXEMPLO 25-4 *(continuação)*

$$v(t) = \frac{4(4)}{\pi}\text{sen}(250\pi t + 90°) + \frac{4(4)}{3\pi}\text{sen}[3(250\pi t + 90°)]$$
$$+ \frac{4(4)}{5\pi}\text{sen}[5(250\pi t + 90°)] + \frac{4(4)}{7\pi}\text{sen}[7(250\pi t + 90°)]$$

Essa expressão pode ser considerada a soma das ondas senoidais. No entanto, como a onda cossenoidal está 90º adiantada em relação à senoidal, a expressão pode ser simplificada como uma soma das ondas cossenoidais sem qualquer deslocamento de fase. Isso resulta no seguinte:

$$v(t) = 5{,}09 \cos 250\,\pi t - 1{,}70 \cos 750\,\pi t + 1{,}02 \cos 1250\pi t - 0{,}73 \cos 1750\,\pi t$$

PROBLEMAS PRÁTICOS 3

Escreva a expressão de Fourier para os primeiros quatro termos em seno diferentes de zero da forma de onda mostrada na Figura 25-22. Expresse cada termo como uma onda senoidal em vez de cossenoidal.

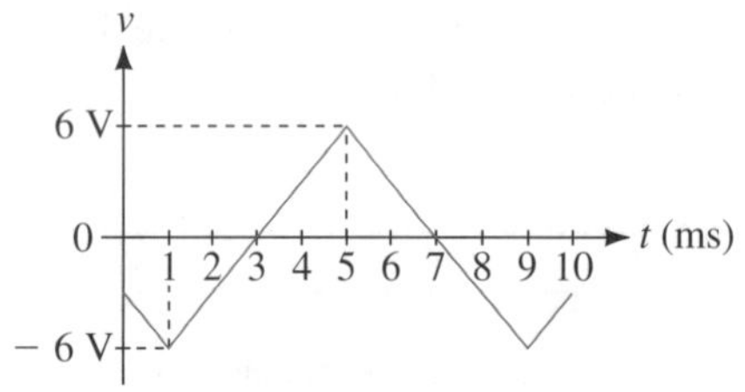

FIGURA 25-22

Resposta

$$v(t) = \frac{48}{\pi^2}\text{sen}(250\pi t - 135°) + \frac{48}{3^2\pi^2}\text{sen}(750\pi t + 135°)$$
$$+ \frac{48}{5^2\pi^2}\text{sen}(1250\pi t + 45°) + \frac{48}{7^2\pi^2}\,\text{sen}(1750\pi t - 45°)$$

As formas de onda da Tabela 25-1 apresentam a maioria das formas de onda normalmente observadas. Às vezes, no entanto, uma determinada forma de onda consiste de uma combinação de algumas formas de onda simples. Em casos como esse, em geral é mais fácil primeiro desenhar novamente a forma de onda original como a soma de duas ou mais formas de onda reconhecíveis. Determina-se, então, a série de Fourier de cada componente individual reconhecível. Finalmente, o resultado é expresso como a soma das séries individuais.

EXEMPLO 25-5

Escreva os primeiros quatro termos diferentes de zero da série de Fourier para a forma de onda da Figura 25-23.

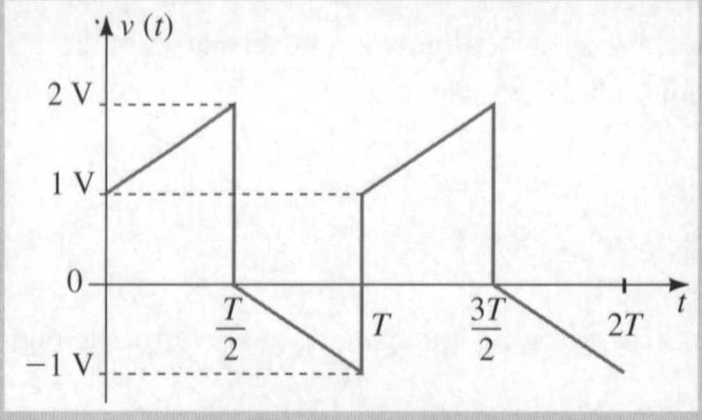

FIGURA 25-23 *(continua)*

EXEMPLO 25-5 *(continuação)*

Solução: Obtém-se a forma de onda da Figura 25-23 a partir de uma combinação de ondas, como ilustrado na Figura 25-24.

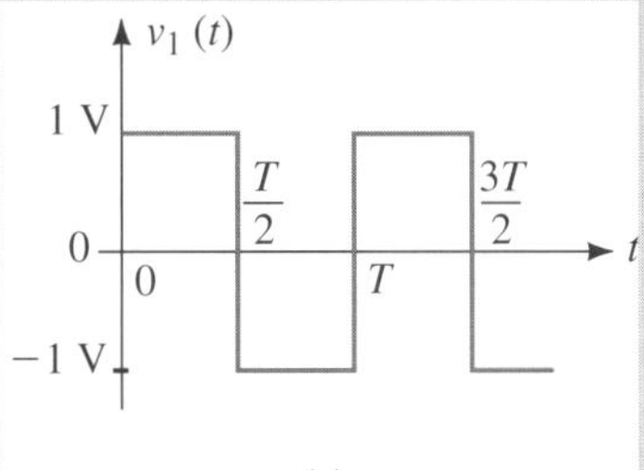

(a)

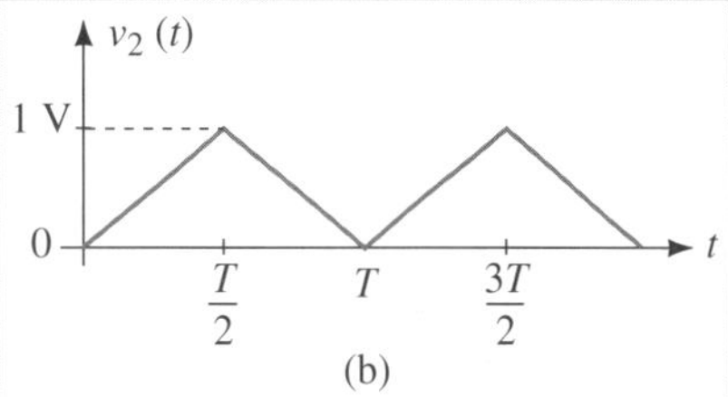

(b)

FIGURA 25-24

Determina-se a série de Fourier de cada uma das formas de onda a partir da Tabela 25-1:

$$v_1(t) = \frac{4}{\pi}\text{sen}\,\omega t + \frac{4}{3\pi}\text{sen}\,3\omega t + \frac{4}{5\pi}\text{sen}\,5\omega t + \cdots$$

e

$$v_2(t) = \frac{1}{2} - \frac{4}{\pi^2}\cos\,\omega t - \frac{4}{3^2\pi^2}\cos\,3\omega t - \frac{4}{5^2\pi^2}\cos\,5\omega t - \cdots$$

Quando essas séries são somadas algebricamente, temos

$$\begin{aligned} v(t) &= v_1(t) + v_2(t) \\ &= 0{,}5 + 1{,}27\,\text{sen}\,\omega t - 0{,}41\cos\omega t \\ &\quad + 0{,}42\,\text{sen}\,3\omega t - 0{,}05\cos 3\omega t \\ &\quad + 0{,}25\,\text{sen}\,5\omega t - 0{,}02\cos 5\omega t \\ &\quad + 0{,}18\,\text{sen}\,7\omega t - 0{,}01\cos 7\omega t \\ &\quad \vdots \end{aligned}$$

Usando as Equações 25-6 e 25-7, essa série pode ser ainda mais simplificada, de modo a fornecer um único coeficiente e deslocamento de fase para cada frequência. A forma de onda resultante é escrita como

$$\begin{aligned} v(t) &= 0{,}5 + 1{,}34\,\text{sen}\,(\omega t - 17{,}7^\circ) + 0{,}43\,\text{sen}\,(3\omega t - 6{,}1^\circ) \\ &\quad + 0{,}26\,\text{sen}\,(5\omega t - 3{,}6^\circ) + 0{,}18\,\text{sen}\,(7\omega t - 2{,}6^\circ) \end{aligned}$$

PROBLEMAS PRÁTICOS 4

Obtém-se uma forma de onda composta a partir da soma das formas de onda ilustradas na Figura 25-25.

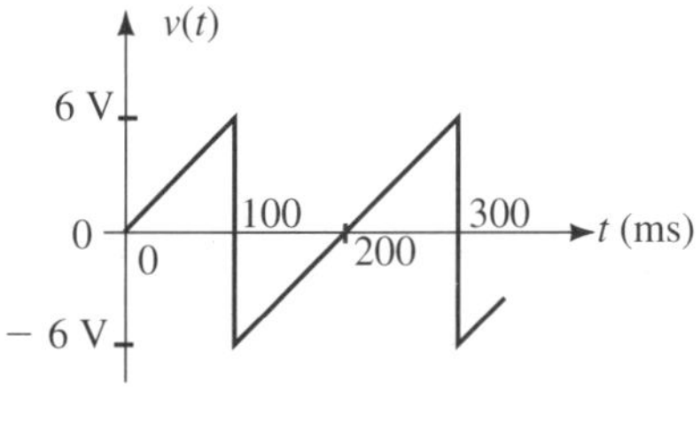

(a)

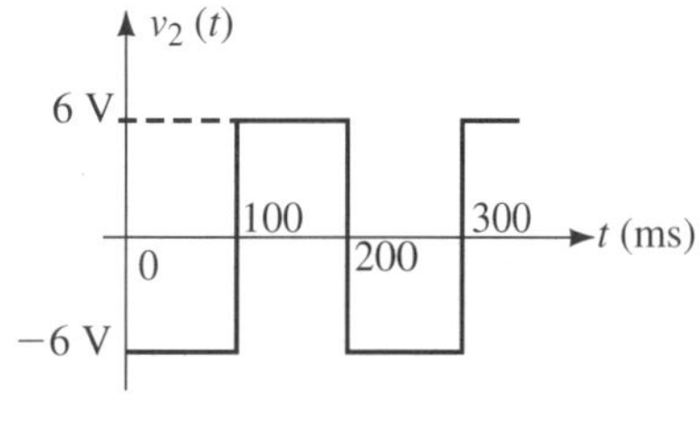

(b)

FIGURA 25-25

a. Faça um esboço da forma de onda composta mostrando todos os níveis de tensão e os valores do tempo.

b. Escreva a expressão de Fourier para a forma de onda resultante, $v(t)$.

Respostas

a.

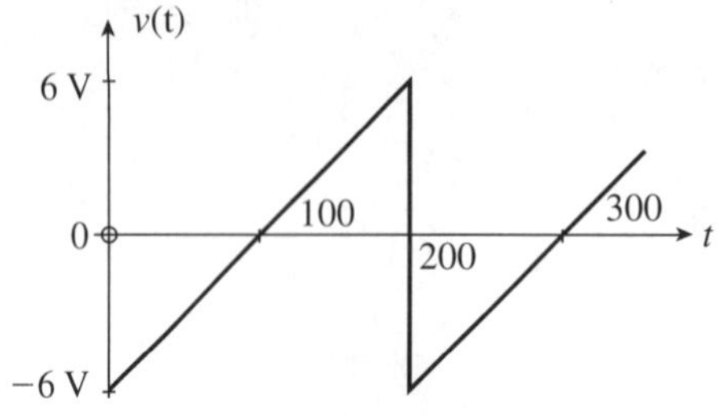

FIGURA 25-26

b. $v(t) = \frac{12}{\pi}\text{sen}(10\pi t) - \frac{36}{2\pi}\text{sen}(20\pi t) + \frac{12}{3\pi}\text{sen}(30\pi t) - \cdots$

VERIFICAÇÃO DO PROCESSO DE APRENDIZAGEM 2

(As respostas encontram-se no fim do capítulo.)

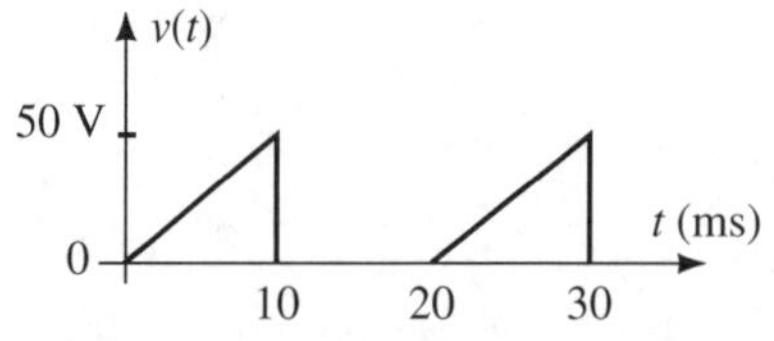

FIGURA 25-27

Considere a forma de onda composta da Figura 25-27:

a. Separe a forma de onda em questão em duas formas de onda mostradas na Tabela 25-1.

b. Use a Tabela 25-1 para escrever a série de Fourier para cada um das componentes da forma de onda de (a).

c. Combine os resultados de modo a determinar a série de Fourier para $v(t)$.

25.4 Espectro de Frequência

A maioria das formas de onda que examinamos geralmente era apresentada como uma função do tempo. No entanto, elas também podem ser mostradas como uma função da frequência. Nesses casos, a amplitude de cada harmônico é indicada na frequência adequada. A Figura 25-28 ilustra uma onda senoidal de 1 kHz no domínio do tempo e da frequência. Já na Figura 25-29 vemos a exibição correspondente para uma forma de onda de pulso.

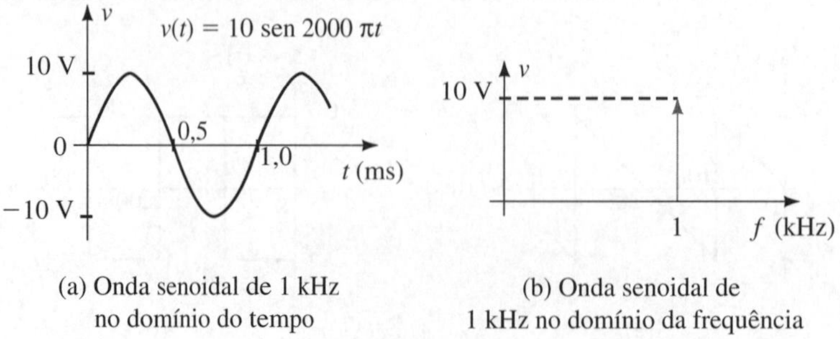

(a) Onda senoidal de 1 kHz no domínio do tempo

(b) Onda senoidal de 1 kHz no domínio da frequência

FIGURA 25-28

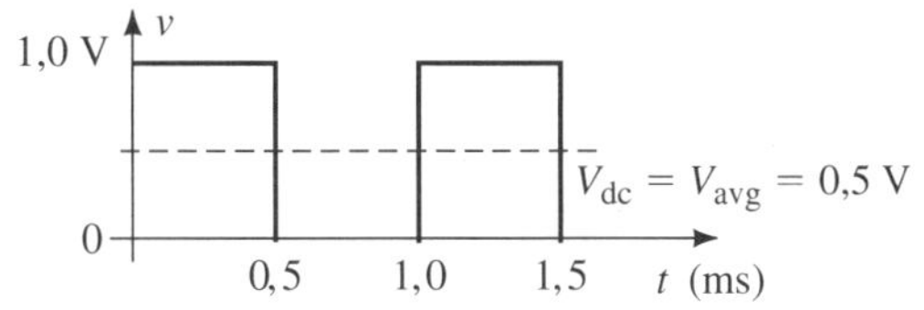

(a) Onda de pulso de
1 kHz no domínio do tempo

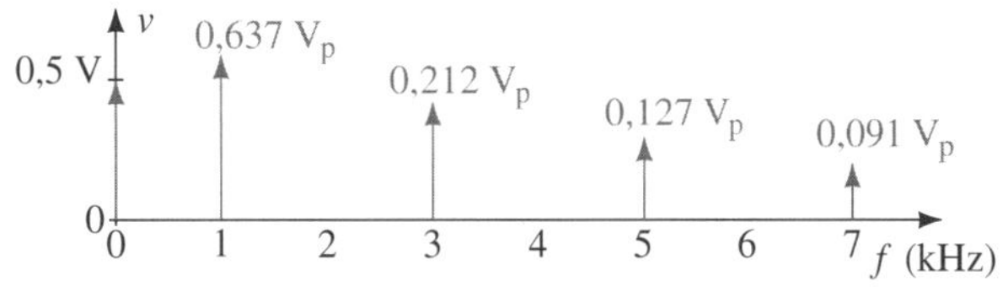

(b) Onda de pulso de
1 kHz no domínio da frequência

FIGURA 25-29

O **espectro de frequência** da onda de pulso mostra o valor médio (ou valor DC) da onda em uma frequência de 0 kHz e ilustra a ausência de componentes harmônicas. Observe que a amplitude das componentes harmônicas sucessivas diminui um tanto rapidamente.

A tensão RMS da forma de onda composta da Figura 25-29 é determinada levando-se em conta o valor RMS de cada frequência. Acha-se a tensão RMS resultante como

$$V_{RMS} = \sqrt{V_{dc}^2 + V_1^2 + V_2^2 + V_3^2 + \cdots}$$

em que cada tensão, V_1, V_2 etc., representa o valor RMS da componente harmônica correspondente. Usando os primeiros cinco termos diferentes de zero, acharíamos o valor RMS da forma de onda de pulso da Figura 25-29 como

$$V_{RMS} = \sqrt{(0{,}500)^2 + \left(\frac{0{,}637}{\sqrt{2}}\right)^2 + \left(\frac{0{,}212}{\sqrt{2}}\right)^2 + \left(\frac{0{,}127}{\sqrt{2}}\right)^2 + \left(\frac{0{,}091}{\sqrt{2}}\right)^2}$$
$$= 0{,}698 \text{ V}$$

Esse valor é apenas um pouco menor do que o valor efetivo de $V_{RMS} = 0{,}707$ V.

Se a forma de onda de pulso fosse aplicada a um elemento resistivo, a potência seria dissipada como se cada componente da frequência tivesse sido aplicada de forma independente. A potência total pode ser determinada pela soma das contribuições individuais de cada frequência. Para calcular a potência dissipada em cada frequência senoidal, é necessário primeiro converter as tensões em valores RMS. O espectro de frequência pode ser então representado em termos de potência no lugar de tensão.

EXEMPLO 25-6

Determine a potência total dissipada por um resistor de 50 Ω se a forma de onda da Figura 25-29 for aplicada a um resistor. Considere a componente DC e os primeiros quatro harmônicos diferentes de zero. Indique os níveis de potência (em watts) em uma curva de distribuição da frequência.

Solução: Determina-se a potência dissipada pela componente DC como:

$$P_0 = \frac{V_0^2}{R_L} = \frac{(0{,}5 \text{ V})^2}{50\ \Omega} = 5{,}0 \text{ mW}$$

(continua)

EXEMPLO 25-6 *(continuação)*

Determina-se a potência dissipada por qualquer resistor sujeito a uma frequência senoidal como:

$$P = \frac{V_{\text{RMS}}^2}{R_L} = \frac{\left(\frac{V_P}{\sqrt{2}}\right)^2}{R_L} = \frac{V_P^2}{2R_L}$$

Para a forma de onda de pulso da Figura 25-29, acha-se a potência devida a cada uma das quatro primeiras componentes senoidais diferentes de zero da seguinte maneira:

$$P_1 = \frac{\left(\frac{2\text{ V}}{\pi}\right)^2}{(2)(50\ \Omega)} = 4{,}05\text{ mW}$$

$$P_3 = \frac{\left(\frac{2\text{ V}}{3\pi}\right)^2}{(2)(50\ \Omega)} = 0{,}45\text{ mW}$$

$$P_5 = \frac{\left(\frac{2\text{ V}}{5\pi}\right)^2}{(2)(50\ \Omega)} = 0{,}16\text{ mW}$$

$$P_7 = \frac{\left(\frac{2\text{ V}}{7\pi}\right)^2}{(2)(50\ \Omega)} = 0{,}08\text{ mW}$$

A Figura 25-30 mostra os níveis de potência (em miliwatts) como uma função da frequência.

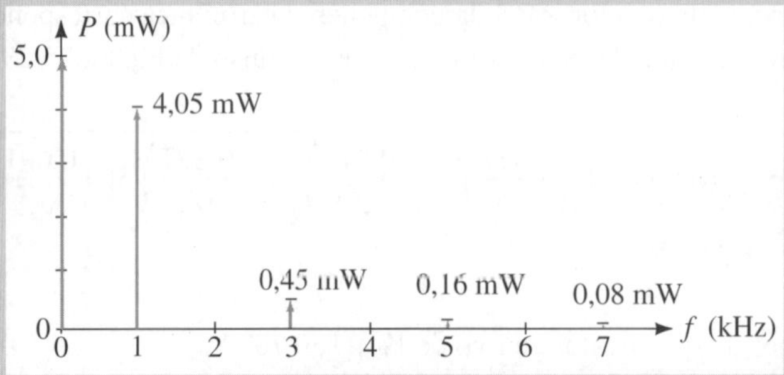

FIGURA 25-30

Usando apenas componentes DC e os primeiros quatro harmônicos diferentes de zero, a potência total dissipada pelo resistor é $P_T = 9{,}74$ mW. Remetendo-nos ao Capítulo 15 (primeiro volume), a tensão RMS efetiva da forma de onda de pulso é

$$V_{\text{RSM}} = \sqrt{\frac{(1\text{ V})^2(0{,}5\text{ ms})}{1{,}0\text{ ms}}} = 0{,}707\text{ V}$$

Logo, usando a tensão RMS, determinamos a potência dissipada pelo resistor da seguinte maneira:

$$P = \frac{(0{,}707\text{ V})^2}{50\ \Omega} = 10{,}0\text{ mW}$$

Embora a forma de onda de pulso tenha a potência contida em componentes com frequências acima do sétimo harmônico, vemos que mais de 97% da potência total da forma de onda de pulso está contida somente nos sete primeiros harmônicos.

Os níveis de potência e as frequências dos diversos harmônicos de uma forma de onda periódica podem ser medidos com um instrumento chamado **analisador de espectro**, mostrado na Figura 25-31.

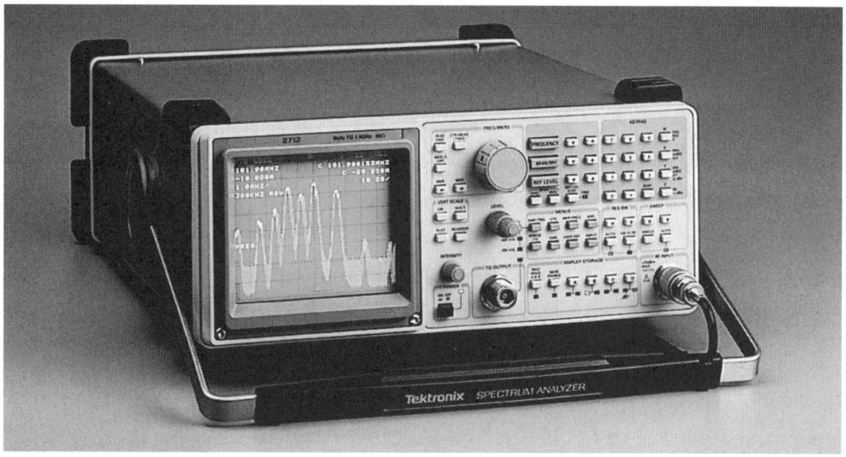

FIGURA 25-31 Analisador de espectro *(Cortesia de Tektronix Inc.)*

Alguns analisadores de espectro são capazes de exibir os níveis de tensão ou potência no domínio da frequência, enquanto a maioria dos outros exibe apenas os níveis de potência (em dBm). Quando apresenta os níveis de potência, o analisador de espectro geralmente usa uma carga de 50 Ω como referência. A Figura 25-32 mostra uma forma de onda de pulso de 1,0 V em um típico analisador de espectro.

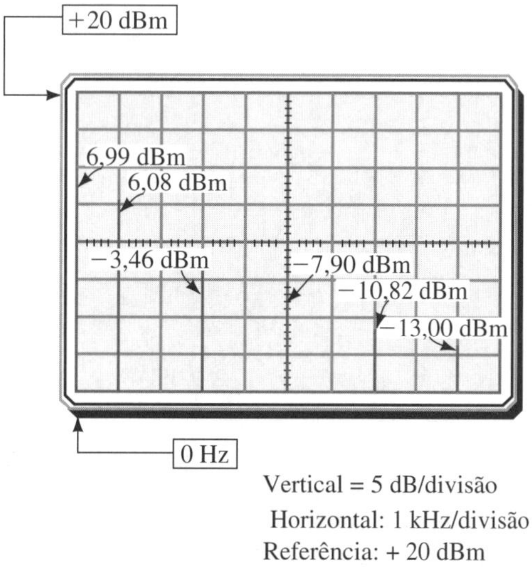

FIGURA 25-32 Exibição de uma onda de pulso de 1 kHz com um valor de pico de 1 V em um analisador de espectro.

Observe que o analisador de espectro tem uma referência de + 20 dBm, e que ela é mostrada na parte superior da tela em vez de na parte inferior. A escala vertical do instrumento é medida em decibéis. Cada divisão vertical corresponde a 5 dB. O eixo horizontal do analisador de espectro é escalonado em hertz. Cada divisão desse eixo corresponde a 1 kHz na Figura 25-32.

NOTAS PRÁTICAS...

Os analisadores de espectro são instrumentos muito sensíveis. Por isso, deve-se tomar bastante cuidado para garantir que a potência de entrada nunca exceda o valor máximo especificado. Caso esteja em dúvida, é melhor inserir um atenuador extra para diminuir a quantidade de potência que entra no analisador de espectro.

Exemplo 25-7

Um analisador de espectro com uma entrada de 50 Ω é usado para verificar os níveis de potência em dBm das componentes da série de Fourier da função rampa demonstrada na Figura 25-33.

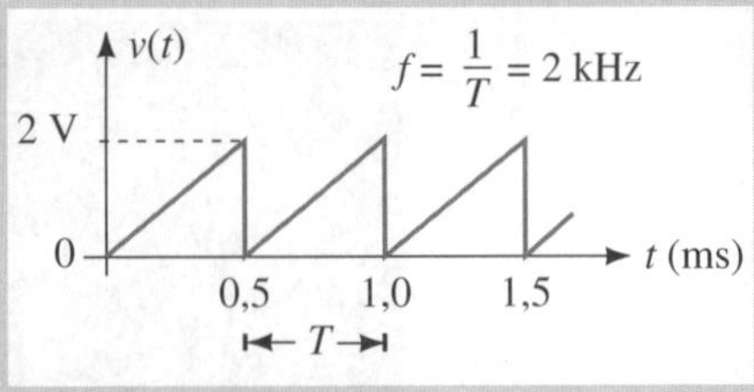

FIGURA 25-33

Determine os níveis de tensão e potência das diversas componentes e desenhe como ficaria o resultado na tela de um analisador de espectro. Suponha que o analisador de espectro tenha as mesmas configurações horizontais e verticais das mostradas na Figura 25-32.

Solução: Determina-se a série de Fourier da forma de onda em questão, a partir da Tabela 25-1, como:

$$v(t) = \frac{2}{2} - \frac{2}{\pi}\operatorname{sen}\omega t - \frac{2}{2\pi}\operatorname{sen}2\omega t - \frac{2}{3\pi}\operatorname{sen}3\omega t - \cdots$$

Como a frequência fundamental ocorre em $f = 2$ kHz, vemos que as frequências harmônicas ocorrerão em 4 kHz, 6 kHz etc. No entanto, como o analisador de espectro é capaz de mostrar frequências com valores apenas até 10 kHz, paramos por aqui.

A componente DC terá um valor médio de $v_0 = 1{,}0$ V, como esperado. Os valores RMS das formas de onda senoidais harmônicas são determinados da seguinte maneira:

$$V_{rms} = \frac{V_p}{\sqrt{2}}$$

o que resulta em:

$$V_{1(rms)} = \frac{2}{\pi\sqrt{2}} = 0{,}450 \text{ V}$$

$$V_{2(rms)} = \frac{2}{2\pi\sqrt{2}} = 0{,}225 \text{ V}$$

$$V_{3(rms)} = \frac{2}{3\pi\sqrt{2}} = 0{,}150 \text{ V}$$

$$V_{4(rms)} = \frac{2}{4\pi\sqrt{2}} = 0{,}113 \text{ V}$$

$$V_{5(rms)} = \frac{2}{5\pi\sqrt{2}} = 0{,}090 \text{ V}$$

Essas tensões RMS são usadas para calcular as potências (e os níveis de potência em dBm) das diversas componentes harmônicas.

$$P_0 = \frac{(1{,}0 \text{ V})^2}{50\ \Omega} = 20{,}0 \text{ mW} \equiv 10 \log \frac{20 \text{ mW}}{1 \text{ mW}} = 13{,}0 \text{ dBm}$$

$$P_1 = \frac{(0{,}450 \text{ V})^2}{50\ \Omega} = 4{,}05 \text{ mW} \equiv 10 \log \frac{4{,}05 \text{ mW}}{1 \text{ mW}} = 6{,}08 \text{ dBm}$$

$$P_2 = \frac{(0{,}225 \text{ V})^2}{50\ \Omega} = 1{,}01 \text{ mW} \equiv 10 \log \frac{1{,}01 \text{ mW}}{1 \text{ mW}} = 0{,}04 \text{ dBm}$$

$$P_3 = \frac{(0{,}150 \text{ V})^2}{50\ \Omega} = 0{,}45 \text{ mW} \equiv 10 \log \frac{0{,}45 \text{ mW}}{1 \text{ mW}} = -3{,}5 \text{ dBm}$$

$$P_4 = \frac{(0{,}113 \text{ V})^2}{50\ \Omega} = 0{,}25 \text{ mW} \equiv 10 \log \frac{0{,}25 \text{ mW}}{1 \text{ mW}} = -6{,}0 \text{ dBm}$$

$$P_5 = \frac{(0{,}090 \text{ V})^2}{50\ \Omega} = 0{,}16 \text{ mW} \equiv 10 \log \frac{0{,}16 \text{ mW}}{1 \text{ mW}} = -7{,}9 \text{ dBm}$$

(continua)

Exemplo 25-7 *(continuação)*

Um analisador de espectro indicaria um mostrador parecido com o ilustrado na Figura 25-34.

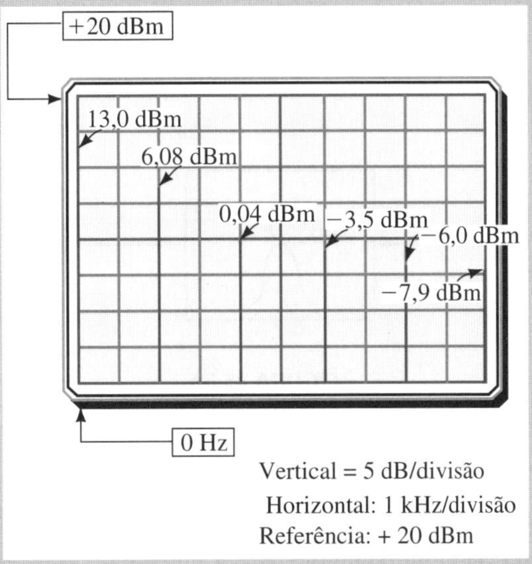

FIGURA 25-34

PROBLEMAS PRÁTICOS 5

A função dente-de-serra da Figura 25-35 é aplicada a um analisador de espectro de 50 Ω. Faça um esboço de como ficaria a tela supondo que o analisador de espectro tenha as mesmas configurações verticais e horizontais das mostradas na Figura 25-32.

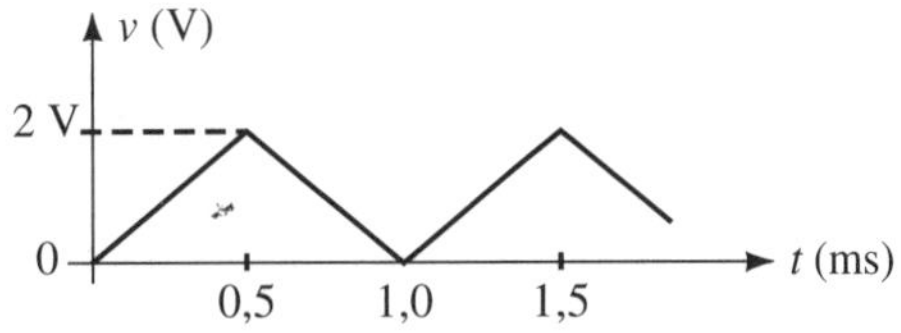

FIGURA 25-35

Respostas

$P_{dc} = +\,13{,}0$ dBm, $P_{1kHz} = +\,8{,}2$ dBm, $P_{2kHz} = -10{,}9$ dBm, $P_{5kHz} = -19{,}8$ dBm. (Todos os outros componentes são menores do que −20 dBm e, portanto, não irão aparecer).

25.5 Resposta do Circuito a uma Forma de Onda Não Senoidal

Determinou-se que todas as formas de onda não senoidais e periódicas incluem diversas componentes senoidais e uma componente DC. No Capítulo 22, observamos como diversas frequências eram afetadas quando aplicadas a um dado filtro. Agora examinaremos como as componentes de frequência de uma forma de onda serão modificadas quando aplicadas à entrada de determinado filtro.

Considere o que acontece quando uma forma de onda de pulso é aplicada a um filtro passa-banda sintonizado no terceiro harmônico, como mostrado na Figura 25-36.

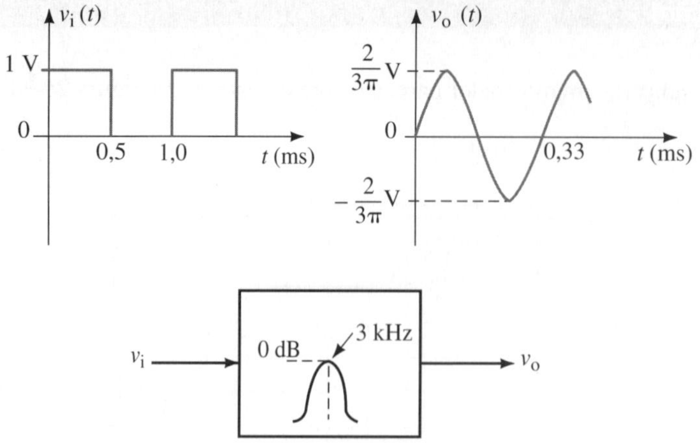

FIGURA 25-36

Como o filtro passa-banda é sintonizado no terceiro harmônico, apenas a componente de frequência correspondente a esse harmônico passará da entrada do filtro para a saída. Além disso, como o filtro tem um ganho de tensão de 0 dB na frequência central, a amplitude da saída senoidal resultante terá o mesmo nível de tensão da amplitude do terceiro harmônico original. Todas as outras frequências, incluindo a componente DC, serão atenuadas pelo filtro, sendo efetivamente eliminadas da saída.

Esse método é muito utilizado em circuitos eletrônicos de modo a propiciar a multiplicação de frequência, uma vez que qualquer forma de onda distorcida será rica em harmônicos. A componente desejada da frequência é facilmente extraída ao usarmos um filtro sintonizado. Embora qualquer multiplicação inteira seja teoricamente possível, a maioria dos circuitos multiplicadores de frequência duplica ou triplica a frequência, já que os harmônicos de uma ordem mais elevada têm amplitudes muito menores.

Para determinar a forma de onda resultante após sua passagem por qualquer outro filtro, é necessário determinar a amplitude e o deslocamento de fase de várias componentes harmônicas.

EXEMPLO 25-8

O circuito da Figura 25-37 tem a resposta em frequência mostrada na Figura 25-38.

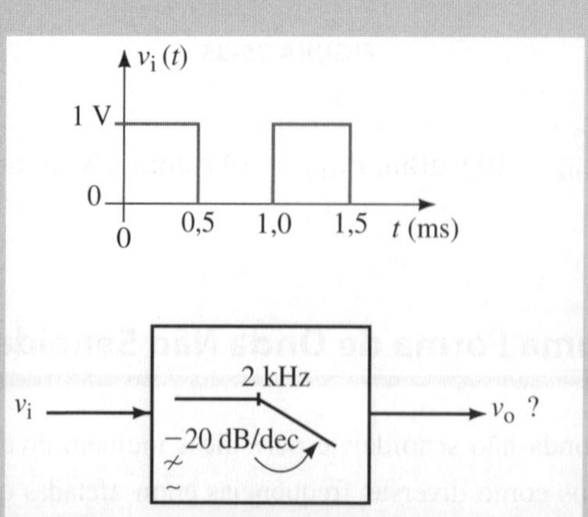

FIGURA 25-37

(continua)

EXEMPLO 25-8 *(continuação)*

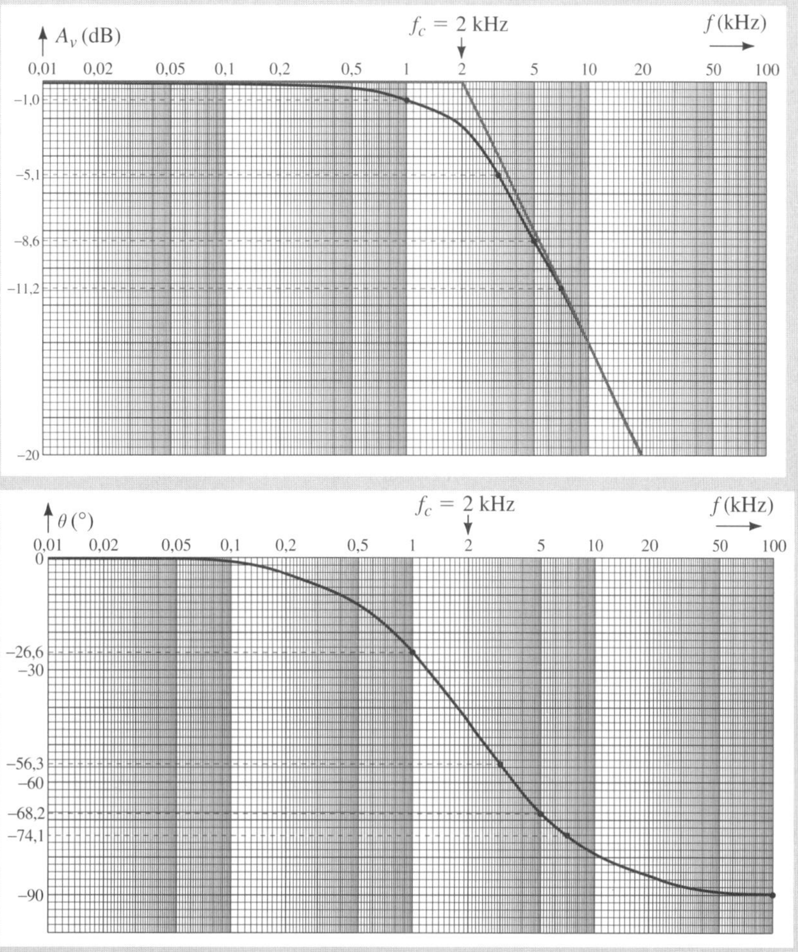

FIGURA 25-38

a. Determine a componente DC na saída do filtro passa-baixa.

b. Calcule a amplitude e o deslocamento de fase correspondente das quatro primeiras componentes senoidais de saída diferentes de zero.

Solução:

a. A partir de exemplos anteriores, determinamos que a forma de onda dada é expressa pela seguinte série de Fourier:

$$v(t) = 0{,}5 + \frac{2}{\pi}\text{sen}\,\omega t + \frac{2}{3\pi}\text{sen}\,3\omega t + \frac{2}{5\pi}\text{sen}\,5\omega t + \frac{2}{7\pi}\text{sen}\,7\omega t$$

Como o circuito é um filtro passa-baixa, sabemos que a componente DC passará da entrada para a saída sem ser atenuada. Logo,

$$V_{0(o)} = V_{0(i)} = 0{,}5 \text{ V (DC)}$$

b. Examinando a resposta em frequência da Figura 25-36, vemos que todas as componentes senoidais serão atenuadas e sofrerão um deslocamento de fase. A partir dos gráficos, temos:

1 kHz: $A_{v1} = -1{,}0$ dB, $\Delta\theta_1 = -26{,}6°$

3 kHz: $A_{v3} = -5{,}1$ dB, $\Delta\theta_3 = -56{,}3°$

(continua)

EXEMPLO 25-8 *(continuação)*

$$5\text{ kHz:}\quad A_{v5} = -8{,}6\text{ dB},\qquad \Delta\theta_5 = -68{,}2^\circ$$

$$7\text{ kHz:}\quad A_{v7} = -11{,}2\text{ dB},\qquad \Delta\theta_7 = -74{,}1^\circ$$

As amplitudes dos diversos harmônicos na saída do filtro são determinadas da seguinte maneira:

$$V_{1(o)} = \left(\frac{2}{\pi}\right)10^{-1{,}0/20} = 0{,}567\text{ V}_p$$

$$V_{3(o)} = \left(\frac{2}{3\pi}\right)10^{-5{,}1/20} = 0{,}118\text{ V}_p$$

$$V_{5(o)} = \left(\frac{2}{5\pi}\right)10^{-8{,}6/20} = 0{,}047\text{ V}_p$$

$$V_{7(o)} = \left(\frac{2}{7\pi}\right)10^{-11{,}2/20} = 0{,}025\text{ V}_p$$

A série de Fourier da forma de onda de saída é aproximada como

$$v(t) = 0{,}5 + 0{,}567\text{ sen }(\omega t - 26{,}6^\circ) + 0{,}118\text{ sen }(3\,\omega t - 56{,}3^\circ)$$

$$+\, 0{,}047\text{ sen }(5\,\omega t - 68{,}2^\circ) + 0{,}025\text{ sen }(7\,\omega t - 74{,}1^\circ)$$

Diversos projetos assistidos por computador (CAD) e programas de matemática são capazes de exibir a forma de onda no domínio do tempo a partir de uma expressão matemática. Quando a forma de onda mostrada na Figura 25-38 é plotada no domínio do tempo, ela aparece como ilustrado na Figura 25-39.

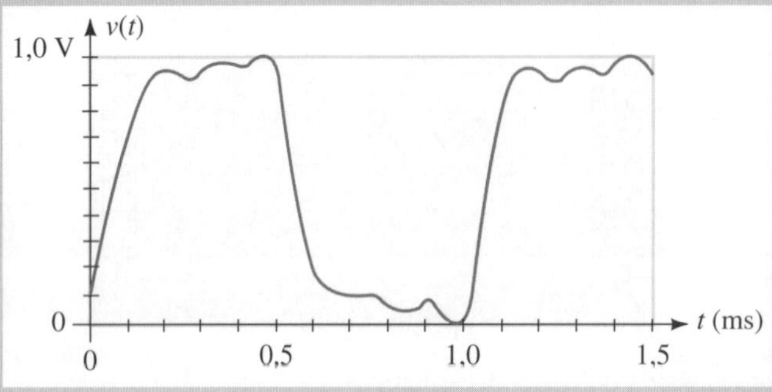

FIGURA 25-39

PROBLEMAS PRÁTICOS 6

A forma de onda da Figura 25-40 é aplicada a um filtro passa-alta com a resposta em frequência mostrada na Figura 25-41.

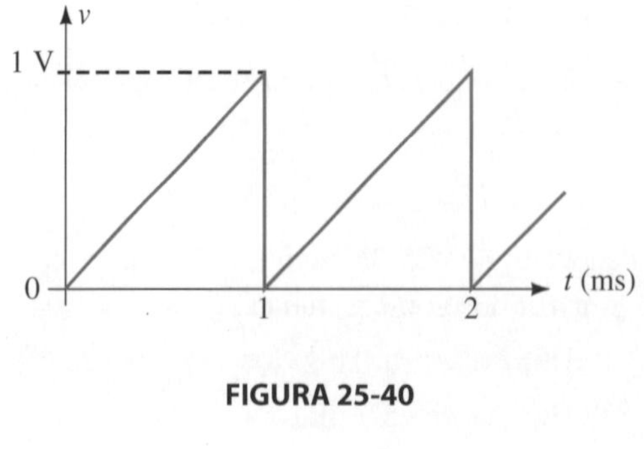

FIGURA 25-40

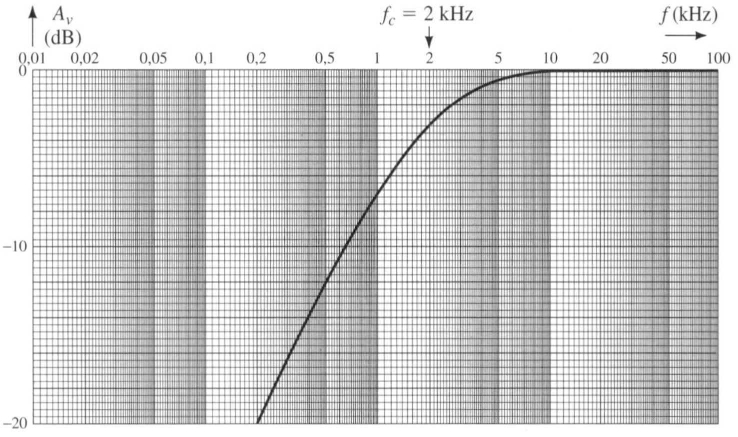

(a) Resposta do ganho de tensão para um filtro passa-alta

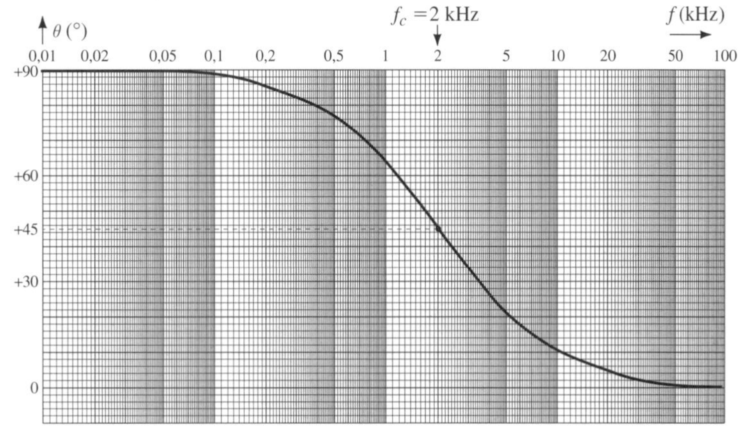

(b) Resposta do deslocamento de fase para um filtro passa-alta

FIGURA 25-41

a. Determine a componente DC na saída do filtro passa-alta.

b. Calcule a amplitude e o deslocamento de fase correspondente das quatro primeiras componentes senoidais de saída diferentes de zero.

Respostas

a. zero.

b. 1 kHz: 0,142 V_p, −116°

2 kHz: 0,113 V_p, −135°

3 kHz: 0,088 V_p, −147°

4 kHz: 0,071 V_p, −154°

25.6 Análise de Circuitos Usando Computador

O PSpice pode ser utilizado para auxiliar a visualização do espectro de frequência na entrada e na saída de determinado circuito. Comparando a entrada e a saída, podemos observar como um dado circuito distorce a forma de onda por causa da atenuação e do deslocamento de fase das diversas componentes de frequência.

No exemplo a seguir, usaremos um filtro passa-baixa contendo uma frequência de corte de 3 kHz. Observaremos os efeitos do filtro em uma forma de onda de pulso de 1 V. Para completar a análise pedida, é necessário configurar o PSpice corretamente.

EXEMPLO 25-9

Use o PSpice para determinar a série de Fourier para as formas de onda de entrada e saída do circuito mostrado na Figura 25-42. Use o pós-processador Probe para obter a visualização das formas de onda de entrada e saída nos domínios do tempo e da frequência.

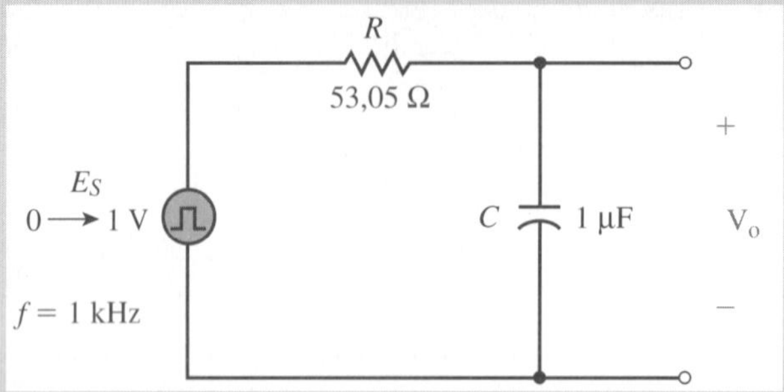

FIGURA 25-42

Solução: O circuito é inserido conforme mostrado na Figura 25-43.

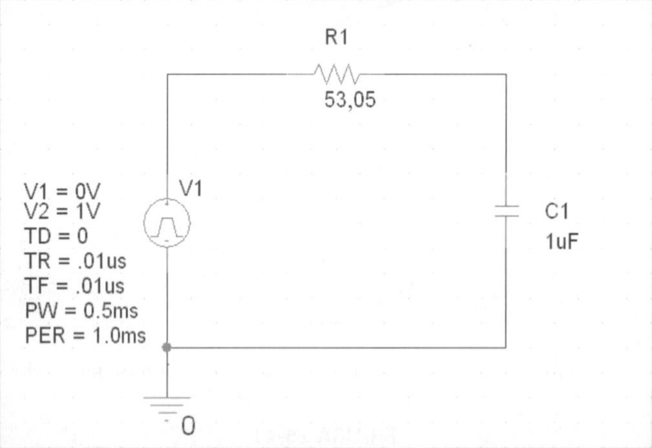

FIGURA 25-43

A fonte de tensão é um gerador de pulso, e é obtida na biblioteca SOURCE através de VPULSE. As propriedades para o gerador de pulso são estabelecidas como segue: V1 = **0V**, V2 = **1V**, TD = **0**, TR = **0,01us**, TF = **0,01us**, PW = **0,5ms**, PER = **1,0 ms**.

Começamos a análise ajustando primeiro as configurações de simulação para a análise no domínio do tempo, Time Domain (Transient). Ajustamos Run to time para **2,0ms** e o Maximum step size para **2us**. Agora podemos executar a análise.

Na janela Probe, mostramos simultaneamente as formas de onda de entrada e de saída. Clique em Trace e Add Trace. Digite **V(V1:+)**, **V(C1:1)** na caixa de diálogos Trace Expression. Você usará a saída no domínio do tempo, como mostrado na Figura 25-44.

Para obter a exibição no domínio da frequência, clique simplesmente em Trace e Fourier. Será necessário ajustar a faixa dinâmica da abscissa clicando em Plot e na opção Axis Settings. Clique na guia X Axis e mude a faixa de 0Hz para 10kHz. A tela aparecerá conforme mostrado na Figura 25-45.

Observe que a tensão de saída do terceiro harmônico (3 kHz) é de aproximadamente 0,15 V, enquanto a tensão de entrada do mesmo harmônico é de aproximadamente 0,21 V. Como o esperado, isso representa aproximadamente 3 dB da atenuação entre a entrada e a saída na frequência de corte.

(continua)

EXEMPLO 25-9 *(continuação)*

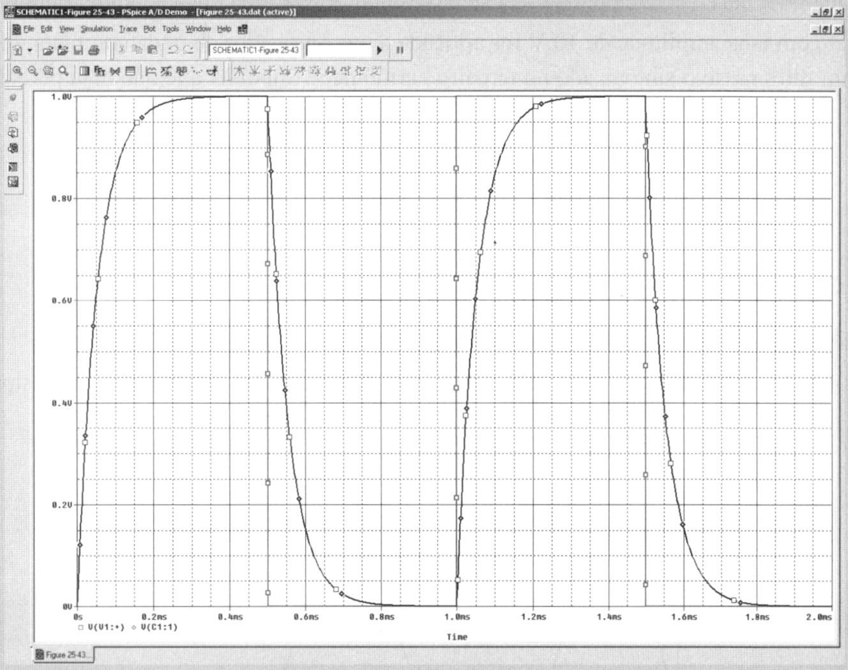

FIGURA 25-44

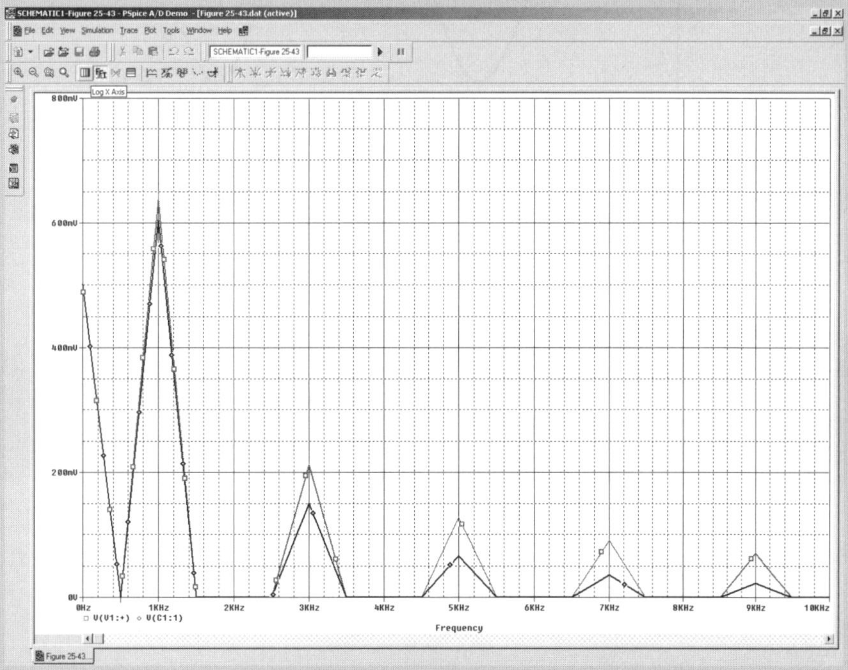

FIGURA 25-45

COLOCANDO EM PERSPECTIVA

Um método utilizado para construir um circuito multiplicador de frequência é gerar um sinal "rico" em harmônicos. Um retificador de onda completa é um circuito que converte uma onda senoidal (que consiste apenas de uma componente de frequência) em uma que aparece conforme mostrado na Figura 25-17. Como se pode ver, a forma de onda na saída do retificador de onda completa é composta de um número infinito de componentes harmônicas. Aplicando esse sinal a um filtro passa-banda estreito, é possível selecionar um qualquer uma das componentes. A saída resultante será uma onda senoidal pura na frequência desejada.

Se uma onda senoidal com uma amplitude de 10 V for aplicada a um retificador de onda completa, qual será a amplitude e a frequência na saída de um filtro passivo sintonizado no terceiro harmônico? Suponha que não haja perdas no retificador de onda completa ou no filtro.

PROBLEMAS

25.1 Formas de Onda Compostas

1. a. Determine a tensão RMS da forma de onda mostrada na Figura 25-46.
   b. Se essa forma de onda for aplicada a um resistor de 50 Ω, qual será a quantidade de potência dissipada pelo resistor?

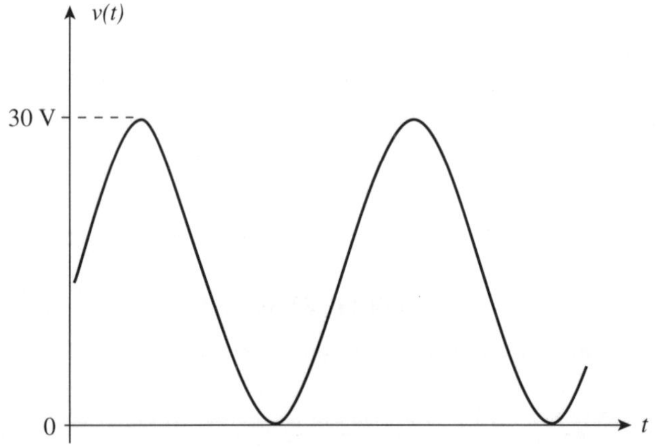

FIGURA 25-46

2. Repita o Problema 1 se a forma de onda da Figura 25-47 for aplicada a um resistor de 250 Ω.

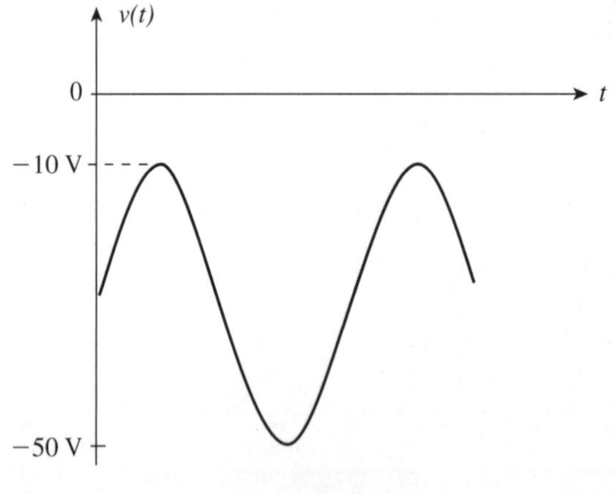

FIGURA 25-47

3. Repita o Problema 1 se a forma de onda da Figura 25-48 for aplicada a um resistor de 2,5 kΩ.
4. Repita o Problema 1 se a forma de onda da Figura 25-49 for aplicada a um resistor de 10 kΩ.

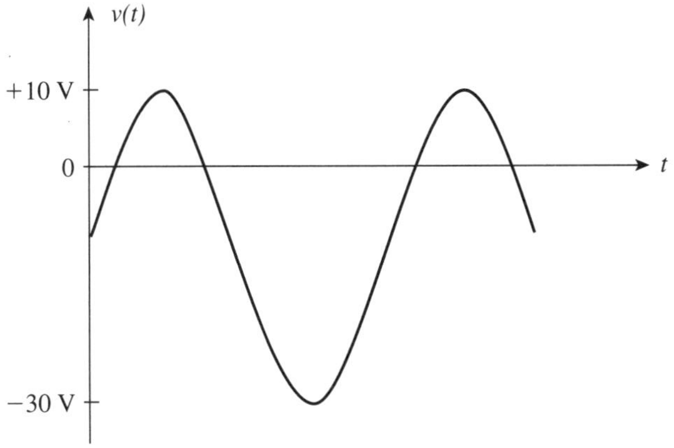

FIGURA 25-48

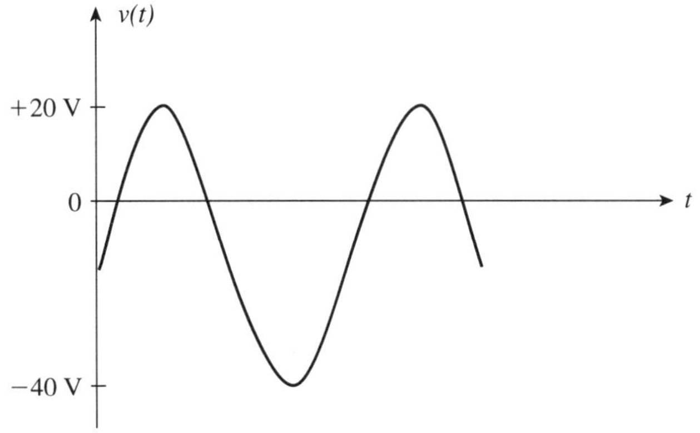

FIGURA 25-49

25.2 Série de Fourier ∫

5. Use o cálculo para deduzir a série de Fourier para a forma de onda mostrada na Figura 25-50.
6. Repita o Problema 5 para a forma de onda mostrada na Figura 25-51.

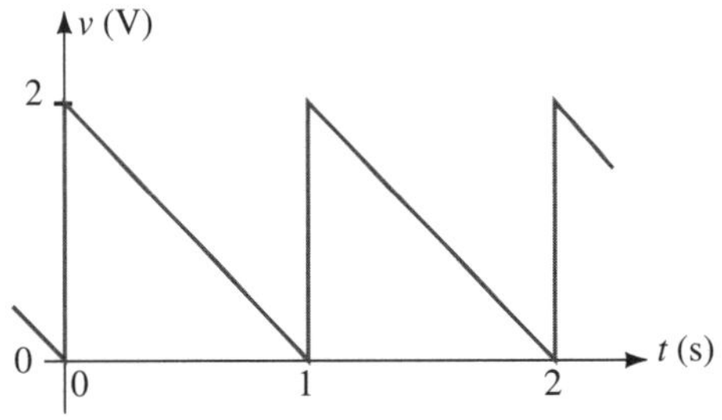

FIGURA 25-50

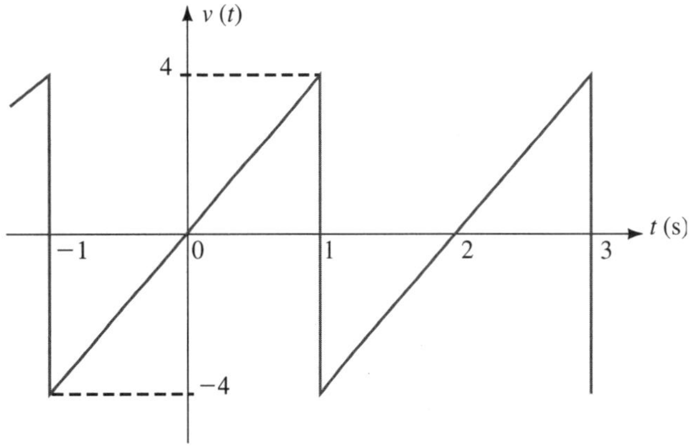

FIGURA 25-51

25.3 Série de Fourier de Formas de Onda Comuns

7. Use a Tabela 25-1 para determinar a série de Fourier para a forma de onda da Figura 25-52.
8. Repita o Problema 7 para a forma de onda da Figura 25-53.

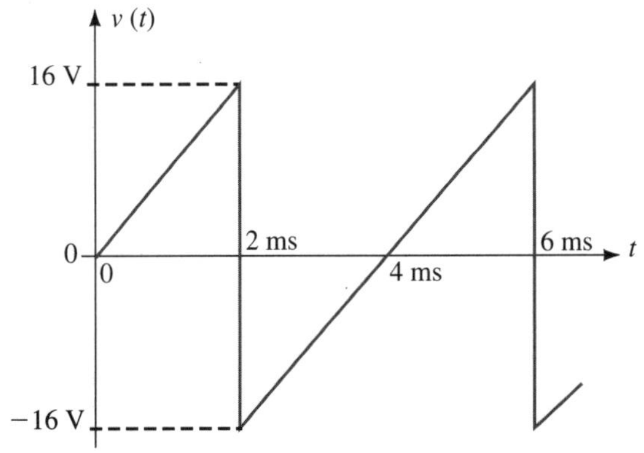

FIGURA 25-52

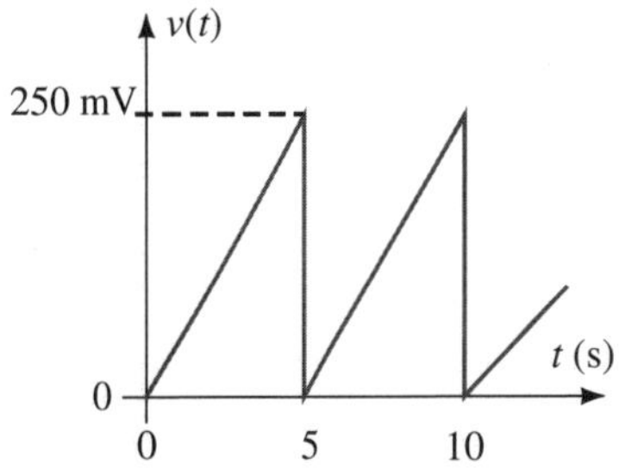

FIGURA 25-53

9. Repita o Problema 7 para a forma de onda da Figura 25-54.
10. Repita o Problema 7 para a forma de onda da Figura 25-55.
11. Escreva a expressão incluindo os primeiros quatro termos senoidais da série de Fourier para a forma de onda da Figura 25-56.

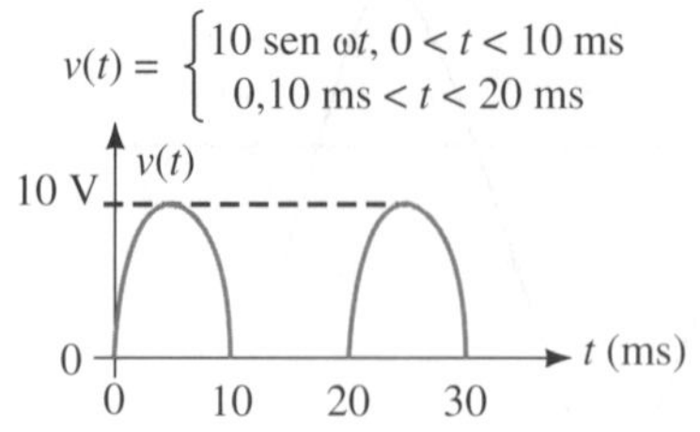

$v(t) = \begin{cases} 10 \text{ sen } \omega t, 0 < t < 10 \text{ ms} \\ 0, 10 \text{ ms} < t < 20 \text{ ms} \end{cases}$

FIGURA 25-54

$v(t) = |10 \text{ sen } \omega t|$

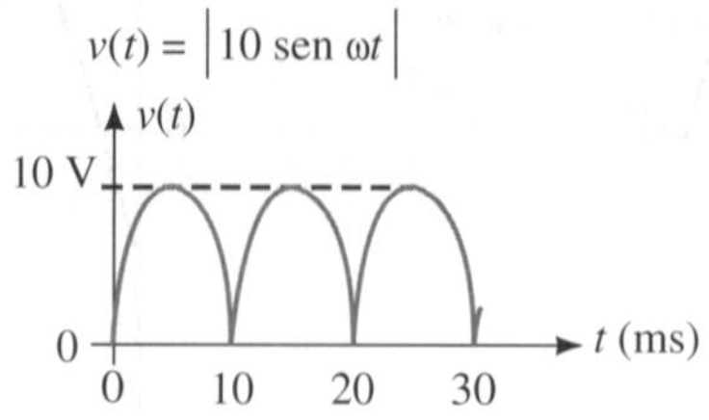

FIGURA 25-55

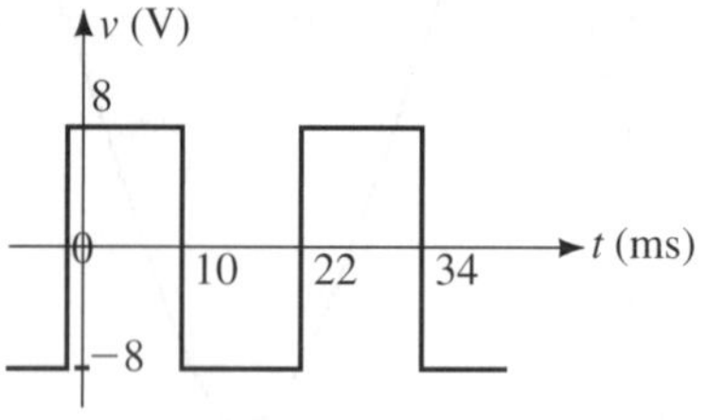

FIGURA 25-56

12. Repita o Problema 11 para a forma de onda da Figura 25-57.

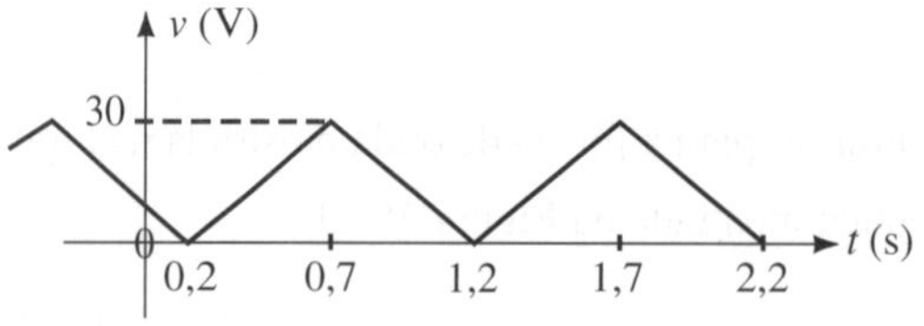

FIGURA 25-57

13. Uma forma de onda composta consiste de duas ondas periódicas mostradas na Figura 25-58.
    a. Desenhe a forma de onda resultante.
    b. Escreva a série de Fourier das formas de onda oferecidas.
    c. Determine a série de Fourier da forma de onda resultante.

(a) (b)

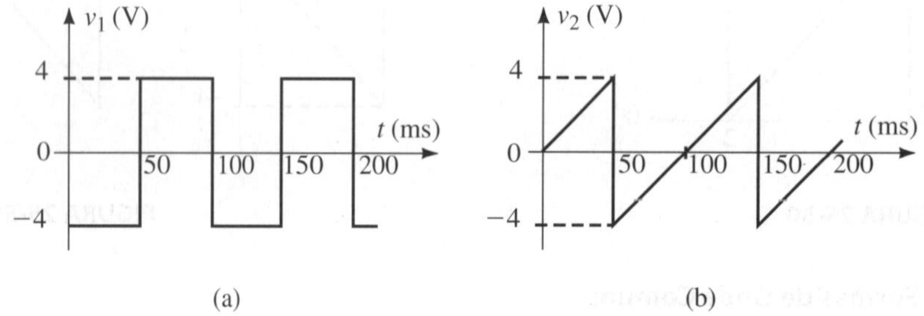

FIGURA 25-58

14. Repita o Problema 13 para as formas de onda periódicas mostradas na Figura 25-59.

(a) (b)

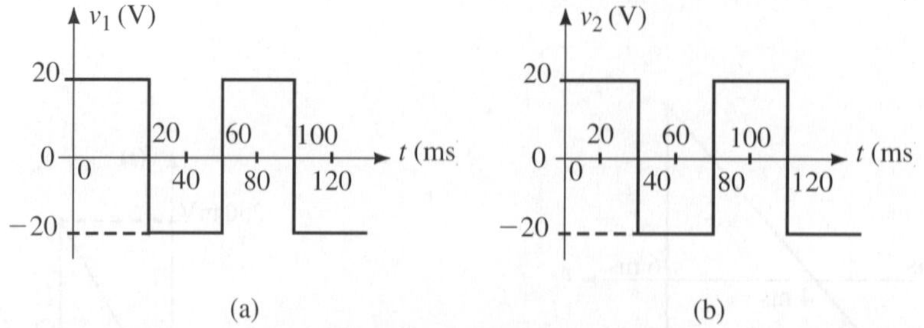

FIGURA 25-59

15. Uma forma de onda composta consiste de duas ondas periódicas mostradas na Figura 25-60.
    a. Desenhe a forma de onda resultante.

b. Calcule o valor DC da forma de onda resultante.

c. Escreva a série de Fourier das formas de onda fornecidas.

d. Determine a série de Fourier da forma de onda resultante.

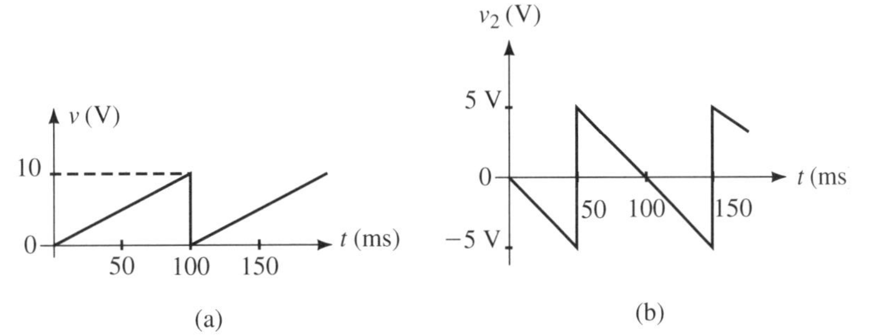

FIGURA 25-60

16. Repita o Problema 15 para as formas de onda mostradas na Figura 25-61.

17. A forma de onda da Figura 25-62 consiste de duas formas de onda fundamentais da Tabela 25-1. Faça um esboço das duas formas de onda e determine a série de Fourier da onda composta.

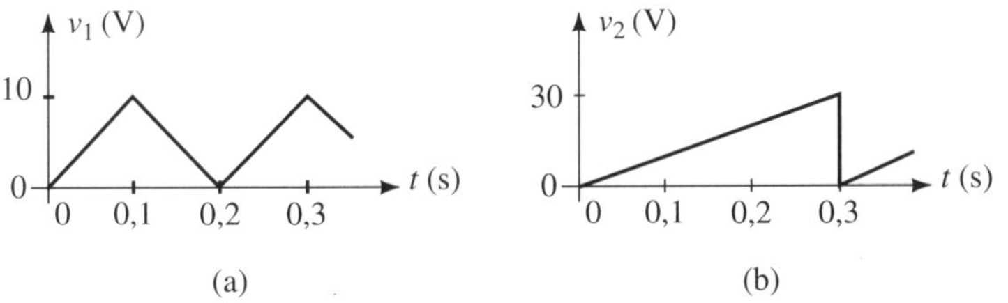

FIGURA 25-61

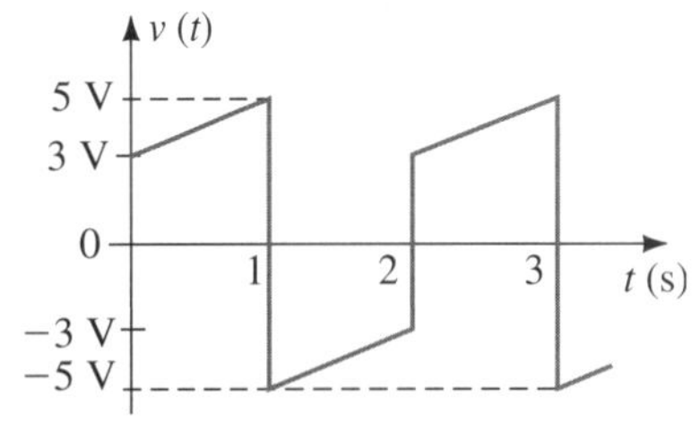

FIGURA 25-62

18. A forma de onda da Figura 25-63 consiste de uma tensão DC combinada com duas formas de onda fundamentais da Tabela 25-1. Determine a tensão DC e faça um esboço das duas formas de onda. Determine a série de Fourier da onda composta.

25.4 Espectro de Frequência

19. Determine a potência total dissipada por um resistor de 50 Ω se a forma de onda de tensão da Figura 25-52 for aplicada ao resistor. Considere a componente DC e os quatro primeiros harmônicos diferentes de zero. Indique os níveis de potência (em watts) em uma curva de distribuição de frequência.

20. Repita o Problema 19 para a forma de onda da Figura 25-53.

21. Um analisador de espectro com uma entrada de 50 Ω é usado para medir os níveis de potência em dBm das componentes da série de Fourier da forma de onda mostrada na Figura 25-54. Determine os níveis de potência (em dBm) da componente DC e os primeiros quatro harmônicos diferentes de zero. Faça um esboço do resultado que apareceria em um analisador de espectro.

22. Repita o Problema 21 se a forma de onda da Figura 25-55 for aplicada à entrada do analisador de espectro.

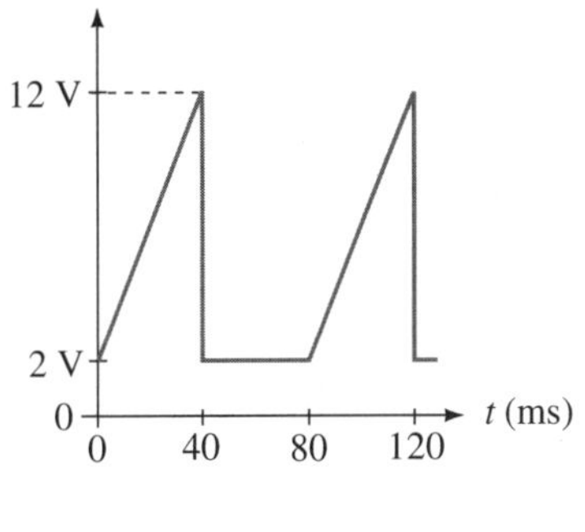

FIGURA 25-63

25.5 Resposta do Circuito a uma Forma de Onda Não Senoidal

23. O circuito da Figura 25-64 tem a resposta em frequência mostrada na Figura 25-65.
    a. Determine a componente DC na saída do filtro.
    b. Calcule a amplitude e o deslocamento de fase correspondente das primeiras quatro componentes senoidais de saída diferentes de zero.

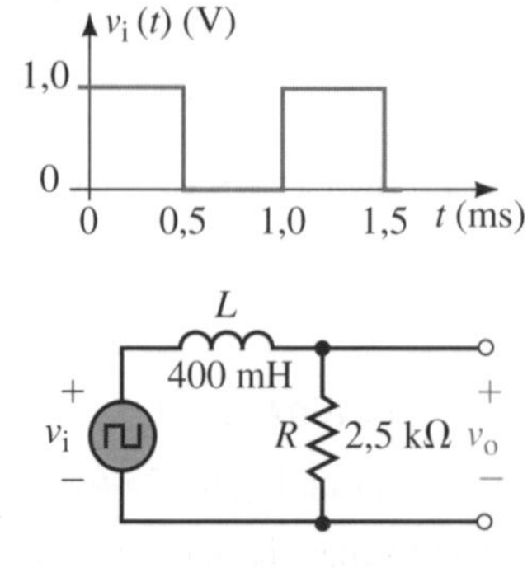

FIGURA 25-64

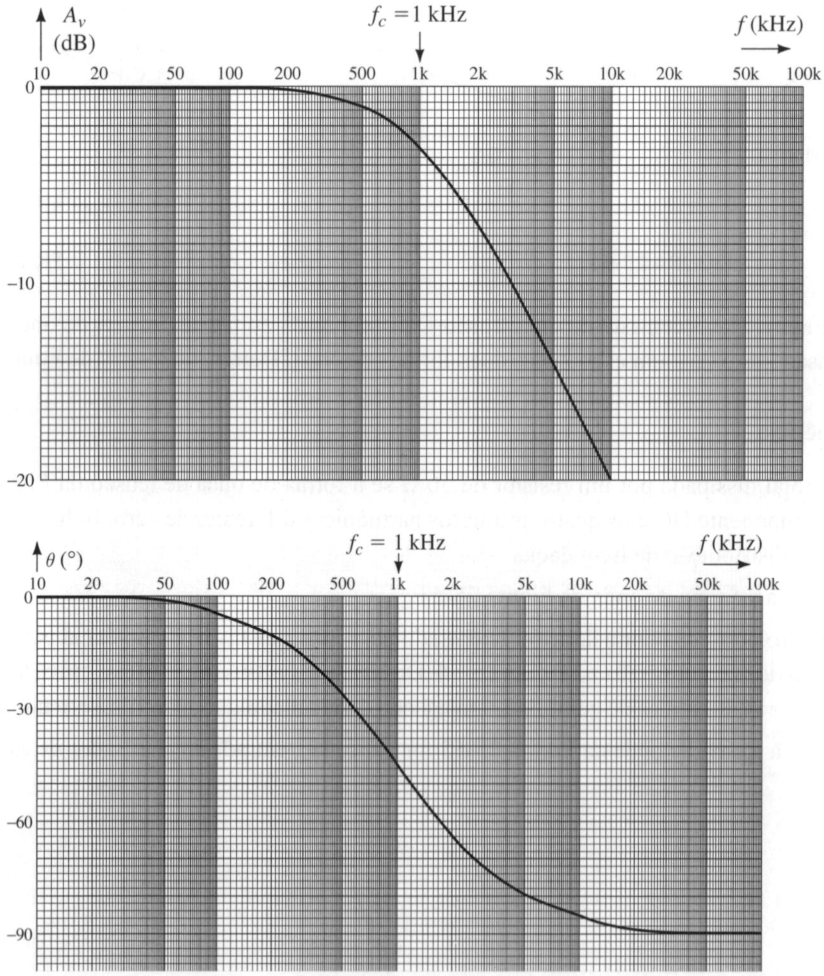

FIGURA 25-65

24. Repita o Problema 23 para as Figuras 25-66 e 25-67.

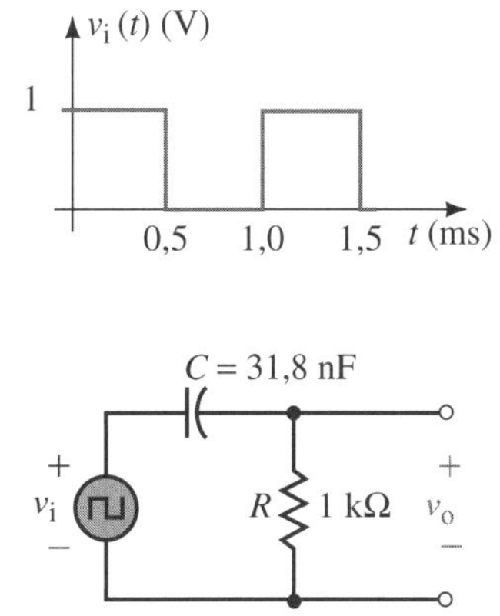

FIGURA 25-66

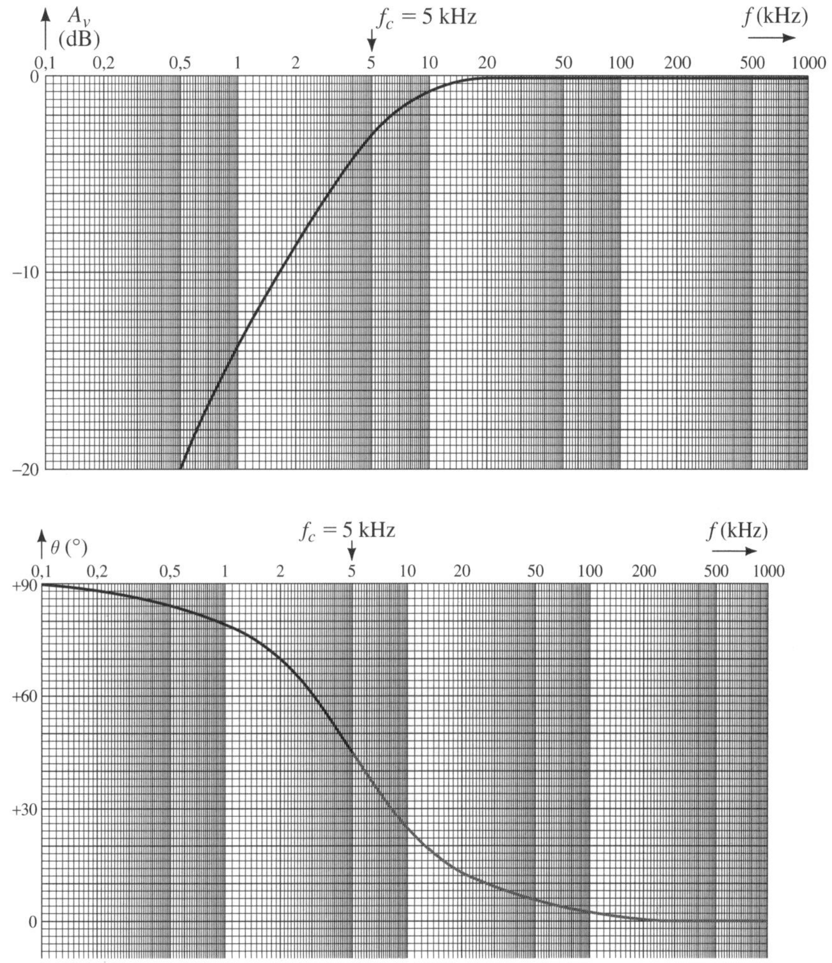

FIGURA 25-67

25.6 Análise de Circuitos Usando Computador

25. Use o PSpice para achar a série de Fourier para as formas de onda de entrada e saída do circuito da Figura 25-64. Use o pós-processador Probe para obter a visualização no domínio do tempo e da frequência. Compare os resultados aos obtidos no Problema 23. PSpice

26. Repita o Problema 25 para o circuito da Figura 25-66. Compare os resultados aos obtidos no Problema 24. PSpice

RESPOSTAS DOS PROBLEMAS PARA VERIFICAÇÃO DO PROCESSO DE APRENDIZAGEM

Verificação do Processo de Aprendizagem 1

A forma de onda da Figura 25-12 tem um valor médio igual a zero; portanto, $a_0 = 0$. A forma de onda também tem um valor de pico a pico que é o dobro do da Figura 25-6, o que significa que a amplitude de cada harmônico deverá ser dobrada.

$$v(t) = \frac{4}{\pi}\text{sen}\,\omega t + \frac{4}{3\pi}\text{sen}\,3\omega t + \frac{4}{5\pi}\text{sen}\,5\omega t + \cdots$$

Verificação do Processo de Aprendizagem 2

a. Figura 25-15 com $V_m = 25$ V e $T = 20$ ms

b. Figura 25-16 com $V_m = 25$ V e $T = 20$ ms

c. $v(t) = 12{,}5 + 18{,}9\ \text{sen}(100\pi t - 32{,}48^{\circ}) - 7{,}96\ \text{sen}(200\pi t) + 5{,}42\ \text{sen}(300\pi t - 11{,}98^{\circ}) - 3{,}98\ \text{sen}(400\ \pi t)$

Respostas dos Problemas de Número Ímpar — Apêndice

CAPÍTULO 18

1. a. $0{,}125 \text{ sen } \omega t$
3. a. $1{,}87 \times 10^{-3} \text{ sen}(\omega t + 30°)$
5. a. $1{,}36 \text{ sen}(\omega t - 90°)$
7. a. $1333 \text{ sen}(2000\pi t + 30°)$
9. a. $62{,}5 \text{ sen}(10000t - 90°)$
11. a. $67{,}5 \text{ sen}(20000t - 160°)$
13. Rede (a): $31{,}6\ \Omega\angle 18{,}43°$

    Rede (b): $8{,}29\ \text{k}\Omega\angle -29{,}66°$
15. a. $42{,}0\ \Omega\angle 19{,}47° = 39{,}6\ \Omega + j14{,}0\ \Omega$
17. $R = 1{,}93\ \text{k}\Omega$, $L = 4{,}58$ mH
19. $R = 15\ \Omega$, $C = 1{,}93\ \mu\text{F}$
21. a. $\mathbf{Z}_T = 50\ \Omega\angle -36{,}87°$, $\mathbf{I} = 2{,}4\ \text{A}\angle 36{,}87°$,

    $\mathbf{V}_R = 96\ \text{V}\angle 36{,}87°$, $\mathbf{V}_L = 48\ \text{V}\angle 126{,}87°$,

    $\mathbf{V}_C = 120\ \text{V}\angle -53{,}13°$

    c. 230,4 W

    d. 230,4 W
23. a. $\mathbf{Z}_T = 45\ \Omega\angle -36{,}87°$

    b. $i = 0{,}533 \text{ sen}(\omega t + 36{,}87°)$, $v_R = 19{,}20 \text{ sen}(\omega t + 36{,}87°)$,

    $v_C = 25{,}1 \text{ sen}(\omega t - 53{,}13°)$, $v_L = 10{,}7 \text{ sen}(\omega t + 126{,}87°)$

    e. 5,12 W f. 5,12 W
25. a $\mathbf{V}_R = 9{,}49\ \text{V}\angle -18{,}43°$, $\mathbf{V}_L = 11{,}07\ \text{V}\angle 71{,}57°$,

    $\mathbf{V}_C = 7{,}91\ \text{V}\angle -108{,}43°$

    b. $\Sigma\mathbf{V} = 10{,}00\ \text{V}\angle 0°$
27. a. $\mathbf{V}_C = 317\ \text{V}\angle -30°$, $\mathbf{V}_L = 99{,}8\ \text{V}\angle 150°$

    b. $25\ \Omega$
29. a. $\mathbf{V}_C = 6{,}0\ \text{V}\angle -110°$

    b. $\mathbf{V}_Z = 13{,}87\ \text{V}\angle 59{,}92°$

    c. $69{,}4\ \Omega\angle 79{,}92°$

    d. 1,286 W
31. Rede (a): $199{,}9\ \Omega\angle -1{,}99°$,

    Rede (b): $485\ \Omega\angle -14{,}04°$
33. a. $\mathbf{Z}_T = 3{,}92\ \text{k}\Omega\angle -78{,}79°$, $\mathbf{I}_T = 2{,}55\ \text{mA}\angle 78{,}69°$,

    $\mathbf{I}_1 = 0{,}5\ \text{mA}\angle 0°$, $\mathbf{I}_2 = 10{,}0\ \text{mA}\angle -90°$,

    $\mathbf{I}_3 = 12{,}5\ \text{mA}\angle 90°$

    d. 5,00 mW
35. a. $5{,}92\ \text{k}\Omega\angle 17{,}4°$ b. $177{,}6\ \text{V}\angle 17{,}4°$
37. $2{,}55\ \Omega\angle 81{,}80°$
39. Rede (a): $\mathbf{I}_R = 10{,}00\ \text{mA}\angle -31{,}99°$,

    $\mathbf{I}_L = 4{,}00\ \text{mA}\angle -121{,}99°$, $\mathbf{I}_C = 4{,}35\ \text{mA}\angle 58{,}01°$

    Rede (b): $\mathbf{I}_R = 9{,}70\ \text{mA}\angle -44{,}04°$,

    $\mathbf{I}_{C1} = 1{,}62\ \text{mA}\angle 45{,}96°$, $\mathbf{I}_{C2} = 0{,}81\ \text{mA}\angle 45{,}96°$
41. $\mathbf{I}_L = 2{,}83\ \text{mA}\angle -135°$, $\mathbf{I}_C = 3{,}54\ \text{mA}\angle 45°$,

    $\mathbf{I}_R = 0{,}71\ \text{mA} -45°$, $\Sigma\mathbf{I}_{out} = \Sigma_{in} = 1{,}00\ \text{mA}\angle 0°$
43. a. $6{,}245\ \text{A}\angle 90°$ b. $40{,}0\ \Omega$ c. $8{,}00\ \text{A}\angle 51{,}32°$
45. a. $\mathbf{Z}_T = 22{,}5\ \Omega\angle -57{,}72°$

    $\mathbf{I}_L = 5{,}34\ \text{A}\angle 57{,}72°$

    $\mathbf{I}_C = 4{,}78\ \text{A}\angle 84{,}29°$

    $\mathbf{I}_R = 2{,}39\ \text{A}\angle -5{,}71°$

    c. $P_R = 342$ W

    d. $P_T = 342$ W
47. a. $\mathbf{Z}_T = 10{,}53\ \Omega\angle 10{,}95°$, $\mathbf{I}_T = 1{,}90\ \text{A}\angle -10{,}95°$,

    $\mathbf{I}_1 = 2{,}28\ \text{A}\angle -67{,}26°$, $\mathbf{I}_2 = 2{,}00\ \text{A}\angle 60{,}61°$

    b. $\mathbf{V}_{ab} = 8{,}87\ \text{V}\angle 169{,}06°$
49. a. $\mathbf{Z}_T = 7{,}5\ \text{k}\Omega\angle 0°$, $\mathbf{I}_1 = 0{,}75\ \text{mA}\angle 0°$,

    $\mathbf{I}_2 = 0{,}75\ \text{mA}\angle 90°$, $\mathbf{I}_3 = 0{,}79\text{A}\angle -71{,}57°$

    b. $\mathbf{V}_{ab} = 7{,}12\ \text{V}\angle 18{,}43°$
51. $\omega_C = 2000$ rad/s
53. $f_C = 3{,}39$ Hz
55. Rede (a): um resistor de 5,5 kΩ em série com uma reatância indutiva de 9,0 kΩ.

    Rede (b): um resistor de 207,7 Ω em série com uma reatância indutiva de 138,5 Ω.
57. $\omega = 1$ krad/s: $\mathbf{Y}_T = 0.01\ \text{S} + j0$, $\mathbf{Z}_T = 100\ \Omega$

    $\omega = 10$ krad/s: $\mathbf{Y}_T = 0.01\ \text{S} + j0$, $\mathbf{Z}_T = 100\ \Omega$

CAPÍTULO 19

1. a. $5{,}00\ \text{V}\angle 180°$ b. $12{,}50\ \text{V}\angle 0°$ c. $15{,}00\ \text{V}\angle -120°$
3. a. $3{,}20\ \text{mV}\angle 180°$ b. $8{,}00\ \text{mV}\angle 0°$ c. $9{,}60\ \text{mV}\angle -120°$
5. $7.80\ \text{V}\angle -150°$
7. Rede (a): $\mathbf{E} = 54\ \text{V}\angle 0°$, $\mathbf{V}_L = 13{,}5\ \text{V}\angle 0°$

   Rede (b): $\mathbf{E} = 450\ \text{mV}\angle -60°$, $\mathbf{V}_L = 439\ \text{mV}\angle -47{,}32°$
9. a. $4{,}69\ \text{V}\angle 180°$ b. $\mathbf{E} = (7{,}5\ \text{M}\Omega)\mathbf{I}$, $\mathbf{V} = 4{,}69\ \text{V}\angle 180°$
11. a. $(4\ \Omega + j2\ \Omega)\mathbf{I}_1 - (4\ \Omega)\mathbf{I}_2 = 20\ \text{V}\angle 0°$

    $-(4\ \Omega)\mathbf{I}_1 + (6\ \Omega + j4\ \Omega)\mathbf{I}_2 = 48{,}4\ \text{V}\angle -161{,}93°$

b. $\mathbf{I}_1 = 2{,}39\ A\angle 72{,}63°$, $\mathbf{I}_2 = 6{,}04\ A\angle 154{,}06°$

c. $\mathbf{I} = 6{,}15\ A\angle -3{,}33°$

13. a. $(12\ \Omega - j16\ \Omega)\mathbf{I}_1 + (j15\ \Omega)\mathbf{I}_2 = 13{,}23\ V\angle -79{,}11°$ $(j15\ \Omega)\mathbf{I}_1 + 0\mathbf{I}_2 = 10.27\ V\angle -43{,}06°$

b. $\mathbf{I}_1 = 0{,}684\ A\angle -133{,}06°$, $\mathbf{I}_2 = 1{,}443\ A\angle -131{,}93°$

c. $\mathbf{V} = 11{,}39\ V\angle -40{,}91°$

15. $27{,}8\ V\angle 6{,}79°$ $\mathbf{I} = 6{,}95\ mA\angle 6{,}79°$

17. a. $(0{,}417\ S\angle 36{,}87°)\mathbf{V}_1 - (0{,}25\ S\angle 90°)\mathbf{V}_2 = 3{,}61\ A\angle -56{,}31°$
$-(0{,}25\ S\angle 90°)\mathbf{V}_1 + (0{,}083\ S\angle 90°)\mathbf{V}_2 = 7{,}00\ A\angle 90°$

b. $\mathbf{V}_1 = 30{,}1\ V\angle 139{,}97°$, $\mathbf{V}_2 = 60.0\ V\angle 75{,}75°$

c. $\mathbf{I} = 13{,}5\ V\angle -44{,}31°$

19. a. $(0{,}0893\ S\angle 22{,}08°)\mathbf{V}_1 + (0{,}04\ S\angle 90°)\mathbf{V}_2 = 0{,}570\ A\angle 93{,}86°$
$+(0{,}04\ S\angle 90°)\mathbf{V}_1 + (0{,}06\ S\angle 90°)\mathbf{V}_2 = 2{,}00\ A\angle 180°$

b. $\mathbf{V}_1 = 17{,}03\ V\angle 18{,}95°$, $\mathbf{V}_2 = 31{,}5\ V\angle 109{,}91°$

c. $\mathbf{V} = 11{,}39\ V\angle -40{,}91°$

21. $(0{,}372\ \mu S\angle -5{,}40°)$, $\mathbf{V} = 10{,}33\ mA\angle 1{,}39°$

$27{,}8\ V\angle 6{,}79°$, $\mathbf{I} = 6{,}95\ mA\angle 6{,}79°$

Como esperado, as respostas são iguais às do Problema 15.

23. Rede (a)

$\mathbf{Z}_1 = 284{,}4\ \Omega\angle -20{,}56°$, $\mathbf{Z}_2 = 94{,}8\ \Omega\angle 69{,}44°$

$\mathbf{Z}_3 = 31{,}6\ \Omega\angle 159{,}44°$

Rede (b)

$\mathbf{Z}_1 = 11{,}84\ k\Omega\angle 9{,}46°$, $\mathbf{Z}_2 = 5{,}92\ k\Omega\angle -80{,}54°$

$\mathbf{Z}_3 = 2{,}96\ k\Omega\angle -80{,}54°$

25. $\mathbf{I}_T = 0{,}337\ A\angle -2{,}82°$

27. a. $\mathbf{Z}_T = 3{,}03\ \Omega\angle -76{,}02°$

b. $\mathbf{I} = 5{,}28\ A\angle 76{,}02°$, $\mathbf{I}_1 = 0{,}887\ A\angle -15{,}42°$

29. a. $\mathbf{Z}_2 = 1\ \Omega - j7\ \Omega = 7{,}07\ \Omega\angle -81{,}87°$

b. $\mathbf{I} = 142{,}5\ mA\angle 52{,}13°$

31. $\mathbf{Z}_1\mathbf{Z}_4 = \mathbf{Z}_2\mathbf{Z}_3$ = como necessário.

35. $R_3 = 50{,}01\ \Omega$, $R_1 = 253{,}3\ \Omega$

39. Iguais aos da Figura 19-21

41. Igual à do Problema 26

CAPÍTULO 20

1. $\mathbf{I} = 4{,}12\ A\angle 50{,}91°$

3. $16\ V\angle -53{,}13°$

5. a. $\mathbf{V} = 15{,}77\ V\angle 36{,}52°$

b. $P_{(1)} + P_{(2)} = 1.826\ W \neq P_{100\text{-}\Omega} = 2{,}49\ W$

7. $0{,}436\ A\angle -9{,}27°$

9. $19{,}0\ \text{sen}(\omega t + 68{,}96°)$

11. a. $\mathbf{V}_L = 1.26\ V\angle 161{,}57°$ b. $\mathbf{V}_L = 6{,}32\ V\angle 161{,}57°$

13. $0{,}361\ mA\angle -3{,}18°$

15. $\mathbf{V}_L = 9{,}88\ V\angle 0°$

17. 1,78 V

19. $\mathbf{Z}_{Th} = 3\ \Omega\angle -90°$, $\mathbf{E}_{Th} = 20\ V\angle -90°$

21. a. $\mathbf{Z}_{Th} = 37{,}2\ \Omega\angle 57{,}99°$ $\mathbf{E}_{Th} = 9{,}63\ V\angle 78{,}49°$

b. 0,447 W

23. $\mathbf{Z}_{Th} = 22{,}3\ \Omega\angle -15{,}80°$, $\mathbf{E}_{Th} = 20{,}9\ V\angle 20{,}69°$

25. $\mathbf{Z}_{Th} = 109{,}9\ \Omega\angle -28{,}44°$, $\mathbf{E}_{Th} = 14{,}5\ V\angle -91{,}61°$

27. a. $\mathbf{Z}_{Th} = 20{,}6\ \Omega\angle 34{,}94°$, $\mathbf{E}_{Th} = 10{,}99\ V\angle 13{,}36°$

b. $P_L = 1{,}61\ W$

29. $\mathbf{Z}_N = -j3\ \Omega$, $\mathbf{I}_N = 6{,}67\ A\angle 0°$

31. a. $\mathbf{Z}_N = 22{,}3\ \Omega\angle -15{,}80°$, $\mathbf{I}_N = 0{,}935\ A\angle 36{,}49°$

b. $0{,}436\ A\angle -9{,}27°$

c. 3,80 W

33. a. $\mathbf{Z}_N = 109{,}9\ \Omega\angle -28{,}44°$, $\mathbf{I}_N = 0{,}131\ A\angle -63{,}17°$

b. $0{,}0362\ A\angle -84{,}09°$

c. 0,394 W

35. a. $\mathbf{Z}_N = 14{,}1\ \Omega\angle 85{,}41°$, $\mathbf{I}_N = 0{,}181\ A\angle 29{,}91°$

b. $0{,}0747\ A\angle 90{,}99°$

37. a. $\mathbf{Z}_{Th} = 17{,}9\ k\Omega\angle -26{,}56°$, $\mathbf{E}_{Th} = 1{,}79\ V\angle 153{,}43°$

b. $31{,}6\ \mu A\angle 161{,}56°$

c. $40{,}0\ \mu W$

39. $\mathbf{E}_{Th} = 10\ V\angle 0°$, $\mathbf{I}_N = 10{,}5\ A\angle 0°$, $\mathbf{Z}_{Th} = 0{,}952\ \Omega\angle 0°$

41. a. $\mathbf{Z}_L = 8\ \Omega\angle 22{,}62°$ b. 40,2 W

43. a. $\mathbf{Z}_L = 2{,}47\ \Omega\angle 21{,}98°$ b. 1,04 W

45. $4.15\ \Omega\angle 85{,}24°$

47. a. $\mathbf{Z}_L = 37{,}2\ \Omega\angle -57{,}99°$ b. $19{,}74\ \Omega$ c. 1,18 W

49. $\mathbf{Z}_{Th} = 3\ \Omega\angle -90°$, $\mathbf{E}_{Th} = 20\ \Omega\angle -90°$

51. $\mathbf{Z}_{Th} = 109{,}9\ \Omega\angle -28{,}44°$, $\mathbf{E}_{Th} = 14{,}5\ V\ \angle -91{,}61°$

53. $\mathbf{E}_{Th} = 10\ V\angle 0°$, $\mathbf{I}_N = 10{,}5\ A\angle 0°$, $\mathbf{Z}_{Th} = 0{,}952\ \Omega\angle 0°$

55. $\mathbf{Z}_N = 0{,}5\ k\Omega\angle 0°$, $\mathbf{I}_N = 4{,}0\ mA\angle 0°$

57. $\mathbf{E}_{Th} = 10\ V\angle 0°$, $\mathbf{I}_N = 10{,}5\ A\angle 0°$, $\mathbf{Z}_N = 0{,}952\ \Omega\angle 0°$

59. $\mathbf{Z}_N = 0{,}5\ k\Omega\angle 0°$, $\mathbf{I}_N = 4{,}0\ mA\angle 0°$

CAPÍTULO 21

1. a. $\omega_s = 3835\ rad/s$ $f_s = 610{,}3\ Hz$

b. $\mathbf{I} = 153{,}8\ mA\angle 0°$

c. $\mathbf{V}_C = 59{,}0\ V\angle -90°$ $\mathbf{V}_L = 59{,}03\ V\angle 87{,}76°$
$\mathbf{V}_R = 7{,}69\ V\angle 0°$

d. $P_L = 0{,}355\ W$

3. a. $R = 25{,}0\ \Omega$ $C = 4{,}05\ nF$

b. $P = 15{,}6\ mW$

c. $X_C = 1{,}57\ k\Omega$ $\mathbf{V}_C = 39{,}3\ V\angle -90°$

$\mathbf{V}_L = 39{,}3\ V\angle 90°$

$\mathbf{V}_R = \mathbf{E} = 0{,}625\ V\angle -90°$

d. $v_C = 55{,}5\ \text{sen}(50{,}000\pi t - 90°)$

$v_L = 55{,}5\ \text{sen}(50{,}000\pi t + 90°)$

$v_R = 0{,}884\ \text{sen}(50{,}000\pi t)$

5. a. $\omega_s = 500\ rad/s$ $f_s = 79{,}6\ kHz$

b. $\mathbf{Z}_T = 200\ \Omega\angle 0°$

c. $\mathbf{I} = 10\ mA\angle 0°$

d. $\mathbf{V}_R = 1\ \text{V}\angle 0°$ $\mathbf{V}_L = 50{,}01\ \text{V}\angle 88{,}85°$

$\mathbf{V}_C = 50\ \text{V}\ \angle -90°$

e. $P_T = 20$ mW $Q_C = 0{,}5$ VAR (cap.)

$Q_L = 0{,}5$ VAR (ind.)

f. $Q_s = 25$

7. a. $C = 0{,}08\ \mu$F $R = 6{,}4\ \Omega$

b. $P_T = 0{,}625$ W

c. $\mathbf{V}_L = 62{,}5\ \text{V}\ \angle 90°$

9. $\omega_s = 8000$ rad/s

11. a. $\omega_s = 3727$ rad/s, $Q = 7{,}45$, BW = 500 rad/s

b. $P_{máx.} = 144$ W

c. $\omega_1 \approx 3477$ rad/s $\omega_2 \approx 3977$ rad/s

d. $\omega_1 = 3485{,}16$ rad/s $\omega_2 = 3985{,}16$ rad/s

e. Os resultados são próximos,embora a aproximação gere alguns erros em futuros cálculos. O erro seria menor se o valor de *Q fosse maior*.

13. a. $R = 1005\ \Omega$, $C = 63{,}325$ pF

b. $P = 0{,}625$ W, $\mathbf{V}_L = 312{,}5\ \text{V}\angle 90°$

c. $v_o = 442$ sen $(400\pi \times 10^3 t + 90°)$

15. Rede (a):

a. $Q = 24$

b. $R_P = 5770\ \Omega$, $X_{LP} = 240\ \Omega$

c. $Q = 240$, $R_P = 576\ \Omega$

$X_{LP} = 2400\ \Omega$

Rede (b):

a. $Q = 1$

b. $R_P = 200\ \Omega$, $X_{LP} = 200\ \Omega$

c. $Q = 10$, $R_P = 10{,}1$ kΩ

$X_{LP} = 1{,}01$ kΩ

Rede (c):

a. $Q = 12{,}5$

b. $R_P = 314{,}5\ \Omega$, $X_{LP} = 25{,}16\ \Omega$

c. $Q = 125$, $R_P = 31{,}25\ \Omega$, $X_{LP} = 250\ \Omega$

17. Rede (a):

$Q = 15$, $R_P = 4500\ \Omega$, $X_{CP} = 300\ \Omega$

Rede (b):

$Q = 2$, $R_P = 225\ \Omega$, $X_{CP} = 112.5\ \Omega$

Rede (c):

$Q = 5$, $R_P = 13$ kΩ, $X_{CP} = 2600\ \Omega$

19. Rede (a):

$Q = 4$, $R_s = 4$ kΩ, $X_{LS} = 16$ kΩ

Rede (b):

$Q = 0{,}333$, $R_s = 3{,}6$ kΩ, $X_{CS} = 1{,}2$ kΩ

Rede (c):

$Q = 100$, $R_s = 10\ \Omega$, $X_{LS} = 1$ kΩ

21. $L_s = 1{,}2$ mH, $L_P = 2{,}4$ mH

23. a. $\omega_P = 20$ krad/s

25. a. $\omega_P = 39{,}6$ krad/s, $f_P = 6310$ Hz

b. $Q = 6{,}622$

c. $\mathbf{V} = 668{,}2\ \text{V}\angle 0°$, $\mathbf{I}_R = 11{,}14\ \text{mA}\angle 0°$

$\mathbf{I}_L = 668{,}2\ \text{mA}\angle -82{,}36°$

$\mathbf{I}_C = 662{,}2\ \text{mA}\angle 90°$

d. $P_T = 66{,}82$ W

e. BW = 5,98 krad/s, BW = 952 Hz

27. $R_1 = 4194$ kΩ, $C = 405$ pF, $\mathbf{I}_L = 5{,}0\ \text{mA}\angle -89{,}27°$

29. a. 900 Ω d. $C = 500$ nF, $L = 0{,}450$ H

b. 1,862 e. $93{,}1\ \text{V}\angle 0°$

c. 1074 rad/s

33. $V = 668{,}2$ V, $f_P = 6310$ Hz, BW = 952 Hz, $Q = 6{,}622$

35. $V = 93{,}1$ V, $f_P = 318{,}3$ Hz, BW = 170,9 Hz, $Q = 1{,}86$

CAPÍTULO 22

1. a. 2000 (33,0 dB) c. 2×10^6 (63,0 dB)

b. 200,000 (53,0 dB) d. 400 (26,0 dB)

3. a. $A_P = 50 \times 10^6$ (77,0 dB), $A_V = 500$ (54,0 dB)

b. $A_P = 10$ (10,0 dB), $A_V = 0.224$ (−13,0 dB)

c. $A_P = 13{,}3 \times 10^6$ (71,3 dB), $A_V = 258$ (48,2 dB)

d. $A_P = 320 \times 10^6$ (85,1dB), $A_V = 1265$ (62,0 dB)

5. $P_i = 12{,}5\mu$W, $P_o = 39{,}5$ mW

$V_o = 3{,}14$ V, $A_V = 12{,}6$, $[A_V]_{dB} = 22{,}0$ dB

7. a. 17,0 dBm (−13,0 dBW)

b. 30,0 dBm (0 dBW)

c. −34,0 dBm (−64,0 dBW)

d. −66,0 dBm (−96,0 dBW)

9. a. 0,224 W c. 5,01 pW

b. 30,2 μW d. 1995 W

17. $P_1 = 5{,}05$ dBm, $P_2 = 2{,}05$ dBm, $P_3 = 14{,}09$ dBm
$P_0 = 25{,}6$ dBm

19. $P_1 = 25{,}5$ dBm, $P_i = -14{,}5$ dBm, $V_o = 52{,}8$ V

23. a. $\omega_C = 1000$ rad/s, $f_C = 159{,}2$ Hz

25. a. $\omega_1 = 50$ rad/s, $f_C = 1000$ rad/s

35. a. $\text{TF} = \dfrac{1 + j0{,}00003}{1 + 0{,}00006}$

43. a. Filtro passa-baixa: $\omega_C = 500$ rad/s

Filtro passa-alta: $\omega_C = 25$ krad/s

BW = 475 krad/s

c. As frequências de corte reais serão próximas aos valores estabelecidos, já que as frequências de quebra estão separadas por mais de uma década.

45. a. $R_1 = 5$ kΩ, $R_2 = 50$ kΩ

c. As frequências reais não ocorrerão nos valores estabelecidos, já que elas estão uma década separadas.

47. a. 10 krad/s

b. 10

c. BW = 1 krad/s, $\omega_1 = 9{,}5$ krad/s, $\omega_2 = 10{,}5$ krad/s

d. Na ressonância, $[A_V]_{dB} = -28{,}0$ dB

49. a. 10 krad/s, 1592 Hz
 b. 100
 c. −60 dB
 d. −0,8 dB, 0 dB
 e. 100 rad/s, 9,95 krad/s, 10,05 krad/s

CAPÍTULO 23

1. a. e_s está em fase com e_p.
 b. e_p está 180° fora de fase com e_s.
3. a. Degrau de tensão c. 6 V e. 3200 V∠180°
 b. 25 senωt V d. 96 V∠0°
5. $v_1 = 24$ senωt V; $v_2 = 144$ sen(ωt + 180°) V;
 $v_3 = 48$ sen ωt V
7. a. 1 A∠20° b. 480 V∠0° c. 480 Ω∠−20°
9. a. 160 V∠−23,1° b. 640 V∠−23,1°
11. a. 40 Ω − j80 Ω b. 1.25 Ω + j2 Ω
13. 2.5
15. a. 22 Ω + j6 Ω b. 26 Ω + j3 Ω
17. 108 kVA
19. a. 20 A c. 2.5 A
 b. 22.5 A d. 0.708 A
21. 0,64 W
23. 3 A∠−50°; 1,90 A∠−18,4°; 1,83 A∠−43,8°
25. b. 2,12 A∠−45°; 21,2 A∠−45°; 120,2 V∠0°
27. 98,5%
29. Todos os sinais são negativos.
31. 0.889 H
33. $-125\,e^{-500t}$ V; $-4\,e^{-500t}$ V; −75,8 V; −2,43 V
35. 10,5 H
37. 27,69 mH; 11,5 A∠−90°
39. $(4 + j22)\,\mathbf{I}_1 + j13\,\mathbf{I}_2 = 100\angle 0°$
 $j13\,\mathbf{I}_1 + j12\,\mathbf{I}_2 = 0$
41. $(10 + j84)\,\mathbf{I}_1 - j62\,\mathbf{I}_2 = 120\text{ V}\angle 0°$
 $-j62\,\mathbf{I}_1 + 15\,\mathbf{I}_2 = 0$
43. 0,644 A∠−56,1°; 6,44 A∠−56,1°; 117 V∠0,385°

CAPÍTULO 24

1. a. 8 A∠−30°; 8 A∠−150°; 8 A∠90° b. Sim
3. i_A está em fase com e_{AN}, i_B está em fase com e_{BN}, and i_C está em fase com e_{CN}. As formas de onda são idênticas às da Figura 24–2(b).
5. a. $\mathbf{V}_{ab} = 208$ V∠45°; $\mathbf{V}_{ca} = 208$ V ∠165°
 b. $\mathbf{V}_{an} = 120$ V∠15°; $\mathbf{V}_{bn} = 120$ V∠−105°;
 $\mathbf{V}_{cn} = 120$ V ∠135°
7. $\mathbf{I}_a = 23{,}1$ A∠−21,9°; $\mathbf{I}_b = 23{,}1$ A∠−141,9°;
 $\mathbf{I}_c = 23{,}1$ A∠98,1°
9. 8,16 A∠24°; 8,16 A∠−96°; 8,16 A∠144°
11. $\mathbf{I}_{ab} = 19{,}2$ A∠36,9°; $\mathbf{I}_{bc} = 19{,}2$ A∠−83,1°;
 $\mathbf{I}_{ca} = 19{,}2$ A∠156,9°; $\mathbf{I}_a = 33{,}3$ A∠6,9°;
 $\mathbf{I}_b = 33{,}3$ A∠−113,1°; $\mathbf{I}_c = 33{,}3$ A∠126,9°
13. $\mathbf{V}_{ab} = 250$ V∠−57,9°; $\mathbf{V}_{bc} = 250$ V∠−177,9°;
 $\mathbf{V}_{ca} = 250$ V∠62,1°
15. 14,4 A∠−33°; 14,4 A∠−153°; 14,4 A∠87°
17. a. $R = 3{,}83$ Ω; $C = 826$ μF
 b. $R = 7{,}66$ Ω; $L = 17{,}1$ mH
19. a. $\mathbf{I}_{ab} = 4{,}5$ A∠35°; $\mathbf{I}_{ca} = 4{,}5$ A∠155°
 b. $\mathbf{I}_a = 7{,}79$ A∠5°; $\mathbf{I}_b = 7{,}79$ A∠−115°;
 $\mathbf{I}_c = 7{,}79$ A∠125°
 c $R = 43{,}7$ Ω; $C = 86{,}7$ μF
21. a. 122,1 V ∠0,676°
 b. 212 V∠30,676°
23. $\mathbf{I}_a = 14{,}4$ A∠26,9°; $\mathbf{I}_b = 14{,}4$ A∠−93,1°;
 $\mathbf{I}_c = 14{,}4$ A∠146,9°
25. $\mathbf{I}_a = 14{,}4$ A∠34,9°
27. 611 V ∠30,4°
29. b. 489 V∠30°
31. 346 V ∠−10°
33. $P_\phi = 86{,}4$ W; $Q_\phi = 0$ VAR; $S_\phi = 86{,}4$ VA;
 Para valores totais,multiplique por 3.
35. 2303 W; 1728 VAR (ind.); 2879 VA
37. 4153 W; 3115 VAR (cap.); 5191 VA
39. 72 kW; 36 kVAR (ind.); 80,5 kVA; 0,894
41. 27,6 kW; 36,9 kVAR (ind.); 46,1 kVA; 0,60
43. 3,93 A∠−32°
45. 0,909
47. a. Igual à figura 23–28
 b. 768 W
 c. 2304 W
49. a. $\mathbf{I}_a = 5{,}82$ A∠−14,0°; $\mathbf{I}_b = 5{,}82$ A∠−134,0°;
 $\mathbf{I}_c = 5{,}82$ A∠106°
 b. $P_\phi = 678$ W; $P_T = 2034$ W
 c. $W_1 = 1164$ W; $W_2 = 870$ W
 d. 2034 W
51. a. 0,970 b. 0,970
53. a. $\mathbf{I}_{ab} = 4$ A∠0°; $\mathbf{I}_{bc} = 2{,}4$ A∠−156,9°;
 $\mathbf{I}_{ca} = 3{,}07$ A∠170,2°; $\mathbf{I}_a = 7{,}04$ A∠−4,25°;
 $\mathbf{I}_b = 6{,}28$ A∠−171,4°; $\mathbf{I}_c = 1{,}68$ A∠119,2°
 b. $P_{ab} = 960$ W; $P_{bc} = 461$ W;
 $P_{ca} = 472$ W; 1893 W
55. a. $\mathbf{I}_a = 6{,}67$ A∠0°; $\mathbf{I}_b = 2{,}68$ A∠−93,4°;
 $\mathbf{I}_c = 2{,}4$ A∠66,9°
 b. 7,47 A∠−3,62°
 c. $P_{an} = 800$ W; $P_{bn} = 288$ W; $P_{cn} = 173$ W
 d. 1261 W

57. a. $\mathbf{V}_{an} = 34{,}9\ V\angle -0{,}737°$;

$\mathbf{V}_{bn} = 179\ V\angle -144°$;

$\mathbf{V}_{cn} = 178\ V\angle 145°$

b. $\mathbf{V}_{nN} = 85{,}0\ V\angle 0{,}302°$

59. $\mathbf{I}_{ab} = 19{,}2\ A\angle 36{,}87°$; $\mathbf{I}_a = 33{,}2\ A\angle 6{,}87°$

61. $\mathbf{I}_a = 6{,}67\ A\angle 0°$; $\mathbf{I}_b = 2{,}68\ A\angle -93{,}4°$;

$\mathbf{I}_c = 2{,}40\ A\angle 66{,}9°$; $\mathbf{I}_N = 7{,}64\ A\angle -3{,}62°$

CAPÍTULO 25

1. a. 18,37 V b. 6,75 W

3. a. 17,32 V b. 0,12 W

5. $v(t) = 1 + \frac{2}{\pi}\operatorname{sen}\omega t + \frac{2}{2\pi}\operatorname{sen}(2\omega t) + \frac{2}{3\pi}\operatorname{sen}(3\omega t) + \ldots$

7. $v(t) = \frac{32}{\pi}\operatorname{sen}500\ \pi t - \frac{32}{2\pi}\operatorname{sen}(1000\pi t) + \frac{32}{3\pi}\operatorname{sen}(1500\pi t) - \ldots$

9. $v(t) = \frac{10}{\pi} + 5\operatorname{sen}\omega t - \frac{20}{\pi}\left[\frac{\cos(2\omega t)}{3} + \frac{\cos(4\omega t)}{15} \ldots\right]$

11. $v(t) = \frac{32}{\pi}\operatorname{sen}(\omega t + 30°) + \frac{32}{3\pi}\operatorname{sen}[3(\omega t + 30°)] + \frac{32}{5\pi}\operatorname{sen}[5(\omega t + 30°)] + \frac{32}{7\pi}\operatorname{sen}[7(\omega t + 30°)]$

13. b. $v_1 = -\frac{16}{\pi}\operatorname{sen}\omega t - \frac{16}{3\pi}\operatorname{sen}3\omega t - \frac{16}{5\pi}\operatorname{sen}5\omega t - \ldots$

$v_2 = \frac{8}{\pi}\operatorname{sen}\omega t - \frac{8}{2\pi}\operatorname{sen}2\omega t + \frac{8}{3\pi}\operatorname{sen}3\omega t - \ldots$

15. b. $V_{med} = 5$ V

c. $v_1 = 5 - \frac{10}{\pi}\operatorname{sen}\omega t - \frac{10}{2\pi}\operatorname{sen}2\omega t - \frac{10}{3\pi}\operatorname{sen}3\ \omega t - \ldots$

$v_2 = -\frac{10}{\pi}\operatorname{sen}\omega t + \frac{10}{2\pi}\operatorname{sen}2\omega t - \frac{10}{3\pi}\operatorname{sen}3\omega t + \ldots$

d. $v_1 + v_2 = 5 - \frac{20}{\pi}\operatorname{sen}\omega t - \frac{20}{3\pi}\operatorname{sen}3\omega t - \frac{10}{5\pi}\operatorname{sen}5\omega t - \ldots$

17. $v_1 + v_2 = \frac{16}{\pi}\operatorname{sen}\omega t - \frac{4}{2\pi}\operatorname{sen}2\omega t + \frac{16}{3\pi}\operatorname{sen}\ 3\omega t - \ldots$

19. $P = 1{,}477$ W

21. $P_0 = 23{,}1$ dBm $P_1 = 24{,}0$ dBm $P_2 = 26{,}1$ dBm

$P_3 = 2{,}56$ dBm $P_4 = -4{,}80$ dBm

23. a. $V_0 = 0{,}5$ V

b. $V_1 = 0{,}90\ V_P$ $\theta_1 = -45°$

$V_3 = 0{,}14\ V_P$ $\theta_2 = -63°$

$V_5 = 0{,}05\ V_P$ $\theta_5 = -79°$

$V_7 = 0{,}03\ V_P$ $\theta_7 = -82°$

Glossário

AC Abreviação de corrente alternada; usada para denotar grandezas que variam periodicamente, como a corrente AC, a tensão AC etc.

admitância (Y) Uma grandeza vetorial (medida em Siemens) que é recíproca da impedância. **Y = 1/Z**.

American Wire Gauge (AWG) Padrão norte-americano para a classificação de fios e cabos.

ampere (A) Unidade do SI para a corrente elétrica, que é equivalente à taxa de fluxo de um Coulomb de carga por segundo.

ampere-hora (Ah) Medida da capacidade de armazenamento de uma bateria.

amperímetro Instrumento que mede a corrente.

amplificador operacional Amplificador eletrônico caracterizado como tendo um ganho muito alto em malha aberta, uma impedância de entrada muito alta e uma impedância de saída muito baixa.

analisador de espectro Instrumento que exibe a amplitude de um sinal como a função da frequência.

atenuação O grau de diminuição de um sinal à medida que ele passa por um sistema. A atenuação geralmente é medida em decibéis, dB.

aterramento (1) Ligação elétrica com a terra. (2) Um nó de referência (*Ver* nó de referência). (3) Um curto para a terra, tal como uma conexão indevida para a terra.

átomo Constituinte básico da matéria. No modelo de Bohr, um átomo é composto de um núcleo com prótons de carga positiva e nêutrons sem carga, rodeado de elétrons com carga negativa em órbita. Normalmente, um átomo é composto de um número igual de elétrons e prótons, portanto, não tem carga.

autotransformador Tipo de transformador cujos enrolamentos primário e secundário coincidem parcialmente. Parte de sua energia é transferida magneticamente e parte, condutivamente.

bobina Termo normalmente utilizado para designar indutores ou enrolamentos nos transformadores.

camada de valência É a camada mais externa (a última ocupada) de um átomo.

campo Região no espaço onde uma força é sentida, portanto, um campo de força. Por exemplo, os campos magnéticos existem ao redor dos ímãs e os campos elétricos existem ao redor das cargas elétricas.

capacitância Medida da capacidade de armazenamento de carga, por exemplo, de um capacitor. Um circuito com capacitância opõe-se à variação da tensão. A unidade é o farad (F).

capacitor Um dispositivo que armazena cargas elétricas em "placas" condutoras separadas por um material isolante chamado dielétrico.

carga (1) A propriedade elétrica de elétrons e prótons que provoca uma força entre eles. Os elétrons possuem carga negativa e os prótons, carga positiva. A carga é designada por Q e é definida pela lei de Coulomb. (2) Um excesso ou deficiência de elétrons em um corpo. (3) Para armazenar a carga elétrica, como carregar um capacitor ou uma bateria.

carga (1) O dispositivo que está sendo conduzido por um circuito. Logo, a lâmpada em uma lanterna de mão é uma carga. (2) A corrente é drenada por uma carga.

carga adiantada Carga na qual a corrente está adiantada em relação à tensão (*e.g.*, uma carga capacitiva).

carga atrasada Carga na qual a corrente está atrasada em relação à tensão (por exemplo, carga indutiva).

carga em delta Configuração dos componentes de um circuito ligados no formato de um Δ (letra grega delta). Às vezes é chamada de carga em pi (π).

carga Y Configuração dos componentes do circuito ligados no formato de um Y. Às vezes são chamados de carga estrela ou T.

cascata Diz-se que dois estágios de um circuito estão em uma cascata quando a saída de um estágio está ligada à saída do estágio seguinte.

choke Um outro nome para indutor.

ciclo ativo A razão expressa em porcentagem entre um tempo específico e a duração de um pulso da forma de onda.

ciclo Uma variação completa de uma forma de onda.

circuito Sistema de componentes interligados, como resistores, capacitores, indutores, fontes de tensão etc.

circuito aberto Circuito descontínuo; logo, não fornece um caminho completo para a corrente.

circuito com condição inicial Em análise transiente, refere-se à representação do comportamento do circuito logo após um distúrbio, por exemplo, o chaveamento. Em tal circuito, os capacitores carregados são representados por fontes de tensão, os indutores condutores de corrente o são pelas fontes de corrente; os capacitores descarregados são representados por curtos-circuitos; e os indutores não-condutores de corrente, pelos circuitos abertos.

circuito linear Circuito no qual as relações são proporcionais. Em um circuito linear, a corrente é proporcional à carga.

circuito série Uma malha fechada de elementos onde dois deles têm apenas um terminal em comum. Em um circuito série, há apenas um caminho para a corrente, e todos os elementos série apresentam a mesma corrente.

circuito tanque Circuito composto de um indutor e um capacitor ligados em paralelo. Um circuito *LC* desse tipo é usado em osciladores e receptores para fornecer o sinal máximo na frequência ressonante (*Ver* seletividade).

coeficiente de acoplamento (*k*) Medida do fluxo acoplado entre circuitos como a bobina. Sendo $k = 0$, não há acoplamento; sendo $k = 1$, todo o fluxo gerado por uma bobina passa inteiramente pela outra. A indutância mútua M entre as bobinas está relacionada a k por $M = k$, onde L_1 e L_2 são as autoindutâncias das bobinas.

coeficiente de temperatura (1) Taxa na qual a resistência varia de acordo com a temperatura. Um material terá o coeficiente de temperatura positivo se a resistência aumentar com a diminuição da temperatura. Por outro lado, o coeficiente de temperatura negativo indica que a resistência diminui à medida que a temperatura aumenta. (2) O mesmo ocorre com a capacitância. A variação da capacitância é ocasionada pelas mudanças das características do dielétrico de acordo com a temperatura.

condutância (*G*) O recíproco da resistência. A unidade é o siemens (S).

condutor Material pelo qual a carga circula facilmente. O cobre é o condutor metálico mais comum.

constante de tempo (τ) Medida da duração de um transiente. Por exemplo, durante o processo de carga, a tensão no capacitor varia 63,2% em uma constante de tempo. Para fins práticos, o capacitor carrega totalmente em cinco constantes de tempo. Para um circuito *RC*, $\tau = RC$ segundos, e para um circuito *RL*, $\tau = L/R$ segundos.

constante dielétrica ($\in$) Nome popular para permissividade.

constante dielétrica relativa ($\in_r$) Razão entre a constante dielétrica de um material e a do vácuo.

continuidade da corrente Referência ao fato de que a corrente não pode variar de maneira abrupta (ou seja, ela deve variar gradualmente) de um valor a outro em uma indutância isolada (isto é, não acoplada).

corrente (*I* ou *i*) Taxa de fluxo das cargas elétricas em um circuito medida em ampères.

corrente alternada (AC) Corrente que periodicamente tem sua direção invertida; normalmente chamada de corrente AC.

corrente contínua (DC) Corrente unidirecional, como a corrente na bateria.

corrente nos ramos Corrente em um ramo do circuito.

corrente parasita Uma pequena corrente circulante. Geralmente, refere-se à corrente indesejada induzida no núcleo de um indutor ou transformador quando há a variação do fluxo no núcleo.

coulomb (*C*) Unidade do SI para a carga elétrica, equivalente à carga carregada por $6{,}24 \times 10^{18}$ elétrons.

curto-circuito Um curto-circuito ocorre quando dois terminais de um elemento ou ramo são ligados por um condutor de baixa resistência. Quando acontece um curto-circuito, correntes muito grandes podem resultar em centelhas ou fogo, principalmente quando o circuito não está protegido por um fusível ou disjuntor.

curva(s) característica(s) Relação entre a corrente de saída e a tensão de saída de um dispositivo semicondutor. As curvas características também podem mostrar como a saída varia como uma função de algum outro parâmetro, como a corrente de entrada, a tensão de entrada e a temperatura.

década Uma variação de dez vezes na frequência.

decibel (dB) Unidade logarítmica usada para representar um aumento (ou diminuição) nos níveis de potência ou na intensidade do som.

degrau Variação abrupta da tensão ou da corrente, por exemplo, quando uma chave é fechada para ligar uma bateria a um resistor.

delta (Δ) Uma pequena variação (incremento ou decremento) em uma variável. Por exemplo, se uma corrente sofrer uma pequena variação de i_1 a i_2, seu incremento será de $\Delta i = i_2 - i_1$; se o tempo sofrer uma pequena variação de t_1 a t_2, seu incremento será de $\Delta t = t_2 - t_1$.

densidade do fluxo magnético (*B*) Número de linhas de fluxo magnético por unidade de área. A densidade é medida em tesla (T) no sistema SI, onde $1\ \text{T} = 1\ \text{Wb/m}^2$.

derivada Taxa de variação instantânea de uma função. É a inclinação da tangente da curva no ponto de interesse.

deslocamento de fase A diferença angular pela qual uma forma de onda está adiantada ou atrasada em relação à outra. É, portanto, o deslocamento relativo entre as formas de onda variáveis no tempo.

diagrama de Bode Uma aproximação em linha reta que mostra como o ganho de tensão de um circuito varia com a frequência.

diagrama esquemático Diagrama de circuito que usa símbolos para representar os componentes físicos.

dielétrico Material isolante. O termo geralmente é usado em referência ao material isolante entre as placas de um capacitor.

diferenciador Circuito cuja saída é proporcional à derivada de sua entrada.

diodo Componente de dois terminais feito de material semicondutor que permite o fluxo da corrente em uma direção e impede o fluxo na direção oposta.

diodo varactor (ou varicap, epicap ou diodo de sintonização) Diodo que se comporta como um capacitor variável com a tensão.

diodo zener Um diodo que normalmente opera em sua região inversa e é usado para manter uma tensão de saída constante.

disjuntor Um dispositivo de chaveamento reajustável, utilizado como circuito de proteção, que desarma um conjunto de contatos para abrir o circuito quando a corrente alcança um valor predefinido.

efeito de superfície Em altas frequências, é a tendência que a corrente possui de percorrer uma fina camada perto da superfície de um condutor.

eficiência (η) A razão entre a potência de saída e a de entrada, geralmente expressa em porcentagem. $\eta = P_o/P_i \times 100\%$.

elétron livre Elétron fracamente atraído ao seu átomo de origem, sendo, portanto, facilmente desprendido. Para materiais como o cobre, há bilhões de elétrons livres por centímetro cúbico em temperatura ambiente. Como esses elétrons podem ser removidos e vagar de um átomo a outro, constituem a base da corrente elétrica.

elétron Partícula atômica com carga negativa. *Ver* átomo.

energia (*W*) Capacidade de realizar trabalho. Sua unidade no sistema SI é o joule; a energia elétrica também é medida em quilowatts-horas (kWh).

enrolamento secundário Enrolamento de saída de um transformador.

equilibrado (1) Para o circuito ponte, a tensão entre os pontos centrais dos ramos é zero. (2) Em um sistema trifásico, um sistema (ou uma carga) idêntico para as três fases.

estado estacionário Condição de operação de um circuito após o decaimento dos transientes.

farad (F) Unidade do SI para a capacitância, cujo nome é em homenagem a Michael Faraday.

fasor Uma forma de representar a magnitude e o ângulo de uma onda senoidal por gráficos ou números complexos. A magnitude do fasor representa o valor RMS da grandeza AC, e seu ângulo representa a fase da forma de onda.

fator de potência A razão entre a potência ativa e a aparente, equivalente a cos θ, onde θ é o ângulo entre a tensão e a corrente.

fator de qualidade (*Q*) (1) Representação. Para uma bobina, *Q* é a razão entre a potência reativa e a real. Quanto maior for *Q*, o mais próximo do ideal a bobina se aproximará. (2) Medida da seletividade de um circuito ressonante. Quanto maior for *Q*, mais estreita será a largura de banda.

ferrite Material magnético feito de óxido ferroso em pó. Proporciona um bom caminho para o fluxo magnético e tem uma perda de corrente parasita baixa, o que faz que seja usado como material do núcleo de indutores e transformadores de alta frequência.

filtro Circuito que deixa passar algumas frequências e rejeita outras.

filtro passa-alta Circuito que permite a passagem de frequências acima daquelas de corte da entrada do circuito para a saída dele, enquanto diminui os sinais com frequências abaixo da frequência de corte (*Ver* frequência de corte).

filtro passa-baixa Circuito que permite a passagem de frequências abaixo daquelas de corte da entrada para a saída do circuito, enquanto diminui as frequências acima da frequência de corte (*Ver* frequência de corte).

filtro passa-faixa Circuito que permite que sinais dentro de determinada faixa de frequência atravessem o circuito. Os sinais de todas as outras frequências são impedidos de passar pelo circuito.

filtro rejeita-faixa (ou filtro *notch*) Circuito projetado para prevenir que sinais dentro de determinada faixa de frequência passem por um circuito. Os sinais de todas as outras frequências passam livremente pelo circuito.

fluxo Maneira de representar e visualizar campos de força pelo desenho de linhas que mostram a intensidade e a direção de um campo em todos os pontos no espaço. Normalmente utilizado para representar os campos elétricos e magnéticos.

fonte de corrente Fonte de corrente prática que pode ser modelada para uma fonte de corrente ideal em paralelo com uma impedância interna.

fonte de corrente ideal Fonte de corrente com a impedância *shunt* (paralela) infinita. Uma fonte de corrente ideal é capaz de fornecer a mesma corrente para todas as cargas (exceto para um circuito aberto). A tensão na fonte de corrente é determinada pelo valor da impedância de carga.

fonte de tensão ideal Fonte de tensão sem impedância série. Uma fonte de tensão ideal é capaz de fornecer a mesma tensão em todas as cargas (exceto para um curto-circuito). A corrente através da fonte de tensão é determinada pelo valor da impedância de carga.

fonte de tensão Uma fonte de tensão prática pode ser modelada como uma fonte de tensão ideal em série com uma impedância interna.

força magnetomotriz (fmm) a capacidade de uma bobina de gerar fluxo. No sistema SI, a fmm de uma bobina de N espiras com uma corrente I é NI ampères-espiras.

forma de onda A variação *versus* o tempo de um sinal variável no tempo. Possui, portanto, o formato de um sinal.

frequência (*f*) O número de vezes que um ciclo se repete a cada segundo. A unidade do SI é o hertz (Hz).

frequência angular (ω) Frequência de uma forma de onda AC em radianos/s. $\omega = 2\pi f$, onde f é a frequência em hertz.

frequência de áudio Frequência na faixa da audição humana, que varia em torno de 15 Hz a 20 kHz.

frequência de corte, f_c ou ω_c. A frequência na qual a potência de saída de um circuito é reduzida à metade da potência máxima de saída. A frequência de corte pode ser medida tanto em hertz (Hz) quanto em radianos por segundo (rad/s).

ganho A razão entre a tensão, a corrente e a potência de saída e as de entrada. O ganho de potência para um amplificador é definido como a razão entre a potência de saída AC e a potência de entrada AC, $A_p = P_o/P_i$. O ganho também pode ser expresso em decibéis. No caso do ganho de potência, $A_p(\text{dB}) = 10 \log P_o/P_i$.

gauss Unidade da densidade do fluxo magnético no sistema CSG.

giga (G) Prefixo com valor de 10^9.

harmônicos Múltiplos inteiros de uma frequência.

henry (H) Unidade do SI para a indutância, cujo nome é em homenagem a Joseph Henry.

hertz (Hz) Unidade do SI para a frequência, cujo nome é em homenagem a Heinrich Hertz. Um Hz equivale a um ciclo por segundo.

impedância (Z) A oposição total que um elemento do circuito apresenta à AC senoidal no domínio fasorial. $\mathbf{Z} = \mathbf{V}/\mathbf{I}$ ohms, onde $\mathbf{V}$ e $\mathbf{I}$ são os fasores da tensão e da corrente, respectivamente. A impedância é uma grandeza com a magnitude e o ângulo.

impedância interna Impedância que existe dentro de um dispositivo como a fonte de tensão.

indutância (*L*) Propriedade de uma bobina (ou de outro condutor de corrente) que se opõe à variação da corrente. A unidade do SI para a indutância é o henry.

indutância mútua (*M*) Indutância entre os circuitos (como a bobina) medida em henries. A tensão induzida em um circuito decorrente da variação da corrente no outro circuito é igual a M vezes a taxa de variação da corrente no primeiro circuito.

indutor Elemento do circuito projetado para possuir a indutância, por exemplo, uma bobina de enrolamento para aumentar sua indutância.

integrador Circuito cuja saída é proporcional à integral de sua entrada.

intensidade do campo A força de um campo.

íon Um átomo que se torna carregado. Se ele tiver um excesso de elétrons, é um íon negativo, mas se tiver uma deficiência, será positivo.

isolante Material como o vidro, a borracha, a baquelita etc. que não conduz eletricidade.

joule (J) Unidade do SI para a energia que equivale a um newton-metro.

largura de banda (BW) Diferença entre as frequências de meia-potência para qualquer circuito ressonante, filtro passa-faixa ou filtro rejeita-faixa. A largura de banda pode ser expressa tanto em hertz quanto em radianos por segundo.

largura de pulso Duração de um pulso. Para pulsos não-ideais, é medida no ponto da amplitude equivalente a 50%.

laser Fonte de luz que emite uma luz monocromática (que apresenta uma só cor) muito intensa e coerente (em fase). O termo é um acrônimo de Light Amplification through Stimulated Emission of Radiation (Amplificação da Luz por Emissão Estimulada de Radiação).

lei de Coulomb Lei experimental que afirma que a força (em Newtons) entre as partículas carregadas é $F = Q_1Q_2/4\pi r^2$, onde Q_1 e Q_2 são as cargas (em Coulomb), r é a distância em metros entre seus centros e é a permissividade do meio. Para o ar, $= 8{,}854 \times 10^{-12}$ F/m.

lei de Kirchhoff das correntes Lei experimental que postula que a soma das correntes que entram nos nós é igual à soma que sai deles.

lei de Kirchhoff das tensões Lei experimental que postula que a soma algébrica das tensões ao redor de um caminho fechado em um circuito é igual a zero.

maxwell (Mx) Unidade do CGS para o fluxo magnético Φ.

média de uma forma de onda Valor médio de uma forma de onda obtido pela soma algébrica das áreas acima e abaixo do eixo zero da forma de onda e pela divisão dessa soma pelo comprimento do ciclo da forma de onda. É igual ao valor DC da forma de onda quando medimos com um amperímetro ou um voltímetro.

mega (M) Prefixo com o valor de 10^6.

micro (μ) Prefixo com o valor de 10^{-6}.

mil circular (MC) Unidade usada para especificar a área da seção transversal de um cabo ou fio. O mil circular é definido como sendo a área contida em um círculo com um diâmetro de 1 mil (0,001 polegada).

mili (m) Prefixo com o valor de 10^{-3}.

MMD Multímetro digital que exibe os resultados em um mostrador numérico. Além da tensão, corrente e resistência, alguns MMDs medem outras grandezas, como a frequência e a capacitância.

modelo de transistor Circuito elétrico que simula a operação de um amplificador de transistor.

multímetro Medidor multifuncional usado para medir uma série de grandezas elétricas, como a tensão, a corrente e a resistência. Seleciona-se sua função e classificação por uma chave (*Ver também* MMD).

nano (n) Prefixo com o valor de 10^{-9}.

nêutron Partícula atômica sem carga (*Ver* átomo).

nó Ponto de encontro entre dois ou mais componentes em um circuito.

nó de referência Ponto de referência em um circuito elétrico de onde as tensões são medidas.

notação de engenharia Método de representação de algumas potências de 10 mediante prefixos-padrão — por exemplo, 0,125 A é representado como 125 mA.

núcleo Forma ou estrutura ao redor da qual um indutor ou as bobinas de um transformador estão enrolados.

ohm (Ω) Unidade do SI para a resistência. Unidade também usada para a reatância e a impedância.

ohmímetro Instrumento que mede a resistência.

oitava O dobro do aumento (ou da diminuição) da frequência.

onda senoidal Forma de onda periódica descrita pela função senoidal. É a forma de onda principal usada nos sistemas AC.

oscilador controlado por tensão Proporciona uma frequência de saída diretamente proporcional à magnitude da tensão de entrada aplicada.

osciloscópio Instrumento que exibe eletronicamente as formas de onda em uma tela. A tela é regulada com uma grade com escala para permitir a medição das características das formas de onda.

paralelo Diz-se que os elementos ou ramos estão em uma ligação paralela quando têm exatamente dois nós em comum. A tensão em todos os elementos ou ramos paralelos é exatamente a mesma.

perda de cobre Perda da potência I^2R em um condutor decorrente da sua resistência; por exemplo, a perda de potência nos enrolamentos de um transformador.

perda de núcleo Perda de potência no núcleo de um transformador ou indutor decorrente da histerese ou das correntes parasitas.

perda por histerese Perda de potência em um material ferromagnético provocada pela inversão dos domínios magnéticos em um campo magnético variável no tempo.

periódico Que repete em intervalos regulares.

período (*T*) Tempo necessário para uma forma de onda completar um ciclo. $T = 1/f$, onde f é a frequência em Hz.

Permeabilidade (μ) Medida da facilidade de se magnetizar um material. $B = \mu H$, onde B é a densidade do fluxo resultante e H é a força magnetizante que gera o fluxo.

permissividade (∈) Medida da facilidade de se estabelecer fluxo elétrico em um material (*Ver também* constante dielétrica relativa e lei de Coulomb).

pico (p) Prefixo com o valor de 10^{-12}.

pico a pico A magnitude da diferença entre os valores máximo e mínimo de uma forma de onda.

pico Valor instantâneo máximo (positivo ou negativo) da forma de onda.

potência (*P*, p) Taxa da realização do trabalho com unidades em watts, onde um watt é igual a um joule por segundo. Também chamada de potência real ou ativa.

potência aparente (*S*) Potência que aparentemente flui em um circuito AC. Ela tem os componentes das potências real e reativa, que são relacionados pelo triângulo de potência. A magnitude da potência aparente é igual ao produto da tensão efetiva pela corrente efetiva. A unidade é em VA (volt-ampère).

potência reativa Um componente da potência que flui alternadamente para dentro e para fora de um elemento reativo. É medida em VARs (volts-ampères reativos). A potência reativa tem o valor médio de zero e às vezes é chamada de potência "virtual" ou "passiva".

potenciômetro Um resistor de três terminais que consiste em uma resistência fixa entre os dois terminais das extremidades e um terceiro terminal que é ligado ao ramo do contato deslizante. Quando os terminais das extremidades são ligados a uma fonte de tensão, a tensão entre o contato deslizante e qualquer um dos outros terminais é ajustável.

primário O enrolamento de um transformador no qual conectamos a fonte.

próton Partícula atômica com carga positiva (*Ver* átomo).

quilo Prefixo com o valor de 10^3.

quilowatt-hora (kWh) Unidade de energia equivalente a 1.000 W vezes um watt-hora, normalmente usada pelas concessionárias de energia elétrica.

ramo Porção entre os dois nós (ou terminais) de um circuito.

reatância (*X*) A oposição que um elemento reativo (a capacitância ou a indutância) apresenta à AC senoidal. A reatância é medida em ohms.

reator Outro nome para um indutor.

regulação A variação da tensão de um estado sem carga para um estado com carga completa. Essa variação é expressa como a porcentagem da tensão da carga completa.

regulador de tensão Dispositivo que mantém a tensão de saída constante em uma carga independentemente da tensão de entrada ou da quantidade de corrente de saída.

relação de espiras (*a*) Razão entre as espiras primária e secundária; $a = N_p/N_s$.

relé Um dispositivo de comutação que é aberto ou fechado por um sinal elétrico. Pode ser eletromecânico ou eletrônico.

relutância A oposição de um circuito magnético ao estabelecimento do fluxo.

reostato Resistor variável conectado de modo que a corrente no circuito seja controlada pela posição do contato deslizante.

resistência (*R*) Oposição à corrente que resulta em uma dissipação de potência. Assim, $R = P/I^2$ ohms. Para um circuito DC, $R = V/I$, enquanto para um circuito AC contendo elementos reativos, $R = V_R/I$, onde V_R é o componente da tensão em uma parte resistiva do circuito.

resistência efetiva Resistência definida por $R = P/I^2$. Para AC, a resistência efetiva é maior do que a resistência DC por causa do efeito de superfície e de outros efeitos, como as perdas de potência.

resistor Componente de um circuito projetado para possuir a resistência.

ressonância, frequência ressonante A frequência na qual a potência de saída de um circuito *RLC* está em um nível máximo.

retificador Um circuito geralmente composto de um diodo que permite a passagem da corrente em apenas uma direção.

retificador controlado de silício Um tiristor que permite a corrente em apenas uma direção quando uma porta adequada de sinal está presente.

saturação Condição de um material ferromagnético em que ele está completamente magnetizado. Assim, se a força magnetizante (a corrente em uma bobina, por exemplo) for aumentada, não há um aumento significativo do fluxo.

seguidor (*buffer*) Amplificador com um ganho de tensão unitário ($A_v = 1$), uma impedância de entrada muito alta e uma impedância de saída muito baixa. Um circuito seguidor (*buffer*) é usado para prevenir os efeitos de carga.

seletividade Capacidade que um filtro tem para passar por uma frequência particular, enquanto rejeita todos os outros componentes da frequência.

semicondutor Material (tal como o silício) do qual os transistores, diodos e afins são feitos.

siemens (S) Unidade de medida para a condutância, admitância e a suscetância. O siemens é o recíproco do ohm.

sinal de modo comum Sinal que aparece nas duas entradas de um amplificador diferencial.

sistema CGS Sistema de unidades baseado em centímetros, gramas e segundos.

Sistema SI O sistema internacional de unidades usado na ciência e na engenharia. É um sistema métrico e inclui as unidades-padrão para o comprimento, a massa e o tempo (por exemplo, metros, quilogramas e segundos), assim como as unidades elétricas (por exemplo, volts, ampères, ohms etc.)

supercondutor Condutor que não apresenta resistência interna. A corrente continuará a circular livremente pelo supercondutor mesmo que não haja externamente a tensão aplicada ou a fonte de corrente.

suscetância O recíproco da reatância. A unidade é representada em siemens.

temperatura crítica A temperatura abaixo da qual um material torna-se supercondutor.

tempo de descida (t_d) Tempo necessário para um pulso ou degrau variar do valor de 90% para o valor de 10%.

tempo de subida (t_s) O tempo necessário para um pulso ou um degrau variar de seu valor de 10% para o de 90%.

tensão (*V*, *v*, *E*, *e*) Diferença de potencial gerada quando as cargas são separadas, por exemplo, por meios químicos em uma bateria. Se um joule de trabalho for necessário para movimentar uma carga de um coulomb de um ponto a outro, a diferença de potencial entre os pontos será de um volt.

tensão alternada Tensão cuja polaridade varia periodicamente; em geral, chamada de tensão AC. A tensão AC mais comum é a onda senoidal.

tensão induzida Tensão gerada pela variação dos fluxos magnéticos acoplados.

tesla (T) Unidade do SI para a densidade do fluxo magnético. Um $T = 1$ Wb/m^2.

trabalho (*W*) É o produto da força pela distância. No sistema SI, é medido em joules, onde um joule equivale a um newton-metro.

transformador Dispositivo com duas ou mais bobinas nas quais a energia é transferida de um enrolamento para o outro pela ação eletromagnética.

transformador ideal Transformador que não apresenta perdas e que é caracterizado pela relação de suas espiras $a = N_p/N_s$. Para a tensão $\mathbf{E}_p/\mathbf{E}_s = a$, enquanto para a corrente, $\mathbf{I}_p/\mathbf{I}_s = 1/a$.

transiente Tensão ou corrente temporária ou transicional.

TRIAC Tiristor que permite a corrente em qualquer direção quando uma porta adequada de sinal está presente.

triângulo de potência Uma maneira de representar a relação entre as potências real, reativa e aparente usando um triângulo.

valor eficaz Um valor equivalente a DC de uma forma de onda variável no tempo; portanto, é o valor de DC que tem o mesmo efeito de aquecimento da forma de onda dada. Também chamado de valor *RMS* (raiz média quadrática). Para a corrente senoidal, $I_{ef} = 0{,}707\ I_m$, onde I_m é a amplitude da forma de onda AC.

valor instantâneo O valor de uma grandeza (como a tensão ou a corrente) em algum instante no tempo.

valor RMS Valor da raiz média quadrática de uma forma de onda variável no tempo (*Ver* valor eficaz).

volt A unidade de tensão no sistema SI.

watt (W) Unidade do SI para a potência ativa. A potência é a taxa do trabalho realizado; um watt equivale a um joule/s.

watt-hora (Wh) Unidade de energia equivalente a um watt vezes uma hora. Um Wh = 3.600 joules.

weber (Wb) A unidade do SI para o fluxo magnético.

Índice Remissivo

A

B

C

F

G

H

I

L

W

Y

IMPRESSÃO E ACABAMENTO:
YANGRAF Fone/Fax: 2095-7722
e-mail:santana@yangraf.com.br